"十三五"普通高等教育本科规划教材

普通高等教育"十一五"国家级规划教材

"十二五"江苏省高等学校重点教材

（第四版）

钢结构

编　著　曹平周　朱召泉
主　审　石永久　童根树

中国电力出版社
CHINA ELECTRIC POWER PRESS

内 容 提 要

本书为"十三五"普通高等教育本科规划教材，也是"十二五"江苏省高等学校重点教材。全书共分十章，主要内容为概论，钢结构的材料，钢结构的连接，轴心受力构件，梁，拉弯和压弯构件，单层房屋钢结构，平面钢闸门，多层钢结构，钢结构的制作、防护与安装等。书中包括土木工程中的钢结构与水利水电工程中的水工钢结构方面的内容，列举了较多的计算例题、思考题和习题，可供读者学习和参考。

本书可作为高等院校土木工程、水利水电工程、港口航道及海岸工程、农业水利工程等专业的本科教材，还可作为有关设计和施工技术人员的技术参考书。

图书在版编目（CIP）数据

钢结构/曹平周，朱召泉编著. —4 版. —北京：中国电力出版社，2015.6（2020.9 重印）

"十三五"普通高等教育本科规划教材 普通高等教育"十一五"国家级规划教材

ISBN 978-7-5123-8457-6

Ⅰ.①钢… Ⅱ.①曹…②朱… Ⅲ.①钢结构-高等学校-教材 Ⅳ.①TU391

中国版本图书馆 CIP 数据核字（2015）第 238969 号

中国电力出版社出版、发行

（北京市东城区北京站西街 19 号 100005 http://www.cepp.sgcc.com.cn）

北京雁林吉兆印刷有限公司印刷

各地新华书店经售

*

1999 年 10 月第一版

2015 年 6 月第四版 2020 年 9 月北京第九次印刷

787 毫米×1092 毫米 16 开本 28.5 印张 695 千字 1 插页

定价 **69.00 元**

前　言

　　为充分发挥优质教材的示范辐射作用，加强高等教育教材建设工作，推进江苏省高等学校优质教育教学资源共享，根据《江苏省教育厅关于全面提高高等学校人才培养质量的意见》启动高等学校重点教材立项建设工作。《钢结构》（第四版）入选"十二五"江苏省高等学校重点教材，同时列为中国电力教育协会"十三五"普通高等教育本科规划教材。本教材纳入"江苏高校品牌专业建设工程一期项目（PPZY2015B142）"。

　　为适应钢结构领域的新发展和社会发展对钢结构教学的新要求，编写了《钢结构》（第四版）。本次编写吸取了读者对《钢结构》（第三版）的珍贵意见，并聆取了一些专家教授的中肯建议。该书第三版 2008 年 2 月出版以来已过去 7 年有余，钢结构又有了不少新进展。第四版融入了近年来钢结构的新进展。修订的重点放在内容的更新和充实上。强化基本理论、设计概念、设计原理与最新的科研成果和新颁发及即将要颁发的规范相结合。拓展知识面，使其能适应土木建筑类和水利类相关专业对钢结构的要求。

　　本次修订，第一章内容作了较大充实，鉴于近年来一些没有适当分析模型的工程结构和新型结构不断涌现，既有设计理论有时难以满足工程需要，增加了试验辅助设计法。为使设计者对工程设计任务有明确认识，增加了设计内容与基本要求，补充了钢结构的新进展。第二章增加了钢材可焊性方面的量化要求，更新了钢材的疲劳设计方法，增加了防脆断设计，补充了新材料和设计要求。第三章和第四章主要结合新规范中新的设计方法作了修订。第五章增加了新的钢梁类型、钢梁腹板开孔设计，并结合新规范中新的设计方法对相关内容作了修订。第六章增加了梁与柱连接节点在柱的腹板不设置水平加劲肋设计方法、充实了新型柱脚的设计方法，并结合新规范中新的设计方法对相关内容作了修订。第七章增加了钢管桁架节点设计，并结合新规范中新的设计方法对相关内容作了修订。第八章主要结合新规范中新的设计方法对相关内容作了修订。近年来钢结构多高层建筑应用日益增多，教材增加了"多层钢结构"作为第九章。第十章增加了钢结构的施工步骤、介绍了施工新技术、增加了钢结构防护设计等。对全书例题和思考题及习题进行了充实。

　　本书的设计公式主要是结合《钢结构设计规范》（GB 50017—2013）的修订报批稿和《水利水电工程钢闸门设计规范》（SL 74—2013）编写的。本书成稿时《钢结构设计规范》（GB 50017—2013）的修订报批稿尚未正式颁布，书中内容若有不妥之处，以正式颁布的《钢结构设计规范》（GB 50017）为准。

　　本书十余年来用作土木工程、水利水电工程、港口航道及海岸工程、农业水利工程等本科专业的钢结构教材，并有幸作为我国注册工程师（港口与航道工程）考试大纲中钢结构方面的考试参考书。编者希望经过这次修订后，本书能更好地满足钢结构教学的要求，并为从事钢结构工作的广大工程技术人员提供有益的参考。

本书第一、二、四、五、六、七、九、十章由曹平周教授编写，第三、八章由朱召泉教授编写。在编写过程中，引用了有关单位和作者的资料谨致谢意。

本书的修订难免存在新的不足，敬请读者批评指正。

编　者

2015 年 5 月

于河海大学

第三版前言

为贯彻落实教育部《关于进一步加强高等学校本科教学工作的若干意见》和《教育部关于以就业为导向深化高等职业教育改革的若干意见》的精神，加强教材建设，确保教材质量，中国电力教育协会组织制订了普通高等教育"十一五"教材规划。该规划强调适应不同层次、不同类型院校，满足学科发展和人才培养的需求，坚持专业基础课教材与教学急需的专业教材并重、新编与修订相结合。本书为修订教材。

为了适应钢结构领域的新发展和社会发展对钢结构教学的新要求，吸取读者对原书第二版的珍贵意见，并聆取一些专家教授的中肯建议，编写了《钢结构》（第三版）。本次编写着重论述钢结构的基本性能和设计原理，强化基本理论和设计方法，将设计原理与最新的科研成果和新颁发的规范相结合，也介绍了有关钢结构工程设计的基本知识和方法。考虑钢结构企业正朝着集设计、制作与安装一体化的方向发展，对钢结构的制作、防护与安装作了介绍。本书以现行《工程结构可靠度设计统一标准》（GB 50153—1992）、《钢结构设计规范》（GB 50017—2003）、《冷弯薄壁型钢结构技术规范》（GB 50018—2002）、《高层民用建筑钢结构技术规程》（JGJ 99—1998）、《门式刚架轻型房屋钢结构技术规程》（CECS 102：2002）、《水利水电工程钢闸门设计规范》（SL 74—1995）、《碳素结构钢》（GB/T 700—2006）、《钢结构工程施工质量验收规范》（GB 50205—2001）等为依据编写。

全书共分九章，主要内容为概论，钢结构的材料，钢结构的连接，轴心受力构件，梁，拉弯和压弯构件，单层房屋钢结构，平面钢闸门，钢结构的制作、防护与安装等。书中包括了土木工程中的钢结构与水利水电工程中的水工钢结构方面的内容，列举了较多的计算例题、思考题和习题，可供读者学习和参考。鉴于目前各高等学校及不同专业的教学时数不统一，教学时可根据具体情况来选择教材内容。

本书第一、二、四、五、六、七、九章及附录由曹平周教授编写，第三、八章由朱召泉教授编写。全书由清华大学石永久教授、浙江大学童根树教授主审。

本书可作为土木工程、水利水电工程、港口航道及海岸工程、农业水利工程、工程力学等专业的本科教材，并作为我国"注册土木工程师（港口与航道工程）专业考试大纲"中钢结构方面的参考书，还可作为有关设计和施工技术人员的技术参考书。编者希望经过这次修订后，本书能更好地满足钢结构教学的要求，并为从事钢结构工作的广大工程技术人员提供有益的参考。

本书已列入江苏省高等学校精品教材建设项目，在编写过程中得到了江苏省教育厅和河海大学的大力支持，在书中引用了有关单位的资料，在此深表感谢。

本书难免存在不妥之处，敬请读者和专家不吝指正。

曹平周　朱召泉

2007 年 12 月于河海大学

目　　录

前言
第三版前言
第一章　概论 ………………………………………………………………………… 1
　第一节　钢结构的特点和应用 …………………………………………………… 1
　第二节　钢结构的设计方法 ……………………………………………………… 3
　第三节　钢结构的发展概况 ……………………………………………………… 16
　思考题 ……………………………………………………………………………… 18
第二章　钢结构的材料 …………………………………………………………… 19
　第一节　钢结构对所用材料的要求 ……………………………………………… 19
　第二节　钢材的主要机械性能和工艺性能 ……………………………………… 19
　第三节　影响钢材性能的主要因素 ……………………………………………… 23
　第四节　钢材的疲劳和防脆断设计 ……………………………………………… 27
　第五节　钢材的钢种、钢号及选择 ……………………………………………… 37
　第六节　国外钢材品种和钢号 …………………………………………………… 42
　思考题 ……………………………………………………………………………… 44
　习题 ………………………………………………………………………………… 45
第三章　钢结构的连接 …………………………………………………………… 47
　第一节　钢结构的连接方法 ……………………………………………………… 47
　第二节　焊接方法、焊接类型和质量级别 ……………………………………… 48
　第三节　对接焊缝连接的构造和计算 …………………………………………… 52
　第四节　角焊缝连接的构造和计算 ……………………………………………… 56
　第五节　焊接残余应力和焊缝残余变形 ………………………………………… 68
　第六节　普通螺栓连接的构造和计算 …………………………………………… 72
　第七节　高强度螺栓连接的性能和计算 ………………………………………… 83
　思考题 ……………………………………………………………………………… 89
　习题 ………………………………………………………………………………… 90
第四章　轴心受力构件 …………………………………………………………… 94
　第一节　概述 ……………………………………………………………………… 94
　第二节　轴心受力构件的强度和刚度计算 ……………………………………… 95
　第三节　轴心受压构件的整体稳定 ……………………………………………… 98
　第四节　轴心受压构件的局部稳定 ……………………………………………… 113
　第五节　轴心受压构件设计 ……………………………………………………… 120

思考题 ·· 134

习题 ··· 134

第五章　梁 ·· 136

第一节　概述 ··· 136

第二节　梁的强度和刚度计算 ·· 138

第三节　梁的整体稳定 ··· 144

第四节　梁的局部稳定 ··· 148

第五节　组合梁考虑腹板屈曲后强度的计算 ························· 158

第六节　钢梁的设计 ·· 161

第七节　梁的拼接、连接和支座设计 ·································· 178

思考题 ·· 184

习题 ··· 184

第六章　拉弯和压弯构件 ·· 187

第一节　概述 ··· 187

第二节　拉弯、压弯构件的强度和刚度计算 ························· 189

第三节　压弯构件的整体稳定 ··· 191

第四节　实腹式压弯构件的局部稳定 ·································· 203

第五节　压弯构件的截面设计和构造要求 ···························· 206

第六节　梁与柱的连接和构件的拼接 ·································· 212

第七节　柱脚设计 ·· 218

思考题 ·· 232

习题 ··· 232

第七章　单层房屋钢结构 ·· 235

第一节　概述 ··· 235

第二节　重型钢结构厂房结构设计 ····································· 238

第三节　门式刚架轻型房屋钢结构设计 ······························ 270

思考题 ·· 289

习题 ··· 290

第八章　平面钢闸门 ·· 292

第一节　概述 ··· 292

第二节　平面钢闸门的组成和结构布置 ······························ 293

第三节　平面钢闸门的结构设计 ·· 299

第四节　平面钢闸门的零部件设计 ····································· 310

第五节　平面钢闸门的埋件 ·· 320

第六节　设计例题——露顶式平面钢闸门设计 ······················ 323

思考题 ·· 338

第九章　多层钢结构 ·· 340

第一节　多层建筑钢结构的组成与结构体系 ························· 340

第二节　多层钢结构的结构分析 ·· 343

第三节　多层钢结构的结构设计 ·· 351

思考题 ·· 367

第十章　钢结构的制作、防护与安装 ·· 368

第一节　钢结构的制作 ·· 368

第二节　钢结构的防护 ·· 375

第三节　钢结构的安装 ·· 385

思考题 ·· 388

附录一　钢材的化学和机械性能 ·· 389

附录二　构件的稳定 ·· 393

附录三　型钢和螺栓规格及截面特性 ······································ 398

附录四　矩形弹性薄板承受均载的弯应力系数 k ··························· 438

附录五　钢闸门自重估算公式 ·· 440

附录六　材料的摩擦系数 ·· 441

附录七　轴套的容许应力及混凝土的容许应力 ······························ 442

附录八　钢桁架施工图（见文后插页）

参考文献 ·· 443

第一章 概 论

第一节 钢结构的特点和应用

一、钢结构的特点

钢结构是用钢材制造而成的工程结构。通常由型钢、钢板、钢索等材料加工，采用焊接、螺栓等连接方式而形成不同的结构形式。钢结构与钢筋混凝土结构、砌体结构等都属于按材料划分的工程结构的不同分支。钢结构与其他结构相比，具有下列特点：

（1）可靠性高。钢结构的材料性能可靠性高，钢材在钢厂生产时，整个过程可严格控制，质量比较稳定，性能可靠；钢结构的设计计算结果可靠性高，钢材组织均匀，接近于各向同性匀质体，钢材的物理力学特性与工程力学对材料性能所作的基本假定符合较好，钢结构的实际工作性能比较符合目前采用的理论计算结果，计算结果可靠；钢结构制作与安装质量可靠，钢构件一般在专业工厂制作，成品精度高，采用现场安装，施工质量易于保证。

（2）材料的强度高，钢结构自重轻。钢材与混凝土、砖石材料相比，虽然钢材的重力密度大，但它的强度和弹性模量及强度与重力密度之比要高得多。在同样的受力条件下，钢结构构件的截面积要小得多，材料用量少。结构的自重轻，便于运输和安装；基础的负荷减小，可降低地基与基础部分的造价。上部结构质量轻，地震作用就小，有利于抗震，且基础的负荷减小，可降低地基与基础部分的造价。

（3）钢材的塑性和韧性好。钢材的塑性好，钢结构在一般情况下不会因超载等而突然断裂。破坏前一般都会产生显著的变形，易于被发现，可及时采取补救措施，避免重大事故发生。钢材的韧性好，钢结构对动力荷载的适应性强，具有良好的吸能能力，抗震性能优越。

（4）钢结构制作与安装工业化程度高，施工周期短。钢结构一般在专业工厂制作，易实现机械化和自动化，生产效率和产品精度高，是工程结构中工业化程度最高的结构。构件制造完成后，运至施工现场拼装成结构。拼装可采用安装方便的螺栓连接，有时还可在地面拼装成较大的单元，再行吊装。施工周期短，可尽快发挥投资的经济效益。钢结构由于连接的特性，使其易于加固、改建和拆迁。

（5）钢结构密闭性好。钢结构采用焊接连接时可制成水密性和气密性较好的常压和高压容器结构和管道。

（6）普通钢材的耐锈蚀性差。在没有腐蚀性介质的一般环境中，钢结构经除锈后再涂上合格的防锈涂料后，锈蚀问题并不严重。但在潮湿和有腐蚀性介质的环境中，钢结构容易锈蚀，需定期维护。目前国内外正在开发各种高性能防腐涂料和抗锈蚀性能良好的耐大气腐蚀钢，并用于工程结构，较好地解决了钢结构耐锈蚀性差的问题。我国近期建设的一些大桥如南京长江三桥采用的防腐涂料具有 50 年的抗腐蚀性能。具有较好耐腐蚀性能的耐候钢已在一些工程中得到应用。

（7）普通钢材耐热但不耐火。普通钢材受热温度在 200℃ 以内时，其主要性能变化很小，具有较好的耐热性能；但是当温度超过 200℃时，材料性能变化较大，强度随温度升高而下降；当温度达 600℃时屈服强度不足常温时的 1/3；温度继续升高时，钢材的承载力几乎完全丧失，所以钢材不耐火。当温度在 250℃左右时，钢材的塑性和韧性降低，破坏时常呈脆性断裂。考虑一定的安全储备，当结构表面长期受辐射热温度≥150℃时，需采取隔热防护措施。当有防火要求时，要采取防火措施，如在钢结构外面包混凝土或其他防火材料，或在构件表面喷涂防火涂料。我国生产的有机钛耐高温漆，耐高温 600℃±10℃可达 24h。采用耐火钢也是解决钢结构不耐火的一种方法，我国武汉钢铁集团生产出的高性能耐火耐候钢，在 1080℃高温下 2.5h 仍然保持较高强度。钢结构耐火性能差的问题，正在加速改进中。

（8）钢材在低温时脆性增大。在严寒地区的钢结构应特别注意钢材的选择。

二、钢结构的应用范围

应根据钢结构的特点，扬长避短，合理使用。在土木工程和水利水电工程及桥梁工程等中，钢结构的主要应用范围如下：

1. 大跨度结构

随着结构跨度增大，结构自重在全部荷载中所占比重也就越大，减轻自重可获得明显的经济效益。钢结构自重轻，已成为大跨度结构的主要结构形式。我国近年来建设的大型体育场馆、剧院、飞机场航站楼、火车站站房等大型公共建筑的屋盖几乎全部为钢结构，如国家体育场、国家大剧院、上海浦东机场航站楼、武汉火车站等。水利枢纽工程中的垂直升船机的行车大梁，不仅跨度大，而且承受荷载也大，通常采用钢结构。

越来越多的大跨度桥梁采用钢结构，南京公路长江三桥是目前我国第一座钢塔（高 215m）钢箱梁桥面斜拉桥，主桥跨径 648m，也是世界上第一座弧线形斜拉桥。江苏公路苏通长江大桥为钢箱梁桥面斜拉桥，主跨长 1080m。江苏公路润扬大桥为钢箱梁桥面悬索桥，跨度 1490m。中国西堠门悬索桥，跨度 1650m。日本明石海峡悬索桥跨度 1991m。上海卢浦大桥为钢拱桥，跨度 750m。目前在建的沪通公铁两用长江大桥正桥为两塔五跨斜拉桥，大桥主跨为 1092m，为世界首座跨度超千米的公铁两用桥。

2. 高层建筑

高层建筑已成为现代化城市的一个标志。钢结构重量轻和抗震性能好的特点对高层建筑具有重要意义。钢材强度高则构件截面尺寸小，可提高有效使用面积。重量轻可大大减轻构件、基础和地基所承受的荷载，降低基础工程等的造价，且有利于抗震。美国目前的最高建筑为纽约新世贸 1 号楼，高度为 541m。台北 101 大楼高度为 508m，地上 101 层。我国的上海中心大厦 121 层，高度为 580m。深圳的平安大厦和天津 117 大楼高度均为 597m。

3. 工业建筑

当工业建筑的跨度和柱距较大，或者设有大吨位吊车，结构需承受大的动力荷载时，往往部分或全部采用钢结构。为了尽快发挥投资效益，要求缩短厂房建设周期，近年来我国的普通工业建筑大量采用了钢结构。

4. 轻型结构

当自重是使用荷载较小或跨度不大结构的主要荷载时，常采用冷弯薄壁型钢或轻型钢制成轻型钢结构。主要包括轻型门式刚架房屋钢结构、冷弯薄壁型钢结构、钢管结构和拱形波纹屋盖结构。轻型钢结构已广泛用于仓库、办公楼、工业厂房、住宅、体育馆等公共设施。

5. 高耸结构

高耸结构主要有塔架和桅杆等，它们的高度大，横截面尺寸较小，风荷载和地震作用常常起主要作用，自重对结构的影响较大，常采用钢结构。广州电视塔高 450m，若加上 160m 的天线，总高度达 610m。美国的北达科他 KVLY 电视塔，高 628.8m，属柔性缆索全钢结构。波兰曾建成高 645m 同类型电视塔，1991 年在替换缆索时倒塌。火箭发射架也采用钢结构。

6. 活动式结构

如水利水电工程中的水工钢闸门、升船机等，可充分发挥钢结构重量轻的特点，降低启闭设备的造价和运转所耗费的动力。一些钢闸门为动水启闭，可发挥钢材塑性和韧性好的性能。三峡水利枢纽工程的永久船闸设计采用双线五级连续梯级船闸，闸门孔口净宽 34m，门高近 40m，共采用 24 扇门，每扇门重达 820 多吨。无论是面积还是重量，都堪称"天下第一门"。三峡工程的升船机承船厢设计轮廓尺寸为 132.0m×23.4m×10.0m，一次可通过一条 3000t 级客货轮或一条 1200 马力的 1500t 级驳船，最大提升重量为 11800t，提升高度为 113m。

7. 可拆卸或移动的结构

钢结构可采用便于拆装的螺栓连接，一些临时建筑和钢栈桥、流动式展览馆、移动式平台等采用钢结构，可发挥钢结构重量轻，便于运输和安装与拆卸方便的优点。我国建造的深水半潜式钻井平台"海洋石油 981"号质量超过 3 万 t，平台高 136m，可在 3000m 深水区作业，钻井深度可达 12000m。

8. 容器和大直径管道

利用钢结构密闭性好的特点，可制成储罐、输油（气、原料）管道、水工压力管道、石油化工塔等。三峡水利枢纽工程中的发电机组采用的压力钢管内径达 12.4m，钢管壁厚达 60mm。

9. 抗震要求高的结构

钢结构自重轻，受到地震作用较小，钢材塑性和韧性好，是国内外历次地震中损坏最轻的结构形式，在抗震设防区特别是强震区宜优先选用钢结构。

10. 急需早日交付使用的工程或运输条件差的工程

可发挥钢结构施工工期短和重量轻便于运输的特点。

11. 特种结构

特种结构主要有纪念性建筑（如北京的世纪坛）、城市大型雕塑、钢水塔、钢烟囱等。

综上所述，钢结构是在各种工程中广泛应用的一种重要的结构形式。终止使用的钢结构可拆除异地重建或用作炼钢材料，钢结构符合可持续发展要求。我国钢材产量已位居世界第一，产能约 10 亿 t。钢结构在工程建设中将会发挥日益重要的作用，具有广阔的应用发展前景。

第二节　钢结构的设计方法

一、结构设计的目的

任何结构都是为了完成所要求的某些功能而设计的。工程结构必须具备下列功能：

1. 安全性

在正常施工和正常使用时，能承受可能出现的各种作用。当发生火灾时，在规定的时间内可保持足够的承载力。当发生爆炸、撞击、人为错误等偶然事件时，结构能保持必需的整体稳固性，不出现与起因不相称的破坏后果。对重要的结构，应采取必要的措施，防止出现结构的连续倒塌；对一般的结构，宜采取适当的措施，防止出现结构的连续倒塌。

2. 适用性

结构在正常使用条件下具有良好的工作性能。

3. 耐久性

结构在正常维护条件下具有足够的耐久性能。

结构的安全性、适用性、耐久性总称为结构的可靠性，反映结构在规定的时间内、规定的条件下，完成预定功能的能力。结构设计的目的是在满足可靠性要求的前提下，保证所设计的结构和结构构件在施工和使用过程中，结构符合可持续发展要求，技术先进、安全适用、经济合理，并确保质量。要实现这一目的，必须借助于合理的设计方法。

二、设计方法

1. 影响结构可靠性的因素与设计方法

对于一般工程结构，影响结构可靠性的因素可以归纳为荷载效应和结构抗力两个基本变量。以 S 表示荷载效应，指荷载、温度变化、基础不均匀沉降、地震等对结构和结构构件作用引起的结构或构件的内力、变形等。以 R 表示结构的抗力，指结构或构件承受荷载效应的能力，如承载力、刚度等。Z 为表示结构完成预定功能状态的函数，简称功能函数。

$$Z = R - S \tag{1-1}$$

当 $Z > 0$ 时，结构能满足预定功能的要求，处于可靠状态；当 $Z < 0$ 时，结构不能实现预定功能，处于失效状态；当 $Z = 0$ 时，结构处于可靠与失效的临界状态，一旦超过这一状态，结构将不再能满足设计要求，因此它也称为极限状态。

影响 S 的主要因素是各种荷载或作用的取值，而各种作用并非都是确定值，大多是随机变量，有的还是与时间有关的随机过程。同时施加在结构上的各单个作用对结构的共同影响，应通过作用组合（荷载组合）来考虑；对不可能同时出现的各种作用，不应考虑其组合。影响 R 的主要因素有结构材料的力学性能、结构的几何参数和抗力的计算模式等，它们也都是随机变量。例如，钢厂提供的材料，其性能不可能没有差异；在制作和安装中，结构的尺寸也存在误差；计算抗力所采用的基本假设和方法也不可能完全精确。随机性因素的量值是不确定的，但却服从概率和统计规律，采用概率理论来处理随机变量是最适宜的方法。在我国的国家标准《工程结构可靠性设计统一标准》（GB 50153—2008）中，明确指出工程结构设计宜采用以概率理论为基础、以分项系数表达的极限状态设计方法（简称概率极限状态设计法）；当缺乏统计资料时，工程结构设计可根据可靠的工程经验和必要的试验研究进行，也可采用容许应力或单一安全系数等经验方法进行。《钢结构设计规范》（GB 50017）中除疲劳设计采用容许应力法外，其余采用以概率理论为基础的极限状态设计方法，用分项系数设计表达式进行计算。

2. 概率极限状态设计法

结构设计应考虑下列两种极限状态：

第一种为承载能力极限状态。这种极限状态对应于结构或结构构件达到最大承载能力或不适于继续承载的变形状态。当结构或结构构件出现下列状态之一时，就认为超过了承载能力极限状态：① 整个结构或结构的一部分作为刚体失去平衡（如倾覆等）；② 结构构件或连接因超过材料强度料强度而破坏，或因过度变形而不适于继续承载；③ 结构转变为机动体系；④ 结构或结构构件丧失稳定性；⑤ 地基丧失承载能力而破坏；⑥ 结构因局部破坏而发生连续倒塌；⑦ 结构或结构构件发生疲劳破坏。

第二种为正常使用极限状态。这种极限状态对应于结构或结构构件达到正常使用或耐久性能的某项规定限值的状态。当结构或结构构件出现下列状态之一时，就认为超过了正常使用极限状态：① 影响正常使用或外观的变形；② 影响正常使用或耐久性能的局部损坏（包括裂缝）；③ 影响正常使用的振动；④ 影响正常使用的其他特定状态。

采用"可靠度"来定量地描述结构的可靠性。结构可靠度定义为"结构在规定的设计使用年限内，在规定的条件下，完成预定功能的概率"。设计使用年限是指"设计规定的结构和结构构件不需进行大修即可按其预定目的使用的年限"。设计使用年限应按表 1-1 采用，表中未列出工程结构的设计使用年限应符合国家现行标准的有关规定。超过了设计使用年限，结构虽仍然可能继续使用，但其可靠概率将有所减小。规定的条件是指结构必须满足正常设计、正常施工、正常使用和正常维护条件。以 P_r 和 P_f 分别表示结构的可靠度和失效概率，则有

$$\left.\begin{array}{l} P_f = P(Z < 0) \\ P_r = P(Z \geqslant 0) = 1 - P_f \end{array}\right\} \tag{1-2}$$

表 1-1　　　　　　　　　　　　　　　　设计使用年限分类

类别	设计使用年限（年）	示例
1	5	临时性结构
2	25	易于替换的结构构件
3	50	普通房屋和构筑物、公路中桥和重要的小桥、永久性港口建筑物
4	100	纪念性建筑和特别重要的结构、铁路桥、大和特大公路桥及重要的中桥

可见结构可靠度的计算可以转换为结构失效概率的计算。由于结构失效概率的计算涉及的基本变量具有不定性，作用在结构上的荷载潜在着出现高值的可能性，材料性能也潜在着出现低值的可能性，也就无法保证所设计的结构绝对可靠（失效概率为零）。当结构的失效概率小到某一公认的大家可以接受的程度，就认为该结构设计是安全可靠的，即可靠性满足要求。

图 1-1 表示功能函数 Z 的概率密度 $f(Z)$ 曲线，失效概率可用图中的阴影区面积来表示，计算公式为

$$P_f = P(Z < 0) = \int_{-\infty}^{0} f(Z) \mathrm{d}Z \tag{1-3}$$

由于目前尚难求出 Z 的理论概率分布，难以用积分法求得结构的失效概率，因此采用简化方法。由图 1-1 可见阴影区的面积与 Z 的平均值 μ_Z 和标准差 σ_Z 的大小有关。增大 μ_Z，曲线右移，阴影区的面积将减小；减小 σ_Z，曲

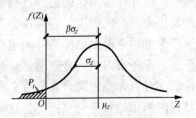

图 1-1　Z 的概率密度曲线

线将变高变窄，阴影区的面积也将减小。现将曲线的对称轴至纵轴的距离表示成 σ_Z 的倍数，即令

$$\beta = \mu_Z / \sigma_Z \tag{1-4}$$

β 大，则失效概率就小。故 β 和失效概率一样，可作为衡量结构可靠度的一个指标，称为可靠指标。

设 S 和 R 服从正态分布，则 Z 也服从正态分布。可知

$$\left. \begin{array}{l} \mu_Z = \mu_R - \mu_S \\ \sigma_Z = \sqrt{\sigma_R^2 + \sigma_S^2} \end{array} \right\} \tag{1-5}$$

式中　μ_R、σ_R——R 的平均值和标准差；

　　　　μ_S、σ_S——S 的平均值和标准差。

由于 σ_Z 为正值，失效概率可写为

$$P_f = P(Z < 0) = P\left(\frac{Z}{\sigma_Z} < 0\right) = P\left(\frac{Z - \mu_Z}{\sigma_Z} < -\frac{\mu_Z}{\sigma_Z}\right) \tag{1-6}$$

因为 $\dfrac{Z - \mu_Z}{\sigma_Z}$ 服从标准正态分布，用 $\phi(\cdot)$ 表示标准正态分布函数，则有

$$P_f = \phi\left(-\frac{\mu_Z}{\sigma_Z}\right)$$

即

$$P_f = \phi(-\beta) \tag{1-7}$$

由式（1-7）可知，已知 β 后即可由标准正态分布函数值的表中查得 P_f。确定 β 并不要求知道 S 和 R 的分布，只要知道它们的平均值和标准差，就可由式（1-5）和式（1-4）算得 β 值。

当 S 和 R 不服从正态分布时，可作当量正态变换，求出其当量正态分布的平均值和标准差后，就可按正态随机变量一样对待。

由于上述的 β 值计算避开了 Z 的全分布推求，只采用分布的特征值一阶原点矩（平均值）μ_Z 和二阶中心矩（方差）σ_Z 来表示，其中最高阶为二；且把影响结构满足功能要求的各个随机变量归纳和简化为两个基本变量 S 和 R，并遵循线形关系（一次式），所以称这种方法为考虑基本变量概率分布类型的一次二阶矩极限状态设计方法。这种方法在结构可靠度分析中还存在一定近似性，故也称为近似概率极限状态设计法。

结构设计应依一预先规定的可靠指标作为依据，称其为目标可靠指标，也称为设计可靠指标。设计可靠指标的选择直接与结构造价、维修费用以及失效后果等有关，失效后果不仅涉及生命财产的损失，有时还会产生严重社会影响，所以是制定设计规范的一个重要问题。从理论上说应根据结构构件的重要性、破坏性质及失效后果，以优化方法确定。但实际上这些因素现还难以找到合理的定量分析方法。因此，目前一般是通过对按传统方法所设计结构作反演计算，找出隐含在现有工程结构中相应的可靠指标，经过综合分析后，确定今后设计结构时采用的目标可靠指标。这种方法的实质是从整体上继承现有的可靠度水准，是一种稳妥可行的方法。这种方法称为校准法，校准中所选取的结构或构件应具有代表性。不同的工程结构，如建筑结构与港口工程结构，具有不同的目标可靠指标。对于承载能力极限状态，

《建筑结构可靠度设计统一标准》（GB 50068—2001）规定的结构构件的可靠指标 β 值不应小于表 1-2 中的值，与 β 值相应的失效概率 P_f 也在表 1-2 中给出。

表 1-2 中提到的结构安全等级，是根据结构破坏可能产生的后果（危及人的生命、造成经济损失、产生社会影响等）的严重性来划分的。依破坏后果很严重、严重或不严重，划分为一、二或三级。重要的工业与民用建筑为一级，如影剧院、体育馆及高层建筑；一般的工业与民用建筑为二级；次要的建筑物为三级。对特殊的建筑物，其安全等级应见专门规定。建筑物中各类结构构件的安全等级，宜与整个结构的安全等级相同。对其中部分结构构件的安全等级可进行调整，但不得低于三级。延性破坏指结构或构件在破坏前有明显变形或其他预兆的破坏类型，也称为塑性破坏；脆性破坏指结构或构件在破坏前无明显变形或其他预兆的破坏类型。《钢结构设计规范》（GB 50017）采用的最低 β 值是 3.2。

表 1-2 结构构件承载能力极限状态设计时采用的可靠指标 β (P_f) 值

构件类型	安全等级		
	一级	二级	三级
延性破坏	3.7 (1.08×10^{-4})	3.2 (6.87×10^{-4})	2.7 (3.47×10^{-3})
脆性破坏	4.2 (1.34×10^{-5})	3.7 (1.08×10^{-4})	3.2 (6.87×10^{-4})

注 当承受偶然作用时，结构构件的可靠指标应符合专门规范的规定。

钢结构连接是以破坏强度而不是屈服作为承载能力的极限状态，其可靠指标 β 值应比构件为高，一般可取 4.5。对于正常使用极限状态设计时采用的 β 值，宜根据其可逆程度确定，一般可取 $\beta = 0 \sim 1.5$。

直接使用给定的可靠指标进行结构设计，由于某些与设计有关的统计参数还不容易求得，且计算繁复，不便于设计应用。《建筑结构可靠度设计统一标准》（GB 50068—2001）指出，结构构件的可靠指标宜采用考虑基本变量概率分布类型的一次二阶矩方法进行计算，可将其等效地转化为以"分项系数表达的概率极限状态设计表达式"。分项系数是按照目标可靠指标 β 并考虑工程经验确定的，因而计算结果能满足可靠度的要求。采用的设计表达式使结构设计仍可按传统的方式进行，符合设计人员的习惯，使用比较方便。

进行承载能力极限状态设计时，对于持久设计状况（不包括结构疲劳设计）或短暂设计状况，采用基本组合；用于偶然设计状况采用偶然组合；地震设计状况采用地震组合，参照相关结构抗震设计规范进行计算。

进行正常使用极限状态设计时，对于不可逆正常使用极限状态（当产生超越正常使用要求的作用卸除后，该作用产生的后果不可恢复的正常使用极限状态）设计，采用标准组合；对于可逆正常使用极限状态（当产生超越正常使用要求的作用卸除后，该作用产生的后果可以恢复的正常使用极限状态）设计，采用频遇组合。可变作用的频遇值是指在设计基准期内被超越的总时间占设计基准期的比率较小的作用值，或被超越的频率限制在规定频率内的作用值；对于长期效应是决定性因素的正常使用极限状态设计，采用准永久组合。可变作用的准永久值是指在设计基准期内被超越的总时间占设计基准期的比率较大的作用值。组合值、频遇值和准永久值可通过对可变作用标准值的折减来表示，即分别对可变作用的标准值乘以不大于 1 的组合值系数 ψ_c、频遇值系数 ψ_f 和准永久值系数 ψ_q。

《钢结构设计规范》（GB 50017）中对承载能力极限状态采用应力表达式。抗力采用结构不同受力状态时材料的强度设计值 R。钢材的抗拉、抗压和抗弯强度设计值 f 为钢材的屈服强度标准值除以抗力分项系数 γ_R。为了计算简便，取 γ_R 为定值，应使得所设计的构件的实际 β 值与目标可靠指标的偏差最小。经分析碳素结构钢 Q235 钢做成的构件，取 $\gamma_R =$ 1.090；低合金高强度结构钢 Q345、Q390、厚度 $\leqslant$40mm 的 Q420、Q460 钢，取 $\gamma_R =$ 1.125；厚度 $>$40~100mm 的 Q420、Q460 钢，取 $\gamma_R =$1.180；Q345GJ 钢的厚度分别为 $\leqslant$40mm 和 $>$40~60mm 及 $>$60~100mm 时，取 γ_R 分别为 1.059 和 1.095 及 1.120；铸钢件取 $\gamma_R =$1.282。取钢材的抗剪强度设计值 $f_U = f/\sqrt{3}$。钢材端面承压（刨平顶紧）强度设计值 f_{ce} 取钢材的抗拉强度 f_u 除以承压抗力分项系数 γ_{Rce}，碳素结构钢和低合金高强度结构钢及铸钢件的 γ_{Rce} 分别取 1.150 和 1.175 及 1.538。

（1）基本组合。

1）对于基本组合，应按下列极限状态设计表达式中最不利值确定

$$\gamma_0 \left(\gamma_G \sigma_{GK} + \gamma_{Q1} \sigma_{Q1K} + \sum_{i=2}^{n} \psi_{ci} \gamma_{Qi} \sigma_{QiK} \right) \leqslant R \tag{1-8}$$

$$\gamma_0 \left(\gamma_G \sigma_{GK} + \sum_{i=1}^{n} \psi_{ci} \gamma_{Qi} \sigma_{QiK} \right) \leqslant R \tag{1-9}$$

式中　γ_0——结构重要性系数，对于安全等级为一级或设计使用年限为 100 年及以上者，不应小于 1.1；二级或设计使用年限为 50 年的结构，不应小于 1.0；设计使用年限为 25 年的结构，可取 0.95；三级或设计使用年限为 5 年的结构，不应小于 0.9。

　　γ_G——永久荷载分项系数，当永久荷载效应对结构构件的承载能力不利时，对式（1-8）和式（1-9）应分别取 1.2 和 1.35，当永久荷载效应对结构构件的承载能力有利时，不应大于 1.0。

γ_{Q1}、γ_{Qi}——第 1 个和第 i 个可变荷载的分项系数，当可变荷载效应对结构构件的承载能力不利时，取 1.4；当可变荷载效应对结构构件的承载能力有利时，应取为 0。

　　σ_{GK}——永久荷载标准值在结构构件截面或连接中产生的应力。

σ_{Q1K}、σ_{QiK}——在基本组合中起控制作用的一个可变荷载和第 i 个可变荷载的标准值在结构构件截面或连接中产生的应力。

　　ψ_{ci}——第 i 个可变荷载的组合系数，取值见荷载规范。

2）对于排架、框架结构，式（1-8）可采用下列简化承载能力极限状态设计表达式

$$\gamma_0 \left(\gamma_G \sigma_{GK} + \psi \sum_{i=1}^{n} \gamma_{Qi} \sigma_{QiK} \right) \leqslant R \tag{1-10}$$

式中　ψ——简化设计表达式中采用的荷载组合系数，当只有一个可变荷载时，取 $\psi = 1.0$，其他情况取 $\psi = 0.9$。

（2）偶然组合。偶然组合的极限状态设计表达式宜按下列原则确定：偶然作用的代表值不乘以分项系数；与偶然作用同时出现的可变荷载，应根据观测资料和工程经验采用适当的代表值。具体的设计表达式和各种系数，应符合专门规范的规定。

钢材的强度设计值见表 1-3；焊缝的强度设计值见表 1-4；螺栓连接的强度设计值见表 1-5。钢材和铸钢件的物理性能指标应按表 1-6 采用。

表 1 - 3　　　　　　　　　　　　　钢材的设计用强度设计值　　　　　　　　　　　　N/mm²

钢材牌号		钢材的厚度或直径（mm）	强度设计值			钢材强度	
			抗拉、抗压和抗弯 f	抗剪 f_v	端面承压（刨平顶紧）f_{ce}	屈服强度 f_y	抗拉强度最小值 f_u
碳素结构钢	Q235	≤16	215	125		235	
		>16，≤40	205	120	320	225	370
		>40，≤100	200	115		215	
低合金高强度结构钢	Q345	≤16	300	175		345	
		>16，≤40	295	170		335	
		>40，≤63	290	165	400	325	470
		>63，≤80	280	160		315	
		>80，≤100	270	155		305	
	Q390	≤16	345	200		390	
		>16，≤40	330	190	415	370	490
		>40，≤63	310	180		350	
		>63，≤100	295	170		330	
	Q420	≤16	375	215		420	
		>16，≤40	355	205	440	400	520
		>40，≤63	320	185		380	
		>63，≤100	305	175		360	
	Q460	≤16	410	235		460	
		>16，≤40	390	225	470	440	550
		>40，≤63	355	205		420	
		>63，≤100	340	195		400	
建筑结构用钢板	Q345GJ	>16，≤35	310	180		345	
		>35，≤50	290	170	415	335	490
		>50，≤100	285	165		325	
非焊接结构用铸钢件	ZG230 - 450	≤100	180	105	290		
	ZG270 - 500		210	120	325		
	ZG310 - 570		240	140	370		
焊接结构用铸钢件	ZG230 - 450H	≤100	180	105	290		
	ZG275－480H		210	120	310		
	ZG300－500H		235	135	325		
	ZG390－550H		265	150	355		

注　1. 表中直径指实芯棒材，厚度系指计算点的钢材或钢管壁厚度，对轴心受拉和轴心受压构件系指截面中较厚板件的厚度。

2. 冷弯型材和冷弯钢管，其强度设计值应按国家现行规范《冷弯薄壁型钢结构技术规范》（GB 50018）的规定采用。

表 1-4 **焊缝强度设计值** N/mm²

焊接方法和焊条型号	构件钢材		对接焊缝				角焊缝
	钢号	厚度或直径（mm）	抗压 f_c^W	焊缝质量为下列等级时，抗拉 f_t^W		抗剪 f_v^W	抗拉、抗压和抗剪 f_f^W
				一、二级	三级		
自动焊、半自动焊、E43型焊条手工焊	Q235	≤16	215	215	185	125	160
		>16，≤40	205	205	175	120	
		>40，≤100	200	200	170	115	
自动焊、半自动焊和E50、E55型焊条手工焊	Q345	≤16	305	305	260	175	200
		>16，≤40	295	295	250	170	
		>40，≤63	290	290	245	165	
		>63，≤80	280	280	240	160	
		>80，≤100	270	270	239	155	
	Q390	≤16	345	345	295	200	200（E50）220（E55）
		>16，≤40	330	330	280	190	
		>40，≤63	310	310	265	180	
		>63，≤100	295	295	250	170	
自动焊、半自动焊和E55、E60型焊条手工焊	Q420	≤16	375	375	320	215	220（E55）240（E60）
		>16，≤40	355	355	300	205	
		>40，≤63	320	320	270	185	
		>63，≤100	305	305	260	175	
自动焊、半自动焊和E55、E60型焊条手工焊	Q460	≤16	410	410	350	235	220（E55）240（E60）
		>16，≤40	390	390	330	225	
		>40，≤63	355	355	300	205	
		>63，≤100	340	340	290	195	
自动焊、半自动焊和E50、E55型焊条手工焊	Q345GJ	>16，≤35	310	310	280	265	200
		>35，≤50	290	290	245	170	
		>50，≤100	285	285	240	165	

注 1. 手工焊用焊条、自动焊和半自动焊所采用的焊丝和焊剂，应保证其熔敷金属的力学性能不低于母材的性能。

2. 焊缝质量等级应符合国家现行标准《钢结构焊接规范》（GB 50661—2011）的规定，其检验方法应符合国家现行标准《钢结构工程施工质量验收规范》（GB 50205—2001）的规定。其中厚度小于3.5mm钢材的对接焊缝，不应采用超声波探伤确定焊缝质量等级。

3. 对接焊缝在受压区的抗弯强度设计值取 f_c^W，在受拉区的抗弯强度设计值取 f_t^W。

4. 表中厚度系指计算点的钢材厚度，对轴心受拉和轴心受压构件系指截面中较厚板件的厚度。

5. 计算下列情况的连接时，上表规定的强度设计值应乘以相应的折减系数；几种情况同时存在时，其折减系数应连乘。

施工条件较差的高空安装焊缝乘以系数0.9；进行无垫板的单面施焊对接焊缝的连接计算应乘折减系数0.85。

表 1-5 **设计用螺栓连接的强度值** N/mm²

螺栓的性能等级、锚栓和构件钢材的牌号		普通螺栓						锚栓	承压型连接高强度螺栓		
		C级螺栓			A级、B级螺栓						
		抗拉 f_t^b	抗剪 f_v^b	承压 f_c^b	抗拉 f_t^b	抗剪 f_v^b	承压 f_c^b	抗拉 f_t^a	抗拉 f_t^b	抗剪 f_v^b	承压 f_c^b
普通螺栓	4.6、4.8级	170	140	—	—	—	—	—	—	—	—
	5.6级	—	—	—	210	190	—	—	—	—	—
	8.8级	—	—	—	400	320	—	—	—	—	—

续表

螺栓的性能等级、锚栓和构件钢材的牌号		普通螺栓						锚栓	承压型连接高强度螺栓		
		C级螺栓			A级、B级螺栓						
		抗拉 f_t^b	抗剪 f_v^b	承压 f_c^b	抗拉 f_t^b	抗剪 f_v^b	承压 f_c^b	抗拉 f_t^a	抗拉 f_t^b	抗剪 f_v^b	承压 f_c^b
锚栓	Q235	—	—	—	—	—	—	140	—	—	—
	Q345	—	—	—	—	—	—	180	—	—	—
	Q390	—	—	—	—	—	—	185	—	—	—
承压型连接高强度螺栓	8.8级	—	—	—	—	—	—	—	400	250	—
	10.9级	—	—	—	—	—	—	—	500	310	—
构件	Q235	—	—	305	—	—	405	—	—	—	470
	Q345	—	—	385	—	—	510	—	—	—	590
	Q390	—	—	400	—	—	530	—	—	—	615
	Q420	—	—	425	—	—	560	—	—	—	655
	Q460	—	—	450	—	—	595	—	—	—	695
	Q345GJ	—	—	400	—	—	530	—	—	—	615

注　1. A级螺栓用于 $d \leqslant 24mm$ 和 $L \leqslant 10d$ 或 $L \leqslant 150mm$（按较小值）的螺栓；B级螺栓用于 $d > 24mm$ 和 $L > 10d$ 或 $L > 150mm$（按较小值）的螺栓；d 为公称直径，L 为螺栓公称长度。

　　2. A、B级螺栓孔的精度和孔壁表面粗糙度，C级螺栓孔的允许偏差和孔壁表面粗糙度，均应符合国家现行标准《钢结构工程施工质量验收规范》（GB 50205）的要求。

　　3. 承压型连接 8.8 级和 10.9 级高强度螺栓钢材的抗拉强度最小值分别为 830N/mm² 和 1040N/mm²。

表 1-6　　　　　　　　　　钢材和铸钢件的物理性能指标

钢材种类	弹性模量 E（N/mm²）	剪切模量 G（N/mm²）	线膨胀系数 α（以每℃计）	质量密度 ρ（kg/m³）
钢材和铸钢件	206×10^3	79×10^3	12×10^{-6}	7850

对于正常使用极限状态，钢结构设计只考虑荷载的短期效应组合，其设计表达式为

$$W = W_{GK} + W_{Q1K} + \sum_{i=2}^{n} \psi_{ci} W_{QiK} \leqslant [W] \tag{1-11}$$

式中　　W——结构或构件产生的变形值；

　　　W_{GK}——永久荷载的标准值在结构或构件产生的变形值；

W_{Q1K}、W_{QiK}——第 1 个和第 i 个可变荷载的标准值在结构或构件产生的变形值；

　　　$[W]$——结构或构件的容许变形值。

　　上述设计方法是《钢结构设计规范》（GB 50017）采用的方法。对于直接承受动力荷载的结构，在计算强度和稳定性时，动力荷载设计值应乘动力系数；在计算疲劳和变形时，动力荷载标准值不应乘动力系数。它不仅适用于房屋和一般构筑物钢结构的设计，而且也适用于水工建筑物的水上部分钢结构的设计。

　　3. 容许应力设计法

　　水利水电工程中的水工钢结构种类较多，主要有钢闸门、压力钢管、启闭机和拦污栅等。设计时必须遵守相应的各专门设计规范。根据《工程结构可靠度设计统一标准》（GB 50153—

2008），这些结构也应采用"以分项系数表达的概率极限状态设计法"，这是当前国际上结构设计的先进方法。但要达到这一步，必须具备一定条件——通过一系列大规模调查，获取统计资料，确定一系列分项系数。目前对于水工钢结构而言，由于所涉及的荷载效应和结构抗力的影响因素比较复杂，统计资料不足，还不具备采用以分项系数表达的概率极限状态设计法的条件。因此在现行水工钢结构的各专门设计规范，如《水利水电工程钢闸门设计规范》（SL 74—2013）、《水电站压力钢管设计规范》（SL 281—2003）等，只好暂保留按容许应力方法进行设计。待条件成熟后，再过渡到采用以分项系数表达的概率极限状态设计法。

容许应力设计法是要求结构在荷载标准值下产生的应力不超过规定的容许应力。设计时将影响结构设计的诸因素取为定值，而用一个凭经验确定的安全系数来考虑设计诸因素变异的影响，衡量结构的安全度。其设计表达式为

$$\sigma \leqslant f_k/K = [\sigma] \tag{1-12}$$

式中　σ——按荷载的标准值与构件截面公称尺寸（设计尺寸）所计算的应力；

　　f_k——材料的标准强度，取为钢材的屈服强度标准值；

　　K——凭经验判定的安全系数；

　　$[\sigma]$——容许应力。

容许应力法形式简单，应用方便。但这种方法采用凭经验确定的定值的单一安全系数，没有考虑各种结构具体情况的差异，因而不能保证所设计的结构具有比较一致的安全水平。这种方法称为传统的容许应力设计法。

为了改进定值的单一安全系数设计法的缺点，首先考虑荷载和材料强度的不定性，用概率方法分别确定荷载系数 k_1 和材料强度安全系数 k_2。对于荷载的特殊变异、结构受力状况和工作条件、施工制造条件等特殊情况，根据实践经验引入调整系数 k_3。然后把三个系数再综合成单一的安全系数，仍采用容许应力设计法的表达式，结构承载力极限状态的表达式可写成

$$\sigma \leqslant f_k/(k_1 k_2 k_3) = f_k/K = [\sigma] \tag{1-13}$$

这种方法称为多系数分析，单一系数表达的容许应力设计法，是现行《水利水电工程钢闸门设计规范》（SL 74—2013）和其他水工专用的设计方法。从表达形式看，它与传统的容许应力设计法基本相同，但实质上属半概率半经验极限状态设计法。这种方法除了某些系数仍需凭经验确定外，另一不足点是没有考虑荷载效应和材料抗力的联合概率分布和失效概率。一次二阶矩极限状态设计方法弥补了这一不足。本书主要结合《水利水电工程钢闸门设计规范》（SL 74—2013）介绍容许应力设计法，其他采用此方法设计的钢结构的设计原理是相同的，但在具体工程设计时，容许应力值、各种影响系数、稳定系数、及特殊要求等见相应的设计规范。

《水利水电工程钢闸门设计规范》（SL 74—2013）给出的钢材尺寸分组见表1-7；钢材的容许应力见表1-8；焊缝的容许应力见表1-9；普通螺栓连接的容许应力见表1-10；机械零件的容许应力见表1-11。对于下列情况，表1-7~表1-10的数值应乘以下列调整系数：

(1) 大、中型工程的工作闸门及重要的事故闸门0.90~0.95；

(2) 在较高水头下经常局部开启的大型闸门0.85~0.90；

(3) 规模巨大且在高水头下操作而工作条件又特别复杂的工作闸门0.80~0.85。

上述调整系数不连乘。对于特殊情况，另行考虑。

表 1-7 钢材的尺寸分组

组别	钢材厚度或直径（mm）	
	Q235	Q345、Q390
第一组	≤16	≤16
第二组	>16~40	>16~40
第三组	>40~60	>40~63
第四组	>60~100	>63~80
第五组	>100~150	>80~100
第六组	>150~200	>100~150

表 1-8 钢材的容许应力 N/mm²

应力种类	符号	碳素结构钢 Q235						低合金结构钢 Q345						Q390					
		第1组	第2组	第3组	第4组	第5组	第6组	第1组	第2组	第3组	第4组	第5组	第6组	第1组	第2组	第3组	第4组	第5组	第6组
抗拉、抗压和抗弯	$[\sigma]$	160	150	145	135	130	125	225	225	220	210	205	190	245	240	235	220	220	210
抗剪	$[\tau]$	95	90	85	85	75	75	135	135	130	125	120	115	145	145	140	130	130	125
局部承压	$[\sigma_{cd}]$	240	225	215	215	195	185	335	335	330	315	305	285	365	360	350	330	330	315
局部紧接承压	$[\sigma_{cj}]$	120	110	110	110	95	95	170	170	165	155	155	140	185	180	175	165	165	155

注 1. 局部承压应力不乘调整系数。

2. 局部承压是指构件腹板的小部分表面受局部荷载的挤压或端面承压（磨平顶紧）等情况。

3. 局部紧接承压是指可动性小的铰在接触面的投影平面上的压应力。

表 1-9 焊缝的容许应力 N/mm²

焊缝分类	应力种类	符号	Q235				Q345					Q390				
			第1组	第2组	第3组	第4组	第1组	第2组	第3组	第4组	第5组	第1组	第2组	第3组	第4组	第5组
对接焊缝	抗压	$[\sigma_c^h]$	160	150	145	145	225	225	220	210	205	245	240	235	220	220
	抗拉一类、二类焊缝	$[\sigma_t^h]$	160	150	145	145	225	225	220	210	205	245	240	235	220	220
	抗拉三类焊缝	$[\sigma_t^h]$	135	125	120	120	190	190	185	180	175	205	205	200	185	185
	抗剪	$[\tau^h]$	95	90	85	85	135	135	130	125	120	145	145	140	130	130
角焊缝	抗拉、抗压和抗剪	$[\tau_f^h]$	110	105	95	95	155	155	155	145	145	170	165	165	155	155

注 1. 焊缝分类应符合《水利水电工程钢闸门制造、安装及验收规范》（GB/T 14173—2008）的规定。

2. 仰焊焊缝的容许应力按上表降低20%。

3. 安装焊缝的容许应力按上表降低10%。

表 1 - 10　　　　　　　　　　**普通螺栓连接的容许应力**　　　　　　　　　　N/mm²

螺栓的性能等级、锚栓和构件	应力种类	符号	螺栓和锚栓的性能等级或钢号					构件的钢号		
			Q235	Q345	4.6级、4.8级	5.6级	8.8级	Q235	Q345	Q390
A级、B级螺栓	抗拉	$[\sigma_t^l]$				150	310			
	抗剪	$[\tau^l]$				115	230			
C级螺栓	抗拉	$[\sigma_t^l]$	125	180	125					
	抗剪	$[\tau^l]$	95	135	95					
锚栓	抗拉	$[\sigma_t^d]$	105	145						
构件	承压	$[\sigma_c^l]$						240	335	365

注　1. A级螺栓用于 $d \leqslant 24$mm 和 $l \leqslant 10d$ 或 $l \leqslant 150$mm（按较小值）的螺栓；B级螺栓用于 $d > 24$mm 或 $l > 10d$ 或 $l > 150$mm（按较小值）的螺栓。D 为公称直径，l 为螺杆公称长度。

　　2. 螺孔制备应符合（GB/T 14173）规定。

　　3. 当 Q235 钢或 Q345 钢制作的螺栓直径大于 40mm 时，螺栓容许应力应予降低，对 Q235 钢降低 4%，对 Q345 钢降低 6%。

表 1 - 11　　　　　　　　　　**机械零件的容许应力**　　　　　　　　　　N/mm²

应力种类	符号	碳素结构钢	低合金钢	优质碳素结构钢		铸造碳钢				合金铸钢			合金结构钢	
		Q235	Q345	Q390	35	45	ZG230-450	ZG270-500	ZG310-570	ZG340-640	ZG50Mn2	ZG35Cr1Mo	ZG34CrMo	42CrMo	40Cr
抗拉、抗压和抗弯	$[\sigma]$	100	145	160	135	155	100	115	135	145	195	170(215)	(295)	(365)	(320)
抗剪	$[\tau]$	60	85	95	80	90	60	70	80	85	125	100(130)	(175)	(220)	(190)
局部承压	$[\sigma_{cd}]$	150	215	240	200	230	150	170	200	215	290	255(320)	(440)	(545)	(480)
局部紧接承压	$[\sigma_{cj}]$	80	115	125	105	125	80	90	105	110	155	135(170)	(235)	(290)	(255)
孔壁抗拉	$[\sigma_k]$	115	165	185	155	175	115	130	155	165	225	195(245)	(340)	(420)	(365)

注　1. 括号内为调质处理后的数值。

　　2. 孔壁抗拉容许应力系指固定结合的情况；若系活动结合，则应按表值降低 20%。

　　3. 表列"合金结构钢"的容许应力，适用于截面尺寸为 25mm。如由于厚度影响，屈服强度有减少时，各类容许应力，可按屈服点减少比例予以减少。

　　4. 表列铸造碳钢的容许应力，适用于厚度不大于 100mm 的铸钢件。

　　4. 试验辅助设计法（简称试验设计法）

　　以试验数据的统计评估为依据，与概率设计和分项系数设计概念相一致的设计方法。下列情况下可采用试验辅助设计法：规范没有规定或超出规范适用范围的情况；计算参数不能确切反映工程实际的特定情况；现有设计方法可能导致不安全或设计结构过于保守的情况；新型结构（或构件）、新材料的应用或新的设计公式的建立；规范规定的特定情况。

　　应预先进行定性分析，确定所考虑结构或结构构件性能的可能临界区域和相应极限状态标志。根据定性分析，制定试验方案。试验方案应包括试验目的、试件的选取和制作，以及试验实施和评估等所有必要的说明。试件应采用与构件实际加工相同的工艺制作。

在评估试验结果时，应将试件的性能和失效模式与理论预测值进行对比，当偏离预测值过大时，应分析原因，并做补充试验。试验的评估结果仅对所考虑的试验条件有效，不宜将其外推应用。按试验结果确定设计值时，应考虑试验数量的影响，还应通过适当的换算或修正系数考虑试验条件与结构实际条件的不同，应包括尺寸效应、时间效应、试件的边界条件、环境条件、工艺条件等主要因素。

应根据已有的分布类型及参数信息，以统计方法为基础对试验结果进行评估。在统计学中主要有经典学派和贝叶斯学派，相应评估方法分别称为经典统计方法和贝叶斯统计方法，详见统计学。贝叶斯学派认为重要的先验信息是可能得到的，应充分利用，其评估方法以先验信息为基础，以实际观测数据为条件的一种参数评估方法。如果没有关于平均值的先验知识，可采用经典统计方法进行设计值估算。若已有关于平均值的先验知识，可采用"贝叶斯法"推断材料性能、模型参数或抗力的设计值。两种统计方法的计算公式见《工程结构可靠性设计统一标准》（GB 50513—2008）。

先确定标准值，然后除以分项系数，必要时要考虑换算系数的影响。评估时应考虑试验数据的离散性、与试验数据相关的统计不确定性和先验的统计知识。

三、设计内容与基本要求

1. 设计内容

普通钢结构设计应包括下列内容：结构方案设计，包括结构选型、构件布置；材料选用；作用及作用效应分析；结构的极限状态验算；结构、构件及连接的构造；制作、运输、安装、防腐和防火等要求；满足特殊要求结构的专门性能设计。

2. 设计基本要求

在钢结构设计中贯彻执行国家的技术经济政策，做到技术先进、安全适用、经济合理、保证质量。进行钢结构设计时，应合理选择材料、结构方案和构造措施，满足结构构件在运输、安装和使用过程中的强度、稳定性和刚度要求，并符合防火、防腐蚀要求。宜采用通用和标准化构件，必要时，尚应考虑结构部分构件替换的可能性，并提出相应的要求。钢结构的构造应便于制作、运输、安装、维护并使结构受力简单明确，减少应力集中，避免材料三向受拉。以受风载为主的空腹结构，应尽量减少受风面积。

工程结构设计时应区分下列设计状况：①持久设计状况，是指在结构使用过程中一定出现，且持续期很长的设计状况，其持续期一般与设计使用年限为同一数量级；②短暂设计状况，是指在结构施工和使用过程中出现概率较大，而与设计使用年限相比，其持续期很短的设计状况，如结构施工和维修期间的情况；③偶然设计状况，是指在结构使用过程中出现概率很小，且持续期很短的设计状况，如结构遭受火灾、爆炸、撞击时的情况；④地震设计状况，适用于结构遭受地震时的情况，在抗震设防地区必须考虑地震设计状况。对这四种设计状况，均应进行承载能力极限状态设计。对持久设计状况，尚应进行正常使用极限状态设计。对短暂设计状况和地震设计状况，可根据需要进行正常使用极限状态设计；对偶然设计状况，可不进行正常使用极限状态设计。

计算结构或构件的强度、稳定性以及连接的强度时，应采用荷载设计值；计算疲劳时，应采用荷载标准值。对于直接承受动力荷载的结构：在计算强度和稳定性时，动力荷载设计值应乘以动力系数；在计算疲劳和变形时，动力荷载标准值不乘动力系数。

　　在钢结构设计文件中，应注明所采用的规范、建筑结构设计使用年限、抗震设防烈度、钢材牌号、连接材料的型号（或钢号）和设计所需的附加保证项目。对焊接连接，应注明焊缝熔透和质量等级及承受动荷载的特殊构造要求；对高强度螺栓连接，应注明预拉力、摩擦面处理和抗滑移系数；对抗震设防的钢结构，应注明焊缝及钢材的特殊要求。

　　钢结构设计出图通常分设计图和施工详图两阶段，设计图为设计单位提供，施工详图通常由钢结构制造公司根据设计图编制，有时也会由设计单位来编制。也有一些有设计能力的钢结构公司参与设计图的编制。设计图是提供制造厂编制施工详图的依据，应表示清楚设计依据、荷载资料（包括地震作用）、技术数据、材料选用及材质要求、设计要求（包括制造和安装、焊缝质量检验的等级、涂装及运输等）、结构布置、构件截面选用以及结构的主要节点构造等，主要材料应列表表示。施工详图又称加工图或放样图，深度需能满足车间直接制造加工，不完全相同的零构件单元需单独绘制表达，并应附有详尽的材料表。

第三节　钢结构的发展概况

　　钢结构在我国有悠久的历史。最早的钢结构为铁索桥和宗教铁塔。我国陕西汉中攀河铁索桥，建于公元前206年西汉时期，距今约2200年历史。云南神州铁索桥建于公元794年。英国1779年建造了一座铁索桥，俄国1824年开始建铁索桥，美国1851年开始建铁索桥。我国现存最早的桥梁有四川大渡河泸定铁索桥，建于1705年，净跨100m，宽2.7m，由9根桥面铁链（上铺木版）和4根手扶铁链组成，每根铁链重约1.6t。当时在水流湍急的大渡河上架起了这样的铁链桥，表明了我国劳动人民的聪明才智和创造力。中华人民共和国成立前由外国人建造的钢桥有唐山运河铁路桥，1906年建成，英国人设计，比利时人建造，为中国第一座现代铁路钢桥；兰州中山大桥，建于1907年，长233m、宽7m，2007年维修后改为人行桥。由中国人自行设计建造的铁路钢桥是1902～1909年詹天佑主持建造的京张铁路桥，121座，累计长1951m，最大跨度33.5m；1937年由茅以升主持建造了杭州钱塘江公铁两用大桥。现存的古铁塔有建于967年的广州光孝寺7层铁塔、建于1061年的湖北玉泉寺13层铁塔等。它们表明了我国古代建筑和冶金技术的高度水平。

　　1949年我国的钢材产量只有十几万吨，直到20世纪80年代，我国的钢产量一直远不能满足我国经济建设的需要，钢结构仅限于用于钢筋混凝土结构不能代替的结构。这一时期具有代表性的工程有：1957年建成我国第一座跨长江公铁两用武汉长江大桥，长1670m。1968年建成南京长江大桥，长4589m，这是中国人自己建造的一座钢结构桥梁，它开创了我国自力更生建设大型桥梁的新纪元。1968年建成首都体育馆，屋盖为平板钢网架，长112.9m，宽99m；1975年建成上海体育馆，屋面为圆形钢网架，跨度110m，采用8个独脚拔杆整体抬吊、高空水平移位安装；1975年建成兵马俑1号坑钢结构，结构形式为三铰拱，跨度72m。

　　20世纪80年代以来，特别是1996年我国的年产突破1亿t，逐年钢产量快速提高以来，钢结构科学技术和工程建设有了空前规模的发展。钢结构的设计、制造和安装水平有了很大提高。钢结构已在各类工程结构中得到大量应用，有些在规模上和技术上已达到世界领先水平。钢结构近年来在高度、跨度、长度、造型等方面发展很快。跨度和高度成为衡量建筑钢结构技术水平的主要标志之一。高层建筑、广播电视塔、体育场馆屋盖造型在世界各大城市不断地攀比竞争，在人类建筑史上创造了一个又一个奇迹。钢结构的创新是无休止的，它激发和推动人类在建筑史上不断创造奇迹，是人类挑战大自然的本能，是人类社会进步、科学技术发展的必然结果。

2014 年我国的钢材产能已达到约 10 亿 t，位居世界第一。高的钢产量为发展钢结构提供了物质基础。一系列的规范和规程的颁发及计算机技术的应用发展，为我国的钢结构发展提供了必要的技术支持。国家从政策上积极支持发展钢结构，发布的中国建筑技术政策、建筑业推广应用新技术、建设事业技术政策纲要等文件均提出"加大推广应用钢结构的力度，进一步推广与扩大建筑钢结构的应用，促进建筑钢结构的持续发展"。钢结构是环保型的、易于产业化和可再次利用或者说可持续发展的结构，积极合理地扩大钢结构在工程中的应用是社会发展的需要。今后钢结构必然会大发展，发展趋势会体现在下列几方面。

1. 完善改进设计方法和计算理论

现行水工钢结构各专门规范和桥梁钢结构采用的仍然是容许应力设计法，改变为以概率理论为基础的极限状态设计法是必然趋势。因此应积极开展这方面的研究工作，促使早日采用概率极限状态设计法。目前的设计方法计算的可靠度还只是构件或某一截面的可靠度，应向以整个结构体系可靠度分析为目标的结构设计发展。

钢结构的计算理论，如稳定计算、塑性设计、优化设计、钢结构抗火设计以及在动力荷载作用下的性能等，都需要进一步深入研究。

2. 开发研究和推广应用高性能钢材

采用高强度钢材，可以用较少的材料做成功效较高的结构，对于跨度大、荷载大的结构和移动式结构极为有利。工程结构用的高强度钢材一般都是低合金结构钢。列入现行《钢结构设计规范》（GB 50017）的低合金结构钢有 Q345、Q390、Q420、Q460。我国在建的沪通长江公路铁路两用大桥已采用 Q500 钢材。日本已在明石海峡大桥中采用了屈服强度不低于 $685N/mm^2$ 的 HT780 钢，研究强度更高的钢材及其合理使用将是今后的发展方向。

为了节约材料，应大力生产和推广应用经济断面钢材，如薄壁 H 型钢、大尺寸冷（热）成型圆钢管和方钢管等，并不断完善系列产品与应用标准。

普通钢结构耐火性能差，设计要求在构件表面涂覆适当厚度的隔热防火材料。这种做法不但增加建设成本和可能造成环境污染，并减少了建筑物的有效空间。在钢材冶炼中掺入 Cr、Mo、Nb 等元素进行合金化处理后，可使钢材在高温（≥600℃）时保持较高的强度，称其为耐火钢。采用耐火钢可省去或减薄防火涂料，我国的宝山、马鞍山和武汉钢铁集团等都已生产出了耐火耐候钢，在 600℃时的屈服强度不低于常温时屈服强度的 2/3，已用于上海中福城、中国残疾人体育艺术培训基地等工程建设。需要继续积极开发价廉物美的耐火钢，并制定相应的设计规程，扩大工程应用。

锈蚀是钢材的一大弱点，在钢材冶炼中掺入 Cu、Ni、Ti、Cr、P 等元素，能提高钢材的耐腐蚀能力，称其为耐大气腐蚀钢（耐候钢）。研究生产新的高性能耐候钢和耐火耐候钢及涂料，并合理推广应用。

钢材的屈强比越低，材料破断前产生稳定塑性变形的能力越高，吸震性能越好。我国已开发研究生产出了低屈强比耐震结构钢，并用于工程中的耗能构件，尚需继续进行低屈强比耐震结构钢的研究。

3. 结构形式的革新

随着新材料的研发和设计理念和方法的改进，新的结构体系不断涌现，近年来一些新型结构如巨型结构、空间网格结构、薄壁型钢结构、预应力钢结构、悬挂结构、钢—混凝土组合结构、钢—混凝土混合结构、索膜结构、索网结构、索支结构和其他杂交结构等，在我国得到快速发展。它们耗钢量低，性能优越，能适应新颖的建筑造型，具有美好的发展前景。

4. 不断提高制造工业水平和安装技术

提高钢结构加工制作和施工安装技术的总体水平，加强科学管理和质量控制，提高劳动生产率，改进钢结构制造的工艺和设备更新，提高机械化和自动化水平。促进结构形成系列化、标准化、产品化，实现工厂化批量生产，作为产品投放市场。创造具有中国特色的施工技术和成套工法，积累建设大型钢结构工程的经验，不断提高我国的钢结构安装技术水平，进一步提高工程质量、降低生产成本，实现钢结构的制作、安装水平接近或达到国际先进水平。

思 考 题

1. 钢结构的合理应用范围是什么？各发挥了钢结构的哪些特点？

2. 容许应力设计法与概率极限状态设计法各有何特点？

3. 我国与发达国家在钢结构领域的主要差距有哪些？

4. 钢结构有哪些优点和缺点？设计中如何克服或扬长避短？

5. 什么是极限状态？怎样判别结构是否超过了承载力极限状态和正常使用极限状态？

6. 应采用荷载的什么值进行承载力极限状态的计算？

7. 应采用荷载的什么值进行正常使用极限状态的计算？

8. 钢结构设计的目的是什么？如何实现这个目的？

9. 什么是结构的可靠性和可靠度？钢结构可靠度要求是什么？

10. 分项系数 γ_G、γ_Q、γ_R 分别代表什么？应如何取值？

11. 举例说明你参观过的钢结构工程，它们有哪些特点？有何评价？

12. 你对我国钢结构今后的发展有什么看法？

13. 试验辅助设计法主要用于哪些情况？调查举例哪些工程采用了这种设计方法？

14. 普通钢结构工程的设计内容有哪些？调查某实际工程的设计内容有哪些？

15. 调查某实际钢结构工程的设计出图情况，有哪些特殊性？

16. 调查某实际钢结构工程主要发挥了哪些钢结构的优点？

第二章　钢结构的材料

第一节　钢结构对所用材料的要求

一、钢结构材料的断裂破坏形式

要深入了解钢结构的性能，应从钢结构的材料入手，掌握钢材在不同应力状态、生产过程和使用条件下的工作性能，能够根据结构特点选择合适的钢材，既要保证结构满足使用要求和安全可靠，又尽可能地节约钢材和降低造价。

钢材的主要破坏形式是断裂，通常是在受拉状态下发生的，可分为塑性破坏和脆性破坏两种形式。钢材在产生很大的变形以后发生的断裂破坏称为塑性破坏，也称为延性破坏。破坏发生时应力达抗拉强度 f_u，构件有明显的颈缩现象。由于塑性破坏发生前有明显的变形，并且有较长的变形持续时间，因而易及时发现和补救。在钢结构中未经发现和补救而真正发生的塑性破坏是很少见的。钢材在变形很小的情况下，突然发生断裂破坏称为脆性破坏，也称为非延性破坏。脆性破坏发生时的应力常小于钢材的屈服强度 f_y，断口平直，呈有光泽的晶粒状。由于破坏前变形很小且突然发生，事先不易发现和采取补救措施，因而危险性很大。

二、钢结构对所用材料的要求

钢材的种类繁多，碳素钢有上百种，合金钢有三百余种，性能差别很大，以满足不同用途的需要。用以建造钢结构的钢材称为结构钢，它必须满足下列要求：

（1）屈服强度 f_y 和抗拉强度 f_u 较高。钢结构设计把 f_y 作为强度承载力极限状态的标志。f_y 高可降低钢材用量，减轻结构自重。f_u 是钢材抗拉断能力的极限，f_u 高可增加结构的安全保障。

（2）塑性和韧性好。塑性好的钢材在静力荷载和动力荷载作用下有较大的变形能力，既可减轻结构脆性破坏的倾向，又能通过较大的塑性变形调整局部应力，使应力分布趋于平缓，对结构塑性设计具有重要意义。韧性好表示在动荷载作用下破坏时可吸收较大能量，可提高结构的抗震性能和在重复荷载作用下防止脆性破坏的能力。

（3）良好的加工性能。材料应适合冷、热加工，具有良好的可焊性（焊缝和附近金属不产生裂纹，其冲击韧性、延伸率和力学性能不低于母材），不致因这些加工而对结构的强度、塑性和韧性等造成较大的不利影响。

（4）耐久性好。在长期和反复可变荷载作用下钢材能保持良好的力学性能，耐腐蚀性能好。

（5）价格便宜。

此外，根据结构的具体工作条件，有时还要求钢材具有适应低温、高温等环境的能力。

第二节　钢材的主要机械性能和工艺性能

钢材的主要机械性能（也称力学性能）通常是指钢厂生产供应的钢材在标准条件下拉

伸、冷弯和冲击等单独作用下显示出的各种机械性能。它们由相应试验得到，所用试件的制作和试验方法都必须按照各相关国家标准规定进行。工艺性能是指钢材经受冷或热加工或焊接后的性能。

一、单向拉伸时的性能

结构钢材的主要强度指标和变形性能是根据钢材单向拉伸试验确定的。钢材单向拉伸试验按照《金属材料　拉伸试验　第1部分：室温试验方法》（GB/T 228—2010）的有关要求进行。图2-1（a）所示为钢结构所用碳素结构钢 Q235 和低合金结构钢 Q345 的标准试件在室温下满足静荷载的加载速度一次加载所得钢材的应力 σ-应变 ε 曲线，简化光滑曲线示于图2-1（b）。由此曲线显示的钢材机械性能如下：

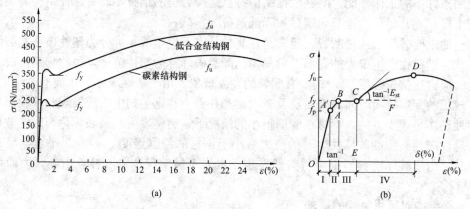

图 2-1　钢材的一次拉伸应力-应变曲线
(a) 钢材拉伸试验的应力-应变曲线；(b) 钢材的简化应力-应变曲线
Ⅰ—弹性阶段；Ⅱ—弹塑性阶段；Ⅲ—塑性阶段；Ⅳ—应变硬化阶段

1. 弹性阶段［图2-1（b）中 OA 段］

试验表明，当应力 σ 小于比例极限 f_p（A 点）时，σ 与 ε 呈线性关系，称该直线的斜率 E 为钢材的弹性模量。在钢结构设计中，对所有钢材统一取 $E=2.06\times10^5\,\mathrm{N/mm^2}$。当应力 σ 不超过某一应力值 f_e 时，卸载后试件的变形将完全恢复。钢材的这种性质称为弹性，称 f_e 为弹性极限。在 σ 达到 f_e 之前钢材处于弹性变形阶段，简称弹性阶段。f_e 略高于 f_p，两者极其接近，因而通常取比例极限 f_p 和弹性极限 f_e 值相同，并用比例极限 f_p 表示。标准试件的比例极限与构件整体试验所得的比例极限会有差别，这是由构件中的残余应力造成的。

2. 弹塑性阶段［图2-1（b）中 AB 段］

在 AB 段，变形由弹性变形和塑性变形组成，其中弹性变形在卸载后恢复为零，塑性变形则不能恢复，成为残余变形。此阶段称为弹塑性变形阶段，简称弹塑性阶段。在此阶段，σ 与 ε 呈非线性关系，称 $E_t=\mathrm{d}\sigma/\mathrm{d}\varepsilon$ 为切线模量。E_t 随应力增大而减小，当 σ 达 f_y 时，E_t 为零。

3. 塑性阶段（屈服阶段）［图2-1（b）中 BC 段］

当 σ 达 f_y 后，应力保持不变而应变持续发展，形成水平线段，即屈服平台 BC。这时犹如钢材屈服于所施加的荷载，故称为屈服阶段。实际上，由于加载速度及试件状况等试验条件的不同，屈服开始时总是形成曲线上下波动，波动最高点称上屈服点，最低点称下屈服点。下屈服点的数值对试验条件不敏感，所以钢结构设计时取下屈服点作为钢材的屈服强度f_y。对碳含量较高的钢或高强度钢及热处理钢材，常没有明显的屈服点，这时取对应于残余应变$\varepsilon_y=0.2\%$时的应力$\sigma_{0.2}$作为钢材的屈服点，常称为条件屈服点或屈服强度。为简单划一，钢结构设计中常不区分钢材的屈服点或条件屈服点，而统一称作屈服强度f_y。考虑σ达到f_y后钢材暂时不能承受更大的荷载，且伴随产生很大的变形，因此钢结构设计取f_y作为强度极限承载应力标准。

4. 强化阶段 ［图 2-1 (b) 中 CD 段］

钢材经历了屈服阶段较大的塑性变形后，金属内部晶粒排列发生变化，产生了继续承受增长荷载的能力，应力-应变曲线又开始上升，一直到 D 点，称为钢材的强化阶段。试件能承受的最大拉应力f_u称为钢材的抗拉强度。在这个阶段的变形模量称为强化模量，它比弹性模量低得多。取f_y作为强度极限承载力的标志，f_u就成为材料的强度储备。

结构钢材应力达到f_y时的应变（$\varepsilon_y\approx0.15\%$）与$f_p$时的应变（$\varepsilon_y\approx0.1\%$）较接近，可以认为在应力达到$f_y$之前，钢材近于理想弹性体，在应力达到$f_y$之后，塑性应变范围很大（$\varepsilon_y\approx0.15\%\sim2.5\%$）而应力保持不增长，接近理想塑性体。因此可把钢材视为理想弹塑性体，取其应力-应变曲线如图 2-2 所示。钢结构塑性设计是以材料为理想弹塑性体的假设为依据的，虽然忽略了强化阶段的有利因素，但要求$f_y/f_u\leqslant0.85$，来保证塑性设计应有的转动能力。有屈服平台且平台末端的应变较大，可通过较大的塑性变形来保证截面上的应力最后都能达到f_y，因此强度计算时不考虑应力集中和残余应力的影响，轴心受力构件计算截面应力按均匀分布计算。

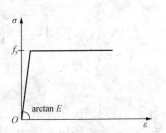

图 2-2 理想弹塑性体的应力-应变曲线

5. 颈缩阶段 ［图 2-1 (b) 中 D 点以后区段］

当应力达到f_u后，在承载能力最弱的截面处，横截面急剧收缩，且荷载下降直至拉断破坏。

试件被拉断后原标距长度的伸长值与试件原标距长度l_0之比的百分数称为伸长率δ。对于圆形截面或矩形截面试件，令$d_0=$圆的直径或$d_0=\sqrt{4A_0/\pi}$（A_0为矩形截面面积），当$l_0/d_0=10$或5时，伸长率δ分别采用δ_{10}或δ_5表示，$\delta_5>\delta_{10}$。伸长率反映钢材在单向受拉断裂前的塑性变形能力。

试件被拉断后颈缩区的断面面积缩小值与原断面面积比值的百分数称为断面收缩率Ψ，反映颈缩区所能产生的最大塑性变形能力，也是衡量钢材塑性变形能力的一个指标。

钢材的f_y、f_u和δ被认为是承重钢结构对钢材要求所必需的三项基本机械性能指标。

二、钢材的冷弯性能

钢材的冷弯性能由冷弯试验来确定，试验按照《金属材料 弯曲试验方法》（GB/T 232—2010）的要求进行。试验时按照规定的弯心直径在试验机上用冲头加压（见图 2-3），使试件弯成180°，若试件外表面不出现裂纹和分层，即为合格。冷弯试验不仅能直接反映钢材的弯曲变形能力和塑性性能，还能显示钢材内部的冶金缺

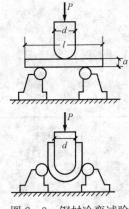

图 2-3 钢材冷弯试验示意图

陷（如分层、非金属夹渣等）状况，是判别钢材塑性变形能力及冶金质量的综合指标。重要结构中需要有良好的冷、热加工性能时，应有冷弯合格保证。

三、钢材的冲击韧性

钢材的冲击韧性是指钢材在冲击荷载作用下断裂时吸收机械能的能力，是衡量钢材抵抗可能因低温、应力集中、冲击荷载作用等而致脆性断裂能力的一项机械性能。在实际结构中，脆性断裂总是发生在有缺口高峰应力的地方。因此，最有代表性的是钢材的缺口冲击韧性，简称冲击韧性。《碳素结构钢》（GB 700—2006）规定钢材的冲击韧性采用夏比试验法，试验按照《金属材料夏比摆锤冲击试验方法》（GB/T 229—2007）的要求进行，试验采用有 V 形缺口的标准试件，在冲击试验机上进行（见图 2-4）。冲击韧性值用击断试件所需的冲击功 A_{kv} 表示，单位为 J。

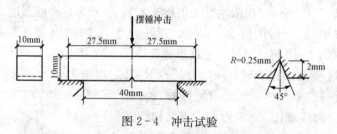

图 2-4　冲击试验

钢材的冲击韧性值与试验温度有关，当温度低于某一负温值时，冲击韧性值将急剧降低。因此在寒冷地区建造的直接承受动荷载的钢结构，除应有常温冲击韧性的保证外，尚应依钢材的类别，使其具有 $-20℃$ 或 $-40℃$ 的冲击韧性保证。

四、钢材受压和受剪时的性能

钢材在单向受压（短试件）时，受力性能基本上与单向受拉相同。受剪的情况也相似，但剪切屈服点 τ_y 及抗剪强度 τ_u 均低于 f_y 和 f_u；剪变模量 G 也低于弹性模量 E。

五、钢材的可焊性

可焊性是指结构钢材在采用一定的焊接方法、焊接材料、焊接工艺参数焊接后，获得合格焊缝的难易程度。钢材的可焊性主要与含碳量、碳当量 C_{eq}、板厚、钢材的屈服强度等有关，钢材的碳当量数值取决于钢材的化学成分。对于含碳量 $\geqslant 0.18\%$ 的非调质钢，碳当量按下式计算

$$C_{eq}=[C+Mn/6+(Cr+Mo+V)/5+(Ni+Cu)/15]\times100\% \qquad (2-1)$$

式中：C、Mn、Cr、Mo、V、Ni、Cu 为钢中该元素含量。

钢结构工程焊接分为 A、B、C、D 四个难度等级，见表 2-1。针对不同难度情况，钢结构制作和安装企业应具备与焊接难度相适应的技术条件。

表 2-1　　钢结构工程焊接难度等级划分

焊接难度等级 ＼ 影响因素	板厚 （mm）	标称屈服强度 （MPa）	受力状态	碳当量 C_{eq}（%）
A（易）	$t\leqslant30$	$\leqslant295$	一般静荷载拉、压	$\leqslant0.38$
B（一般）	$30<t\leqslant60$	$>295\sim370$	静荷载且板厚方向受拉或间接动荷载	$0.38<C_{eq}\leqslant0.45$

续表

影响因素 焊接难度等级	板厚 （mm）	标称屈服强度 （MPa）	受力状态	碳当量 C_{eq}（%）
C（较难）	$60<t\leqslant100$	$>370\sim420$	直接动荷载、抗震设防 烈度大于或等于8度	$0.45<C_{eq}\leqslant0.50$
D（难）	$t>100$	>420		$C_{eq}>0.50$

当焊接难度为 B 级时，需要采取预热措施，使焊缝和热影响区缓慢冷却，防止产生淬硬裂纹，并注意制定合适焊接工艺。当碳当量大于 0.45 时，淬硬倾向更明显，需采用较高的预热温度和严格的工艺措施来获得合格焊缝。

第三节　影响钢材性能的主要因素

一般情况下，钢结构常用的结构钢既有较高的强度，又有很好的塑性和韧性，是理想的承重结构材料。但是，有很多因素会影响钢材的机械性能，引起塑性和韧性降低，促使发生脆性破坏。

一、化学成分的影响

钢由许多化学成分组成，化学成分及含量直接影响钢材的组织构造，导致钢材的机械性能改变。钢的主要化学成分是铁和少量的碳；此外，还有锰、硅等有利元素，以及难以除尽的有害元素硫和磷等。碳素结构钢由纯铁（约占 99%）、碳和杂质元素组成，合金钢除上述元素外，还有特意添加用以改善钢材性能的某些合金元素，如锰和钒等。

碳是使钢材获得足够强度的主要元素。碳含量提高，则钢材强度提高，但同时塑性、韧性、冷弯性能、可焊性及抗腐蚀能力下降。按碳含量区分，小于 0.25% 的为低碳钢，大于 0.6% 的为高碳钢，两者之间的为中碳钢。为使钢结构具有良好的综合性能，它的碳含量不能过高，一般碳含量不应超过 0.22%，对于焊接结构，应低于 0.2%。钢结构中的高强度螺栓和预应力钢索的含碳量通常高于 0.25%。

锰、硅和铝是钢材中的有利元素，它们都是炼钢时的脱氧剂。适量的硅可提高钢材的强度，而对塑性、韧性、冷弯性能和可焊性无显著的不良影响。但过量的硅将降低钢材的塑性、韧性、抗腐蚀能力和可焊性。含适量的锰，可提高钢的强度同时不影响钢的塑性和冲击韧性，且可消除硫对钢的热脆影响。但锰含量过高，会使钢材的可焊性降低。故应对锰和硅的含量有限制。铝能使钢材晶粒细化，提高低温韧性，C、D 和 E 级低合金结构钢要求铝的含量不小于 0.015%。

钒是冶炼锰钒合金钢时特意添加的一种元素，既能提高钢材的强度和抗腐蚀能力，又能保持良好的塑性和韧性。添加铌、钛、铬、镍都可提高钢材的强度。

硫、磷和氧是钢中的有害成分，它们会降低钢材的塑性、韧性、可焊性和疲劳性能。硫和磷分别可在高温和低温时使钢材变脆，分别称为热脆和冷脆。一般硫和磷的含量应不超过 0.05% 和 0.045%，质量等级高（E、D 级）、高性能建筑用钢板和抗层间撕裂钢（Z 向钢）的要求更高。但是，磷可提高钢材的强度和抗腐蚀性。可使用的高磷钢，其磷含量可达 0.12%，这时应减小钢材中的含碳量，以保持一定的塑性和韧性。氧会使钢材发生热脆，其含量必须严加控制。

二、钢材生产过程的影响

钢结构主要使用氧气顶吹转炉生产的钢材，电炉主要冶炼特种钢。钢材生产过程的影响包括冶炼时的浇铸方法、轧制和热处理等。

1. 钢的浇铸方法

传统的钢浇铸方法是将熔炼好的钢水注入铸模做成钢锭，浇注钢锭时要在炉中或盛钢桶中加入脱氧剂以消除氧。因脱氧程度或方法不同，把钢分为沸腾钢、半镇静钢、镇静钢和特殊镇静钢。沸腾钢是在钢水中加入弱脱氧剂锰铁进行脱氧，氧与其中的碳等化合生成一氧化碳等气体大量逸出，致使钢液产生"沸腾"，故称沸腾钢。沸腾钢生产周期短，成本低。但冷却后钢内气泡和夹杂较多，会降低钢材的冲击韧性、抗冷脆性能和抗疲劳性能。镇静钢是在钢液中加入适量的强脱氧剂硅和锰等，进行较彻底脱氧。钢液是在平静状态下凝固，故称镇静钢。镇静钢的性能优于沸腾钢，强度和塑性也略高。特殊镇静钢是用硅脱氧后再用更强的脱氧剂铝补充脱氧，所得钢材的冲击韧性特别是低温冲击韧性都较高。

先进的连铸技术已成为我国的主导浇铸方法，钢材连铸是把钢水注入连续浇铸机做成钢坯，浇铸和脱氧同时进行，产品中没有沸腾钢，质量好、成本低。现沸腾钢产量大减，使用时应注意市场供应情况。

2. 钢材的轧制

将钢锭（坯）加热至 1200～1300℃，通过轧钢机将其轧成所需形状和尺寸的钢材，称为热轧型钢。轧钢机的压力作用可使钢锭中的小气泡和裂纹弥合，并使组织密实。钢材的压缩比（钢坯与轧成钢材厚度之比）越大时，其强度和冲击韧性也越高。因此设计规范对于不同厚度分组的钢材，采用不同的强度设计值。热轧钢材的性能与停轧温度有关，控制停轧温度的钢材生产方式称为控轧。钢水中的非金属夹杂物在钢材轧制过程中会造成钢材分层，设计时应尽量避免垂直于钢板面受拉，以防止层间撕裂。

把轧制温度和轧制挤压量控制在适当范围，并在轧制结束后以较快设定控制速度冷却的技术称为"温度-形变控轧控冷技术"，也称热机械轧制。所得钢材可焊性较好，屈服强度随厚度加大而下降幅度小，在屈强比不太大状态下，保持较高的延伸率，屈服强度波动范围小。

3. 热处理

我国的结构用钢通常按照热轧状态交付使用，高强度螺栓要热处理，水工闸门的滚轮、轨道等需要热处理。轧制后的钢材若再经过热处理可得到调质钢，主要在取得高强度的同时能具有良好的塑性和韧性，有时为提高构件表面的硬度和耐磨性能。热处理常用下列方式：

（1）淬火。把钢材加热到 900℃ 以上，放入水或油中快速冷却。硬度和强度提高，但塑性和韧性降低。

（2）正火。把钢材加热至 850～900℃，并保温一段时间后，在空气中缓慢冷却，可改善组织，细化晶粒。如果钢材在终止轧制时控制温度在该范围内，可得到正火效果，称为正火轧制。

（3）回火。把淬火后的钢材加热至 500～650℃，并保温一段时间后，在空气中缓慢冷却，可减小脆性，提高钢的综合性能。

三、温度的影响

钢材的机械性能随温度的变化而有所变化，如图2-5所示。在正温度范围内（0℃以上），温度升高不超过200℃时，钢材的性能变化不大。因此钢结构所受辐射温度应不超过200℃，考虑留有一定裕度，设计时取≤150℃，超过时应采取隔热保护措施。在250℃左右，钢材的f_y、f_u略有提高，但塑性和韧性均下降，此时钢材破坏常呈脆性破坏特征，钢材表面氧化膜呈现蓝色，称为蓝脆。钢材应避免在蓝脆温度范围内进行热加工。当温度在260~320℃时，钢材有徐变现象。当温度超过300℃时，钢材的f_u、f_y和E开始显著下降，而δ显著增大。当温度超过400℃时，钢材的f_u、f_y和E都急剧降低，达500℃时钢材的屈服强度仅为常温时的1/2，结构往往难以继续承受使用荷载。钢材的应力与应变曲线随温度升高发生很大变化，屈服平台降低变短，温度达400℃时，屈服平台基本消失。为满足抗火要求，需要采取防火措施。采用耐火钢可不采用或大幅度减少防火材料的使用。

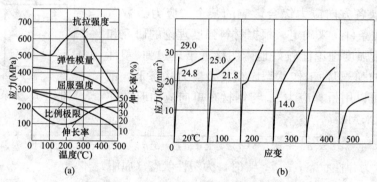

图2-5　温度对钢材力学性能的影响

(a) 碳素结构钢高温力学性能；(b) 碳素结构钢高温下应力-应变曲线

在负温度范围内（0℃以下），随着温度降低，钢材的强度虽有所提高，但塑性和韧性降低，材料逐渐变脆，这种性质称为低温冷脆。图2-6是钢材冲击韧性与温度的关系曲线。由图2-6可知，材料由塑性破坏转变为脆性破坏是在一个温度区间T_1~T_2内完成的。此温度区间称为钢材的脆性转变温度区，其间曲线反弯点所对应的温度T_0称为脆性转变温度。设计选用钢材时应使其脆性转变温度的下限温度T_1低于结构所处的工作环境温度，即可保证钢结构低温工作的安全。每种钢材的脆性转变温度区需由大量的试验和统计分析确定。

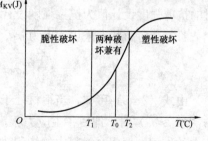

图2-6　钢材冲击韧性与
温度的关系曲线

四、冷加工硬化和时效硬化

钢材在常温下加工称为冷加工。冷拉、冷弯、冲孔、机械剪切等冷加工使钢材产生很大的塑性变形，从而使f_y提高，但同时降低了钢材的塑性和韧性，这种现象称为冷加工硬化（应变硬化）。普通钢结构设计时，一般不利用冷加工硬化造成的强度提高，而且对直接承受动荷载的钢结构还应设法消除冷加工硬化的影响，如将局部硬化部分用刨边或扩钻予以消除。

冷成形型钢结构由于钢板经历冷轧或冷弯加工，实际构件截面冷加工区域的f_y、f_u都有所提高，设计时允许利用这一特性。

在高温时溶化于纯铁体中的少量氮和碳，随时间的增长逐渐从纯铁体中析出，形成自由氮化物和碳化物存在于纯铁体晶粒间的滑动面上，阻碍了纯铁体晶粒间的滑移，从而使钢材的强度提高，塑性和韧性下降。这种现象称为时效硬化。不同种类钢材的时效硬化过程可从几小时到数十年。为加快测定钢材时效后的性能，可先使钢材产生 10% 的塑性变形，再加热到 $200\sim300℃$，然后冷却到室温进行试验。这样可使时效在几小时内完成，称为人工时效。有些重要结构要求对钢材进行人工时效，然后测定其冲击韧性，以保证结构具有长期的抗脆性破坏能力。

五、复杂应力状态的影响

在单向拉力作用下，当单向应力达到屈服点 f_y 时，钢材屈服而进入塑性状态。在复杂应力如平面或立体应力（见图 2-7）作用下，钢材的屈服并不只取决于某一方向的应力，而是由反映各方向应力综合影响的某个"应力函数"，即所谓的"屈服条件"来确定。根据材料强度理论的研究和试验验证，能量强度理论能较好地阐明接近于理想弹-塑性体的结构钢材的弹-塑性工作状态。在复杂应力状态下，钢材的屈服条件可以用折算应力 σ_{eq} 与钢材在单向应力时的屈服点 f_y 相比较来判断

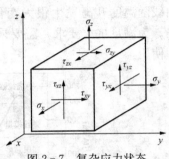

图 2-7 复杂应力状态

$$\sigma_{eq}=\sqrt{\sigma_x^2+\sigma_y^2+\sigma_z^2-(\sigma_x\sigma_y+\sigma_y\sigma_z+\sigma_z\sigma_x)+3(\tau_{xy}^2+\tau_{yz}^2+\tau_{zx}^2)} \qquad (2-2)$$

当 $\sigma_{eq}<f_y$ 时，为弹性状态；$\sigma_{eq}\geqslant f_y$ 时，为塑性状态（屈服）。

在一般梁中，只存在正应力 σ 和剪应力 τ，则式（2-2）成为

$$\sigma_{eq}=\sqrt{\sigma^2+3\tau^2} \qquad (2-3)$$

而在纯剪时，$\sigma=0$，取 $\sigma_{eq}=f_y$，可得

$$\tau=f_y/\sqrt{3}=0.58f_y \qquad (2-4)$$

即剪应力达到 $0.58f_y$ 时，钢材进入塑性状态。所以《钢结构设计规范》（GB 50017）取钢材的抗剪强度设计值为抗拉强度设计值的 0.58 倍。

若复杂应力状态采用主应力 σ_1、σ_2、σ_3 来表示，则折算应力为

$$\sigma_{eq}=\sqrt{\frac{1}{2}\left[(\sigma_1-\sigma_2)^2+(\sigma_2-\sigma_3)^2+(\sigma_3-\sigma_1)^2\right]} \qquad (2-5)$$

由式（2-5）可知，当钢材处于同号三向主应力（σ_1、σ_2、σ_3）作用，且彼此相差不大（$\sigma_1\approx\sigma_2\approx\sigma_3$）时，即使各主应力很高，材料也很难进入屈服和有明显的变形。但是由于高应力的作用，聚集在材料内的体积改变应变能很大，因而材料一旦遭致破坏，便呈现出无明显变形征兆的脆性破坏特征。

六、应力集中的影响

钢结构构件中有时存在着孔洞、槽口、凹角、截面的厚度和宽度的突然改变及钢材内部缺陷等。此时，构件中的应力分布变得很不均匀，在缺陷或截面变化处附近将产生局部高峰应力，其余部位应力较低且分布极不均匀（见图 2-8），这种现象称为应力集中。截面的高峰应力与净截面的平均应力之比称为应力集中系数，其值取决于截面突然改变的急剧程度。

力学分析表明，在应力高峰区域存在着同号的双向或三向应力。由能量强度理论得知，这种同号的双向或三向应力场有使钢材变脆的趋势。应力集中系数越大，变脆的倾向也越严重。但由于结构钢材塑性较好，在静力荷载作用时，能使应力进行重分布，直到构件全截面的应力都达到屈服强度。因此，应力集中一般不影响构件的静力极限承载力，设计时可不考虑其影响。

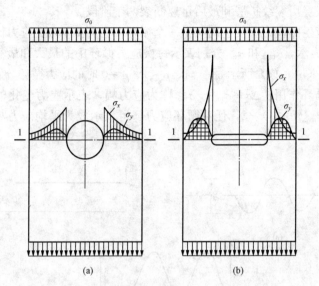

图 2 - 8　孔洞的应力集中

（a）钢板开圆孔；（b）钢板开长圆孔

σ_x—沿 1 - 1 纵向应力；σ_y—沿 1 - 1 横向应力

　　但在负温下或动力荷载作用下工作的结构，应力集中的不利影响将十分突出，往往是引起脆性断裂的根源，特别是由厚钢板组成的结构，因此在设计中应采取措施避免或减小应力集中，并选用质量优良的钢材。

七、荷载作用速度的影响

　　钢材承受可变荷载作用时，荷载变化速度会引起钢材的应变速率发生变化，钢材的力学性能会随应变速率变化而变化。当钢材的应变速率 $<10^{-3}/\mathrm{s}$ 时，钢材的力学性能变化不大。土木建筑中除爆炸、冲撞和强烈地震作用外，其他可变荷载（如车辆、吊车等）作用引起的应变速率一般都不超过 $10^{-3}/\mathrm{s}$，这些可变荷载可在考虑动力系数后，按静荷载作用进行结构计算。但对高次反复可变荷载作用的结构还需进行疲劳验算。

　　在钢结构的设计、制造、安装和使用过程中，应积极采取措施，减小或消除上述促使钢材转脆的各种因素的影响，防止脆性断裂的发生。

第四节　钢材的疲劳和防脆断设计

一、钢材疲劳的概念

　　钢材在反复荷载作用下，在应力低于钢材抗拉强度甚至低于屈服点时突然断裂，这种现象称为钢材的疲劳或疲劳破坏。疲劳破坏时没有明显变形，属于脆性破坏，危险性较大。钢结构中总存在有微观裂纹或类似的缺陷，在反复荷载作用下，截面改变处的应力高峰区也会产生微观裂纹。在多次反复荷载作用下，受拉区的微观裂纹不断开展和闭合，形成光滑区，构件有效截面面积相应减小，应力集中现象越来越严重。当荷载反复循环达一定次数 n（疲劳寿命），裂纹扩展使得净截面承载力不足以承受外力作用时，构件突然断裂，断裂时这部分呈现为粗糙区。因此，构件疲劳破坏的断口截面呈现部分光滑区，其余为粗糙区。可见，钢结构疲劳破坏一般经历裂纹扩展和最后迅速断裂两个阶段。

反复荷载作用产生的应力重复一周叫做一个循环（见图 2-9）。应力循环特征常用应力比值 $\rho=\sigma_{\min}/\sigma_{\max}$ 来表示，$\sigma_{\max}$ 和 $\sigma_{\min}$ 分别表示每次应力循环中的最大和最小应力，以拉应力为正。图 2-9（a）、（b）、（c）所示 $\rho=-1$、$\rho=1$、$\rho=0$ 时的应力循环分别称为完全对称循环、静荷载和脉冲循环作用。$\Delta\sigma=\sigma_{\max}-\sigma_{\min}$ 称为应力幅，表示应力变化的幅度。构件截面的平均应力 $\sigma_{\mathrm{m}}=(\sigma_{\max}+\sigma_{\min})/2$，任一循环应力都可表示成为平均应力与应力幅的完全对称循环应力的叠加。

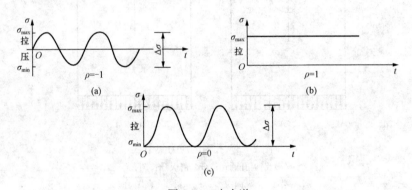

图 2-9　应力谱
(a) 完全对称循环；(b) 静荷载作用；(c) 脉冲循环

试验表明，焊接结构发生疲劳破坏并不是名义最大应力 $\sigma_{\max}$ 反复作用的结果，而是焊缝部位足够大小的应力幅反复作用的结果。焊接结构存在较大的残余应力，如焊接工字形梁腹板与翼缘间的焊缝处的残余拉应力会高达钢材的屈服强度 f_{y}。焊缝中存在的焊接缺陷（如夹渣、孔洞等）常成为裂纹的起源。当反复荷载作用时，梁受拉翼缘的实际应力为施加荷载产生的弯曲正应力与残余应力联合作用。因最大残余拉应力的区域应力已达 f_{y}，在外加应力由 $\sigma_{\min}$ 增大到 $\sigma_{\max}$ 的过程中，该处的应力保持 f_{y} 并不增大。当外加应力由 $\sigma_{\max}$ 减小到 $\sigma_{\min}$ 时，该处的应力将由 f_{y} 减小到 $f_{\mathrm{y}}-\Delta\sigma$。可见在焊接结构中，由于残余应力的影响，在最有可能出现疲劳裂纹的应力高峰所在部位，无论外加应力循环中的 $\sigma_{\max}$ 和 $\sigma_{\min}$ 为多大，ρ 为何值，其实际应力都变化在 f_{y} 与 $f_{\mathrm{y}}-\Delta\sigma$ 之间，因而名义应力已无实际意义。因此，《钢结构设计规范》（GB 50017）疲劳计算采用了应力幅的表达式。

非焊接结构的残余应力比焊接结构小，其抗疲劳性能也比焊接结构好。试验表明，非焊接结构的疲劳寿命不仅与应力幅有关，还与最大名义应力 $\sigma_{\max}$ 和名义应力比 $\sigma_{\min}/\sigma_{\max}$ 有关。《钢结构设计规范》（GB 50017）把疲劳计算公式中的应力幅调整为折算应力幅，以反映其实际工作情况。

对于一定的疲劳寿命 n，不同构件和连接发生疲劳破坏时的应力幅值大小主要取决于构造形式。应力集中大的构造形式，其破坏时的应力幅值就小。造成疲劳破坏的原因是正应力幅和剪应力幅，《钢结构设计规范》（GB 50017）根据构造形式引起的应力集中程度，借鉴国外经验，把承受正应力幅的构件和连接分成 14 类，表示为 Z1～Z14，把承受剪应力幅的构件和连接分成 3 类，表示为 J1～J3，见表 2-2，疲劳破坏时的应力幅随类别增大而减小。

表 2-2　　　　　　　　　　　　　　疲劳计算的构件和连接分类

项次	种类	简图	说明	类别
1	非焊接的构件和连接		无连接处的母材、轧制型钢	Z1
2			无连接处的钢板： （1）两边为轧制边或刨边 （2）两侧为自动、半自动切割边［切割质量标准应符合《钢结构工程施工质量验收规范》（GB 50205）］	Z1 Z2
3			连系螺栓和虚孔处的母材 应力以净截面面积计算	Z4
4			螺栓连接处的母材：高强度螺栓摩擦型连接应力以毛截面面积计算；其他螺栓连接应力以净截面面积计算 铆钉连接处的母材：连接应力以净截面面积计算	Z2 Z4
5		d—螺栓直径，mm	受拉螺栓的螺纹处母材 连接板件应有足够的刚度，保证不产生撬力。否则受拉正应力应考虑撬力及其他因素产生的全部附加应力。对于直径大于 30mm 螺栓，需要考虑尺寸效应对容许应力幅进行修正	Z11
6	纵向传力焊缝的构件和连接		无垫板的纵向对接焊缝附近的母材 焊缝符合二级焊缝标准	Z2
7			有连续垫板的纵向自动对接焊缝附近的母材： （1）无起弧、灭弧 （2）有起弧、灭弧	Z4 Z5
8			翼缘连接焊缝附近的母材 翼缘板与腹板的连接焊缝 自动焊，二级 T 形对接与角接组合焊缝 自动焊，角焊缝，外观质量标准符合二级 手工焊，角焊缝，外观质量标准符合二级 双层翼缘板之间的连接焊缝： 自动焊，角焊缝，外观质量标准符合二级 手工焊，角焊缝，外观质量标准符合二级	 Z2 Z4 Z5 Z4 Z5
9			仅单侧施焊的手工或自动对接焊缝附近的母材，焊缝符合二级焊缝标准，翼缘与腹板很好贴合	Z5

项次	种类	简图	说明	类别
10	纵向传力焊缝的构件和连接		开工艺孔处焊缝符合二级焊缝标准的对接焊缝、焊缝外观质量符合二级焊缝标准的角焊缝等附近的母材	Z8
11			节点板搭接的两侧面角焊缝端部的母材 节点板搭接的三面围焊时两侧角焊缝端部的母材 三面围焊或两侧面角焊缝的节点板母材（节点板计算宽度按应力扩散 θ 等于 30°考虑）	Z10 Z8 Z8
12	横向传力焊缝的构件和连接		横向对接焊缝附近的母材，轧制梁对接焊缝附近的母材： 符合《钢结构工程施工质量验收规范》（GB 50205）的一级焊缝，且经加工、磨平 符合《钢结构工程施工质量验收规范》（GB 50205）的一级焊缝	 Z2 Z4
13		坡度<1/4	不同厚度（或宽度）横向对接焊缝附近的母材： 符合《钢结构工程施工质量验收规范》（GB 50205）的一级焊缝，且经加工、磨平 符合《钢结构工程施工质量验收规范》（GB 50205）的一级焊缝	 Z2 Z4
14			有工艺孔的轧制梁对接焊缝附近的母材，焊缝加工成平滑过渡并符合一级焊缝标准	Z6
15		d d	带垫板的横向对接焊缝附近的母材垫板端部超出母板距离 d $d \geqslant 10\text{mm}$ $d < 10\text{mm}$	 Z8 Z11
16			节点板搭接的端面角焊缝的母材	Z7
17		$t_1 < t_2$　坡度<1/4 t_2　　　　t_1	不同厚度直接横向对接焊缝附近的母材，焊缝等级为一级，无偏心	Z8
18			翼缘盖板中断处的母材（板端有横向端焊缝）	Z8

项次	种类	简图	说明	类别
19	横向传力焊缝的构件和连接		十字形连接、T形连接： 　　(1) K形坡口、T形对接与角接组合焊缝处的母材，十字形连接两侧轴线偏离距离小于 $0.15t$，焊缝为二级，焊趾角 $\alpha \leqslant 45°$ 　　(2) 角焊缝处的母材，十字形连接两侧轴线偏离距离小于 $0.15t$	Z6 Z8
20			法兰焊缝连接附近的母材： 　　(1) 采用对接焊缝，焊缝为一级； 　　(2) 采用角焊缝	Z8 Z13
21			横向加劲肋端部附近的母材： 肋端焊缝不断弧（采用回焊） 肋端焊缝断弧	Z5 Z6
22	非传力焊缝的构件和连接	t—焊接附件的板厚	横向焊接附件附近的母材： 　　(1) $t \leqslant 50mm$ 　　(2) $50mm < t \leqslant 80mm$	Z7 Z8
23			矩形节点板焊接于构件翼缘或腹板处的母材 （节点板焊缝方向的长度 $L > 150mm$）	Z8
24		$r \geqslant 60mm$　$t \leqslant 60mm$	带圆弧的梯形节点板用对接焊缝焊于梁翼缘、腹板及桁架构件处的母材，圆弧过渡处在焊后铲平、磨光、圆滑过渡，不得有焊接起弧、灭弧缺陷	Z6
25			焊接剪力栓钉附近的钢板母材	Z7
26	钢管截面的构件和连接		钢管纵向自动焊缝的母材： 　　(1) 无焊接起弧、灭弧点 　　(2) 有焊接起弧、灭弧点	Z3 Z6
27			圆管端部对接焊缝附近的母材，焊缝平滑过渡并符合《钢结构工程施工质量验收规范》(GB 50205) 的一级焊缝标准，余高不大于焊缝宽度的 10%。 　　(1) 圆管壁厚 $8mm < t \leqslant 12.5mm$ 　　(2) 圆管壁厚 $t \leqslant 8mm$	Z6 Z8

项次	种类	简图	说明	类别
28			矩形管端部对接焊缝附近的母材，焊缝平滑过渡并符合一级焊缝标准，余高不大于焊缝宽度的10%。 （1）方管壁厚 8mm$<t\leqslant$12.5mm （2）方管壁厚 $t\leqslant$8mm	Z8 Z10
29			焊有矩形管或圆管的构件，连接角焊缝附近的母材，角焊缝为非承载焊缝，其外观质量标准符合二级，矩形管宽度或圆管直径不大于100mm	Z8
30			通过端板采用对接焊缝拼接的圆管母材，焊缝符合一级质量标准。 （1）圆管壁厚 8mm$<t\leqslant$12.5mm （2）圆管壁厚 $t\leqslant$8mm	Z10 Z11
31	钢管截面的构件和连接		通过端板采用对接焊缝拼接的矩形管母材，焊缝符合一级质量标准。 （1）方管壁厚 8mm$<t\leqslant$12.5mm （2）方管壁厚 $t\leqslant$8mm	Z11 Z12
32			通过端板采用角焊缝拼接的圆管母材，焊缝外观质量标准符合二级，管壁厚度 $t\leqslant$8mm	Z13
33			通过端板采用角焊缝拼接的矩形管母材，焊缝外观质量标准符合二级，管壁厚度 $t\leqslant$8mm	Z14
34			钢管端部压偏与钢板对接焊缝连接（仅适用于直径小于200mm的钢管），计算时采用钢管的应力幅	Z8
35			钢管端部开设槽口与钢板角焊缝连接，槽口端部为圆弧，计算时采用钢管的应力幅。 （1）倾斜角 $\alpha\leqslant$45° （2）倾斜角 $\alpha>$45°	Z8 Z9

续表

项次	种类	简图	说明	类别
36	剪应力作用下的构件和连接		各类受剪角焊缝 剪应力按有效截面计算	J1
37			受剪力的普通螺栓 采用螺杆截面的剪应力	J2
38			焊接剪力栓钉 采用栓钉名义截面的剪应力	J3

注 箭头表示计算应力幅的位置和方向。

二、疲劳计算

由于目前对疲劳的极限状态及其影响因素研究还不充分，《钢结构设计规范》（GB 50017）采用容许应力幅计算方法而不是概率极限状态设计法来计算钢构件和连接的疲劳。疲劳计算的公式是以试验为依据的，根据试件的 $\Delta\sigma$ 与应力循环次数 n 的试验数据分析可得 $\Delta\sigma$-n 曲线，该曲线转化为双对数曲线 $\lg\Delta\sigma$-$\lg n$ 曲线，呈直线关系，其直线斜率用 β 表示。对应于 Z1～Z14 的 14 条 $\lg\Delta\sigma$-$\lg n$ 曲线，$\lg C$ 为 $\lg\Delta\sigma$-$\lg n$ 曲线在纵轴上的截距。疲劳容许应力幅也称疲劳极限，计算时取 β 和 C 为参数，对应于正应力幅和剪应力幅的参数 C 分别用 C_Z 和 C_J 表示，值见表 2-3。

直接承受动荷载重复作用的钢结构构件及其连接，当应力变化的循环次数 $n \geqslant 5 \times 10^4$ 次时，应进行疲劳计算。疲劳计算采用容许应力幅法，应力按弹性状态计算。疲劳分为常幅疲劳（所有应力循环内的应力幅保持常量）和变幅疲劳（应力循环内的应力幅随机变化）两种情况进行计算。

1. 常幅疲劳计算

常幅疲劳条件下构件及其连接的名义正应力幅或剪应力幅应符合下列公式的要求

$$\Delta\sigma \leqslant \gamma_t \left[\Delta\sigma_Z\right] \tag{2-6a}$$

$$\Delta\tau \leqslant \left[\Delta\tau_c\right] \tag{2-6b}$$

$$\left[\Delta\sigma_Z\right] = (C_Z/n)^{1/\beta} \tag{2-7a}$$

$$\left[\Delta\tau_c\right] = (C_J/n)^{1/\beta} \tag{2-7b}$$

式中 $\Delta\sigma$ 和 $\Delta\tau$——验算部位的名义正应力幅和名义剪应力幅；

γ_t——板厚（或直径）修正系数；

$\left[\Delta\sigma_Z\right]$、$\left[\Delta\tau_c\right]$——正应力常幅疲劳极限和剪应力常幅疲劳极限（N/mm^2）；

C_Z、C_J、β——参数，正应力幅和剪应力幅的疲劳计算参数，分别见表 2-3 和表 2-4。

对于焊接结构，焊缝及近旁存在高值残余拉应力，焊接残余拉应力最高峰值往往可达到钢材的屈服强度。在裂纹形成过程中，循环内应力的变化是以高达钢材屈服强度的最大内应力为起点，往下波动变化区间为应力幅与该处应力集中系数的乘积，几乎与最大应力无关。在裂纹扩展阶段，裂纹扩展速率主要受控于该处的应力幅值。因此，$\Delta\sigma=\sigma_{max}-\sigma_{min}$，$\Delta\tau=\tau_{max}-\tau_{min}$。

对非焊接结构，一般不存在很高的残余应力，其疲劳寿命不仅与应力幅有关，还与名义最大应力有关，因此，疲劳强度计算统一采用应力幅的形式，对非焊接构件及连接引入折算应力幅，以考虑 σ_{max} 的影响。根据试验结果分析，折算应力幅的计算公式为：$\Delta\sigma=\sigma_{max}-0.7\sigma_{min}$，$\Delta\tau=\tau_{max}-0.7\tau_{min}$。

国内外大量的疲劳试验采用的试件钢板厚度一般都小于 25mm。对于板厚大于 25mm 的构件和连接，试验和理论分析表明，由于板厚引起的焊趾位置的应力集中或应力梯度变化，疲劳强度随着板厚的增加有一定程度的降低，因此需要对容许应力幅进行修正。参考国际上钢结构疲劳设计规范，对于横向角焊缝连接和对接焊缝连接，当连接板厚超过 25mm 时，$\gamma_t=(25/t)^{0.25}$；对于螺栓轴向受拉连接，当螺栓的公称直径 d 大于 30mm 时，$\gamma_t=(30/d)^{0.25}$；其余情况取 $\gamma_t=1.0$。

表 2-3   **正应力幅的疲劳计算参数**

类别	相关系数		常幅疲劳极限 $[\Delta\sigma_c]_{5\times10^6}$ (N/mm²)	变幅疲劳极限 $[\Delta\sigma_v]_{1\times10^8}$ (N/mm²)	容许应力幅 $[\Delta\sigma]_{2\times10^6}$ (N/mm²)
	C_Z (10^{12})	β			
Z1	1920	4	140	85	176
Z2	861	4	115	70	144
Z3	3.91	3	92	51	125
Z4	2.81	3	83	46	112
Z5	2.00	3	74	41	100
Z6	1.46	3	66	36	90
Z7	1.02	3	59	32	80
Z8	0.72	3	52	29	71
Z9	0.50	3	46	25	63
Z10	0.35	3	41	23	56
Z11	0.25	3	37	20	50
Z12	0.18	3	33	18	45
Z13	0.13	3	29	16	40
Z14	0.09	3	26	14	36

表 2-4   **剪应力幅的疲劳计算参数**

类别	相关系数		常幅疲劳极限 $[\Delta\tau_c]_{5\times10^6}$ (N/mm²)	变幅疲劳极限 $[\Delta\sigma_v]_{1\times10^8}$ (N/mm²)	容许应力幅 $[\Delta\sigma]_{2\times10^6}$ (N/mm²)
	C_J	β			
J1	4.10×10^{11}	3	43	16	59
J2	2.00×10^{16}	5	83	46	100
J3	8.61×10^{21}	8	80	55	90

国内外焊接结构的试验资料中也有压应力区发现疲劳开裂的现象。焊接部位存在较大的残余拉应力，造成名义上受压应力的部位仍旧会疲劳开裂，当裂纹扩展到残余拉应力释放后便会停止。考虑疲劳破坏通常发生在焊接部位，而钢结构连接节点的重要性和受力的复杂性，一般不容许开裂，因此对名义受压应力的部位也应进行疲劳计算。

由式（2-7）可知，疲劳极限与钢材的强度无关，这表明不同钢材具有相同的抗疲劳性能，采用强度较高的钢材是不经济的。

2. 变幅疲劳计算

工程结构承受的重复荷载的应力幅多数是随机变化的，如风力发电塔架结构承受的风荷载、桥梁结构的车辆荷载、吊车梁的吊车荷载等。对随机变化的变幅疲劳，若能预测结构在使用寿命期间各种荷载的频率分布、应力幅水平及频次分布总和所构成的设计应力谱，则可算出各正应力幅 $\Delta\sigma_1$、…、$\Delta\sigma_i$、…、$\Delta\sigma_k$ 各自的重复出现次数 n_1、…、n_i、…、n_k，对此可近似地按照线性疲劳累积损伤原则，将随机变化的应力幅折算为等效常幅应力幅 $\Delta\sigma_{eq}$。国际上研究表明，对变幅疲劳问题，低应力幅在高周循环阶段的疲劳损伤程度有所降低，且存在一个不会疲劳损伤的截止限。无论是正应力幅还是剪应力幅，均取 $n=5\times 10^6$ 次时的应力幅为常幅疲劳极限，取 $n=1\times 10^8$ 次时的应力幅为变幅疲劳截止限。当 $\Delta\sigma_{eq}$ 小于表 2-3 中 $[\Delta\sigma_r]_{1\times 10^8}$ 的数值时，可不作疲劳计算。正应力变幅疲劳按下式进行计算

$$\Delta\sigma_{eq} = \left[\frac{\sum n_i \Delta\sigma_i^{\beta} + (\Delta\sigma_c)^{-2} \sum n_j \Delta\sigma_j^{\beta+2}}{\sum n_i + \sum n_j} \right]^{1/\beta} \leqslant \gamma_t [\Delta\sigma_Z] \tag{2-8a}$$

剪应力变幅疲劳按下式计算

$$\Delta\tau_{eq} = \left[\frac{\sum n_i \Delta\tau_i^{\beta}}{\sum n_i} \right]^{1/\beta} \leqslant [\Delta\tau_c] \tag{2-8b}$$

式中　$\Delta\sigma_c$——常幅疲劳极限，其值可由表 2-3 中 $[\Delta\sigma_c]_{5\times 10^6}$ 查得；

$\Delta\sigma_i$、$\Delta\sigma_j$——小于和大于 $\Delta\sigma_c$ 的诸应力幅；

n_i、n_j——对小于应于 $\Delta\sigma_i$、$\Delta\sigma_j$ 的应力循环次数。

吊车梁是钢结构中经常遇到的承受变幅循环荷载的构件。若按式（2-8）计算吊车梁的疲劳，不同的吊车梁都要测试，分析和统计获取应力幅是困难的。根据对一些工厂重级工作制吊车梁的实测资料，按式（2-8）求出 $\Delta\sigma_{eq}$。将 $\Delta\sigma_{eq}$ 与最大一级（满负荷）的应力幅 $\Delta\sigma$ 相比，得欠荷载效应的等效系数

$$\alpha_f = \Delta\sigma_{eq} / \Delta\sigma \tag{2-9}$$

根据实测结果，推算出设计基准期 50 年内各种吊车梁的应力循环总次数 n，设计规范取等效于满荷载时应力循环次数为 2×10^6 次，相应的 α_f 值如表 2-5 所示，容许应力幅也应是 $[\Delta\sigma]_{2\times 10^6}$，$[\Delta\sigma]_{2\times 10^6}$ 可按式（2-7）计算，也可由表 2-3 或表 2-4 查得。重级工作制吊车梁和重级、中级工作制吊车桁架的疲劳可简化为常幅疲劳，按下式计算

$$\alpha_f \Delta\sigma \leqslant \gamma_t [\Delta\sigma]_{2\times 10^6} \tag{2-10}$$

表 2-5　　　　　　　　　　吊车梁和吊车桁架欠荷载效应的等效系数 α_f 值

吊车类别	α_f
A6、A7 工作级别（重级）的硬钩吊车（如均热炉车间夹钳吊车）	1.0
A6、A7 工作级别（重级）的软钩吊车	0.8
A4、A5 工作级别（中级）的吊车	0.5

三、疲劳计算应注意的问题

（1）直接承受动荷载重复作用的钢结构构件及其连接，当应力变化的循环次数 $n \geqslant 5 \times 10^4$ 次时，应进行疲劳计算。

（2）上述疲劳计算方法不适用于构件表面温度大于 150℃、构件处于海水腐蚀环境、构件焊后经热处理消除残余应力、构件处于低周-高应变疲劳状态的情况，此时应专门进行研究。

（3）疲劳计算采用的是容许应力幅法，计算公式是以试验为依据的，试验中已包含了动力的影响，故荷载应采用标准值且不乘动力系数，应力幅按弹性工作计算。

（4）在非焊接构件和连接的条件下，在应力循环中不出现拉应力的部位可不计算疲劳。

（5）抗剪摩擦型连接可不进行疲劳验算，但其连接处开孔主体金属应进行疲劳计算。栓焊并用连接应力应按全部剪力由焊缝承担的原则，对焊缝进行疲劳计算。

四、改善结构疲劳性能的措施

改善结构疲劳性能应针对影响疲劳寿命的主要因素，设计时采用合理的构造细节，努力减小应力集中，尽量避免多条焊缝交汇而导致较大多轴残余拉应力，尽可能使产生高残余拉应力部位处于低应力区。焊接接头中，当拉应力与焊缝轴线垂直时，严禁采用部分焊透对接焊缝、背面不清根的无衬垫焊缝。不同厚度板材或管材对接时，均应加工成斜坡过渡。制作和安装时采取有效工艺措施，保证质量，减少或防止产生初始裂纹。

五、防脆断设计

结构的脆性破坏经常在低温环境下发生，在低温下工作或制作安装的钢结构构件，应进行防脆断设计。钢结构连接构造和加工工艺的选择应减少结构的应力集中和焊接约束应力，焊接构件宜采用较薄的板件组成，应避免现场低温焊接，减少焊缝的数量和降低焊缝尺寸，同时避免焊缝过分集中或多条焊缝交汇。在工作环境温度等于或低于−30℃的地区，焊接构件宜采用实腹式构件，避免采用手工焊接的格构式构件。在工作环境温度等于或低于−20℃的地区，承重构件和节点的连接宜采用螺栓连接，施工临时安装连接应避免采用焊缝连接。受拉构件或受弯构件的拉应力区，宜避免使用角焊缝焊接。钢桁架节点板上的腹杆与弦杆相邻焊缝焊趾间净距不宜小于节点板厚度的 2.5 倍。节点板与构件主材的焊接连接处宜做成半径不小于 60mm 的圆弧，并予以打磨使之平缓过渡。对接焊缝的质量等级不得低于二级。在构件拼接接头部位，应使拼接件自由段的长度不小于拼接件厚度的 5 倍（见图 2-10）。对于特别重要或特殊的结构构件和连接节点，可采用断裂力学和损伤力学的方法对其进行抗脆断验算。

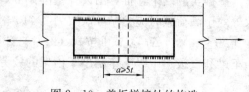

$a>5t$

图 2-10　盖板拼接处的构造

第五节　钢材的钢种、钢号及选择

一、钢种

钢材的种类简称为钢种，可按不同条件进行分类，按化学成分可分为碳素钢和合金钢，其中碳素钢根据含碳量的高低，又可分为低碳钢（C≤0.25%）、中碳钢（0.25%＜C≤0.6%）和高碳钢（C＞0.6%）；合金钢根据合金元素总含量的高低，又可分为低合金钢（合金元素总含量≤5%）、中合金钢（5%＜合金元素总含量≤10%）和高合金钢（合金元素总含量＞10%）。按材料用途可分为结构钢、工具钢和特殊用途钢（如不锈钢等）。按浇铸方法（脱氧方法）分类时有沸腾钢、镇静钢和特殊镇静钢。按硫、磷含量和质量控制分类有普通钢（S≤0.05%、P≤0.045%）、优质钢（S≤0.045%、P≤0.04%，并具有较好的机械性能）和高级优质钢（S≤0.035%、P≤0.03%，并具有较好的机械性能）。钢结构常用的是碳素结构钢和低合金高强度结构钢。

二、钢号

钢材的牌号简称为钢号。钢号的命名方法和性能要求应符合《碳素结构钢》（GB/T 700）和《低合金高强度结构钢》（GB/T 1591）的规定。我国对结构用钢采用统一的牌号标记：依次由代表屈服点的字母 Q、屈服强度数值（为钢材厚度或直径≤16mm 时的屈服强度下限值，单位是 N/mm^2）、质量等级符号（碳素结构钢分为 A、B、C、D、E 五级）三部分来表示。一些钢材在此基础上还有附加符号，如高性能建筑结构用钢在屈服强度数值后增加符号 GJ。Q235 钢和 GJ 钢分别没有 E 级和 A 级质量钢。钢材的质量等级根据冲击韧性的试验温度来划分。A 级质量钢材不提供冲击韧性保证；B、C、D、E 级质量钢材分别提供 20、0、−20、−40℃的冲击韧性合格保证。

1. 碳素结构钢

碳素结构钢的钢号在前述牌号表示方法后还要增加脱氧方法符号（沸腾钢、镇静钢和特殊镇静钢的代号分别为 F、Z 和 TZ，其中 Z 和 TZ 在钢号中省略不写），由四个部分按顺序组成。例如 Q235BF，表示屈服强度为 235N/mm^2 的 B 级沸腾钢。钢材的质量等级中，A、B 级钢按脱氧方法可为沸腾钢或镇静钢，C 级为镇静钢，D 级为特殊镇静钢。

碳素结构钢交货时应有化学成分和机械性能的合格保证书（试验数据），其合格值见附录一。对于化学成分，要求硅、硫、磷含量符合相应等级的规定，但 B、C、D 级钢还要求碳和锰含量符合相应等级的规定。对于机械性能，A 级钢应保证 f_y、f_u、δ 符合要求，B、C、D 级钢还应分别保证 20、0、−20℃的冲击韧性 A_{KV} 值及冷弯合格。

2. 低合金高强度结构钢

低合金高强度结构钢是在钢的冶炼过程中加入一种或几种适量的合金元素而成的钢，质量等级分为 A、B、C、D、E 五级，A、B 级属于镇静钢，C、D、E 级属于特殊镇静钢，无脱氧方法符号，如 Q345B、Q390D、Q420E。

低合金高强度结构钢交货时应有碳、锰、硅、硫、磷、合金元素等化学成分和 f_y、f_u、δ、冷弯等机械性能的合格保证书，其合格值见附录一。

低合金高强度结构钢是钢结构应用最多的钢材，《低合金高强度结构钢》（GB/T 1591—2008）还给出了 Q500、Q550、Q620、Q690 相关性能，可按照热轧、轧控、正火、正火轧制、正火加回火、机械轧制（TMCP）、Z向性能等多种方式交货。

3. 专用结构钢

一些特殊用途的钢结构，如压力容器、桥梁、锅炉等，为适应其特殊受力和工作条件的需要，常采用专用结构钢。专用结构钢是在碳素结构钢或低合金结构钢的基础上冶炼而成，其要求更高，价格也较贵。专用结构钢的钢号用在相应钢号后再加上专业用途代号（压力容器、桥梁、锅炉用钢材的专业用途代号分别为R、q、g）来表示。这些专用结构钢的化学成分和机械性能及工艺性能见相应专用结构钢标准。例如，桥梁用钢见《桥梁用结构钢》（GB/T 714），其中Q345q表示屈服强度为345N/mm^{2}的低合金桥梁用结构钢。桥梁钢与同号的非桥梁钢的主要区别在于硫和磷含量较低，低温冲击韧性随钢材强度提高而提高，如D级和E级的Q420q钢冲击功≥47J，高于Q420q和Q420GJ钢≥34J。桥梁钢也可用于除桥梁外的其他在低温环境下承受动荷载的结构。

《建筑结构用钢板》（GB/T 19879—2005）适用于高层和大跨度及其他重要结构。GJ钢与同号非GJ钢的主要区别在于屈服强度和延伸率提高及屈服强度离散程度降低，如100mm厚的Q345GJ钢屈服强度和延伸率为325MPa和≥22%，规定了屈服强度上限与下限差值为120MPa，而普通Q345钢为305MPa和19%～20%，对屈服强度离散程度没有要求。对于厚度方向性能钢板（Z向钢），在质量等级后加上厚度方向性能级别（Z15、Z25、Z35，相应为厚度方向断面收缩率应≥15%、25%、Z35%）。例如，Q460GJCZ25表示屈服强度为460N/mm^{2}的高性能建筑结构C级质量等级、厚度方向性能级别为Z25的结构钢。Z向钢含硫量特别低，主要用于承受沿钢板厚度方向受拉的厚钢板组成的构件。

抗震用低屈服点钢也称抗震钢，把用抗震钢制作的构件作为结构抗侧力体系的组成部分，是一种构造简单，经济性好，可靠性高，震后更换方便的耗能抗震新技术。抗震钢的屈服点和伸长率应显著低于和高于结构钢，并具有良好的抗低周疲劳性能。我国宝钢等已研究开发出屈服强度为100、160、225MPa等的抗震钢，屈服强度变化为±20MPa，伸长率不小于50%、45%、40%，即使在4%的总应变条件下，应力循环次数不小于200周。抗震钢已用于上海世博会工程等项目中。

为了克服钢材易于锈蚀这一弱点，在钢材冶炼时加入少量的合金元素，如Cu、Cr、Ni、Mo、Nb、Ti、Zr、V等，使其在金属基体表面形成保护层，提高钢材的耐腐蚀性能，这种钢材称为耐大气腐蚀钢，也叫耐候钢。我国生产的耐候钢的牌号和化学成分及机械性能等可见《耐候结构钢》（GB/T 4171—2008）。耐候钢的钢号表示方法与合金钢基本相同，但在屈服强度值后面加耐候或高耐候符号NH或GNH，如Q345GNH。耐候钢的耐腐蚀性能可达普通结构钢的2.8倍，涂装性能可提高1.5倍，适用于外露大气环境或有中度侵蚀性介质环境中的钢结构。耐候钢属于低合金钢，合金元素总量仅占百分之几。不锈钢一般属于高合金钢，合金元素总量可达到百分之十几。因而耐候钢的价格低于不锈钢。

钢结构连接中的铆钉、高强度螺栓、焊条用钢丝等，也采用满足各自连接件要求的专门用钢。例如：铆钉采用塑性和韧性等好的ML（铆螺）2、ML3钢；高强度螺栓采用优质碳素结构钢（35、45号钢）或低合金结构钢（40B、35VB、20MnTiB）等，并且其制成的螺栓、螺母和垫圈等需经热处理，以进一步提高强度和质量。焊条用钢丝采用严格控制化学元素含量并有良好焊接性能的焊丝钢，如H08、H10Mn2等。连接专门用钢的化学成分及机械性能等详见相应标准。连接材料应与主体金属的强度相适应。

铸钢在大型空间结构的复杂节点和支座多有应用，水工钢结构中的支承滚轮等部件，其外形尺寸和所受外力较大，常采用铸钢制造。铸钢的牌号表示方法为代表铸钢的字母 ZG、厚度≤100mm 铸钢件的最小屈服强度、-（半字线）、抗拉强度。对于焊接用铸钢再加代表焊接的字母 H。焊接结构可采用《焊接结构用铸钢件》（GB/T 7695）中的 ZG200-400H、ZG230-450H、ZG275-485H 等钢材。非焊接结构可采用《一般工程用铸造碳钢件》（GB/T 11352）中的 ZG230-450、ZG270-500、ZG310-570、ZG340-640 等铸钢，或《一般工程与结构用低合金铸钢件》（GB/T 14408）中的 ZG35CrMo、ZG50Mn2、ZG34CrNi3Mo 等合金铸钢。水工钢闸门中的主轨、支承结构的轮轴等常采用 35、45 号优质碳素结构钢或 35Mn2、40Cr、34CrNi3Mo 等合金钢锻造。锻件经过锻锤反复锻打，其韧性比铸钢件要好。

随着我国冶金技术的发展，一些钢材的性能指标也得到提高，应注意相关标准中的变化。

三、钢材的选择

根据钢结构对材料的要求，结合工程实践经验，《钢结构设计规范》（GB 50017）推荐碳素结构钢中的 Q235 钢及低合金结构钢中的 Q345、Q390、Q420、Q460 和 Q345GJ 钢作为结构用钢。随着研究的深入，必将有一些满足要求的其他种类钢材可供使用，如在建的沪通公铁两用大桥设计采用了 Q500qE 钢。若选用钢结构设计规范还未推荐的钢材时，宜按照《建筑结构可靠度统一标准》（GB 50068）进行统计分析，也可经研究试验、专家论证、政府行政备案处理，确定其设计强度，作为其材质与性能选用的依据，以确保钢结构的质量。

结构钢材的选用应遵循技术可靠、经济合理的原则，综合考虑结构的重要性、荷载特征、结构形式、应力状态、连接方法、工作环境、钢材厚度和价格等因素，选用合适的钢材牌号和材性保证项目。承重结构所用的钢材应具有屈服强度、断后伸长率、抗拉强度、冷弯试验和硫、磷含量的合格保证，对焊接结构尚应具有碳当量的合格保证；对直接承受动力荷载或需验算疲劳的构件所用钢材尚应具有冲击韧性合格保证。

钢材的质量等级越高，其价格也越高。因此应根据结构的不同特点，来选择适宜的钢材质量等级。A 级钢仅可用于结构工作温度高于 0℃的不需要验算疲劳的结构。

焊接结构在施焊前应按《建筑钢结构焊接技术规程》（JGJ 81）要求进行工艺评定试验，制定出相应的焊接工艺文件后方可在工程中施焊。规程并未对焊接结构所用材料的质量等级做出限值，Q235A 钢具有碳当量合格保证，并通过工艺评定试验后，可用于焊接结构。

在钢结构制造中因钢材质量和焊接构造等原因，厚板容易出现层状撕裂。非加劲的直接焊接节点，钢管管材的屈强比不宜大于 0.8；与受拉构件焊接连接的钢管，当管壁厚度大于 25mm 且沿厚度方向受较大拉应力作用时，应采取措施防止层状撕裂。在 T 形、十字形和角形焊接接头的连接节点中，当板件厚度大于或等于 40mm 且沿板厚方向有较高撕裂拉力作用时（含较高约束拉应力作用），该部位板件钢材宜具有厚度方向抗撕裂性能（Z 向性能）的合格保证，钢板厚度方向性能等级应根据节点形式、板厚、熔深或焊缝尺寸、焊接时节点拘束度及预热后热情况综合确定。

需验算疲劳的焊接结构用钢材，当工作环境温度 $t \geq 0℃$时，质量等级不应低于 B 级；当 $0℃ > t \geq -20℃$时，Q235 和 Q345 钢不应低于 C 级，Q390 和 Q420 及 Q460 钢不应低于

D级；当 $t<-20℃$ 时，Q235 和 Q345 钢不应低于 D 级，Q390 和 Q420 及 Q460 钢应选用 E 级。需验算疲劳的非焊接结构钢材，其质量等级要求可比焊接结构降低一级但不应低于 B 级。$t<-20℃$ 的受拉构件及承重构件的受拉板材，所用钢材厚度或直径不宜大于 40mm，质量等级不宜低于 C 级；当钢材厚度或直径不小于 40mm 时，其质量等级不宜低于 D 级；重要承重结构的受拉板材宜选建筑结构用钢板。

有抗震设防要求的钢结构，钢材应符合国家现行抗震设计规范的规定。采用塑性设计的结构及进行弯矩调幅的构件钢材，屈强比不应大于 0.85；钢材应有明显的屈服台阶，且伸长率不应小于 20%。

连接材料的焊条或焊丝的型号和性能应与相应母材的性能相适应，其熔敷金属的力学性能不应低于相应母材标准的下限值及设计规定。直接承受动力荷载或需要验算疲劳的结构，以及低温环境下工作的厚板结构，宜采用低氢型焊条。柱脚锚栓钢材的质量等级不宜低于 B 级。

对处于外露环境，且对耐腐蚀有特殊要求或在腐蚀性气体和固态介质作用下的承重结构，宜采用 Q235NH、Q355NH 和 Q415NH 牌号的耐候结构钢。

低合金结构钢的 f_y 比 Q235 钢高，在受力大的承重钢结构中采用，可比 Q235 钢减少钢材用量；但其弹性模量与 Q235 钢相同。当构件截面由刚度或疲劳计算控制时，选用低合金结构钢就不能显示出其强度较高的优点，此时宜采用价格较低的碳素结构钢。

四、常用钢材的规格

钢结构所用钢材主要是热轧成型的钢板和型钢（见图 2-11）、冷加工成型的薄壁型钢（见图 2-12）。设计时宜优先选用型钢，以减小制作工作量，降低造价。当型钢规格不能满足要求或尺寸不合适时，再采用钢板制作所需截面形式构件。常用热轧型钢的角钢、槽钢、工字钢、H 型钢、钢管和冷加工成型的薄壁型钢规格和截面特性见附录三。

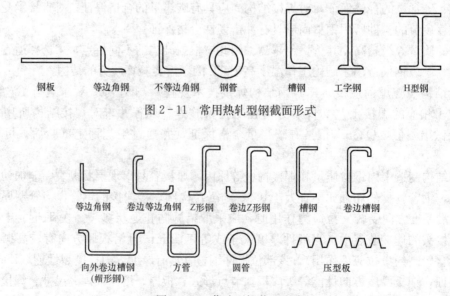

钢板　　等边角钢　　不等边角钢　钢管　　槽钢　　工字钢　　H型钢

图 2-11　常用热轧型钢截面形式

等边角钢　卷边等边角钢　Z形钢　卷边Z形钢　　槽钢　　卷边槽钢

向外卷边槽钢　方管　　圆管　　　压型板
（帽形钢）

图 2-12　薄壁型钢截面形式

1. 热轧钢板

钢板根据板厚 t 分为薄钢板（$t \leqslant 4mm$）、中厚钢板（$4mm < t \leqslant 20mm$）、厚钢板（$20mm < t \leqslant 60mm$）、特厚钢板（$t > 60mm$），钢板的标注符号是"－（钢板截面代号）宽度×厚度×长度"，单位为 mm，也可仅用"－宽度×厚度"或"－厚度"来表示。例如，－360×12×3600，也可表示如－360×12 或－12。

2. 热轧型钢

(1) 角钢。分为等边和不等边角钢两种，也称为等肢和不等肢角钢。角钢标注符号是"∟（角钢代号）边宽×肢厚（等边角钢）或∟长边宽×短边宽×肢厚（不等边角钢）"，单位为 mm，如 ∟100×8 和 ∟100×80×8。

(2) 槽钢。有热轧普通槽钢和轻型槽钢两种。槽钢规格用槽钢符号（普通槽钢和轻型槽钢的符号分别为［和 Q［）和截面高度（单位为 cm）表示，当腹板厚度不同时，还要标注出腹板厚度类别符号 a、b、c，如 ［10、［20a、Q［20a。与普通槽钢截面高度相同的轻型槽钢的翼缘和腹板均较薄，截面面积小但回转半径大。

(3) 工字钢。有普通工字钢和轻型工字钢两种。标注方法与槽钢相同，但槽钢符号"［"应改变为工字钢符号"I"，如 I18、I50a、QI50。

(4) H 型钢和剖分 T 型钢。H 型钢比工字钢的翼缘宽度大并为等厚度，截面材料分布更为合理，因而在截面面积相同的条件下，其绕弱轴的抗弯刚度要比工字钢大一倍以上，绕强轴的抗弯能力也高于工字钢，用钢量可比工字钢减少 $10\% \sim 30\%$。H 型钢的翼缘为等厚度，便于与其他构件连接。H 型钢可较方便地加工制成 T 型钢和蜂窝梁等型材，以满足工程的需要。根据《热轧 H 型钢和剖分 T 型钢》（GB/T 11263），热轧 H 型钢分为宽翼缘 H 型钢、中翼缘 H 型钢、窄翼缘 H 型钢和薄壁 H 型钢，它们的代号分别为 HW、HM、HN 和 HT（W、M、N 和 T 分别为 Wide、Middle、Narrow 和 Thin 英文的字头），规格标记采用高度×宽度×腹板厚度×翼缘厚度来表示，单位为 mm。例如，HW400×400×13×21。剖分 T 型钢分为宽、中、窄翼缘剖分 T 型钢，代号分别为 TW、TM 和 TN，规格标记方法与 H 型钢相同，但高度为剖分后 T 型钢的高度。

(5) 钢管。钢结构中常用热轧无缝钢管和焊接钢管。用"ϕ 外径×壁厚"表示，单位为 mm，例如 ϕ360×6。《结构用无缝钢管》（GB/T 8162—2008）给出的钢管钢材包括 Q235、Q345、Q390、Q420、Q460。设计时应注意其厚度分组与钢板不完全相同，壁厚大的钢管强度设计值和冲击功保证值可能低于《钢结构设计规范》（GB 50017）的数值，如壁厚为 32mm 和 34mm 的 Q345 无缝钢管的强度设计值要低约 10%；－40℃的冲击功保证值为 27J，也低于 Q345 钢其他型材的 34J。

3. 冷成型薄壁型钢

冷成型薄壁型钢是板材在常温状态下，采用弯曲、模压或轧制成型的型钢，目前多采用在连续辊式冷弯机组上生产。变形大的部位存在应变硬化，力学性能会发生变化。我国的薄壁型钢通常是用 $1.5 \sim 6mm$ 厚的镀锌或镀铝锌薄钢板冷加工而成，美国的板厚已达 25.4mm，其截面形式和尺寸可按工程要求合理设计。与相同截面积的热轧型钢相比，其截面抵抗矩大，钢材用量可显著减少。但因钢板的厚度较薄，对锈蚀影响较为敏感。《冷弯型钢》（GB/T 6725—2008）提出产品所用钢材为 Q235、Q345、Q390，规定以型材技术要求作为交货条件，不必再对其原板的材质性能提出要求。厚度小于或等于 6mm 的产品强度设计值可按《冷弯薄壁型钢结构技术规范》（GB 50018）的规定取值。现我国冷成型型材的板厚已达 16mm，不属于冷弯薄壁范围，钢材的屈服强度标准值可由《冷弯型钢》（GB/T 6725—2008）查得，抗力系数可采用试验辅助设计法确定。按照《建筑用压型钢板》（GB/T 12755—2008），设计时应在设计文件上注明压型钢板的材质、设计和质量及技术要求。楼盖用压型钢板宜选用镀锌板，不应选用彩色涂层板。基板镀层应选用热镀锌（牌号后缀 Z）或热镀铝锌（牌号后缀 AZ）。镀层厚度与面漆（涂层）种类应按照应用环境侵蚀条件与使用寿命及工程造价等因素合理选定。屋面、墙面和楼盖用压型钢板的基板厚度宜分别不小于 0.6、0.5mm 和 0.8mm。

4. 高强钢丝和钢索

悬索结构、斜拉结构、预应力结构、张弦梁等结构中的拉索通常采用高强钢丝和钢索组成，分为平行钢丝束和钢绞线两种类型。平行钢丝束每根钢丝保持直线，通常由 7、19、37、61 根钢丝并在一起，共同承受拉力作用。钢绞线由多根钢丝捻成，如图 2-13 所示。高强钢丝由优质碳素钢经多次冷拔而成，其抗拉强度通常在 $1570\sim1700\text{N/mm}^2$，对屈服强度不作要求。

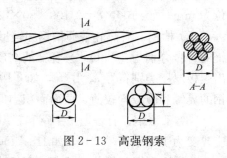

图 2-13　高强钢索

第六节　国外钢材品种和钢号

在对外合作的工程建设中和购置进口钢材时，要涉及国外的钢材的品种和钢号。世界各国的钢材品种和钢号表示方式虽然各有不同，但其共同点是钢号基本上是以强度等级来划分，其表示方式为：

　　　　　字首符号　钢材的强度值　钢材质量等级

字首符号各国表示有所不同。如美国采用 A（Alloy 的第一个字母）；日本采用 SS（一般结构用轧制钢材，第一个 S 为 Steel 的第一个字母）、SM（焊接结构用轧制钢材）、SMA（焊接结构用耐候性轧制钢材）等；德国采用 St（德文钢 Stahl 的前两个字母）；意大利采用 Fe；法国采用 A、E 等；独联体各国采用 C（俄文钢的第一个字母）；英国无字首符号。

钢材的强度值单位一般为 N/mm^2，但美国为 KSI（klb/in^2）。强度值有的采用最低抗拉强度，有的采用钢材的屈服强度。ISO 国际标准、欧共体各国、日本等采用最低抗拉强度，美国、独联体各国等采用钢材的屈服强度。钢材质量等级分为 A、B、C、D、E 等。

1. ISO 国际标准

ISO 国际标准是由国际标准化组织制定的结构钢标准。其常用结构钢品种有 Fe360A、Fe360B、Fe360C（NF）、Fe360D（GF）、Fe430A、Fe430B（NF）、Fe430C（NF）、Fe430D（GF）、Fe510B（NF）、Fe510C（NF）、Fe510D（GF）。其中，NF 是指非沸腾钢；GF 是指钢材中铝含量大于 0.02%，相当于国内特殊镇静钢。

2. 英国标准

英国常用的结构钢品种有：40A、40B、40C、40D、40EE；43A、43B、43C、43D、

43EE；50A、50B、50C、50D、50EE、55EE、55F。

3. 欧洲其他各国标准

欧洲其他各国钢材品种对照见表2-6。

表2-6　　　　　　　　　　　　欧洲其他各国钢材品种对照

ISO 国际标准	各国相应钢材名称					
	英国	法国	德国	意大利	西班牙	比利时
Fe360	40	E24	St37	Fe360	AE235	AE235
Fe430	43	E28	St44	Fe430	AE275	AE255
Fe510	50	E36	St52	Fe510	AE355	AE355
Fe490		A50	St50	Fe480	A490	A490
Fe590		A60	St60	Fe580	A590	A590
Fe690		A70	St70	Fe650	A690	A690

4. 美国标准

美国结构钢材的标准和技术条件是由美国材料与试验协会（ASTM）制定的。结构钢的通用标准是A6/A6M，常用的结构钢有：

（1）A36，结构钢；

（2）A242，低合金高强度结构钢；

（3）A441，低合金高强度锰钒结构钢；

（4）A514，适用于焊接的高屈服强度、淬火和回火的合金钢板；

（5）A529，结构用高强度碳素钢；

（6）A572，结构用高强度低合金铌钒钢；

（7）A588，最低屈服强度为50KSI（345N/mm^2），厚度不超过4in（102mm）的高强度低合金结构钢；

（8）A709，桥梁用结构钢；

（9）A852，最低屈服强度为70KSI（485N/mm^2），厚度不超过4in（102mm）的淬火与回火的低合金结构钢板。

5. 日本标准

常用结构用钢有：

（1）焊接结构用轧制钢：SM400A、B、C，SM490A、B、C，SM490YA、YB，SM520B、C；SM570。

（2）非焊接结构用热轧钢：SS400、SS490、SS540。

（3）焊接结构用热轧耐候钢：SMA400Aw、Ap、Bw、Bp、Cw、Cp；SMA490Aw、Ap、Bw、Bp、Cw、Cp；SMA570w、p。

6. 独联体各国标准

独联体各国的钢材在屈服强度后面可加后缀字母以表示其他特性，"K"表示化学成分有变化，"T"表示为热强化钢材。常用的结构钢有C235、C245、C255、C275、C285、C345、C345K、C370、C390、C390K、C440、C590、C590K等。

各国钢材标准不同，很难明确地找出与我国钢材品种之间的相应关系，正确做法是检查它们提供的质量保证书（化学成分和机械性能），以确定该钢种与我国哪个钢种是相近的。现将以屈服强度和抗拉强度为依据的国外结构钢与我国结构钢相应关系列于表2-7，铸钢相应关系列于表2-8，供使用时参考。

表2-7　国外钢材品种与我国钢材品种对应表

中国	美国	日本	英国	法国	德国	独联体各国标准
Q235	A36	SS400 SM400 SMA400	40	E24	St37	C235
Q345	A572－50级	SM490YA SM490YB SM520	50D	E36	St44	C345
Q390	A572－60级	SM570	50F	A50	St50	C390
Q420	A572－65级			A60	St60	C440

表2-8　国外铸钢品种与我国铸钢品种对应表

中国 （GB）	美国		日本 （JIS）	英国 （BS）	法国 （NF）	德国 （DIN）	前苏联 （ГОСТ）	国际标准 （ISO）
	ASTM	UNS						
ZG200－400	—	J01700	SC360	AW1，CLA9	E20－40M	GS－38 GS－CK16	15Л	200～400
ZG230－450	LC8	J03003	SC410	CLA1Gr.B	E23－45M	GS－52 GS－CK25	25Л	230～450
ZG270－500		J04000	SC480	A2	—	GS－60 GS－62	35Л	270～480
ZG310－570	80－40	J05002	SCC5	A3 AW2	—	GS－70 GS－CK45	45Л	340～550
ZG340－640	—	J05000	—	—	—		55Л	—

当结构使用国外生产且满足国际材料标准的钢材时，如既有国外标准，又有相同或相近中国标准，应按中国钢结构工程施工质量验收规范要求验收，可就近就低按中国规范取用设计强度，在具体工程中使用。如有国外标准，但无相近中国标准可供参照，可对材质证明文件和验收试验资料经统计分析和专家会商后确定设计强度，在具体工程中使用。

思 考 题

1. 钢结构对钢材有哪些要求？
2. 碳、硫、磷对钢材的性能有哪些影响？
3. 促使钢材转脆的主要因素有哪些？
4. 应力集中对钢构件的受力性能有何影响？设计时如何减小应力集中？
5. 在什么情况下选用低合金高强度结构钢不能较好地发挥其强度高的优点？
6. 冷弯试验主要检验钢材的什么性能？

7. 把结构钢材一次拉伸时的 σ-ε 关系假设为理想弹塑性体的根据是什么？

8. 钢材在多轴应力状态下，如何确定它的屈服条件？

9. 冲击韧性代表钢材什么性能？单位是什么？

10.《钢结构设计规范》（GB 50017）验算疲劳强度时，为什么把构件和连接分成 14 组？根据是什么？

11. 钢材发生塑性破坏具有哪些特征？

12. 钢材产生脆性破坏的特征及原因是什么？防止脆性断裂的措施有哪些？

13. 钢结构对钢材有哪些要求？

14. 温度对钢材的性能有什么影响？

15. 什么是钢材的可焊性？影响钢材可焊性的主要因素有哪些？

16. 钢材的力学性能为何要按照厚度（直径）分组？

17.《钢结构设计规范》（GB 50017）推荐使用的钢材有哪些？

18. 选用钢材时应考虑哪些因素？

19. 国际上钢号的表示方式一般包括哪几部分？

20. 如何使用国外生产的钢材？

 习 题

2-1 指出下列钢号代表的含义：

(1) Q235BF；　　　(2) Q345D；　　　(3) Q370q；　　　(4) Q420E

(5) Q420GJBZ15；　(6) Q390NH。

2-2 指出下列型钢型号代表的含义：

(1) －400×10×4000；　　(2) ∟125×80×10；　　(3) HN700×300×13×24；

(4) TM294×300×12×20；　(5) ϕ299×9；　　(6) I63a。

2-3 某重级工作制软钩吊车的焊接工字形截面吊车梁，下翼缘与腹板采用自动焊的角焊缝连接，焊缝外观满足二级质量要求。在吊车荷载作用下，焊缝中的最大和最小拉应力分别为 150N/mm² 和 80N/mm²，要求验算焊缝连接是否满足疲劳设计要求。

2-4 选择题：在每小题列出的四个备选项中只有一个是符合题目要求的，请将其代码填写在横线上。

(1) 在钢结构设计中，通常以_____的值作为设计承载力的依据。

(A) 屈服点；　　(B) 比例极限；　　(C) 抗拉强度；　　(D) 伸长率

(2) 与单向拉应力作用相比，钢材承担三向拉应力作用时_____。

(A) 破坏形式没变化；　　　　　(B) 易发生塑性破坏；

(C) 易发生脆性破坏；　　　　　(D) 无法判定

(3) 钢材所含化学成分中，需严格控制含量的有害元素为_____。

(A) 碳、锰；　　(B) 钒、锰；　　(C) 硫、氮、氧；　　(D) 铁、硅

(4) 钢材的伸长率 δ 用来反映材料的_____。

(A) 承载能力；　　　　　　　　(B) 弹性变形能力；

(C) 塑性变形能力；　　　　　　(D) 抗冲击荷载能力

（5）同类钢种的钢板，厚度越大，_____。

（A）强度越低；　　　　　　　　　　（B）塑性越好；

（C）韧性越好；　　　　　　　　　　（D）内部构造缺陷越少

（6）当温度从常温下降为低温时，钢材的塑性和冲击韧性_____。

（A）升高；　　　（B）下降；　　　（C）不变；　　　（D）升高不多

第三章　钢结构的连接

第一节　钢结构的连接方法

钢结构是由钢板、型钢通过必要的连接组成基本构件，如梁、柱、桁架等；再通过一定的安装连接装配成空间整体结构，如屋盖、厂房、钢闸门、钢桥等。可见，连接的构造和计算是钢结构设计的重要组成部分。钢结构连接应当符合安全可靠、节约钢材、构造简单和施工方便等原则。

钢结构的连接方法可分为焊缝连接、铆钉连接和螺栓连接三种，如图3-1所示。

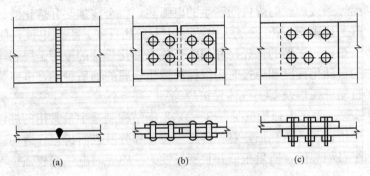

图3-1　钢结构的连接方法
(a) 焊缝连接；(b) 铆钉连接；(c) 螺栓连接

一、焊缝连接

焊缝连接（简称焊接）是现代钢结构最主要的连接方法。其优点是不削弱构件截面（不必钻孔），构造简单，节约钢材，加工方便，在一定条件下还可以采用自动化操作，生产效率高。此外，焊缝连接的刚度较大、密封性较好。

焊缝连接的缺点是焊缝附近钢材因焊缝的高温作用而形成热影响区，热影响区由高温降到常温冷却速度快，会使钢材脆性加大。同时，由于热影响区的不均匀收缩，易使焊件产生焊接残余应力及残余变形，甚至可以造成裂纹，导致脆性破坏。焊缝连接结构低温冷脆问题也比较突出。

二、铆钉连接

铆钉连接（简称铆接）的优点是塑性和韧性较好，传力可靠，质量易于检查和保证，可用于承受动力荷载的重型结构。但是，由于铆钉连接工艺复杂、用钢量多，因此，费钢又费工，现已很少采用。

三、螺栓连接

螺栓连接分为普通螺栓连接和高强度螺栓连接两种。普通螺栓通常用Q235钢制成，高强度螺栓则用高强度钢材制成并经热处理。高强度螺栓因其连接紧密，耐疲劳，承受动力荷载可靠，成本也不太高，目前在一些重要的永久性结构的安装连接中，已成为代替铆钉连接的优良连接方法。

螺栓连接的优点是安装方便，特别适用于工地安装连接，也便于拆卸，适用于需要装拆的结构和临时性连接。其缺点是需要在板件上开孔和拼装时对孔，增加制造工作量；螺栓孔还将削弱构件截面，且被连接的板件需要相互搭接或另加拼接板或角钢等连接件，因而比焊接连接多费钢材。

第二节　焊接方法、焊接类型和质量级别

一、钢结构中常用的焊接方法

焊接方法很多，钢结构中主要采用电弧焊，薄钢板（$t \leqslant 3\text{mm}$）的连接有时也可以采用电阻焊或气焊。

1. 电弧焊

电弧焊是利用焊条或焊丝与焊件间产生的电弧热，将金属加热并熔化的焊接方法。其原理是采用低电压（一般为 $50 \sim 70\text{V}$）、大电流（几十到几百安）引燃电弧，使焊件与焊条或焊丝之间产生很大热量和强烈的弧光，利用电弧热来熔化焊件的边缘金属和焊条（丝）进行焊接。根据操作的自动化程度和焊接时用以保护熔化金属的物质种类，电弧焊可分为手工电弧焊、自动和半自动埋弧焊及 CO_2 气体保护焊等。

（1）手工电弧焊。手工电弧焊（见图 3-2）是钢结构制造中最常用的焊接方法，设备简单，操作灵活，适用性和可达性强，对各种施焊位置和分散或曲折短焊缝均适用；缺点是生产效率比自动、半自动焊低，质量稍低并且变异性大，施焊时电弧光较强。

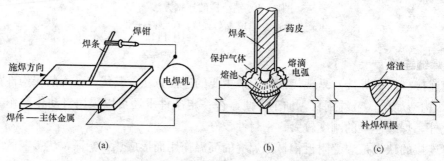

图 3-2　手工电弧焊示意图
（a）系统图；（b）焊缝形成过程；（c）完成的焊缝

手工电弧焊所采用的焊条，其表面都敷有一层 $1 \sim 1.5\text{mm}$ 厚的药皮。药皮的作用：稳定电弧；施焊时产生气体保护熔融金属与大气隔离，以防止空气中氧氮侵入而使焊缝变脆；形成熔渣（清理焊缝时铲除）覆盖于熔成焊缝表面，使与大气隔离，并使焊缝冷却缓慢以便混入熔融金属中的气体和有害杂质溢出表面；另外，药皮中的合金成分还可以改善焊缝性能。

焊条选用应和焊件钢材的强度和性能相适应。手工焊时，Q235 钢焊件用 E43 系列型焊条，Q345 和 Q390 钢焊件用 E50 或 E55 系列型焊条，Q420 和 Q460 钢焊件用 E55 或 E60 系列型焊条。其中 E 表示焊条；后面两位数字表示焊缝熔敷金属或对接焊缝的抗拉强度分别

为 420、490、540、590N/mm² （折合 43、50、55、60kgf/mm²）。当不同强度的钢材连接时，宜采用与低强度钢材相适应的焊条。

（2）焊剂层下自动或半自动埋弧焊。焊剂层下自动或半自动埋弧焊（见图 3-3）是焊接过程机械化的一种主要方式。它所采用的是盘状连续的光焊丝在散粒状焊剂下燃弧焊接，散粒状焊剂的作用与手工焊焊条的药皮相同。自动焊的引弧、焊丝送下、焊剂堆落和焊丝沿焊缝方向的移动都是自动的。而半自动焊的焊接前进方式仍是依靠手持焊枪移动。

埋弧焊的优点是与大气隔离保护效果好，且无金属飞溅，弧光不外漏；可采用较大电流使熔深加大，相应可减小对接焊件间隙和坡口角度；节省焊丝和电能，劳动条件好，生产效率高；焊缝质量稳定可靠，塑性和韧性也较好。其缺点是焊前装配要求严格，施焊位置受限制，较适用于长直的水平俯焊缝或倾角不大的斜面焊缝，不如手工焊灵活。

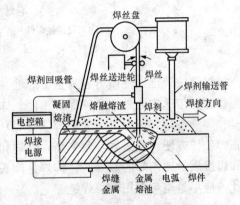

图 3-3　焊剂层下自动焊示意图

埋弧焊所采用的焊丝和焊剂应与焊件钢材相匹配，焊丝一般采用专门的焊接用钢丝。对 Q235 钢，可采用 H08A、H08MnA、H08E 等焊丝，相应的焊剂分别为 HJ431、HJ430 和 SJ401。对低合金高强度结构钢尚应根据坡口情况相应选用。对 Q345 钢，不开坡口的对接焊缝，可用 H08A 焊丝，中厚板开坡口对接可用 H08MnA、H10Mn2 和 H10MnSi 焊丝，焊剂可用 HJ430、HJ431 或 SJ301；而厚板深坡口对接宜采用 H08MnMoA、H10Mn2 焊丝，焊剂可用 HJ350。对 Q390 钢和 Q420 钢，不开坡口的对接焊缝用 H08A、H08MnA 焊丝，中厚板开坡口对接时用 H10Mn2、H10MnSi，焊剂用 HJ430 或 HJ431；而厚板深坡口对接时常用 H08MnMoA 焊丝，焊剂为 HJ350 或 HJ250。对 Q460 钢焊件，可采用 H08MnMoA 和 H08Mn2MoVA 焊丝。

2. 电阻焊

电阻焊是利用电流通过焊件接触点表面的电阻所产生的热量来熔化金属，再通过压力使其焊合。冷弯薄壁型钢的焊接，常用电阻点焊，板叠总厚度一般不超过 12mm，焊点应主要承受剪力，其抗拉（撕裂）能力较差。

3. 熔嘴电渣焊

焊接箱形截面构件内的横隔板四边应与箱壁板焊接，最后一条边的焊缝无法采用手工焊，需采用熔嘴电渣焊。熔嘴电渣焊是用细直径冷拔无缝钢管外涂药皮制成的管作为熔嘴，焊丝在管内送进。进行竖直施焊，焊接时将管焊条插入由被焊钢板和钢条形成的缝槽中，电弧把焊剂熔化成熔渣池，电流使熔渣温度超过钢材的熔点，从而熔化焊丝和钢板边缘，形成一条堆积的焊缝。

二、焊缝连接形式及焊缝类型

焊缝连接形式按被连接构件间的相对位置分为对接、搭接、T形连接和角接四种，如图 3-4 所示。所采用的焊缝按其构造来分，主要有对接焊缝和角焊缝两种类型。T形连接和角接根据板厚、焊接方法、焊接受力情况，可采用角焊缝或开坡口的对接焊缝。

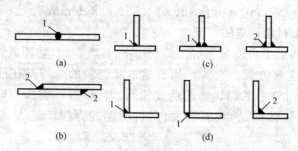

图 3-4　焊接连接形式和焊缝类型

（a）对接连接；（b）搭接连接；（c）T 形连接；（d）角接连接

1—对接焊接；2—角焊缝

焊缝按其工作性质可分为强度焊缝和密强焊缝两种。强度焊缝只作为传递内力之用，密强焊缝除传递内力外，还须保证不使气体或液体渗漏。

焊缝按施焊位置可分为俯焊（平焊）、立焊、横焊和仰焊四种，如图 3-5 所示。俯焊的施焊工作方便，质量好，效率高；立焊和横焊是在立面上施焊的竖向和水平焊缝，生产效率和焊接质量比俯焊的差一些；仰焊是仰头向上施焊，操作条件最差，焊缝质量不易保证，因此，应尽量避免采用仰焊焊缝。

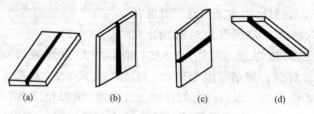

图 3-5　焊缝位置示意图

（a）俯焊；（b）立焊；（c）横焊；（d）仰焊

三、焊缝缺陷、质量检验和焊缝级别

1. 焊缝缺陷

焊缝缺陷是指焊接过程中，产生于焊缝金属或邻近热影响区钢材表面或内部的缺陷。常见的缺陷有：①焊缝尺寸偏差；②咬边，如焊缝与母材交界处形成凹坑；③弧坑，起弧或落弧处焊缝形成的凹坑；④未熔合，指焊条熔融金属与母材之间局部未熔合；⑤母材被烧穿；⑥气孔；⑦非金属夹渣；⑧裂纹。以上这些缺陷，一般都会引起应力集中，削弱焊缝有效截面，降低承载能力，尤其裂纹对焊缝受力的危害最大，它会产生严重的应力集中，并易于扩展引起断裂，按规定是不允许产生裂纹的。因此，若发现焊缝有裂纹，应彻底铲除后补焊。

2. 焊缝质量检验和焊缝级别

根据结构类型和重要性，《钢结构工程施工质量验收规范》（GB 50205—2012）将焊缝质量检验级别分为三级。Ⅲ级检验项目规定只对全部焊缝做外观检查，即检验焊缝实际尺寸是否符合要求和有无看得见的裂纹、咬边和气孔等缺陷；Ⅰ级和Ⅱ级焊缝应采用超声波探伤进行内部缺陷的检验，当超声波探伤不能对缺陷作出判断时，应采用射线探伤。Ⅰ级焊缝超声波和射线探伤比例均为 100%，Ⅱ级焊缝超声波和射线探伤的比例均为 20%，且均不小于 200mm。当焊缝深度小于 200mm 时，应对整条焊缝探伤。探伤应符合《钢焊缝手工超声波探伤方法和探伤结果分级》（GB 11345—2013）或《钢熔化焊对接接头射线照相和质量分级》（GB 3323—2005）的规定。

钢结构中一般采用Ⅲ级焊缝，即可满足通常的强度要求，但其对接焊缝的抗拉强度有较大的变异性，《钢结构设计规范》（GB 50017）规定，其设计值仅为主体钢材的 85% 左右。因而对有较大拉应力的对接焊缝，以及直接承受动力荷载构件的较重要的焊缝，可部分采用Ⅱ级焊缝，对抗动力和疲劳性能有较高要求处可采用Ⅰ级焊缝。

四、焊缝符号及标注方法

在钢结构施工图上的焊缝应采用焊缝符号表示，焊缝符号及标注方法应按《建筑结构制图标准》（GB/T 50105—2010）和《焊缝符号表示法》（GB 324—2008）执行。

焊缝符号由指引线和表示焊缝截面形状的基本符号组成，必要时还可加上辅助符号、补充符号和焊缝尺寸符号。

（1）指引线一般由带箭头的指引线和两条相互平行的基准线所组成。一条基准线为实线，另一条为虚线，均为细线，如图 3-6 所示。虚线的基准线可以画在实线基准线的上侧或下侧。基准线一般应与图纸的底边相平行，但在特殊条件下也可与底边相垂直。为引线方便，允许箭头弯折一次。图 3-6（b）、（c）的表示方法是相同的，都代表图 3-6（a）所示 V 形对接焊缝。

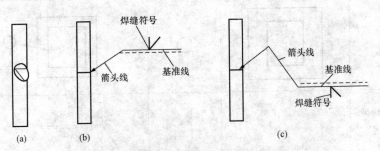

图 3-6　焊缝指引线的画法
（a）V 形对接焊缝；（b）标注方法一；（c）标注方法二

（2）基本符号用以表示焊缝的形状。表 3-1 中摘录了一些常用的焊缝基本符号。基本符号与基准线的相对位置应按下列规则表示：

1）如果焊缝在接头的箭头侧，基本符号应标在基准线的实线侧；

2）如果焊缝在接头的非箭头侧，基本符号应标在基准线的虚线侧；

3）当为双面对称焊缝时，基准线可只画一条实线；

4）当为单面的对接焊缝，如 V 形焊缝、U 形焊缝，则箭头线应指向有坡口一侧，如图 3-6 所示。

（3）辅助符号是表示焊缝表面形状特征的符号，如对接焊缝表面余高部分需加工，使其与焊缝表面齐平，则可在对接焊缝符号上加一短线，此短线即为辅助符号，见表 3-1。

（4）补充符号是为了补充说明焊缝的某些特征而采用的符号，见表 3-1。

表 3-1　　　　　　　焊缝符号中的基本符号、辅助符号和补充符号摘录

基本符号	名　称	对接焊缝					角焊缝	塞焊缝与槽焊缝	点焊缝
		I 形焊缝	V 形焊缝	单边 V 形焊缝	带钝边的 V 形焊缝	带钝边的 U 形焊缝			
	符　号	‖	 V	 V	 Y	 Y	 △	⊔	○

	名　称	示　意　图	符　号	示　　例
辅助符号	平面符号	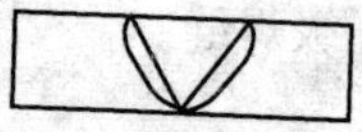	—	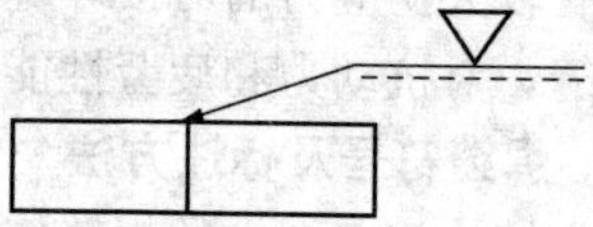
	凹面符号	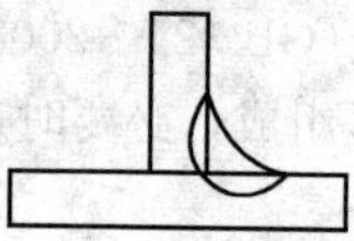	⌣	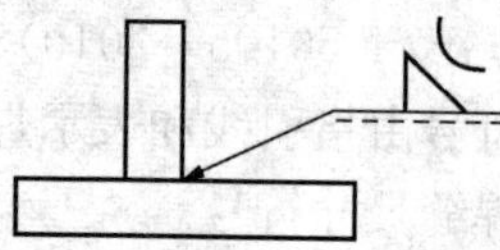
补充符号	三面围焊缝符号	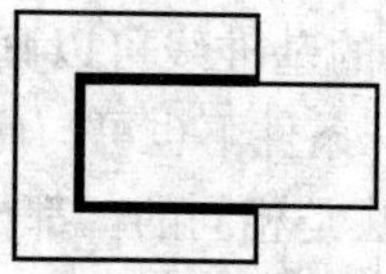	 ⊏	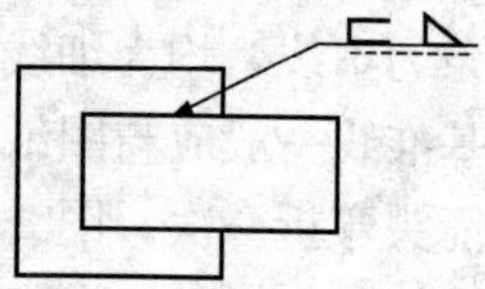
	周边焊缝符号	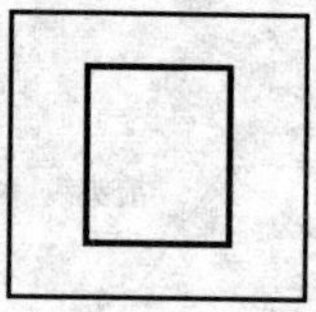	○	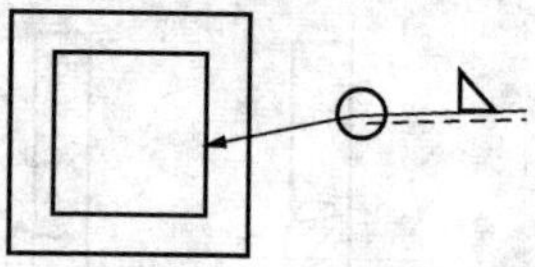
	工地现场焊缝符号			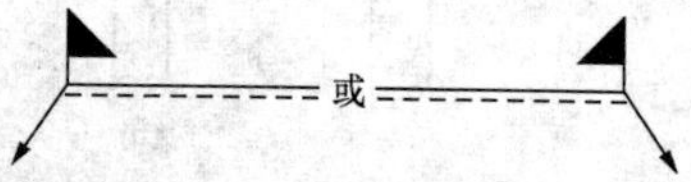 或

第三节　对接焊缝连接的构造和计算

对接焊缝又称坡口焊缝，因为在施焊时，焊件间需具有适合于焊条运转的空间，故一般均将焊件边缘加工成坡口，焊缝则焊在两焊件的坡口面之间，或一焊件的坡口与另一焊件的表面之间。对接焊缝传力直接、平顺，没有显著的应力集中现象，因而受力性能良好，对于承受静、动力荷载的构件连接都适用。但由于对接焊缝的质量要求较高，焊件之间施焊间隙要求较严，一般多用于工厂制造的连接中。

一、对接焊缝连接的构造要求

对接焊缝施工时，应对板件边缘加工成适当形式和尺寸的坡口，以便焊接时有焊条运转的必要空间，保证对接焊缝内部有足够的熔透深度。坡口形式分为Ⅱ形缝（即不开坡口）、V 形、U 形、X 形、单边 V 形、单边 U 形和 K 形，如图 3-7 所示。坡口形式随板厚和焊接方法而不同。采用手工焊时，当板厚 $t \leqslant 10\text{mm}$ 时，可采用不开坡口的Ⅱ形缝，只需保持

$0.5\sim2mm$ 的间隙，$t\leqslant5mm$ 时可单面焊；当板厚 $t=10\sim20mm$ 时，采用 V 形或半 V 形坡口；对于较厚的板件 $t\geqslant20mm$ 时，采用 V 形、K 形或 U 形。对于 V 形和 U 形缝的根部还需要清除焊根，并进行补焊。没有条件清根和补焊者，要事先加垫板。当采用自动焊时，因所用电流强，熔深大，只在 $t\geqslant16mm$ 时，才采用 V 形坡口。具体的对接焊缝的坡口形式和尺寸见《气焊、手工电弧焊及气体保护焊焊缝坡口的基本形式与尺寸》（GB 985—2008）和《埋弧焊焊缝坡口的基本形式及尺寸》（GB 986—2008）。

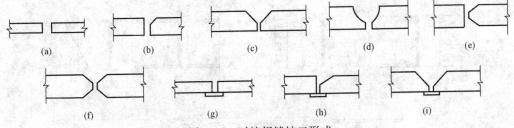

图 3-7　对接焊缝坡口形式

(a) 无垫板Ⅱ形缝；(b) 无垫板单边 V 形坡口；(c) 无垫板 V 形坡口；(d) 无垫板 U 形坡口；
(e) K 形坡口；(f) X 形坡口；(g) 有垫板Ⅱ形坡口；(h) 有垫板单边 V 形坡口；(i) 有垫板 V 形坡口

在焊件宽度或厚度有变化的连接中，为了减缓应力集中，应从板的一侧或两侧做成坡度不大于 1:2.5 的斜坡（见图 3-8），形成平缓过渡。如板厚相差不大于 4mm，可不做斜坡。

注意：直接承受动荷载或需要进行疲劳计算的结构，图 3-8 所指斜面坡度不应大于1:4。

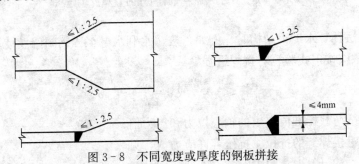

图 3-8　不同宽度或厚度的钢板拼接

一般在焊缝起弧端和终点灭弧端分别存在弧坑和未熔透等缺陷，这些缺陷统称为焊口。焊口处常形成类裂纹和应力集中。一般的焊缝计算长度 l_w 应由实际长度减去 $2t$（t 为焊缝厚度）。为消除焊口影响，焊接时可将焊缝的起弧点和灭弧点延伸至引弧板（见图 3-9）上，焊后将引弧板切除。此种带引弧板焊缝的计算长度 l_w 即等于其实际长度。

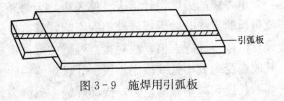

图 3-9　施焊用引弧板

二、对接焊缝的强度计算

1. 对接直焊缝承受轴心力

对接直焊缝承受轴心力 N（拉或压）作用时［见图 3-10（a）］，其强度计算式为

$$\sigma=\frac{N}{l_w t}\leqslant f_t^w \text{ 或 } \sigma=\frac{N}{l_w t}\leqslant f_c^w \tag{3-1a}$$

式中　　N——按荷载设计值得出的轴心拉力和压力；

　　　　l_w——焊缝的计算长度，当未采用引弧板时，每条焊缝取实际长度减去 $2t$（t 为焊缝厚度），当采用引弧板时，取焊缝实际长度；

　　　　t——焊缝厚度，取连接构件中较薄板的厚度，在 T 形连接中取为腹板的厚度；

f_t^w、f_c^w——对接焊缝的抗拉、抗压强度设计值，见表 1-4。

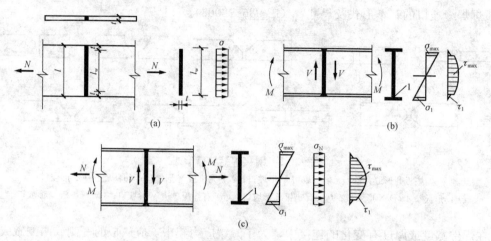

图 3-10　对接焊缝连接的受力情况
(a) 承受轴心力作用的钢板对接焊缝；(b) 承受弯矩和剪力联合作用的 H 型钢对接焊缝；
(c) 承受弯矩、剪力及轴心力联合作用的 H 型钢对接焊缝

　　按容许应力法计算水工钢结构时〔例如，按《水利水电工程钢闸门设计规范》（SL 74—2013）的规定〕，应按下式验算对接焊缝强度

$$\sigma = \frac{N}{l_w t} \leqslant [\sigma_t^h] \quad \text{或} \quad \sigma = \frac{N}{l_w t} \leqslant [\sigma_c^h] \tag{3-1b}$$

式中　　N——按荷载标准值得出的轴心拉力和压力值；

$[\sigma_t^h]$、$[\sigma_c^h]$——对接焊缝的抗拉、抗压容许应力值，见表 1-9。

　　按容许应力方法计算时，可参照式（3-1a）改成式（3-1b）的方式进行，将强度设计值改用相应的容许应力，并注意 N 或 V 或 M 等是按荷载标准值求得。

　　由焊缝的强度设计值表（见表 1-4）或容许应力值表（见表 1-9）可知，当采用Ⅲ级质量检验方法时，因焊缝缺陷的影响，其抗拉强度设计值或容许应力值低于焊件钢材的强度设计值或容许应力值，故对接直焊缝的焊件钢材强度常不能充分利用。若是拼接焊缝，可将其改在受力较小处或改用Ⅰ级、Ⅱ级焊缝检验方法并加引弧板。否则可采用斜焊缝，以增加焊缝长度，减小焊缝应力，提高焊缝承载能力。因斜切钢板废料较多，其应用受到限制。按《钢结构设计规范》（GB 50017）规定，当焊缝与轴心拉力作用方向间的夹角 $\tan\theta \leqslant 1.5$（$\theta \leqslant 56.3°$）时，其承载能力超过母材，可不必再验算静力强度。

　　2. 对接焊缝承受剪力和弯矩

　　对接焊缝承受弯矩 M 和剪力 V 作用时，如图 3-10（b）所示，其焊缝强度验算式为

$$\sigma = \frac{M}{W_w} \leqslant f_t^w \tag{3-2}$$

$$\tau = \frac{VS_w}{I_w t} \leqslant f_v^w \tag{3-3}$$

式中 W_w——对接焊缝截面抵抗矩；

I_w——对接焊缝截面对其中和轴的惯性矩；

S_w——所求应力点以上（或以下）焊缝截面对中和轴的面积矩；

f_v^w——对接焊缝的抗剪强度设计值（见表1-4）。

对于承受弯矩和剪力的对接焊缝，在正应力和剪应力都较大处，如图3-10（b）所示工字形截面腹板与翼缘的交接处1点，还应验算该点的折算应力，验算式为

$$\sqrt{\sigma_1^2 + 3\tau_1^2} \leqslant 1.1 f_t^w \tag{3-4}$$

式中的系数1.1是考虑最大折算应力仅在局部产生，而将强度设计值提高10%。

3. 对接焊缝承受弯矩、剪力和轴心力

对接焊缝承受弯矩、剪力和轴心力共同作用时，如图3-10（c）所示，其强度验算式为

$$\sigma = \frac{M}{W_w} + \frac{N}{A_w} \leqslant f_t^w \tag{3-5}$$

$$\sqrt{\sigma_N^2 + 3\tau_{max}^2} \leqslant 1.1 f_t^w \tag{3-6}$$

$$\sqrt{(\sigma_1 + \sigma_N)^2 + 3\tau_1^2} \leqslant 1.1 f_t^w \tag{3-7}$$

式中 A_w——对接焊缝的截面面积。

其他符号同前。

【例3-1】 设计一 500mm×14mm 钢板的对接焊缝拼接，钢板承受轴心拉力 $N = 1400$kN（设计值），钢材为 Q235BF，采用 E43 型焊条，手工电弧焊，III 级质量检验，未采用引弧板，如图3-11所示。

解 由表1-4查得 $f_t^w = 185$N/mm²，焊缝计算长度

$$l_w = 500 - 28 = 472\text{mm}$$

则

$$\sigma = \frac{N}{l_w t} = \frac{1400 \times 10^3}{472 \times 14} = 211.9\text{N/mm}^2 > f_t^w = 185\text{N/mm}^2$$

可见直焊缝强度不够，故应采用斜焊缝，按照 $\tan\theta \leqslant 1.5$ 的要求布置斜焊缝即可，而不必再行验算。

【例3-2】 计算图3-12所示工字形截面梁拼接连接的对接焊缝。已知钢材为 Q235BF，采用 E43 型焊条，手工电弧焊，III级质量检验，采用引弧板施焊。拼接截面承受弯矩 $M = 1000$kN·m（设计值），剪力 $V = 225$kN（设计值）。

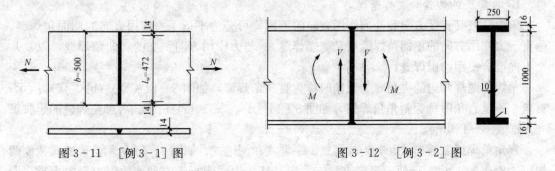

图3-11 ［例3-1］图　　　　图3-12 ［例3-2］图

解 由表 1 - 4 查得 $f_c^w = 215\text{N/mm}^2$，$f_t^w = 185\text{N/mm}^2$，$f_v^w = 125\text{N/mm}^2$，焊缝截面参数

$$I_w = \frac{1}{12}(250 \times 1032^3 - 240 \times 1000^3)$$

$$= 2898 \times 10^6 \text{mm}^4$$

$$W_w = \frac{I_w}{h/2} = \frac{2898 \times 10^6}{516} = 5.616 \times 10^6 \text{mm}^3$$

$$S_1 = 250 \times 16 \times 508 = 2.030 \times 10^6 \text{mm}^3$$

$$S = S_1 + 10 \times 500^2/2 = 3.282 \times 10^6 \text{mm}^3$$

则

$$\sigma_w = \frac{M}{W_w} = \frac{1000 \times 10^6}{5.616 \times 10^6} = 178.1\text{N/mm}^2 < f_t^w = 185\text{N/mm}^2$$

$$\tau_w = \frac{VS}{I_w t} = \frac{225 \times 10^3 \times 3.282 \times 10^6}{2898 \times 10^6 \times 10} = 25.5\text{N/mm}^2 < f_v^w = 125\text{N/mm}^2$$

$$\sigma_1 = \frac{M}{I}y_1 = \frac{1000 \times 10^6 \times 500}{2898 \times 10^6} = 172.5\text{N/mm}^2 < f_t^w = 185\text{N/mm}^2$$

$$\tau_1 = \frac{VS_1}{I_w t} = \frac{225 \times 10^3 \times 2.03 \times 10^6}{2898 \times 10^6 \times 10} = 15.8\text{N/mm}^2 < f_v^w = 125\text{N/mm}^2$$

$$\sqrt{\sigma_1^2 + 3\tau_1^2} = \sqrt{172.5^2 + 3 \times 15.8^2} = 174.7\text{N/mm}^2 < 1.1f_t^w$$

$$= 1.1 \times 185 = 203.5\text{N/mm}^2$$

对接焊缝满足强度要求。

第四节 角焊缝连接的构造和计算

角焊缝为沿两直交或斜交焊件的交线焊接的焊缝，可用于对接、搭接，以及直角或斜角相交的 T 形和角接接头中，如图 3 - 13 所示。因为角焊缝施焊时板边不需要加工坡口，施焊较方便，其在工厂制造和工地安装连接中得到了广泛应用。

一、受力情况和构造要求

1. 角焊缝的形式和受力情况

角焊缝按其长度方向和外力作用方向的不同，可分为平行于力作用方向的侧面角焊缝、垂直于力作用方向的正面角焊缝（又称端焊缝）、与力作用方向斜交的斜向角焊缝，以及几个方向混合使用的围焊缝。

角焊缝两焊脚边的夹角 α 为直角时称为直角角焊缝，如图 3 - 14 （a）、（b）、（c）所示；夹角 α 不是直角时称为斜角角焊缝，如图 3 - 14 （d）、（e）、（f）所示。各种角焊缝的焊脚尺寸 h_f 如图 3 - 14 所示。

直角角焊缝截面形式又分为普通式、平坡式和深熔式，如图 3 - 14 所示。普通式截面两焊脚边比例为 1：1，近似于等腰直角三角形，其传力线弯折较剧烈，故应力集中严重。对

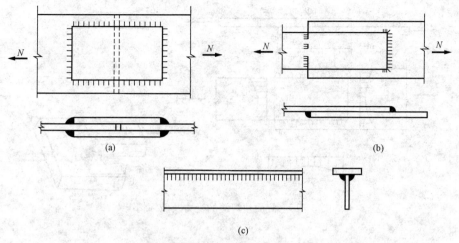

图 3-13 角焊缝连接形式
(a) 围焊缝；(b) 端焊缝；(c) 侧焊缝

直接承受动荷载的结构，为使传力平顺，正面角焊缝宜采用两焊脚边尺寸比例为 1：1.5 的平坡式（长边顺内力方向），侧面角焊缝宜采用比例为 1：1 的深熔式。

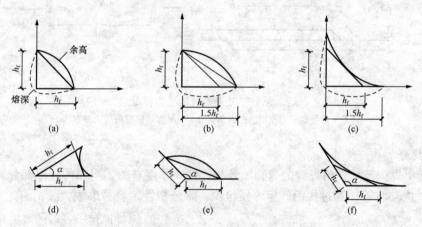

图 3-14 角焊缝截面形式图
(a) 普通式；(b) 平坡式；(c) 深熔式；(d) 锐角凹面角焊缝；
(e) 钝角凸面角焊缝；(f) 钝角凹面角焊缝

侧面角焊缝主要承受剪力作用。在弹性阶段，应力沿焊缝长度方向分布不均匀，两端大中间小，如图 3-15 所示。但由于侧面角焊缝的塑性较好，两端出现塑性变形后，将产生应力重分布，在《钢结构设计规范》（GB 50017）规定的长度范围内，破坏前应力分布可趋于均匀。

正面角焊缝的应力状态比侧面角焊缝复杂，其破坏强度比侧面角焊缝的要高，但塑性变形要差一些。在外力作用下，由于力线弯折，会产生较大的应力集中，其焊缝根部应力集中最严重，如图 3-16 (b) 所示，故破坏时总是首先在焊缝根部出现裂纹，然后扩展到整个截面。正面角焊缝沿其长度方向的应力分布比较均匀，两端的应力稍比中间的低，如图 3-16 (a) 所示。

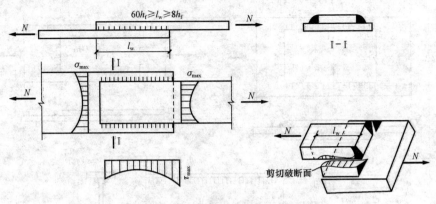

图 3-15　侧面角焊缝的受力及破坏情况

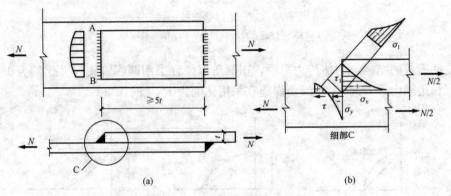

图 3-16　正面焊缝的受力情况

(a) 承受轴心力作用的正面角焊缝；(b) 焊缝横截面应力分布

2. 角焊缝的构造要求

（1）最小焊脚尺寸。角焊缝的焊脚尺寸与焊件的厚度有关，当焊件较厚而焊脚尺寸又过小时，焊缝内部将因冷却过快而产生淬硬组织，降低塑性，容易形成裂纹。因此，角焊缝的最小焊脚尺寸 $h_{f,min}$ 应满足 $h_{f,min} \geqslant 1.5\sqrt{t_{max}}$，$t_{max}$ 为较厚焊件厚度（mm，当采用低氢型碱性焊条施焊时，t 可采用较薄焊件的厚度），如图 3-17 所示。对埋弧自动焊因热量集中，熔深较大，$h_{f,min}$ 可减小 1mm；T 形连接的单面焊缝的性能较差，$h_{f,min}$ 应增加 1mm，当 $t_{max} \leqslant$ 4mm 时，取 $h_{f,min} = t_{max}$。

（2）最大焊脚尺寸。角焊缝的焊脚尺寸过大，易使焊件形成烧伤、烧穿等"过烧"现象，且使焊件产生较大的焊接残余应力和焊接变形（见本章第五节）。因此，角焊缝的最大焊脚尺寸 $h_{f,max}$ 应符合 $h_{f,max} \leqslant 1.2t_{min}$ 的要求，t_{min} 为较薄焊件的厚度。对焊件边缘的角焊缝，为防止施焊时产生"咬边"，$h_{f,max}$ 还应符合下列要求（见图 3-17）：当 $t > 6mm$ 时，$h_{f,max} \leqslant t - (1\sim2)mm$；当 $t \leqslant 6mm$ 时，$h_{f,max} \leqslant t$。

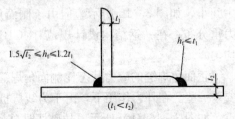

图 3-17　角焊缝厚度的规定

（3）不等焊脚尺寸。当两焊件的厚度相差较大，且采用等焊脚尺寸无法满足最大和最小焊脚尺寸的要求时，可采用不等焊脚尺寸，即与较厚焊件接触的焊脚符合 $h_{f,max} \geqslant 1.5\sqrt{t_{max}}$ （mm），与较薄焊件接触的焊脚满足 $h_{f,max} \leqslant 1.2t_{min}$ 的要求。

（4）最小焊缝计算长度。当角焊缝焊脚尺寸大而长度过小时，将使焊件局部受热严重，且焊缝起灭弧的弧坑相距太近，加上可能出现的其他缺陷，也使焊缝不够可靠。因此，角焊缝的计算长度不宜小于 $8h_f$ 和 40mm，即 $l_w \geqslant 8h_f$ 和 40mm。

（5）侧面角焊缝最大计算长度。侧面角焊缝沿长度方向的剪应力分布很不均匀（见图 3-15），两端大中间小，且随焊缝长度与其焊脚尺寸之比增大而差别越大。当此比值过大时，焊缝两端将会首先出现裂纹，而此时焊缝中部还未充分发挥其承载力，在动荷载作用下这种应力集中现象更为不利。因此，侧面角焊缝的计算长度不宜大于 $60h_f$（承受静力荷载或间接承受动力荷载时）或 $40h_f$（直接承受动荷载时）。角焊缝的搭接接头中，当侧面角焊缝计算长度 $l_w \geqslant 60h_f$ 时，一种方法是其超过部分在计算中不予考虑；另一种方法是将角焊缝的强度设计值乘以折减系数 α_f，$\alpha_f = 1.5 - l_w/120h_f \geqslant 0.5$。当内力沿侧面角焊缝全长分布时，其计算长度不受此限制，如工字形截面梁或柱的翼缘与腹板连接焊缝等。

（6）当板件的端部仅有两侧面焊缝连接时（见图 3-18），为了避免应力传递过分弯折而使构件中应力过分不均，应使每条侧面焊缝长度大于它们之间的距离，即 $l_w \geqslant b$。另外，为了避免焊缝收缩时引起板件的拱曲过大，还应使 $b \leqslant 16t$（当 $t >$ 12mm 时）或 200mm（当 $t \leqslant 12$mm 时）。当不满足上述规定时，应加正面角焊缝。

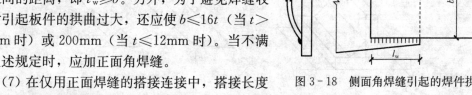

图 3-18　侧面角焊缝引起的焊件拱曲

（7）在仅用正面焊缝的搭接连接中，搭接长度不得小于焊件较小厚度的 5 倍及 25mm，以减小因焊缝收缩而产生的残余应力，以及因传力偏心而产生的附加应力。

（8）在次要构件或次要焊缝连接中，当焊缝受力很小，采用连续焊缝计算焊脚尺寸 h_f 小于最小容许值时，可采用间断焊缝。间断角焊缝焊段的长度不得小于 $10h_f$ 或 50mm。各段之间净距 $e \leqslant 15t_{min}$（受压构件）或 $30t_{min}$（受拉构件），以防板件局部凸曲鼓起，而对受力不利或潮气易于侵入而引起锈蚀。对于水工钢结构，不宜采用间断焊缝，以防锈蚀。

二、角焊缝的强度计算

角焊缝的受力状态比较复杂，因此精确计算比较困难。一般是根据试验结果，找出一个比较合理而又简单的设计方法和相应的公式供设计时采用。直角角焊缝的计算方法主要有两种：一种是世界各国过去多年沿用的、不考虑角焊缝受力方向的单一应力法；另一种是近年来国际标准化组织推荐采用的、考虑角焊缝受力方向对焊缝承载能力影响的折算应力法。前者按容许应力法设计钢结构时还在采用，后者经过针对我国钢材和焊接工艺条件进行的试验，证明了其可靠性，是我国《钢结构设计规范》（GB 50017）采用的方法。这两种计算方法的主要区别，在于对角焊缝有效截面上的应力状态采用的假定不同，因而分析和计算方法也不同。按单一应力法计算，虽然在轴心力作用下侧面焊缝与端焊缝在有效截面（$A_e = h_e$ $l_w = 0.7h_f l_w$）上应力状态不一样，但为了计算方便，假定有效截面上只按均布的单一剪应力控制。而按折算应力法分析，端焊缝的承载能力可提高 22%，但端焊缝的刚度大，塑性较差。因此，《钢结构设计规范》（GB 50017）规定，对于承受静力荷载或间接承受动力荷载的连接，采用折算应力法；而对于直接承受动力荷载的连接仍采用原来的单一应力法计算。但两种方法所用公式相同，只是对端焊缝的强度增大系数 β_f 取值不同。

1. 角焊缝计算的基本公式

下面介绍《钢结构设计规范》（GB 50017）所采用的角焊缝折算应力计算方法。该方法认为直角角焊缝的破坏总是沿其最小截面，即 45°方向的有效截面（$A_e = 0.7h_f l_w$）。因此，设计分析时需研究有效截面上的应力状态。

图 3-19（a）中的角焊缝连接，在三向轴力作用下角焊缝有效截面（$A_e = h_e l_w = 0.7h_f l_w$）上的应力可用 $\sigma_\perp$、$\tau_\perp$ 和 τ_{11} 表示，其中 $\sigma_\perp$ 和 $\tau_\perp$ 为垂直于焊缝长度方向的正应力和剪应力，τ_{11} 为平行于焊缝长度方向的剪应力。根据理论分析和试验验证，角焊缝在复杂应力作用下的强度条件可与母材一样为

$$\sqrt{\sigma_\perp^2 + 3(\tau_\perp^2 + \tau_{11}^2)} \leqslant \sqrt{3} f_f^w \tag{3-8}$$

式中　f_f^w——角焊缝的强度设计值（见表 4-1），把它看作是剪切强度，则 $\sqrt{3} f_f^w$ 相当于角焊缝单向抗拉强度设计值。

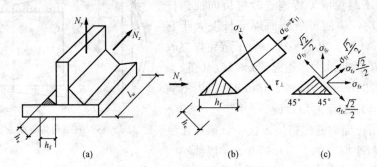

图 3-19　角焊缝应力分析

(a) 角焊缝连接；(b) 有效截面应力；(c) 代换应力

为了便于计算角焊缝，把图 3-19（b）所示的有效截面上的正应力 $\sigma_\perp$ 和剪应力 $\tau_\perp$ 改用两个垂直于焊脚边并在有效截面上分布的应力 σ_{fx} 和 σ_{fy} 表示，同时剪应力 τ_{11} 的符号用 τ_{fz} 表示。计算时，假定有效截面上的诸应力都是均匀分布的。有效截面积为 A_e，则 $N_x = \sigma_{fx} A_e$，$N_y = \sigma_{fy} A_e$，$N_z = \tau_{fz} A_e$。根据平衡条件

$$\sigma_\perp A_e = \sigma_{fx} A_e \frac{\sqrt{2}}{2} + \sigma_{fy} A_e \frac{\sqrt{2}}{2}$$

$$\tau_\perp A_e = \sigma_{fy} A_e \frac{\sqrt{2}}{2} - \sigma_{fx} A_e \frac{\sqrt{2}}{2}$$

这样可得

$$\sigma_\perp = \sigma_{fx} \frac{\sqrt{2}}{2} + \sigma_{fy} \frac{\sqrt{2}}{2}$$

$$\tau_\perp = \sigma_{fy} \frac{\sqrt{2}}{2} - \sigma_{fx} \frac{\sqrt{2}}{2}$$

$$\tau = \tau_{fz}$$

把以上各式代入式（3-8）可以得到

$$\sqrt{\frac{2}{3}(\sigma_{fx}^2 + \sigma_{fy}^2 - \sigma_{fx}\sigma_{fy}) + \tau_{fz}^2} \leqslant f_f^w \qquad (3-9)$$

（1）侧面角焊缝计算公式。对于侧面角焊缝，当只有平行于焊缝长度方向的轴心力 N_z 时（$N_x = N_y = 0$），计算公式为

$$\tau_{fz} = \frac{N_z}{A_e} = \frac{N_z}{0.7 h_f l_w} \leqslant f_f^w \qquad (3-10)$$

（2）正面角焊缝计算公式。对于正面焊缝，当只有垂直于焊缝长度方向的轴心力 N 时 [$N_z = 0$，N_x（或 N_y）$= 0$]，计算公式为

$$\sigma_f = \frac{N}{A_e} = \frac{N}{0.7 h_f l_w} \leqslant \sqrt{1.5} f_f^w = 1.22 f_f^w \qquad (3-11)$$

（3）斜向角焊缝的计算公式。当角焊缝承受斜向轴心力 N 时，设力 N 与焊缝长度方向成夹角 θ，则可把 N 分解成平行于焊缝长度方向的分量 $N\cos\theta$ 和垂直于焊缝长度方向的分量 $N\sin\theta$，如图 3-20 所示，焊缝有效截面上的应力分量为

$\sigma_\perp = \dfrac{N}{A_e}\sin\theta \dfrac{\sqrt{2}}{2}$，$\tau_\perp = \dfrac{N}{A_e}\sin\theta \dfrac{\sqrt{2}}{2}$，$\tau = \dfrac{N}{A_e}\cos\theta$，代入式（3-8），并整理得

$$\frac{N}{A_e}\sqrt{3 - \sin^2\theta} \leqslant \sqrt{3} f_f^w$$

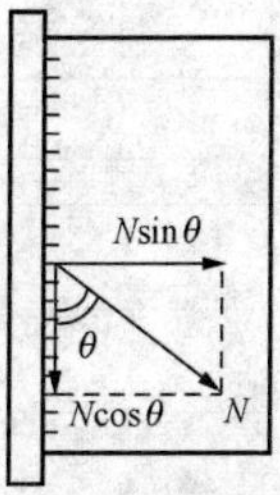

令 $\sigma_f = \dfrac{N}{A_e}$，$\beta_f = \dfrac{1}{\sqrt{1 - \dfrac{1}{3}\sin^2\theta}}$，则

图 3-20　角焊缝
受斜向轴力

$$\sigma_f = \frac{N}{A_e} \leqslant \beta_f f_f^w \qquad (3-12)$$

其中，β_f 称为斜向角焊缝强度增大系数，当 $\theta = 0°$ 时，则为侧面焊缝情况，$\beta_f = 1$，式（3-12）同式（3-10）。而当 $\theta = 90°$ 时，式（3-12）与式（3-11）相同，$\beta_f = 1.22$。

（4）一般情况。当 σ_{fy}（或 σ_{fx}）$= 0$ 时，即具有平行和垂直于焊缝长度的轴心力同时作用于焊缝时，去掉下标 x（或 y）、z，由式（3-9）得计算公式为

$$\sqrt{\left(\frac{\sigma_f}{1.22}\right)^2 + \tau_f^2} \leqslant f_f^w \qquad (3-13)$$

当直接承受动荷载时，鉴于正面角焊缝的刚度较大，塑性变形能力低，不再考虑其强度较高的特点，在式（3-11）、式（3-12）及式（3-13）中，一律把 1.22 或 β_f 取 1.0。

对于斜角角焊缝 [见图 3-14（d）、（e）、（f）] 的强度仍按式（3-10）～式（3-13）计算，但把 1.22 或 β_f 取为 1.0。其有效厚度为：当 $\alpha > 90°$ 时，$h_e = h_f\cos\dfrac{\alpha}{2}$；当 $\alpha \leqslant 90°$ 时，$h_e = 0.7 h_f$，其中 α 为两焊脚边的夹角。

容许应力方法计算钢结构的焊接连接时 [例如《水利水电工程钢闸门设计规范》（SL 74—2013）的规定]，角焊缝连接计算（各种受力情况的侧面焊缝、端焊缝和围焊缝）应统一按角焊缝的容许剪应力 [τ_f^w]（见表 1-9）来验算，而 N、M、V 系根据荷载标准值

求得的内力，例如

$$\frac{N}{0.7h_f l_w} \leqslant [\tau_f^w] \tag{3-14}$$

其他凡是需按容许应力法计算角焊缝时，均可参照式（3-14）的方式进行。

　　在式（3-9）～式（3-14）中：计算角焊缝的长度 l_w 时，对每条焊缝取其实际长度减去 $2h_f$。

　　2. 轴心力（拉、压或剪力）作用时的角焊缝计算

　　当焊件受轴心力，且轴心力通过连接角焊缝群的中心时，焊缝的应力可认为是均匀分布的。图 3-21 (a) 所示连接，是用拼接板将两焊件连成整体的对接连接，需要计算拼接板和一侧（左侧或右侧）焊件连接的角焊缝。当只采用侧面角焊缝时，按式（3-10）计算；当只采用正面角焊缝时，按式（3-11）计算；采用三面围焊时，对矩形拼接板 [见图 3-21 (a)]，可先按式（3-11）计算正面角焊缝所能承受的内力 N'（$N' = 2 \times 1.22 \times l_w' h_f \times 0.7 \times f_f^w$），再由 $N - N'$ 按式(3-10)计算侧面角焊缝。当承受动荷载时，则按轴心力由角焊缝有效截面平均承担计算，即

$$\frac{N}{h_e \sum l_w} \leqslant f_f^w \tag{3-15}$$

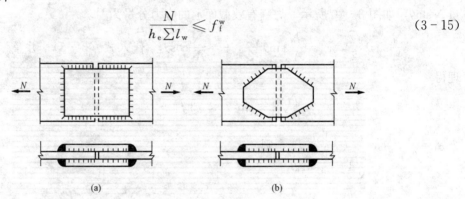

图 3-21　轴心力作用下角焊缝连接
(a) 矩形拼接板；(b) 菱形拼接板

式中，$\sum l_w$ 是拼接缝一侧的角焊缝总计算长度。

　　为了使传力线平缓过渡，减小矩形拼接板转角处的应力集中，可改用菱形拼接板，如图 3-21 (b) 所示。菱形拼接板的正面角焊缝的长度较小，为简化计算，可不考虑应力方向，无论何种轴心力均可按式（3-15）计算。

　　当用侧面角焊缝连接钢板与角钢时 [见图 3-22 (a)]，由于作用在角钢重心线上的轴心力 N 距两侧侧面角焊缝的距离不等，两侧侧面角焊缝受力大小也不相等。由平衡条件可得角钢肢背焊缝和肢尖焊缝承担的内力 N_1 和 N_2，即

$$N_1 = b_2 N/b = k_1 N \tag{3-16a}$$
$$N_2 = b_1 N/b = k_2 N \tag{3-16b}$$

其中，$k_1 = b_2/b$、$k_2 = b_1/b$ 为角钢和钢板搭接时，肢背焊缝和肢尖焊缝的内力分配系数，可按图 3-22 进行计算。

　　求得焊缝内力 N_1 和 N_2 后，再根据构造要求和强度计算确定肢背和肢尖焊缝的厚度 h_f 和长度 l_w。

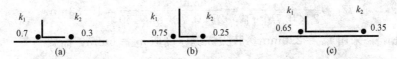

图 3-22 角钢焊缝的内力分配系数

(a) 等肢角钢一肢相连；(b) 不等肢角钢短肢相连；(c) 不等肢角钢长肢相连

为了使连接构造紧凑，也可采用围焊缝，如图 3-23 (b) 所示。可先选定正面角焊缝的焊脚尺寸 h_{f3}，并算出其所能承受的内力 $N_3 = 0.7 h_{f3} \sum l_{w3} \times 1.22 f_f^w$，再由平衡条件可求得肢背焊缝和肢尖焊缝的内力，即

$$N_1 = b_2 N / b - N_3/2 = k_1 N - N_3/2 \qquad (3-17a)$$

$$N_2 = b_1 N / b - N_3/2 = k_2 N - N_3/2 \qquad (3-17b)$$

然后按式（3-10）确定肢背和肢尖焊缝尺寸。

对于图 3-23 (c) 所示的 L 形焊缝，由式（3-17b）及 $N_2 = 0$，可得 $N_3 = 2k_2 N$ 及 $N_1 = N - N_3$，然后可确定各焊缝尺寸。

为了使连接的构造合理，肢背和肢尖可采用不同的焊脚尺寸 h_f，这样可使肢背和肢尖的焊缝长度 l_w 接近相等。

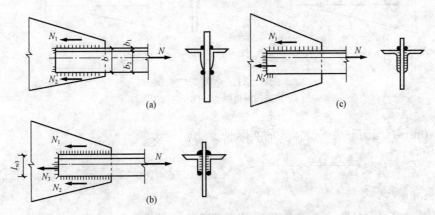

图 3-23 角钢角焊缝的受力分配

(a) 两面侧焊；(b) 三面围焊；(c) L 形焊缝

【例 3-3】 试设计角钢与钢板的连接角焊缝。轴心力设计值 $N = 500$kN（静荷载），角钢为 2∟100×8，连接板厚 $t = 10$mm，钢材为 Q235AF，手工焊，焊条为 E43 系列。

解 由表 1-4 查得角焊缝的强度设计值为 $f_f^w = 160$N/mm²。

最小 h_f $\quad\quad\quad h_f \geqslant 1.5 \sqrt{t_{max}} = 1.5 \sqrt{10} = 4.7$mm

角钢肢尖处最大 h_f $\quad h_f \leqslant t - (1 \sim 2) = 8 - (1 \sim 2) = 6 \sim 7$mm

角钢肢背处最大 h_f $\quad\quad h_f \leqslant 1.2t = 1.2 \times 8 = 9.6$mm

(1) 采用两侧侧面角焊缝［见图 3-24 (a)］，则肢背和肢尖所分担的内力分别为

$$N_1 = k_1 N = 0.7 \times 500 = 350 \text{kN}$$

$$N_2 = k_2 N = 0.3 \times 500 = 150 \text{kN}$$

肢背焊缝厚度取 $h_{f1} = 8$mm，需要

$$l_{w1} = \frac{N_1}{2 \times 0.7 h_{f1} f_f^w} = \frac{350 \times 10^3}{2 \times 0.7 \times 8 \times 160} = 195.3 \text{mm}$$

考虑焊口的影响，采用 $l_{w1} = 220$mm。肢尖焊缝厚度取 $h_{f2} = 6$mm，需要

$$l_{w2} = \frac{N_2}{2 \times 0.7 h_{f2} f_f^w} = \frac{150 \times 10^3}{2 \times 0.7 \times 6 \times 160} = 111.6 \text{mm}$$

考虑焊口的影响，取 $l_{w2} = 130$mm。

（2）采用三面围焊缝［见图3-24（b）］。焊缝厚度一律取 $h_f = 6$mm，则

$N_3 = 2 \times 1.22 \times 0.7 h_f l_{w3} \times f_f^w = 2 \times 1.22 \times 0.7 \times 6 \times 100 \times 160 = 164$kN

$N_1 = 0.7N - N_3/2 = 0.7 \times 500 - 164/2 = 268$kN

$N_2 = 0.3N - N_3/2 = 0.3 \times 500 - 164/2 = 68$kN

每面肢背焊缝需要的实际长度为

$$l_{w1} = \frac{N_1}{2 \times 0.7 h_f f_f^w} + 6 = \frac{268 \times 10^3}{2 \times 0.7 \times 6 \times 160} + 6 = 205.4 \text{mm}$$

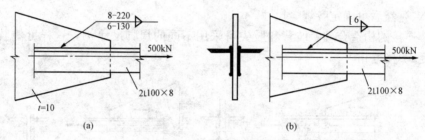

图3-24　［例3-3］图

(a) 两侧侧面角焊缝；(b) 三面围焊缝

取 $l_{w1} = 210$mm，每面肢尖焊缝需要的实际长度

$$l_{w2} = \frac{N_2}{2 \times 0.7 h_f f_f^w} + 6 = \frac{68 \times 10^3}{2 \times 0.7 \times 6 \times 160} + 6 = 56.6 \text{mm}$$

取 $l_{w2} = 60$mm。

3. 弯矩、剪力和轴心力共同作用时T形接头的角焊缝计算

图3-25所示T形连接，承受轴心力 N 和偏心力 P 作用。其中 P 在角焊缝中引起剪力 V（$V = P$）和弯矩 M（$M = Pe$）。由弯矩 M 所产生的应力 σ_{fM}，其方向垂直于焊缝，呈三角形分布；由轴心力 N 引起的应力 σ_{fN}，其方向垂直于焊缝并均匀分布；由剪力 V 引起的应力 τ_{fV}，其方向平行于焊缝，也按均匀分布考虑，则

$$\sigma_{fM} = \frac{M}{W_w}, \quad \sigma_{fN} = \frac{N}{A_w}, \quad \tau_{fV} = \frac{V}{A_w}$$

式中　W_w——角焊缝有效截面的低抗矩，图3-25（b）中，$W_w = h_e \sum l_w^2/6$；

　　　　A_w——角焊缝有效截面面积，$A_w = h_e \sum l_w$。

在 M、V 和 N 共同作用下，在角焊缝的有效截面上，对受力最大的应力点，可按式（3-18）计算强度即满足要求

$$\sqrt{\left(\frac{\sigma_{fM} + \sigma_{fN}}{\beta_f}\right)^2 + \tau_{fV}^2} \leqslant f_f^w \qquad (3-18)$$

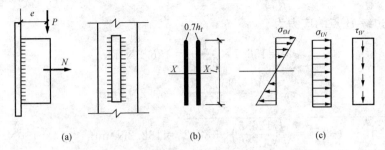

图 3-25　角焊缝受弯矩、剪力和轴心力共同作用

(a) T 形连接；(b) 焊缝计算截面；(c) 应力

当承受静力或间接承受动力荷载时，取 $\beta_f=1.22$；直接承受动力荷载时，取 $\beta_f=1.0$。

【**例 3-4**】　试验算图 3-26 所示牛腿与柱的角焊缝连接强度。牛腿与柱的钢材用 Q235AF 钢，P 为静力，$P=350$kN（设计值），偏心距 $e=300$mm，手工焊，焊条为 E43 系列。

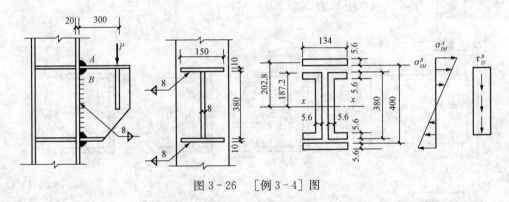

图 3-26　[例 3-4] 图

解　由表 1-4 查得 $f_f^w=160$N/mm^2。牛腿与柱的连接角焊缝承受牛腿传来的剪力 $V=P=350$kN，弯矩 $M=Pe=350\times0.3=105$kN·m。取 $h_f=8$mm $<1.2t_{\min}=1.2\times8=9.6$mm，$h_f$ 且大于 $1.5\sqrt{t_{\max}}=1.5\times\sqrt{20}=6.7$mm。

由于牛腿翼缘与柱的连接焊缝竖向刚度较低，故一般简化考虑剪力全部由腹板上的两条竖焊缝承受，弯矩则由全部焊缝共同承受。两条竖向焊缝有效截面的面积为

$$A_w=2\times0.7\times0.8\times380=425.6\text{mm}^2$$

全部焊缝有效截面对 x 轴的惯性矩和抵抗矩为

$$I_w=2\times\frac{1}{12}\times0.7\times8\times380^3+2\times0.7\times8(150-16)\times$$

$$202.8^2+4\times0.7\times8(71-5.6-8)\times187.2^2$$

$$=15799.6\text{cm}^4$$

$$W_w=\frac{I_w}{y}=\frac{15799.6}{20.56}=768\text{cm}^3$$

翼缘焊缝最外边缘 A 点的最大应力为

$$\sigma_{fM}^A=\frac{M}{W_w}=\frac{105\times10^6}{7.68\times10^5}=136.7\text{N/mm}^2<\beta_f f_f^w=160\times1.22=195.2\text{N/mm}^2$$

满足要求。

腹板有效边缘 B 点的应力为

$$\sigma_{fM}^{B}=136.7\times\frac{19}{20.56}=126.3\text{N/mm}^2$$

$$\tau_{fV}^{B}=\frac{V}{A_w}=\frac{350\times10^3}{4256}=82.2\text{N/mm}^2$$

$$\sqrt{\left(\frac{\sigma_{fM}^{B}}{\beta_f}\right)^2+(\tau_{fV}^{B})^2}=\sqrt{\left(\frac{126.3}{1.22}\right)^2+82.2^2}=132.2\text{N/mm}^2<f_f^w=160\text{N/mm}^2$$

满足要求。

4. 扭矩、剪力和轴力共同作用下搭接连接的角焊缝计算

如图 3-27 所示，柱翼缘和牛腿的搭接连接，承受偏心力 P 和轴心力 N 共同作用。计算时，首先求得角焊缝有效截面形心 O，它距偏心力 P 的距离为 $(e+a)$，再将力 P 移至通过焊缝形心 O 的 y 轴线上，则外力 P 可转化为作用于角焊缝形心 O 的剪力 V（$V=P$）和扭矩 $T=P(e+a)$，以及水平轴力 N。

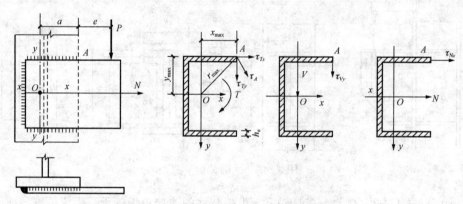

图 3-27 受扭、受剪及受轴心力的角焊缝应力

在扭矩作用下，角焊缝计算的假定：①被连接的构件是绝对刚性的，而角焊缝是弹性的；②被连接的构件绕角焊缝有效截面形心 O 旋转，角焊缝上任意一点的应力方向垂直于该点和形心 O 的连线，且应力大小与其距离 r 的大小成正比。距角焊缝有效截面形心最远点（如 A 点）的应力计算式为

$$\tau_A=\frac{Tr_{max}}{I_P} \tag{3-19}$$

$$I_P=I_x+I_y$$

式中 I_P——角焊缝有效截面的极惯性矩；

r_{max}——角焊缝有效截面形心 O 到应力作用最远点的距离。

将扭矩 T 在 A 点产生的应力 τ_A 分解为沿 x 轴和 y 轴上的分应力

$$\tau_{Nx}=\frac{Ty_{max}}{I_x+I_y}（侧面角焊缝受力性质） \tag{3-20a}$$

$$\tau_{Ny}=\frac{Tx_{max}}{I_x+I_y}（端焊缝受力性质） \tag{3-20b}$$

在剪力 V 和轴力 N 作用下焊缝有效截面上的应力近似按平均分布考虑，$\tau_{Vy}=V/A_w$，$\tau_{Vx}=N/A_w$，则距角焊缝有效截面形心最远点（如 A 点）各应力的分量为

$$\tau_{Nx}=N/A_w，\quad \tau_{Vy}=V/A_w$$

$$\tau_{Tx}=\frac{Ty_{max}}{I_x+I_y}，\quad \tau_{Ty}=\frac{Tx_{max}}{I_x+I_y}$$

验算角焊缝强度公式为

$$\sqrt{\left(\frac{\tau_{Vy}+\tau_{Ty}}{1.22}\right)^2+(\tau_{Nx}+\tau_{Tx})^2}\leqslant f_f^w \qquad (3-21\text{a})$$

或

$$\sqrt{(\tau_{Vy}+\tau_{Ty})^2+(\tau_{Nx}+\tau_{Tx})^2}\leqslant f_f^w \qquad (3-21\text{b})$$

【例 3-5】 图 3-28 所示为一支托板与柱搭接连接，$l_{w1}=300\text{mm}$，$l_{w2}=400\text{mm}$，作用力设计值 $V=200\text{kN}$，钢材为 Q235B，焊条为 E43 系列，手工焊，作用力 V 距柱边缘的距离为 $e=300\text{mm}$，设支托板厚为 12mm，而柱翼缘厚为 20mm，试设计角焊缝。

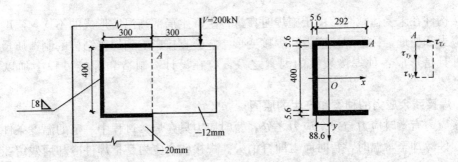

图 3-28　[例 3-5] 图

解　采用图 3-28 所示的三面围焊缝。选取 $h_f=8\text{mm}<t-(1\sim 2)=12-(1\sim 2)=10\sim 11\text{mm}$，且 $h_f>h_{f,min}=1.5\sqrt{t_{max}}=1.5\sqrt{20}=6.7\text{mm}$。

（1）焊缝有效截面的形心位置为

$$A_w=0.7\times 8\times(292\times 2+411.2)=5607\text{mm}^2$$

$$\bar{x}=\frac{2\times 0.7\times 8\times 292\left(\frac{1}{2}\times 292+2.8\right)}{0.7\times 8(2\times 292+411.2)}=88.6\text{mm}$$

$$I_x=\frac{1}{12}\times 0.7\times 8\times 411.2^3+2\times 0.7\times 8\times 292\times 202.8^2=16833\times 10^8\text{mm}^3$$

$$I_y=0.7\times 0.8\times 411.2\times 88.6^2+2\left[\frac{1}{12}\times 0.7\times 8\times 292^3+0.7\times 8\times 292\left(\frac{292}{2}+2.8-88.6\right)^2\right]$$

$$=5462\times 10^7\text{mm}^4$$

$$I_P=I_x+I_y=1.6832\times 10^8+5.462\times 10^7=22295\times 10^8\text{mm}^4$$

（2）焊缝强度验算（A 点）。

扭矩　　　　$T=V\left(e+l_1+\dfrac{h_e}{2}-\bar{x}\right)$

$$= 200(300 + 300 + 2.8 - 88.6) = 1.0284 \times 10 \text{kN} \cdot \text{mm}$$

$$\tau^A_{Vy} = \frac{V}{A_w} = \frac{200 \times 10^3}{5607} = 35.67 \text{N/mm}^2$$

$$\tau^A_{Tx} = \frac{Ty_A}{I_P} = \frac{10284 \times 10^4 \times 205.6}{22295 \times 10^4} = 94.84 \text{N/mm}^2$$

$$\tau^A_{Ty} = \frac{Tx_A}{I_P} = \frac{10284 \times 10^4 \times (294.8 - 88.6)}{22295 \times 10^4} = 96.50 \text{N/mm}^2$$

所以

$$\sqrt{\left(\frac{\tau^A_{Vy} + \tau^A_{Ty}}{\beta_f}\right)^2 + (\tau^A_{Tx})^2} = \sqrt{\left(\frac{35.67 + 96.50}{1.22}\right)^2 + 94.84^2}$$

$$= 143.98 \text{N/mm}^2 < f^w_f = 160 \text{N/mm}^2$$

满足强度要求。

第五节 焊接残余应力和焊缝残余变形

焊接构件在未受荷载时，由于施焊时在焊件上产生局部高温所形成的不均匀温度场而引起的内应力和变形，称为焊接应力和焊接变形。它会直接影响到焊接结构的制造质量、正常使用，并且是形成各种焊接裂纹的因素之一，应在设计、制造和焊接过程中加以控制和重视。

一、焊接残余应力的种类和产生的原因

焊接应力有暂时应力与残余应力之分。暂时应力只在焊接过程中一定的温度条件下才存在，当焊件冷却至常温时，暂时应力即行消失。焊接残余应力是指焊件冷却后残留在焊件内的应力。从结构的使用要求来看，焊接残余应力具有重要意义。残余应力按其方向可分为纵向、横向和沿焊缝厚度方向的应力三种。

1. 纵向残余应力

焊接过程是一个不均匀加热和冷却的过程。在施焊时，焊件上产生不均匀的温度场，焊缝及附近温度最高，可达 1600℃ 以上，其邻近区域则温度急剧下降。不均匀的温度场将产生不均匀膨胀。焊缝及附近高温处的钢材膨胀最大，由于受到两侧温度较低、膨胀较小的钢材的限制，产生了热状态塑性压缩。焊缝冷却时，被塑性压缩的焊缝区趋向于收缩得比原始长度稍短，这种缩短变形受到焊缝两侧钢材的限制，使焊缝区产生纵向拉应力。在低碳钢和低合金钢中，这种拉应力常可达到钢材的屈服强度。焊接残余应力是荷载未作用时的内应力，因此，会在焊件内部自相平衡，这就必然在距焊缝稍远区域内产生残余压应力，如图 3-29 （a）所示。用三块剪切下料的钢板焊成的工字形截面，纵向残余应力分布如图 3-29 （b）所示。

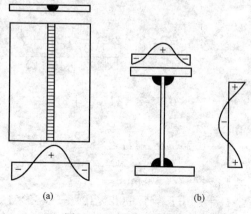

图 3-29 纵向残余应力
(a) 钢板；(b) 工字钢

构件产生纵向残余应力的三个充分必要条件：

（1）构件上存在不均匀的温度场；

（2）构件进入了热塑性状态；

（3）组成构件的各个（假象）纵向纤维不能自由纵向变形。

在同时满足上述三个条件的情况下，构件将产生纵向残余应力。构件在焊接、热轧、热切割等热处理时会同时满足上述三个充分必要条件，故将会产生纵向残余应力。

2. 横向残余应力

横向残余应力产生的原因有：①由于焊缝纵向收缩，两块钢板趋向于向外弯成弓形的趋势［见图 3 - 30（a）］，但实际上焊缝将两块板件连成整体，不能分开，于是在焊缝中部将产生横向拉应力，而在两端产生横向压应力［见图 3 - 30（b）］。②焊缝在施焊过程中，先后冷却的时间不同，先焊的焊缝已经凝固，且具有一定的强度，会阻止后焊焊缝在横向的自由膨胀，使其产生横向的塑性压缩变形。当焊缝冷却时，后焊焊缝的收缩受到已凝固焊缝的限制而产生横向拉应力，同时在先焊部分的焊缝中产生横向压应力。横向收缩引起的横向应力与施焊方向及先后次序有关，如图 3 - 30（c）、（d）、（e）所示。焊缝的横向残余应力是上述两种原因产生的应力的合成。图 3 - 30（f）是图 3 - 30（b）和（c）的合成应力。

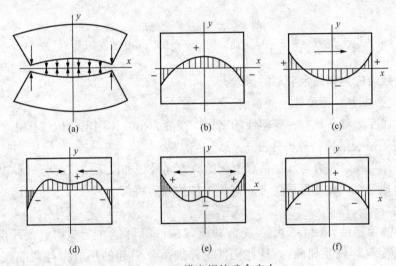

图 3 - 30　横向焊接残余应力

3. 沿焊缝厚度方向的残余应力

在厚钢板的连接中，焊缝需要多层施焊。因此，除有纵向和横向残余应力（σ_x，σ_y）之外，沿厚度方向还存在着残余应力（σ_z），如图 3 - 31 所示。这三种应力可能形成比较严重的同号三轴应力；会大大降低结构连接的塑性。这就是焊接结构易发生脆性破坏的原因之一。

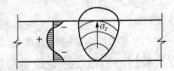

图 3 - 31　厚度方向的残余应力

以上分析是焊件在无外加约束情况下的焊接残余应力。若焊件施焊时处在约束状态，如采用强大夹具或焊件本身刚度较大等，焊件将因不能自由伸缩变形而产生强大的焊接残余应力，且随约束程度增加而增大。

二、焊接残余变形

如前所述，焊接过程中的局部加热和不均匀冷却收缩，使焊件在产生残余应力的同时还将伴随产生焊接残余变形，如纵向和横向收缩、弯曲变形、角变形、波浪变形和扭曲变形等，如图 3-32 所示。

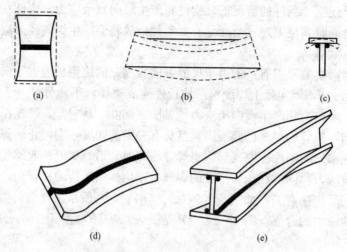

图 3-32　焊接残余变形

(a) 纵向收缩和横向收缩；(b) 弯曲变形；(c) 角变形；(d) 波浪变形；(e) 扭曲变形

三、焊接残余应力和残余变形的影响

1. 焊接残余应力对结构性能的影响

（1）静力强度。对于具有一定塑性的钢材，在静力荷载作用下，因焊接残余应力是自相平衡力系，它不影响结构的静力强度。

（2）刚度。当残余应力与外加荷载引起的应力同号相加以后，该部分材料提前进入屈服阶段，局部形成塑性区而刚度降为零，继续增加的外力将仅由弹性区承担，因此，构件变形将加快，刚度降低。

（3）构件的稳定性。轴心受压、受弯和压弯构件等可能在荷载引起的压应力作用下，而丧失整体稳定（即发生屈曲）。这些构件中外加荷载引起的压应力与截面残余压应力叠加时，会使部分截面提前达到受压屈服强度而进入塑性受压状态。这部分截面丧失了继续承受荷载的能力，降低了刚度，对保证构件稳定也不再起作用，因而将降低构件的整体稳定性。

（4）疲劳强度和低温冷脆。由于残余应力可能为三向同号应力状态，材料在这种应力状态下易转向脆性，使裂纹容易产生和开展，疲劳强度也因而降低。尤其在低温动力荷载作用下，更易导致低温脆性断裂。

2. 焊接残余变形对结构的影响

焊接残余变形不仅影响结构的尺寸，使装配困难，影响使用质量，而且过大的变形将显著降低结构的承载能力，甚至使结构不能使用。因此，在设计和制造时必须采取适当措施来减小残余应力和残余变形的影响。如果残余变形超出验收规范的规定，必须加以矫正，使其不致影响构件的使用和承载能力。

四、减小焊接残余应力和焊接残余变形的方法

残余应力和残余变形在焊接结构中是相互关联的。若为了减小残余变形，在施焊时对焊件加强约束，则残余应力将随之增大；反之，则相反。因此，随意加强约束并不尽合理。正确的方法应从设计和制造、焊接工艺上采取一些有效措施。

1. 合理的焊缝设计

（1）焊缝尺寸要适当，焊脚尺寸不宜过大，在构造容许范围内，宜用细长焊缝，不宜采用较粗短焊缝。

（2）焊缝不宜过分集中［见图 3-33（a）］，并应尽量避免三向焊缝交叉。当不可避免时，应采取措施加以改善［见图 3-33（b）］，也可使主要焊缝连续通过，而使次要焊缝中断［见图 3-33（c）］。

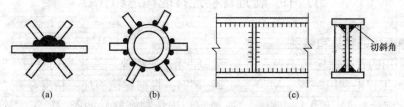

图 3-33　减少焊件残余应力的设计措施
(a) 不合理；(b)、(c) 合理

2. 合理安排焊接及制造工艺

（1）在焊接工艺上，应选择使焊缝易于收缩并可减小残余应力的焊接次序，如分段退焊［见图 3-34（a）］、分层焊［见图 3-34（b）］、对角跳焊［见图 3-34（c）］和分块拼焊［见图 3-34（d）］等。

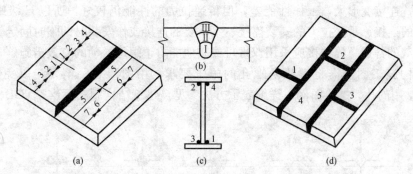

图 3-34　合理的焊接次序
(a) 分段退焊；(b) 分层焊；(c) 对角跳焊；(d) 分块拼焊

（2）在制造工艺上，可采用预先反变形（见图 3-35），对厚板钢材采用焊前预热（在焊道两侧各 80～100mm 范围均匀加热至 100～150℃）及焊后退火（加热至 600℃后缓冷）或锤击法（用手锤轻击焊缝表面使其延伸，以减小焊缝中部残余拉应力）等。

（3）对焊件的尺寸收缩，应在下料时预加收缩余量。当焊接残余变形过大时，可采用机械方法顶压进行冷矫正或局部加热后冷缩进行热矫正。但对于低合金高强度钢不宜使用锤击法进行矫正。

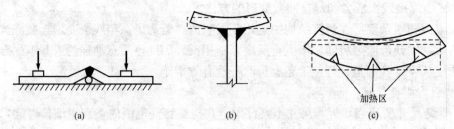

图 3 - 35　减少残余变形的工艺措施

（a）预折；（b）预弯；（c）局部加热

第六节　普通螺栓连接的构造和计算

一、普通螺栓的种类和特性

钢结构采用的普通螺栓形式为六角头形、粗牙普通螺栓，其代号用字母 M 与公称直径（mm）表示。工程中常用 M18、M20、M22、M24。根据螺栓的加工精度，普通螺栓又分为 C 级（原粗制螺栓）、A 级及 B 级螺栓（原精制和半精制螺栓）两类。C 级螺栓用 4.6 级或 4.8 级钢制作，而 A 级和 B 级螺栓采用 5.6 级和 8.8 级钢制作；C 级螺栓加工粗糙，尺寸不够准确，只要求 II 类孔（在单个零件上一次冲成或不用钻模钻成设计孔径的孔），成本低，栓径比孔径小 1.5～2.0mm。A 级和 B 级螺栓需经机床车削加工，精度较高，要求 I 类孔，孔径与栓径相等，只分别允许其有正和负公差，因此，栓杆和螺孔间的空隙仅为 0.3mm 左右。由此可见，A 级和 B 级螺栓与螺孔为紧配合，受剪性能较好，变形很小，但制造和安装过于费工，价格昂贵，目前在钢结构中应用较少。C 级螺栓由于与螺栓孔的空隙较大，当传递剪力时，连接变形大，工作性能差，但传递拉力的性能仍较好，所以 C 级螺栓广泛用于需要装拆的连接、承受拉力的安装连接、不重要的连接或作安装时的临时固定等。对直接承受动力荷载的普通螺栓连接应采用双螺母或其他能防止螺母松动的有效措施。

在钢结构施工图上需将螺栓及螺孔的施工要求，用图形表示清楚，以免引起混淆。图 3 - 36 为常用的孔、螺栓图例，详细表示方法参见《建筑结构制图标准》（GB/T 50105—2010）。

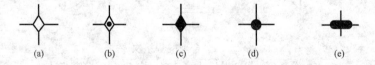

图 3 - 36　螺栓的制图符号

（a）永久螺栓；（b）安装螺栓；（c）高强度螺栓；（d）螺栓孔；（e）椭圆形螺栓孔

二、普通螺栓连接的构造要求

1. 螺栓的直径

在同一结构连接中，无论是临时安装螺栓还是永久螺栓，为了方便制造，宜用一种直径 d。螺栓直径 d 的选择根据连接构件的尺寸和受力大小而定。常用的标准螺栓是 M16、M18、M20、M22、M24 等规格。螺栓直径选得合适与否，将影响螺栓数目及连接节点的构造尺寸。

2. 螺栓的排列及间距

螺栓的排列应简单、统一而紧凑，满足受力要求，构造合理又便于安装，排列方式有并列排列和错列排列两种，如图 3-37 所示。并列较简单，错列较紧凑。

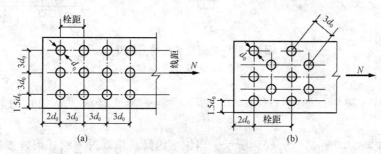

图 3-37 螺栓的排列及间距

(a) 并列排列；(b) 错列排列

(1) 受力要求。螺栓孔（d_0）的最小端距（沿受力方向）为 $2d_0$，以免板端被剪掉；螺栓孔的最小边距（垂直于受力方向）为 $1.5d_0$（切割边）或 $1.2d_0$（轧成边）。在型钢上，螺栓应排列在型钢准线上（见附录三）。中间螺孔的最小间距（栓距和线距）为 $3d_0$，否则螺孔周围应力集中的相互影响较大，且对钢板的截面削弱过多，从而降低其承载能力。

(2) 构造要求。螺栓的间距也不宜过大，尤其是受压板件当栓距过大时，容易发生凸曲现象。板和刚性构件（如槽钢、角钢等）连接时，栓距过大不易紧密接触，潮气易于侵入缝隙而锈蚀。按规范规定，栓孔中心最大间距取下列各种情况两个数据中小值：中间排受压时为 $12d_0$ 或 $18t_{min}$（t_{min} 为外层较薄板件的厚度），受拉时为 $16d_0$ 或 $24t_{min}$；外排为 $8d_0$ 或 $12t_{min}$；中心至构件边缘最大距离为 $4d_0$ 或 $8t_{min}$。

(3) 施工要求。螺栓应有足够距离，以便于转动扳手，拧紧螺母。

根据上述螺栓的最大、最小容许距离，排列螺栓时宜按最小容许距离取用，且宜取 5mm 的倍数，并按等距离布置，以缩小连接的尺寸。最大容许距离一般只在联系作用的构造连接中采用。

三、普通螺栓连接的受力性能和强度计算

普通螺栓连接，按螺栓传力方式可分为受剪螺栓连接、受拉螺栓连接和拉剪螺栓连接三种。受剪螺栓连接是靠栓杆受剪和孔壁承压传力；受拉螺栓连接是靠沿栓杆轴方向受拉传力；拉剪螺栓连接则同时兼具上述两种传力方式。

(一) 受剪螺栓连接

1. 受力性能和破坏形式

图 3-28 所示为单个螺栓受剪情况。在开始受力阶段，作用力要靠钢板之间的摩擦力来传递。由于普通螺栓紧固的预拉力很小，即板件之间的摩擦力也很小，当外力逐渐增长到克服摩擦力后，板件发生相对滑移，而使栓杆和孔壁靠紧，此时栓杆受剪，而孔壁承受挤压。随着外力的不断增大，连接达到其极限承载能力而发生破坏。

受剪螺栓连接在达到极限承载力时可能出现如下五种破坏形式：

(1) 栓杆剪断，如图 3-39（a）所示。当螺栓直径较小而钢板相对较厚时，可能发生。

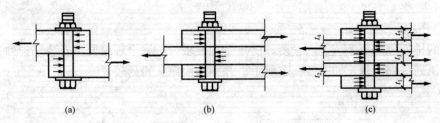

图 3-38　受剪螺栓的受力情况
(a) 单剪；(b) 双剪；(c) 四剪

(2) 孔壁挤压破坏，如图 3-39（b）所示。当螺栓直径较大钢板相对较薄时，可能发生。

(3) 钢板拉断，如图 3-39（c）所示。当钢板因螺孔削弱过多时，可能发生。

(4) 端部钢板剪断，如图 3-39（d）所示。当顺受力方向的端距过小时，可能发生。

(5) 栓杆受弯破坏，如图 3-39（e）所示。当螺栓过于细长时，可能发生。

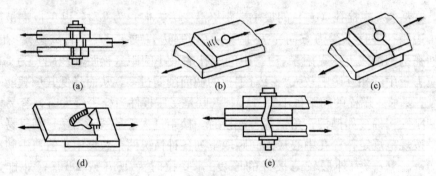

图 3-39　受剪螺栓连接的破坏形式
(a) 栓杆剪断；(b) 孔壁挤压破坏；(c) 钢板拉断；(d) 端部钢板剪断；(e) 栓杆受弯破坏

上述破坏形式中的后两种在选用最小容许端距 $2d_0$ 和使螺栓的夹紧长度不超过 $5d$ 的条件下，均不会发生。前三种形式的破坏，则需通过计算来防止。

2. 强度计算

如前所述，受剪螺栓连接按承载能力极限状态需计算栓杆受剪和孔壁承压承载力，以及钢板受拉（或受压）承载力，而后一项属于构件的强度计算。

(1) 单个受剪螺栓的承载力设计值。

1) 抗剪承载力设计值。假定螺栓受剪面上的剪应力为均匀分布，则单个螺栓的抗剪承载力设计值为

$$N_v^b = n_v \frac{\pi d^2}{4} f_v^b \qquad (3-22)$$

式中　n_v——每个螺栓的受剪面数，单剪 $n_v = 1$，双剪 $n_v = 2$，四剪 $n_v = 4$（见图 3-38）；

$\quad\quad d$——螺栓直径；

$\quad\quad f_v^b$——普通螺栓的抗剪强度设计值；

当按容许应力方法计算时，每个螺栓的抗剪承载力容许值 N_v^b 为

$$N_v^b = n_v \frac{\pi d^2}{4} [\tau^b] \qquad (3-23)$$

式中　　$[\tau^b]$——普通螺栓的抗剪容许应力值（见表 1-10）。

2）承压承载力设计值。螺栓孔壁的实际承压应力分布很不均匀，为了便于计算，在实际计算中通常假定承压应力沿螺杆直径的投影面均匀分布，则单个螺栓的承压承载力设计值为

$$N_c^b = d \sum t \times f_c^b \qquad (3-24)$$

式中　　$\sum t$——在同一受力方向的承压钢板总厚度中的较小值（如图 3-38 所示的四剪中，$\sum t$ 取 $t_1 + t_3 + t_5$ 与 $t_2 + t_4$ 中的较小值）；

　　　　f_c^b——螺栓的承压强度设计值，见表 1-5。

当按容许应力法计算时，每个螺栓的孔壁承压承载力容许值 N_c^b 为

$$N_c^b = d \sum t \times [\sigma_c^b] \qquad (3-25)$$

式中　　$[\sigma_c^b]$——螺栓的承压容许应力，见表 1-10。

显而易见，单个受剪螺栓的承载力设计值（或容许值）取 N_v^b 和 N_c^b 的较小值 N_{min}^b。

（2）螺栓群受轴心力 N 作用时的连接计算。

1）确定所需螺栓数目 n。板件在轴心力作用下（见图 3-40），所需螺栓数应按单个受剪螺栓的承载力设计值 N_{min}^b 来决定。实验证明，各螺栓在弹性工作阶段受力并不相等，两端大、中间小，但在进入弹塑性工作阶段后，由于内力重分布，各螺栓受力将逐渐趋于相等，故可按平均受力计算。因此，连接所需螺栓数目为

$$n = \frac{N}{N_{min}^b} \qquad (3-26)$$

其中，n 为加拼接板的对接接缝一侧所需的螺栓数，对于搭接连接就是所需的螺栓总数。为了保证安全，《钢结构设计规范》（GB 50017）规定，在一处连接中，拼接接头一侧或搭接接头的永久性螺栓不宜少于 2 个。对于搭接或用单面拼接板拼接的对接连接，因传力偏心而使螺栓受到附加内力，螺栓数目应按计算数增加 10%，单角钢单面拼接时，应增加 15%。

需要指出，在构件的节点处或拼接接头的一侧，当螺栓沿受力方向的连接长 l_1 [见图 3-40（a）] 过大时，各螺栓的受力将很不均匀，端部螺栓受力最大，往往首先被破坏，然后依次逐个向内破坏。因此，规定将螺栓（包括高强度螺栓）的承载力设计值 N_v^b 和 N_c^b 乘以下列折减系数予以降低，即

当 $l_1 > 15 d_0$ 时，$\beta = 1.1 - l_1 / 150 d_0$；

当 $l_1 > 60 d_0$ 时，$\beta = 0.7$。

2）净截面强度验算。为防止构件或连接板因螺孔削弱过大而被拉（或压）断，需验算其净截面强度，则

$$\sigma = \frac{N}{A_n} \leqslant 0.7 f_u \qquad (3-27)$$

式中　　A_n——构件或连接板的净截面面积。

净截面强度验算应选择构件或连接板最不利截面，即内力最大或螺孔较多而净截面较小的截面。如图 3-40（a）所示，螺栓为并列排列时，构件最不利截面为截面 I-I，其内力最大为 N。对于连接板，则截面 III-III 最不利，其内力最大也为 N。

构件截面Ⅰ-Ⅰ

$$A_{n1} = (b - n_1 d_0)t$$

连接板截面Ⅲ-Ⅲ

$$A_{n2} = 2(b - n_3 d_0)t_1$$

式中　n_1、n_3——截面Ⅰ-Ⅰ和Ⅲ-Ⅲ上的螺孔数；

　　　　t、t_1、b——构件和连接板的厚度及宽度。

当螺栓为错列排列时［见图3-40（b）］，构件除可能沿直线截面Ⅰ-Ⅰ破坏外，还可能沿折线截面Ⅱ-Ⅱ破坏，故还需计算折线净截面面积，以确定最不利截面，计算式为

$$A_{n2} = [2e_1 + (n_2 - 1)\sqrt{a^2 + e^2} - n_2 d_0]t$$

式中　n_2——折线截面Ⅱ-Ⅱ上的螺孔数。

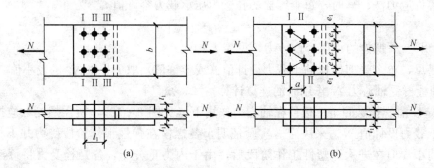

图3-40　螺栓群受轴心力作用时的受剪螺栓
(a) 螺栓并列排列；(b) 螺栓错列排列

【**例3-6**】　设计一截面为$-340\text{mm} \times 16\text{mm}$ 的钢板拼接连接，采用两块拼接板 $t=$ 9mm 和 C 级螺栓连接。钢板和螺栓均用 Q235 钢，孔壁按Ⅱ类孔制作。钢板承受轴心拉力设计值，$N=580\text{kN}$，如图3-41所示。

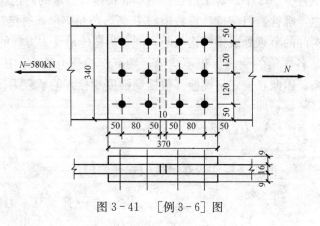

图3-41　[例3-6]图

解　选用 C 级螺栓 M22，由表1-5查得螺栓抗剪强度设计值 $f_v^b = 140\text{N/mm}^2$，承压强度设计值 $f_c^b = 305\text{N/mm}^2$，每只螺栓抗剪和承压承载力设计值分别为

$$N_v^b = n_v \frac{\pi d^2}{4} f_v^b$$

$$=2 \times \frac{\pi \times 22^2}{4} \times 140 \times 10^{-3}$$

$$=106.4 \text{kN}$$

$$N_c^b = d \sum t f_c^b$$

$$=22 \times 16 \times 305 \times 10^{-3}$$

$$=107.36 \text{kN}$$

连接一侧所需螺栓数为

$$n = \frac{N}{N_{min}^b} = \frac{580}{106.4} = 5.5$$

所以，拼接板每侧采用 6 只螺栓，采用并列排列。螺栓的间距和边距、端距根据构造要求，排列如图 3-41 所示。

钢板净截面强度验算（$d_0 \approx d + 2$）

$$\sigma = \frac{N}{A_n} = \frac{580 \times 10^3}{(340 - 3 \times 24) \times 16} = 135.3 \text{N/mm}^2 < 0.7 f_u = 0.7 \times 370 = 259 \text{N/mm}^2$$

满足要求。

（3）受扭矩和剪力作用的抗剪螺栓群连接计算。在螺栓连接中，常会遇到偏心外力 P 作用或扭矩 T 与剪力 V 共同作用的抗剪螺栓连接。例如，柱上牛腿受偏心外力 P 作用（见图 3-42），它可以转化为扭转 $T = Pe$ 和剪力 $V = P$ 共同作用；又如，组合梁的腹板用拼接板时，受弯矩和剪力作用等。

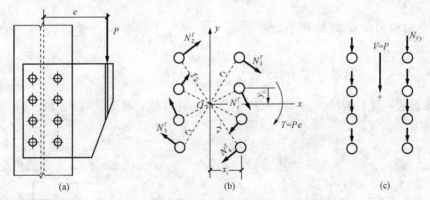

图 3-42　偏心抗剪螺栓连接
(a) 节点构造；(b) 扭矩作用；(c) 剪力作用

承受扭矩的螺栓连接，一般是先布置好螺栓，再计算受力最大的螺栓所承受的剪力，然后与单个螺栓的承载力设计值进行比较。计算时假定：①被连接钢板是刚性的，螺栓是弹性的；②钢板绕螺栓群中心 O 点转动［见图 3-42 (b)］，螺栓的剪切变形与它到中心 O 的距离成正比，螺栓所受的剪切力或钢板所受的反作用力也与 r 成正比，方向与 r 垂直。

如图 3-42 (b) 所示，设各螺栓至螺栓群中心 O 的距离为 r_1，r_2，r_3，…，r_n，在扭矩 T 作用下各螺栓所受剪力为 N_1^T，N_2^T，N_3^T，…，N_n^T。

根据扭矩平衡条件有

$$T = N_1^T r_1 + N_2^T r_2 + N_3^T r_3 + \cdots + N_n^T r_n = \sum N_i^T r_i$$

根据螺栓所受剪力 N_i^T 与其至螺栓群中心的距离 r_i 成正比的关系，把各螺栓受力均用最大剪力 N_1^T 来表示

$$N_1^T = N_1^T \frac{r_1}{r_1}, \quad N_2^T = N_1^T \frac{r_2}{r_1}, \quad N_3^T = N_1^T \frac{r_3}{r_1}, \quad \cdots$$

代入上式可得

$$T = \frac{N_1^T}{r_1}(r_1^2 + r_2^2 + r_3^2 + \cdots + r_n^2) = \frac{N_1^T}{r_1} \sum r_i^2$$

因此，在扭矩 T 作用下螺栓所受的最大剪力为

$$N_1^T = \frac{T r_1}{\sum r_i^2} = \frac{T r_1}{\sum x_i^2 + \sum y_i^2} \qquad (3-28)$$

N_1^T 的水平和竖直分力为

$$N_{1x}^T = \frac{T y_1}{\sum x_i^2 + \sum y_i^2}$$

$$\qquad (3-29)$$

$$N_{1y}^T = \frac{T x_1}{\sum x_i^2 + \sum y_i^2}$$

剪力 V 可假定由全部螺栓平均承担［见图 3-42（c）］，则每个螺栓所受竖向剪力为

$$N_{Vy} = \frac{V}{n}$$

则在扭矩 T 和剪力 V 共同作用下，受力最大的螺栓 1 承受的合成剪力 N_1 应满足的要求为

$$N_1 = \sqrt{(N_{1x}^T)^2 + (N_{Vy} + N_{1y}^T)^2} \leqslant N_{min}^b \qquad (3-30)$$

当螺栓群布置成一狭长带状，如 $y_1 > 3x_1$ 时，为简化计算，可取式（3-29）中的 $\sum x_i^2 = 0$，$N_{1y}^T = 0$，则

$$N_{1x}^T = \frac{T y_1}{\sum y_i^2} \qquad (3-31)$$

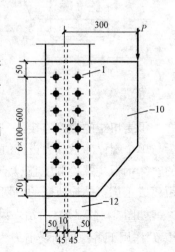

图 3-43　［例 3-7］图

【例 3-7】　试设计一 C 级螺栓的搭接接头，如图 3-43 所示。作用力设计值 $P = 230$kN，偏心距 $e = 300$mm，钢材为 Q235。

解　选用 M20，$d_0 = 21.5$mm，纵向排列，初步排列如图 3-43 所示。由表 1-5 查得螺栓的强度设计值分别为

$$f_v^b = 140\text{N/mm}^2, \quad f_c^b = 305\text{N/mm}^2$$

则 $N_v^b = n_v \dfrac{\pi d^2}{4} f_v^b = 1 \times \dfrac{\pi \times 20^2}{4} \times 140 \times 10^{-3} = 44$kN

$$N_c^b = d \sum t f_c^b = 20 \times 10 \times 305 \times 10^{-3} = 61\text{kN}$$

因 $y_1 = 300$mm $> 3x_1 = 3 \times 50 = 150$mm

故　$N_{1y}^{T}=0$

$$N_{1x}^{T}=\frac{Ty_1}{\sum y_i^2}=\frac{230\times30\times30}{4(10^2+20^2+30^2)}$$
$$=37\text{kN}$$

$$N_{Vy}=\frac{V}{n}=\frac{230}{14}=16.4\text{kN}$$

$$N_1=\sqrt{(N_{1x}^{T})^2+(N_{Vy})^2}$$
$$=\sqrt{37^2+16.4^2}=40.5\text{kN}<N_{\min}^{b}=44\text{kN}$$

满足强度要求。

（二）受拉螺栓连接

1. 单个受拉螺栓的承载力设计值

如图 3-44 所示，在抗拉螺栓连接中，必须借助辅助构件（如图中角钢）才能实现拉力的传递。通常角钢的刚度不大，受拉时，垂直于拉力方向的角钢肢会发生较大的变形，并起杠杆作用，在该肢外侧端部会产生撬力，从而会加大螺栓所受的拉力。故常在角钢两肢间设置加劲肋，增大其刚度，降低或消除撬力的影响。在外力 N 作用下，构件相互间有分离趋势，从而螺栓沿杆轴方向受拉。受拉螺栓的破坏形式是栓杆被拉断，其部位一般在被螺纹削弱的截面处。假定拉应力在螺栓螺纹处截面上均匀分布，则每个普通螺栓或锚栓的抗拉承载力设计值为

$$N_{t}^{b}=\frac{\pi d_{e}^2}{4}f_{t}^{b} \qquad (3-32a)$$

锚栓

$$N_{t}^{a}=\frac{\pi d_{e}^2}{4}f_{t}^{a} \qquad (3-32b)$$

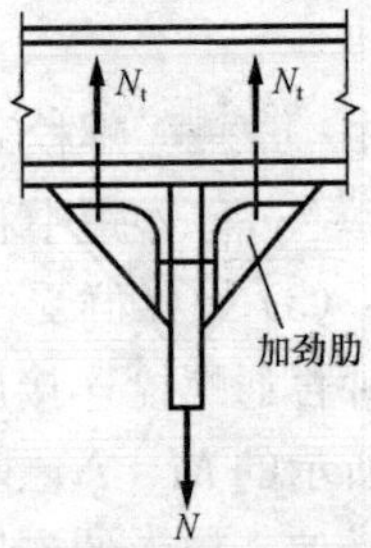

当按容许应力法计算时，每个螺栓或锚栓的抗拉承载力容许值为

普通螺栓

$$N_{t}^{b}=\frac{\pi d_{e}^2}{4}[\sigma_{t}^{b}] \qquad (3-33a)$$

锚栓

$$N_{t}^{a}=\frac{\pi d_{e}^2}{4}[\sigma_{t}^{a}] \qquad (3-33b)$$

式中　　d_{e}——螺栓（或锚栓）螺纹处的有效直径（见附录三）；

f_{t}^{b}、f_{t}^{a}——普通螺栓或锚栓的抗拉强度设计值，见表 1-5；

$[\sigma_{t}^{b}]$、$[\sigma_{t}^{a}]$——普通螺栓或锚栓的抗拉容许应力，见表 1-10。

2. 螺栓群的受拉连接计算

（1）螺栓群受轴心力 N 作用时的受拉螺栓计算。当外力 N 通过螺栓群形心时，假定每个螺栓所受的拉力相等，因此，连接所需要螺栓的数目为

$$n=\frac{N}{N_{t}^{b}} \qquad (3-34)$$

然后按实际确定的螺栓数目 n 进行布置排列。

图 3-44　受拉螺栓

（2）螺栓群在弯矩 M 作用下的抗拉计算。普通 C 级螺栓在图 3-45 所示弯矩作用下，上部螺栓受拉。与螺栓群拉力相平衡的压力产生于牛腿和柱的接触面上，精确确定中和轴的位置的计算比较复杂。通常近似地假定中和轴在最下边一排螺栓轴线上（图 3-45 中 $x-x$ 轴），并且忽略压力所产生的弯矩（因力臂很小）。因此

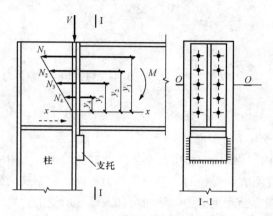

图 3-45　M 作用下抗拉螺栓连接

$$M=m\ (N_1^M y_1+N_2^M y_2+\cdots+N_n^M y_n)\ =m\sum N_i^M y_i$$

从而可得螺栓所受最大拉力

$$N_1^M=\frac{My_1}{m\sum y_i^2}\leqslant N_t^b \tag{3-35}$$

式中　m——螺栓列数，图 3-45 中，$m=2$；

　　　y_1——距中和轴 $x-x$ 最远的螺栓距离。

（3）螺栓群受偏心力作用时的受拉螺栓计算。如图 3-46（a）所示，为钢结构中常见的一种普通螺栓连接形式（如屋架下弦端部与柱的连接），螺栓群受偏心拉力 F（与图 3-46 中所示的 $M=Ne$、$N=F$ 等效）和剪力 V 作用。剪力 V 由焊在柱上的支托承受，螺栓群只承受偏心拉力的作用。

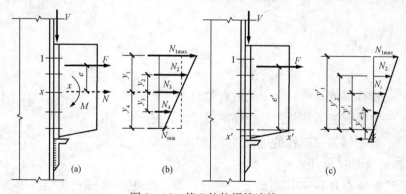

图 3-46　偏心抗拉螺栓连接
（a）节点构造；（b）小偏心；（c）大偏心

在进行螺栓计算时需根据偏心距离的大小，区分下列两种情况：

1）小偏心情况。因偏心距 e 较小，故弯矩 M 不大，连接以承受轴心拉力 N 为主。在此

种情况下，螺栓群将全部受拉，板端不出现受压区，故在计算 M 产生的螺栓内力时，中和轴 x-x 应取在螺栓群中心处，螺栓内力按三角形分布［见图 3-46（b）］，由弯矩平衡条件得

$$M = Fe = m(N_1^M y_1 + N_2^M y_2 + \cdots + N_n^M y_n)$$

$$= m \sum N_i^M y_i = m \sum \frac{N_1^M}{y_1} y_i^2$$

则在弯矩作用下受力最大的螺栓所受拉力为

$$N_1^M = \frac{My_1}{m \sum y_i^2} \tag{3-36}$$

式中　m——螺栓列数；

y_i——第 i 只螺栓到中和轴 x-x 的垂直距离。

在轴心拉力 N 作用下，每个螺栓均匀受力

$$N_i^n = \frac{N}{n} \tag{3-37}$$

因此连接中螺栓所受最大拉力 N_{max} 和最小拉力 N_{min} 为

$$N_{max} = \frac{N}{n} + \frac{Ney_1}{m \sum y_i^2} \leqslant N_t^b \tag{3-38a}$$

$$N_{min} = \frac{N}{n} - \frac{Ney_1}{m \sum y_i^2} \geqslant 0 \tag{3-38b}$$

式（3-38a）中，$N_{max} \leqslant N_t^b$ 是最不利螺栓"1"需满足的强度条件；而式（3-38b）中，$N_{min} \geqslant 0$ 是采用此方法必须满足的前提条件，它表示全部螺栓均受拉。若 $N_{min} \leqslant 0$ 或 $e > m \sum y_i^2 / ny_1$，表示最下一排螺栓受压（实际是板端部受压），此时应按大偏心情况计算。

2）大偏心情况。因偏心距较大，故弯矩也较大，此时，端板底部会出现受压区，中和轴应向下移。为简化计算，可近似地将中和轴假定在（弯矩指向一侧）最外排螺栓轴线 x'-x' 处［见图 3-46（c）］。按小偏心情况相似方法，可由力的平衡方程得最不利螺栓"1"所受的拉力及应满足的强度条件，即

$$N_{max} = \frac{Fe'y_1'}{m \sum y_i'^2} \leqslant N_t^b \tag{3-39}$$

式中　e'——偏心力 F 到中和轴 x'-x' 的距离；

y_i'——各螺栓至中和轴 x'-x' 的距离。

（三）拉剪螺栓连接

如前所述，C 级螺栓的抗剪能力差，故对重要连接一般均应在端板下设置支托，以承受剪力，如图 3-46 所示。对次要连接，若端板下不设支托，则螺栓将同时承受剪力 N_v 和沿杆轴方向的拉力 N_t 作用。根据试验，这种螺栓应满足的相关公式为

$$\sqrt{\left(\frac{N_v}{N_v^b}\right)^2 + \left(\frac{N_t}{N_t^b}\right)^2} \leqslant 1 \tag{3-40}$$

及

$$N_v \leqslant N_c^b \tag{3-41}$$

式中　N_v^b、N_t^b、N_c^b——单个普通螺栓的抗剪、抗拉及承压承载能力设计值。

式（3-41）是为了防止板件较薄时，可能因孔壁承压强度不足而产生破坏。

【例 3-8】 如图 3-47 所示，钢梁用普通 C 级螺栓与柱翼缘连接，连接承受设计值剪力 $V=258\text{kN}$，弯矩 $M=38.7\text{kN·m}$，梁端竖板下设支托。钢材为 Q235AF，螺栓为 M20，焊条为 E43 系列型，手工焊，试设计此连接。

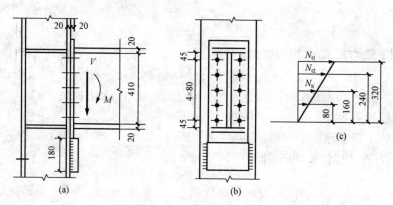

图 3-47　［例 3-8］图
（a）节点正面图；（b）节点侧面图；（c）螺栓拉力

解　（1）假定结构为可拆卸的，且支托只在安装时起作用，则螺栓同时承受拉力和剪力。设螺栓群绕最下一排螺栓转动，螺栓排列及弯矩作用下螺栓受力分布如图 3-47（b）、（c）所示。剪力由 10 个螺栓平均分担。由附表 3-18 知，M20 螺栓的有效面积为 $A_e=\dfrac{\pi d_e^2}{4}=2.45\text{cm}^2$。

单个螺栓的承载力设计值为

$$N_v^b=n_v\frac{\pi d^2}{4}f_v^b=1\times\frac{\pi\times 2^2}{4}\times 140\times\frac{1}{10}=44\text{kN}$$

$$N_c^b=d\sum t f_c^b=2\times 2\times 305\times\frac{1}{10}=122\text{kN}$$

$$N_t^b=A_e f_t^b=2.45\times 170\times\frac{1}{10}=41.7\text{kN}$$

作用于一只螺栓的最大拉力为

$$N_t=\frac{My_1}{m\sum y_i^2}=\frac{38.7\times 10^2\times 32}{2(8^2+16^2+24^2+32^2)}=32.25\text{kN}$$

作用于一只螺栓的剪力为

$$N_v=\frac{V}{n}=\frac{258}{10}=25.8\text{kN}$$

因此

$$\sqrt{\left(\frac{N_t}{N_t^b}\right)^2+\left(\frac{N_v}{N_v^b}\right)^2}=\sqrt{\left(\frac{32.25}{41.7}\right)^2+\left(\frac{25.8}{44}\right)^2}=0.97\leqslant 1$$

$$N_v=25.8\text{kN}<N_c^b=122\text{kN}$$

满足强度要求。

（2）假定结构为永久性的，剪力 V 由支托承担，螺栓只承受弯矩 M，则

$$N_t = 32.25\text{kN} < N_t^b = 41.7\text{kN}$$

支托和柱翼缘用侧面角焊缝连接，角焊缝厚度 $h_f = 10\text{mm}$，则

$$\tau_f = \frac{\alpha V}{h_e \sum l_w} = \frac{1.35 \times 2580}{2 \times 0.7 \times 1 \ (18-2)} = 146.34\text{N/mm}^2 < f_f^w = 160\text{N/mm}^2$$

其中，α 为考虑剪力 V 焊缝的偏心影响系数，取 $1.25 \sim 1.35$。

第七节　高强度螺栓连接的性能和计算

一、高强度螺栓连接的构造和性能

高强度螺栓的形状、连接构造（如构造原则、连接形式、直径及螺栓排列要求等）和普通螺栓基本相同。高强度螺栓的螺杆、螺母和垫圈采用高强度钢材制成，这些制成品再经热处理以进一步提高强度。目前，我国采用 8.8 级和 10.9 级两种强度性能等级的高强度螺栓。级别划分的小数点前的 8 或 10 分别代表材料经热处理后的最低抗拉强度 $f_u = 800\text{N/mm}^2$（实际为 830N/mm^2）或 1000N/mm^2（实际为 1040N/mm^2）。小数部分代表屈强比（屈服强度 f_y 与最低抗拉强度 f_u 的比值 f_y/f_u）。例如，10.9 级螺栓材料的抗拉强度 $f_u = 1000\text{N/mm}^2$，$f_y/f_u = 0.9$，则 $f_y = 0.9 f_u = 900\text{N/mm}^2$。推荐采用的钢号：大六角高强度螺栓 8.8 级的有 45 号钢和 35 号钢。10.9 级的有 20MnTiB、40B 和 35VB 钢。扭剪型高强度螺栓只有 10.9 级，推荐钢号为 20MnTiB 钢。垫圈常用 45 号或 35 号钢制造，并经过热处理。高强度螺栓应采用钻成孔。摩擦型连接高强度螺栓的孔径比螺栓公称直径 d 大 $1.5 \sim 2.0\text{mm}$；承压型连接高强度螺栓的孔径比螺栓公称直径 d 大 $1.0 \sim 1.5\text{mm}$。

高强度螺栓和普通螺栓连接受力的主要区别是：普通螺栓连接的螺母拧紧的预拉力很小，受力后全靠螺杆承压和抗剪来传递剪力。而高强度螺栓是靠拧紧螺母，对螺杆施加强大而受控制的预拉力，此预拉力将被连接的构件夹紧，这种靠构件加紧而使接触面的摩擦阻力来承受连接内力是高强度螺栓连接受力的特点。

高强度螺栓连接按设计和受力要求可分为摩擦型和承压型两种。高强度螺栓摩擦型连接在承受剪切时，以外剪力达到板件间可能发生的最大摩擦阻力为极限状态；当超过使板件间发生相对滑移时，即认为连接已失效而破坏。高强度螺栓承压型连接在受剪时，则允许摩擦力被克服并发生板件相对滑移，然后外力可以继续增加，并依此后发生的螺杆剪切或孔壁承压的最终破坏为极限状态。这两种形式螺栓在受拉时没有区别。

我国目前主要采用高强度螺栓摩擦型连接，其有较高的传力可靠性和连接整体性，承受动力荷载和抗疲劳的性能也比较好，对工地现场连接尤为适宜。高强度螺栓承压型连接的承载力比摩擦型的高，可减少螺栓用量。但这种螺栓连接剪切变形较大，若用于动力荷载连接中，这种剪切反复滑动可能导致螺栓松动，故《钢结构设计规范》（GB 50017）规定其只允许用在承受静力或间接受动力荷载结构中且允许发生一定滑移变形的连接。

二、高强度螺栓的预拉力和紧固方法

1. 高强度螺栓的预拉力

高强度螺栓的预拉力 P 是通过拧紧螺母实现的，施工中一般采用扭矩法、转角法或扭剪法来控制预拉力。

（1）扭矩法。用直接显示扭矩大小的特制扳手，根据事先测定的螺栓中预拉力和扭矩之间

的关系施加扭矩。为了防止预拉力的损失，一般应按规定的 P 值超过 5%～10% 施加扭矩。

（2）转角法。该法分初拧和终拧两步。初拧是先用普通扳手使被连接构件相互紧密贴合，终拧是以初拧的贴紧位置为起点，根据螺栓直径和板叠厚度所确定的终拧角度，用强有力的扳手旋转螺母 $\frac{1}{3}$～$\frac{2}{3}$ 圈（120°～240°），即达所需预拉力。

（3）扭剪法。此法适用于扭剪型高强度螺栓。扭剪型高强度螺栓的尾部连有一个截面较小的沟槽和梅花头，用特制电动扳手的两个套筒分别套住螺母和梅花卡头，操作时，大套筒正转施加紧固扭矩，小套筒则反转施加紧固反扭矩，将螺栓紧固后，进而沿尾部沟槽将梅花头拧掉，即可达到规定的预拉力值。这种螺栓施加预拉力简单、准确，现已在钢结构连接中广泛使用。

高强度螺栓的设计预拉力值由材料强度和螺栓有效截面确定，并考虑：①在拧紧螺栓时，扭矩使螺栓产生的剪力将降低螺栓的承载能力，故对螺栓材料强度除以系数 1.2；②施工时为补偿预拉力的松弛，要对螺栓超张拉 5%～10%，故乘以系数 0.9；③考虑螺栓材质的不均匀性，引进一折减系数 0.9；④因以螺栓的抗拉强度为准，为安全起见，再引入一附加安全系数 0.9。这样，预拉力设计值计算式为

$$P = 0.9 \times 0.9 \times 0.9 f_u A_e / 1.2 = 0.6075 f_u A_e \tag{3-42}$$

式中　f_u——螺栓经热处理后的最低抗拉强度；

　　　A_e——螺栓螺纹处的有效截面面积。

根据式（3-42）的计算结果，并取为 5kN 的倍数，即得《钢结构设计规范》（GB 50017）规定的预拉力设计值 P，见表 3-2。

表 3-2　　　　　　　　　　　　一个高强度螺栓的设计预拉力 P 值　　　　　　　　　　　　　　kN

螺栓的性能等级	螺栓公称直径 d(mm)					
	M16	M20	M22	M24	M27	M30
8.8 级	80	125	150	175	230	280
10.9 级	100	155	190	225	290	355

2. 高强度螺栓连接的摩擦面抗滑移系数

应用高强度螺栓时，为提高其摩擦阻力，构件的接触面通常要经特殊处理，使其洁净并粗糙，以提高其抗滑移系数 μ。常用的接触面处理方法和规定所应达到的抗滑移系数值见表 3-3。承压型连接的板件接触面只要求清除油污及浮锈。

当连接面有涂层时，抗滑移系数将随涂层而异。采用醇氧铁红和环氧富锌涂层时取 0.15；采用无机富锌涂层时取 0.35；采用防滑防锈硅酸锌涂漆时取 0.45。

表 3-3　　　　　　　　　　　　钢材摩擦面的抗滑移系数 μ 值

连接处构件接触面的处理方法	构件的钢材牌号		
	Q235 钢	Q345 钢或 Q390 钢	Q420 钢或 Q460 钢
喷硬质石英砂或铸钢棱角砂	0.45	0.45	0.45
抛丸（喷砂）	0.35	0.40	0.40

续表

连接处构件接触面的处理方法	构件的钢材牌号		
	Q235 钢	Q345 钢或 Q390 钢	Q420 钢或 Q460 钢
抛丸（喷砂）后生赤锈	0.45	0.45	0.45
钢丝刷消除浮锈或未经处理的干净轧制表面	0.30	0.35	0.40

三、高强度螺栓连接的强度计算

与普通螺栓连接一样，高强度螺栓连接按传力方式也可分为受剪螺栓连接、受拉螺栓连接和拉剪螺栓连接三种。现分别按摩擦型和承压型两种连接类型对其计算加以阐述。

（一）高强度螺栓摩擦型连接

1. 高强度螺栓受剪连接计算

（1）单个螺栓的抗剪承载力设计值。高强度螺栓摩擦型连接承受剪力时的设计准则是外力不得超过摩擦阻力。每个螺栓的摩擦阻力即极限抗剪承载力为 $kn_f\mu P$，除以螺栓材料的抗力分项系数 $\gamma_R = 1.111$ 后，可得其抗剪承载力设计值，即

$$N_v^b = 0.9kn_f\mu P \qquad (3-43)$$

式中　P——高强度螺栓的预拉力设计值，见表 3 - 2；

　　　k——孔型系数，标准孔取 1.0，大圆孔取 0.85，内力与槽孔长向垂直时取 0.7，内力与槽孔长向平行时取 0.6，孔型尺寸匹配表参见《钢结构设计规范》（GB 50017）表 11.5.1；

　　　n_f——传力摩擦面数，单剪时 $n_f = 1$，双剪时 $n_f = 2$；

　　　μ——摩擦面的抗滑移系数，见表 3 - 3。

（2）受轴心力 N 作用时的抗剪连接计算。计算步骤如下：

1）被连接构件接缝一侧所需螺栓数。计算式为

$$n \geqslant \frac{N}{N_v^b} = \frac{N}{0.9kn_f\mu P}$$

确定所需螺栓数目 n，并按构造要求布置排列。

2）验算构件净截面强度。计算式为

$$\sigma = \frac{N'}{A_n} \leqslant f$$

$$N' = N\left(1 - 0.5\frac{n_1}{n}\right)$$

式中　N'——所验算的构件净截面（第一列螺孔处）所受的轴力；

　　　A_n——所验算的构件净截面面积（第一列螺孔处）；

　　　n_1——所验算截面（第一列）上的螺栓数；

　　　n——连接接缝一侧的螺栓总数；

　　　0.5——系数，是考虑高强度螺栓的传力特点，由于摩擦阻力作用，假定所验算的净截面上每个螺栓所分担的剪力的 50%，已由螺孔前构件接触面的摩擦阻力传递到被连接的另一构件中。

（3）受扭矩作用，或扭矩、剪力、轴心力共同作用的抗剪连接计算。此种连接受力的计算方法与普通螺栓连接相同，仍可用式（3-30）计算。只是在计算时用高强度螺栓的抗剪承载力设计值 $N_v^b = 0.9kn_f\mu P$ 取代式（3-30）中的 N_{min}^b 即可。

【例 3-9】 将［例 3-6］中钢板拼接改用 8.8 级 M22 的高强度螺栓摩擦型连接，连接处接触面用喷砂处理，螺栓孔为标准孔。试求所需螺栓数。

解 预拉力由表 3-2 查出 $P = 150kN$，抗滑移系数由表 3-3 查得 $\mu = 0.40$，双剪时 $n_f = 2$。

每个螺栓的抗剪承载力设计值

$$N_v^b = 0.9kn_f\mu P = 0.9 \times 1 \times 2 \times 0.40 \times 150 = 108kN$$

拼接缝一侧所需螺栓数

$$n = \frac{N}{N_v^b} = \frac{580}{108} = 5.37$$

拼接缝每侧采用 6 只，布置排列同图 3-41。

钢板净截面强度验算（第一列处）

$$d_0 = d + 2mm$$

$$N' = N\left(1 - 0.5\frac{n_1}{n}\right) = 580\left(1 - 0.5\frac{3}{6}\right) = 435kN$$

$$A_n = t(b - n_1 d_0) = 16(340 - 3 \times 24) = 4288mm^2$$

$$\sigma = \frac{N'}{A_n} = \frac{435000}{4288} = 101.45N/mm^2 < 0.7f_u = 0.7 \times 370 = 259N/mm^2$$

而构件毛截面强度为

$$\sigma = \frac{N}{A} = \frac{580000}{16 \times 340} = 106.62N/mm^2 < f = 215N/mm^2$$

由上述计算可知，对于高强度螺栓摩擦型连接，开孔对构件截面强度的削弱影响比普通螺栓连接为小，有时甚至没有影响，这也是节约钢材的一个途径。

2. 高强度螺栓受拉连接计算

（1）单个高强度螺栓的抗拉承载力设计值 N_t^b。高强度螺栓连接的受力特点是依靠预拉力使被连接件压紧传力，当连接在沿螺栓杆轴方向再承受外拉力时，经试验和计算分析，只要螺栓所受的外拉力设计值 N_t 不超过其预拉力 P 时，螺栓的内拉力增加很少，但当 $N_t > P$ 时，则螺栓可能达到材料屈服强度，在卸载后使连接产生松弛现象，预拉力降低。因此，《钢结构设计规范》（GB 50017）偏安全的规定单个高强度螺栓的抗拉承载力设计值为

$$N_t^b = 0.8P \tag{3-44}$$

（2）受轴心力 N 作用的抗拉高强螺栓连接计算。受轴心力作用时的高强度螺栓连接，其受力的分析方法和普通螺栓的一样，先按 $n = N/0.8P$ 确定连接所需螺栓数目，然后进行布置排列。

（3）螺栓群在弯矩作用下的抗拉连接计算。如图 3-48 所示连接承受弯矩 M 作用，若采用高强度螺栓摩擦型连接，在弯矩 M 作用下，由于高强度螺栓预拉力较大，被连接构件的接触面一直保持着紧密贴合，中和轴一直保持在螺栓群形心轴线 O-O 上。最外面的螺栓所受最大拉力 N_{t1}，其强度条件为

$$N_{1t} = \frac{My_1}{m \sum y_i^2} \leqslant N_t^b = 0.8P \qquad (3-45)$$

式中　m——螺栓列数；

　　　y_i——螺栓至中和轴（过螺栓群形心）的垂直距离；

　　　y_1——受拉力最大螺栓"1"至中和轴的距离。

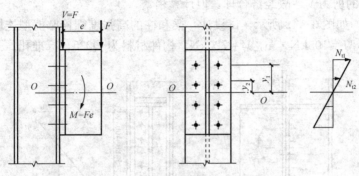

图 3-48　高强度螺栓拉剪连接

3. 高强度螺栓拉剪连接的强度计算

（1）单个高强度螺栓拉剪连接的抗剪承载力设计值。当高强度螺栓承受沿杆轴方向的外拉力 N_t 作用时，不但构件摩擦面间的压紧力将由 P 减至 $P-N_t$，且根据试验，此时摩擦面抗滑移系数 μ 也随之降低，故螺栓在承受拉力时其抗剪承载力将减小。为计算简便，采取对 μ 仍取原有的定值，但对 N_t 则予以加大 25%，以作为补偿。因此，单个高强度螺栓拉剪连接的抗剪强度应满足的要求式为

$$N_v^b = 0.9kn_f\mu(P - 1.25N_t) \qquad (3-46a)$$

式中　N_t 应满足 $N_t < 0.8P$。

式（3-46a）也可另表达为等价为

$$\frac{N_v}{N_v^b} + \frac{N_t}{N_t^b} \leqslant 1 \qquad (3-46b)$$

式中　N_v、N_t——单个高强度螺栓所承受的剪力和拉力；

　　　N_v^b、N_t^b——单个高强度螺栓的受剪、受拉承载力设计值，分别按式（3-43）和式
　　　　　　　　　（3-44）计算。

（2）高强度螺栓拉剪连接计算。图 3-48 所示为一受偏心力 F 作用的高强度螺栓连接，将力 F 向螺栓群形心简化后，可得等效荷载 $V=F$，$M=Fe$。因此，在形心 O-O 以上螺栓为同时承受外拉力 $N_{ti} = \dfrac{My_i}{m \sum y_i^2}$ 和剪力 $N_{vi} = V/n$ 的拉剪螺栓。计算时可采用的两个公式为

$$N_{v1} \leqslant 0.9kn_f\mu(P - 1.25N_{t1}) \qquad (3-47a)$$

或

$$\frac{N_{v1}}{N_v^b} + \frac{N_{t1}}{N_t^b} \leqslant 1 \qquad (3-47b)$$

或

$$V \leqslant 0.9kn_f\mu \sum_{i=1}^{n} (P - 1.25N_{ti}) \qquad (3-48)$$

式（3-47a）、式（3-47b）、式（3-48）中 N_{ti} 和 N_{t1} 均应满足 $N_{t1}(N_{ti}) \leqslant 0.8P$。

式（3-47）是仅计算最不利拉剪螺栓"1"在承受拉力 N_{t1} 后，降低的抗剪承载力设计值 N_{v}^{b} 是否大于或等于其所承受的平均剪力 N_{v1} 来决定该连接是否安全，故很保守，但较简单。式（3-48）是考虑连接中其他各排螺栓承受的拉力递减，甚至为零（对中和轴和受压区均按 $N_{ti}=0$ 处理）时的情况，因此，计算全部螺栓抗剪承载力设计值的总和是否大于或等于连接所承受的剪力 V，故经济合理，但计算稍繁。

【例 3-10】 如图 3-49 所示，试设计一梁和柱的高强度螺栓摩擦型连接，承受的弯矩和剪力设计值为 $M=105\text{kN} \cdot \text{m}$，$V=720\text{kN}$。构件材料为 Q235，标准孔。

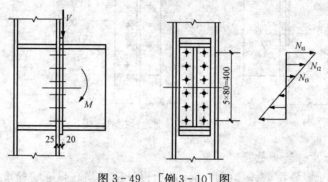

图 3-49 ［例 3-10］图

解 试选 12 只 M22 的 10.9 级螺栓，并采用图 3-49 中的尺寸排列，构件接触面采用喷砂处理，则在弯矩作用下受拉最大的螺栓"1"所受拉力为

$$N_{t1} = \frac{My_1}{m \sum y_i^2} = \frac{105 \times 10^2 \times 20}{4(4^2 + 12^2 + 20^2)} = 93.75\text{kN} < 0.8P = 0.8 \times 190 = 152\text{kN}$$

$$N_{v1} = \frac{V}{n} = \frac{720}{12} = 60\text{kN}$$

$$N_{v1} > 0.9kn_{f}\mu(P - 1.25N_{t1}) = 0.9 \times 1 \times 1 \times 0.4(190 - 1.25 \times 93.75)$$

$$= 26.2\text{kN}$$

不满足要求。

现按式（3-48）计算由比例关系得 $N_{t2}=56.25\text{kN}$，$N_{t3}=18.75\text{kN}$，下部受压区三排螺栓 $N_{ti}=0$，因此

$$0.9kn_{f}\mu \sum_{i=1}^{n}(P - 1.25N_{ti})$$

$$= 0.9 \times 1 \times 1 \times 0.4[12 \times 190 - 1.25 \times 2(93.75 + 56.25 + 18.75)]$$

$$= 668.9\text{kN} < V = 720\text{kN}$$

还不满足要求，故该拉剪连接不满足强度要求。

（二）高强度螺栓承压型连接

1. 高强度螺栓受剪连接

高强度螺栓承压型连接受剪时，其极限承载力由螺栓抗剪和孔壁承压决定，摩擦阻力只起延缓滑移作用。因此，其承载力设计值的计算方法与普通螺栓相同，仍可用式（3-22）和式（3-24）计算，只是式中的 f_v^b 和 f_c^b 应采用高强度螺栓承压型连接的强度设计值（见表 1-5）。

2. 高强度螺栓受拉连接

连接的受力特性和摩擦型的相同，故单个高强度螺栓承压型连接的抗拉承载力设计值也用式（3-44）计算。

3. 高强度螺栓拉剪连接

与普通螺栓相同，应满足的公式为

$$\sqrt{\left(\frac{N_v}{N_v^b}\right)^2 + \left(\frac{N_t}{N_t^b}\right)^2} \leqslant 1 \tag{3-49}$$

$$N_v \leqslant N_c^b/1.2 \tag{3-50}$$

式中　　N_v——连接中每个高强度螺栓所承受的剪力；

N_t——连接中受力最大螺栓所承受的拉力；

N_v^b、N_t^b、N_c^b——每个高强度螺栓的抗剪、抗拉、承压承载力设计值；

1.2——折减系数。

高强度螺栓承压型连接，在加预拉力后，板的孔前存在较高的三向应力，使板的局部挤压强度大大提高，故 N_c^b 比普通螺栓的高。但当受到外拉力后，板件间的挤压力却随外拉力的增大而减小，螺栓的 N_c^b 也随之降低，且随外力变化。但为计算简单，取定值系数 1.2 考虑其影响。

思 考 题

1. 钢结构常用的连接方法有哪几种？各自的特点是什么？

2. 手工焊条型号应根据什么选择？焊接 Q235、Q345、Q390、Q420 和 Q460 钢时，分别采用哪种焊条系列？

3. 说明常用焊缝符号表示的意义？

4. 对接焊缝在手工焊时，什么情况下才进行强度计算？

5. 角焊缝的尺寸都有哪些要求？为什么？

6. 在计算正面角焊缝时，什么情况需考虑强度设计值增大系数 β_f？为什么？

7. 当正面角焊缝与侧面角焊缝同时布置时，在轴心力作用下应如何计算？

8. 搭接接头中的角焊缝受偏心力作用时都是受扭吗？扭矩作用下焊缝强度计算的基本假定是什么？如何求得焊缝最大应力？

9. 焊接残余应力与残余变形的成因是什么？焊接残余应力对构件的影响是什么？如何减少焊接残余应力和焊接残余变形？

10. 螺栓在钢板和型钢上排列的容许距离有哪些规定？它们是根据哪些要求确定的？

11. 普通螺栓与高强度螺栓连接在受力特性方面有何区别？单个螺栓的承载力设计值是如何确定的？

12. 螺栓群在扭矩作用下，在弹性受力阶段受力最大的螺栓，其内力值是在什么假定下求得的？

13. 普通螺栓受偏心力作用时的受拉螺栓计算应怎样区分大、小偏心情况？它们的特点有何不同？

14. 在受剪连接中，使用普通螺栓或高强度螺栓摩擦型连接，对构件开孔截面净截面强度的影响哪一种较大？为什么？

15. 拉剪普通螺栓连接和拉剪高强度螺栓摩擦型连接的计算方法有何不同？拉剪高强度螺栓承压型连接的计算方法又有何不同？

习　题

3-1　已知钢板截面为－400×12，用对接焊缝拼接，拼接处的轴心拉力设计值为 $N=880\text{kN}$，钢材为 Q235，焊条为 E43 系列，手工焊，采用引弧板，按Ⅲ级焊缝质量检验。试验算该对接焊缝的强度是否满足设计要求。

3-2　如图 3-50 所示，试验算牛腿与钢柱连接的对接焊缝的强度是否满足设计要求？荷载设计值 $P=260\text{kN}$，偏心距 $e=240\text{mm}$，钢材为 Q235，焊条为 E43 系列，手工焊，无引弧板，按Ⅲ级焊缝质量检验。

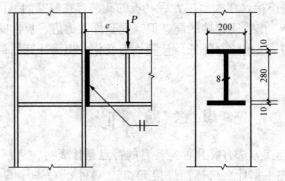

图 3-50　习题 3-2 图

3-3　如图 3-51 所示，角钢与节点板的连接，角钢截面为 $2\angle 100\times 10$，节点板厚 12mm。轴心力设计值 $N=500\text{kN}$（静力荷载），钢材为 Q235，焊条为 E43 系列，手工焊，无引弧板，按Ⅲ级焊缝质量检验。

(1) 试采用两侧角焊缝，确定所需焊脚尺寸 h_{f} 及焊缝长度 l_{w}。

(2) 试采用三面围焊缝，确定焊缝尺寸 h_{f} 及焊缝长度 l_{w}。

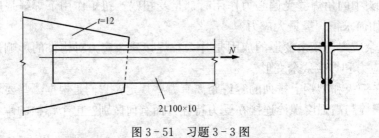

图 3-51　习题 3-3 图

3-4　图 3-52 所示为采用盖板的对接连接。钢板截面为－400×18，承受轴心拉力设

计值 $N=1500$kN（静力荷载），钢材为 Q235，焊条采用 E43，手工焊，若盖板截面取—360×10，试设计焊缝的焊脚尺寸 h_f 和焊缝的实际长度及盖板长度。

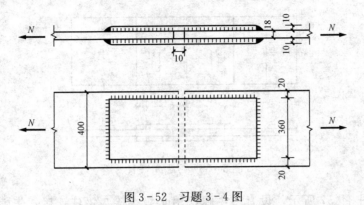

图 3-52　习题 3-4 图

3-5　如图 3-53 所示，试验算牛腿与柱连接角焊缝的强度是否满足设计要求。已知静力荷载设计值 $P=330$kN，钢材为 Q345 钢，焊条为 E50，手工焊，焊脚尺寸 $h_f=10$mm。

3-6　如图 3-54 所示，试验算钢板与柱翼缘连接角焊缝是否满足设计要求。已知静力设计荷载 $N=280$kN，$\theta=60°$，焊脚尺寸 $h_f=8$mm，钢材为 Q235 钢，手工焊，焊条为 E43 系列。

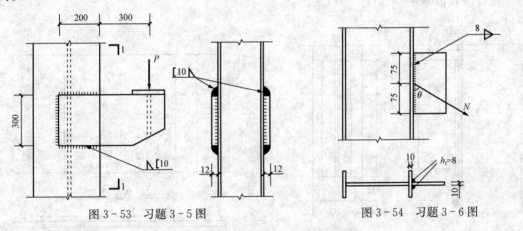

图 3-53　习题 3-5 图　　　　　　　　　图 3-54　习题 3-6 图

3-7　如图 3-55 所示，两块截面尺寸各为—320×14 的钢板，采用 A 级普通螺栓拼接，孔壁为 I 类孔。承受轴心拉力设计值 $N=650$kN，钢材为 Q235AF。试确定拼接尺寸，螺栓的直径、数目与排列。

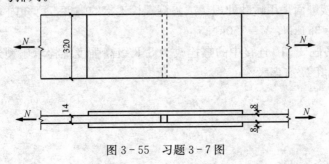

图 3-55　习题 3-7 图

3-8　如图3-56所示，双盖板拼接，内力设计值为$M=35$kN·m，$V=400$kN，钢材为Q235，采用A级普通螺栓连接，孔壁为I类孔。试选螺栓直径并验算其连接强度。

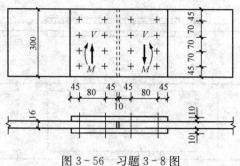

图3-56　习题3-8图

3-9　如图3-57所示，设有一牛腿，用C级螺栓与钢柱连接，牛腿下设支托板以承受剪力，螺栓采用M20，钢材为Q235。静力荷载设计值$N=150$kN，$V=100$kN。试验算螺栓强度和支托焊缝强度。焊条为E43型，手工焊。加改为A级螺栓，可否不用支托板？

3-10　如图3-58所示，试验算双盖板拼接连接强度。钢材为Q235钢，采用高强度螺栓摩擦型连接，螺栓性能等级为8.8级M20，螺孔直径$d_0=21.5$mm，构件接触面喷砂处理。设计荷载值$N=680$kN。

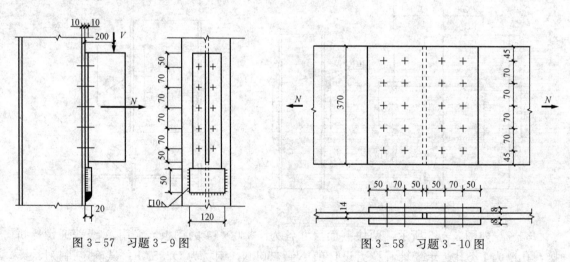

图3-57　习题3-9图　　　　　　　图3-58　习题3-10图

3-11　如图3-59所示，高强度螺栓摩擦型连接，被连接构件的钢材为Q235钢，螺栓为10.9级M20，接触面采用喷砂处理。试验算螺栓连接的强度。已知内力设计值分别为$M=106$kN·m，$N=384$kN，$V=750$kN。

3-12　若把习题3-10连接中的螺栓改为8.8级高强度螺栓承压型连接，该连接所能收的静力轴心设计值N有多大？

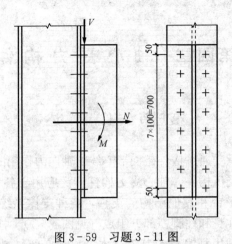

图 3－59　习题 3－11 图

第四章 轴心受力构件

第一节 概 述

轴心受力构件是指只承受通过构件截面形心线的轴向力作用的构件。依轴向力为拉力或压力分为轴心受拉或轴心受压构件。轴心受力构件广泛应用于各种平面和空间桁架、网架、塔架结构，还常用于工作平台和其他结构的支柱，各种支撑系统也常常由轴心受力构件组成。轴心受压柱由柱头、柱身和柱脚三部分组成（见图4-1）。柱头支承上部结构并把其荷载传给柱身，柱脚则把荷载由柱身传给基础。本章主要介绍轴心受压柱身的性能与设计原理，柱头和柱脚的性能与设计原理将在第六章介绍。

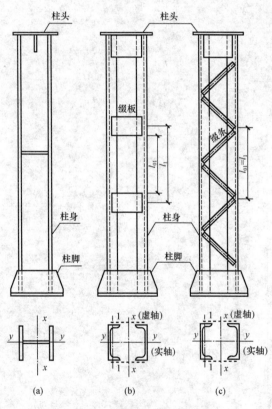

图4-1 柱的形式和组成部分

(a) 实腹式柱；(b) 格构式柱
（缀板式）；(c) 格构式柱（缀条式）

轴心受力构件可分为实腹式构件和格构式构件两类（见图4-1）。实腹式构件具有整体连通的截面，它构造简单，制作方便，可采用热轧型钢、冷弯薄壁型钢制成，或用型钢和钢板组合而成。格构式构件一般由两个或多个分肢用缀材相连而成〔见图4-1（b）、（c）〕，因缀材不是连续的，故在截面图中缀材以虚线表示。截面上通过分肢腹板的轴线叫实轴，通过缀材平面的轴线叫虚轴。缀材的作用是将各分肢连成整体，并承受构件绕虚轴弯曲时的剪力。缀材分缀条和缀板两类。缀条常采用单角钢，与分肢组成桁架体系。缀板常采用钢板，必要时也可采用型钢，沿构件长度方向分段设置，与分肢组成刚架体系。格构式构件抗扭刚度大，容易实现两主轴方向稳定承载力相等，用料较省。

轴心受力构件的常用截面形式如图4-2所示。截面选型的要求是：①用料经济；②形状简单，便于制作；③便于与其他构件连接。

进行轴心受力构件设计时，轴心受拉构件应满足强度和刚度要求；轴心受压构件除应满足强度、刚度要求外，还应满足整体稳定和局部稳定要求。

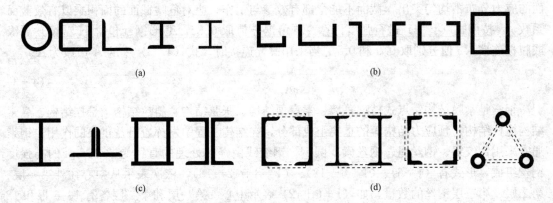

图 4-2　轴心受力构件的截面形式

(a) 热扎型钢截面；(b) 冷弯薄壁型钢截面；(c) 实腹式组合截面；(d) 格构式组合截面

第二节　轴心受力构件的强度和刚度计算

一、轴心受力构件的强度计算

轴心受力构件在轴心力 N 作用下，无孔洞等削弱的轴心受力构件截面上产生均匀受拉或受压应力，当截面的平均应力超过屈服强度 f_y 时，构件会因塑性变形发展引起变形过大，虽然没有断裂，但已无法在满足预定功能条件下继续承受荷载。其强度按下式计算

$$\sigma = \frac{N}{A} \leqslant f \tag{4-1}$$

式中　A——构件的毛截面面积。

对设有普通螺栓孔的有孔洞等削弱的轴心受力构件，当荷载较小时，由于应力集中现象，在有孔洞处截面的应力分布是不均匀的。随着轴心力增大，应力高峰处的钢材达屈服强度后，它的应力不再增大而只发展塑性变形，截面上的应力重分布，最终净截面可以均匀达到屈服强度。因孔洞削弱了构件截面面积，成为薄弱部位，构件强度应按照薄弱部位的净截面核算。当净截面的平均应力超过 f_y 时，构件并未达到承载能力的极限状态，还可以继续承受更大的拉力，直至净截面拉断为止。此时强度应根据净截面的应力不超过抗拉强度 f_u 除以对应的抗力分项系数 γ_{Ru} 来计算。考虑拉断的后果比屈服严重得多，抗力分项系数取值增大 10%，取 $\gamma_{Ru}=1.1\times1.3=1.43$，其倒数为 0.7，构件的净截面强度按式（4-2）计算，同时还应按照式（4-1）验算毛截面强度

$$\sigma = \frac{N}{A_n} \leqslant 0.7 f_u \tag{4-2}$$

式中　A_n——构件的净截面面积。

轴心受压构件，当端部连接（及中部拼接）处组成截面的各板件都有连接件直接传力时，截面强度应按式（4-1）计算。但含有虚孔的构件尚需在孔心所在截面按式（4-2）计算。

轴心受力构件，当其组成板件在节点或拼接处并非全部直接传力时，如单根 T 形钢仅采用翼缘两侧焊缝与节点板连接，构件的内力只能通过翼缘传到焊缝，构件与节点板相接截

面的应力分布不均匀突出，截面不能全部有效参与工作，应对危险截面的面积乘以有效截面系数 η，按照式（4-3）进行强度计算。单角钢 η 值取 0.85，T 形钢（包含 H 型钢）翼缘或腹板连接，η 值分别取 0.9 和 0.7。当采用螺栓连接时，式（4-3）中的 A 应改为 A_n

$$\frac{N}{\eta A} \leqslant f \tag{4-3}$$

钢索是索膜结构、点式玻璃幕墙、索穹顶结构、张弦结构、斜拉结构、悬挂结构、悬索结构桅杆结构、预应力结构等的重要组成部分，在结构工程中发挥着日益重要的作用。钢索通常采用钢绞线、钢丝绳、钢丝索、圆钢。钢绞线由经热处理的直径为 4～6mm 的高强度钢丝组成，形式有（1+6）、（1+6+12）、（1+6+12+18），依次表示从中心往外第一层、第二层、第三层钢丝的数量，如（1+6+12）表示中心、第一层和第二层各有 1、6 根和 12 根钢丝组成的钢绞线。相邻层钢丝捻向相反。钢丝绳通常由 7 股钢绞线捻成，形式有 7×7、7×19、7×37，乘号后数字表示一股钢绞线的钢丝数。钢丝索由平行的直径为 3～6mm 的高强度钢丝组成，钢丝的数量有 19、37、61 根等。

索的截面尺寸远远小于它的长度，抗弯刚度很小，设计时不考虑它承受压力和弯矩，按只能承受拉力进行计算。索结构的形状与各种作用和施加的预应力有关，通常通过施加预应力来调整索的形状。现以承受沿水平均布荷载 q 作用的索为例（见图 4-3），说明计算方法。

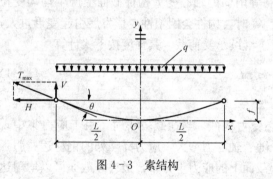

图 4-3　索结构

（1）索的内力计算。假定索的材料符合虎克定律，索的形状为抛物线，方程为

$$y = 4f(x/L)^2$$

由力的平衡条件可得

$$V = qL/2, \qquad H = \frac{\frac{1}{8}qL^2}{f}$$

由图 4-3 可得

$$\tan\theta = \frac{V}{H} = \frac{4f}{L} = 4n$$

$$n = f/L$$

式中　n——矢跨比。

支承处的索内力

$$T_{max} = \frac{H}{\cos\theta} = H\sqrt{1 + \tan^2\theta} = H\sqrt{1 + 16n^2} \approx H(1 + 2n^2) \tag{4-4}$$

跨中的索内力

$$T_{min} = H \tag{4-5}$$

（2）索的长度 L' 计算

$$L' = \int_{-L/2}^{L/2} dL \approx L\left(1 + \frac{8}{3}n^2\right)$$

索受拉引起的长度增加值

$$\Delta L' \approx \frac{HL}{AE}\left(1 + \frac{16}{3}n^2\right) \tag{4-6}$$

式中　A、E——索的截面面积和材料弹性模量。

（3）温度变化引起索的长度变化

$$\Delta L' = \alpha L' \Delta t \approx \alpha \Delta t L \left(1 + \frac{8}{3} n^2 \right)$$

索的垂度变化可近似取

$$\Delta f \approx \frac{3 \Delta L'}{16n} \tag{4-7}$$

目前，国内外索采用容许应力法按照式（4-8）进行强度计算

$$\frac{N_{kmax}}{A} \leqslant \frac{f_k}{K} \tag{4-8}$$

式中　N_{kmax}——按照各种荷载组合工况下计算出的钢索最大拉力标准值；

　　　　A——钢索的有效截面面积；

　　　　f_k——钢索材料强度的标准值；

　　　　K——安全系数，宜取 $2.5 \sim 3.0$。

二、轴心受力构件的刚度计算

轴心受力构件的计算长度 l_0 与构件截面的回转半径 i 的比值 λ 称为长细比。当 λ 过大时，在运输和安装过程中容易产生弯曲或过大变形；当构件处于非竖直位置时，自重可使构件产生较大挠曲，在动力荷载作用时会发生较大振动。因此，构件应具有一定的刚度，来满足结构的正常使用要求。轴心受力构件的刚度通常以长细比来衡量，刚度条件以保证最大长细比 λ_{max} 不超过构件的容许长细比 $[\lambda]$ 来实现，即

$$\lambda_{max} = (l_0/i)_{max} \leqslant [\lambda] \tag{4-9}$$

式中　i——截面回转半径；

　　　　l_0——杆件的计算长度，拉杆的计算长度取节点之间的距离，压杆的计算长度取节点之间的距离 l 与计算长度系数 μ 的乘积，单根构件的 μ 值见表 4-4，与其他构件相连接的构件见相关结构。

《钢结构设计规范》（GB 50017）在总结了钢结构长期使用的经验，根据构件的重要性和荷载情况，规定了轴心受力构件的容许长细比，见表 4-1 和表 4-2。对于张紧的圆钢拉杆，对长细比不作限制。上端与梁或桁架铰接且不能侧向移动的轴心受压柱，计算长度系数应根据柱脚构造情况采用，枢轴柱脚应取 1.0，底板厚度不小于翼缘厚度 2 倍的平板支座可取为 0.8。由侧向支撑分为多段的柱，当各段长度相差 10% 以上时，宜根据相关屈曲的原则确定柱在支撑平面内的计算长度。《水利水电工程钢闸门设计规范》（SL74—2013）中的 $[\lambda]$ 值见表 4-3。

表 4-1　　　　　　　　　　　　受拉构件的容许长细比

构件名称	承受静力荷载或间接承受动力荷载的结构			直接承受动力荷载的结构
	一般建筑结构	对腹杆提供面外支点的弦杆	有重级工作制起重机的厂房	
桁架的杆件	350	250	250	250
吊车梁或吊车桁架以下的柱间支撑	300	200	200	—

续表

构件名称	承受静力荷载或间接承受动力荷载的结构			直接承受动力荷载的结构
	一般建筑结构	对腹杆提供面外支点的弦杆	有重级工作制起重机的厂房	
其他拉杆、支撑、系杆等（张紧的圆钢除外）	400	—	350	—

注　1. 除对腹杆提供面外支点的弦杆外，承受静力荷载的结构受拉构件，可仅计算受拉构件在竖向平面内的长细比。

2. 计算单角钢受拉构件的长细比时，应采用角钢的最小回转半径，但计算在交叉点相互连接的交叉杆件平面外的长细比时，可采用与角钢肢边平行轴的回转半径。

3. 中、重级工作制吊车桁架下弦杆的长细比不宜超过 200。

4. 在设有夹钳或刚性料耙等硬钩起重机的厂房中，支撑（表中第 2 项除外）的长细比不宜超过 300。

5. 受拉构件在永久荷载与风荷载组合作用下受压时，其长细比不宜超过 250。

6. 跨度等于或大于 60m 的桁架，其受拉弦杆和腹杆的长细比不宜超过 300（承受静力荷载或间接承受动力荷载）或 250（直接承受动力荷载）。

7. 柱间支撑按拉杆设计时，竖向荷载作用下柱子的轴力应按无支撑时考虑。

表 4-2　　　　　　　　　　　受压构件的容许长细比

构件名称	容许长细比
轴压柱、桁架和天窗架中的杆件	150
柱的缀条、吊车梁或吊车桁架以下的柱间支撑	
支撑（吊车梁或吊车桁架以下的柱间支撑除外）	200
用以减少受压构件长细比的杆件	

注　1. 当杆件的内力设计值不大于承载能力的 50% 时，容许长细比值可取为 200。

2. 单角钢受压构件的长细比的计算方法与表 4-1 注 2 相同。

3. 跨度等于或大于 60m 的桁架，其受压弦杆、端压杆和直接承受动力荷载的受压腹杆的长细比不宜大于 120。

4. 验算容许长细比时，可不考虑扭转效应。

表 4-3　　　　　　　　　　　闸门构件的容许长细比

构件种类	主要构件	次要构件	联系构件
受压构件	120	150	200
受拉构件	200	250	350

第三节　轴心受压构件的整体稳定

一、概述

当结构在荷载作用下处于平衡位置时，微小外界扰动使其偏离平衡位置，若外界扰动除去后仍然能恢复到初始平衡位置，则平衡是稳定的；若外界扰动除去后不能恢复到初始平衡位置，且偏离初始平衡位置越来越远，则平衡是不稳定的；若外界扰动除去后不能恢复到初始平衡位置，但仍然能保持在新的平衡位置，则是处于临界状态，也称随遇平衡。当轴心受压构件截面上的平均应力低于或远低于钢材的屈服强度时，若由于其内力与外力之间不能保持平衡的稳定性，微小扰动即促使构件产生很大的弯曲变形或扭转变形或既弯又扭的弯扭变形而丧失承载能力，这种现象称为轴心受压构件丧失整体稳定性或屈曲，即轴心受压杆件丧失整体稳定性表现为由挺直的位形显著的弯曲或扭转或弯扭，以至于不能继续承受荷载。

　　根据丧失整体稳定性变形的形式又分为弯曲屈曲、扭转屈曲或弯扭屈曲，如图 4-4 所示。轴心受压构件的承载力，除长细比很小和有孔洞等削弱的构件可能由强度条件控制外，通常是由整体稳定条件决定承载力。轴心受压构件丧失整体稳定常常是突发性的，容易造成严重后果。例如，1907 年 8 月 29 日在建的加拿大圣劳伦斯河上的魁北克大桥（钢桁架三跨悬式桥，中跨长 549m，两边跨各长 152m），因悬伸部分的受压下弦杆丧失稳定，导致已安装的 19000t 钢构件垮了下来，造成 75 名桥上施工人员遇难。整个事故过程仅 15s。因此对受压构件的整体稳定性应特别重视。

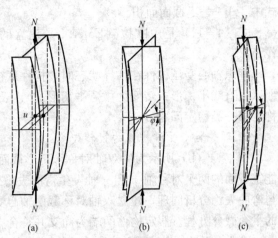

图 4-4　轴心压杆的屈曲形式
(a) 弯曲屈曲；(b) 扭转屈曲；(c) 弯扭屈曲

　　轴心受压构件由内力与外力平衡的稳定状态进入不稳定状态的分界标志是临界状态，处于临界状态时的轴心压力称为临界力 N_{cr}，N_{cr} 除以构件毛截面面积 A 所得的应力称为临界应力 σ_{cr}。

　　双轴对称截面轴心受压构件的屈曲形式一般为弯曲屈曲，只有当截面的扭转刚度较小时（如十字形截面），有可能发生扭转屈曲。单轴对称截面轴心受压构件绕非对称轴屈曲时，为弯曲屈曲；若绕对称轴屈曲，由于轴心压力所通过的截面形心与截面的扭转中心不重合，此时发生的弯曲变形总伴随着扭转变形，属于弯扭屈曲。截面无对称轴的轴心受压构件，其屈曲形式都属于弯扭屈曲。为了理解轴心受压构件整体稳定性的基本概念，先介绍理想轴心受压构件的整体稳定性，再说明实际轴心受压构件的整体稳定性和计算方法。

二、理想轴心受压构件的整体稳定性

1. 理想轴心受压构件的弯曲失稳

采用弹性材料制成的、无初弯曲和残余应力及荷载无初偏心的轴心受压构件称为理想轴心受压构件。双轴对称截面理想轴心受压构件丧失整体稳定性通常为弯曲失稳。图 4-5 所示为一两端铰支的理想轴心受压构件，当 N 达临界值时，构件可处于微弯平衡状态，其平衡微分方程为

$$EI\frac{\mathrm{d}^2 y}{\mathrm{d}x^2} + Ny = 0 \qquad (4-10)$$

式中　E——钢材的弹性模量；

　　　　I——构件截面惯性矩。

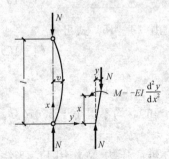

图 4-5　理想轴心受压构件弯曲屈曲

　　解方程，引入边界条件（构件两端侧移为零）可得临界力 N_{cr} 为

$$N_{cr} = \pi^2 EI/l^2 \tag{4-11}$$

相应临界应力

$$\sigma_{cr} = N_{cr}/A = \pi^2 E/\lambda^2 \tag{4-12}$$

式中 A——毛截面面积。

式（4-11）是由欧拉（Euler. L）建立的，称为欧拉公式，N_{cr} 也称欧拉荷载，常记作 N_E。

理想轴心受压构件在临界状态时，构件从初始的平衡位形突变到与其临近的另一平衡位形（由直线平衡形式转变为微弯平衡形式），表现为平衡位形的分岔，称为分支点失稳，也称为第一类稳定问题。

2. 理想轴心受压构件的扭转失稳

图 4-4（b）所示为一双轴对称十字形截面轴心受压构件，在轴心压力 N 作用下，除可能绕截面的两个对称轴 x 和 y 轴发生弯曲失稳外，还可能绕构件的纵轴 z 轴发生扭转失稳。与弯曲失稳分析同理，建立双轴对称截面轴心受压构件在临界状态发生微小扭转变形情况下的平衡微分方程。假定构件两端为简支并符合夹支条件，即端部截面可自由翘曲，但不能绕 z 轴转动。平衡微分方程为

$$-EI_\omega \varphi''' + GI_t \varphi' - Ni_0^2 \varphi' = 0 \tag{4-13}$$

$$i_0^2 = i_x^2 + i_y^2$$

式中 I_ω——翘曲常数，也称扇性惯性矩；

I_t——截面的抗扭惯性矩；

i_0——截面对剪切中心的极回转半径。

解方程，引入边界条件可得临界力 N_{zcr} 为

$$N_{zcr} = \left(\frac{\pi^2 EI_\omega}{l_\omega^2} + GI_t \right) / i_0^2 \tag{4-14}$$

式中 l_ω——扭转失稳的计算长度。

在轴心受压构件扭转失稳的计算中，为使其与弯曲失稳具有相同的临界力表达式，可令扭转失稳临界力与欧拉荷载相等，得到换算长细比 λ_z，即

$$N_{zcr} = \left(\frac{\pi^2 EI_\omega}{l_\omega^2} + GI_t \right) / i_0^2 = \frac{\pi^2 E}{\lambda_z^2} A$$

得

$$\lambda_z = \sqrt{\frac{Ai_0^2}{I_\omega/l_\omega^2 + GI_t/(\pi^2 E)}} \tag{4-15}$$

对于双轴对称十字形截面轴心受压构件，扇性惯性矩为零，由（4-15）式可得

$$\lambda_z = 5.07b/t \tag{4-16}$$

式中 b——悬伸板件宽度；

t——悬伸板件的厚度。

为避免双轴对称十字形截面轴心受压构件发生扭转屈曲，λ_x 和 λ_y 均不得小于 $5.07b/t$。

3. 理想轴心受压构件的弯扭失稳

图 4-4（c）所示为一单轴对称 T 形截面轴心受压构件，在轴心压力 N 作用下，当绕截面的非对称轴（x 轴）失稳时为弯曲失稳，当绕截面的对称轴（y 轴）失稳时为弯扭失稳。无对称轴的截面，失稳时均为弯扭失稳。发生弯扭失稳的理想轴心受压构件，可分别建

立构件在临界状态时发生微小弯曲和弯扭变形状态的两个平衡微分方程。假定构件两端为简支并符合夹支条件，即端部截面可自由翘曲，但不能绕 z 轴转动。平衡微分方程为

$$\left.\begin{array}{l} -EI_y u'' - N(u + a_0 \varphi) = 0 \\ -EI_\omega \varphi''' + GI_t - N(i_0^2 \varphi' + a_0 u') = 0 \end{array}\right\} \quad (4-17)$$

$$i_0^2 = a_0^2 + i_x^2 + i_y^2$$

式中　u——截面形心沿 x 轴方向的位移；

　　　a_0——截面形心至剪切中心的距离；

　　　i_0——截面对剪切中心的极回转半径。

解方程，引入边界条件可得构件发生弯扭失稳时的临界力 N_{yzcr} 为

$$(N_{Ey} - N_{yzcr})(N_{zcr} - N_{yzcr}) - N_{yzcr}^2 (a_0/i_0)^2 = 0$$

$$N_{Ey} = \pi^2 EA/\lambda_y^2$$

式中　N_{Ey}——构件绕 y 轴弯曲失稳的欧拉荷载；

　　　λ_y——绕截面对称轴的弯曲失稳长细比。

上式为 N_{yzcr} 的二次式，解的最小根即构件发生弯扭失稳时的临界力 N_{yzcr}。与扭转失稳同理，可求得弯扭失稳的换算长细比 λ_{yz}

$$\lambda_{yz} = \frac{1}{\sqrt{2}} \left[(\lambda_y^2 + \lambda_z^2) + \sqrt{(\lambda_y^2 + \lambda_z^2)^2 - 4(1 - a_0^2/i_0^2)\lambda_y^2 \lambda_z^2} \right]^{1/2} \quad (4-18)$$

构件发生弯扭失稳时的临界力为

$$N_{yzcr} = \pi^2 EA/\lambda_{yz}^2 \quad (4-19)$$

由于构件中无残余应力，钢材的应力-应变曲线为理想弹塑性曲线，因此上述临界力计算公式的适用条件为 $\sigma_{cr} \leqslant f_p = f_y$。

当单根轴心受压构件端部支座为其他形式时，只需采用计算长度 $l_0 = \mu l$ 代替上列式中的 l 即可。μ 称为计算长度系数，几种常用支座情况构件的 μ 的理论值如表 4-4 所示。

表 4-4　　　　　　　　　　　　　　计算长度系数 μ

支承条件		μ 的理论值	μ 的建议值
弯曲变形	两端铰支	1.0	1.0
	两端固定	0.5	0.65
	一端简支、一端固定	0.7	0.8
	一端固定、一端自由	2.0	2.1
	一端简支，另一端可移动但不能转动	2.0	2.0
	一端固定，另一端可移动但不能转动	1.0	1.2
扭转变形	两端不能转动但能自由翘曲	1.0	
	两端不能转动也不能翘曲	0.5	
	一端不能转动但能自由翘曲 另一端不能转动也不能翘曲	0.7	
	一端不能转动也不能翘曲 另一端可自由转动和翘曲	2.0	
	两端能自由转动但不能翘曲	1.0	

三、各种缺陷对轴心受压构件整体稳定性的影响

实际的轴心受压构件难免存在残余应力、初弯曲、荷载的偶然偏心，构件的某些支座的约束程度也可能比理想支承偏小。这些因素将使得构件的整体稳定承载力降低，被看作轴心受压构件的缺陷。实际结构稳定承载能力的确定应该计及这些缺陷的影响。

1. 初弯曲对构件整体稳定性的影响

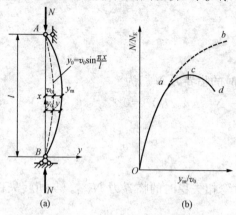

实际的轴心受压构件在加工制作和运输及安装过程中，构件不可避免地会存在微小弯曲，称为初弯曲。初弯曲的形状可能是多种多样的，对于两端铰支的压杆，取图 4-6（a）所示最具代表性的正弦半波图形的初弯曲进行分析。设初弯曲为 $y_0 = v_0 \sin(\pi x/l)$，在轴心压力作用下构件的平衡微分方程为

$$EI \frac{\mathrm{d}^2 y}{\mathrm{d}x^2} + Ny = -N v_0 \sin \frac{\pi x}{l} \quad (4-20)$$

解方程可得

$$y = \frac{N/N_E}{1 - N/N_E} v_0 \sin \frac{\pi x}{l} \quad (4-21)$$

构件中高处的挠度 y_m 为

$$y_m = y(x = l/2) = \frac{N/N_E}{1 - N/N_E} v_0 \quad (4-22)$$

构件的挠度总值 Y 为

$$Y = y_0 + y = \frac{1}{1 - N/N_E} v_0 \sin \frac{\pi x}{l} \quad (4-23)$$

构件中高处的总挠度 Y_m 为

$$Y_m = Y(x = l/2) = \frac{v_0}{1 - N/N_E} \quad (4-24)$$

图 4-6　有初弯曲的轴心受压构件
（a）计算简图；（b）$y_m/v_0 - N/N_E$ 的关系曲线

由上列公式可以看出，从开始加载起，构件就产生挠曲变形，挠度 y 和挠度总值 Y 与初弯曲 v_0 成正比。当 v_0 一定时，y_m/v_0 随 N/N_E 的增大而快速增大，$y_m/v_0 - N/N_E$ 的关系曲线如图 4-6（b）所示。具有初弯曲的轴心受压构件的整体稳定承载力总是低于欧拉荷载 N_E。对于理想弹塑性材料，随着挠度增大，附加弯矩 NY_m 也增大，构件中高处截面最大受压边缘纤维的应力 σ_{max} 为

$$\sigma_{max} = \frac{N}{A} + \frac{NY_m}{W} = \frac{N}{A}\left(1 + \frac{v_0}{W/A} \times \frac{1}{1 - N/N_E}\right) \quad (4-25)$$

当 σ_{max} 达到 f_y 时（图 4-6b 中 a 点），构件开始进入弹塑性工作状态。此后随 N 加大，截面的塑性区增大，弹性部分减小，变形不再沿完全弹性曲线 ab 发展，而是沿 acd 发展。N/N_E 达到 c 点的 N_c/N_E 时，截面的塑性区发展得相当深，要维持平衡只能随挠度的增大而卸载（cd 段）。N_c 称为有初弯曲的轴心受压构件的整体稳定极限承载力。这是一个荷载与变形曲线极值点问题，也叫第二类稳定问题。

2. 荷载初偏心对构件整体稳定性的影响

由于构造上的原因和构件截面尺寸的变异等，作用在构件杆端的轴心压力不可避免地会

偏离截面形心而形成初偏心 e_0。图 4-7（a）所示为一荷载有初偏心的轴心受压构件，在弹性工作阶段，力的平衡微分方程为

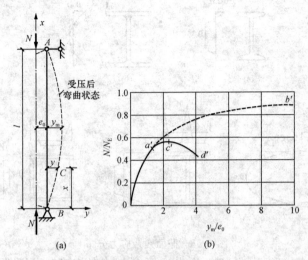

图 4-7 荷载有初偏心的轴心受压构件

（a）计算简图；（b）$y_m/e_0 - N/N_E$ 的关系曲线

$$EI \frac{\mathrm{d}^2 y}{\mathrm{d}x^2} + N(e_0 + y) = 0 \qquad (4-26)$$

解方程可得构件挠度 y 为

$$y = e_0 [\tan(kl/2)\sin kx + \cos kx - 1] \qquad (4-27)$$

$$k = \sqrt{N/(EI)}$$

式中　k——系数。

构件中高处的挠度 y_m 为

$$y_m = y(x = l/2) = e_0 \left(\sec \frac{\pi}{2}\sqrt{\frac{N}{N_E}} - 1 \right) \qquad (4-28)$$

构件中高处截面最大受压边缘纤维的应力 σ_{max} 为

$$\sigma_{max} = \frac{N}{A} + \frac{N(e_0 + y_m)}{W} = \frac{N}{A}\left(1 + \frac{e_0}{W/A}\sec \frac{\pi}{2}\sqrt{\frac{N}{N_E}} \right) \qquad (4-29)$$

与具有初弯曲的轴心受压构件同理，按式（4-28），并考虑截面的塑性发展，所得 $y_m/e_0 - N/N_E$ 的关系曲线示于图 4-7（b），由图可知，荷载初偏心对轴心受压构件的影响与初弯曲的影响类似。为了简化分析，可取一种缺陷的合适值来代表这两种缺陷的影响。

3. 残余应力对构件整体稳定性的影响

残余应力是构件在还未承受荷载之前就已存在于构件中的自相平衡的初始应力。产生残余应力的主要原因是钢材热轧、火焰切割、焊接、校正等加工制造过程中不均匀的高温加热和不均匀的冷却。一般温度高或冷却较慢的部分为残余拉应力，温度低或冷却较快的部分为残余压应力。影响轴心受压杆件整体稳定性的主要是构件纵向的残余应力。残余应力的分布和大小与构件截面的形状、尺寸、制造方法及加工过程等有关。图 4-8 列出了几种有代表性的截面残余应力分布。

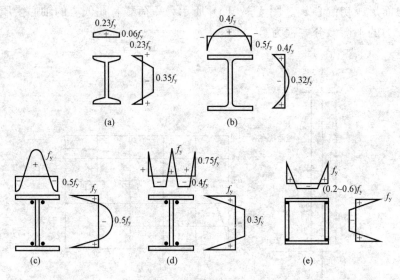

图 4-8　截面残余应力分布
（a）热轧工字钢；（b）热轧 H 型钢；（c）翼缘为轧制边的焊接工字形截面；
（d）翼缘为火焰切割边的焊接工字形截面；（e）焊接箱形截面

图 4-9（a）所示为一两端铰支的工字形截面轴心受压构件，假设构件的平截面在屈曲变形后仍然保持平面；构件发生弹塑性屈曲时，截面上任何点不发生应变变号。为了叙述简明起见，忽略面积较小的腹板的影响，取翼缘的残余应力如图 4-9（b）所示。

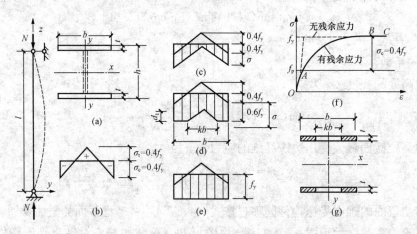

图 4-9　残余应力对短柱段的影响
（a）截面形式；（b）翼缘残余应力分布；（c）$\sigma < 0.6f_y$ 时的翼缘应力分布；（d）$f_p \leqslant \sigma < f_y$ 时的翼缘应力分布；
（e）$\sigma = f_y$ 时的翼缘应力分布；（f）σ-ε 关系曲线；（g）翼缘弹性与塑性区分布

先分析残余应力对应力 σ 与应变 ε 关系的影响。假定在荷载作用时构件不发生弯曲。当轴心压力 N 引起的截面平均应力 $\sigma < (f_y - \sigma_c) = 0.6f_y$ 时，截面上无屈服区，钢柱的 σ 与 ε 呈直线关系 [图 4-9（f）中的 OA 段]，其弹性模量为常数 E。σ-ε 曲线上的 A 点为比例极限 f_p，$f_p = f_y - \sigma_c$。当 $f_p \leqslant \sigma < f_y$ 时 [图 4-9（d）]，翼缘出现屈服区，轴心压力的增加值只能由截面的弹性区承担。σ-ε 为曲线，如图 4-9（f）中的 AB 段所示，构件处于弹

塑性阶段工作。曲线上任一点的切线的斜率称为切线模量 E_t，E_t 值为

$$E_t = \frac{\mathrm{d}\sigma}{\mathrm{d}\varepsilon} = \frac{\mathrm{d}N/A}{\mathrm{d}N/(EA_e)} = E\frac{A_e}{A} \tag{4-30}$$

式中　A_e——弹性区的面积。

当 $\sigma = f_y$ 时，全截面屈服 [图 4-9 (f) 中的 BC 段]，构件进入塑性阶段，$A_e = 0$，构件的切线模量值变为 0。可见，残余应力的存在使构件的 $\sigma\text{-}\varepsilon$ 曲线由理想弹塑性曲线改变为含有弹性阶段和弹塑性阶段及塑性阶段的关系曲线 [见图 4-9 (f)]。

当轴心受压构件丧失整体稳定性时，若 $\sigma_{cr} \leqslant f_p$，属于弹性阶段屈曲，其临界力为欧拉荷载 N_E。但当 $\sigma_{cr} > f_p$ 时，截面上分成弹性区和塑性区两部分，其惯性矩分别表示为 I_e 和 I_p，构件的抗弯刚度应为弹性区的抗弯刚度与塑性区的抗弯刚度之和。因塑性区的切线模量值为 0，所以塑性区的抗弯刚度也为 0。可见，当 $\sigma_{cr} \geqslant f_p$ 时，残余应力的存在使构件的抗弯刚度由 EI 降低为 EI_e，导致构件的稳定承载力降低。此时构件的临界力只需把欧拉公式中的 EI 变为 EI_e 即可，临界力为

$$N_{cr} = \frac{\pi^2 EI_e}{l^2} = \frac{\pi^2 EI}{l^2}\frac{I_e}{I} = N_E\frac{I_e}{I} \tag{4-31}$$

相应的临界应力为

$$\sigma_{cr} = \frac{\pi^2 E}{\lambda^2}\frac{I_e}{I} \tag{4-32}$$

由式 (4-32) 可知，考虑残余应力影响时，弹塑性阶段的临界应力为欧拉临界应力乘以折减系数 I_e/I。图 4-9 所示的工字形截面轴心受压构件绕 x 轴和 y 轴的临界应力分别为

$$\sigma_{crx} = \frac{\pi^2 E}{\lambda_x^2}\frac{I_{ex}}{I_x} = \frac{\pi^2 E}{\lambda_x^2}\frac{2t(kb)h_1^2/4}{2tbh_1^2/4} = \frac{\pi^2 E}{\lambda_x^2}k \tag{4-33}$$

$$\sigma_{cry} = \frac{\pi^2 E}{\lambda_y^2}\frac{I_{ey}}{I_y} = \frac{\pi^2 E}{\lambda_y^2}\frac{2t(kb)^3/12}{2tb^3/12} = \frac{\pi^2 E}{\lambda_y^2}k^3 \tag{4-34}$$

式中的系数 k 是截面弹性区与全截面面积之比，kE 是 $\sigma\text{-}\varepsilon$ 曲线中的切线模量 E_t。由式 (4-33) 和式 (4-34) 可知，残余应力对构件绕不同形心轴屈曲的临界应力影响程度不同，对 y 轴的影响比 x 轴要严重得多。如果简单地用切线模量 E_t 取代欧拉公式中的弹性模量 E，并不能完全合理地反映残余应力对构件临界应力的影响。由此可知，短柱试验的切线模量并不能普遍地用于计算轴心受压杆件的整体稳定承载力。

按式 (4-33) 和式 (4-34) 求临界应力时，需先求出 k 值。依平衡条件（忽略腹板影响）有

$$N = Af_y - A_e\sigma_1/2$$

依变形满足平截面假定可得 $\sigma_1 = 2k \times (0.4f_y)$，且 $A_e = kA$，代入上式可求得

$$k = \sqrt{2.5\left(1 - \frac{N}{Af_y}\right)} = \sqrt{2.5\left(1 - \frac{\sigma_{cr}}{f_y}\right)}$$

代入式 (4-33) 和式 (4-34) 就可求得构件的临界应力。

当不忽略腹板作用及其残余应力的影响时，荷载产生的应力与残余应力叠加，在翼缘和腹板都可能产生屈服区，计算更为复杂，但计算原理相同。

对于其他截面形式和不同的残余应力分布，可用同样的方法求解，但所得结果将有

差别。

　　4. 支座约束对构件整体稳定性的影响

　　实际结构中的轴心受压构件的支座，往往难以达到计算简图中理想支座的约束状态。如对于杆端不发生转动的固定支座，实际工程很难完全达到不转动状态，此时宜对计算长度系数 μ 进行适当修正。一些文献给出了 μ 的建议取值，见表 4-4，可供设计时参考。

四、轴心受压构件的整体稳定性分析计算

　　1. 实际的轴心受压构件整体稳定承载力

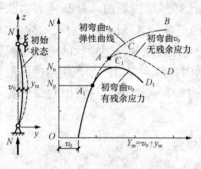

图 4-10　实际轴心受压
构件的荷载-挠度曲线

　　实际的轴心受压构件不可避免地同时存在各种缺陷。构件一经压力作用就产生挠度。图 4-10 所示为一具有残余应力和初弯曲的轴心受压构件的荷载 N 与构件中高处挠度 Y_m 关系的曲线。在弹性阶段（OA_1 段），残余应力对 $N-Y_m$ 曲线无影响。荷载超过 A_1 点后，构件截面出现屈服区，进入弹塑性工作阶段，随着塑性区增大，构件的抗弯刚度降低，变形增长加快，到达曲线 C_1 点时，柱抵抗能力开始小于外力作用。因此在 C_1 点之前，构件能维持稳定平衡状态；而在 C_1 点之后，柱不再能维持稳定平衡状态，曲线的极值点标志了实际构件的极限承载力 N_u。

　　2. 轴心受压构件的整体稳定承载力计算

　　轴心受压构件的整体稳定性计算应以极限承载力 N_u 为依据。《钢结构设计规范》（GB 50017）采用有缺陷的实际轴心受压构件作为计算模型，以 $v_0 = l/1000$ 的正弦半波作为初弯曲和初偏心的代表值，考虑不同的截面形状和尺寸、不同的加工条件和残余应力分布及大小、不同的屈曲方向，采用数值分析方法来计算构件的 N_u 值。令 $\overline{\lambda_n} = \lambda/(\pi\sqrt{E/f_y})$，$\varphi = N_u/(Af_y)$，$\varphi$ 称为轴心受压构件的整体稳定系数，绘出 $\overline{\lambda_n}-\varphi$ 曲线（称为柱子曲线）。$\overline{\lambda_n}$ 称为正则化长细比，采用这一横坐标，柱曲线可以通用于不同钢号，因而也称通用长细比。在《钢结构设计规范》（GB 50017）中共计算了 200 多条柱子曲线，它们形成了相当宽的分布带，

经过数理统计分析，把这条宽带分成四个窄带，以每一窄带的平均值曲线作为代表该窄带的柱子曲线，得到图 4-11 所示的 a、b、c、d 四条曲线。设计规范用表格的形式给出了这四条曲线的 φ 值（附录二），又根据适用那条曲线而把轴心受压构件截面相应分为 a、b、c、d 四类，柱截面分类见表 4-5 和表 4-6。设计时先确定截面所属类别，再查附录二中相应的稳定系数表来求得 φ 值。

　　为了便于运用计算机辅助设计，规范除给出了 φ 值表格外，还采用最小二乘法将各类截面的 φ 值拟合为公式形式表达，供设计时使用。

　　稳定系数表中的 φ 值是按照下列公式算得

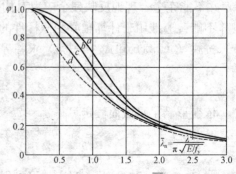

图 4-11　轴心受压构件 $\overline{\lambda_n}-\varphi$ 曲线

当 $\qquad\qquad \bar{\lambda}_n \leqslant 0.215$ 时，$\varphi = 1 - \alpha_1 \bar{\lambda}_n^2$ $\qquad$ (4-35a)

当 $\bar{\lambda}_n > 0.215$ 时，$\varphi = \dfrac{1}{2\bar{\lambda}_n^2}\left[(\alpha_2 + \alpha_3 \bar{\lambda}_n + \bar{\lambda}_n^2) - \sqrt{(\alpha_2 + \alpha_3 \bar{\lambda}_n + \bar{\lambda}_n^2)^2 - 4\bar{\lambda}_n^2}\right]$

$$\text{(4-35b)}$$

式中 α_1、α_2、α_3——系数，根据表 4-5 和表 4-6 的截面分类，按表 4-7 采用。

当构件的 $\lambda\sqrt{f_y/235}$ 值超出稳定系数表中的范围时，φ 值按式（4-35）计算。

表 4-5 　　　　　　　　　　　**轴心受压构件的截面分类**（板厚 $t < 40\text{mm}$）

截面形式		对 x 轴	对 y 轴
轧制		a 类	a 类
轧制	$b/h \leqslant 0.8$	a 类	b 类
	$b/h > 0.8$	a * 类	b * 类
轧制等边角钢		a * 类	a * 类
焊接，翼缘为焰切边	焊接	b 类	b 类
轧制			
轧制，焊接（板件宽厚比 >20）	轧制或焊接		
焊接	轧制和翼缘为焰切边的焊接截面		

续表

截面形式		对 x 轴	对 y 轴
格构式	焊接，板件边缘焰切	b 类	b 类
焊接，翼缘为轧制或剪切边		b 类	c 类
焊接，翼缘为轧制或剪切边	焊接，板件宽厚比≤20	c 类	c 类

注　1. a＊类含义为 Q235 钢取 b 类，Q345、Q390、Q420 和 Q460 取 a 类；b＊类含义为 Q235 钢取 c 类，Q345、Q390、Q420 和 Q460 取 b 类。
　　　2. 无对称轴构件，截面分类取 c 类。

表 4-6　　　　　　　　　　　　　轴心受压构件的截面分类（板厚 $t \geqslant 40\text{mm}$）

截　面　形　式		对 x 轴	对 y 轴
轧制工字形或 H 形截面	$t < 80\text{mm}$	b 类	c 类
	$t \geqslant 80\text{mm}$	c 类	d 类
焊接工形截面	翼缘为焰切边	b 类	b 类
	翼缘为轧制或剪切边	c 类	d 类
焊接箱形截面	板件宽厚比＞20	b 类	b 类
	板件宽厚比≤20	c 类	c 类

表 4-7　　　　　　　　　　　　　　系数 α_1、α_2、α_3

截面类别	α_1	α_2	α_3
a 类	0.41	0.986	0.152
b 类	0.65	0.965	0.300

截面类别		α_1	α_2	α_3
c类	$\bar{\lambda}_n \leqslant 1.05$	0.73	0.906	0.595
	$\bar{\lambda}_n > 1.05$		1.216	0.302
d类	$\bar{\lambda}_n \leqslant 1.05$	1.35	0.868	0.915
	$\bar{\lambda}_n > 1.05$		1.375	0.432

轴心受压构件的整体稳定性计算应使构件承受的轴心压力设计值 N 不大于构件的极限承载力。N_u 采用应力表达式，并引入抗力分项系数 γ_R，可得

$$\frac{N}{A} \leqslant \frac{N_u}{Af_y} \frac{f_y}{\gamma_R} = \varphi f$$

可写成

$$\frac{N}{\varphi A} \leqslant f \tag{4-36}$$

式（4-36）就是《钢结构设计规范》（GB 50017）规定的轴心受压构件整体稳定性的计算公式。设计时先确定构件截面所属类别，再由附录二查相应的稳定系数表或采用式（4-35）求得 φ 值。

实腹式构件的长细比 λ 应根据其失稳模式，按照下列规定确定：

(1) 截面形心与剪心重合的构件。

1) 当计算弯曲屈曲时长细比按下式计算

$$\lambda_x = l_{0x}/i_x \tag{4-37a}$$

$$\lambda_y = l_{0y}/i_y \tag{4-37b}$$

式中 l_{0x}、l_{0y}——构件对主轴 x 和 y 的计算长度；

i_x、i_y——构件截面对主轴 x 和 y 的回转半径。

2) 当计算扭转屈曲时，长细比应采用扭转屈曲换算长细比 λ_z，按下式计算

$$\lambda_z = \sqrt{\frac{I_0}{I_t/25.7 + I_\omega/l_\omega^2}} \tag{4-38}$$

式中 I_0、I_t、I_ω——构件毛截面对剪心的极惯性矩、截面抗扭惯性矩和扇性惯性矩，对十字形截面可近似取 $I_\omega = 0$。

l_ω——扭转屈曲的计算长度，两端铰支且端截面可自由翘曲者，取几何长度 l；两端嵌固且端部截面的翘曲完全受到约束者，取 $0.5l$。双轴对称十字形截面板件宽厚比不超过 $15\sqrt{235/f_y}$ 者，可不计算扭转屈曲。

(2) 截面为单轴对称的构件。

1) 绕非对称主轴的弯曲屈曲，长细比应由式（4-37）确定。绕对称轴主轴的弯扭屈曲，应取式（4-39）给出的换算长细比

$$\lambda_{yz} = \frac{1}{\sqrt{2}} \left[(\lambda_y^2 + \lambda_z^2) + \sqrt{(\lambda_y^2 + \lambda_z^2)^2 - 4\left(1 - \frac{y_s^2}{i_0^2}\right)\lambda_y^2\lambda_z^2} \right]^{\frac{1}{2}} \tag{4-39}$$

式中　y_s——截面形心至剪心的距离；

　　　i_0——截面对剪心的极回转半径，单轴对

　　　　　　称截面，$i_0^2 = y_s^2 + i_x^2 + i_y^2$；

　　　λ_z——扭转屈曲换算长细比，由式（4-38）

　　　　　　确定。

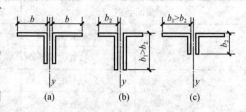

图 4-12　单角钢截面和双角钢组合 T 形截面
(a) 等边双角钢组合 T 截面；
(b) 不等边角钢长肢相并组合 T 截面；
(c) 不等边角钢短肢相并组合 T 截面

　　2）等边单角钢轴心受压构件当绕两主轴弯曲的计算长度相等时，可不计算弯扭屈曲。

　　（3）双角钢组合 T 形截面（见图 4-12）构件绕对称轴的换算长细比 λ_{yz} 可用下列简化公式确定：

　　等边双角钢［见图 4-12 (a)］：

当 $\lambda_y \geqslant \lambda_z$ 时　　　　　　　$\lambda_{yz} = \lambda_y \left[1 + 0.16 \left(\dfrac{\lambda_z}{\lambda_y} \right)^2 \right]$　　　　　　　（4-40a）

当 $\lambda_y < \lambda_z$ 时　　　　　　　$\lambda_{yz} = \lambda_z \left[1 + 0.16 \left(\dfrac{\lambda_y}{\lambda_z} \right)^2 \right]$　　　　　　　（4-40b）

$$\lambda_z = 3.9 b/t$$

长肢相并的不等边双角钢［见图 4-12 (b)］：

当 $\lambda_y \geqslant \lambda_z$ 时　　　　　　　$\lambda_{yz} = \lambda_y \left[1 + 0.25 \left(\dfrac{\lambda_z}{\lambda_y} \right)^2 \right]$　　　　　　　（4-41a）

当 $\lambda_y < \lambda_z$ 时　　　　　　　$\lambda_{yz} = \lambda_z \left[1 + 0.25 \left(\dfrac{\lambda_y}{\lambda_z} \right)^2 \right]$　　　　　　　（4-41b）

$$\lambda_z = 5.1 b_2/t$$

短肢相并的不等边双角钢［见图 4-12 (c)］：

当 $\lambda_y \geqslant \lambda_z$ 时　　　　　　　$\lambda_{yz} = \lambda_y \left[1 + 0.06 \left(\dfrac{\lambda_z}{\lambda_y} \right)^2 \right]$　　　　　　　（4-42a）

当 $\lambda_y < \lambda_z$ 时　　　　　　　$\lambda_{yz} = \lambda_z \left[1 + 0.06 \left(\dfrac{\lambda_y}{\lambda_z} \right)^2 \right]$　　　　　　　（4-42b）

$$\lambda_z = 3.7 b_1/t$$

　　（4）截面无对称轴且剪心和形心不重合的构件，应采用下列换算长细比

$$\lambda_{xyz} = \pi \sqrt{\frac{EA}{N_{xyz}}} \tag{4-43}$$

式中　N_{xyz}——弹性完善杆的弯扭屈曲临界力，由下式确定

$$(N_x - N_{xyz})(N_y - N_{xyz})(N_z - N_{xyz}) - N_{xyz}^2 (N_x - N_{xyz})\left(\frac{y_s}{i_0} \right)^2 - N_{xyz}^2 (N_y - N_{xyz})\left(\frac{x_s}{i_0} \right)^2 = 0$$

$$i_0^2 = i_x^2 + i_y^2 + x_s^2 + y_s^2$$

$$N_x = \frac{\pi^2 EA}{\lambda_x^2} \quad N_y = \frac{\pi^2 EA}{\lambda_y^2} \quad N_z = \frac{1}{i_0^2} \left(\frac{\pi^2 EI_\omega}{l_\omega^2} + GI_t \right)$$

　　　x_s、y_s——截面剪心的坐标；

　　　　i_0——截面对剪心的极回转半径；

N_x、N_y、N_z——绕 x 轴和 y 轴的弯曲屈曲临界力和扭转屈曲临界力；

　　　E、G——钢材弹性模量和剪变模量。

（5）不等边角钢轴心受压构件的换算长细比可用下列简化公式确定（见图4-13）：

当 $\lambda_x > \lambda_z$ 时

$$\lambda_{xyz} = \lambda_x \left[1 + 0.25 \left(\frac{\lambda_z}{\lambda_x} \right)^2 \right] \qquad (4-44\text{a})$$

当 $\lambda_x < \lambda_z$ 时

$$\lambda_{xyz} = \lambda_z \left[1 + 0.25 \left(\frac{\lambda_x}{\lambda_z} \right)^2 \right] \qquad (4-44\text{b})$$

$$\lambda_z = 4.21 b_1 / t$$

其中：x 轴为角钢的主轴；b_1 为角钢长肢宽度。

【例4-1】 某焊接组合工字形截面轴心受压构件的截面尺寸如图4-14所示，承受轴心压力设计值（包括构件自重）$N = 2000\text{kN}$，计算长度 $l_{0y} = 6\text{m}$，$l_{0x} = 3\text{m}$，翼缘钢板为火焰切割边，钢材为Q345，截面无削弱。要求验算该轴心受压构件的整体稳定性是否满足设计要求。

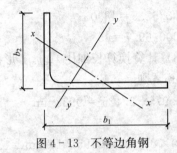 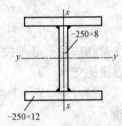

图4-13　不等边角钢　　　　图4-14　焊接工字形截面

解　（1）截面及构件几何特性计算

$$A = 250 \times 12 \times 2 + 250 \times 8 = 8000 \text{mm}^2$$
$$I_y = (250 \times 274^3 - 242 \times 250^3) / 12 = 1.1345 \times 10^8 \text{mm}^4$$
$$I_x = (12 \times 250^3 \times 2 + 250 \times 8^3) / 12 = 3.126 \times 10^7 \text{mm}^4$$
$$i_y = \sqrt{I_y / A} = \sqrt{1.1345 \times 10^8 / 8000} = 119.1 \text{mm}$$
$$i_x = \sqrt{I_x / A} = \sqrt{3.126 \times 10^7 / 8000} = 62.5 \text{mm}$$
$$\lambda_y = l_{0y} / i_y = 6000 / 119.1 = 50.4 \quad \lambda_x = l_{0x} / i_x = 3000 / 62.5 = 48.0$$

（2）整体稳定性验算。查表4-5，截面关于 x 轴和 y 轴都属于 b 类，$\lambda_y > \lambda_x$，则

$$\lambda_y \sqrt{f_y / 235} = 50.4 \sqrt{345 / 235} = 61.1$$

查附录二附表2-2得 $\varphi = 0.8016$，则

$$\frac{N}{\varphi A} = \frac{2000 \times 10^3}{0.8016 \times 8000} = 311.9 \text{N/mm}^2 > f = 300 \text{N/mm}^2$$

不满足整体稳定性要求。

（3）整体稳定承载力计算

$$\varphi A f = 0.8016 \times 8000 \times 300 = 1.924 \times 10^6 \text{N} = 1924 \text{kN}$$

该轴心受压构件的整体稳定承载力为1988kN。

【例4-2】 某焊接T形截面轴心受压构件截面尺寸如图4-15所示。承受轴心压力设计值（包括构件自重）$N = 2000\text{kN}$，计算长度 $l_{0x} = l_{0y} = 3\text{m}$，翼缘钢板为火焰切割边，钢材为Q345，截面无削弱。要求验算该轴心受压构件的整体稳定性。

解　（1）截面及构件几何特性计算

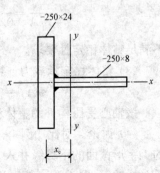

图4-15　焊接T形截面

$$A = 250 \times 24 + 250 \times 8 = 8000 \, \text{mm}^2$$

$$x_c = \frac{250 \times 8 \times (125 + 12)}{8000} = 34.25 \, \text{mm}$$

$$I_x = (250^3 \times 24 + 250 \times 8^3)/12 = 3.126 \times 10^7 \, \text{mm}^4$$

$$i_x = \sqrt{I_x/A} = \sqrt{3.126 \times 10^7/8000} = 62.5 \, \text{mm}$$

$$I_y = \frac{1}{12} \times 250 \times 24^3 + 250 \times 24 \times 34.25^2$$

$$+ \frac{1}{12} \times 8 \times 250^3 + 250 \times 8 \times (125 - 22.25)^2 = 3.886 \times 10^7 \, \text{mm}^4$$

$$i_y = \sqrt{I_y/A} = \sqrt{3.886 \times 10^7/8000} = 69.7 \, \text{mm}$$

$$\lambda_x = l_{0x}/i_x = 3000/62.5 = 48.0$$

$$\lambda_y = l_{0y}/i_y = 3000/69.7 = 43$$

因绕 x 轴属于弯扭失稳，必须按式（4-18）计算换算长细比 λ_{yz}。T 形截面的剪切中心在翼缘与腹板中心线的交点，$a_0 = x_c = 34.25 \, \text{mm}$，则

$$i_0^2 = i_x^2 + i_y^2 + a_0^2 = 6.25^2 + 6.97^2 + 3.425^2 = 9938 \, \text{mm}^2$$

对于 T 形截面

$$I_\omega = 0, \quad I_t = (250 \times 24^3 + 250 \times 8^3)/3 = 1.195 \times 10^6 \, \text{mm}^4$$

（2）整体稳定性验算

$$\lambda_z = \sqrt{\frac{i_0^2 A}{\dfrac{I_t}{25.7} + \dfrac{I_\omega}{l_\omega^2}}} = \sqrt{\frac{99.38 \times 80}{\dfrac{119.5}{25.7} + 0}} = 41.35$$

由式（4-18）得

$$\lambda_{xz} = \frac{1}{\sqrt{2}} \left[(\lambda_x^2 + \lambda_z^2) + \sqrt{(\lambda_x^2 + \lambda_z^2)^2 - 4\left(1 - \frac{a_0^2}{i_0^2}\right)\lambda_x^2 \lambda_z^2} \right]^{1/2}$$

$$= \frac{1}{\sqrt{2}} \left[(48^2 + 41.35^2) + \sqrt{(48^2 + 41.35^2)^2 - 4\left(1 - \frac{3.425^2}{99.38}\right) \times 48^2 \times 41.35^2} \right]^{1/2} = 52.45$$

查表 4-5，截面关于 x 轴和 y 轴都属于 b 类，$\lambda_{xz} > \lambda_y$，则

$$\lambda_{xz} \sqrt{f_y/235} = 52.45 \sqrt{345/235} = 63.55$$

查附表 2-2 得 $\varphi = 0.789$，则

$$\frac{N}{\varphi A} = \frac{2000 \times 10^3}{0.789 \times 8000} = 316.9 \, \text{N/mm}^2 > f = 295 \, \text{N/mm}^2$$

不满足整体稳定性要求。

（3）整体稳定承载力计算

$$\varphi A f = 0.789 \times 8000 \times 295 = 1.862 \times 10^6 \, \text{N} = 1862 \, \text{kN}$$

该轴心受压构件的整体稳定承载力为 1862kN。

（4）讨论。对比〔例 4-1〕和〔例 4-2〕可以看出，〔例 4-2〕的截面只是把〔例 4-1〕的工字形截面的下翼缘并入上翼缘，因此这两种截面绕腹板轴线（x 轴）的惯性矩和长细比是一样的。〔例 4-1〕绕对称轴是整体失稳，其稳定承载力为 1988kN。而〔例 4-2〕的截

面是 T 形截面，在绕对称轴失稳时属于弯扭失稳，其稳定承载力为 1862kN，比［例 4 - 1］降低约 6%。

第四节　轴心受压构件的局部稳定

一、概述

钢结构中的轴心受压构件大多由若干矩形平面薄板组成。设计时板件的宽度与厚度之比通常都比较大，使截面具有较大的回转半径，获得较高的整体稳定承载力。但如果板件的宽度与厚度之比过大，在轴心压力作用下，可能在构件丧失整体稳定性或强度破坏之前，板件偏离其原来的平面位置而发生波状鼓曲，如图 4 - 16 所示。这种现象称为板件丧失了稳定性。因为板件失稳发生在整个构件的局部部位，所以称为构件丧失局部稳定或发生局部屈曲。由于丧失稳定性的板件不能再承受或少承受所增加的荷载，并改变了原来构件的受力状态，导致构件的整体稳定承载力降低。

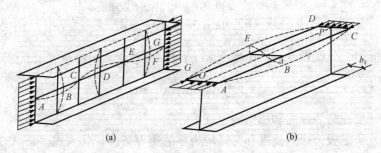

图 4 - 16　轴心受压构件局部屈曲变形
(a) 腹板屈曲变形；(b) 翼缘屈曲变形

轴心受压构件的局部屈曲，实际上是薄板在轴心压力作用下的屈曲问题。轴心受压薄板也会存在初弯曲、荷载初偏心和残余应力等缺陷。目前在钢结构设计实践中，多以理想受压平板屈曲时的临界应力为基础，再根据试验并结合经验综合考虑各种有利和不利因素的影响。

目前关于轴心受压构件的局部稳定性计算采用两种设计准则：一种是不允许出现局部失稳，即板件受到的压应力不超过局部失稳的临界应力；另一种是允许出现局部失稳，利用板件屈曲后强度，板件受到的压应力不超过板件发挥屈曲后强度的极限承载应力。

二、单向均匀受压薄板的屈曲

组成构件的各板件在连接处互为支承，构件的支座也对各板件在支座截面处提供支承。例如，工形截面构件的翼缘相当于三边支承一边自由的矩形板，而腹板相当于四边支承的矩形板。若支承对相连板件无转动约束能力，可视为简支。单向均匀受压的四边简支矩形薄板的屈曲变形如图 4 - 17（a）所示。处于弹性屈曲时，由薄板弹性稳定理论可得其平衡微分方程为

$$D\left(\frac{\partial^4 w}{\partial x^4} + 2\frac{\partial^4 w}{\partial x^2 \partial y^2} + \frac{\partial^4 w}{\partial y^4}\right) + N_x \frac{\partial^2 w}{\partial x^2} = 0 \tag{4-45}$$

$$D = \frac{Et^3}{12(1-v^2)}$$

式中　w——板的挠度；

　　　N_x——单位板宽的压力；

　　　D——板的柱面刚度；

　　　t——板的厚度；

　　　ν——钢材的泊松比。

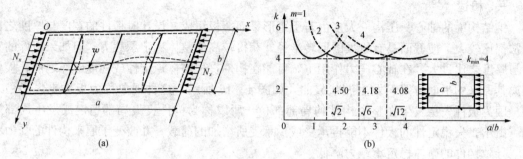

图 4-17　四边简支的均匀受压板屈曲

(a) 计算简图；(b) 板的屈曲系数

对于四边简支板，式（4-45）中挠度 w 的解可用双重三角级数表示，即

$$w = \sum_{m=1}^{\infty} \sum_{n=1}^{\infty} A_{mn} \sin \frac{m\pi x}{a} \sin \frac{n\pi y}{b} \tag{4-46}$$

式中　m、n——板屈曲后纵向和横向的半波数。

式（4-46）满足板边缘的挠度和弯矩均为零的边界条件，代入式（4-45）可求得板的临界压力 N_{crx}（板单位宽度）

$$N_{crx} = \frac{\pi^2 D}{b^2} \left(\frac{mb}{a} + \frac{n^2 a}{mb} \right)^2$$

当 $n=1$ 时，板屈曲沿 y 方向只有一个半波，此时可得板单位宽度的最小临界压力 N_{crx} 为

$$N_{crx} = \frac{\pi^2 D}{a^2} \left(m + \frac{a^2}{mb^2} \right)^2 \tag{4-47}$$

把式（4-47）右边括号展开后由三项组成。第一项与两端铰支轴心受压构件的临界力相当；后两项则表示由于侧边支承对板变形的约束作用，引起板临界力的提高。a/b 越大，提高越多。板在弹性阶段的屈曲应力 σ_{crx} 为

$$\sigma_{crx} = \frac{N_{crx}}{1 \times t} = \frac{k\pi^2 E}{12(1-v^2)} \left(\frac{t}{b} \right)^2 \tag{4-48}$$

$$k = \left(\frac{mb}{a} + \frac{a}{mb} \right)^2$$

式中　k——板的屈曲系数。

按 $m=1$、2、3、4 绘出的 $k-(a/b)$ 曲线示于图 4-17 (b)，图中的实线部分表示板件的实际 $k-(a/b)$ 曲线。当 $a/b=m$ 时，k 为最小值（$k_{min}=4$）。当 $a/b \geqslant 1$ 时，k 值变化不大，可近似取 $k=4$。

对于其他支承条件的板，采用相同的分析方法可得相同的屈曲应力表达式，只是屈曲系

数 k 值不同。对于单向均匀受压的三边简支一边自由矩形板，屈曲系数为

$$k = (0.425 + b_1^2/a^2) \tag{4-49}$$

式中　a——自由边长度；

　　　b_1——与自由边垂直的边长。

通常 $a \gg b_1$，可近似取 $k = k_{min} = 0.425$。

组成构件的各板件在相连处互相提供支承约束（属弹性约束），使其相邻板件不能像理想简支那样完全自由转动，导致板件的屈曲应力提高，可在式（4-48）中引入弹性嵌固系数 χ 来考虑这一影响，则板的弹性屈曲应力为

$$\sigma_{crx} = \frac{\chi k \pi^2 E}{12(1-\nu^2)} \left(\frac{t}{b}\right)^2 \tag{4-50}$$

χ 值的大小取决于相连板件的相对刚度。对于工字形截面轴心受压构件，翼缘的面积和厚度都比腹板大得多，翼缘对腹板的弹性约束也大，而腹板对翼缘的弹性约束则较小。《钢结构设计规范》（GB 50017）在综合考虑各种因素的影响后，对腹板取 $\chi = 1.3$，对翼缘取 $\chi = 1.0$。

当板件所受纵向压应力超过比例极限 f_p 时，板件纵向进入弹塑性受力阶段，而板件的横向仍处于弹性工作阶段，板变为正交异性板。可采用下列近似公式计算屈曲应力

$$\sigma_{crx} = \frac{\chi \sqrt{\eta} k \pi^2 E}{12(1-\nu^2)} \left(\frac{t}{b}\right)^2 \tag{4-51}$$

式中　η——切线模量折减系数，可按下式计算

$$\eta = \frac{(f_y - \sigma)\sigma}{(f_y - f_p)f_p} \tag{4-52}$$

$$f_p = f_y - \sigma_{re}$$

式中　f_p——板件的比例极限，由残余应力的压应力峰值 σ_{re} 确定。

三、受压薄板的屈曲后强度

图 4-18（a）所示两个侧边简支的薄板，当纵向压应力达临界应力 σ_{crx} 后，板将会发生屈曲。由于板件的侧边不能产生平移，在板件中部产生薄膜张力，张力增强了板的抗弯刚度。当继续增加荷载时，板的侧边部分还可继续承受更大的作用力，直到侧边部分的应力达到屈服强度，而板的中部在凸曲后的应力不但不增加，反而略有下降，板的应力分布由均匀变为不均匀，如图 4-18（b）所示。除纵向应力外，在横向也产生应力。当板的侧边部分的应力达到屈服强度时，达到板的极限承载能力。板屈曲后随着荷载进一步增大，板的凸曲变形也增大，因此板的屈曲后分析必须采用板的大挠度理论。纵向受压简支矩形板屈曲后的大挠度平衡微分方程组为

$$\frac{D}{t}\left(\frac{\partial^4 w}{\partial x^4} + 2\frac{\partial^4 w}{\partial x^2 \partial y^2} + \frac{\partial^4 w}{\partial y^4}\right) = \frac{\partial^2 \phi}{\partial y^2}\frac{\partial^2 w}{\partial x^2} + \frac{\partial^2 \phi}{\partial x^2}\frac{\partial^2 w}{\partial y^2} - 2\frac{\partial^2 \phi}{\partial x \partial y}\frac{\partial^2 w}{\partial x \partial y} \tag{4-53a}$$

$$\frac{1}{E}\left(\frac{\partial^4 \phi}{\partial x^4} + 2\frac{\partial^4 \phi}{\partial x^2 \partial y^2} + \frac{\partial^4 \phi}{\partial y^4}\right) = \left(\frac{\partial^2 w}{\partial x \partial y}\right)^2 - \frac{\partial^2 w}{\partial x^2}\frac{\partial^2 w}{\partial y^2} \tag{4-53b}$$

式中　ϕ——应力函数，当取压应力为正时，有

$$\frac{\partial^2 \phi}{\partial y^2} = -\sigma_x, \quad \frac{\partial^2 \phi}{\partial x^2} = -\sigma_y, \quad \frac{\partial^2 \phi}{\partial x \partial y} = \tau_{xy}$$

解方程，引入边界条件可得

$$\left.\begin{array}{l} \sigma_x = \sigma_u + (\sigma_u - \sigma_{crx})\cos\dfrac{2\pi y}{b} \\[3mm] \sigma_y = (\sigma_u - \sigma_{crx})\cos\dfrac{2\pi x}{a} \end{array}\right\} \tag{4-54}$$

式中　σ_u——$x=0$ 和 $x=a$ 边的平均压应力。

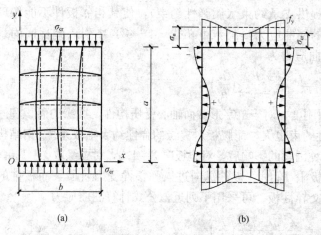

图 4-18　受压板件的屈曲后强度

（a）板的应力达到屈曲应力时的变形；（b）板屈曲后板面内应力分布图

式（4-54）反映了板屈曲后板面内应力的分布规律，如图 4-18 所示。在板屈曲前，σ_x 是均匀分布的，$\sigma_y = 0$。板屈曲后，σ_x 不再均匀分布，且 σ_y 不再为零。σ_y 在板中部区域为拉应力，它对板的进一步弯曲起约束作用，使板在屈曲后仍然具有继续承担更大荷载的能力，称为屈曲后强度。板的宽厚比越大，板的屈曲应力比屈服强度小得越多，屈曲后强度潜力越大。

工程设计时认为板件达到极限承载力时压力 N_u 完全由板的侧边部分来承受，这部分的应力全部达到屈服强度 f_y。对于图 4-18（a）所示两个侧边简支的薄板，可近似看作两边各有宽度为 $b_e/2$ 的部分有效工作，而中间部分从受力看完全退出工作。将薄板达极限状态时的应力分布图形〔见图 4-19（a）〕先简化为矩形分布〔见图 4-19（b）〕，再在合力相等的前提下，简化为两侧应力为 f_y 矩形图形〔见图 4-19（c）〕，两个矩形的宽度之和 b_e 称为有效宽度。b_e 的计算公式通过理论分析结合试验研究来确定。

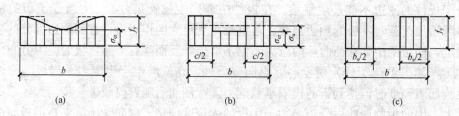

图 4-19　应力图形的简化

（a）极限值；（b）等代值；（c）计算值

四、轴心受压构件的局部稳定计算

目前，钢结构设计对于解决轴心受压杆件的局部稳定问题有三种准则：一种是不允许板件先于构件发生整体失稳之前屈曲，控制条件是板件的临界应力大于或等于构件整体失稳临界应力，也称作局部与整体等稳定准则。第二种是不允许板件先于构件应力达到屈服强度之前屈曲，控制条件是板件的临界应力大于或等于屈服强度 f_y，也称作等强度准则。由式（4-50）和式（4-51）可知，板件的临界应力主要与板件的宽厚比有关，因此设计规范采用限制板件宽厚比的方法来实现设计准则。依等稳定和等强度准则求出的板件宽厚比限值分别如式（4-55a）和式（4-55b）所示，对于等强度准则，需引入板件缺陷系数1.25。第三种是利用屈曲后强度的准则，允许板件先屈曲，根据有效截面进行构件承载力计算，即

$$\frac{b}{t} = 0.303\lambda\sqrt{\chi k}\sqrt[4]{\eta} \tag{4-55a}$$

$$\frac{b}{t} = 0.95\sqrt{\frac{\chi kE}{f_y}} \tag{4-55b}$$

钢结构常用的轴心受压杆件如图4-20所示。《钢结构设计规范》（GB 50017）中，当不采用屈曲后强度的准则进行设计时，板件宽厚比应按照下列要求进行计算：

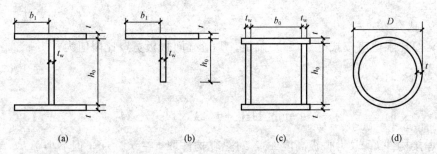

图4-20　轴心受压构件板件宽厚比
(a) 工字形截面；(b) T形截面；(c) 箱形截面；(d) 圆管

1. 工字形截面

工字形截面的腹板，取$k=4$和$\chi=1$代入式（4-55），对于式（4-55b）和式（4-55a）右侧分别除以板件缺陷系数1.25和1.0，分别可得限值高厚比的公式为：

当$\lambda \leqslant 50\varepsilon_K$时　　　　　　　$\dfrac{h_0}{t_w} \leqslant 42\varepsilon_K$ (4-56a)

当$\lambda > 50\varepsilon_K$时　　　　$\dfrac{h_0}{t_w} \leqslant \min[21\varepsilon_K + 0.42\lambda,\ 21\varepsilon_K + 50]$ (4-56b)

$$\varepsilon_K = \sqrt{235/f_y}$$

式中　λ——构件的较大长细比；

h_0、t_w——腹板计算高度和厚度，对焊接构件h_0取为腹板高度h_w，对热轧构件取$h_0 = h_w - r$，但不小于$h_w - 40\text{mm}$，r为过渡圆弧的半径，t为翼缘厚度；

ε_K——钢号修正系数。

工字形形截面的翼缘，取$k=0.254$和$\chi=0.94$代入式（4-55），引入板件缺陷系数1.25，可得限值宽厚比的公式为：

当$\lambda \leqslant 70\varepsilon_K$时　　　　　　　$\dfrac{b_1}{t} \leqslant 14\varepsilon_K$ (4-57a)

当$\lambda > 70\varepsilon_K$时　　　　$\dfrac{b_1}{t} \leqslant \min[7\varepsilon_K + 0.1\lambda,\ 7\varepsilon_K + 12]$ (4-57b)

式中　b_1、t——翼缘板自由外伸宽度和厚度，对焊接构件b_1取为翼缘板宽度b的一半，对热轧构件取$b_1 = b/2 - t$，但不小于$b/2 - 20\text{mm}$。

2. 箱形截面

正方形箱形截面的壁板，k和χ的取值与工字形截面的腹板相同，限值宽厚比的公

式为：

当 $\lambda \leqslant 52\varepsilon_K$ 时 $\quad\quad\quad\quad \dfrac{b}{t} \leqslant 42\varepsilon_K$ （4-58a）

当 $\lambda > 52\varepsilon_K$ 时 $\quad\quad \dfrac{b}{t} \leqslant \min[29+0.25\lambda, \ 29\varepsilon_K+30]$ （4-58b）

式中 b——壁板的净宽度。

长方形箱形截面壁板由长边的宽厚比确定，由于短边提供约束，χ 大于1，长边壁板宽厚比限值应对式（4-58）的值乘以调整系数 $\alpha_r = 1.12-(\eta-0.4)^2$，其中 η 是箱形截面宽度和高度之比。

3. T形截面

翼缘宽厚比限值应按式（4-57）确定。T形截面腹板宽厚比限值为：

当 $\lambda \leqslant 70\varepsilon_K$ 时 $\quad\quad\quad\quad \dfrac{h_0}{t_w} \leqslant 25\varepsilon_K$ （4-59a）

当 $\lambda > 70\varepsilon_K$ 时 $\quad\quad \dfrac{h_0}{t_w} \leqslant \min[11\varepsilon_K+0.2\lambda, \ 11\varepsilon_K+24]$ （4-59b）

其中，对焊接构件 h_0 取为腹板高度 h_w，对热轧构件取 $h_0=h_w-r$，但不小于 $h_w-20\text{mm}$。

4. 圆管

无缺陷圆管管壁的弹性屈曲应力的理论值按下式计算

$$\sigma_{cr} = 1.21Et/D \qquad (4-60)$$

式中 D——钢管外径；

$\quad\quad t$——钢管壁厚。

钢结构通常使用的钢管属于薄壁管，钢管几何缺陷对屈曲应力影响非常大，理论分析和试验研究表明，随 D/t 不同，有缺陷的圆管的屈曲应力要比无缺陷圆管降低 $70\% \sim 40\%$。圆管一般按照在弹塑性状态下工作进行设计，圆管的径厚比应满足下式

$$D/t \leqslant 100\varepsilon_K^2 \qquad (4-61)$$

当轴心受压构件稳定承载力未用足，亦即当 $N < \varphi fA$ 时，可将其板件宽厚比限值由上述公式算得值乘以放大系数 $\alpha = \sqrt{\varphi fA/N}$。

当板件宽厚比超过上述限值时，可设置纵向加劲肋以减小板幅宽度；也可以利用屈曲后强度的准则进行设计，此时轴心受压构件的整体稳定性按下式计算：

$$\frac{N}{\varphi A\rho} \leqslant f \qquad (4-62)$$

式中 φ——稳定系数，应按 $\lambda\sqrt{\rho} \cdot \varepsilon_K$ 进行计算或查表；

$\quad\quad \rho$——有效屈服强度系数，应根据截面形式按下列要求确定：

正方箱形截面

当 $b/t > 42\varepsilon_K$ 时 $\quad\quad\quad \rho = \dfrac{1}{\lambda_p}\left(1-\dfrac{0.19}{\lambda_p}\right)$ （4-63）

$$\lambda_p = \frac{\dfrac{b}{t}}{56.2\varepsilon_K}$$

式中 b、t——壁板的净宽度和厚度。

当 $\lambda > 52\varepsilon_K$ 时，ρ 值应不小于 $(29\varepsilon_K + 0.25\lambda)t/b$。

上述公式中，钢材的屈服强度 f_y 不需区分钢材厚度，对于 Q235 钢统一取 $f_y = 235N/mm^2$，Q345、Q390、Q420 和 460 钢，分别取 $f_y = 345$、390、420N/mm^2 和 460N/mm^2。

热轧型钢中的工字钢、槽钢、角钢、钢管在确定规格尺寸时，已考虑局部稳定要求，可不作局部稳定性验算，但热轧 H 型钢应进行局部稳定验算。

冷成形型钢中，把两纵边均与其他板件相连接的板件称为加劲板件，如箱形截面的翼板和腹板、槽形截面的腹板；一纵边与其他板件相连接，另一纵边由符合要求的边缘卷边加劲的板件称为部分加劲板件，如卷边槽形截面的翼缘；一纵边与其他板件相连接，另一纵边自由的板件称为非加劲板件，如槽形截面的翼缘。根据试验研究，《冷弯薄壁型钢结构技术规范》(GB 50018—2002) 中，对于组成轴心受压构件的板件有效宽度 b_e 按下式计算

当 $b/t \leq 18\rho$ 时 $\qquad\qquad b_e = b$ (4-64a)

$18\rho < b/t \leq 38\rho$ 时 $\qquad b_e = (\sqrt{21.8\rho t/b} - 0.1)b$ (4-64b)

$b/t > 38\rho$ 时 $\qquad\qquad b_e = 25\rho t$ (4-64c)

$$\rho = \sqrt{205kk_1/(\varphi f)}$$

式中 b、t——计算板件的宽度和厚度；

$\qquad \rho$——计算系数；

$\qquad \varphi$——由构件最大长细比确定的轴心受压构件稳定系数；

$\qquad k$——板件受压稳定系数，加劲板件和部分加劲板件及非加劲板件的 k 值分别取 4 和 0.98 及 0.425；

$\qquad k_1$——板组约束系数，若不计相邻板件的约束作用，$k_1 = 1$，否则计算式为

当 $\xi \leq 1.1$ 时 $\qquad\qquad k_1 = 1/\sqrt{\xi}$ (4-65a)

当 $\xi > 1.1$ 时 $\qquad\qquad k_1 = 0.11 + \dfrac{0.93}{(\xi - 0.05)^2}$ (4-65b)

$$\xi = \frac{c}{b}\sqrt{\frac{k}{k_c}}$$

ξ——系数；

c——与计算板件邻接的板件宽度；

k_c——邻接板件的稳定系数，计算方法与 k 相同。

对于加劲板件，若求出的 $k_1 > 1.7$，取 $k_1 = 1.7$。对于部分加劲板件，若求出的 $k_1 > 2.4$，取 $k_1 = 2.4$。对于非加劲板件，若求出的 $k_1 > 3.0$，取 $k_1 = 3.0$。

加劲板件的有效宽度两侧各分布一半，部分加劲板件有效宽度在卷边侧和另一侧各分布 60% 和 40%，非加劲板有效宽度全部分布在有支撑边一侧。计算冷成形薄壁型钢轴心受压构件的强度和整体稳定性时，按有效截面计算，在确定长细比时仍根据全部截面求得。

【例 4-3】 验算 [例 4-1] 中轴心受压构件的局部稳定性是否满足设计要求。

解 $\varepsilon_K = \sqrt{\dfrac{235}{345}} = 0.827$，$50\varepsilon_K = 41.35$，$70\varepsilon_K = 57.89$

翼缘 $\qquad\qquad\qquad \lambda = 50.4 < 70\varepsilon_K = 57.89$

$$\frac{b_1}{t} = \frac{121}{12} = 10.08 < 14\varepsilon_K = 11.588$$

翼缘满足局部稳定性要求。

腹板 $\lambda=50.4>50\varepsilon_K=41.35$

$$\frac{h_0}{t_w}=\frac{250}{8}=31.25<\min[(21\varepsilon_K+0.42\lambda),(21\varepsilon_K+50)]=\min[38.538,67.367]=38.538$$

腹板满足局部稳定性要求。

【例 4-4】 验算［例 4-2］中轴心受压构件的局部稳定性是否满足设计要求。

解

$$\varepsilon_K=\sqrt{\frac{235}{345}}=0.827;\quad\lambda=52.45<70\varepsilon_K=57.89$$

翼缘 $$\frac{b_1}{t}=\frac{121}{24}=5.04<14\varepsilon_K=11.588$$

翼缘满足局部稳定性要求。

腹板 $$\frac{h_0}{t_w}=\frac{250}{8}=31.25>25\varepsilon_K=20.675$$

腹板不满足局部稳定性要求。

第五节   轴心受压构件设计

一、设计原则

轴心受压构件设计时应满足强度、刚度、整体稳定和局部稳定要求。对于格构式轴心受压构件，还应满足分肢稳定要求，并需对缀材进行设计。设计时应考虑以下几个原则：

(1) 截面面积分布应尽量远离主轴线，即尽量加大截面轮廓尺寸而减小板厚，以增加截面的惯性矩和回转半径，从而提高构件的整体稳定性和刚度。

(2) 使关于两个主轴的整体稳定承载力尽量接近，即两轴等稳定，可近似表示为 $\lambda_x=\lambda_y$，以取得较好的经济效果。

(3) 尽量采用双轴对称截面，避免弯扭失稳。

(4) 构造简单，便于制作。

(5) 便于与其他构件连接。

(6) 选择可供应的钢材规格。

二、实腹式轴心受压构件设计

在设计实腹式轴心受压构件时，构件所用钢材、截面形式、两主轴方向的计算长度 l_{0x} 和 l_{0y}、轴心压力设计值 N 一般在设计条件中已经给定，设计主要是确定截面尺寸。通常先按整体稳定要求初选截面尺寸，然后验算是否满足设计要求。如果不满足或截面构成不理想，则调整尺寸再进行验算，直至满意为止。实腹式轴心受压构件有型钢构件和组合截面构件两类，型钢构件制作费用低，应优先选用。

进行截面选择时应根据内力大小、两个方向的计算长度值及制作加工量、材料供应等情况综合考虑。热轧普通工字钢关于弱轴（y 轴）的回转半径比强轴（x 轴）要小得多，适用于计算长度 $l_{0x}\geqslant3l_{0y}$ 的情况。热轧 H 型钢腹板较薄，翼缘较宽，可做到与截面高度相同（HW 型），截面特性好。用三块钢板焊成的工字钢和十字形截面组合灵活，容易实现截面材料分布合理，制造并不复杂。圆管和方管截面关于两个形心主轴的回转半径相同，截面为封闭式，内部不易生锈，适用于两个方向计算长度相等的轴心受压构件。用型钢组合而成的截面适用于轴压力很大或较长的构件。

1. 轴心受压型钢构件的设计步骤

（1）假设构件的长细比 λ。整体稳定性计算公式中，有两个未知量 φ 和 A。所以需先假设一合适的长细比，从而得出 φ 值，才能求得所需截面面积，然后确定截面规格。一般假定 $\lambda=50\sim100$，当 N 大而计算长度小时，λ 取较小值；反之，取较大值。所需截面面积为

$$A = N/(\varphi f)$$

（2）所需绕两个主轴的回转半径

$$i_x = l_{0x}/\lambda, \quad i_y = l_{0y}/\lambda$$

（3）初选截面规格尺寸。根据所需的 A、i_x、i_y 查型钢表，可初选出截面规格。截面尺寸也可以参考已有的设计资料来确定，不一定从假设构件的长细比开始。

（4）验算是否满足设计要求。若不满足，需调整截面规格，再验算，直至满足为止。

【例 4-5】　图 4-21（a）所示为一管道支架，柱承受压力设计值为 $N=1600\text{kN}$（静力），柱两端铰支，截面无孔洞削弱，钢材为 Q235。要求分别采用热轧普通工字钢和热轧 H 型钢设计此柱截面。

解　支柱在两个方向的计算长度不相等，取截面放置如图 4-21（b）所示，x 轴在支架支撑平面，y 轴垂直于支架支撑平面。柱在两个方向的计算长度分别为

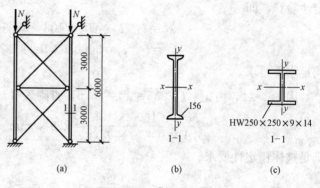

图 4-21　［例 4-5］图

(a) 管道支架；(b) 热轧普通工字钢；(c) 热轧 H 型钢

$$l_{0x}=6000\text{mm}, \quad l_{0y}=3000\text{mm}$$

（1）采用热轧普通工字钢时的截面设计。

1）初选截面。假定 $\lambda=90$，热轧普通工字钢绕 x 轴和 y 轴失稳分别属于 a 类和 b 类截面，$\lambda\sqrt{f_y/235}=\lambda=90$，由附表 2-2 查得 $\varphi_y=0.621$，需要的截面参数为

$$A = \frac{N}{\varphi_{\min}f} = \frac{1600\times10^3}{0.621\times215} = 11980\text{mm}^2$$

$$i_x = l_{0x}/\lambda = 6000/90 = 66.7\text{mm}, \quad i_y = l_{0y}/\lambda = 3000/90 = 33.3\text{mm}$$

查型钢表，初选 I56a，$A=13\,500\text{mm}^2$，$i_x=220\text{mm}$，$i_y=31.8\text{mm}$。因翼缘厚度 $t=21\text{mm}$，$f=205\text{N/mm}^2$。

2）截面验算。因截面无孔眼削弱，不必验算强度。热轧普通工字钢也不必验算局部稳定性。只需进行整体稳定性和刚度验算，即

$$\lambda_x = l_{0x}/i_x = 6000/220 = 27.3 < [\lambda] = 150$$

$$\lambda_y = l_{0y}/i_y = 3000/31.8 = 94.3 < [\lambda] = 150$$

满足刚度要求。

λ_y 远大于 λ_x，由 $\lambda_y\sqrt{f_y/235}=\lambda_y=94.3$，查附表 2-2 得 $\varphi_y=0.591$，则

$$\frac{N}{\varphi_y A} = \frac{1600 \times 10^3}{0.591 \times 13500} = 200.5 \text{N/mm}^2 < f = 205 \text{N/mm}^2$$

满足整体稳定性要求，故设计选用 I56a。

（2）采用热轧 H 型钢时的截面设计。

1）初选截面。选用宽翼缘 H 型钢（HW 型），因截面宽度较大，假设的 λ 值可减小，假设 $\lambda = 60$。宽翼缘 H 型钢 $b/t > 0.8$，绕 x 轴和 y 轴失稳均属于 b 类截面，$\lambda \sqrt{f_y/235} = \lambda = 60$，由附表 2-2 查得 $\varphi = 0.807$，需要的截面参数为

$$A = \frac{N}{\varphi f} = \frac{1600 \times 10^3}{0.807 \times 215} = 9220 \text{mm}^2$$

$$i_x = l_{0x}/\lambda = 6000/60 = 10 \text{mm}, \quad i_y = l_{0y}/\lambda = 3000/60 = 5 \text{mm}$$

查型钢表，初选 HW250×250×9×14，$A = 9218 \text{mm}^2$，$i_x = 108 \text{mm}$，$i_y = 62.9 \text{mm}$。翼缘厚度 $t = 14 \text{mm}$，$f = 215 \text{N/mm}^2$。

2）截面验算。因截面无孔洞削弱，不必验算强度。需进行刚度、整体稳定性和局部稳定性验算，即

$$\lambda_x = l_{0x}/i_x = 6000/108 = 55.6 < [\lambda] = 150$$

$$\lambda_y = l_{0y}/i_y = 3000/62.9 = 47.7 < [\lambda] = 150$$

满足刚度要求。

因 $\lambda_x > \lambda_y$，由 $\lambda_x \sqrt{f_y/235} = \lambda_y = 55.6$，查附表 2-2 得 $\varphi_x = 0.830$，则

$$\frac{N}{\varphi_x A} = \frac{1600 \times 10^3}{0.830 \times 9218} = 209 \text{N/mm}^2 < f = 215 \text{N/mm}^2$$

满足整体稳定性要求。

$$\varepsilon_K = \sqrt{\frac{235}{235}} = 1, \quad 50\varepsilon_K = 50, \quad 70\varepsilon_K = 7$$

翼缘 $\lambda = 55.6 < 70\varepsilon_K = 70$

$$\frac{b_1}{t} = \frac{250 - 9}{2 \times 14} = 8.61 < 14\varepsilon_K = 14$$

翼缘满足局部稳定性要求。

腹板 $\lambda = 55.6 > 50\varepsilon_K = 50$，$r = 13 \text{mm}$

$$\frac{h_0}{t_w} = \frac{250 - 2 \times 14 - 13}{9} = 23.22 < \min[(21\varepsilon_K + 0.42\lambda), (21\varepsilon_K + 50)]$$

$$= \min[44.35, 71] = 44.35$$

腹板满足局部稳定性要求。

因此，设计选用 HW250×250×9×14。

讨论：由计算结果可知，采用热轧普通工字钢截面要比热轧 H 型钢截面面积约大 46%。尽管弱轴方向的计算长度仅为强轴方向计算长度的 1/2，但普通工字钢绕弱轴的回转半径太小，绕弱轴的长细比仍远大于绕强轴的长细比，因而支柱的承载能力是由弱轴所控制的，对强轴则有较大富裕，经济性较差。对于轧制 H 型钢，由于其两个方向的长细比比较接近，用料较经济。在设计轴心受压实腹柱时宜优先选用 H 型钢。

【例 4-6】某轴心受压柱如图 4-22 所示，承受轴心压力设计值为 185kN（含自重），

钢材采用 Q235 钢，要求选用冷成形薄壁方管截面。

解 柱的计算长度 $l_{0x}=l_{0y}=6600\text{mm}$，$[\lambda]=150$，由《冷弯薄壁型钢结构设计规范》（GB 50018—2002）查得钢材 $f=205\text{N/mm}^2$。

从《冷弯薄壁型钢结构设计规范》（GB 50018—2002）的附表中初选 140×3.5 方管，$A=1858\text{mm}$，$i_x=i_y=55.3\text{mm}$，则

$$\lambda_y=\lambda_x=l_{0x}/i_x=6600/55.3=119.3<[\lambda]=150$$

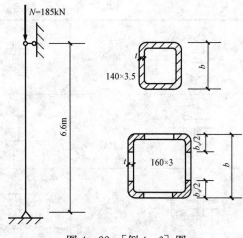

图 4-22 [例 4-6] 图

查《冷弯薄壁型钢结构设计规范》（GB 50018—2002）的表 A.1 得 $\varphi=0.457$，方管截面的板组约束系数 $k_1=1$，则

$$\rho=\sqrt{\frac{205kk_1}{\varphi f}}=\sqrt{\frac{205\times4}{0.457\times205}}=2.96$$

管壁 $b/t=140/3.5=40<18\rho=18\times2.96=53.3$，由式（4-61a）知柱全截面有效，则

$$\frac{N}{\varphi A_e}=\frac{185\times10^3}{0.457\times1858}=217.9\text{N/mm}^2>f=205\text{N/mm}^2$$

不满足整体稳定性要求，需重新选择截面规格。改选 160×3.0 方管，$A=1845\text{mm}^2$，$i_x=i_y=63.7\text{mm}$，则

$$\lambda_y=\lambda_x=l_{0x}/i_x=6600/63.7=103.6<[\lambda]=150$$

查《冷弯薄壁型钢结构设计规范》（GB 50018—2002）的表 A.1 得 $\varphi=0.562$，方管截面的板组约束系数 $k_1=1$，则

$$\rho=\sqrt{\frac{205kk_1}{\varphi f}}=\sqrt{\frac{205\times4}{0.562\times205}}=2.67$$

$38\rho=101.5>b/t=160/3=53.3>18\rho=18\times2.67=48.1$，由式（4-61b）计算有效截面

$$b_e=(\sqrt{21.8\rho t/b}-0.1)b=(\sqrt{21.8\times2.67\times3/160}-0.1)\times160=150.4\text{mm}$$

$$A_e=A-4(b-b_e)t=1845-4\times(160-150.4)\times3=1729.8\text{mm}^2$$

$$\frac{N}{\varphi A_e}=\frac{185\times10^3}{0.562\times1729.8}=190.3\text{N/mm}^2<f=205\text{N/mm}^2$$

满足整体稳定性要求。设计采用 160×3.0 方管。

讨论：由计算结果可知，第一种截面全截面有效，但不满足整体稳定性要求。第二种截面板件厚度小而宽度大，截面开展，虽然面积比第一种还小，截面只是部分有效，但满足了整体稳定性要求。因此设计时截面应尽量开展。

2. 实腹式轴心受压组合截面构件设计步骤

可采用与型钢构件类似的设计步骤，在初选截面尺寸时，所需截面宽度 b 和高度 h 可按下式近似计算

$$h\approx i_x/\alpha_1 \tag{4-66}$$

$$b\approx i_y/\alpha_2 \tag{4-67}$$

式中　α_1、α_2——系数，可由表 4-8 查得。

表 4-8　　　　　常用截面的回转半径

$i_x=0.30h$　$i_y=0.30b$　$i_v=0.195h$	$i_x=0.21h$　$i_y=0.21b$	$i_x=0.43h$　$i_y=0.24b$
等边　$i_x=0.30h$　$i_y=0.21b$	轧制工字钢　$i_x=0.39h$　$i_y=0.20b$	$i_x=0.39h$　$i_y=0.39b$
长边相接　$i_x=0.32h$　$i_y=0.20b$	$i_x=0.38h$　$i_y=0.29b$	$i_x=0.26h$　$i_y=0.24b$
短边相连　$i_x=0.28h$　$i_y=0.24b$	$i_x=0.38h$　$i_y=0.20b$	$i_x=0.29h$　$i_y=0.29b$
$i_x=0.21h$　$i_y=0.21b$　$i_v=0.185h$	$i=0.235(d-t)$　$i=0.32d,\ \dfrac{d}{t}=10$ 时　$i=0.34d,\ \dfrac{d}{t}=30\sim40$	$i=0.25d$
$i_x=0.43b$　$i_y=0.43h$	$i_x=0.44b$　$i_y=0.38h$	$i_x=0.50b$　$i_y=0.39h$

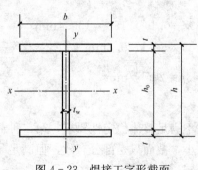

图 4-23　焊接工字形截面

根据所需 A、h、b 并考虑局部稳定和构造要求，初选截面尺寸。对于常用的焊接工字形截面（见图 4-23），为了便于船形焊缝施工，应 $h\geqslant b$，将有 $\lambda_y>\lambda_x$。通常取 h_0 和 b 为 10mm 的倍数。对初选截面进行验算调整。表 4-8 中的回转半径计算公式为近似公式，截面验算时应根据初选截面尺寸，采用材料力学公式计算回转半径。由于假定的 λ 不一定恰当，一般需多次调整才能获得较满意的截面尺寸。

轴心受压构件的 φ 值与 A 不是完全独立的未知量。对于常用的焊接工字形截面轴心受压构件，可建立轴心压力 N、计算长度 l_{0y} 和长细比之间的近似关系，进行快捷设计。取力和长度的单位分别为 N 和 mm，令

$$x=N\times10^5/(fl_{0y}^2) \qquad (4-68)$$

由下式计算 λ_y 值

当 $x < 13$ 时 $\lambda_y = (182x^{-0.25} - 16)/\varepsilon_K$ (4-69a)

当 $13 \leqslant x \leqslant 141$ 时 $\lambda_y = (200x^{-0.25} - 25)/\varepsilon_K$ (4-69b)

当 $x > 141$ 时 $\lambda_y = [414(x+14)^{-0.5}]/\varepsilon_K$ (4-69c)

当计算所得 $\lambda_y \leqslant 30$（或 $\lambda_y \geqslant 100$）时，取 $\lambda_y = 30$（或 100）。

考虑刚度条件，当 $\lambda_y > [\lambda]$ 时，应取 $\lambda_y = [\lambda]$。把 λ_y 值代入下列公式计算 b、t、h_0 和 t_w 值，即

$$b \approx l_{0y}/(0.24\lambda_y) \tag{4-70}$$

$$t = b/(2\alpha) \tag{4-71}$$

式中 α——计算系数。当 $\lambda \leqslant 70\varepsilon_K$ 时，$\alpha = 14\varepsilon_K$；当 $\lambda > 70\varepsilon_K$ 时，$\alpha = \min[7\varepsilon_K + 0.1\lambda, 7\varepsilon_K + 12]$。

$$h_0 = eb - 2t \tag{4-72}$$

式中 e——系数，当 $l_{0x}/l_{0y} \leqslant 1.8$ 时，$e = 1$；当 $l_{0x}/l_{0y} = 2$ 时，$e = 1.12$。

$$t_w = h_0/\beta \tag{4-73}$$

式中 β——计算系数。当 $\lambda \leqslant 50\varepsilon_K$ 时，$\beta = 42\varepsilon_K$；当 $\lambda > 50\varepsilon_K$ 时，$\beta = \min[21\varepsilon_K + 0.42\lambda, 21\varepsilon_K + 50]$。

依求得的 b、t、h_0 和 t_w 值来初选设计采用值，然后进行验算。当验算不满足要求时，只需稍作调整就可满足要求，且设计是经济的。

【例 4-7】 设计一焊接工字形截面轴心受压柱，钢材为 Q235B，柱子承受轴心压力永久荷载标准值 $N_{Gk} = 400kN$，活荷载标准值 $N_{Qk} = 600kN$，柱上、下端均为铰接，柱高 $l = 6.00m$，高度中央不设侧向支撑。翼缘板为火焰切割边。

解 （1）设计资料。$l_{0x} = l_{0y} = l = 6.00m$，柱子承受轴心压力设计值 N，$f = 215N/mm^2$，$f_y = 235N/mm^2$，$[\lambda] = 150$，则

$$N = 1.2N_{Gk} + 1.4N_{Qk} = 1.2 \times 400 + 1.4 \times 600 = 1320kN$$

（2）柱截面尺寸的确定

$$x = \frac{N \times 10^5}{fl_{0y}^2} = \frac{1320 \times 10^8}{215 \times 6000^2} = 17.1 > 13$$

$$\lambda_y = 200x^{-0.25} - 25 = 200 \times 17.1^{-0.25} - 25 = 73.4 < [\lambda] = 150$$

查表 4-5，截面关于 x 轴 y 轴都属于 b 类，则

$$b = l_{0y}/(0.24\lambda_y) = 6000/(0.24 \times 73.4) = 340.6mm, \quad \varepsilon_K = 1$$

$$\lambda_y = 73.4 > 70\varepsilon_K = 70, \quad \alpha = \min[7\varepsilon_K + 0.1\lambda, 7\varepsilon_K + 12] = \min[14.34, 19] = 14.34$$

$$t = b/(2\alpha) = 340.6/(2 \times 14.34) = 11.88mm$$

因 $l_{0x}/l_{0y} = 1$，$e = 1$，则

$$h_0 = eb - 2t = 1 \times 340.6 - 2 \times 11.88 = 316.24mm$$

$$\lambda_y = 73.4 > 50\varepsilon_K = 50, \quad \beta = \min[21\varepsilon_K + 0.42\lambda, 21\varepsilon_K + 50] = \min[51.83, 71] = 51.83$$

$$t_w = h_0/\beta = 316.24/51.83 = 6.1mm$$

板宽取为 10mm 的倍数，设计初选 $t = 12mm$、$t_w = 6mm$、$b = 320mm$、$h_0 = 310mm$。

（3）所选截面的几何特性

$$A = 2bt + h_0 t_w = 2 \times 320 \times 120 + 310 \times 6 = 9540 \text{mm}^2$$

$$I_y = 2b^3 t/12 = 320^3 \times 12/6 = 6.5536 \times 10^7 \text{mm}^4$$

$$I_x = (320 \times 334^3 - 314 \times 310^3)/12 = 2.141 \times 10^8 \text{mm}^4$$

$$i_y = \sqrt{I_y/A} = \sqrt{6.5536 \times 10^7/9540} = 82.9 \text{mm}$$

$$i_x = \sqrt{I_x/A} = \sqrt{2.141 \times 10^8/9540} = 149.8 \text{mm}$$

$$\lambda_x = l_{0x}/i_x = 6000/149.8 = 40.1$$

$$\lambda_y = l_{0y}/i_y = 6000/82.9 = 72.4 < [\lambda] = 150$$

$\lambda_y > \lambda_x$，查附表 2-2 得 $\varphi = 0.736$。

（4）截面验算。

1）整体稳定验算。柱自重设计值

$$W = 1.2 \times 6000 \times 9540 \times 9.8 \times 7850 \times 10^{-9} \times 1.2 = 6341 \text{N}$$

式中的 1.2，第一个为荷载分项系数，第二个为考虑柱头和柱脚等构造用钢，柱自重的增大系数。

$$\frac{N+W}{\varphi A} = \frac{1320 \times 10^3 + 6341}{0.736 \times 9540} = 188.9 \text{N/mm}^2 < f = 215 \text{N/mm}^2$$

2）局部稳定验算

$$\lambda = 72.4 > 70\varepsilon_K = 70$$

$$b_1/t = 157/12 = 13.1 < \min[7\varepsilon_K + 0.1\lambda,\ 7\varepsilon_K + 12] = \min[14.24,\ 19] = 14.24$$

$$\lambda_y = 72.4 > 50\varepsilon_K = 50$$

$$h_0/t_w = 310/6 = 51.67 \approx \min[21\varepsilon_K + 0.42\lambda,\ 21\varepsilon_K + 50] = \min[51.41,\ 71] = 54.41$$

所选截面尺寸满足设计要求。

按照上述方法一次便可确定出截面尺寸，所选截面的整体稳定性计算应力略小于钢材的强度设计值，板件宽（高）度与厚度之比与局部稳定的限值也十分接近，截面经济性较好。

三、格构式轴心受压构件设计

1. 格构式轴心受压构件的整体稳定承载力

（1）绕实轴的整体稳定承载力。常用的格构式轴心受压构件由两个肢件组成，肢件通常采用槽钢、H 型钢，用缀材把它们连在一起。缀材有缀条和缀板两种类型，相应格构式柱称为缀条柱和缀板柱。缀条常采用单角钢或槽钢，斜向布置，有时还增加横向布置缀条，如图 4-24 所示。缀板通常采用钢板组成。截面上与肢件腹板相交的轴线称为实轴，如图 4-24（c）中的 y 轴。与缀材平面垂直的轴称为虚轴，如图 4-24（c）中的 x 轴。对于长度较大而受力较小的轴心受压构件，可采用由四个角钢为肢件的 4 肢构件，四周均采用缀材连接，此时截面形心主轴都是虚轴。桅杆有时采用由三个钢管为肢件的 3 肢格构式构件。

轴心受压构件失稳时发生弯曲变形或存在初弯曲 [见图 4-25（a）]，导致构件产生弯矩和剪力。剪力分布如图 4-25（b）所示。实腹式构件的抗剪刚度大，由横向剪力引起的构件变形很小，对构件的临界力降低不到 1%，可以忽略不计。当构件绕实轴 [见图 4-24（c）中 y-y 轴] 丧失整体稳定性时，格构式双肢轴心受压构件相当于两个并列的实腹构件，其整体稳定承载力的计算方法与实腹式轴心受压构件相同。

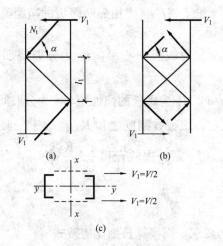

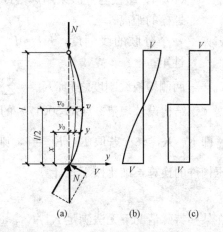

图 4-24 缀条的计算简图　　　　图 4-25 轴心受压构件的剪力

(a) 单系缀条；(b) 交叉缀条；(c) 剪力分布　　　(a) 弯曲变形；(b) 剪力分布；(c) 设计剪力图

(2) 绕虚轴的整体稳定承载力。当格构式轴心受压构件绕虚轴丧失整体稳定性时，构件中产生的剪力要由比较柔弱的缀材承受，由横向剪力引起的构件变形较大，使构件的稳定承载力显著降低。按照结构稳定理论，两端铰支的轴心受压双肢缀条构件在弹性阶段绕虚轴的临界应力为

$$\sigma_{cr} = \pi^2 E / \lambda_{0x}^2 \tag{4-74}$$

$$\lambda_{0x} = \sqrt{\lambda_x^2 + \frac{\pi^2}{\sin^2\alpha\cos\alpha} \frac{A}{A_{1x}}} \tag{4-75}$$

式中　λ_{0x}——换算长细比；

　　　λ_x——整个构件对 x 轴（虚轴）的长细比；

　　　A——分肢毛截面面积之和；

　　　A_{1x}——构件截面中垂直于 x 轴的各斜缀条毛截面面积之和；

　　　α——斜缀条倾角（见图 4-24），一般 $\alpha = 30°\sim 60°$。

由式 (4-74) 可见，若采用换算长细比 λ_{0x}，就可获得与实腹式轴心受压构件相同形式的临界应力表达式，且计入了剪切变形引起的构件稳定承载力的降低。于是可利用实腹式轴心受压构件整体稳定性的计算公式，但应以 λ_{0x} 按相应截面类别求 φ 值。

对于双肢缀条轴心受压构件，通常 α 在 45°左右，为便于计算，取 $\pi^2 / (\sin^2\alpha\cos\alpha) = 27$，换算长细比可表示为

$$\lambda_{0x} = \sqrt{\lambda_x^2 + \frac{27A}{A_{1x}}} \tag{4-76}$$

当 α 不在 40°$\sim$70°范围时，换算长细比应采用式 (4-75) 计算。

对于双肢缀板轴心受压构件，由结构稳定理论得换算长细比 λ_{0x} 的理论计算公式为

$$\lambda_{0x} = \sqrt{\lambda_x^2 + \frac{\pi^2}{12}\Big(1 + 2\frac{K_1}{K_b}\Big)\lambda_1^2} \tag{4-77}$$

式中　λ_1——分肢的长细比，$\lambda_1 = l_{01}/i_1$，i_1 为分肢弱轴 1-1 的回转半径［见图 4-1

（b）]，缀板与分股采用焊接或螺栓连接时，l_{01} 为相邻两缀板的净距离或边缘螺栓的距离；

K_1——一个分股的线刚度，$K_1 = I_1/l_1$，l_1 为缀板中心距，I_1 为分股绕弱轴的惯性矩；

K_b——两侧缀板线刚度之和，$K_b = \sum I_b/a$，I_b 为缀板的惯性矩，a 为分股间距离。

根据《钢结构设计规范》（GB 50017）的规定，缀板线刚度之和 K_b 应大于分股线刚度的 6 倍，即 $K_b/K_1 \geqslant 6$。若取 $K_b/K_1 = 6$，则式（4-77）中的 $\frac{\pi^2}{12}\left(1 + 2\frac{K_1}{K_b}\right) \approx 1$，双肢缀板轴心受压构件的换算长细比按下式计算

$$\lambda_{0x} = \sqrt{\lambda_x^2 + \lambda_1^2} \tag{4-78}$$

若在某些特殊情况下无法满足 $K_b/K_1 \geqslant 6$ 的要求，则换算长细比应按式（4-77）计算。

由三肢或四肢组成的格构式轴心受压构件，其对虚轴的换算长细比见《钢结构设计规范》（GB 50017）的有关条文。

2. 分股的稳定性

格构式轴心受压构件的分股既是组成整体截面的一部分，在缀材节点之间又是一个单独的实腹式受压构件。因此设计时，应保证各分股不先于构件整体失去承载力。由于初弯曲等缺陷的影响，使构件可能在弯曲状态下受力，从而产生附加弯矩和剪力。附加弯矩使两肢的内力不等，而附加剪力还使缀板构件的分股产生弯矩。另外，分股截面的类别还可能比整体截面的低。这些都使分股的稳定承载力降低。因此计算时不能简单地采用 $\lambda_1 < \lambda_{0x}$（或 λ_y）作为分股的稳定条件。《钢结构设计规范》（GB 50017）规定的分股稳定性要求为

缀条构件　　　　　　　　　$\lambda_1 < 0.7\lambda_{max}$ 　　　　　　　　　　　　　（4-79）

缀板构件　　　　　　　　　$\lambda_1 < 0.5\lambda_{max}$，且 $\lambda_1 \leqslant 40$ 　　　　　　　（4-80）

式中　λ_{max}——构件两方向长细比（对虚轴取换算长细比）的较大值，当 $\lambda_{max} < 50$ 时，取 $\lambda_{max} = 50$；

λ_1——同式（4-77）的规定，但对缀条构件，其计算长度取相邻两节点中心间距。

3. 缀材设计

（1）格构式轴心受压构件的剪力。当格构式轴心受压构件绕虚轴弯曲时，会产生剪力。如图 4-25（a）所示两端铰支的轴心受压构件，取其初始挠曲线为 $y_0 = v_0 \sin \pi x/l$，则任意截面处的总挠度为

$$Y = y_0 + y = \frac{v_0}{1 - N/N_E} \sin \frac{\pi x}{l}$$

任意截面处的弯矩为

$$M = N(y_0 + y) = \frac{Nv_0}{1 - N/N_E} \sin \frac{\pi x}{l}$$

任意截面处的剪力为

$$V = \frac{dM}{dx} = \frac{N\pi v_0}{\left(1 - \dfrac{N}{N_E}\right)l} \cos \frac{\pi x}{l}$$

支座处的最大剪力为

$$V = \frac{N\pi v_0}{\left(1 - \dfrac{N}{N_E}\right)l}$$

可写为

$$V = \frac{N\pi v_0/l}{1 - \varphi \overline{\lambda}_n^2} \tag{4-81}$$

式中 $\overline{\lambda}_n$——构件的正则化长细比。

考虑其他缺陷影响，取 $v_0/l = l/500$。但对于 $\lambda < 75$ 的构件，初偏心的影响加大，此时取 $v_0/l = l/750 + 0.05\lambda$。把 v_0/l 值代入式（4-81）可得规范规定的最大剪力的计算公式

$$V = \frac{Af}{85} \tag{4-82}$$

缀材要承受构件绕虚轴失稳弯曲时产生的横向剪力。进行缀材设计时，取剪力沿构件长度方向保持不变，如图 4-25（c）所示。

（2）缀条的设计。缀条柱的每个缀材面如同一平行弦桁架，缀条按桁架的腹杆进行设计。一根斜缀条承受的轴向力 N_t（见图 4-24）为

$$N_t = V_1/(n\cos\alpha) \tag{4-83}$$

式中 V_1——分配到一个缀材面上的剪力 [见图 4-24（c）]；

n——承受剪力 V_1 的斜缀条数，单系缀条 [见图 4-24（a）] 和交叉缀条 [图 4-24（b）] 分别取 n 等于 1 和 2。

由于构件失稳时的弯曲变形方向可能向左或向右，横向剪力的方向也将随着改变，斜缀条可能受压或受拉。设计时应取不利情况，按轴心受压构件设计。缀条一般采用单角钢，角钢只有一个边和柱肢相连接，实际上是偏心受力，考虑受力时的构造偏心，当按轴心受压构件设计时，需把长细比适当放大，取为换算长细比 λ_e，并以 λ_e 直接查得稳定系数 φ。单系缀条的 λ_e 按下式计算

当 $20 \leqslant \lambda_u \leqslant 80$ 时 $\qquad \lambda_e = 80 + 0.65\lambda_u \tag{4-84a}$

当 $80 < \lambda_u \leqslant 160$ 时 $\qquad \lambda_e = 52 + \lambda_u \tag{4-84b}$

当 $160 < \lambda_u$ 时 $\qquad \lambda_e = 20 + 1.2\lambda_u \tag{4-84c}$

$$\lambda_u = l/(i_u\varepsilon_K)$$

其中，u 轴如图 4-26 所示，i_u 为角钢绕 u 轴的回转半径。

交叉缀条体系的横缀条按承受压力 $N_t = V_1$ 计算。为了减小分肢的计算长度，单系缀条体系也可加横缀条，其截面尺寸一般取与斜缀条相同，也可按容许长细比（$[\lambda] = 150$）确定。

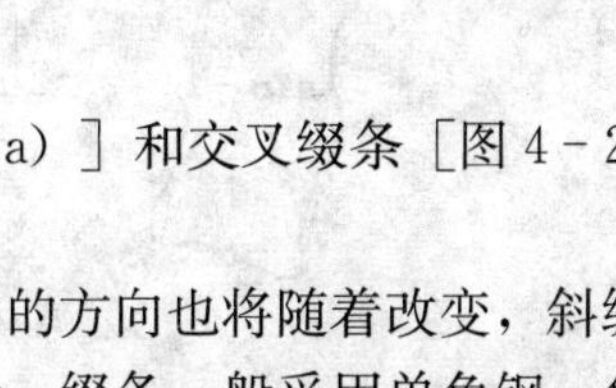

图 4-26 单角钢连接

（3）缀板的设计。缀板柱可视为多层刚架（见图 4-27）。假定它在整体失稳时，各层分肢中点和缀板中点为反弯点。取如图 4-27（b）所示的脱离体，可得缀板内力为

剪力 $\qquad\qquad V_j = V_1 l_1/b_1 \tag{4-85}$

弯矩（与肢件连接处）$\qquad M = V_j \times b_1/2 = V_1 l_1/2 \tag{4-86}$

式中 l_1——相邻两缀板中心线间的距离；

20

　　b_1——分肢轴线间的距离。

　　缀板与分肢间的搭接长度一般取 20～30mm，采用角焊缝相连，角焊缝承受剪力和弯矩的共同作用。由于角焊缝的强度设计值小于钢材的强度设计值，故只需用上述 V_j 和 M 验算缀板与分肢间的连接焊缝。

　　缀板应有一定的刚度。规范规定同一截面处两侧缀板线刚度之和不得小于一个分肢线刚度的 6 倍。一般取缀板宽度 $b_p \geqslant 2b_1/3$〔见图 4-27（c）〕；厚度 $t \geqslant b_1/40$，且不小于 6mm。端缀板宜适当加宽，可取 $b_p \approx b_1$。

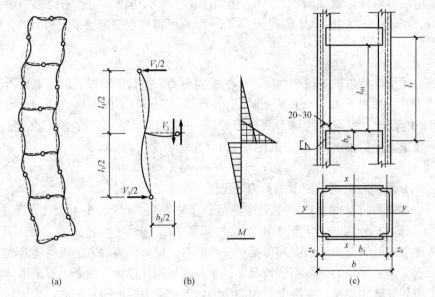

图 4-27　缀板柱
（a）变形图；（b）脱离体图；（c）构造尺寸

　　（4）柱的横隔设计。为了提高格构式构件的抗扭刚度，避免构件在运输和安装过程中截面变形，格构式构件及大型实腹式构件应设置横隔。横隔可用钢板或交叉角钢做成，如图 4-28 所示。横隔的间距不得大于构件截面较大宽度的 9 倍和 8m，且每个运送单元的端部均应设置横隔。当构件某截面处有较大横向集中力作用时，也应在该处设置横隔，以免柱肢局部弯曲。

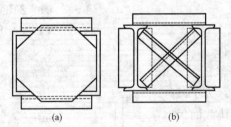

图 4-28　格构柱的横隔构造
（a）钢板横隔；（b）交叉角钢横隔

　　4. 格构式轴心受压构件的设计步骤

　　现以格构式双肢轴心受压构件为例来说明。首先选择柱肢截面形式和缀材的形式（大型柱宜采用缀条柱，中小型柱可用缀板柱或缀条柱）及钢号，然后可按下列步骤进行设计：

　　（1）按对实轴（y-y）的整体稳定性要求选择柱肢截面尺寸，方法与实腹柱的计算相同。

　　（2）按对虚轴（x-x）的整体稳定性确定两分肢间的距离。为了获得双轴等稳定，应尽量使 $\lambda_{0x} \approx \lambda_y$。

缀条柱
$$\lambda_{0x} = \sqrt{\lambda_x^2 + \frac{27A}{A_{1x}}} = \lambda_y \qquad (4-87)$$

缀板柱
$$\lambda_{0x} = \sqrt{\lambda_x^2 + \lambda_1^2} = \lambda_y \qquad (4-88)$$

对缀条柱应先初选斜缀条的截面规格或假定截面面积 A_{1x}，通常可假定 $A_{1x}=0.1A$；对缀板柱应先假定分肢长细比 λ_1（$\lambda_1 < 0.5\lambda_y$ 且不大于 40）。由式（4-87）或式（4-88）求出 λ_x，再计算对虚轴的回转半径 i_x

$$i_x = l_{0x}/\lambda_x$$

根据表 4-8，可求得所需的两分肢间的距离 $b_{1req} \approx i_x/\alpha_2$。根据 b_{1req} 即可选定两分肢轴线间的距离 b_1。一般取截面宽度 b 为 10mm 的倍数。

（3）验算对虚轴的整体稳定性，不满足要求时应修改 b，直至满足要求时为止。表 4-8 中的回转半径计算公式为近似公式，截面验算时应根据所选截面尺寸，采用材料力学公式计算回转半径。

（4）刚度验算。对虚轴须用换算长细比。

（5）验算分肢的稳定性。

（6）设计缀条或缀板（包括它们与分肢的连接），并布置横隔。

【例 4-8】 设计某轴心受压格构式双肢柱。柱肢采用热轧槽钢，翼缘趾尖向内。钢材为 Q235B。构件长 6m，两端铰支，$l_{0x}=l_{0y}=6$m。承受轴心压力设计值 $N=1600$kN。分别按缀板柱和缀条柱进行设计。

解 （1）缀板柱设计。

1）确定柱肢截面尺寸。查表 4-5 和表 4-6，截面关于实轴和虚轴都属于 b 类。

取 $f=215$N/mm²，设 $\lambda_y=60$，查稳定系数表得 $\varphi_y=0.807$，需要

$$A = \frac{N}{\varphi_y f} = \frac{1600 \times 10^3}{0.807 \times 215} = 9222\text{mm}^2$$

$$i_y = l_{0y}/\lambda_y = 6000/60 = 100\text{mm}$$

查型钢表，初选 2 [28b，其截面特征为

$$A=9126\text{mm}^2, \quad i_y=106\text{mm}, \quad y_0=20.2\text{mm}, \quad i_1=23\text{mm}$$

柱自重，一根 [28b 每米长的质量为 35.8kg，则

$$W = 2 \times 35.8 \times 9.8 \times 6 \times 1.3 \times 1.2 = 6572\text{N}$$

式中的 1.2 为荷载分项系数，1.3 为考虑缀板、柱头和柱脚等用钢后柱自重的增大系数。

对实轴的整体稳定性验算

$$\lambda_y = l_{0y}/i_y = 6000/106 = 56.6, \quad 查附表 2-2 得 \varphi_y=0.825，则$$

$$\frac{N+W}{\varphi_y A} = \frac{1600 \times 10^3 + 6572}{0.825 \times 9126} = 213.4 < f = 215\text{N/mm}^2$$

满足要求。

2）按双轴等稳定原则确定两分肢槽钢背面之间的距离 b。

$0.5\lambda_y = 0.5 \times 56.6 = 28.3$，取 $\lambda_1 = 28.3 < 40$，依双轴等稳定条件有

$$\lambda_x = \sqrt{\lambda_y^2 - \lambda_1^2} = \sqrt{56.6^2 - 28.3^2} = 49.0$$

$$i_x = l_{0x}/\lambda_x = 6000/49.0 = 122.4\text{mm}$$

$$b = 2(y_0 + \sqrt{i_x^2 - i_1^2}) = 2(20.2 + \sqrt{122.4^2 - 23.0^2}) = 281\text{mm}$$

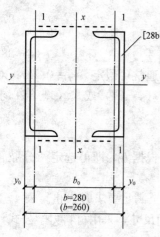

图 4-29　缀板柱截面

设计采用 $b=280$mm，截面如图 4-29 所示。

对虚轴的整体稳定性验算

$$i_x=\sqrt{i_1^2+\left(\frac{b}{2}-y_0\right)^2}=\sqrt{23^2+\left(\frac{280}{2}-20.2\right)^2}=122\text{mm}$$

$$\lambda_x=l_{0x}/i_x=6000/122=49.2$$

$$\lambda_{0x}=\sqrt{\lambda_x^2+\lambda_1^2}=\sqrt{49.2^2+28.3^2}=56.8$$

查附表 2-2，得 $\varphi_x=0.824$，则

$$\frac{N+W}{\varphi_y A}=\frac{1600\times10^3+6572}{0.824\times9126}=213.6\text{N/mm}^2<f=215\text{N/mm}^2$$

满足要求。

3）刚度验算

$$\lambda_{\max}=56.8<[\lambda]=150$$

满足要求。

4）分肢验算

$\lambda_1=28.3<0.5\lambda_{\max}=0.5\times56.8=28.4$，且 $\lambda_1<40$

满足要求。

5）缀板设计

柱分肢轴线间距　$b_1=b-2y_0=280-2\times20.2=239.6$mm

缀板高度　$b_p\geqslant2b_1/3=159.7$mm，取 $b_p=200$mm

缀板厚度　$t\geqslant b_1/40=6$mm，取 $t=6$mm

缀板间净距　$l_{01}=\lambda_1 i_1=28.3\times23=651$mm，取 $l_{01}=650$mm

缀板中心距　$l_1=l_{01}+b_p=650+200=850$mm

缀板长度取　$b_b=160$mm

柱中剪力　$V=\dfrac{Af}{85}=\dfrac{9126\times215}{85}\times10^{-3}=23.08$kN

$$V_1=V/2=11.54\text{kN}$$

缀板内力　$V_j=V_1 l_1/b_1=11.54\times850/239.6=40.9$kN

$$M=V_1 l_1/2=11.54\times850/2=4904.5\text{kN}\cdot\text{mm}$$

采用 $h_f=6$mm，满足构造要求；$l_w=b_p=200$mm（回焊部分略去不计），则

$$\sqrt{\left(\frac{\sigma_f}{\beta_f}\right)^2+\tau_f^2}=\sqrt{\left(\frac{6\times4904.5\times10^3}{1.22\times0.7\times6\times200^2}\right)^2+\left(\frac{40.9\times10^3}{0.7\times6\times200}\right)^2}=151.6<f_f^w=160\text{N/mm}^2$$

满足要求。

（2）缀条柱设计。

1）确定柱肢截面尺寸：与缀板柱相同，选用 2[28b。

2）按双轴等稳定原则确定两分肢槽钢背面至背面间的距离 b。初选缀条规格为∟45×4，采用设横缀条的单系腹杆体系［见图 4-24（a）］。

一个角钢的截面积 $A_1=349\text{mm}^2$，$i_u=13.8$mm，$\varepsilon_K=1$。

由式（4-76）得

$$\lambda_x = \sqrt{\lambda_y^2 - \frac{27A}{A_{1x}}} = \sqrt{56.6^2 - \frac{27 \times 9126}{2 \times 349}} = 53.4$$

需要的绕虚轴 x 轴的回转半径为

$$i_{xs} = l_{0x}/\lambda_x = 6000/53.4 = 112.4\text{mm}$$

由表 4-8 得 $b = i_{xs}/0.44 = 255.4\text{mm}$，取 $b = 260\text{mm}$。

对虚轴的整体稳定性验算

$$i_x = \sqrt{i_1^2 + \left(\frac{b}{2} - y_0\right)^2} = \sqrt{23^2 + \left(\frac{260}{2} - 20.2\right)^2} = 112.2\text{mm}$$

$$\lambda_x = l_{0x}/i_x = 6000/112.2 = 53.5$$

$$\lambda_{0x} = \sqrt{\lambda_x^2 + \frac{27A}{A_{1x}}} = \sqrt{53.5^2 + \frac{27 \times 9126}{2 \times 349}} = 56.7$$

查附表 2-2，得 $\varphi_x = 0.825$

$$\frac{N+W}{\varphi_x A} = \frac{1600 \times 10^3 + 6572}{0.825 \times 9126} = 213.4\text{N/mm}^2 < f = 215\text{N/mm}^2$$

满足要求。

3）刚度验算

$$\lambda_{max} = 56.7 < [\lambda] = 150$$

满足要求。

4）分肢验算。取 $l_1 = 500\text{mm}$ 缀条沿柱长等间距布置。

$$\lambda_1 = l_1/i_1 = 500/23 = 21.7 < 0.7\lambda_{max} = 0.7 \times 56.7 = 39.7$$

满足要求。

（3）缀条设计

$$V_1 = V/2 = 11.54\text{kN}, \quad b_1 = 260 - 2 \times 20.2 = 219.6\text{mm}$$

$$\tan\alpha = 500/219.6 = 2.277, \quad \alpha = 66.3^0$$

斜缀条计算长度

$$l_0 = 219.6/\cos66.3^0 = 546.3\text{mm}$$

$$\lambda_u = l_0/(i_u \varepsilon_K) = 546.3/(13.8 \times 1) = 39.59 < 80$$

$$\lambda_e = 80 + 0.65\lambda_u = 103.78$$

截面为 b 类，查附表 2-2，得 $\varphi = 0.531$，则

$$N_t = V_1/(n\cos\alpha) = 11.54 \times 10^3/(1 \times \cos66.3^0) = 28.71\text{kN}$$

$$\frac{N_t}{\varphi A_1} = \frac{28.71 \times 10^3}{0.531 \times 349} = 154.9\text{N/mm}^2 < f = 215\text{N/mm}^2$$

满足要求。虽然应力富裕较大，但所选缀条截面规格已属于最小规格，故设计取缀条规格为 L 45×4。

缀条与柱肢的连接采用角焊缝，L 形布置，取 $h_f = 4\text{mm}$，$f_f^w = 160\text{N/mm}^2$，则

$$N_3 = 2k_2 N_t = 2 \times 0.3 \times 28.71 = 17.23\text{kN}$$

$$N_1 = N_t - N_3 = 28.71 - 17.23 = 11.48\text{kN}$$

$$l_{w1} = \frac{N_1}{0.7h_f \times f_f^w} + h_f = \frac{11.48 \times 10^3}{0.7 \times 4 \times 160} + 4 = 29.1\text{mm}, \quad \text{取 } l_{w1} = 30\text{mm}$$

$$l_{w3}=\frac{N_3}{1.22\times0.7h_f\times f_f^w}+h_f=\frac{17.23\times10^3}{1.22\times0.7\times4\times160}+4=35.5\text{mm}，取\ l_{w3}=40\text{mm}（满焊）$$

构件截面较大宽度为 280mm，横隔最大间距 $280\times9=2520$mm。在柱两端及沿柱长每两米设一道横隔，即可满足构造要求。

思 考 题

1. 轴心受压构件整体失稳时有哪几种屈曲形式？双轴对称截面的屈曲形式是怎样的？

2. 轴心受压构件的整体失稳承载力和哪些因素有关？其中哪些因素被称为初始缺陷？

3. 提高轴心压杆钢材的抗压强度设计值能否提高其稳定承载能力？为什么？

4. 残余应力、初弯曲和初偏心对轴心压杆承载力的主要影响有哪些？为什么残余应力在截面两个主轴方向对承载能力的影响不同？

5. 轴心受压构件的稳定系数 φ 为什么要按截面形式和对应轴分成四类？同一截面关于两个形心主轴的截面类别是否一定相同？

6. 轴心受压构件翼缘和腹板局部稳定的计算公式中，λ 为什么不取两方向长细比的较小值？

7. 热轧型钢制成的轴心受压构件是否要进行局部稳定性验算？

8. 轴心受压构件的整体稳定性不满足要求时，若不增大截面面积，是否还可采取其他什么措施提高其稳定承载力？

9. 实腹式轴心受压构件需作哪几方面验算？计算公式是怎样的？

10. 计算格构式轴心受压构件关于虚轴的整体稳定性时，为什么采用换算长细比来确定整体稳定系数？缀条式和缀板式双肢柱的换算长细比计算公式有何不同？分肢的稳定怎样保证？

11. 轴心受力构件为何要进行刚度计算？计算公式是什么形式？

12. 轴心受压构件满足整体稳定性要求时，是否还应进行强度计算？为什么？

习 题

4-1 某两端铰支的焊接工字形截面轴心受压柱，柱高 10m，钢材采用 Q235A，采用图 4-30（a）、（b）所示两种截面尺寸，翼缘板为剪切边。试分别计算这两种截面柱能承受的轴心压力设计值，并作比较说明。

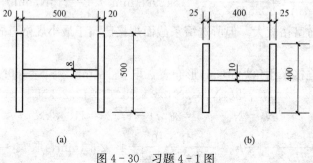

(a)　　　　　　　　　(b)

图 4-30　习题 4-1 图

4-2 设计某由两等边角钢组成的 T 形截面两端铰支轴心受压构件,两角钢间距为 12mm,构件长 3m,承受的轴心压力设计值为 400kN,钢材采用 Q235B。

4-3 设计某工作平台轴心受压柱的截面尺寸,柱采用焊接工字形截面,翼缘板为火焰切割边。柱高 6m,两端铰支,柱承受的轴心压力设计值为 5000kN,钢材采用 Q235B。

4-4 设计某工作平台轴心受压柱的截面尺寸,设计条件与习题 4-3 相同,但在绕弱轴方向柱中高处设置一侧向支承点。

4-5 某两端铰支轴心受压缀条柱的柱高为 6.5m,截面如图 4-31 所示,缀条采用单角钢L 45×5,斜缀条倾角为 45°,并设有横缀条。钢材为 Q235B,求该柱的轴心受压承载力设计值。

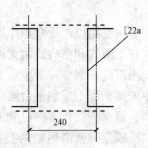

图 4-31 习题 4-5 图

4-6 某两端铰支轴心受压缀板柱的柱高为 6.5m,截面如图 4-31 所示,单肢长细比 $\lambda_1=35$,钢材为 Q235B,求该柱的轴心受压承载力设计值。

4-7 某焊接工字形截面轴心受压构件如图 4-32 所示,翼缘板为火焰切割边。构件承受的轴心压力设计值为 1700kN,钢材采用 Q235B。试验算该构件是否满足设计要求。

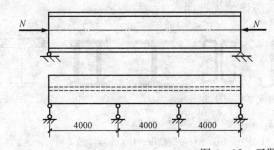

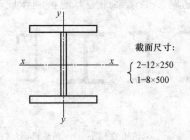

截面尺寸:
$\begin{cases} 2-12\times250 \\ 1-8\times500 \end{cases}$

图 4-32 习题 4-7

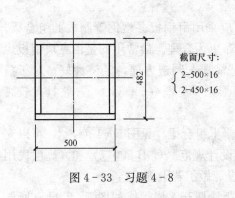

截面尺寸:
$\begin{cases} 2-500\times16 \\ 2-450\times16 \end{cases}$

图 4-33 习题 4-8

4-8 某两端铰支轴心受压柱的截面如图 4-33 所示,柱高为 6m,承受的轴心压力设计值为 6000kN(包含自重),钢材采用 Q235B,试验算该构件是否满足设计要求?

4-9 某两端铰支轴心受拉构件,长 9m,截面为由 2L 90×8 组成的肢尖向下的 T 形截面,在杆长中间截面形心处有一直径为 21.5mm 的螺栓孔,螺栓孔在两角钢相并肢上。拉杆承受轴心拉力设计值为 850kN。试验算该拉杆是否满足设计要求。

4-10 某工作平台轴心受压双肢缀条格构柱,截面由两个工字钢组成,柱高 9.5m,两端铰支,由平台传给柱子的轴心压力设计值为 2400kN。钢材为 Q235B,焊条采用 E43 型。要求进行柱的截面设计,并布置和设计缀材及与柱的连接,且绘制构造图。

4-11 同习题 4-10,但缀材采用缀板。

第五章　梁

第一节　概　　述

主要用以承受弯矩作用或弯矩与剪力共同作用的平面结构构件称为受弯构件，其截面形式有实腹式和格构式两大类。实腹式受弯构件通常称为梁，格构式受弯构件称为桁架。钢梁应用广泛，例如，房屋建筑中的楼盖梁、墙架梁、檩条、吊车梁和工作平台梁；水工钢闸门中的梁和海上采油平台梁；梁式桥等。

钢梁按制作方法可分为型钢梁和组合梁两大类，如图 5-1 所示。型钢梁又可分为热轧和冷成型薄壁型钢梁两类。热轧型钢梁常用普通工字钢、槽钢或 H 型钢做成［见图 5-1（a）、（b）、（c）］，其中以 H 型钢的截面分布较合理，翼缘内外边缘平行，与其他构件连接方便，应优先采用。对承受荷载较小和跨度不大的梁，可用带有卷边的冷成型薄壁槽钢［见图 5-1（d）、（f）］或 Z 型钢［见图 5-1（e）］制作，可以显著降低钢材用量，但要特别注意防腐。型钢梁加工方便，制作成本低，应该优先选用。

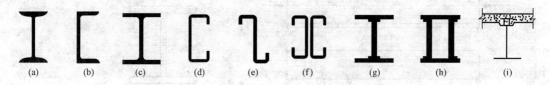

图 5-1　钢梁的类型

（a）热轧工字钢；（b）热轧槽钢；（c）热轧 H 型钢；（d）冷弯薄壁槽钢；（e）冷弯薄壁 Z 型钢；

（f）冷弯薄壁槽钢组合截面；（g）焊接工字形截面；（h）焊接箱形截面；（i）组合梁

当型钢规格不能满足承载能力或刚度的要求时，应采用由钢板、型钢等制成的组合梁。组合梁截面的组成比较灵活，可使材料在截面上的分布更为合理。最常用的是由三块钢板焊接的工字形截面组合梁［见图 5-1（g）］，它的构造简单，制造方便，经济性好。对于荷载较大而高度受到限制的梁，可考虑采用双腹板的箱形梁［见图 5-1（h）］，它具有较高的抗扭刚度。

混凝土和钢材分别宜于受压和受拉，采用钢与混凝土组合梁［见图 5-1（i）］，可以充分发挥两种材料的优势，经济效果较好。在《钢结构设计规范》（GB 50017）和《高层民用建筑钢结构技术规范》（JGT 99）中，已对这种梁的设计做了若干规定。

将工字钢或 H 型钢的腹板沿如图 5-2（a）所示折线切开，再焊成如图 5-2（b）所示的空腹梁，称为蜂窝梁。它自重较轻，经济性好，蜂窝孔便于设施穿过等，还能起到调整空间韵律变化的作用，在国内外都得到了比较广泛的研究和应用。

根据截面沿长度方向有无变化，梁可以分为等截面梁和变截面梁。等截面梁构造简单、制作方便。对于跨度较大的梁，为了合理使用和节省钢材，常根据弯矩沿跨长的变化而改变它的截面尺寸，做成变截面梁。

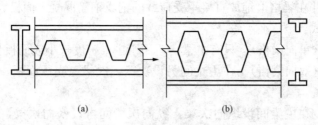

图 5 - 2　蜂窝梁
(a) 切割线；(b) 蜂窝梁

依梁支承情况的不同，梁可以分为简支梁、悬臂梁和连续梁等。钢梁多采用简支梁，不仅制造简单，安装方便，而且可以避免支座沉陷所产生的不利影响。

预应力钢梁（见图 5 - 3）是在梁的受拉侧设置具有较高预拉力的高强度钢筋、钢绞线或钢丝束，使梁在工作荷载作用前产生反向的弯曲作用，从而提高钢梁在外荷载作用下的承载能力，节省钢材。

钢梁在荷载作用下，可能在一个主轴平面内受弯，也可能在两个主轴平面内受弯，前者称为单向弯曲梁，后者称为双向弯曲或斜向弯曲梁。

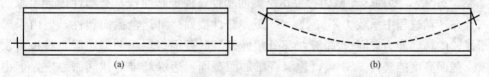

图 5 - 3　预应力梁
(a) 直线预应力索；(b) 曲线预应力索

当组合梁截面高度较大时，腹板局部稳定条件限制厚度不能过小，如果腹板做成波形（正弦波、三角波、梯形波等），与上下平板翼缘焊接，构成波形腹板钢梁，如图 5 - 4 所示。腹板局部稳定性大大提高，从而可降低腹板厚度，腹板不需设加劲肋，使用钢量和焊接工作量都有所减少。波形腹板梁在轴力、弯矩、剪力作用时，按翼缘仅承受轴力与弯矩产生的截面法向应力，腹板仅承受截面剪力进行设计。采用波形腹板可以大幅度提高腹板高度，虽然牺牲了腹板承受弯矩的能力，但由于梁的高度加大使得梁的抗弯刚度大幅度提高，波形腹板具有较高的剪切承载力，可显著降低用钢量，经济效益显著。波形腹板具有较高的平面外刚度，有利于运输和吊装。具体设计可见《波浪腹板钢结构应用技术规程》（CECS 290：2011）和《波纹腹板钢结构应用技术规程》（CECS 291：2011）。

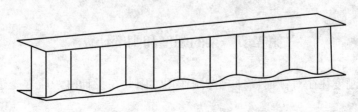

图 5 - 4　波形腹板梁

楼盖梁或工作平台梁及水工钢闸门的梁通常是由主梁和次梁等纵横交叉连接组成梁格

（或称交叉梁系），并在梁格上铺放直接承受荷载的钢或钢筋混凝土面板。梁格按主次梁排列情况可分成三种形式：

（1）简单梁格（单向梁格）。只有主梁，适用于主梁跨度较小或面板长度较大的情况。

（2）普通梁格（双向梁格）。在主梁间另设次梁，次梁上支承面板。适用于大多数梁格尺寸情况。

（3）复式梁格。在主梁间设纵向次梁，纵向次梁间再设横向次梁，横向次梁上支承面板。荷载传递层次多，构造复杂，只用于主梁跨度很大和荷载大的情况。

为了确保钢梁设计安全适用、经济合理，设计时必须进行承载力极限状态计算，包括强度、整体稳定和局部稳定三个方面。设计时，要求在荷载设计值作用下，梁的弯曲正应力、剪应力、局部承压应力、折算应力、弯扭构件的正应力和剪应力均不超过规范规定的相应强度设计值，承受高次循环荷载的梁还应满足疲劳计算要求（疲劳计算见第二章，本章不再涉及）；梁不会发生侧向弯扭屈曲；组成梁的板件不会出现波状的局部屈曲，若考虑腹板屈曲后强度时，应计入腹板发生屈曲后对梁承载力的影响。设计时还必须满足正常使用极限状态的要求，梁应有足够的抗弯刚度，在荷载标准值作用下，梁的最大挠度不大于规范规定的容许挠度。

钢梁根据局部屈曲制约截面承载力和转动能力的程度，设计截面分为 S1、S2、S3、S4、S5 共 5 级。S1 级，塑性转动截面。可达全截面塑性，保证塑性铰具有塑性设计要求的转动能力，且在转动过程中承载力不降低。S2 级，塑性截面。可达全截面塑性，但由于局部屈曲，塑性铰的转动能力有限。S3 级，部分塑性开展的截面。翼缘全部屈服，腹板可发展不超过 1/4 截面高度的塑性。S4 级，边缘纤维屈服截面，边缘纤维可达屈服强度，但由于局部屈曲而不能发展塑性。S5 级，超屈曲设计截面。在边缘纤维达屈服应力前，腹板可能发生局部屈曲。在进行钢梁设计计算时，梁的截面设计等级应符合表 5-1 的规定。

表 5-1 钢梁截面类别表

截面设计等级		S1 级（限值）	S2 级（限值）	S3 级（限值）	S4 级（限值）	S5 级（限值）
工字形截面	翼缘 b_1/t	$9\varepsilon_K$	$11\varepsilon_K$	$13\varepsilon_K$	$15\varepsilon_K$	20
	腹板 h_0/t_w	$65\varepsilon_K$	$72\varepsilon_K$	$80\varepsilon_K$	$130\varepsilon_K$	250
箱形截面	壁板、腹板间翼缘 b_1/t	$25\varepsilon_K$	$32\varepsilon_K$	$37\varepsilon_K$	$42\varepsilon_K$	—

注 1. b_1、t、h_0、t_w 分别是工字形、H 形、T 形截面的翼缘外伸宽度、翼缘厚度、腹板净高和腹板厚度，对轧制型截面，不包括翼缘腹板过渡处圆弧段；对于箱形截面，b_1、t 分别为壁板间的距离和壁板厚度。

2. 当箱形截面柱单向受弯时，其腹板限值应根据 H 形截面腹板采用。

第二节 梁的强度和刚度计算

梁的强度和刚度往往对截面设计起控制作用。因此在设计时，通常先进行强度和刚度计算。

一、梁的强度计算

钢梁满足强度要求，是指在荷载设计值作用下，梁的弯曲正应力、剪应力、局部承压应力和在复杂应力状态下的折算应力等均不超过设计规范规定的相应强度设计值。

1. 梁的抗弯强度

（1）梁的工作阶段。钢梁受弯时，钢材的弯曲正应力 σ 与应变 ε 之间的关系曲线和受拉时相似。通常视钢材为理想弹塑性体，且截面中的应变符合平截面假定。钢梁处于纯弯曲状态时正应力的大小和截面分布随弯矩 M 增大而变化，其变化发展可分为三个阶段：

1）弹性工作阶段。当在弯矩 M 作用下钢梁的最大应变 $\varepsilon \leqslant f_y/E$ 时，梁属于全截面弹性工作，梁截面上的正应力分布如图 5-5（b）所示。弹性工作阶段的最大弯矩 M_e 为

$$M_e = W_n f_y \tag{5-1}$$

式中　W_n——梁的净截面模量。

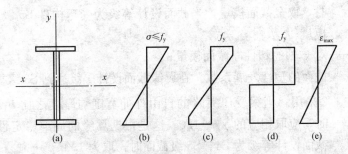

图 5-5　梁截面上的正应力分布
（a）钢梁的截面形式；（b）弹性工作阶段；（c）弹塑性工作阶段；（d）塑性工作阶段；（e）截面应变

2）弹塑性工作阶段。当弯矩 M 继续增大，$\varepsilon_{max} \geqslant f_y/E$ 时，在截面上部和下部各出现一弯曲正应力 $\sigma = f_y$ 的塑性区。而在 $\varepsilon < f_y/E$ 的截面中间部分区域仍保持弹性。截面应力如图 5-5（c）所示。

3）塑性工作阶段。当弯矩再继续增大，梁截面上的正应力将会全部达到 f_y，弹性区消失。弯矩不再增大，而变形持续发展，形成"塑性铰"，达到梁的抗弯极限承载能力，截面应力如图 5-5（d）所示。其最大弯矩（塑性铰弯矩）为

$$M_p = W_{pn} f_y \tag{5-2}$$

式中　W_{pn}——塑性净截面模量，其值为中和轴以上、以下净截面对中和轴的面积矩之和。

M_p 与 M_e 的比值为

$$\gamma_F = M_p/M_e = W_{pn}/W_n \tag{5-3}$$

γ_F 值仅与截面的几何形状有关，而与材料的性质无关，称 γ_F 为截面形状系数。对于矩形截面，$\gamma_F = 1.5$；圆形截面，$\gamma_F = 1.7$；圆管截面，$\gamma_F = 1.27$；工字形截面，对 x 轴 $\gamma_F = 1.10 \sim 1.17$，对 y 轴 $\gamma_F = 1.5$。

截面的应变如图 5-5（e）所示，变形满足平截面假定。

（2）抗弯强度计算。虽然在计算梁的抗弯强度时，考虑截面塑性发展比不考虑要节省钢材，但若按截面形成塑性铰来设计，可能使简支梁的挠度过大，且形成机构。因此，《钢结构设计规范》（GB 50017）对承受静力荷载或间接承受动力荷载的简支梁，只是有限制地利用塑性发展。规范取塑性发展总深度不大于截面高度的 1/4，通过对 W_n 乘以一小于 γ_F 的塑性发展系数 γ_x 和 γ_y 来实现。梁的抗弯强度按下列规定计算：

1）不需要计算疲劳在主平面受弯的梁

单向受弯时

$$\frac{M_x}{\gamma_x W_{nx}} \leqslant f \tag{5-4}$$

当为连续梁或固端梁时，允许按照塑性设计方法进行设计。应满足

$$M_x \leqslant W_{pnx} f \tag{5-5}$$

双向受弯时

$$\frac{M_x}{\gamma_x W_{nx}} + \frac{M_y}{\gamma_y W_{ny}} \leqslant f \tag{5-6}$$

式中 M_x、M_y——绕梁截面 x、y 轴的弯矩。

$\quad\quad\quad$ W_{nx}、W_{ny}——对 x 轴和 y 轴的净截面模量，当截面设计等级达到受弯构件 S4 级要求时，取全截面模量，当截面设计等级为受弯构件 S5 级时，取有效截面模量。

$\quad\quad\quad$ W_{pnx}——对 x 轴的塑性净截面模量；

$\quad\quad\quad$ γ_x、γ_y——截面的塑性发展系数，在翼缘截面设计等级达到 S3 级要求时，按表 5-2 采用。当梁受压翼缘的自由外伸宽度与厚度之比 $b_1/t > 13\sqrt{235/f_y}$ 时，应取相应的 $\gamma_x = 1.0$。这是根据翼缘的局部稳定性能要求确定的。截面设计等级为 S4、S5 级截面时，取为 1.0。

式（5-6）中的两个方向弯矩应属于同一个截面，如果两者的最大值不在同一个截面，需要对两个截面进行计算比较。

表 5-2 截面塑性发展系数

截面形式	γ_x	γ_y	截面形式	γ_x	γ_y	截面形式	γ_x	γ_y
		1.2		$\gamma_{x1}=$ 1.05	1.2		1.15	1.15
	1.05 1.05			$\gamma_{x2}=$ 1.2	1.05		1.0 1.0	1.05 1.0
				1.2	1.2			

2）需要计算疲劳的梁。有塑性深入的截面，塑性区钢材易发生硬化，促使疲劳断裂提前发生，应按弹性工作阶段进行计算。仍按式（5-4）或式（5-6）计算，但取 $\gamma_x = \gamma_y = 1.0$。

3）冷弯型钢梁的抗弯强度按下式计算

$$\frac{M_{max}}{W_{enr}} \leqslant f \tag{5-7}$$

式中 W_{enr}——对 x 轴的较小有效净截面模量。

2. 梁的抗剪强度

通常梁既承受弯矩 M，同时又承受剪力 V。钢梁的常用截面为工字形、槽形或箱形，

组成这些截面的板件宽（高）厚比较大，可视为薄壁截面，它们截面上的剪应力可用剪力流理论来计算。工字形和槽形截面的剪应力分布如图 5-6 所示。抗剪强度计算公式为

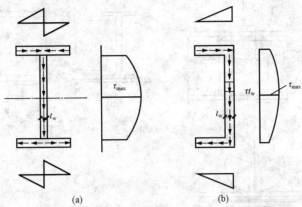

图 5-6　剪应力分布

(a) 工字形截面的剪应力分布；(b) 槽形截面的剪应力分布

$$\tau = \frac{VS}{It_w} \leqslant f_v \qquad (5-8)$$

式中　V——计算截面沿腹板平面作用的剪力设计值；

　　　I——梁的毛截面抵抗惯性矩；

　　　S——计算剪应力处以上（下）毛截面对中和轴的面积矩；

　　　f_v——钢材的抗剪强度设计值，见表 1-3。

　　式（5-8）是一弹性公式，它虽然没有考虑塑性发展，但也没有考虑截面上有螺栓孔等对截面的削弱影响，是一近似公式。一般情况下，采用式（5-8）进行计算可满足可靠性要求。但当腹板上开有较大孔洞（如为通过管道而开的孔洞）时，则应考虑孔洞的影响。当梁的抗剪强度不满足要求时，常采取加大腹板厚度的方法来提高抗剪承载力。

　　上述计算方法只适用于不考虑腹板屈曲后强度的梁，考虑腹板屈曲后强度时梁的计算方法见本章第五节。

　　3. 梁的局部承压强度

　　梁在固定集中荷载作用处无加劲肋［见图 5-7 (a)、(b)］，或承受移动荷载（如轮压）作用时［见图 5-7 (c)］，在梁上翼缘与腹板相交处会产生较大的承压应力，承压应力实际上呈不均匀分布，如图 5-7 (d) 所示。《钢结构设计规范》（GB 50017）在计算承压强度时，假定压力 F 从作用处在 h_R 高度范围内以 $1:1$ 和在 h_y 高度范围内以 $1:2.5$ 的坡度向两边扩散，并均匀分布在腹板计算高度边缘。承压应力分布长度 l_z 分别取为

图 5-7 (a)、(c)　　　　　　　　$l_z = a + 2h_R + 5h_y$ 　　　　　　　　(5-9)

图 5-7 (b)　　　　　　　　$l_z = a + 2.5h_y + a_1$ 　　　　　　　　(5-10)

式中　a——集中荷载沿梁跨度方向的承压长度，对于吊车梁，在轮压作用下，可取 $a = 1\sim5\text{cm}$；

　　　h_y——自梁顶面（或底面）至腹板计算高度边缘的距离，腹板的计算高度 h_0，对于型钢梁为腹板与翼缘相接处两内圆弧起点间的距离，对于焊接梁则为上翼缘厚度；

　　　h_R——轨道高度，计算处无轨道时 $h_R = 0$；

a_1——梁端到支座板外边缘的距离，按实际取，但不得大于 $2.5h_y$。

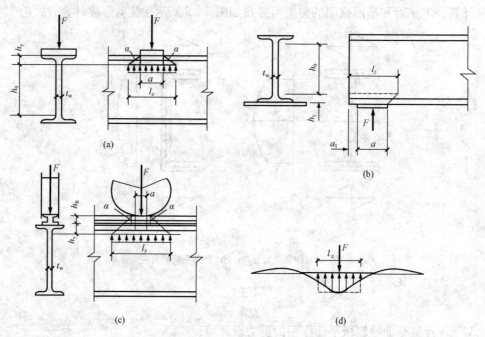

图 5-7　局部压应力作用

（a）梁中部集中力作用；（b）梁端集中力作用；（c）移动轮压作用；（d）承压应力分布

在腹板计算高度边缘处的局部承压强度计算公式为

$$\sigma_c = \frac{\varPsi F}{l_z t_w} \leqslant f \tag{5-11}$$

式中　F——集中荷载，动力荷载作用时应考虑动力系数（重级工作制吊车梁为 1.1，其他梁为 1.05）。

$\varPsi$——系数，对于重级工作制吊车梁取 $\varPsi=1.35$，其他梁 $\varPsi=1.0$。

若验算不满足要求，对于固定集中荷载作用，可设置支承加劲肋；对于移动集中荷载作用，则需要选腹板较厚的截面。

对于翼缘上承受均布荷载的梁，不需进行局部承压应力的验算。

4. 梁在多种应力共同作用下的强度计算

在组合梁的腹板计算高度边缘处，当同时承受有较大的正应力、剪应力和局部承压应力时，或同时承受有较大的正应力和剪应力时（如连续梁的支座处或梁的翼缘截面改变处等），应按下式验算该处的折算应力

$$\sqrt{\sigma^2 + \sigma_c^2 - \sigma\sigma_c + 3\tau^2} \leqslant \beta_1 f \tag{5-12}$$

式中　σ、σ_c、τ——腹板计算高度边缘同一点上的弯曲正应力、局部承压应力和剪应力，σ 和 σ_c 均以拉应力为正值，压应力为负值；

β_1——验算折算应力的强度设计值增大系数，当 σ 与 σ_c 异号时，取 $\beta_1=1.2$，当 σ 与 σ_c 同号或 $\sigma_c=0$ 时，取 $\beta_1=1.1$。

在式（5-12）中，考虑所验算的部位是腹板计算高度边缘的局部区域，几种应力皆以

其较大值在同一点上出现的概率很小，故将强度设计值乘以 β_1 予以提高。当 σ 与 σ_c 异号时，其塑性变形能力比 σ 与 σ_c 同号时大，因此前者的 β_1 值大于后者。

5. 弯扭构件的强度计算

荷载偏离截面弯心但与主轴平行的弯扭构件的抗弯强度应按下列公式计算

$$\frac{M_x}{\gamma_x W_{nx}} + \frac{B_\omega}{\gamma_\omega W_\omega} \leqslant f \tag{5-13}$$

式中　M_x——计算弯矩；

　　　B_ω——与所取弯矩同一截面的双力矩，工字形截面 $B_\omega = M_f / h$，M_f 为一个翼缘的侧向弯矩，h 为上下翼缘板厚中心线的间距；

　　　W_{nx}——对截面主轴 x 轴的净截面模量；

　　　W_ω——与弯矩引起的应力同一验算点处的毛截面扇性模量，$W_\omega = I_\omega / \omega$；

　　　γ_ω——塑性发展系数，工字形截面取 1.05；

　　　ω——主扇性坐标；

　　　I_ω——扇性惯性矩，对于工字形截面，$I_\omega = I_y h^2 / 4$，I_y 为截面关于 y 轴的惯性矩。

荷载偏离截面弯心但与主轴平行的弯扭构件的抗剪强度应按下式计算

$$\tau = \frac{V_y S_x}{I_x t} + \frac{T_\omega S_\omega}{I_\omega t} + \frac{T_{st}}{2 A_0 t} \leqslant f_v \tag{5-14}$$

式中　V_y——计算截面沿 y 轴作用的剪力；

　　　S_x——计算剪应力处以上毛截面对 x 轴的面积矩。

截面扭转参数的计算可见薄壁构件扭转理论。

二、梁的刚度计算

梁的刚度计算属于正常使用极限状态问题，就是要保证在荷载标准值作用下梁的最大挠度 v 不致影响结构的正常使用和观感。v 可按工程力学的方法计算，简支梁的几种常用挠度计算式如表 5-3 所示，计算结构或构件的变形时，可不考虑螺栓或铆钉孔引起的截面削弱。刚度计算公式为

$$v \leqslant [v] \tag{5-15}$$

式中　$[v]$——容许挠度，建筑钢梁的值见表 5-4。当有实践经验或有特殊要求时，可根据不影响结构的正常使用和观感的原则进行适当调整。

为改善外观和使用条件，可对梁预先起拱，起拱大小应视实际需要而定，一般为恒荷载标准值加 1/2 可变荷载标准值所产生的挠度值。当仅为改善外观条件时，梁的挠度应取为在恒荷载和可变荷载标准值作用下的挠度计算值减去起拱度。

表 5-3　　　　　　　　　　　简支梁的挠度计算公式

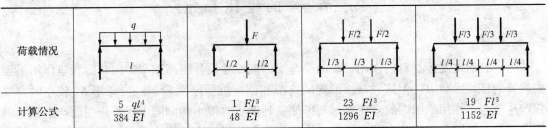

荷载情况	 q l	 F $l/2$　$l/2$	 $F/2$　$F/2$ $l/3$　$l/3$　$l/3$	 $F/3$　$F/3$　$F/3$ $l/4$　$l/4$　$l/4$　$l/4$
计算公式	$\dfrac{5}{384} \dfrac{q l^4}{EI}$	$\dfrac{1}{48} \dfrac{F l^3}{EI}$	$\dfrac{23}{1296} \dfrac{F l^3}{EI}$	$\dfrac{19}{1152} \dfrac{F l^3}{EI}$

表 5-4 建筑钢梁的容许挠度 $[v]$

项次	构件类别	挠度容许值	
		$[v_T]$	$[v_Q]$
1	吊车梁和吊车桁架（按自重和起重量最大的一台吊车计算挠度）： （1）手动起重机和单梁起重机（含悬挂起重机）； （2）轻级工作制桥式起重机； （3）中级工作制桥式起重机； （4）重级工作制桥式起重机	$l/500$ $l/750$ $l/900$ $l/1000$	—
2	手动或电动葫芦的轨道梁	$l/400$	—
3	有重轨（质量等于或大于 38kg/m）轨道的工作平台梁； 有轻轨（质量等于或小于 24kg/m）轨道的工作平台梁	$l/600$ $l/400$	
4	楼（屋）盖梁或桁架、工作平台梁（第 3 项除外）和平台板： （1）主梁或桁架（包括设有悬挂起重设备的梁和桁架）。 （2）仅支承压型金属板屋面和冷弯型钢檩条。 （3）除支承压型金属板屋面和冷弯型钢檩条外，尚有吊顶。 （4）抹灰顶棚的次梁。 （5）除（1）～（4）款外的其他梁（包括楼梯梁）。 （6）屋盖檩条： 支承压型金属板屋面者； 支承其他屋面材料者； 有吊顶。 （7）平台板	$l/400$ $l/180$ $l/240$ $l/250$ $l/250$ $l/150$ $l/200$ $l/240$ $l/150$	$l/500$ $l/350$ $l/300$
5	墙架构件（风荷载不考虑阵风系数）： （1）支柱（水平方向）； （2）抗风桁架（作为连续支柱的支承时，水平位移）； （3）砌体墙的横架（水平方向）； （4）支承压型金属板的横梁（水平方向）； （5）支承其他墙面材料的横梁（水平方向）； （6）带有玻璃窗的横梁（竖直和水平方向）	— — — — — $l/200$	$l/400$ $l/1000$ $l/300$ $l/100$ $l/200$ $l/200$

注　1. l 为受弯构件的跨度（对悬臂梁和伸臂梁为悬臂长度的 2 倍）。

　　2. $[v_T]$ 为永久和可变荷载标准值产生的挠度（如有起拱应减去拱度）的容许值；$[v_Q]$ 为可变荷载标准值产生的挠度的容许值。

　　3. 当吊车梁或吊车桁架跨度大于 12m 时，其挠度容许值应乘以 0.9 的系数。

表 5-5 水工钢结构的容许挠度 $[v]$

构件类别	潜孔式工作和事故闸门的主梁	露顶式工作和事故闸门的主梁	检修闸门和拦污栅的主梁	次梁
$[v]$	$l/750$	$l/600$	$l/500$	$l/250$

第三节　梁的整体稳定

一、概述

为了有效地发挥材料的作用，单向受弯梁的截面常设计得高而窄，以获得弯矩作用平面内较高的抗弯承载力，但这种截面形式的抗扭和侧向抗弯刚度较差。当弯矩 M 较小时，梁仅产生在弯矩作用平面内的弯曲变形，即使受到偶然的很小的侧向干扰力作用而产生较小的侧向变形，伴随干扰力的去除，侧向变形就会消失。但当弯矩增大到某一数值 M_{cr} 时，梁会在偶然的很小侧向干扰力作用下，突然向刚度较小的侧向发生较大的弯曲，同时伴随发生扭转（见图 5-8），这时即使除去侧向干扰力，侧向弯扭变形也不会消失。如果弯矩再稍增大，侧向弯扭变形将迅速增大，梁随之失去承载能力。这种现象称为梁丧失整体稳定，也称梁发生弯扭屈曲。M_{cr} 称为临界弯矩。梁丧失整体稳定性之前往往无明显征兆，且在梁所受荷载小于强度承载力时突然发生，故必须特别予以注意。

梁丧失整体稳定性的原因与轴心受压构件相似。对于图 5-8 所示处于纯弯曲状态的工字形截面梁，可视梁为由以中和轴分界的受压和受拉两构件组成的组合构件。当受压构件所受压力达一定值时，将发生屈曲。由于受压构件在弯矩作用平面内产生失稳时的大幅度弯曲变形受到与其相连的受拉构件的较大的支承约束，其发生屈曲时只能是出平面侧向弯曲。但由于与其相连的受拉构件对其侧向弯曲也有一定的牵制作用，在梁产生出平面弯曲的同时发生截面的扭转。因而梁丧失整体稳定性总是表现为受压翼缘发生较大侧向变形和受拉翼缘发生较小侧向变形的弯扭失稳。无缺陷的理想梁弯扭屈曲属于平衡分枝的稳定性问题。

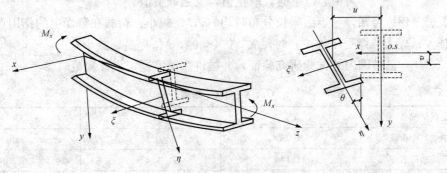

图 5-8　梁丧失整体稳定性

二、梁在弹性阶段的临界弯矩

对于图 5-8 所示跨度为 l 的简支梁，梁丧失整体稳定性时产生 u、v 和 θ 三个变形，可建立梁在微弯扭状态时的三个平衡微分方程，即

$$\left.\begin{array}{l} EI_x v'' + M_x = 0 \\ EI_y u'' + M_x \theta = 0 \\ GI_t \theta' - EI_\omega \theta''' - M_x u' = 0 \end{array}\right\} \tag{5-16}$$

式中　I_x、I_y——截面关于 x、y 轴的惯性矩；

I_t——扭转常数，$I_t = \dfrac{k}{3}\sum b_i t_i^3$，$k$ 为常数，轧制工字钢和 H 型钢 $k=1.3$，轧制槽钢 $k=1.12$，钢板组合截面 $k=1$；

I_ω——翘曲常数，也称扇性惯性矩，对于工字形截面，$I_\omega = I_y(h_1 + h_2)^2/4$。

解方程，引入边界条件，$z=0$ 和 $z=l$ 时，$\theta=0$，$\theta''=0$，可求得临界弯矩 M_{cr} 为

$$M_{cr} = \frac{\pi^2 EI_y}{l^2}\sqrt{\frac{I_\omega}{I_y}\left(1 + \frac{GI_t l^2}{\pi^2 EI_\omega}\right)} \tag{5-17}$$

当简支梁为单轴对称截面时（见图 5-9），在不同荷载作用下，用能量法求得的临界弯矩计算公式为

$$M_{cr}=C_1 \frac{\pi^2 EI_y}{l^2}\left[C_2 a+C_3 \beta_y+\sqrt{(C_2 a+C_3 \beta_y)^2+\frac{I_\omega}{I_y}\left(1+\frac{l^2 GI_t}{\pi^2 EI_\omega}\right)}\right] \tag{5-18}$$

式中　C_1、C_2、C_3——荷载类型系数，见表 5-6；

β_y——截面特征系数，当截面为双轴对称时，$\beta_y=0$；当截面为单轴对称时

$$\beta_y=\frac{1}{2I_x}\int_A y(x^2+y^2)\mathrm{d}A-y_0$$

$$y_0=-(I_1 h_1-I_2 h_2)/I_y$$

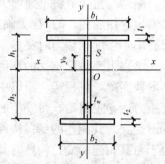

图 5-9　单轴对称截面

y_0——剪力中心的纵坐标；

I_1、I_2——受压翼缘和受拉翼缘对 y 轴的惯性矩；

a——荷载在截面上的作用点与剪力中心之间的距离，当荷载作用点在剪力中心以下时，取正值，反之取负值。

由式（5-18）可知，弯矩沿梁长分布越均匀，M_{cr} 越小；荷载在截面上的作用点位置越低，M_{cr} 越大；较大翼缘受压（拉）时，$\beta_y>0$（<0），M_{cr} 提高（减小）。

式（5-18）已被国内外试验研究验证，并被许多国家制定设计规范时参考。

表 5-6　　　　　　　　　　　　**C_1、C_2 和 C_3 系数**

荷载情况	C_1	C_2	C_3
跨度中点集中荷载	1.35	0.55	0.40
满跨均布荷载	1.13	0.47	0.53
纯弯曲	1.00	—	1.00

三、梁的整体稳定性计算

若保证梁不丧失整体稳定性，应使梁所承受的弯矩 M_x 小于临界弯矩 M_{cr} 除以抗力分项系数 γ_R，即 $M_x \leqslant M_{cr}/\gamma_R$，写成应力表达式为

$$\sigma=\frac{M_x}{W_x}\leqslant\frac{M_{cr}}{W_x}\frac{1}{\gamma_R}=\frac{\sigma_{cr}}{\gamma_R}=\frac{\sigma_{cr}}{f_y}\frac{f_y}{\gamma_R}=\varphi_b f \tag{5-19}$$

式中　φ_b——梁的整体稳定系数，表达式为

$$\varphi_b=\sigma_{cr}/f_y \tag{5-20}$$

式（5-19）也可写为

$$\frac{M_x}{\varphi_b W_x}\leqslant f \tag{5-21}$$

当梁腹板满足稳定性要求时，考虑梁有塑性开展，在式（5-21）中引入塑性发展系数得

$$\frac{M_x}{\varphi_b \gamma_x W_x}\leqslant f \tag{5-22}$$

当为双向受弯时，梁整体稳定性计算公式为

$$\frac{M_x}{\varphi_b \gamma_x W_x}+\frac{M_y}{\gamma_y W_y}\leqslant f \tag{5-23}$$

式（5-22）和式（5-23）为《钢结构设计规范》（GB 50017）采用的钢梁整体稳定性计算公式。梁的整体稳定计算是整体性问题，不是截面问题，当 M_y 的最大值与 M_x 不在同一截面时，M_y 宜取梁跨度中央 1/3 范围内的最大值。

若采用式（5-18）来求临界弯矩，再用式（5-20）求 φ_b，计算较繁。《钢结构设计规范》（GB 50017）还考虑了缺陷影响，给出的梁的整体稳定系数 φ_b 的计算公式为

$$\varphi_b = \frac{1}{(1 - \lambda_{b0}^{2n} + \lambda_b^{2n})^{1/n}} \leqslant 1.0 \tag{5-24}$$

$$\lambda_b = \sqrt{\gamma_x W_x f_y / M_{cr}}$$

式中　λ_b——梁正则化长细比；

　　　M_{cr}——简支梁、悬臂梁或连续梁的弹性屈曲临界弯矩，简支梁按式（5-18）计算，悬臂梁和连续梁按规范的规定计算；

　　　λ_{b0}——梁腹板受弯计算时起始正则化长细比，见表 5-7；

　　　n——指数，见表 5-7。

表 5-7　　　　　　　　　　　　　指数 n 和起始正则化长细比 λ_{b0}

	n	λ_{b0}	
		简支梁	承受线性变化弯矩的悬臂梁和连续梁
热轧	$2.5\sqrt[3]{\dfrac{b_1}{h}}$	0.4	$0.65 - 0.25\dfrac{M_2}{M_1}$
焊接	$1.8\sqrt[3]{\dfrac{b_1}{h}}$	0.3	$0.55 - 0.25\dfrac{M_2}{M_1}$
轧制槽钢	1.5	0.3	

注　b_1 为工字形截面受压翼缘的宽度；h 为上下翼缘中面的距离；M_1、M_2 为区段的端弯矩，使构件产生同向曲率（无反弯点）时取同号，使构件产生反向曲率（有反弯点）时取异号，且 $|M_1| \geqslant |M_2|$。

弯扭构件，当不能在构造上保证整体稳定性时，应按下式计算其稳定性

$$\frac{M_{max}}{\varphi_b \gamma_x W_x f} + \frac{B}{W_\omega f} \leqslant 1 \tag{5-25}$$

式中　M_{max}——跨间对主轴 x 轴的最大弯矩；

　　　W_x——对截面主轴 x 轴的受压边缘的截面模量；

　　　B——双力矩设计值。

上述计算公式要求简支梁支座处绕纵轴的扭转角 $\varphi = 0$，应采取构造措施来保证，例如，图 5-10（b）所示的梁，其下翼缘连于支座，上翼缘也用钢板连于支承构件上以防止侧向移动和梁截面扭转，这是厂房结构中的钢吊车梁常用的方法。高度不大的梁也可以靠在支座截面处设置的支承加劲肋来防止梁端发生扭转。如果不能保证，进行整体稳定性验算时，应对梁的侧向支承点间距离乘以放大系数，来考虑端部扭转约束降低的影响。

《钢结构设计规范》（GB 50017）规定符合下列情况之一的钢梁可不计算其整体稳定性：

（1）有铺板（各种钢筋混凝土板和钢板）密铺在梁的受压翼缘上并与其牢固相连、能阻

止梁受压翼缘的侧向位移时，可不计算梁的整体稳定性。

（2）箱形截面简支梁，其截面尺寸（见图 5-11）满足 $h/b_0 \leqslant 6$，且 $l1/b_0 \leqslant 95\varepsilon_K^2$ 时，可不计算整体稳定性。

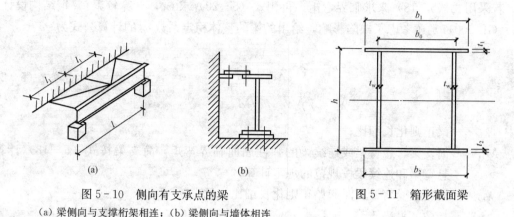

图 5-10 侧向有支承点的梁   图 5-11 箱形截面梁
（a）梁侧向与支撑桁架相连；（b）梁侧向与墙体相连

第四节　梁的局部稳定

在进行钢梁的截面设计时，考虑强度，腹板宜既高又薄；考虑整体稳定性，翼缘宜既宽又薄。与轴心受压构件类似，在荷载作用下，受压翼缘和腹板有可能发生波形屈曲，称为梁丧失局部稳定性。梁丧失局部稳定性后，会恶化构件的受力性能，使梁的强度承载力和整体稳定性降低。

一、梁受压翼缘的局部稳定

单向受弯梁的翼缘板远离中和轴，强度一般能够得到充分利用。若翼缘板发生屈曲，通常会很快导致梁丧失承载能力。合理设计应使翼缘板的临界应力 σ_{cr} 不低于钢材的屈服强度 f_y，以保证翼缘在截面应力达 f_y 之前不丧失稳定性。设计时通过限制翼缘宽厚比的办法来实现。

工字形截面梁受压翼缘的受力状态与轴心受压构件的翼缘基本相同，其临界应力可采用轴心受压构件翼缘的公式计算。《钢结构设计规范》（GB 50017）考虑钢梁强度计算根据不同要求，分别采用弹性、部分塑性、塑性设计方法所取梁截面塑性区深度不同，采用不同的 η 值来求受压翼缘自由外伸宽厚 b_1 与其厚度 t 的比值限值。《钢结构设计规范》（GB 50017）规定：当梁按弹性设计时（即 $\gamma_x = 1.0$），满足 S4 级要求

$$\frac{b_1}{t} \leqslant 15\varepsilon_K \tag{5-26a}$$

当梁按弹塑性阶段设计，即截面允许出现部分塑性时（即 $\gamma_x > 1.0$），满足 S3 级要求

$$\frac{b_1}{t} \leqslant 13\varepsilon_K \tag{5-26b}$$

当梁按塑性设计方法设计时，允许梁出现塑性铰，要求截面具有一定的转动能力。这时对受压翼缘的宽厚比限值要求更高，满足 S1 级要求

$$\frac{b_1}{t} \leqslant 9\varepsilon_K \tag{5-26c}$$

箱形截面受压翼缘在两腹板之间部分（见图 5-11），相当于四边简支单向均匀受压板，宽度 b_0 与其厚度 t 的比值要求见表 5-1。

二、梁腹板的临界应力

梁腹板的受力状态较为复杂，如承受均布荷载作用的简支梁，在靠近支座的腹板区段以承受剪应力 τ 为主，跨中的腹板区段则以承受弯曲应力 σ 为主。当梁承受有较大集中荷载时，腹板还承受局部压应力 σ_c 作用。在梁腹板的某些板段，可能受 σ、τ 和 σ_c 共同作用。因此应按不同受力状态来分析板段的临界应力。

1. 腹板在纯弯曲状态的临界应力

纯弯曲状态下的四边支承板屈曲状态如图 5-12（a）所示。在弹性阶段板的临界应力仍可采用式（4-50）进行计算，但 χ 和 k 值与轴心受压构件不同。《钢结构设计规范》（GB 50017）对钢梁受压翼缘扭转受到约束和未受到约束分别取 $\chi=1.66$ 和 $\chi=1.0$。纯弯曲状态的四边简支板屈曲系数 k 值如图 5-12（b）所示。把 χ 值、$k_{\min}=23.9$、$E=2.06\times10^5\,\text{N/mm}^2$ 和 $\nu=0.3$ 代入式（4-50）可得临界应力 σ_{cr} 为

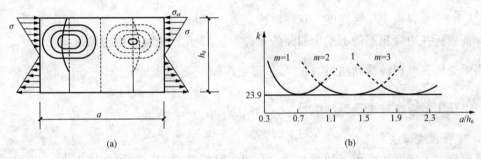

图 5-12　板的纯弯曲状态屈曲
（a）板件受弯屈曲；（b）屈曲系数

受压翼缘扭转受到约束时 $\qquad \sigma_{cr}=737(100t_w/h_0)^2$ （5-27a）

受压翼缘扭转未受到约束时 $\qquad \sigma_{cr}=445(100t_w/h_0)^2$ （5-27b）

由式（5-27）可知，腹板高度 h_0 对 σ_{cr} 影响很大，而板段长度 a 对 σ_{cr} 影响不大。故设计时常采用设纵向加劲肋（见图 5-13）的办法改变板段高度来提高 σ_{cr}。

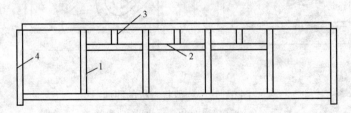

图 5-13　梁的加劲肋示例
1—横向加劲肋；2—纵横向加劲肋；3—短加劲肋；4—支承加劲肋

为了使各种牌号钢材可用同一公式，引入腹板受弯时通用高厚比 λ_b

$$\lambda_b=\sqrt{f_y/\sigma_{cr}} \qquad (5-28)$$

临界应力 σ_{cr} 可表示为

$$\sigma_{cr} = f_y/\lambda_b^2 \tag{5-29}$$

钢梁整体稳定性计算时弹性界限为 $0.6f_y$，由式（5-28）可得弹性范围为 $\lambda_b > 1.29$。考虑腹板局部屈曲受残余应力的影响不如整体屈曲大，规范把弹性范围扩大为 $\lambda_b \geqslant 1.25$。由式（5-28）可得塑性范围 $\lambda_b = 1.0$，考虑存在残余应力和几何缺陷，《钢结构设计规范》（GB 50017）把塑性范围缩小到 $\lambda_b \leqslant 0.85$。$0.85 < \lambda_b \leqslant 1.25$ 为弹塑性范围，临界应力与 λ_b 的关系采用直线过渡。腹板纯弯时的临界应力 σ_{cr} 按下列公式计算：

当 $\lambda_b \leqslant 0.85$ 时 $\qquad\qquad\qquad \sigma_{cr} = f \tag{5-30a}$

当 $0.85 < \lambda_b \leqslant 1.25$ 时 $\qquad \sigma_{cr} = [1 - 0.75(\lambda_b - 0.85)]f \tag{5-30b}$

当 $\lambda_b > 1.25$ 时 $\qquad\qquad\qquad \sigma_{cr} = 1.1f/\lambda_b^2 \tag{5-30c}$

腹板受弯时通用高厚比 λ_b 按下列公式计算：

当梁受压翼缘扭转受到约束时 $\qquad \lambda_b = \dfrac{2h_c/t_w}{177}\varepsilon_K \tag{5-31a}$

当梁受压翼缘扭转未受到约束时 $\qquad \lambda_b = \dfrac{2h_c/t_w}{138}\varepsilon_K \tag{5-31b}$

式中 $\quad h_c$——梁腹板受压区高度，双轴对称截面 $h_c = h_0/2$。

保证腹板在边缘屈服前不发生屈曲的条件为 $\sigma_{cr} \geqslant f_y$，依此腹板应满足

当梁受压翼缘扭转受到约束时 $\qquad \dfrac{h_0}{t_w} \leqslant 177\varepsilon_K \tag{5-32a}$

当梁受压翼缘扭转未受到约束时 $\qquad \dfrac{h_0}{t_w} \leqslant 138\varepsilon_K \tag{5-32b}$

2. 腹板在纯剪状态下的临界应力

纯剪状态下的四边支承板如图5-14所示。腹板在弹性阶段的临界应力 τ_{cr} 仍可采用式（4-50）的形式来表示为

$$\tau_{cr} = \frac{\chi k \pi^2 E}{12(1-v^2)}\left(\frac{t_w}{h_0}\right)^2 \tag{5-33}$$

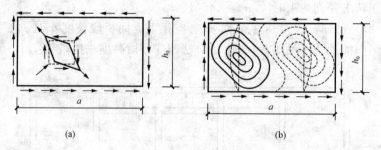

图 5-14 纯剪状态板的屈曲
(a) 纯剪作用的板件；(b) 屈曲变形

屈曲系数 k 按下式计算：

$a/h_0 \leqslant 1$ 时 $\qquad\qquad\qquad k = 4.0 + 5.34(h_0/a)^2 \tag{5-34a}$

$a/h_0 > 1$ 时 $\qquad\qquad\qquad k = 5.34 + 4.0(h_0/a)^2 \tag{5-34b}$

腹板受剪时通用高厚比 λ_s 为

$$\lambda_s = \sqrt{f_{vy}/\tau_{cr}} \tag{5-35}$$

通常取剪切比例极限与剪切屈服强度 f_{vy} 之比为 0.8，引入几何缺陷影响系数 0.9，则弹性范围起始于 $\lambda_s = 1.2$。取 $\chi = 1.24$，与纯弯曲状态类似，设计规范给出的临界应力 τ_{cr} 的计算公式为

当 $\lambda_s \leqslant 0.8$ 时　　　　　　　　　$\tau_{cr} = f_v$ 　　　　　　　　　　　　(5 - 36a)

当 $0.8 < \lambda_s \leqslant 1.2$ 时　　　$\tau_{cr} = [1 - 0.59(\lambda_s - 0.8)]f_v$ 　　　　　　　(5 - 36b)

当 $\lambda_s > 1.2$ 时　　　　　　　　$\tau_{cr} = 1.1 f_v / \lambda_s^2$ 　　　　　　　　　(5 - 36c)

腹板受剪时通用高厚比 λ_s 按下式计算：

$a/h_0 \leqslant 1$ 时　　　　　　$\lambda_s = \dfrac{h_0/t_w}{41\sqrt{4 + 5.34(h_0/a)^2}} \varepsilon_K$ 　　　　　　(5 - 37a)

$a/h_0 > 1$ 时　　　　　　$\lambda_s = \dfrac{h_0/t_w}{41\sqrt{5.34 + 4(h_0/a)^2}} \varepsilon_K$ 　　　　　　(5 - 37b)

由式（5 - 37）可知，减小 a 值可提高 τ_{cr}。设计时常采用设横向加劲肋（图 5 - 13）的办法，减小 a 值，来提高 τ_{cr} 值。

当不设横向加劲肋时，可近似按 $a/h_0 \to \infty$ 代入式（5 - 34b），可得 $k = 5.34$，取 $\tau_{cr} = f_{vy}$，则 $\lambda_s \leqslant 0.8$，由式（5 - 33）可得腹板在纯剪状态下不设横向加劲肋，腹板不丧失稳定性时应满足

$$\frac{h_0}{t_w} \leqslant 75.8 \varepsilon_K \qquad\qquad (5 - 38)$$

考虑钢梁腹板中平均剪应力一般小于 f_{vy}，设计规范把限值取为 $80\varepsilon_K$。

3. 在局部承压应力作用下的临界应力

图 5 - 15 所示为局部承压应力作用下腹板的屈曲状态。屈曲时在板的纵向和横向，都只出现一个半波。其临界应力 $\sigma_{c,cr}$ 为

$$\sigma_{c,\,cr} = \frac{xk\pi^2 E}{12(1 - \nu^2)}\left(\frac{t_w}{h_0}\right)^2 \qquad (5 - 39)$$

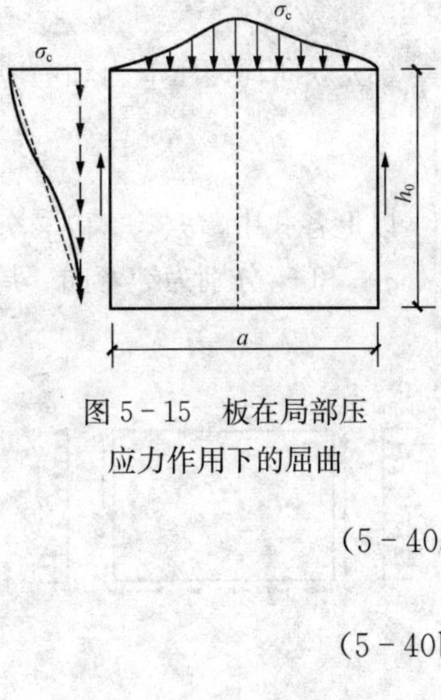

对于四边简支板，理论分析得出的屈曲系数 k 可以近似表示为

图 5 - 15　板在局部压应力作用下的屈曲

当 $0.5 \leqslant \dfrac{a}{h_0} \leqslant 1.5$ 时　　　　$k = \left(4.5\dfrac{h_0}{a} + 7.4\right)\dfrac{h_0}{a}$ 　　　　　(5 - 40a)

当 $1.5 \leqslant \dfrac{a}{h_0} \leqslant 2.0$ 时　　　　$k = \left(11 - 0.9\dfrac{h_0}{a}\right)\dfrac{h_0}{a}$ 　　　　　(5 - 40b)

设计规范取嵌固系数

$$\chi = 1.81 - 0.255\frac{h_0}{a} \qquad\qquad (5 - 41)$$

与前同理，腹板在局部压应力作用下的临界应力计算公式为

当 $\lambda_c \leqslant 0.9$ 时　　　　　　　　　$\sigma_{c,cr} = f$ 　　　　　　　　　　　(5 - 42a)

当 $0.9 < \lambda_c \leqslant 1.2$ 时　　　$\sigma_{c,cr} = [1 - 0.79(\lambda_c - 0.9)]f$ 　　　　　　(5 - 42b)

当 $\lambda_c > 1.2$ 时　　　　　　　$\sigma_{c,\,cr} = 1.1 f / \lambda_c^2$ 　　　　　　　　(5 - 42c)

式中　λ_c——腹板受局部压应力作用时通用高厚比，按下式计算：

当 $0.5 < a/h_0 \leqslant 1.5$ 时　$\lambda_c = \dfrac{h_0/t_w}{28\sqrt{10.9 + 13.4(1.83 - a/h_0)^3}}\varepsilon_K$ （5-43a）

当 $1.5 < a/h_0 \leqslant 2.0$ 时　$\lambda_c = \dfrac{h_0/t_w}{28\sqrt{18.9 - 5a/h_0}}\varepsilon_K$ （5-43b）

对于 $\sigma_c \neq 0$ 的梁，《钢结构设计规范》（GB 50017）要求 $a/h_0 \leqslant 2.0$。当 $a > h_0 = 2.0$ 时，局部压应力作用下的腹板在强度破坏之前不发生失稳的条件为 $\sigma_{c,cr} \geqslant f_y$，可得腹板应满足

$$\frac{h_0}{t_w} \leqslant 75.2\varepsilon_K \tag{5-44}$$

与纯剪状态同理，设计规范把限值取为 $80\varepsilon_K$。

4. 在几种应力共同作用下腹板屈曲的临界条件

在几种应力共同作用下腹板发生屈曲时，常以相关方程的形式来表示其临界条件，其表达式如下：

（1）弯曲应力和剪应力共同作用下［见图 5-16（a）］

$$\left(\frac{\sigma}{\sigma_{cr}}\right)^2 + \left(\frac{\tau}{\tau_{cr}}\right)^2 = 1 \tag{5-45}$$

（2）弯曲应力、剪应力和顶部承压应力共同作用下［见图 5-16（b）］

$$\left(\frac{\sigma}{\sigma_{cr}} + \frac{\sigma_c}{\sigma_{c,cr}}\right)^2 + \left(\frac{\tau}{\tau_{cr}}\right)^2 = 1 \tag{5-46}$$

（3）双向均匀压应力和剪应力共同作用下［见图 5-16（c）］

$$\frac{\sigma}{\sigma_{cr}} + \frac{\sigma_c}{\sigma_{c,cr}} + \left(\frac{\tau}{\tau_{cr}}\right)^2 = 1 \tag{5-47}$$

以上各式中，σ、σ_c 和 τ 分别为板段边缘上受到的弯曲应力、局部压应力和剪应力；σ_{cr}、$\sigma_{c,cr}$ 和 τ_{cr} 分别为纯弯曲、局部压应力单独作用和纯剪时板的临界应力。

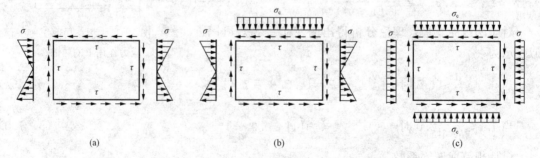

图 5-16　腹板承受几种应力的共同作用

（a）弯曲应力与剪应力作用；（b）弯曲应力、剪应力与顶部承压应力作用；（c）剪应力与双向承压应力作用

三、腹板的局部稳定性计算

1. 加劲肋的种类和作用

钢梁设计时可通过增加腹板的厚度或设置加劲肋来提高腹板的稳定性，后一种方法往往比前一种方法经济，因此设计中常采用设置加劲肋来保证腹板的稳定性。

常用的加劲肋形式有横向加劲肋、纵向加劲肋和短加劲肋三种（见图 5-13）。横向加劲肋主要用于防止由剪应力和局部压应力作用可能引起的腹板失稳，纵向加劲肋主要用于防止由弯曲应力可能引起的腹板失稳，短加劲肋主要防止由局部压应力可能引起的腹板失稳。当集中荷载作用处设有支承加劲肋时，将不再考虑集中荷载对腹板产生的局部压应力作用，即取 $\sigma_c = 0$。

2. 梁腹板加劲肋的设计

钢梁腹板的局部稳定性计算按照是否利用屈曲后强度分为两类。承受静力荷载和间接承受动力荷载的钢梁宜利用屈曲后强度，可更好地发挥材料的抗力，节约钢材，计算方法见本章第五节。直接承受动力荷载的吊车梁和类似构件及按塑性设计的梁，不利用屈曲后强度。某些组合梁设计也不利用屈曲后强度。下面介绍不利用腹板屈曲后强度时，腹板加劲肋的设计方法。

（1）梁腹板加劲肋的配置和构造要求。根据前述分析，《钢结构设计规范》（GB 50017）对腹板加劲肋的配置要求如下：

1）当 $h_0/t_w \leqslant 80\varepsilon_K$ 时，对无局部压应力（$\sigma_c = 0$）的梁可不配置加劲肋；对有局部压应力（$\sigma_c \neq 0$）的梁应按构造配置横向加劲肋。

2）当 $h_0/t_w > 80\varepsilon_K$ 时，应按计算配置横向加劲肋。其中当受压翼缘扭转受到约束（如连有刚性铺板或制动板或焊有钢轨）$h_0/t_w > 170\varepsilon_K$ 时或受压翼缘扭转未受到约束 $h_0/t_w > 150\varepsilon_K$ 时，或计算需要时，应在弯曲应力较大区格的受压区增加配置纵向加劲肋。局部压应力很大的梁，必要时尚应在受压区配置短加劲肋。在任何情况下，h_0/t_w 均不应超过 250。

3）在梁的支座处和上翼缘承受有较大固定集中荷载处，宜设置支承加劲肋。

对于按塑性设计方法设计的超静定梁，为了保证塑性变形的充分发展，其腹板的高厚比应满足 $h_0/t_w \leqslant 65\varepsilon_K$。

横向加劲肋的间距 a 应满足下列构造要求：$a \geqslant 0.5h_0$，一般情况，$a \leqslant 2h_0$；无局部压应力的梁，当 $h_0/t_w \leqslant 100$ 时，$a \leqslant 2.5h_0$；同时还设纵向加劲肋时，$a \leqslant 2h_2$。纵向加劲肋至腹板计算高度受压边缘的距离 h_1 应在 $h_0/2.5 \sim h_0/2$ 范围内。短加劲肋的间距 $a \geqslant 0.75h_1$。

当不满足上述不需配置加劲肋的条件时，需先按照上述要求进行加劲肋的布置。横向加劲肋宜设置在固定集中荷载作用处，通常间距相等，且应满足构造要求。然后对各区格进行验算、调整，直至满足规范要求，且经济合理为止。

（2）仅设横向加劲肋时梁腹板的局部稳定性计算。设计规范采用了考虑弹塑性特性的多种应力共同作用时的临界条件，按下列要求计算腹板稳定性。

1）仅配置横向加劲肋的腹板［见图 5-17（a）］，其各区格的局部稳定应满足下式要求

$$\left(\frac{\sigma}{\sigma_{cr}}\right)^2 + \left(\frac{\tau}{\tau_{cr}}\right)^2 + \frac{\sigma_c}{\sigma_{c,cr}} \leqslant 1 \tag{5-48}$$

$$\tau = V/(h_0 t_w)$$

$$\sigma_c = F/(t_w l_z)$$

式中　　　　　σ——所计算腹板区格内，由平均弯矩产生的腹板计算高度边缘的弯曲压应力；

　　　　　　　τ——所计算腹板区格内，由平均剪力产生的腹板平均剪应力；

　　　　　　　σ_c——腹板计算高度边缘的局部压应力；

σ_{cr}、τ_{cr}、$\sigma_{c,cr}$——各种应力单独作用下的临界应力，分别按式（5-30）、式（5-36）和式（5-42）计算。

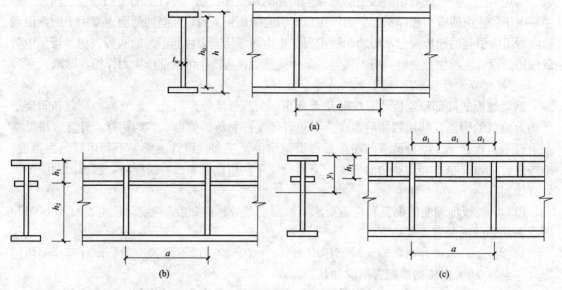

图 5-17　腹板加劲肋的布置

（a）横向加劲肋；（b）横向加劲肋和纵向加劲肋；（c）横向、纵向加劲肋和短加劲肋

2）同时用横向加劲肋和纵向加劲肋加强的腹板［见图 5-17（b）］，其局部稳定性应满足下列公式要求：

a. 受压翼缘与纵向加劲肋之间的区格

$$\frac{\sigma}{\sigma_{\mathrm{cr1}}} + \left(\frac{\tau}{\tau_{\mathrm{cr1}}}\right)^2 + \left(\frac{\sigma_{\mathrm{c}}}{\sigma_{\mathrm{c,cr1}}}\right)^2 \leqslant 1 \tag{5-49}$$

式中　σ_{cr1}、$\sigma_{\mathrm{c,cr1}}$、τ_{cr1} 分别按下列方法计算：

σ_{cr1} 按式（5-30）计算，但式中的 λ_{b} 改为 λ_{b1} 代替：

当梁受压翼缘扭转受到约束时　$\lambda_{\mathrm{b1}} = \dfrac{h_1}{75t_{\mathrm{w}}}\varepsilon_{\mathrm{K}}$ \hfill（5-50a）

当梁受压翼缘扭转未受到约束时　$\lambda_{\mathrm{b1}} = \dfrac{h_1}{64t_{\mathrm{w}}}\varepsilon_{\mathrm{K}}$ \hfill（5-50b）

式中　h_1——纵向加劲肋至腹板计算高度受压边缘的距离。

τ_{cr1} 按式（5-36）计算，将式中的 h_0 改为 h_1。

$\sigma_{\mathrm{c,cr1}}$ 按式（5-42）计算，但式中的 λ_{b} 改为 λ_{c1} 代替：

当梁受压翼缘扭转受到约束时　$\lambda_{\mathrm{c1}} = \dfrac{h_1}{56t_{\mathrm{w}}}\varepsilon_{\mathrm{K}}$ \hfill（5-51a）

当梁受压翼缘扭转未受到约束时　$\lambda_{\mathrm{c1}} = \dfrac{h_1}{40t_{\mathrm{w}}}\varepsilon_{\mathrm{K}}$ \hfill（5-51b）

b. 受拉翼缘与纵向加劲肋之间的区格

$$\left(\frac{\sigma_2}{\sigma_{\mathrm{cr2}}}\right)^2 + \left(\frac{\tau}{\tau_{\mathrm{cr2}}}\right)^2 + \frac{\sigma_{\mathrm{c2}}}{\sigma_{\mathrm{c,cr2}}} \leqslant 1 \tag{5-52}$$

式中　σ_2——所计算区格内由平均弯矩产生的腹板在纵向加劲肋处的弯曲压应力；

σ_{c2}——腹板在纵向加劲肋处的横向压应力，取为 $0.3\sigma_{\mathrm{c}}$。

σ_{cr2} 按式（5-30）计算，但式中的 λ_b 用 λ_{b2} 代替

$$\lambda_{b2}=\frac{h_2}{194t_w}\varepsilon_K \tag{5-53}$$

τ_{cr2} 按式（5-36）计算，但应将式中的 h_0 改为 h_2（$h_2=h_0-h_1$）。

$\sigma_{c,cr2}$ 按式（5-42）计算，但式中的 h_0 改为 h_2。当 $a/h_2>2$ 时，取 $a/h_2=2$。

3）在受压翼缘与纵向加劲肋之间设有短加劲肋的区格 [见图 5-17（c）]，其局部稳定性按式（5-49）计算，其中 σ_{cr1} 按式（5-30）计算，但式中的 λ_b 采用式（5-50）计算；τ_{cr1} 按式（5-36）计算，但计算时应将 h_0 和 a 改为 h_1 和 a_1（短加劲肋的间距）；$\sigma_{c,cr1}$ 按式（5-42）计算，但式中的 λ_b 改为 λ_{c1} 代替：

当梁受压翼缘扭转受到约束时 $\qquad \lambda_{c1}=\frac{a_1}{87t_w}\varepsilon_K \tag{5-54a}$

当梁受压翼缘扭转未受到约束时 $\qquad \lambda_{c1}=\frac{a_1}{73t_w}\varepsilon_K \tag{5-54b}$

对于 $a_1/h_1>1.2$ 的区格，式（5-54）右侧应乘以 $1/\sqrt{0.4+0.5a_1/h_1}$。

4）水工钢结构中主梁腹板局部稳定性计算。在设计水工钢闸门的钢梁时，当 $h_0/t_w\leqslant 80\varepsilon_K$ 时，可不配置加劲肋。当 $80\varepsilon_K<h_0/t_w\leqslant 160\varepsilon_K$ 时，应按计算配置横向加劲肋。$h_0/t_w>160\varepsilon_K$ 时，应按计算在弯曲应力较大区格的受压区增加配置纵向加劲肋。梁的支座处和上翼缘受有较大固定集中荷载处，应设置支承加劲肋。

仅设横向加劲肋时，横向加劲肋间距 a 应满足下式要求

$$a\leqslant\frac{615h_0}{h_0/t_w\sqrt{\eta\tau}-765} \tag{5-55}$$

式中 η——考虑弯曲应力 σ 影响的系数，由表 5-8 查得，也可按下式计算

$$\eta=\frac{1}{\sqrt{1-\left[\frac{\sigma}{475}\left(\frac{h_0}{100t_w}\right)^2\right]^2}} \tag{5-56}$$

$$\tau=V_{max}/(h_0t_w)$$

τ——计算梁段内最大剪力 V_{max} 产生的腹板平均剪应力；

σ——与 τ 同一截面的腹板计算高度边缘的弯曲压应力。

表 5-8 弯曲应力影响系数 η

$\sigma(h_0/100t_w)^2$	100	120	140	160	180	200	220	240	260
η	1.02	1.03	1.05	1.06	1.08	1.10	1.13	1.16	1.19
$\sigma(h_0/100t_w)^2$	280	300	320	340	360	380	400	420	440
η	1.24	1.29	1.35	1.43	1.53	1.67	1.85	2.14	2.65

上述公式中长度单位为 mm，力的单位为 N。式（5-55）右边的计算值大于 $2h_0$ 或分母为负值时，取 $a=2h_0$。

当梁的腹板同时用横向加劲肋和纵向加劲肋时，横向加劲肋间距 a 仍按式（5-55）计算，但应以 h_2 代替 h_0，并取 $\eta=1.0$。

对于腹板高度变化的组合梁，变截面区段的腹板计算高度 h_0 应取该区段腹板高度的平均值。平均剪应力 τ 应取该区段的最大剪力计算。

四、腹板中间加劲肋设计

腹板中间加劲肋指专为加强腹板局部稳定性而设置的纵、横向加劲肋。中间加劲肋一般在腹板两侧成对配置，除重级工作制吊车梁外，也可单侧配置。加劲肋大多采用钢板制作，也可用型钢做成，如图 5-18 所示。加劲肋必须具有足够的抗弯刚度，以保证腹板屈曲时在该处基本无出平面的位移。加劲肋截面设计时应满足下列要求：

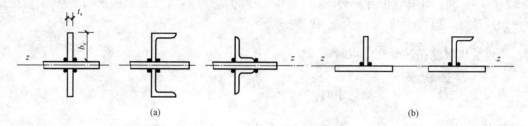

图 5-18　加劲肋构造

(a) 腹板两侧成对布置；(b) 腹板单侧布置

(1) 在腹板两侧成对配置的钢板横向加劲肋，其截面尺寸应按下列经验公式确定：

外伸宽度 $\qquad\qquad\qquad b_s \geqslant h_0/30 + 40 \qquad\qquad\qquad\qquad$ (5-57)

承压加劲肋厚度 $\qquad\qquad\quad t_s \geqslant b_s/15 \qquad\qquad\qquad\qquad\qquad$ (5-58a)

不受力加劲肋的厚度 $\qquad\quad t_s \geqslant b_s/19 \qquad\qquad\qquad\qquad\qquad$ (5-58b)

(2) 仅在腹板一侧配置的钢板横向加劲肋，其外伸宽度应大于按式 (5-57) 算得的 1.2 倍，厚度应满足式 (5-58) 的要求。

(3) 在同时用横向加劲肋和纵向加劲肋加强的腹板中，应在其相交处将纵向加劲肋断开，横向加劲肋保持连续（见图 5-19）。横向加劲肋的截面尺寸除应满足上述要求外，其绕 z 轴（见图 5-18）的惯性矩还应满足

$$I_z \geqslant 3h_0 t_w^3 \qquad\qquad\qquad\qquad (5-59)$$

纵向加劲肋的截面绕 y 轴的惯性矩应满足下列要求：

当 $\dfrac{a}{h_0} \leqslant 0.85$ 时 $\qquad\qquad\qquad I_y \geqslant 1.5 h_0 t_w^3 \qquad\qquad\qquad$ (5-60)

当 $\dfrac{a}{h_0} > 0.85$ 时 $\qquad\qquad I_y \geqslant \left(2.5 - 0.45 \dfrac{a}{h_0}\right)\left(\dfrac{a}{h_0}\right)^2 h_0 t_w^3 \qquad$ (5-61)

(4) 当配置有短加劲肋时，短加劲肋的最小间距为 $0.75h_1$。其短加劲肋的外伸宽度应取为横向加劲肋外伸宽度的 $0.7 \sim 1.0$ 倍，厚度不应小于短加劲肋外伸宽度的 $1/15$。

(5) 用型钢做成的加劲肋，其截面相应的惯性矩不得小于上述对于钢板加劲肋惯性矩的要求。

为了减小焊接应力，避免焊缝的过分集中，横向加劲肋的端部应切去宽约 $b_s/3$（但不大于 40mm）、高约 $b_s/2$（但不大于 60mm）的斜角 [见图 5-19 (a)]，以使梁的翼缘焊缝连续通过。在纵向加劲肋与横向加劲肋相交处，应将纵向加劲肋两端切去相应的斜角，使横向加劲肋与腹板连接的焊接连续通过。

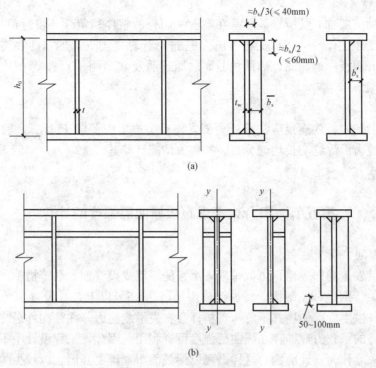

图 5-19 加劲肋构造

（a）横向加劲肋；（b）横向加劲肋和纵向加劲肋

吊车梁横向加劲肋的宽度应大于或等于 90mm。支座处的横向加劲肋应在腹板两侧成对设置，并与梁上下翼缘刨平顶紧。中间横向加劲肋的上端应与上翼缘刨平顶紧，当为焊接吊车梁时，尚宜焊接。在重级工作制吊车梁中，中间横向加劲肋应在腹板两侧成对设置，而中、轻级工作制吊车梁则可单侧设置或两侧错开设置。焊接吊车梁的下端一般在距受拉翼缘 50～100mm 处断开［见图 5-19（c）］，其与腹板的连接焊缝不应在肋下端起落弧，以改善梁的抗疲劳性能。

五、支承加劲肋的设计

支承加劲肋既要起加强腹板局部稳定性的中间加劲肋的作用，同时还要承受集中荷载或支座反力并把它传给梁腹板，以避免集中荷载或支座反力直接传给较薄梁腹板产生较大的局部压应力。突缘支座的突缘加劲肋的伸出长度不得大于其厚度的 2 倍。支承加劲肋应在腹板两侧成对布置，主要设计计算内容如下：

1. 承压强度计算

当支座反力或集中荷载 F 通过支承加劲肋端部刨平顶紧于柱顶或梁翼缘传递时，通常按传递全部 F 计算其端面承压应力（不考虑翼缘与腹板间焊接的部分传力）

$$\sigma_{ce} = F/A_{ce} \leqslant f_{ce} \qquad (5-62)$$

式中 A_{ce}——端面承压面积，取支承加劲肋与柱顶或梁翼缘相接触的面积；

f_{ce}——钢材端面承压强度设计值，见表 1-3。

当集中荷载较小时，支承加劲肋和翼缘间也可不刨平顶紧，而靠焊缝传力。

2. 稳定性计算

支承加劲肋应按轴心受压柱验算其在腹板平面外的整体稳定性。可近似按高度为 h_0 的两端铰接轴心受压柱，沿全高承受相等压力 F 进行计算。当支承加劲肋在腹板平面外屈曲时，必带动部分腹板一起屈曲。因而柱截面取加劲肋及其两侧 $15t_w\varepsilon_K$ 范围内的腹板，但以不超出梁端为限。

3. 连接计算

支承加劲肋与腹板的连接应按承受全部支座反力或集中荷载 F 计算。通常采用角焊缝连接，并假定应力沿焊缝全长均匀分布，按传力情况计算其焊缝应力。实际采用的焊脚尺寸应满足构造要求并有一定富裕。

第五节　组合梁考虑腹板屈曲后强度的计算

一、设计原则

为防止钢梁发生局部失稳，可以采取增大板的厚度或设置加劲肋等措施，这样做往往要耗用较多钢材，特别是对大型梁，增加钢材用量可达 15% 以上，且设置加劲肋还要增加制作工作量。板件发生局部失稳并不意味着构件会丧失承载能力，往往构件最终承载力还可能高于局部失稳时的承载力，即存在屈曲后强度可资利用。因此，工程设计中不一定处处都以防止板件局部失稳作为设计准则。这样做可以使截面布置得更开展，以较少的钢材来满足构件整体稳定性的要求和刚度的要求。由于工程设计时考虑了各种安全因素，使得梁实际工作的应力较小，即使板件的宽厚比超过了防止局部失稳时对应的要求，在通常使用的条件下，一般不会观察到明显的局部失稳变形，可以利用屈曲后强度进行设计。

当承受反复动力荷载时，多次反复屈曲可能导致出现疲劳裂纹，构件的承载性能也将逐步恶化。目前关于这方面的研究还不充分，在这类荷载条件下，一般不考虑利用屈曲后强度。当结构按照塑性方法进行设计时，考虑局部失稳将使构件塑性性能不能充分发展，也不利用屈曲后强度。

工字形截面、槽形截面等的受压翼缘一旦失稳，近腹板处的承载强度还能有所提高，也存在屈曲后的强度，如图 5 - 20 所示。但屈曲后继续承载的潜力不是很大，计算也较复杂，在工程设计中，一般不考虑利用翼缘的屈曲后强度，只考虑利用腹板的屈曲后强度。

当考虑利用腹板的屈曲后强度时，一般不再考虑设置纵向加劲肋。即使建筑工程中钢梁腹板的高厚比超过 $170\varepsilon_K$，也可只设横向加劲肋。

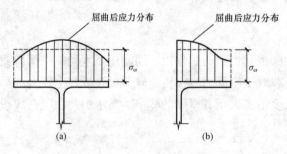

图 5 - 20　受压翼缘屈曲后应力分布

(a) 工字形截面梁；(b) 槽形截面梁

二、腹板受弯屈曲后梁的抗弯承载力

腹板高厚比较大时，在弯矩作用下腹板发生屈曲后的弯矩还可继续增大，但受压区的应力分布不再是线性的 [见图 5 - 21 (b)]，其边缘应力达到 f_y 时即认为达到承载力的极限。

此时梁的中和轴略有下降，腹板受拉区全部有效；受压区可引入有效宽度的概念，假定有效宽度均匀分布在受压区的上下部位。梁所能承受的弯矩即取这一有效截面［见图 5 - 21 (c)］，按应力线性分布计算［见图 5 - 21 (d)］。《钢结构设计规范》（GB 50017）建议的梁抗弯承载力设计值 M_{eu} 为

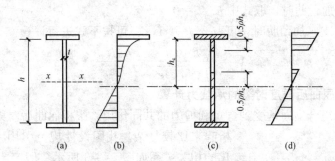

图 5 - 21　弯矩作用下腹板的有效宽度
(a) 工字形截面梁；(b) 正应力分布；(c) 有效截面；(d) 有效截面的应力分布

$$M_{\mathrm{eu}}=\gamma_x\alpha_e W_x f \tag{5 - 63}$$

$$\alpha_e=1-(1-\rho)h_c^3 t_{\mathrm{w}}/(2I_x)$$

式中　γ_x——梁截面塑性发展系数。

　　α_e——梁截面模量考虑腹板有效高度的折减系数。

I_x、W_x——按梁截面全部有效算得的绕 x 轴的惯性矩、截面模量。

　　h_c——按梁截面全部有效算得的腹板受压区高度。

　　ρ——腹板受压区有效高度系数，当 $\lambda_b \leqslant 0.85$ 时，$\rho=1.0$；当 $0.85 < \lambda_b \leqslant 1.25$ 时，$\rho=1-0.82(\lambda_b - 0.85)$；当 $\lambda_b > 1.25$ 时，$\rho=(1-0.2/\lambda_b)/\lambda_b$。$\lambda_b$ 见式（5 - 31）。

三、腹板受剪屈曲后梁的抗剪承载力

简支梁的腹板设有横向加劲肋，加劲肋与翼缘所围区间在剪力作用下发生局部失稳后，主压应力不能增长，而主拉应力还可以随外荷载的增大而增大，因此还有继续承载的能力，即腹板有屈曲后强度。达到极限状态时，梁的上下翼缘犹如桁架的上下弦，横向加劲肋如同受压竖杆，失稳区段内的斜向张力带则起到受拉斜杆的作用（见图 5 - 22）。

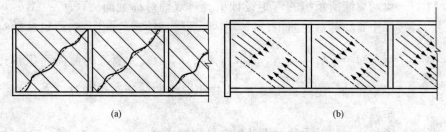

图 5 - 22　梁受剪屈曲后形成的桁架机制
(a) 屈曲时的波浪变形；(b) 张力场状态的桁架机制

《钢结构设计规范》（GB 50017）根据理论和试验研究，抗剪承载力设计值 V_u 可采用下列公式计算

当 $\lambda_s \leqslant 0.8$ 时 $V_u = h_0 t_w f_v$ (5-64a)

当 $0.8 < \lambda_s \leqslant 1.2$ 时 $V_u = h_0 t_w f_v [1 - 0.5(\lambda_s - 0.8)]$ (5-64b)

当 $\lambda_s > 1.2$ 时 $V_u = h_0 t_w f_v / \lambda_s^{1.2}$ (5-64c)

式中　λ_s——用于腹板受剪计算时的通用高厚比，按式（5-37）计算，但当组合梁仅设置
　　　　　　支座加劲肋时，取式中 $h_0/a = 0$。

当钢梁仅设置支座加劲肋时，可取 $a/h_0 \gg 1$，λ_s 可按下式进行计算

$$\lambda_s = \frac{h_0/t_w}{41\sqrt{5.34\varepsilon_K}} = \frac{h_0/t_w}{95\varepsilon_K} \tag{5-65}$$

四、考虑腹板屈曲后强度时梁的承载力计算

实际工程中的组合梁通常受到弯矩和剪力的共同作用，腹板屈曲后对梁承载力的影响分

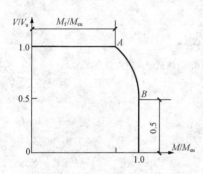

图 5-23　剪力与弯矩相关关系

析起来比较复杂。我国设计规范引用 M 和 V 的无量纲化的相关关系如图 5-23 所示。假定当弯矩不超过翼缘所能承受的最大弯矩 M_f 时，腹板不参与承担弯矩作用，即假定在 $M \leqslant M_f$ 的范围内为一水平线，$V/V_u = 1.0$。当截面全部有效而腹板边缘屈服时，腹板可以承受剪应力的平均值约为 $0.65 f_{vy}$ 左右。对于薄腹板梁，腹板也同样可以负担剪力，可偏安全地取为仅承受 $0.5V_u$，即当 $V/V_u \leqslant 0.5$ 时，取 $M/M_{eu} = 1.0$。在图 5-23 所示 A 点 $(M_f/M_{eu}, 1)$ 和 B 点 $(1, 0.5)$ 之间的曲线采用抛物线来表达，此抛物线方程为

$$\left(\frac{V}{0.5V_u} - 1\right)^2 + \frac{M - M_f}{M_{eu} - M_f} = 1 \tag{5-66}$$

《钢结构设计规范》（GB 50017）规定，腹板仅配置支承加劲肋或尚有中间横向加劲肋时，考虑屈曲后强度的工字形截面焊接组合梁，应按下式验算梁的抗弯和抗剪承载能力

$$\left(\frac{V}{0.5V_u} - 1\right)^2 + \frac{M - M_f}{M_{eu} - M_f} \leqslant 1 \tag{5-67}$$

式中　M、V——梁的同一截面上同时产生的弯矩和剪力设计值。计算时，当 $V < 0.5V_u$ 时，
　　　　　　取 $V = 0.5V_u$；当 $M < M_f$ 时，取 $M = M_f$。

　　　　M_f——梁两翼缘所承担的弯矩设计值。对双轴对称截面梁，$M_f = A_f h_1 f$（A_f 为
　　　　　　一个翼缘的截面面积，h_1 为上下翼缘截面形心间距离）；对单轴对称截面
　　　　　　梁，$M_f = \left(A_{f1}\dfrac{h_1^2}{h_2} + A_{f2}h_2\right)f$（$A_{f1}$、$h_1$ 为较大翼缘的截面面积和其形心至
　　　　　　梁中和轴的距离；A_{f2}、h_2 为较小翼缘的截面面积和其形心至梁中和轴的
　　　　　　距离）。

　　M_{eu}、V_u——梁抗弯、抗剪承载力设计值，分别按式（5-63）和式（5-64）计算。

当仅配置支承加劲肋不能满公式（5-67）的要求时，应在两侧成对配置中间横向加劲肋。中间横向加劲肋和上端受有集中压力的中间支承加劲肋，其截面尺寸除应满足式（5-57）和式（5-58）的要求外，还应按轴心受力构件计算其在腹板平面外的稳定性，方法与不利用屈曲后强度时一般支承加劲肋相同，但轴心压力应考虑受到斜向张力场的竖向分力的

作用，轴心压力 N_s 为

$$N_s = V_u - h_0 t_w \tau_{cr} + P \tag{5-68}$$

式中　P——作用于中间支承加劲肋上端的集中压力。V_u 按式（5-64）计算；τ_{cr} 按式（5-36）计算。

当腹板在支座端区格利用屈曲后强度，也即 $\lambda_s \geqslant 0.8$ 时，支座加劲肋除承受梁支座反力 R 外，还承受张力场斜拉力的水平分力 H

$$H = (V_u - h_0 t_w \tau_{cr}) \sqrt{1 + (a/h_0)^2} \tag{5-69}$$

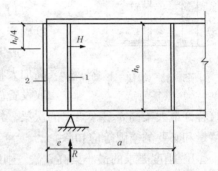

H 的作用点取在距腹板计算高度上边缘 $h_0/4$ 处。对设或不设中间横向加劲肋的梁，a 取支座端区格的加劲肋间距或支座至跨内剪力为零点的距离。支座加劲肋按承受 N_s 和 H 共同作用的压弯构件计算强度和在腹板平面外的稳定性，此压弯构件的截面和计算长度同一般支座加劲肋。

为了增加抗弯能力，当在梁外延的端部加设封头板时（见图 5-24），可采用简化算法：加劲肋 1 按承受支座反力 R 的轴心压杆计算，封头板 2 截面面积不应小于按下式计算的数值

$$A_c = 3h_0 H/(16ef) \tag{5-70}$$

图 5-24　设置封头肋板的梁端构造

中间横向加劲肋间距 $a > 2.5h_0$ 和不设中间横向加劲肋的腹板，当满足式（5-48）时，可取 $H=0$。

第六节　钢梁的设计

常用的钢梁主要有型钢梁和组合梁两类，下面分别介绍它们的截面设计方法。

一、型钢梁的设计

型钢梁的截面设计通常按照初选截面和截面验算两步进行。

1. 初选截面

先根据梁的计算简图（可暂不计梁的自重）求出梁的最大弯矩设计值 M_{max}，结合选用钢材的抗弯强度设计值 f，按抗弯强度或整体稳定性要求计算梁需要的净截面抵抗矩 $W_{nzr}\left[W_{nzr} = M_{max}/(r_x f) \text{ 或 } W = \dfrac{M_{max}}{\varphi_b f}\right]$，$\varphi_b$ 需先假定。对于双向受弯梁，可对式中的 f 乘以 0.8，以近似考虑 M_y 的作用影响。然后查型钢表，选择截面抵抗矩比 W_{nzr} 稍大的型钢作为初选截面。

2. 截面验算

计入梁的自重，按本章前述方法进行梁的强度、整体稳定性和刚度验算，依计算结果调整型钢规格，并最后确定设计采用的梁截面规格。除 H 型钢外的热轧型钢的腹板高厚比和翼缘宽厚比都不太大，能满足局部稳定要求，不需进行局部稳定性验算。当采用 H 型钢梁时，还应进行局部稳定性验算。对于冷弯薄壁型钢梁，其局部稳定性应按《冷弯薄壁型钢技术规范》（GB 50018）计算。

二、组合梁的设计

1. 截面设计

组合梁的截面应满足强度、刚度、整体稳定和局部稳定的要求。截面设计时通常先考虑抗弯强度（或对某些梁为整体稳定）要求，使截面有足够的截面模量，并在计算过程中随时兼顾其他各项要求。不同形式梁截面选择的方法和步骤基本相同，现以焊接双轴对称工字形截面梁为例来说明设计方法。截面设计共需确定四个基本尺寸：h_0（或 h）、t_w、b 和 t（见图 5-25）。

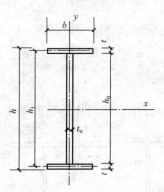

图 5-25　焊接工形截面梁

（1）初选截面。

1）梁的截面高度。梁的截面高度 h 根据下面三个参考高度确定：

a. 建筑容许最大梁高 h_{max}。当梁上表面的标高已定，梁高加大将减小下层空间的净空高度，会影响下层的使用、通行或设备放置。根据下层使用所要求的最小净空高度，可算出建筑容许最大梁高 h_{max}（梁上的次梁、楼板、面层做法和梁下吊顶、突出部分，以及预计挠度留量和必要的空隙等应扣除）。

b. 刚度要求的最小梁高 h_{min}。刚度要求梁的高度 h 必须不小于一定的高度 h_{min}，否则梁的挠度就会超过规定的容许值。简支梁承受均布或接近均布荷载时挠度计算公式为

$$\frac{V}{l}=\frac{5}{384}\frac{q_k l^3}{EIx}=\frac{5}{48}\frac{M_k l}{EI_x}\approx\frac{5}{48}\frac{(M/1.3)l}{EW_x h/2}=\frac{1}{6.24}\frac{\sigma_{max}}{E}\frac{l}{h}\leqslant\frac{[V]}{l}$$

式中　M——梁的最大弯矩设计值；

　　　M_k——梁的最大弯矩标准值，近似取荷载分项系数为恒荷载系数（1.2）和活荷载系数（1.4）的平均值1.3，$M_k\approx M/1.3$；

　　　σ_{max}——最大弯曲应力设计值。

钢梁通常按抗弯强度控制设计。考虑截面塑性发展，对工字形和箱形截面取 $\gamma_x=1.05$，$\sigma_{max}\approx 1.05f$，$E=2.06\times 10^5 \text{N/mm}^2$，得

$$\frac{V}{l}=\frac{1}{6.24}\frac{1.05f}{E}\frac{l}{h}=\frac{f}{1.225\times 10^6}\frac{l}{h}\leqslant\frac{[V]}{l}$$

故得刚度要求的最小梁高为

$$h_{min}=\frac{fl^2}{1.225\times 10^6[V]} \tag{5-71}$$

当梁的板件厚度小于或等于 16mm，钢材采用 Q235、Q345、Q395 和 Q420 时，主梁（$[V]/l=1/400$）h_{min}/l 为 1/15、1/10、1/9；次梁（$[V]/l=1/250$）h_{min}/l 为 1/23、1/16、1/14。

对半跨内截面变化一次的梁，h_{min} 应增加 5% 左右。对非简支梁、非均布荷载、不考虑截面塑性发展、活荷载比重大使平均分项系数偏高、钢材厚度较大或弯曲应力有富裕等情况，h_{min} 可相应减小。

c. 经济高度 h_e。加大梁的高度，腹板用钢量增多，而翼缘板用钢量相应减少；梁的高度变小，则情况相反。梁的经济高度是满足设计要求（强度、刚度、整体稳定和局部稳定）

时，梁用钢量最少的高度。组合梁常用作主梁，侧向有次梁支承或梁上有刚性铺板，梁的截面一般由抗弯强度控制，此时满足抗弯强度时梁用钢量最少的高度就是梁的经济高度。

工字形截面的截面模量 W_x 为

$$W_x = \left[\frac{1}{12}h_0^3 t_w + 2A_f\left(\frac{h_1}{2}\right)^2\right]/(h/2)$$

近似取 $h \approx h_1 \approx h_0$，则每个翼缘面积为

$$A_f \approx \frac{W_x}{h_0} - \frac{1}{6}t_w h_0 \tag{5-72}$$

梁截面的总面积 A 为两个翼缘面积（$2A_f$）与腹板面积（$h_0 t_w$）之和，腹板加劲肋的用钢量约为腹板用钢量的 20%，故将腹板面积乘以构造系数 1.2，可得

$$A = 2A_f + 1.2h_0 t_w = 2W_x/h_0 + 0.867h_0 t_w$$

腹板厚度应满足抗剪强度的要求。根据腹板的抗剪强度确定的腹板厚度往往偏小。考虑局部稳定和构造要求等因素，腹板厚度与其高度有关，可采用经验公式估算

$$t_w = \sqrt{h_0}/3.5 \tag{5-73}$$

式中 h_0 和 t_w 的单位均为 mm，代入上式得

$$A = 2W_x/h_0 + 0.248h_0^{3/2}$$

总截面积最小的条件为

$$\frac{\mathrm{d}A}{\mathrm{d}h_0} = -\frac{2W_x}{h_0^2} + 0.372\sqrt{h_0} = 0$$

由此得用钢量最小时的经济高度 h_e 为

$$h_e \approx h_0 \approx 2W_x^{0.4} \tag{5-74}$$

根据抗弯强度条件，梁需要的截面模量 W_x 为

$$W_x = \frac{M_x}{\alpha f} \tag{5-75}$$

式中　α——系数。对一般单向弯曲梁，当最大弯矩处无孔洞削弱时，$\alpha = \gamma_x = 1.05$；有孔洞削弱时，可取 $\alpha = 0.8 \sim 0.9$。对吊车梁，考虑横向水平荷载的作用可取 $\alpha = 0.7 \sim 0.9$。

把式（5-75）代入式（5-74）就可求出经济高度 h_e。实际采用的梁高应尽量接近 h_e，且 $h_{\min} \leqslant h \leqslant h_{\max}$。由于翼缘板的厚度相对于 h 来说较小，可取 h_0 稍小于 h，一般取 h_0 为 50mm 的倍数。

2）腹板厚度 t_w。腹板厚度可参考式（5-73）的计算结果，并考虑钢板的现有规格，通常取为 2mm 的倍数。对于非吊车梁，腹板厚度取值可比式（5-73）的计算值略小；对考虑腹板屈曲后强度的梁，腹板厚度可更小，但不得小于 6mm，腹板高厚比不得超过 $250\varepsilon_K$。

3）翼缘的宽度 b 和厚度 t。腹板尺寸选定后可由式（5-72）求得需要的一个翼缘面积 $A_f = b \times t$，只要确定了其中一个变量，另一个也就确定了。

通常采用 t 为 2mm 的倍数，b 为 10mm 的倍数。应使 b 适当大些，以利于整体稳定和梁上铺放面板，也便于变截面时将 b 缩小。实际采用的厚度 t 应与前面计算采用的设计强度 f 的厚度范围一致，否则应作修改调整。确定翼缘宽度 b 时应考虑下列条件：

a. 当部分利用塑性时应使 $b/t \leqslant 26\varepsilon_K$，按弹性设计时应使 $b/t \leqslant 30\varepsilon_K$，这是翼缘板局部稳定性的要求。

b. 一般采用 $b=(1/6\sim1/2.5)h$。b 太大将使翼缘内应力分布的不均匀程度加大；b 太小则对梁的整体稳定不利。

c. 应使 b 满足制造和构造考虑的翼缘最小宽度要求，以及在上翼缘上放置面板或吊车轨道的要求。一般梁 $b\geqslant180\mathrm{mm}$，吊车梁应使 $b\geqslant300\mathrm{mm}$。

d. 翼缘宽度应超出腹板加劲肋的外侧，一般要求 $b\geqslant90+0.07h_0$（mm）。

（2）截面验算。初步选定截面尺寸后还必须进行精确的截面验算。验算项目包括强度（抗弯、抗剪、局部压应力和折算应力）、刚度、整体稳定性和局部稳定性验算，若不满足要求，应调整截面尺寸，直至完全满足要求为止。

2. 梁截面沿梁长度的改变

通常梁的弯矩值沿长度是变化的，如果将梁的截面随弯矩变化而加以改变，可节省钢材，但制造费用增加。对于跨度较小的梁，改变截面的经济效果不大。不宜采用加工困难的方式来改变梁截面，设计时常用改变翼缘宽度（见图 5-26）或改变梁高（见图 5-27）两种方式。梁改变一次截面可节省钢材 10%～20%。若多次改变，其经济效益并不显著。为了便于制造，一般只改变一次截面。

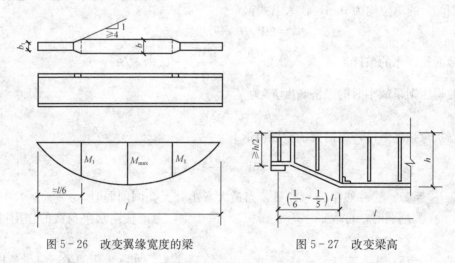

图 5-26　改变翼缘宽度的梁　　　　　　　图 5-27　改变梁高

采用改变翼缘宽度的方式时，对于承受均布荷载或多个集中荷载作用的简支梁，约在距两端支座 $l/6$ 处改变截面比较经济。初步确定改变截面的位置后，可以根据该处梁的弯矩反算出需要的翼缘板宽度 b_1。为了减少应力集中，应将宽板由截面改变位置以小于或等于1:4的斜角向弯矩较小侧过渡，与宽度为 b_1 的窄板相对接。当正焊缝对接强度不能满足要求时，可以考虑用斜焊缝对接。

图 5-27 所示为改变端部梁高的方式，将梁的下翼缘做成折线外形而翼缘截面保持不变。由于梁的端部高度减小，可降低建筑的高度。水工钢闸门中可减小支承处的门槽宽度。当邻跨的梁高较小时，采用此法可统一左右跨的支座高度，便于构造处理。下翼缘板的弯折点一般取在距梁端（$1/6\sim1/5$）l 处。梁端部高度应满足抗剪要求，且不宜小于跨中高度的一半。

梁的挠度计算因截面改变而比较复杂，对于改变翼缘截面的简支梁，在均布荷载或多个集中荷载作用下，其挠度可用如下的近似公式计算：

$$V = \frac{Ml^2}{10EI}\left(1 + \frac{3}{25}\frac{I - I_1}{I}\right) \leqslant [V] \tag{5-76}$$

式中　M——荷载标准值作用下梁的最大弯矩；

　　　I、I_1——梁跨中、梁端毛截面惯性矩。

上述有关梁截面变化的分析是仅从梁的强度需要来考虑的，适合于整体稳定有保证的梁。对于由整体稳定条件控制设计的梁。如果梁的截面由跨中向两端逐渐变小，特别是受压翼缘变窄，梁的整体稳定承载力将会显著降低。因此，由整体稳定条件控制设计的梁，不宜沿长度改变截面。

3. 腹板与翼缘间焊缝的计算

在焊接组合梁中，翼缘与腹板间的连接采用连续的角焊缝或图 5-28 所示焊透的 T 形连接焊缝（也称 K 形焊缝）。采用焊透的 T 形连接焊缝，可认为焊缝与主体金属等强度，而不必进行焊缝强度计算。但对于角焊缝连接，必须通过焊缝强度计算来确定焊脚尺寸 h_{f}。

梁受弯时，由于相邻截面中作用在翼缘上的弯曲应力有差值，在翼缘与腹板之间将产生剪力 V_{h}（见图 5-29）。当腹板边缘的挤压应力 $\sigma_{\mathrm{c}} = 0$ 时，由材料力学可得沿梁单位长度的水平剪力为

$$V_{\mathrm{h}} = \tau_1 t_{\mathrm{w}} = \frac{VS_1}{I_x t_{\mathrm{w}}} \cdot t_{\mathrm{w}} = \frac{VS_1}{I_x} \tag{5-77}$$

式中　V——所计算截面处梁的剪力；

　　　S_1——翼缘对中和轴的面积矩。

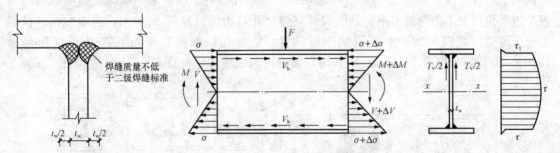

图 5-28　焊透的 T 形连接焊缝　　　　　　图 5-29　翼缘与腹板之间的剪力

V_{h} 由腹板与翼缘间焊缝承受。依两条角焊缝的剪应力不超过焊缝的强度设计值 $f_{\mathrm{f}}^{\mathrm{w}}$，可得焊脚尺寸 h_{f} 应满足

$$h_{\mathrm{f}} \geqslant \frac{VS_1}{1.4 f_{\mathrm{f}}^{\mathrm{w}} I_x} \tag{5-78}$$

当梁的上翼缘承受有移动集中荷载或固定集中荷载而未设置支承加劲肋，即 $\sigma_{\mathrm{c}} \neq 0$ 时，焊缝不仅承受水平剪力 V_{h}，同时还承受由 σ_{c} 引起的竖向剪力 T_{v}

$$T_{\mathrm{v}} = \sigma_{\mathrm{c}} \times t_{\mathrm{w}} \times 1 = \frac{\Psi F}{l_z t_{\mathrm{w}}} \times t_{\mathrm{w}} \times 1 = \frac{\Psi F}{l_z} \tag{5-79}$$

焊缝的强度计算公式为

$$\sqrt{\left(\frac{T_{\mathrm{v}}}{\beta_{\mathrm{f}}}\right)^2 + V_{\mathrm{h}}^{\,2}} \leqslant 2 \times 0.7 h_{\mathrm{f}} f_{\mathrm{f}}^{\mathrm{w}}$$

可求得

$$h_{\mathrm{f}} \geqslant \frac{1}{1.4 f_{\mathrm{f}}^{\mathrm{w}}} \sqrt{\left(\frac{\Psi F}{\beta_{\mathrm{f}} l_z}\right)^2 + \left(\frac{V S_1}{I_x}\right)^2} \qquad (5-80)$$

对于直接承受动力荷载的梁，取 $\beta_{\mathrm{f}} = 1.0$；其他情况，取 $\beta_{\mathrm{f}} = 1.22$。

4. 钢梁腹板开孔设计

工程中经常会遇到因穿过管道等设备需在钢梁腹板开孔问题。当腹板开孔梁的孔口为圆形或矩形时，应满足下列要求：圆形孔口直径不宜大于 0.7 倍梁高，矩形孔口高度不宜大于梁高的 0.5 倍，矩形孔口长度不宜大于 3 倍孔高与梁高的较小值；相邻圆形孔口边缘间的距离不宜小于梁高的 0.25 倍，矩形孔口与相邻孔口的距离不宜小于梁高和矩形孔口长度中的较大者；开孔处梁上下 T 形截面高度均不小于 0.15 倍梁高，矩形孔口上下边缘至梁翼缘外皮的距离不宜小于梁高的 0.25 倍。开孔长度（或直径）与 T 形截面高度的比值不宜大于12；不应在距梁端相当于梁高的范围内设孔，抗震设防的结构不应在隅撑与梁柱接头区域范围内设孔。

腹板开孔梁应满足整体稳定及局部稳定要求，并应进行实腹及开孔截面处的受弯承载力验算和开孔处顶部及底部 T 形截面受弯剪承载力验算。当圆形孔口直径小于或等于 1/3 梁高时，可不予补强。当大于 1/3 梁高时，可用环形加劲肋加强 [见图 5-30 (a)]，也可用套管 [见图 5-30 (b)] 或环形补强板 [见图 5-30 (c)] 加强。圆形孔口加劲肋截面不宜小于 100mm×10mm，加劲肋边缘至孔口边缘的距离不宜大于 12mm。圆形孔口用套管补强时，其厚度不宜小于梁腹板厚度。用环形板补强时，若在梁腹板两侧设置，环形板的厚度可稍小于腹板厚度，其宽度可取 75~125mm。矩形孔口的边缘应采用纵向和横向加劲肋加强。矩形孔口上下边缘的水平加劲肋端部宜伸至孔口边缘以外各 300mm，当矩形孔口长度大于梁高时，其横向加劲肋应沿梁全高设置。矩形孔口加劲肋截面不宜小于 125mm×18mm。当孔口长度大于 500mm 时，应在梁腹板两面设置加劲肋。

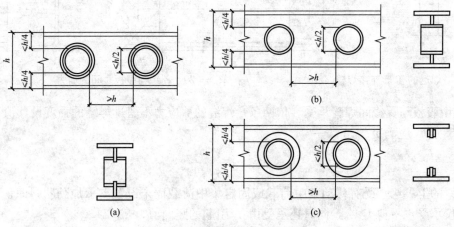

图 5-30　钢梁圆形孔口的补强

【例 5-1】　图 5-31 所示为某工作平台布置简图，平台上无动力荷载，其恒荷载标准值为 3000N/m²，活荷载标准值为 4500N/m²。恒荷载和活荷载分项系数分别为 $\gamma_{\mathrm{G}} = 1.2$ 和 $\gamma_{\mathrm{Q}} = 1.4$。钢材采用 Q235-B，焊条为 E43 型。

（1）假定平台板为刚性，并可保证次梁的整体稳定，选择中间次梁 A 的截面；

（2）假定平台板不能保证次梁的整体稳定，按整体稳定条件选择次梁 A 的截面；

（3）主梁 B 采用焊接工字形截面，按常截面设计主梁 B；

（4）主梁 B 采用焊接工字形截面，采用改变翼缘板宽度的方法设计成变截面梁，进行主梁 B 的截面设计，并设计翼缘和腹板间的焊缝连接。

解（1）次梁的整体稳定性有保证时，次梁的截面设计。将次梁 A 设计为简支梁，计算简图如图 5-32 所示。

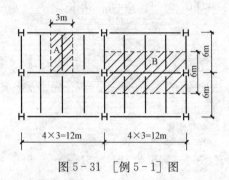

图 5-31　［例 5-1］图　　　　　图 5-32　次梁的计算简图

1）荷载及内力计算。

梁上的荷载标准值　　　　　　　$q_k = 3000 + 4500 = 7500 \text{N/m}^2$

荷载设计值　　　　　　　$q_d = 1.2 \times 3000 + 1.4 \times 4500 = 9900 \text{N/m}^2$

次梁单位长度上的荷载设计值　　　　　　　$q = 9900 \times 3 = 29700 \text{N/m}$

梁跨中最大弯矩设计值　　　　　　　$M_{max} = \dfrac{1}{8} q l^2 = \dfrac{1}{8} \times 29\,700 \times 6^2 = 133\,650 \text{N} \cdot \text{m}$

支座处最大剪力设计值　　　　　　　$V_{max} = \dfrac{1}{2} \times 29\,700 \times 6 = 89\,100 \text{N}$

2）初选截面。采用热轧工字钢，梁所需要的净截面模量

$$W_{nx} = \frac{M_x}{\gamma_x f} = \frac{133\,650 \times 10^3}{1.05 \times 215} = 5.92 \times 10^5 \text{mm}^3$$

查附表 3-4，选用 I32a，梁的自重为

$$52.7 \times 9.8 = 517 \text{N/m}$$

$I_x = 1.108 \times 10^8 \text{mm}^4$，$W_x = 6.92 \times 10^5 \text{mm}^3$，$I_x / S_x = 275 \text{mm}$，$t_w = 9.5 \text{mm}$

3）截面验算。

梁自重引起的弯矩设计值　　　　　　　$M_g = \dfrac{1}{8} \times 517 \times 1.2 \times 6^2 = 2792 \text{N} \cdot \text{m}$

总弯矩设计值　　　　$M_x = 133\,650 + 2792 = 136\,442 \text{N} \cdot \text{m}$

弯曲正应力

$$\sigma = \frac{M_x}{\gamma_x W_{nx}} = \frac{136\,442 \times 10^3}{1.05 \times 6.92 \times 10^5} = 187.8 \text{N/mm}^2 < f = 215 \text{N/mm}^2$$

支座处最大剪应力

$$\tau = \frac{VS}{I t_w} = \frac{89\,100 + 517 \times 1.2 \times 3}{275 \times 9.5} = 34.8 \text{N/mm}^2 < f_v = 125 \text{N/mm}^2$$

强度满足要求。

4）梁的跨中挠度验算

次梁单位长度上的荷载标准值　　　　　　$q_k = 7500 \times 3 + 517 = 23\,017\text{N/m}$

$$V = \frac{5}{384} \cdot \frac{q_k l^4}{EI_x} = \frac{5 \times 23\,017 \times 10^{-3} \times 6000^4}{384 \times 2.06 \times 10^5 \times 1.1080 \times 10^8} = 17\text{mm} < [V] = l/250 = 24\text{mm}$$

刚度满足要求。

（2）次梁的整体稳定性没有构造措施保证时，次梁的截面设计。

1）初选面截。假定工字钢型号在 I22～I45 之间，梁的自由长度 $l_1 = 6\text{m}$，假设 $\varphi_b = 0.6$，所需毛截面模量

$$W_x = \frac{M_x}{\gamma_x \varphi_b f} = \frac{133\,650 \times 10^3}{1.05 \times 0.6 \times 215} = 9.867 \times 10^5 \text{mm}^3$$

选用 I45a，查附录三附表 3-4，得该型钢的参数为：$h = 45\text{cm}$，$b = 15.0\text{cm}$，$t_w = 1.15\text{cm}$，$t = 1.80\text{cm}$，$I_y = 855\text{cm}^4$，$W_x = 1430\text{cm}^3$，自重为 788N/m。

2）截面验算。与稳定性相关的物理量计算如下

$$M_x = 133\,650 + \frac{1}{8} \times 788 \times 1.2 \times 6^2 = 137\,905\text{N} \cdot \text{m}$$

$$I_\omega = \frac{1}{5} I_y h^2 = \frac{1}{5} \times 855 \times 45^2 = 346275\text{cm}^6$$

$$I_t = \frac{1}{3} h t_w^2 + \frac{2}{3} b t^3 \left(1 + \frac{b^2}{576 t^2}\right) = \frac{1}{3} \times 45 \times 1.15^2 + \frac{2}{3} \times 15.0 \times$$

$$1.80^3 \times \left(1 + \frac{15.0^2}{576 \times 1.80^2}\right) = 85.189\text{cm}^4$$

$$M_{cr} = C_1 \frac{\pi^2 EI_y}{l^2} \left[C_2 a + C_3 B_y + \sqrt{(C_2 a + C_3 B_y)^2 + \frac{I_\omega}{I_y}\left(1 + \frac{l^2 GI_t}{\pi^2 EI_\omega}\right)}\right]$$

由《钢结构设计规范》（GB 50017）可得 $C_1 = 1.13$，$C_2 = 0.47$，$C_3 = 0.53$，$B_y = 0$，$a = -22.5\text{cm}$，代入上式得

$$M_{cr} = 1.13 \times \frac{\pi^2 \times 2.06 \times 10^7 \times 855}{600^2} \times$$

$$\left[-0.47 \times 22.5 + \sqrt{(-0.47 \times 22.5)^2 + \frac{346\,275}{855}\left(1 + \frac{600^2 \times 7.9 \times 10^6 \times 85.189}{\pi^2 \times 2.06 \times 10^7 \times 346\,275}\right)}\right]$$

$$= 545\,090.4509 \times \left[-10.575 + \sqrt{10.575^2 + 405 \times 4.45}\right] = 18\,083\,488.62\text{N} \cdot \text{cm}$$

$$\overline{\lambda}_b = \sqrt{\frac{\gamma_x W_x f_y}{M_{cr}}} = \sqrt{\frac{1.05 \times 1430 \times 23\,500}{18\,083\,488.62}} = 1.4$$

$$n = 2.5 \times \sqrt[3]{\frac{b}{h}} = 2.5 \times \sqrt[3]{\frac{15.0}{45 - 1.8}} = 1.76, \quad \overline{\lambda}_{b0} = 0.4$$

$$\varphi_b = \frac{1}{\left[1 - (\overline{\lambda}_{b0})^{2n} + (\overline{\lambda}_b)^{2n}\right]^{1/n}} = \frac{1}{(1 - 0.4^{2 \times 1.76} + 1.4^{2 \times 1.76})^{1/1.76}} = 0.441$$

由此可对整体稳定性计算如下

$$\frac{M_x}{\varphi_b \gamma_x W_x f} = \frac{137905 \times 10^3}{0.441 \times 1.05 \times 1430 \times 10^3 \times 205} = 1.016 > 1$$

由于超出不是太多，在 5% 以内，可以不加大截面，整体稳定性满足要求。

可见，若依整体稳定条件选择截面，钢材用量约增加 $(80.4-52.7)/52.7\times100\%=$ 52.56%。因此，应尽可能将平台板设计为刚性，并使之与梁有可靠的连接，以保证梁的整体稳定性。

如果选用焊接薄壁 H 型钢 LH450×250×6×10，相应参数和计算结果：$h=45\mathrm{cm}$，$b=25\mathrm{cm}$，$t_{\mathrm{w}}=0.6\mathrm{cm}$，$t=1.0\mathrm{cm}$，$I_y=2605\mathrm{cm}^4$，$W_x=1252\mathrm{m}^3$，质量为 59.5kg/m，自重为 583N/m。

与稳定性相关的物理量计算如下

$$M_x=133\ 650+\frac{1}{8}\times583\times1.2\times6^2=136\ 798.2\mathrm{N\cdot m}$$

$$I_\omega=\frac{I_yh^2}{4}=\frac{1}{4}\times2605\times45^2=1\ 318\ 781\mathrm{cm}^6$$

$$I_{\mathrm{t}}=\frac{1}{3}\sum_{i=1}^n b_it_i^3=\frac{1}{3}\times45\times0.6^3+\frac{2}{3}\times25\times1^3=20\mathrm{cm}^4$$

$$M_{\mathrm{cr}}=C_1\frac{\pi^2EI_y}{l^2}\left[C_2a+C_3B_y+\sqrt{(C_2a+C_3B_y)^2+\frac{I_\omega}{I_y}\left(1+\frac{l^2GI_{\mathrm{t}}}{\pi^2EI_\omega}\right)}\right]$$

由《钢结构设计规范》（GB 50017）可得 $C_1=1.13$，$C_2=0.47$，$C_3=0.53$，$B_y=0$，$a=-22.5\mathrm{cm}$，代入上式得

$$M_{\mathrm{cr}}=1.13\times\frac{\pi^2\times2.06\times10^7\times2605}{600^2}\times$$

$$\left[-0.47\times22.5+\sqrt{(-0.47\times22.5)^2+\frac{1\ 318\ 781}{2605}\times\left(1+\frac{600^2\times7.9\times10^6\times20}{\pi^2\times2.06\times10^7\times1\ 318\ 781}\right)}\right]$$

$$=1\ 662\ 457.824\times[-10.575+\sqrt{10.575^2+506\times1.2}]$$

$$=26\ 997\ 893.48\mathrm{N\cdot cm}$$

$$\bar\lambda_{\mathrm{b}}=\sqrt{\frac{\gamma_xW_xf_y}{M_{\mathrm{cr}}}}=\sqrt{\frac{1.05\times1252\times23\ 500}{26\ 997\ 893.48}}=1.07,\quad n=2.5\times\sqrt[3]{\frac{25}{45-1.0}}=2.07$$

$$\bar\lambda_{\mathrm{b0}}=0.4$$

$$\varphi_{\mathrm{b}}=\frac{1}{[1-(\bar\lambda_{\mathrm{b0}})^{2n}+(\bar\lambda_{\mathrm{b}})^{2n}]^{1/n}}=\frac{1}{(1-0.4^{2\times2.07}+1.07^{2\times2.07})^{1/2.07}}=0.669$$

$$\frac{M_x}{\varphi_{\mathrm{b}}\gamma_xW_xf}=\frac{136\ 798.2\times10^3}{0.669\times1.05\times1252\times10^3\times215}=0.723<1$$

需经过钢梁整体稳定性计算的设计与整体稳定有构造保证时的设计结果对比分析可知，不需计算整体稳定性设计的钢梁用钢量仅增加 $(59.5-52.7)/52.7=13\%$。由以上计算可知，从提高稳定性能角度考虑，应尽可能将平台板设计为刚性板，并使之与梁有可靠的连接，以保证梁的整体稳定性。如需计算整体稳定性，选用焊接薄壁 H 型钢比普通工字钢经济性要好。

（3）常截面主梁设计。

1）初选截面。简支主梁的计算简图如图 5-33 所示。两侧次梁对主梁 B 所产生的压力设计值

$$P=89\ 100\times2+517\times1.2\times6=181\ 922\mathrm{N}\approx181.9\mathrm{kN}$$

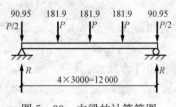

图 5-33　主梁的计算简图

主梁的支座反力设计值（未计主梁自重）

$$R = 2 \times 181.9 = 363.8 \text{kN}$$

梁跨中最大弯矩设计值

$$M_{\max} = (363.8 - 90.95) \times 6 - 181.9 \times 3 = 1091.4 \text{kN} \cdot \text{m}$$

梁所需净截面模量

$$W_{nx} = \frac{M_{\max}}{\gamma_x f} = \frac{1091.4 \times 10^6}{1.05 \times 215} = 4.8346 \times 10^6 \text{mm}^3$$

梁的高度在净空方面无限制条件。依刚度要求，主梁的容许挠度为 $[\nu] = l/400$，其最小高度

$$h_{\min} = \frac{l}{15} = \frac{12\,000}{15} = 800 \text{mm}$$

梁的经济高度　　$h_e = 2W_x^{0.4} = 2 \times (4.8346 \times 10^6)^{0.4} = 943.6 \text{mm}$

参照以上数据，考虑自重的影响，初选梁的腹板高度为 $h_0 = 1000 \text{mm}$。

腹板厚度按经验公式估算

$$t_w = \sqrt{h_0}/3.5 = 9.0 \text{mm}$$

选用腹板厚度为 $t_w = 8 \text{mm}$。

所需翼缘面积

$$bt = \frac{W_x}{h_0} - \frac{t_w h_0}{6} = \frac{4.8346 \times 10^6}{1000} - \frac{8 \times 1000}{6} = 3500 \text{mm}^2$$

初选翼缘板宽度为 280mm，则所需厚度为

$$t = \frac{3500}{280} = 12.5 \text{mm}$$

考虑钢梁的自重作用等因素，选用 $t = 14 \text{mm}$。

梁的截面简图如图 5-34 所示。梁翼缘的外伸宽度

$$b_1 = (280 - 8)/2 = 136 \text{mm}$$

$$\frac{b_1}{t} = \frac{136}{14} = 9.71 < 13\varepsilon_K = 13 \times 1 = 13$$

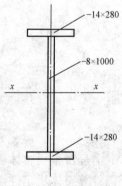

图 5-34　梁的截面

梁翼缘板的局部稳定性可以保证，且截面可以考虑部分塑性发展。

2）截面验算。

a. 截面的几何性质计算

$$A = 1000 \times 8 + 2 \times 280 \times 14 = 15\,840 \text{mm}^2$$

$$I_x = \frac{8 \times 1000^3}{12} + 2 \times 280 \times 14 \times \left(\frac{1000 + 14}{2}\right)^2 = 2.681\,93 \times 10^9 \text{mm}^4$$

$$W_x = \frac{2.681\,93 \times 10^9}{514} = 5.218 \times 10^6 \text{mm}^3$$

b. 主梁强度验算。单位长度梁的自重为

$$g = 15\,840 \times 10^{-6} \times 7850 \times 9.8 \times 1.2 = 1463 \text{N/m}$$

式中 1.2 为考虑腹板加劲肋等附加构造用钢材使自重增大的系数。

$$\sqrt{\sigma^2 + 3\tau^2} = \sqrt{209.36^2 + 3 \times 8.42^2} = 209.87 \text{N/mm}^2 < 1.1f = 236.5 \text{N/mm}^2$$

自重引起的跨中最大弯矩设计值

$$M_g = \frac{1}{8} \times 1.2 \times 1463 \times 12^2 = 31\,600\,\text{N} \cdot \text{m} = 31.6\text{kN} \cdot \text{m}$$

跨中最大总弯矩设计值 $M_{max} = 1091.4 + 31.6 = 1123\text{kN} \cdot \text{m}$

c. 正应力验算

$$\sigma = \frac{1123 \times 10^6}{1.05 \times 5.218 \times 10^6} = 204.97\text{N/mm}^2 < f = 215\text{N/mm}^2$$

满足要求。

d. 剪应力验算。支座处的最大剪力设计值

$$V = (363.8 - 90.95) \times 10^3 + 1463 \times 1.2 \times 6 = 283\,390\text{N}$$

$$\tau = \frac{V s_x}{I_x t_w} = \frac{283\,390 \times (280 \times 14 \times 507 + 500 \times 8 \times 250)}{2.68193 \times 10^9 \times 8} = 39.459\text{N/mm}^2 < f_v = 125\text{N/mm}^2$$

满足要求。

次梁作用处应设置支承加劲肋，所以不需验算腹板的局部压应力。

e. 跨中截面腹板边缘折算应力验算

$$\frac{1123 \times 10^6 \times 500}{2.681\,93 \times 10^9} = 209.36\text{N/mm}^2$$

跨中截面剪力 $\quad\quad\quad\quad V = 90.95\text{kN}$

$$\tau = \frac{90\,950 \times (280 \times 14 \times 507)}{2.68\,193 \times 10^9 \times 8} = 8.42\,\text{N/mm}^2$$

$$\sqrt{\sigma^2 + 3\tau^2} = \sqrt{209.36^2 + 3 \times 8.42^2} = 209.87\text{N/mm}^2 < 1.1f = 236.5\text{N/mm}^2$$

满足要求。

f. 整体稳定性验算

$$I_y = 2 \times \frac{1}{12}tb^3 + \frac{1}{12}h_w t_w^3 = 2 \times \frac{14 \times 280^3}{12} + \frac{1}{12} \times 1000 \times 8^3 = 5.1264 \times 10^7\text{mm}^4$$

$$I_t = \frac{1}{3}\sum_{i=1}^{n} b_i t_i^3 = \frac{1}{3} \times 1000 \times 8^3 + \frac{2}{3} \times 280 \times 14^3 = 6.8288 \times 10^5\text{mm}^4$$

$$I_\omega = \frac{I_y h^2}{4} = \frac{1}{4} \times 5.1264 \times 10^7 \times 1028^2 = 1.3544 \times 10^{13}\text{mm}^6$$

$$M_{cr} = C_1 \frac{\pi^2 E I_y}{l^2}\left[C_2 a + C_3 B_y + \sqrt{(C_2 a + C_3 B_y)^2 + \frac{I_\omega}{I_y}\left(1 + \frac{l^2 G I_t}{\pi^2 E I_\omega}\right)}\right]$$

由《钢结构设计规范》（GB 50017）可得 $C_1 = 1.9$，$C_2 = 0$，$C_3 = 1.0$，$B_y = 0$，$a = -514\text{mm}$，代入上式得

$$M_{cr} = 1.9 \times \frac{\pi^2 \times 2.06 \times 10^5 \times 5.1264 \times 10^7}{3000^2} \times$$

$$\sqrt{\frac{1.3544 \times 10^{13}}{5.1264 \times 10^7} \times \left(1 + \frac{3000^2 \times 7.9 \times 10^4 \times 6.8288 \times 10^5}{\pi^2 \times 2.06 \times 10^5 \times 1.3544 \times 10^{13}}\right)}$$

$$= 2.1981 \times 10^7 \times \sqrt{2.6420 \times 10^5 \times (1 + 0.0177)} = 1.140 \times 10^{10}\text{N} \cdot \text{mm}$$

$$\overline{\lambda}_b = \sqrt{\frac{\gamma_x W_x f_y}{M_{cr}}} = \sqrt{\frac{1.05 \times 5.2180 \times 10^6 \times 235}{1.140 \times 10^{10}}} = 0.34$$

$$n=1.8\times\sqrt[3]{\frac{b}{h}}=1.8\times\sqrt[3]{\frac{280}{1028-14}}=1.17,\quad\overline{\lambda}_{b0}=0.3$$

$$\varphi_{b}=\frac{1}{[1-(\overline{\lambda}_{b0})^{2n}+(\overline{\lambda}_{b})^{2n}]^{1/n}}=\frac{1}{(1-0.3^{2\times1.17}+0.34^{2\times1.17})^{1/1.17}}=0.98$$

$$\frac{M_{x}}{\varphi_{b}\gamma_{x}W_{x}f}=\frac{1123\times10^{6}}{0.98\times1.05\times5.2180\times10^{6}\times215}=0.97<1$$

满足整体稳定性要求。

g. 刚度验算。

次梁的荷载标准值对主梁产生的压力为

$$F=7500\times3\times6+517\times6=138\ 102\text{N}$$

主梁跨中最大挠度为

$$V=\frac{5}{384}\times\frac{1463\times10^{-3}\times12\ 000^{4}}{2.06\times10^{5}\times2.68\ 193\times10^{9}}+\frac{19}{1152}\times\frac{138\ 102\times3\times12\ 000^{3}}{2.06\times10^{5}\times2.68\ 193\times10^{9}}$$

$$=22.1\text{mm}<[V]=12\ 000/400=30\text{mm}$$

刚度满足要求。

3）梁的加劲肋设计。

梁的腹板高厚比

$$h_{0}/t_{w}=1000/8=125>80\varepsilon_{K}=80$$

应配置横向加劲肋，并进行腹板局部稳定性验算。

下面分别按考虑和不考虑腹板屈曲后强度进行加劲肋设计。

a. 考虑腹板屈曲后强度进行加劲肋设计。主梁上无直接动力荷载作用，宜考虑腹板屈曲后强度。主梁在支座及与次梁连接处设置支承加劲肋，$a=3$m，共分为四个格区，弯矩图和剪力图见图 5-35。考虑对称性，只验算左侧两个格区。

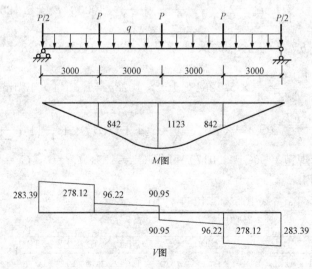

图 5-35　弯矩图和剪力图

（a）左侧第一格区验算

$$M_{f}=bth_{1}f=280\times14\times1014\times215\times10^{-6}=854.6\text{kN}\cdot\text{m}$$

$$a/h_0 = 3000/1000 = 3 > 1.0$$

$$\lambda_s = \frac{h_0}{41t_w\sqrt{5.34+4(h_0/a)^2}}\sqrt{\frac{f_y}{235}} = \frac{1000}{41\times8\sqrt{5.34+4(1000/3000)^2}}\sqrt{\frac{235}{235}} = 1.268 > 1.2$$

$$V_u = h_0 t_w f_v/\lambda_s^{1.2} = 1000\times8\times125\times10^{-3}/1.268^{1.2} = 752.07\text{kN}$$

主梁为双轴对称截面　　　　　　　　$h_c = h_0/2 = 1000/2 = 500\text{mm}$

次梁可以约束主梁受压翼缘扭转

$$\lambda_b = \frac{2h_c}{177t_w}\sqrt{\frac{f_y}{235}} = \frac{2\times500}{177\times8}\sqrt{\frac{235}{235}} = 0.706 < 0.85, \quad \rho = 1.0$$

$$\alpha_e = 1-(1-\rho)h_c^3 t_w/(2I_x) = 1$$

$$M_{eu} = \gamma_x\alpha_e W_x f = 1.05\times1\times5.218\times10^6\times215\times10^{-6} = 1177.96\text{kN}\cdot\text{m}$$

格区左端截面

$$M = 0 < M_f = 854.6\text{kN}\cdot\text{m}, \ \text{取} \ M = M_f = 854.6\text{kN}\cdot\text{m}$$

$$V = 283.39\text{kN} < 0.5V_u = 0.5\times752.07 = 376.04\text{kN}, \ \text{取} \ V = 0.5V_u = 376.04\text{kN}$$

代入式（5-67），有

$$\left(\frac{V}{0.5V_u}-1\right)^2 + \frac{M-M_f}{M_{eu}-M_f} = 0 < 1$$

满足要求。

格区右端截面

$$M = 842\text{kN}\cdot\text{m} < M_f = 854.6\text{kN}\cdot\text{m}, \ \text{取} \ M = M_f = 854.6\text{kN}\cdot\text{m}$$

$$V = 278.12 < 0.5V_u = 376.04\text{kN}, \ \text{取} \ V = 0.5V_u = 376.04\text{kN}$$

代入式（5-67），有

$$\left(\frac{V}{0.5V_u}-1\right)^2 + \frac{M-M_f}{M_{eu}-M_f} = 0 < 1$$

满足要求。

（b）左侧第二格区验算。

左侧第二格区左端截面验算与左侧第一格区右端截面相同。

格区右端截面

$$M = 1123\text{kN}\cdot\text{m} > M_f = 854.6\text{kN}\cdot\text{m}$$

$$V = 90.95\text{kN} < 0.5V_u = 376.04\text{kN}, \ \text{取} \ V = 0.5V_u = 376.04\text{kN}$$

代入式（5-67），有 $\left(\dfrac{V}{0.5V_u}-1\right)^2 + \dfrac{M-M_f}{M_{eu}-M_f} = 0 + \dfrac{1123-854.6}{1177.96-854.6} = 0.830 < 1$

满足要求。

因此，仅在支座及次梁处设加劲肋即可满足设计要求。

（c）中间支承加劲肋设计。

加劲肋的外伸宽度取 $b_s = 80\text{mm} > 1000/30 + 40 = 73.3\text{mm}$，厚度取 $t_s = 6\text{mm} > 80/15 = 5.3\text{mm}$。

加劲肋的布置和构造简图如图 5-36 所示。

$\lambda_s = 1.268 > 1.2$，由式（5-40c）有

$$\tau_{cr} = 1.1f_v/\lambda_s^2 = 1.1\times125/1.268^2 = 85.52\text{N/mm}^2$$

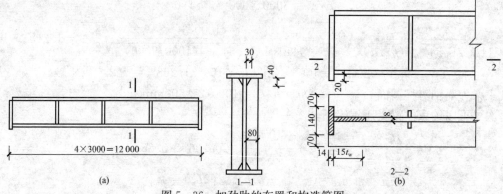

图 5 - 36　加劲肋的布置和构造简图

(a) 加劲肋布置；(b) 支座加劲肋

$$N_s = V_u - h_0 t_w \tau_{cr} + F = 752.07 - 1000 \times 8 \times 85.52 \times 10^{-3} + 181.9 = 249.81 \text{kN}$$

$$A = 2 \times 80 \times 6 + 30 \times 8 \times 8 = 2880 \text{mm}^2$$

绕腹板中线的惯性矩

$$I_z = (6 \times 168^3)/12 + 30 \times 8 \times 8^3/12 = 2.38 \times 10^6 \text{mm}^4$$

$$i_z = \sqrt{I_z/A} = \sqrt{2.38 \times 10^6/2880} = 28.8 \text{mm}$$

$\lambda_z = h_0/i_z = 1000/28.8 = 34.8$，查附表 2 - 2 得，$\varphi = 0.919$，则有

$$\frac{N_s}{\varphi A} = \frac{249.81 \times 10^3}{0.919 \times 2880} = 94.4 \text{N/mm}^2 < f = 215 \text{N/mm}^2$$

满足要求。

（d）支座支承加劲肋设计。梁的两端采用突缘式支座。根据梁端截面尺寸，选用支座支承加劲肋的截面为 −140×14，伸出下翼缘下表面 20mm，小于 $2t = 28$mm。

（e）稳定性计算。$\lambda_s = 1.268 > 0.8$，支座支承加劲肋除承受梁的支座反力 R 外，尚应承受拉力场（张力）的水平分力 H。水平分力 H 作用在距腹板计算高度上边缘 $h_0/4$ 处，按 R 和 H 共同作用的压弯构件计算弯矩作用平面外的稳定性，截面和计算长度的计算方法与一般加劲肋相同。设计时应先判定是否可取 $H = 0$，如果满足取 $H = 0$ 的条件，就可按轴心受压计算稳定性。

$a = 3h_0 > 2.5h_0$，验算是否满足式（5 - 48）

$$\sigma = \frac{(0 + 842)}{2 \times W_x} = \frac{421 \times 10^6}{5.218 \times 10^6} = 80.7 \text{N/mm}^2$$

$$\tau = \frac{(283.39 + 278.12) \times 10^3}{2 \times h_0 \times t_w} = \frac{561.51 \times 10^3}{2 \times 1000 \times 8} = 35.1 \text{N/mm}^2$$

$$\lambda_b = 0.706 < 0.85, \quad \sigma_{cr} = f = 215 \text{N/mm}^2$$

$$\lambda_s = 1.268 > 1.2, \quad \tau_{cr} = 1.1 f_v/\lambda_s^2 = 1.1 \times 125/1.268^2 = 85.5 \text{N/mm}^2$$

梁在集中荷载处设有横向加劲肋，$\sigma_c = 0$，代入式（5 - 48）

$$\left(\frac{\sigma}{\sigma_{cr}}\right)^2 + \left(\frac{\tau}{\tau_{cr}}\right)^2 = \left(\frac{80.7}{215}\right)^2 + \left(\frac{35.1}{85.5}\right)^2 = 0.309 \leqslant 1$$

可取 $H = 0$，可按轴心受压计算稳定性。

$$R = 283\,390 + 90\,950 = 374\,340 \text{N}$$

$$A = 14 \times 140 + 15 \times 8 \times 8 = 2920 \text{mm}^2$$

$$I_y = \frac{1}{12}(14 \times 140^3 + 15 \times 8^4) = 3.2065 \times 10^6 \text{mm}^4$$

$$i_y = \sqrt{\frac{I_y}{A}} = \sqrt{\frac{3.2065 \times 10^6}{2920}} = 33.1 \text{mm}$$

$$\lambda_y = \frac{h_0}{i_y} = \frac{1000}{33.1} = 30.2$$

该题未说明支承加劲肋的加工方式，设计按剪切边对待，取截面关于腹板平面外为 c 类，查附表 2-3，$\varphi_y = 0.901$，则有

$$\frac{R}{\varphi_y A} = \frac{374\ 340}{0.901 \times 2920} = 142.3 \text{N/mm}^2 < f = 215 \text{N/mm}^2$$

满足要求。

（f）承压强度计算。承压面积

$$A_{ce} = 140 \times 14 = 1960 \text{mm}^2$$

$$\sigma = \frac{N}{A_{ce}} = \frac{374.34 \times 10^3}{1960} = 191 \text{N/mm}^2 < f_{ce} = 325 \text{N/mm}^2$$

满足要求。

承压强度计算富裕较大，但稳定性计算应力已较接近钢材的强度设计值，因此不再调整支承加劲肋的截面尺寸。

b. 不考虑腹板屈曲后强度进行加劲肋设计。此梁在计算强度时取 $\gamma_x = 1.05$，板件宽厚比应满足 S3 级截面要求。

梁翼缘的宽厚比

$$\frac{b_1}{t} = \frac{(280-8)/2}{14} = \frac{136}{14} = 9.71 < 13\varepsilon_K = 13$$

梁的腹板高厚比

$$80\sqrt{\frac{235}{f_y}} < \frac{h_0}{t_w} = \frac{100}{0.8} = 125 < 150\varepsilon_K = 150$$

应按照计算配置横向加劲肋。

考虑到在次梁处应配置横向加劲肋，故取横向加劲肋的间距为 $a = 1500 \text{mm} < 2h_0 = 2000 \text{mm}$，如图 5-37 所示。在各次梁位置都有横向加劲肋，各格区可按无局部压应力的情形计算。

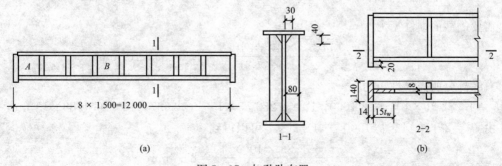

图 5-37　加劲肋布置

左侧第一格区局部稳定验算：

格区左端的内力为 $V_1 = 283.4\text{kN}$，$M_1 = 0\text{kN} \cdot \text{m}$

格区右端的内力为 $V_r = 283.4 - 1.463 \times 1.5 \times 1.2 = 280.8\text{kN}$

$$M_r = 283.4 \times 1.5 - 1.463 \times 1.5^2 \times 1.2/2 = 423.1\text{kN} \cdot \text{m}$$

近似取校核应力为 $\sigma = M_r/W = 423.1 \times 10^6 / (5218 \times 10^3) = 81.1\text{N/mm}^2$

$$\tau = V_1/(h_0 t_w) = 283.4 \times 10^3/(8 \times 1000) = 35.4\text{N/mm}^2$$

设次梁不能有效约束主梁受压翼缘的扭转，则

$$\lambda_b = \frac{1000/8}{138} = 0.91 > 0.85$$

$$\sigma_{cr} = [1 - 0.75(0.91 - 0.85)]f = 0.955 \times 215 = 205\text{N/mm}^2$$

$$a/h_0 = 1500/1000 = 1.5 > 1.0, \quad \lambda_s = \frac{1000/8}{41\sqrt{5.34 + 4(1000/1500)^2}} = 1.1$$

$$\tau_{cr} = [1 - 0.59(\lambda_s - 0.8)]f_v = [1 - 0.59(1.1 - 0.8)] \times 125 = 102.8\text{N/mm}^2$$

将上列数据代入式（5-48）有

$$\left(\frac{80.1}{205}\right)^2 + \left(\frac{35.4}{102.8}\right)^2 = 0.275 < 1.0$$

同理，可作梁跨中腹板格区的局部稳定验算如下：

区格左端的内力为 $V_1 = 374.3 - 90.95 - 181.9 - 1.463 \times 4.5 \times 1.2 = 93.5\text{kN}$

$$M_1 = (374.3 - 90.95) \times 4.5 - 181.9 \times 1.5 - 1.463 \times 4.5^2 \times 1.2/2 = 931.1\text{kN} \cdot \text{m}$$

格区右端的内力为 $V_r \approx V_1$，$M_r = 1123\text{kN} \cdot \text{m}$

校核应力为 $\sigma = (M_r + M_1)/(2W) = (1123 + 931.1) \times 10^6/(2 \times 5218 \times 10^3) = 196.7\text{N/mm}^2$

$$\tau = (V_1 + V_r)/(2h_0 t_w) = 93.5 \times 10^3/(8 \times 1000) = 11.7\text{N/mm}^2$$

故

$$\left(\frac{196.7}{205}\right)^2 + \left(\frac{11.7}{102.8}\right)^2 = 0.934 < 1.0$$

满足局部稳定要求。

（4）变截面主梁的截面设计。

1）初选截面。

主梁自重荷载设计值为 $q_g = 1463 \times 1.2 = 1756\text{N/m} = 1.756\text{kN/m}$

假定翼缘板在距支座 $l/6 = 200\text{mm}$ 处开始变化截面，该截面的弯矩为

$$M_x = (374.34 - 90.95) \times 2 - \frac{1.756 \times 2^2}{2} = 563.3\text{kN} \cdot \text{m}$$

需要的截面惯性矩为

$$I_x = \frac{M_x h}{2\gamma_x f} = \frac{563.3 \times 10^6 \times 1028}{2 \times 1.05 \times 215} = 1.28255 \times 10^9\text{mm}^4$$

翼缘部分所需惯性矩为

$$I_1 = 1.28255 \times 10^9 - 8 \times 1000^3/12 = 1.28255 \times 10^9 - 6.6667 \times 10^8 = 6.1588 \times 10^8\text{mm}^4$$

由 $I_1 = 2b_1 \times 14 \times [(1000 + 14)/2]^2$，可以得到

$$b_1 = \frac{6.1588 \times 10^8 \times 4}{2 \times 14(1000 + 14)^2} = 85.6\text{mm}$$

这样算得的翼缘宽度约为原来宽度的1/3，约为梁高的1/12，太窄。初取翼缘变化后的截面宽度为原来宽度的1/2=140mm。

2）截面验算。

变截面后梁的惯性矩为

$$I_x = 6.6667 \times 10^8 + 2 \times 140 \times 14 \times [(1000+14)/2]^2 = 1.6743 \times 10^9 \text{mm}^4$$

可承担的弯矩为

$$M_x = \frac{2\gamma_x f I_x}{h} = \frac{2 \times 1.05 \times 215 \times 1.6743 \times 10^9}{1028} = 735.4 \times 10^6 \text{N} \cdot \text{mm} = 735.4 \text{kN} \cdot \text{m}$$

应用下式求理论变截面位置 x

$$(374.34 - 90.95)x - \frac{1.756x^2}{2} = 735.4$$

解得 $x = 2.616$m。

将梁在距两端2.6m处开始改变截面，按照1：4的斜度将原来的翼缘板在 $x=2.6-0.28=2.32$m 处与改变宽度后的翼缘板相对接，如图5-38所示。

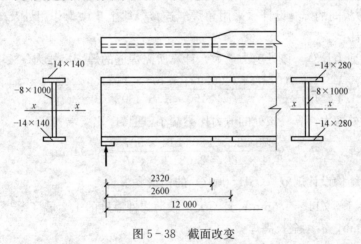

图5-38 截面改变

由于在变截面处同时受有较大正应力和剪应力的作用，需验算折算应力。梁在距支点2.6m处截面所受弯矩为

$$M_x = (374.34 - 90.95) \times 2.6 - \frac{1.756 \times 2.6^2}{2} = 730.88 \text{kN} \cdot \text{m}$$

翼缘和腹板相连接处的正应力

$$\sigma = \frac{M_x y}{I_x} = \frac{730.88 \times 10^6 \times 500}{1.67430 \times 10^9} = 218.3 \text{N/mm}^2$$

剪力　　　　　　　$V = 374\,340 - 90\,950 - 1756 \times 2.6 = 278\,820$N

剪应力　　　　　$\tau = \frac{VS}{I_x t_w} = \frac{278\,820 \times 140 \times 14 \times 507}{1.67\,430 \times 10^9 \times 8} = 20.69 \text{N/mm}^2$

折算应力

$$\sigma_{zs} = \sqrt{\sigma^2 + 3\tau^2} = \sqrt{218.3^2 + 3 \times 20.69^2} = 221.2 \text{N/mm}^2 < 1.1 \times 215 \text{N/mm}^2 = 236.5 \text{N/mm}^2$$

满足要求。

改变截面后，可节省的钢材按体积计为

$$V_1 = 2 \times 2 \times 140 \times 14 \times 2320 = 1.81\,888 \times 10^7 \text{mm}^3$$

原来梁的总体积（不包括构造用钢材）为

$$V_0 = 15\,840 \times 12\,000 = 1.900\,80 \times 10^8 \text{mm}^3$$

$$\frac{1.818\,88 \times 10^7}{1.900\,80 \times 10^8} \times 100\% = 9.57\%$$

即可节省用钢量约 9.57%。

主梁的刚度验算，由式（5-76）

$$M \approx 138\,102(2-0.5) \times 6 - 138102 \times 3 + \frac{1}{8} \times 1463 \times 12^2 = 854\,946\text{N} \cdot \text{m}$$

$$V = \frac{854\,946 \times 10^3 \times 12\,000^2}{10 \times 2.06 \times 10^5 \times 2.68\,193 \times 10^9}\left(1 + \frac{3}{25} \times \frac{2.681\,93 \times 10^9 - 1.674\,30 \times 10^9}{2.681\,93 \times 10^9}\right)$$

$$= 22.29\text{mm} < [V] = 30\text{mm}$$

满足要求。

3）翼缘与腹板间的焊缝设计。采用角焊缝连接，梁上集中力作用处及支座处设有加劲肋，按 $\sigma_c = 0$ 设计。

首先依梁端剪力计算，该处剪力最大。计算所需焊缝的焊脚尺寸为

$$h_f \geqslant \frac{VS_1}{1.4 f_f^w I_x} = \frac{(374.34 - 90.95) \times 10^3 \times 140 \times 14 \times 507}{1.4 \times 160 \times 1.67430 \times 10^9} = 0.75\text{mm}$$

再依变截面处剪力计算。该处的剪力比梁端小，但 S_1 比梁端大，则

$$h_f \geqslant \frac{278\,820 \times 280 \times 14 \times 507}{1.4 \times 160 \times 2.681\,93 \times 10^9} = 0.92\text{mm}$$

按规定《钢结构设计规范》（GB 50017）的构造要求

$h_f \geqslant 1.5\sqrt{t} = 1.5\sqrt{14} = 5.6\text{mm}$；且不大于较薄焊件厚度的 1.2 倍（$1.2 \times 8 = 9.6\text{mm}$）。取用 $h_f = 6\text{mm}$，沿梁全长满焊。

第七节 梁的拼接、连接和支座设计

一、梁的拼接

梁的拼接分为工厂拼接和工地拼接两种。工厂拼接是因受钢材尺寸的限制或充分利用钢材的需要，在工厂把钢材接长或接宽而进行的拼接；工地拼接是由于受运输或安装条件限制，梁须分段制造，运至建设现场后，在工地进行的拼接。

1. 工厂拼接

型钢梁常采用对接焊缝或加盖板用角焊缝拼接，拼接位置宜位于弯矩较小处。

组合梁工厂拼接的位置由钢材尺寸决定。翼缘、腹板的拼接位置宜错开，并避免与加劲肋或次梁连接处重合，以防止焊缝密集与交叉。在工厂制作时，宜先将梁的翼缘和腹板分别接长，然后整体拼装，这样可以减小焊接应力。拼接宜采用对接直焊缝，施焊时宜加引弧板，并采用 1 级或 2 级焊缝。当采用 3 级质量焊缝，因焊缝的抗拉强度低于钢材强度，故应将受拉翼缘和腹板的拼接位置设在弯矩较小的区域，或采用斜对接焊缝。腹板的拼接焊缝与

横向加劲肋的间距应大于或等于 $10t_w$（见图 5－39）。

2. 工地拼接

工地拼接的位置由运输或安装条件确定，翼缘和腹板宜在同一截面位置断开，以减少分段运输时碰损。对于仅由于运输条件限值长度的梁段，可在工地地面再行拼接成较大梁段，然后吊装。当翼缘和腹板的接头不在同一截面位置时，运输单元突出部分应采取防碰损措施。当采用对接焊缝拼接时，由于梁在工地施焊时不便翻身，上、下翼缘宜加工成朝上的 V 形坡口，以便于施焊。为减小焊接应力，工厂宜在拼接部位将翼缘焊缝在端部留出长约 500mm 不焊，并按图 5－40 所示的顺序，在工地施

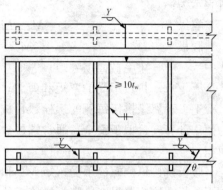

图 5－39　焊接梁的工厂拼接

焊。当工地施焊条件较差，难以保证焊缝质量时，宜采用高强度螺栓摩擦型连接进行拼接（见图 5－41）。

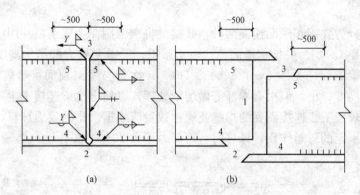

图 5－40　焊接梁的工地拼接
（a）同一截面拼接；（b）翼缘、腹板在不同位置截面拼接

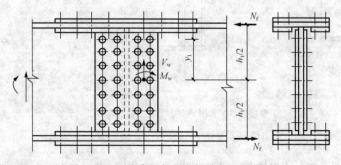

图 5－41　梁采用高强度螺栓的工地拼接

梁的拼接接头应按拼接截面的内力设计，腹板拼接按承受全部剪力和所分配的弯矩共同作用计算；翼缘拼接按所分配的弯矩设计。当接头处的内力较小时，为避免梁接头部位刚度过分减小，接头抗弯承载力不应小于梁毛截面承载力的一半。

梁翼缘与腹板各自分担的弯矩可按其毛截面惯性矩 I_{fx} 和 I_{wx} 进行分配，分配于翼缘的弯

矩 M_f 又可分解为受拉和受压翼缘承受的一对力臂为 h_1 的轴心力 N_f。翼缘和腹板承受的力可表示为：

翼缘 $$M_f = MI_{fx}/I_x, \quad N_f = M_f/h_1 \tag{5-81}$$

腹板 $$M_w = MI_{wx}/I_x, \quad V_w = V \tag{5-82}$$

式中 I_x——梁毛截面惯性矩；

M、V——拼接承受的弯矩和剪力。

上、下翼缘拼接每侧的螺栓数目按承受 N_f 计算；也可按连接与翼缘等强度进行设计，为便于计算，且偏于安全，通常螺栓数目按承受 $A_{nf1} f$ 计算，其中 A_{nf1} 为一个翼缘的净截面面积。

腹板拼接每侧螺栓承受扭矩 M_w 和剪力 V_w，通常先排列好螺栓，再按扭矩和剪力共同作用验算螺栓连接强度。腹板拼接板的高度应尽量接近腹板高度，厚度根据其总净截面的惯性矩不小于梁腹板惯性矩的原则确定。

二、次梁与主梁的连接

次梁与主梁的连接分铰接（简支连接）和刚接连接两种。

1. 铰接连接

铰接连接可分为叠接和侧面连接两种。叠接是将次梁搁在主梁上，并用构造焊缝或螺栓连接［见图 5-42（a）］。叠接构造简单，便于施工，但需要较大的结构高度。侧面连接是将次梁连接于主梁侧面［见图 5-42（b）、（c）］，次梁与主梁顶面可等高，也可不等高。侧面连接的结构高度较小，但次梁端部需做切割处理，以便把次梁连接于主梁的加劲肋或连接角钢上，制作较费工。连接需要的焊缝或螺栓数量应根据次梁的反力计算，考虑连接并非理想铰接，会有一定的弯矩作用，计算时宜将反力增大 20%～30%。

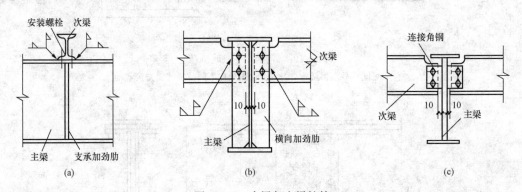

图 5-42 次梁与主梁铰接

(a) 叠接；(b) 采用加劲肋平接；(c) 采用角钢平接

2. 刚性连接

刚性连接应保证在支座处次梁全部内力的可靠传递。图 5-43 表示一种侧面连接构造方式，次梁支承在主梁的支托上，在上翼缘设置连接板。次梁的支座弯矩可分解为作用在上、下翼缘的一对力 $N = M/h$，上翼缘与连接板、下翼缘与支托顶板的连接焊缝应满足传递力 N 的要求。次梁的支座反力 R 通过承压传给支托，再由焊缝传给主梁。R 的作用位置如图 5-43 (c)所示。上翼缘与连接板、下翼缘与支托顶板也可采用高强度螺栓连接。

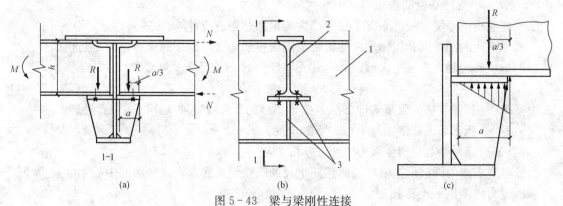

图 5-43　梁与梁刚性连接

（a）1-1 剖面；（b）正侧面刚性连接；（c）次梁支座反力 R 的作用位置

1—主梁；2—次梁；3—支托

三、梁的支座

放置在砌体、钢筋混凝土柱或钢柱上的钢梁通过支座，将荷载传给柱或墙体，再传给基础和地基。本节主要介绍支于砌体或钢筋混凝土上的支座，常用平板支座、弧形支座、铰轴式支座（见图 5-44）三种形式。

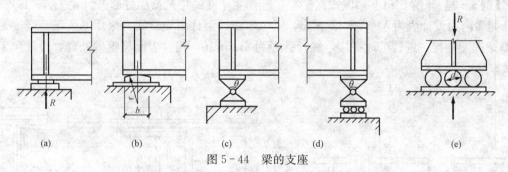

图 5-44　梁的支座

（a）平板支座；（b）弧形支座；（c）铰轴式支座；（d）滚轴支座；（e）辊轴支座

平板支座是在梁端下面垫上钢板做成［见图 5-44（a）］，使梁的端部不能自由移动和转动，一般用于跨度小于 20m 的梁。弧形支座也叫切线式支座［见图 5-44（b）］，由顶面切削成圆弧形的厚 40~50mm 的钢垫板制成，梁能自由转动并可产生适量的移动（摩阻系数约为 0.2），下部结构在支承面上的受力较均匀，常用于跨度为 20~40m，支座反力设计值不超过 750kN 的梁。铰轴式支座［见图 5-42（c）］符合梁简支的力学模型，可以自由转动，下面设置滚轴时称为滚轴支座［见图 5-44（d）］。这种支座构造较复杂，若取掉支座中的铰轴部分，可得构造较为简单的辊轴支座形式［见图 5-44（e）］。辊轴支座能自由转动和移动，只能安装在简支梁的一端。铰轴式支座用于跨度大于 40m 的梁中。

支于砌体或钢筋混凝土柱上的平板支座，其底板应有足够面积将支座压力 R 传给砌体或钢筋混凝土柱，厚度应根据支座反力对底板产生的弯矩进行计算。底板厚度不宜小于 12mm。为了防止支承材料被压坏，支座垫板与支承结构顶面的接触面积 A 按下式确定

$$A = a \times b \geqslant R / f_{cc} \tag{5-83}$$

式中　f_{cc}——支承材料的承压强度设计值；

a、b——支座垫板的长和宽。

支座底板的厚度，按均布支座反力产生的最大弯矩进行计算。

弧形支座的圆弧面和辊轴支座的辊轴与钢板接触面之间为接触应力，为了防止弧形支座的弧形垫块和辊轴支座发生接触破坏，其支座反力 R 应满足下式的要求

$$R \leqslant 40ndlf^2/E \tag{5-84}$$

式中　d——弧形支座的弧形表面接触点曲率半径的 2 倍或辊轴支座的滚轴直径；

　　　l——弧形表面或滚轴与平板的接触长度；

　　　n——滚轴个数，对于弧形支座 $n=1$。

铰轴式支座的圆柱形枢轴，当两相同半径的圆柱形弧面自由接触面的中心角 $\theta \geqslant 90°$ 时，其承压应力应满足下式要求

$$\sigma = 2R/(dl) \leqslant f \tag{5-85}$$

式中　d——枢轴直径；

　　　l——枢轴纵向接触面长度。

在设计梁的支座时，除了保证梁端可靠传递支座反力并符合梁的力学计算模型外，还应结合整个梁格的设计，采取必要的构造措施使支座有足够的水平抗震能力和防止梁端截面的侧移和扭转。

【例 5-2】　［例 5-1］中的焊接工字形截面主梁在跨中某截面处断开（见图 5-45），梁断开截面内力设计值为 $M=920$kN·m，$V=88$kN，钢材为 Q235B。采用 8.8 级高强度螺栓 M20 摩擦型连接，进行工地拼接，螺栓孔径为 21.5mm，构件表面经喷砂处理，设计此工地拼接。

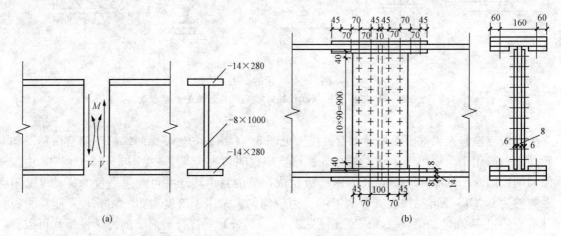

图 5-45　梁的工地拼接
(a) 拼接截面内力；(b) 拼接节点构造

解　(1) 腹板拼接。

一个摩擦型高强度螺栓的抗剪承载力

$$N_v^b = 0.9n_f\mu p = 0.9 \times 2 \times 0.45 \times 125 = 101.25\text{kN}$$

梁的毛截面惯性矩

$$I = 280 \times 1028^3/12 - 272 \times 1000^3/12 = 2.682 \times 10^9 \text{mm}^4$$

腹板的毛截面惯性矩 $I_w = 8 \times 1000^3/12 = 6.667 \times 10^8 \text{mm}^4$

腹板分担的弯矩 $M_w = MI_w/I = 920 \times 6.667 \times 10^8/2.682 \times 10^9 = 228.7 \text{kN} \cdot \text{m}$

初选腹板拼接板为 2—6×330×980，在腹板拼接缝每侧设两列计 22 个螺栓，排列如图 5-45 所示。

剪力 V 移至拼接一侧螺栓群形心处引起的扭矩增量为

$$\Delta M = Ve = 88 \times 10^3 \times (50 + 35) = 7.48 \times 10^6 \text{N} \cdot \text{mm}$$

螺栓群承受的总扭矩为 $M_w + \Delta M = 228.7 \times 10^6 + 7.48 \times 10^6 = 236.18 \times 10^6 \text{N} \cdot \text{mm}$

螺栓群受力最大螺栓所承受的水平剪力为

$$T_1 = \frac{(M_w + \Delta M)y_1}{\sum y_i^2} = \frac{236.18 \times 10^6 \times 450}{4 \times (450^2 + 360^2 + 270^2 + 180^2 + 90^2)} = 5.964 \times 10^4 \text{N} = 59.64 \text{kN}$$

每个高强度螺栓所承受的竖向剪力为

$$V_1 = V/n = 88/22 = 4 \text{kN}$$

$$N_1 = \sqrt{T_1^2 + V_1^2} = \sqrt{59.64^2 + 4^2} = 59.77 \text{kN} < N_v^b = 101.25 \text{kN}$$

虽然螺栓受力大小比承载力低较多，但螺栓竖向间距已接近最大容许距离 $12t = 12 \times 8 = 96 \text{mm}$，构造要求已不能再减少所用螺栓数。

（2）翼缘拼接。

1）按翼缘与腹板分担弯矩计算

$$N_f = (M - M_w)/h_1 = (920 - 228.7) \times 10^6/1014 = 6.82 \times 10^5 \text{N} = 682 \text{kN}$$

所需螺栓数为 $n = 682/101.25 = 6.73$ 个，取用 8 个。

2）按连接与翼缘等强度进行设计

$$A_{nfl}f = (280 - 2 \times 21.5) \times 14 \times 215 = 3318 \times 215 = 7.13 \times 10^5 \text{N} = 713 \text{kN}$$

所需螺栓数为 $n = 713/101.25 = 7.04$ 个，取用 8 个。

翼缘拼接板采用 1—8×280×610 和 2—8×120×610。

（3）净截面强度验算。

梁的净截面惯性矩为

$$I_n = 2.68193 \times 10^9 - 4 \times 14 \times 21.5 \times 507^2 - 2 \times 8 \times 21.5 \times (450^2 + 360^2 + 270^2 + 180^2 + 90^2)$$
$$= 2.21919 \times 10^9 \text{mm}^4$$

$$\sigma = \frac{My}{I_n} = 920 \times 10^6 \times 514/2.21919 \times 10^9 = 213 \text{N/mm}^2 < f = 215 \text{N/mm}^2$$

$$\tau = V/A_{wn} = 88 \times 10^3/[8 \times (1000 - 11 \times 21.5)] = 14 \text{N/mm}^2 < f_v = 125 \text{N/mm}^2$$

满足要求。

以上验算中，为简化计算且偏于安全，未考虑孔前传力。

a. 翼缘拼接板验算。

翼缘拼接板净面积为

$$A_{fsn} = 8 \times (280 + 2 \times 120 - 4 \times 21.5) = 3472 \text{mm}^2 > A_{nfl} = 3318 \text{mm}^2$$

$$\sigma = 682 \times 10^3 (1 - 0.5 \times 2/8)/3472 = 179.85 \text{N/mm}^2 < f = 215 \text{N/mm}^2$$

b. 腹板拼接板验算。

腹板拼接板总净惯性矩

$$I_{ws} = 2 \times 6 \times 980^3/12 - 4 \times 6 \times 21.5 \times (45^2 + 36^2 + 27^2 + 18^2 + 9^2)$$
$$= 7.113 \times 10^8 \, mm^4 > I_w = 6.667 \times 10^8 \, mm^4$$

满足要求。

思 考 题

1. 简支梁须满足哪些条件，才能按部分截面发展塑性计算抗弯强度？

2. 截面塑性发展系数的意义是什么？与截面形状系数（形常数）有何联系？

3. 组合梁在什么情况下须进行折算应力计算？计算公式中的符号分别代表什么意义？

4. 影响梁整体稳定性的因素有哪些？

5. 为了提高钢梁的整体稳定性，设计时可采取哪些措施？

6. 若考虑截面部分塑性，设计组合梁时，梁的翼缘板应满足什么条件？

7. 组合梁的截面高度由哪些条件确定？是否都必须满足？当 $h_e < h_{min}$ 时，梁高如何确定？

8. 组合梁腹板与翼缘的焊缝承受什么力的作用？这种力是怎么产生的？焊缝长度有无限制？

9. 组合梁的翼缘不满足局部稳定性要求时，应如何处理？

10. 腹板加劲肋有哪几种形式？各用于哪些情况来提高腹板的局部稳定性？

11. 组合梁腹板配置加劲肋的原则有哪些？这些原则是根据什么因素决定的？

12. 组合梁腹板横向加劲肋和纵向加劲肋设置时，应注意哪些问题？纵向加劲肋沿纵向为何不设于中和轴处？

13. 考虑腹板屈曲后强度的组合梁应满足哪些条件？有无最大高厚比限制？

14. 梁的支座和中间支承加劲肋各按什么类型构件进行稳定验算？计算长度如何取？

15. 在什么情况下可把梁设计成变截面梁，有哪几种变化方式？各有什么特点？

16. 梁的强度计算包含哪些方面的计算？

17. 梁的拼接有哪几种类型？各用于什么情况？各优先采用什么连接方式？

18. 钢梁工地拼接的设计原则是什么？

习 题

5-1　一简支梁跨度为 5.5m，在梁上翼缘承受均布荷载作用，恒荷载标准值为 10.2kN/m（不包括梁自重），活荷载（无动力作用）标准值为 25kN/m，假定梁的受压翼缘有可靠的侧向支承，可以保证梁的整体稳定。梁采用热轧 H 型钢制作，钢材为 Q235B。要求选择其最经济型钢截面规格，梁的容许挠度为 $l/250$。

5-2　一般条件同习题 5-1，不同之处是梁的受压翼缘无可靠的侧向支承。要求按整体稳定性条件选择上述梁的截面规格。

5-3　某跨度为 8000mm 的简支梁，跨中承受一集中荷载 P 作用，P 为静力荷载，荷载设计值为 1500kN，钢材为 Q235B，截面选择采用双轴对称工字形截面。要求按强度条件设计梁的截面尺寸。

5-4　某跨度为 8000mm 的简支梁，跨中承受一集中荷载 P 作用，P 为静力荷载，荷载设计值为 800kN，钢材为 Q235B，截面为双轴对称工字形截面。要求按整体稳定和局部稳定条件设计梁的截面尺寸。

5-5　图 5-46 所示简支梁，跨度为 15m，均布恒荷载标准值为 $q=15\text{kN/m}$（已包括梁的自重），固定集中活荷载标准值为 $F=340\text{kN}$（无动力作用），材料为 Q345 钢，梁的容许挠度为 $l/400$。梁在固定集中荷载作用处有侧向支承点，可以阻止梁受压翼缘的侧向移动。拟选用焊接工字形截面梁，试设计此梁的截面尺寸，并设计加劲肋。

5-6　图 5-47 所示为两种简支梁截面，其截面面积大小相同。两梁的跨度均为 12m，梁上翼缘没有可靠侧向支承，承受相同的均布荷载，大小也相同，均作用在梁的上翼缘，钢材为 Q235B。要求比较梁的整体稳定系数 φ_b，说明何者整体稳定性更好？

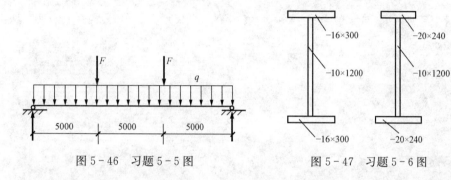

图 5-46　习题 5-5 图　　　　　　图 5-47　习题 5-6 图

5-7　某工作平台的布置简图如图 5-48 所示，材料选用 Q235B，平台上恒荷载的标准值为 4kN/m^2，活荷载的标准值为 9kN/m^2（无动力作用）。平台板为刚性，可以保证次梁的整体稳定。要求完成以下设计内容：

（1）次梁采用热轧 H 型钢，选择中间次梁截面规格；

（2）主梁采用等截面焊接工字形截面梁，设计中间主梁；

（3）主梁采用变截面焊接工字形截面梁，设计中间主梁；

（4）计算主梁腹板与翼缘的连接焊缝；

（5）设计主梁加劲肋；

（6）假定主梁在跨中断开，分段运往工地，设计采用高强度螺栓连接的工地拼接；

图 5-48　习题 5-7 图

（7）次梁连接在主梁的侧面，设计主次梁连接。

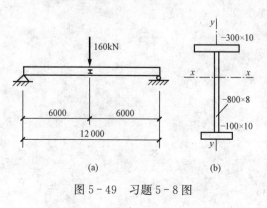

图 5-49　习题 5-8 图

5-8　某简支梁如图 5-49 所示，截面为单轴对称工字形截面，材料采用 Q235B 钢，梁有可靠的侧向支承，承受跨中集中荷载设计值（未包括梁自重）$F=160\text{kN}$。验算该梁是否满足整体稳定性和局部稳定性要求。

5-9　某跨度为 10 000mm 的简支梁，在距梁左右两端 2000mm 处梁顶面各作用一由次梁传来的集中荷载 P，P 为静力荷载，沿梁长度方向的支承长度各为 100mm，荷载设计值为 300kN，钢材为 Q235B，截面为双轴对称工字形截面，翼缘尺寸为－280×10，腹板尺寸为－800×8。要求对梁进行强度验算，并指明计算位置。

5－10　某露顶式平面钢闸门的实腹式主梁，计算跨度 10.6m，荷载跨度 10m，主梁承受均布荷载 $q=120kN/m$（设计水位下的静水压力）。主梁上翼缘和钢面板相连接。面板兼作主梁上翼缘的有效宽度可取为 $B=60\delta+c$，其中，面板厚度 $\delta=8mm$，c 为主梁上翼缘的宽度，可初选为 140mm；横隔板间距为 2.65m。钢材采用 Q235 钢，焊条采用 E50 系列。按照《水利水电工程钢闸门设计规范》（SL 74）设计主梁，内容包括截面选择、截面改变、翼缘与腹板间焊缝计算、局部稳定验算。

5－11　试画出一次梁与主梁刚性连接的构造图，并说明传力过程。

第六章　拉弯和压弯构件

第一节　概　　述

一、定义

同时承受弯矩和轴心拉力或轴心压力的构件称为拉弯构件或压弯构件。压弯构件也称为梁-柱。构件的弯矩可由纵向荷载不通过构件截面形心的偏心所引起［见图6-1（a）］，也可由横向荷载所引起［见图6-1（b）］，或由构件端部转角约束（如固定端、连续或刚架梁、柱等）产生的端部弯矩所引起［见图6-1（c）］。只有绕截面一个形心主轴的弯矩时，称为单向拉弯构件或压弯构件；绕截面两个形心主轴都有弯矩时，称为双向拉弯构件或压弯构件。压弯和拉弯构件是钢结构中常用的构件形式，尤其是压弯构件的应用更为广泛。例如，单层厂房的柱、多层或高层房屋的框架柱、承受不对称荷载的工作平台柱，以及支架柱、塔架、桅杆塔等常是压弯构件；桁架中承受节间内荷载的杆件则是压弯或拉弯构件。

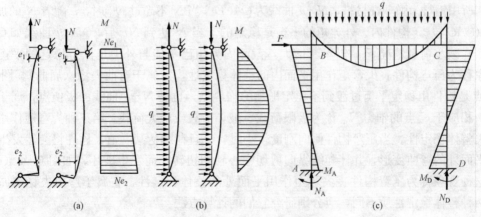

图6-1　拉弯构件和压弯构件
（a）偏心受力构件；（b）轴心力与横向荷载联合作用的构件；（c）刚架

二、截面形式

拉弯和压弯构件的截面形式分为实腹式和格构式两大类，通常做成在弯矩作用方向具有较大的截面尺寸，使在该方向有较大的截面抵抗矩、回转半径和抗弯刚度，以便更好地承受弯矩。在格构式构件中，通常使虚轴垂直于弯矩作用平面，以便根据承受弯矩的需要，更好、更灵活地调整两分肢间的距离。常用截面形式如图6-2所示。当弯矩较小和正负弯矩绝对值大致相等或使用上有特殊要求时，常采用双轴对称截面［见图6-2（a）］。当构件的正负弯矩绝对值相差较大时，为了节省钢材，常采用单轴对称截面［见图6-2（b）］。

三、破坏形式

拉弯构件通常是强度破坏，以截面出现塑性铰作为承载力极限。拉弯构件一般只需进行强度和刚度计算，但当弯矩较大而拉力较小时，拉弯构件与梁的受力状态接近，也应考虑和

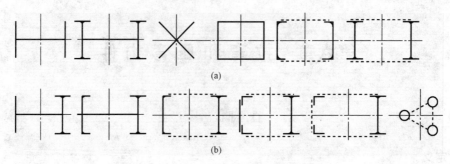

图 6-2 拉弯和压弯构件的截面型式

(a) 双轴对称截面；(b) 单轴对称截面

计算构件的整体稳定性及受压板件或分肢的局部稳定性。

单向压弯构件整体破坏有三种形式：第一种为强度破坏。当构件上有孔洞等削弱较多时或杆端弯矩大于构件中间部分弯矩时，有可能发生强度破坏。第二种为弯矩作用平面内丧失整体稳定性。当构件在轴心力 N 和弯矩 M 共同作用下，开始加载后构件就在弯矩作用平面内发生弯曲变形 [见图 6-3 (a)]。用 u 表示构件中高截面处弯矩作用平面内的位移，若材料为无限弹性体，N-u 曲线如图 6-3 (b) 中 OAB 所示，在 N 接近欧拉荷载时，u 趋向无限大。实际钢结构所用钢材为弹塑性材料，N-u 曲线为 $OACD$。当 N 不超过 N_{ux} 时，u 随着 N 的加大而增大（OAC 段），构件内、外力矩的平衡是稳定的。当 N 达到 N_{ux} 后，N-u 曲线如 CD 段所示，在减小荷载情况下 u 仍不断增大，截面内力矩已不能与外力矩保持稳定的平衡。这种现象称为压弯构件丧失弯矩作用平面内的整体稳定性，它属于弯曲失稳（屈曲）。图 6-3 中 C 点是构件由稳定平衡过渡到不稳定平衡的临界点，也是 N-u 曲线的极值点，属于极值失稳。相应于 C 点的轴力 N_{ux} 称为极限荷载、破坏荷载或最大荷载。第三种为弯矩作用平面外丧失整体稳定性。当压弯构件侧向刚度较小时，一旦荷载达某一值，构件将突然发生弯矩作用平面外的弯曲变形，并伴随绕纵向剪切中心轴的扭转，而发生破坏，如图 6-3 (c) 所示。这种现象称为压弯构件丧失弯矩作用平面外的整体稳定性，它属于弯扭失稳（屈曲）。上述两种整体稳定性质不同，应分别研究它们的计算方法。

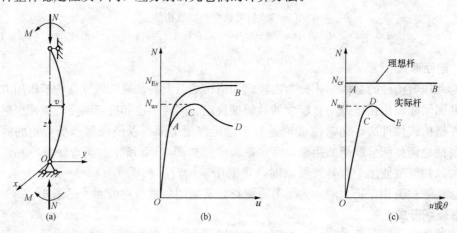

图 6-3 单向压弯构件的轴力-位移曲线

(a) 弯矩作用平面内弯曲变形；(b) N-u 曲线；(c) N-u 或 θ 曲线

双向压弯构件的整体失稳变形为双向弯曲并伴随扭转，属于弯扭失稳。

组成压弯构件的部分或全部板件可能受压，若受压板件发生屈曲，即发生局部失稳（屈曲），将导致压弯构件整体稳定承载力降低。

对于压弯构件，应进行强度、刚度、整体稳定性和局部稳定性计算。

第二节 拉弯、压弯构件的强度和刚度计算

一、拉弯和压弯构件的强度计算

1. 强度极限状态

《钢结构设计规范》（GB 50017）以拉弯和压弯构件的受力最不利截面（最大弯矩截面或有严重削弱的截面）出现塑性铰时作为构件的强度极限状态。根据轴力 N 和弯矩 M 内外力平衡条件，可求得不同截面形式构件在强度极限状态时 N 与 M 的相关关系式。相关公式的曲线如图 6-4 所示。当工字形截面的翼缘和腹板尺寸变化时，相关曲线也随之而变。图 6-4 的阴影区画出了常用工字形截面相关曲线的变化范围。各种截面的拉弯和压弯构件的强度相关曲线均为凸曲线，其变化范围较大。为了使计算简化，且可与轴心受力构件和梁的计算公式衔接，

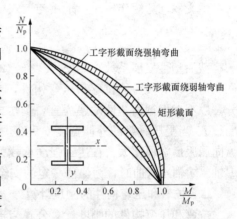

图 6-4 拉弯和压弯构件的强度相关曲线

《钢结构设计规范》（GB 50017）偏于安全地采用相关曲线中的直线作为设计计算公式的基础，其表达式为

$$\frac{N}{N_{\mathrm{p}}} + \frac{M}{M_{\mathrm{p}}} = 1 \tag{6-1}$$

$$N_{\mathrm{p}} = f_{\mathrm{y}} A_{\mathrm{n}}$$

$$M_{\mathrm{p}} = W_{\mathrm{pn}x} f_{\mathrm{y}} = \gamma_{\mathrm{F}} W_{\mathrm{n}x} f_{\mathrm{y}}$$

式中　N_{p}——轴力 N 单独作用时，构件净截面屈服承载力；

　　　A_{n}——构件净截面面积；

　　　M_{p}——弯矩 M 单独作用时，构件净截面塑性铰弯矩；

　　$W_{\mathrm{pn}x}$——构件净截面塑性模量；

　　　γ_{F}——构件截面形常数。

根据不同情况，可以采用三种不同的强度计算准则：

（1）边缘纤维屈服准则。当构件受力最大边缘处的最大应力达到屈服强度时，即认为构件达到强度极限。按此准则，构件始终处于弹性阶段工作。《钢结构设计规范》（GB 50017）对于需要计算疲劳的构件和部分格构式构件的强度计算采用这一准则。《薄壁型钢结构规范》（GB 50018）也采用这一准则。

（2）全截面屈服准则。以构件受力最大截面形成塑性铰为强度极限，用于结构塑性设计。

（3）部分发展塑性准则。以构件受力最大截面的部分受压区或受拉区的应力达到屈服强

度作为构件的强度极限，截面的塑性区发展深度根据具体情况来规定。

2. 强度计算

考虑构件因形成塑性铰而变形过大，以及截面上剪应力等的不利影响，与梁的强度计算类似，设计时有限地利用塑性，用塑性发展系数 γ_x 取代（6-1）式中的截面形常数 γ_F。引入抗力分项系数后，《钢结构设计规范》（GB 50017）对承受单向弯矩作用的实腹式拉弯和压弯构件强度计算公式为

$$\frac{N}{A_n} \pm \frac{M_x}{\gamma_x W_{nx}} \leqslant f \tag{6-2}$$

承受双向弯矩作用时，采用与上式相衔接的线性公式

$$\frac{N}{A_n} \pm \frac{M_x}{\gamma_x W_{nx}} \pm \frac{M_y}{\gamma_y W_{ny}} \leqslant f \tag{6-3}$$

截面塑性发展系数 γ_x、γ_y 按表5-2采用。

需要计算疲劳的拉弯和压弯构件，考虑动力荷载循环次数多，截面塑性发展可能不充分，以不考虑截面塑性发展为宜，仍按式（6-2）或式（6-3）进行计算，但宜取 $\gamma_x = \gamma_y = 1.0$。当受压翼缘的外伸宽度 b_1 与其厚度 t 之比，$13\varepsilon_K \leqslant b_1/t \leqslant 15\varepsilon_K$ 时，为避免翼缘板沿纵向屈服后宽厚比太大在达到强度承载力之前失去局部稳定性，取 $\gamma_x = 1.0$。格构式构件绕虚轴（x 轴）弯曲时，为保证一定的安全裕度，仅考虑边缘纤维屈服，取 $\gamma_x = 1.0$。

二、拉弯和压弯构件的刚度计算

拉弯和压弯构件的刚度计算公式与轴心受力构件相同，有关确定构件的计算长度系数、计算长度、长细比和容许长细比也与轴心受力构件相同。

【例6-1】 验算图6-5所示拉弯构件的强度和刚度是否满足设计要求。轴心拉力设计值 $N = 210\text{kN}$，构件长度中点横向集中荷载设计值 $F = 31.2\text{kN}$，均为静力荷载。钢材 Q235B。杆件长度中点螺栓孔直径 $d_0 = 21.5\text{mm}$。

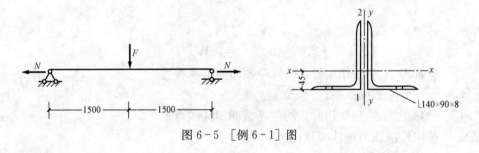

图6-5 [例6-1] 图

解 （1）强度计算。

1）截面几何特性。查型钢表得 L140×90×8 的截面特性为

$$A = 1804\text{mm}^2$$

$$I_x = 3.6564 \times 10^6\text{mm}^4, \quad i_x = 45\text{mm}, \quad z_y = 45\text{mm}, \quad g（角钢自重）= 14.16\text{kg/m}$$

$$A_n = 2(1804 - 21.5 \times 8) = 3264\text{mm}^2$$

净截面抵抗矩，螺栓孔较小，为简化计算，设中和轴位置不变，仍与毛截面的相同：

肢背处　　　$$W_{n1} = \frac{2[3.6564 \times 10^6 - 21.5 \times 8 \times (45-4)^2]}{45} = 1.4966 \times 10^5\text{mm}^3$$

肽尖处 $\quad W_{n2} = \dfrac{2[3.6564 \times 10^6 - 21.5 \times 8 \times (45-4)^2]}{95} = 7.089 \times 10^4 \mathrm{mm}^3$

2）强度验算

$$M_{\max} = \frac{Fl}{4} + \frac{\gamma_G g l^2}{8} = \frac{31.2 \times 3}{4} + \frac{1.2 \times 2 \times 14.16 \times 9.8 \times 3^2}{8 \times 10^3} = 23.77 \mathrm{kN \cdot m}$$

查表 5-1 得，$\gamma_{x1} = 1.05$，$\gamma_{x2} = 1.2$。

肽背处 $\quad \dfrac{N}{A_n} + \dfrac{M_{\max}}{\gamma_{x1} W_{n1}} = \dfrac{210 \times 10^3}{3264} + \dfrac{23.77 \times 10^6}{1.05 \times 1.4966 \times 10^5}$

$$= 215.6 \mathrm{N/mm}^2 \approx f = 215 \mathrm{N/mm}^2$$

肽尖处 $\quad \dfrac{N}{A_n} - \dfrac{M_{\max}}{\gamma_{x2} W_{n2}} = \dfrac{210 \times 10^3}{3264} - \dfrac{23.77 \times 10^6}{1.2 \times 7.089 \times 10^4}$

$$= -215 \mathrm{N/mm}^2 = f = -215 \mathrm{N/mm}^2$$

满足要求。

（2）刚度计算。构件承受静力荷载，故仅须计算竖向平面的长细比

$$\lambda_x = \frac{l}{i_x} = \frac{3000}{45} = 66.7 < [\lambda] = 350$$

满足要求。

第三节　压弯构件的整体稳定

一、实腹式压弯构件的整体稳定

1. 实腹式压弯构件在弯矩作用平面内的稳定性计算

压弯构件也存在残余应力、初弯曲等缺陷。确定压弯构件的承载力时要考虑缺陷影响，再加上不同截面形式和尺寸的影响，不论是采用解析法还是数值积分法，计算过程都是很繁复的，难以直接用于工程设计。《钢结构设计规范》（GB 50017）通过对以边缘纤维屈服为承载力准则公式进行修改，作为实用计算公式。

（1）边缘纤维屈服准则。等值弯矩作用的单向压弯构件如图 6-6 所示，构件的平衡微分方程为

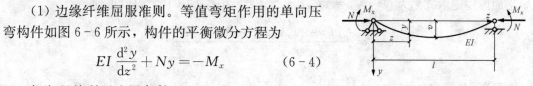

$$EI \frac{\mathrm{d}^2 y}{\mathrm{d}z^2} + Ny = -M_x \qquad (6-4)$$

解方程并利用边界条件（$z=0$ 和 $z=l$ 处，$y=$ 图 6-6　等值弯矩作用的单向压弯构件 0），可求出构件中点的最大挠度

$$v_m = \frac{M_x}{N}\left(\sec \frac{\pi}{2}\sqrt{\frac{N}{N_{Ex}}} - 1\right) \qquad (6-5)$$

由工程力学可知，在两端弯矩 M_x 作用下的简支梁跨度中点的最大挠度 v_0 为

$$v_0 = \frac{M_x l^2}{8EI} \qquad (6-6)$$

式（6-5）可写为

$$v_m = \alpha_v v_0 \tag{6-7}$$

$$\alpha_v = 8\left(\sec\frac{\pi}{2}\sqrt{N/N_{Ex}} - 1\right)/(\pi^2 N/N_{Ex})$$

式中　α_v——挠度放大系数。

把 $\sec\left(\dfrac{\pi}{2}\sqrt{N/N_{Ex}}\right)$ 展开成幂级数后代入上式可得

$$\alpha_v = 1 + 1.028N/N_{Ex} + 1.032(N/N_{Ex})^2 + \cdots$$

$$\approx 1 + N/N_{Ex} + (N/N_{Ex})^2 + \cdots = 1/(1 - N/N_{Ex}) \tag{6-8}$$

对于其他荷载作用下的压弯构件，也可推导得挠度放大系数近似为 $1/(1-N/N_{Ex})$。计算分析表明，当 $N/N_{Ex} < 0.6$ 时，误差不超过 2%。

考虑轴心压力 N 对弯矩的增加影响，压弯构件中的最大弯矩 M_{max} 可表示为

$$M_{max} = M_x + N v_m = M_x + \frac{N v_0}{1 - N/N_{Ex}} = \frac{\beta_{mx} M_x}{1 - N/N_{Ex}} \tag{6-9}$$

式（6-9）中，M_x 是把构件看作简支梁时由荷载产生的跨中最大弯矩，称为一阶弯矩；$N v_m$ 为轴心压力引起的附加弯矩，称为二阶弯矩。β_{mx} 称为等效弯矩系数，$\beta_{mx} = 1 - \dfrac{N}{N_E} + \dfrac{N v_0}{M_x}$。简支构件的最大弯矩 M_x 和最大挠度 v_0 都随荷载而异，因此 β_{mx} 也随之而异。

构件的初始缺陷种类较多，为简化分析，引入轴心压力等效偏心距 e_0 来综合考虑各种初始缺陷，构件边缘纤维屈服条件为

$$\sigma = \frac{N}{A} + \frac{\beta_{mx} M_x + N e_0}{W_x(1 - N/N_E)} = f_y \tag{6-10}$$

初始缺陷主要是由加工制作和安装及构造方式引起的，可认为压弯构件与轴心受压构件的初始缺陷相同。当 $M = 0$ 时，压弯构件转化为带有综合缺陷 e_0 的轴心受压构件，此时在 yOz 平面内稳定承载力为 $N = N_x = A f_y \varphi_x = N_p \varphi_x$。由式（6-10）可以得到

$$e_0 = \frac{(A f_y - N_x)(N_E - N_x)}{N_x N_E} \cdot \frac{W_x}{A}$$

也可表示为

$$\frac{e_0}{W_x} = \frac{(N_p - N_x)}{N_x A}\left(1 - \frac{N_x}{N_E}\right) \tag{6-11}$$

将式（6-11）代入式（6-10）得

$$\sigma = \frac{N}{\varphi_x A} + \frac{\beta_{mx} M_x}{W_x(1 - \varphi_x N/N_E)} = f_y \tag{6-12}$$

式（6-12）即为压弯构件按边缘纤维屈服准则导出的相关公式。

（2）实腹式压弯构件弯矩作用平面内整体稳定性的计算公式。压弯构件在弯矩作用平面

内的整体稳定承载力为极限荷载 N_{ux}（见图 6-3）。实腹式压弯构件丧失弯矩作用平面内的整体稳定性时已出现塑性，且构件还存在着几何缺陷和残余应力。取构件存在 $l/1000$ 的初弯曲和实测的残余应力分布，采用数值计算方法算出了大量压弯构件极限承载力曲线，作为确定实用计算公式的依据。把由数值计算方法得到的 N_{ux} 与用边缘纤维屈服准则导出的式（6-12）中的轴心压力 N 进行对比，并对相关公式进行修改后作为实用计算公式。等效弯矩系数 β_{mx} 本意是使非均匀分布弯矩对构件稳定的效应和等效的均匀弯矩相同。但为了简化计算，按照使非均匀分布弯矩与均匀分布弯矩的压弯构件两者考虑二阶效应后的二阶弯矩最大值相等来得出设计采用值。

《钢结构设计规范》（GB 50017）考虑截面部分塑性开展，采用 $\gamma_x W_{1x}$ 取代 W_x；用 0.8 代替式（6-12）第二项分母中的 φ_x，并把欧拉临界力除以抗力分项系数 γ_R 的平均值 1.1，使计算结果与数值计算法的结果最为接近。考虑抗力分项系数后，规范中关于实腹式单向压弯构件弯矩作用平面内的整体稳定性计算公式为

$$\frac{N}{\varphi_x A} + \frac{\beta_{mx} M_x}{\gamma_x W_{1x}(1-0.8N/N'_{Ex})} \leqslant f \tag{6-13}$$

$$N'_{Ex} = \pi^2 E A / (1.1\lambda_x^2)$$

式中　N——压弯构件的轴心压力；

　　　φ_x——弯矩作用平面内的轴心受压构件稳定系数；

　　M_x——所计算构件段范围内的最大弯矩；

　N'_{Ex}——参数；

　W_{1x}——弯矩作用平面内受压最大纤维的毛截面模量；

　　γ_x——截面塑性发展系数，按表 5-1 采用；

　β_{mx}——等效弯矩系数，按下列规定采用：

1）无侧移框架柱和两端支承的构件。

a. 无横向荷载作用时，取 $\beta_{mx} = 0.6 + 0.4m$，$m = M_2/M_1$，M_1 和 M_2 为端弯矩，使构件产生同向曲率（无反弯点）时取同号，使构件产生反向曲率（有反弯点）时取异号，$|M_1| \geqslant |M_2|$。

b. 无端弯矩但有横向荷载作用时：

跨中单个集中荷载　　　　　　　$\beta_{mqx} = 1 - 0.36N/N_{cr}$

全跨均布荷载　　　　　　　　　$\beta_{mqx} = 1 - 0.18N/N_{cr}$

$$N_{cr} = \pi^2 EI / (\mu l)^2$$

式中　N_{cr}——弹性临界力；

　　　μ——构件的计算长度系数。

c. 有端弯矩和横向荷载同时作用时，将式（6-13）中的 $\beta_{mx} M_x$ 取为 $\beta_{mqx} M_{qx} + \beta_{m1x} M_1$，即工况 a 和工况 b 等效弯矩的代数和。$M_{qx}$ 为横向荷载产生的弯矩最大值。

2）有侧移框架柱和悬臂构件。

a. 有横向荷载的柱脚铰接的单层框架柱和多层框架的底层柱，$\beta_m = 1.0$；其他框架柱，$\beta_m = 1 - 0.36N/N_{cr}$。

b. 自由端作用有弯矩的悬臂柱，$\beta_m = 1 - 0.36(1-m)N/N_{cr}$，式中 m 为自由端弯矩

与固定端弯矩之比，当弯矩图无反弯点时取正号，有反弯点时取负号。

当框架内力采用二阶分析时，柱弯矩由无侧移弯矩和放大的侧移弯矩组成，此时可对两部分弯矩分别乘以无侧移柱和有侧移柱的等效弯矩系数。

对于 T 形、双角钢 T 形、槽形这些单轴对称截面的压弯构件，当弯矩作用于对称轴平面内且使翼缘受压，构件失稳时除可能出现受压区屈服、受压和受拉区同时屈服两种情况外，还可能在受拉区首先出现屈服而导致构件失去承载能力，故除了按式（6-13）计算外，还应按下式计算

$$\left|\frac{N}{A}-\frac{\beta_{\mathrm{m}x}M_x}{\gamma_x W_{2x}(1-1.25N/N'_{\mathrm{E}x})}\right|\leqslant f \qquad (6-14)$$

式中　W_{2x}——对无翼缘端的毛截面模量；

　　　γ_x——与 W_{2x} 相应的截面塑性发展系数，$\gamma_x=1.2$（直接承受动力荷载时 $\gamma_x=1.0$）。

其余符号同式（6-13），式（6-14）中第二项分母中的 1.25 也是经过与理论计算结果比较后引进的修正系数。

《薄壁型钢结构规范》（GB 50018）中单向压弯构件在弯矩作用平面内的整体稳定性采用边缘纤维屈服准，计算公式为

$$\frac{N}{\varphi_x A_{\mathrm{e}}}+\frac{\beta_{\mathrm{m}}M_x}{W_{\mathrm{e}x}(1-\varphi N/N'_{\mathrm{E}x})}\leqslant f \qquad (6-15)$$

$$N'_{\mathrm{E}x}=\pi^2 EA/(1.165\lambda^2)$$

式中　A_{e}——有效截面面积；

　　　W_{e}——对最大受压边缘的有效截面模量；

　　　φ_x——轴心受压构件在弯矩作用平面内的稳定系数；

　　$N'_{\mathrm{E}x}$——系数。

其余符号意义与式（6-13）相同，具体取值见《薄壁型钢结构规范》（GB 50018）。

2. 实腹式单向压弯构件弯矩作用平面外的整体稳定性计算

压弯构件既可能在弯矩作用平面内丧失整体稳定性，也可能在弯矩作用平面外丧失整体稳定性，因此应分别计算构件在弯矩作用平面内和平面外的稳定性。由于考虑初始缺陷的压弯构件侧扭屈曲弹塑性分析过于复杂，设计规范通过对理想压弯构件弯扭失稳的相关曲线进行修改，得出实用计算公式。根据弹性稳定理论，图 6-3 所示实腹式压弯构件在弯矩作用平面外丧失稳定性的临界条件为

$$\left(1-\frac{N}{N_y}\right)\left(1-\frac{N}{N_{\mathrm{w}}}\right)-\left(\frac{M_x}{M_{\mathrm{cr}}}\right)^2=0 \qquad (6-16)$$

$$N_y=\pi^2 EI_y/l_{0y}^2$$

$$N_{\mathrm{w}}=(GI_{\mathrm{t}}+\pi^2 EI_{\mathrm{w}}/l_{\mathrm{w}}^2)/i_0^2$$

$$i_0^2=(I_x+I_y)/A$$

式中　N_y——轴心受压构件绕截面 y 轴的弯曲屈曲临界力；

　　　l_{0y}——构件侧向弯曲的自由长度；

　　　N_{w}——构件的扭转屈曲临界力；

　　　i_0——截面的极回转半径；

l_w——构件的扭转自由长度；

M_{cr}——纯弯曲梁的临界弯矩。

给出 N_w/N_y 的不同值，可绘 N/N_y-M_x/M_{cr} 的相关曲线，如图 6-7 所示。一般情况下 N_w 常大 N_y，因而该曲线均为向上凸。直线关系的表达式为

$$\frac{N}{N_y} + \frac{M_x}{M_{cr}} = 1 \qquad (6-17)$$

若以直线表达式为基础进行设计，既简便又偏于安全。式（6-17）是根据弹性工作状态的双轴对称截面导出的理论公式简化得来的，理论分析和试验研究表明，对于单轴对称截面的压弯构件，只要用该单轴对称截面轴心受压构件的弯扭屈曲临界力 N_{yz} 代替式中的 N_y，公式仍然适用。为使它也适用于弹塑性压弯构件的弯矩作用平面外稳定性计算，取 $N_y = \varphi_y A f_y$ 和 $M_{cr} = \varphi_b W_x f_y$，代入式（6-17），且引入不同截面形式时的截面影响系数 η 和截面塑性发展系数及抗力分项系数后，即得《钢结构设计规范》（GB 50017）中关于单向压弯构件弯矩作用平面外的稳定性计算公式为

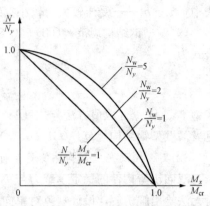

图 6-7 弯扭屈曲时的相关曲线

$$\frac{N}{\varphi_y A} + \eta \frac{M_x}{\varphi_b \gamma_x W_{1x}} \leqslant f \qquad (6-18)$$

式中 φ_y——弯矩作用平面外的轴心受压构件稳定系数，对单轴对称截面应按考虑扭转效应 λ_{yz} 查出。

M_x——所计算构件段范围内的最大弯矩设计值。

η——截面影响系数，闭口截面 $\eta = 0.7$，其他截面 $\eta = 1.0$。

φ_b——考虑弯矩变化和荷载位置影响的受弯构件整体稳定系数。对于闭口截面，由于其抗扭刚度特别大，可取 $\varphi_b = 1.0$。按第五章第三节中方法进行计算。对于工字形截面的非悬臂构件，可按下列简化公式进行计算。

（1）双轴对称工字形截面和 H 形截面

焊接截面 $\qquad\qquad \varphi_b = 1.2 - \dfrac{\lambda_y / \varepsilon_K}{220(1.3 - 0.3m)} \leqslant 1 \qquad (6-19a)$

热轧 H 型钢 $\qquad\qquad \varphi_b = 1.2 - \dfrac{\lambda_y / \varepsilon_K}{250(1.3 - 0.3m)} \leqslant 1 \qquad (6-19b)$

式中 λ_y——构件在侧向支承点间对截面关于侧向弯曲形心轴的长细比。

m——弯矩分布参数。当弯矩在计算段内呈线性变化时，$m = M_2/M_1$，M_1 和 M_2 为端弯矩，使构件产生同向曲率（无反弯点）时取同号，使构件产生反向曲率（有反弯点）时取异号，$|M_1| \geqslant |M_2|$。当弯矩在计算段内呈曲线或折线变化时，若段内最大弯矩值大于 M_1，$m = 1$；令 $M_Q = (M_1 + M_2)/2$，若段内最大弯矩值小于 M_1，且 $M_Q > 0$ 时，$m = m = (M_2 + M_Q)/M_1 \leqslant 1$；若段内最大弯矩值小于 M_1，且 $M_Q < 0$ 时，$m = M_2/M_1$。

（2）单轴对称工字形截面。可将单轴对称工字形截面等效成双轴对称工字形截面进行计

算，翼缘等效宽度 b_e 按下式计算

$$b_e = 0.95b_1 + 0.05b_2 \qquad (6-20)$$

式中 b_1、b_2——受压较大、较小翼缘的宽度。

《薄壁型钢结构规范》（GB 50018）中单向压弯构件弯矩作用平面外的整体稳定性计算公式为

$$\frac{N}{\varphi_y A_e} + \eta \frac{M_x}{\varphi_b W_{ex}} \leqslant f \qquad (6-21)$$

式中 N、M_x、η 取值方法与式（6-18）相同，A_e、W_{ex} 与式（6-15）相同，φ_y 和 φ_b 取值见《薄壁型钢结构规范》（GB 50018）。

3. 实腹式双向压弯构件的稳定性计算

双向压弯构件的稳定承载力与 N、M_x 和 M_y 三者的相对大小有关，考虑各种缺陷影响时无法给出解析解，设计规范对单向压弯构件稳定性计算公式进行了推广和组合，并实现双向压弯构件的稳定性计算与轴心受压构件、单向压弯构件，以及双向受弯构件的整体稳定性计算相互衔接，对弯矩作用在两个主平面内的双轴对称实腹式工字形截面和箱形截面的压弯构件，规定其整体稳定性按下列两公式计算

$$\frac{N}{\varphi_x A} + \frac{\beta_{mx} M_x}{\gamma_x W_x (1 - 0.8N/N'_{Ex})} + \eta \frac{M_y}{\varphi_{by} \gamma_y W_y} \leqslant f \qquad (6-22)$$

$$\frac{N}{\varphi_y A} + \eta \frac{M_x}{\varphi_{bx} \gamma_x W_x} + \frac{\beta_{my} M_y}{\gamma_y W_y (1 - 0.8N/N'_{Ey})} \leqslant f \qquad (6-23)$$

式中各符号意义同前，但其下角标 x 和 y 分别为关于截面强轴 x 和弱轴 y。

理论计算和试验资料证明，上述公式是偏于安全的。《薄壁型钢结构规范》（GB 50018）中双向压弯构件整体稳定性计算公式形式与上式相似。

二、格构式压弯构件的整体稳定性计算

厂房框架柱和大型独立柱常采用格构柱，通常为单向压弯双肢格构柱，截面在弯矩作用平面内的宽度较大，构件肢件基本上都采用缀条连接。当弯矩不大或正负号弯矩的绝对值相差较小时，常用双轴对称截面。当符号不变的弯矩较大或正负号弯矩的绝对值相差较大时，可采用单轴对称截面，并把较大肢件放在较大弯矩产生压应力的一侧。

1. 弯矩绕实轴（y 轴）作用的格构式压弯构件

弯矩绕实轴作用的格构式压弯构件，其弯矩作用平面内和平面外的稳定性计算方法与实腹式构件的相同。但在计算平面外的稳定性时，关于虚轴应取换算长细比来确定 φ_x 值，稳定系数 φ_b 应取 1.0。

2. 弯矩绕虚轴（x 轴）作用的格构式压弯构件

单向压弯双肢格构柱一般是以虚轴作为弯曲轴，绕虚轴的截面模量较大。在弯矩作用平面内失稳采用考虑初始缺陷的以截面边缘纤维屈服作为计算依据，根据截面塑性发展和安全裕度特点，给出弯矩作用平面内整体稳定性的计算公式

$$\frac{N}{\varphi_x A} + \frac{\beta_{mx} M_x}{W_{1x} (1 - \varphi_x N/N'_{Ex})} \leqslant f \qquad (6-24)$$

$$W_{1x} = I_x / y_0$$

式中 I_x 为截面对 x 轴的毛截面抵抗惯性矩；y_0 为由 x 轴到压力较大分肢的轴线距离或到压

力较大分肢腹板边缘的距离，两者中取其较大者，参见图 6-8；φ_x 和 N_{Ex} 由换算长细比 λ_{0x} 确定。

格构式压弯构件两分肢受力不等，受压较大分肢上的平均应力大于整个截面的平均应力，因而还需对分肢进行稳定性计算。可把分肢视作桁架的弦杆来计算每个分肢的轴心力（见图 6-8）。

分肢 1　　$N_1 = (Ny_2 + M_x) / c$
$$(6-25)$$

分肢 2　　　$N_2 = N - N_1$　　　$(6-26)$

缀条式压弯构件的单肢按轴心受压构件计算。单肢的计算长度在缀材平面内取缀条体系的节间长度，而在缀材平面外则取侧向支承点之间的距离。

缀板式压弯构件的单肢除承受轴心力 N_1 或 N_2 作用外，还承受由剪力引起的局部弯矩，剪力取实际剪力和按式（4-82）求出的剪力两者中的较大值。计算肢件在弯矩作用平面内的稳定性时，取一个节间的单肢按压弯构件计算其弯矩作用平面内的稳定性。计算肢件在弯矩作用平面外的稳定性时，计算长度取侧向支承点之间的距离，按轴心受压构件计算。

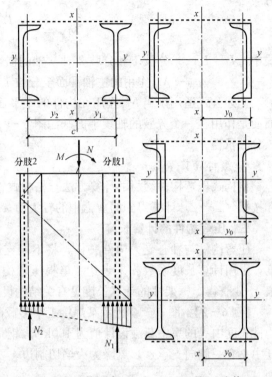

图 6-8　截面中 $W_{1x} = I_x / y_0$ 的 y_0 取值

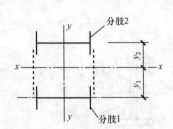

图 6-9　双向压弯格构式构件

受压较大分肢在弯矩作用平面外的计算长度与整个构件相同，只要受压较大分肢在其两个主轴方向的稳定性得到满足，整个构件在弯矩作用平面外的整体稳定性也得到保证，因此不必再计算整个构件在弯矩作用平面外的稳定性。

3. 双向压弯格构式构件

弯矩作用在两个主平面内的双向压弯格构式构件（见图 6-9），其稳定性按下列规定计算：

（1）整体稳定性计算。采用与边缘屈服准则导出的弯矩绕虚轴作用的格构式压弯构件平面内整体稳定性计算式（6-23）相衔接的直线式进行计算

$$\frac{N}{\varphi_x A} + \frac{\beta_{mx} M_x}{W_{1x}(1 - \varphi_x N / N'_{Ex})} + \frac{M_y}{W_{1y}} \leqslant f \qquad (6-27)$$

式中 φ_x 和 N'_{Ex} 由换算长细比确定。

（2）分肢的稳定性计算。分肢按实腹式压弯构件计算，将分肢作为桁架弦杆计算其在轴力和弯矩共同作用下产生的内力（见图 6-9）。

分肢 1
$$N_1 = N \frac{y_2}{a} + \frac{M_x}{a} \qquad (6-28)$$

$$M_{y1} = \frac{I_1/y_1}{I_1/y_1 + I_2/y_2} M_y \qquad (6-29)$$

分肢 2 $$N_2 = N - N_1 \qquad (6-30)$$

$$M_{y2} = \frac{I_2/y_2}{I_1/y_1 + I_2/y_2} M_y \qquad (6-31)$$

式中　I_1、I_2——分肢 1 和分肢 2 对 y 轴的惯性矩；

　　　y_1、y_2——M_y 作用的主轴平面至分肢 1 和分肢 2 轴线的距离。

上述公式适用于当 M_y 作用在构件的主平面时的情形，当 M_y 不是作用在构件的主轴平面而是作用在一个分肢的轴线平面（如图 6-9 中分肢 1 的 1-1 轴线平面），则取 M_y 全部由该分肢承受。

4. 缀材计算

格构式压弯构件缀材的计算方法与格构式轴心受压构件相同，但剪力取构件的实际剪力和按式（4-82）计算得到的剪力中的较大值。

三、压弯构件的计算长度

压弯构件与轴心受力构件一样，将不同支承情况的构件长度代换为等效铰接支承的长度，采用计算长度系数 μ 来表达。单根压弯构件的计算长度系数与轴心受力构件相同，由表 4-4 查得。框架柱的计算长度见有关结构设计部分。

【例 6-2】　图 6-10 所示某焊接工字形截面压弯构件，承受轴心压力设计值为 800kN，构件长度中央的集中荷载设计值为 160kN。钢材为 Q235BF，构件的两端铰支，并在构件长度中央有一侧向支承点。翼缘为火焰切割边。要求验算构件的整体稳定性。

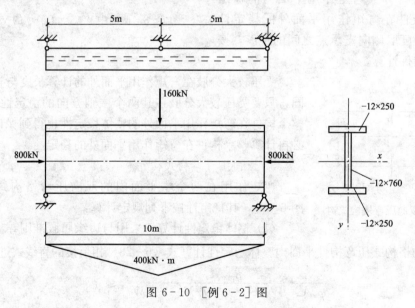

图 6-10　[例 6-2] 图

解　（1）截面特性

$$A = 2 \times 250 \times 12 + 760 \times 12 = 15\,100 \text{mm}^2$$

$$I_x = 2 \times 250 \times 12 \times 386^2 + \frac{1}{12} \times 12 \times 760^3 = 1.332\,96 \times 10^9 \text{mm}^4$$

$$i_x = \sqrt{I_x/A} = \sqrt{1.332\ 96 \times 10^9/15\ 100} = 297.1 \text{mm}$$

$$W_x = 2I_x/h = 1.332\ 96 \times 10^9/392 = 3.400 \times 10^6 \text{mm}^3$$

$$I_y = 2 \times 12 \times 250^3/12 = 3.125 \times 10^7 \text{mm}^4$$

$$i_y = \sqrt{I_y/A} = \sqrt{3.125 \times 10^7/15100} = 45.5 \text{mm}$$

（2）验算构件在弯矩作用平面内的稳定性

$\lambda_x = l_x/i_x = 10\ 000/297.1 = 33.7$，按 b 类截面查附表 2-2 得，$\varphi_x = 0.923$，则有

$$N'_{Ex} = \frac{\pi^2 E}{1.1\lambda_x^2}A = \frac{\pi^2 \times 2.06 \times 10^5}{1.1 \times 33.7^2} \times 15\ 100 \times 10^{-3} = 24\ 575 \text{kN}$$

构件端部无弯矩，但跨中有一个横向集中荷载作用

$$\beta_{mx} = 1 - 0.36 \times N/N_{Ex} = 1 - 0.36 \times 800/(24575 \times 1.1) = 0.99$$

$$\frac{N}{\varphi_x A} + \frac{\beta_{mx} M_x}{\gamma_x W_x (1 - 0.8N/N'_{Ex})}$$

$$= \frac{800 \times 10^3}{0.923 \times 15\ 100} + \frac{0.99 \times 400 \times 10^6}{1.05 \times 3.400 \times 10^6 (1 - 0.8 \times 800/24\ 575)}$$

$$= 171.9 \text{N/mm}^2 < f = 215 \text{N/mm}^2$$

弯矩作用平面内整体稳定性满足要求。

（3）验算构件在弯矩作用平面外的稳定性

$\lambda_y = l_y/i_y = 5000/45.5 = 110$，按 b 类截面查附表 2-2 得，$\varphi_y = 0.493$，$\eta = 1.0$，在侧向支承点范围内，杆段一端的弯矩为 400kN·m，另一端为零，则有

$$\varphi_b = 1.2 - \lambda_y \varepsilon_K/[220 \times (1.3 - 0.3m)] = 1.2 - 110 \times 1/[220 \times (1.3 - 0)] = 0.815$$

$$\frac{N}{\varphi_y A} + \eta \frac{M_x}{\varphi_b \gamma_x W_x} = \frac{800 \times 10^3}{0.493 \times 15\ 100} + 1.0 \times \frac{400 \times 10^6}{0.815 \times 1.05 \times 3.400 \times 10^6}$$

$$= 244.88 \text{N/mm}^2 > f = 215 \text{N/mm}^2$$

弯矩作用平面外的整体稳定性不满足要求。

讨论：虽然在构件跨中设置了一个侧向支承点，但仍然不能满足平面外整体稳定性要求。实际工程设计时必须调整。可增大翼缘宽度，或者跨中改用两个侧向支承点，然后验算，直至满足要求为止。

【例 6-3】 图 6-11 所示某悬臂柱，承受轴心压力 $N = 500$kN（设计值），截面由两个 25a 工字钢组成，缀条用 L50×5，钢材为 Q235 钢。弯矩 M_x 绕虚轴作用，要求确定构件所能承受的弯矩 M_x 的设计值。

解 （1）构件在弯矩作用平面内的稳定承载力计算。

1）截面特性。查型钢表得一个 25a 工字钢的截面积 $A_0 = 4850$mm²，$I_{x1} = 2.8 \times 10^6$mm⁴，$I_y = 5.02 \times 10^7$mm⁴，$i_{x1} = 24$mm，$i_y = 101.8$mm。L50×5 的截面面积 $A_1 = 480$mm²，则有

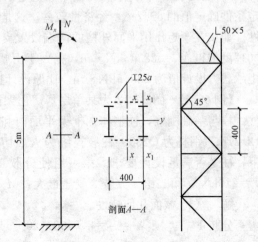

图 6-11 ［例 6-3］图

$$A = 2 \times A_0 = 2 \times 4850 = 9700 mm^2$$

$$I_x = 2 \times (2.8 \times 10^6 + 4850 \times 200^2) = 3.936 \times 10^8 mm^4$$

$$i_x = \sqrt{I_x/A} = \sqrt{3.936 \times 10^8/9700} = 201.4 mm$$

$$W_{1x} = I_x/y_0 = 3.936 \times 10^8/200 = 1.968 \times 10^6 mm^3$$

2）构件在弯矩作用平面内的稳定承载力

$$l_x = 2 \times 5000 = 10\ 000 mm, \quad \lambda_x = l_x/i_x = 10\ 000/201.4 = 49.7$$

换算长细比 $\lambda_{0x} = \sqrt{\lambda_x^2 + 27A/(2A_1)} = \sqrt{49.7^2 + 27 \times 9700/(2 \times 480)} = 52.4$

$$N'_{Ex} = \frac{\pi^2 E}{1.1\lambda_{0x}^2}A = \frac{\pi^2 \times 2.06 \times 10^5}{1.1 \times 52.4^2} \times 9700 = 6.530 \times 10^6 N = 6530 kN$$

按 b 类截面查附表 2-2，$\varphi_x = 0.845$，悬臂柱 $\beta_{mx} = 1.0$，则有

在弯矩作用平面内的稳定性

$$\frac{N}{\varphi_x A} + \frac{\beta_{mx}M_x}{W_{1x}(1 - \varphi_x N/N'_{Ex})} \leqslant f$$

由

$$\frac{500 \times 10^3}{0.845 \times 9700} + \frac{1.0 \times M_x}{1.968 \times 10^6 \times (1 - 0.845 \times 500/6530)} = 215$$

得到

$$M_x = 2.835 \times 10^8 N \cdot mm = 283.5 kN \cdot m$$

（2）单肢稳定承载力计算。

右肢承受的轴压力最大 $N_1 = N/2 + M_x/a = 500 \times 10^3/2 + M_x/(400) = 250 \times 10^3 + 2.5 \times 10^{-3}M_x$

$$\lambda_{x1} = l_{x1}/i_{x1} = 400/24 = 16.7, \quad \lambda_y = l_y/i_y = 2 \times 5000/101.8 = 98.2$$

单根工字钢关于 x_1 和 y 轴分别属于 b 类和 a 类，查稳定系数表可得 $\varphi_{x1} = 0.979$ 和 $\varphi_y = 0.652$。

单肢稳定性 $N_1/(\varphi_y A_1) \leqslant f$

由 $(250 \times 10^3 + 2.5 \times 10^{-3}M_x)/(0.652 \times 4850) = 215$ 得到

$$M_x = 1.7195 \times 10^8 N \cdot mm = 171.95 kN \cdot m$$

此压弯构件由稳定条件确定的弯矩承载力设计值为 171.95kN·m。

讨论：此压弯构件承载力由单肢稳定条件确定，单肢稳定确定的弯矩承载力约为整体稳定条件确定值的 60.7%，经济性较差。这是由于 λ_y 过大造成，可通过减小 λ_y 值来提高经济性。如果在弯矩作用平面外柱的两端设置支撑，柱的计算长度 $l_y = 5000 mm$，减小了一半，同理可求得 $M_x = 283.3 kN \cdot m$，稍大于由整体稳定条件确定的承载力，此时压弯构件的弯矩承载力设计值为 283.5kN·m，比原设计提高近 40%。

【例 6-4】 图 6-12 为某单层厂房框架柱的下柱截面图，在框架平面内属于有侧移框架柱，柱与基础刚接，柱整体在框架平面内和平面外的计算长度分别为 $l_{0x} = 21.7 m$ 和 $l_{0y} = 12.21 m$，钢材为 Q235。柱肢翼缘为火焰切割边。试验算在下列组合内力（设计值）作用下，柱是否满足设计要求。第一组使分肢 1 受压最大：$M_x = 3340 kN \cdot m$，$N = 4500 kN$，$V = 210 kN$；第二组使分肢 2 受压最大：$M_x = 2700 kN \cdot m$，$N = 4400 kN$，$V = 210 kN$。

解   （1）截面几何特性。

分肢 1 $A_1 = 2 \times 400 \times 20 + 640 \times 16 = 2.624 \times 10^4 mm^2$

$I_{y1} = (400 \times 680^3 - 384 \times 640^3)/12 = 2.092 \times 10^9 mm^4$， $i_{y1} = \sqrt{I_{y1}/A_1} = 282.4 mm$

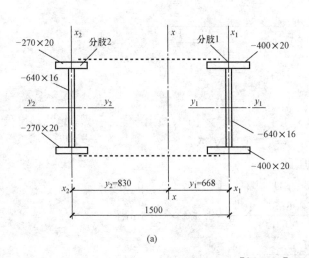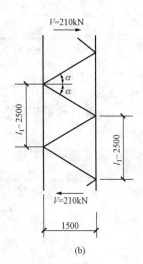

图 6-12 ［例 6-4］图

(a) 截面尺寸；(b) 缀条布置

$$I_{x1}=2\times（20\times400^3）/12=2.133\times10^8\,\text{mm}^4,\ i_{x1}=\sqrt{I_{x1}/A_1}=90.2\,\text{mm}$$

分肢 2 $\qquad A_2=2\times270\times20+640\times16=2.104\times10^4\,\text{mm}^2$

$$I_{y2}=（270\times680^3-254\times640^3）/12=1.526\times10^9\,\text{mm}^4,\ i_{y2}=\sqrt{I_{y2}/A_2}=269.3\,\text{mm}$$

$$I_{x2}=2\times（20\times270^3）/12=6.561\times10^7\,\text{mm}^4,\ i_{x2}=\sqrt{I_{x2}/A_2}=55.8\,\text{mm}$$

整个截面 $\qquad A=A_1+A_2=4.728\times10^4\,\text{mm}^2$

$$y_1=2.104\times10^4\times1500/（4.728\times10^4）=668\,\text{mm}，\ y_2=1500-668=832\,\text{mm}$$

$$I_x=2.133\times10^8+2.624\times10^4\times668^2+6.561\times10^7+2.104\times10^4\times832^2=2.655\times10^{10}\,\text{mm}^4$$

$$i_x=\sqrt{I_x/A}=749\,\text{mm}$$

（2）斜缀条截面选择 ［见图 6-12 (b)］

$$\frac{Af}{85}\sqrt{\frac{f_y}{235}}=\frac{4.728\times10^4\times215}{85}\sqrt{\frac{235}{235}}=1.2\times10^5\,\text{N}=120\,\text{kN}<实际剪力\ V=210\,\text{kN}$$

缀条内力

$\qquad\tan\alpha=125/150=0.833，\ \alpha=39.8°，\ N_c=210/（2\times\cos39.8°）=136.7\,\text{kN}$

斜缀条长度 $\qquad l=150/\cos39.8°=1950\,\text{mm}$

选用单角钢 L100×8，$A=1560\,\text{mm}^2$，$i_u=30.8\,\text{mm}$，$\varepsilon_K=1$。

柱肢根据缀条布置来确定计算长度，缀条作为柱肢的支撑，不应考虑柱肢对缀条的约束作用，取计算长度系数 $\mu=1$。

$\lambda_u=1950/30.8=63.31$，$\lambda_e=80+0.65\lambda_u=121.15<[\lambda]=150$，截面为 b 类，查稳定系数表可得 $\varphi=0.436$

$$\frac{N_c}{\varphi A}=\frac{136.7\times10^3}{0.436\times1560}=200.98\,\text{N/mm}^2<f=215\,\text{N/mm}^2$$

满足要求，且应力接近，选择合适。

（3）弯矩作用平面内整体稳定性验算。

$$\lambda_x = l_{0x}/i_x = 21\,700/749 = 29$$

$$\lambda_{0x} = \sqrt{\lambda_x^2 + 27\frac{A}{A_{1x}}} = \sqrt{29^2 + 27 \times \frac{4.728 \times 10^4}{2 \times 1560}} = 35.4 < [\lambda] = 150$$

属于 b 类截面，查附表 2 - 2 得 $\varphi_x = 0.916$。

$$N'_{Ex} = \pi^2 EA/(1.1\lambda_{0x}^2)$$
$$= \pi^2 \times 206 \times 10^3 \times 4.728 \times 10^4 \times 10^{-3}/(1.1 \times 35.4^2) = 69734\text{kN}$$

单层厂房有侧移框架柱　　　　　$\beta_{mx} = 1 - 0.36N/N_{Ex}$

1）对第一组内力，使分肢 1 受压最大

$$\beta_{mx} = 1 - 0.36 \times 4500/(1.1 \times 69734) = 0.974$$

$$W_{1x} = \frac{I_x}{y_1} = \frac{2.655 \times 10^{10}}{668} = 3.975 \times 10^7\text{mm}^3$$

$$\frac{N}{\varphi_x A} + \frac{\beta_{mx}M_x}{W_{1x}(1 - \varphi_x N/N'_{Ex})}$$
$$= \frac{4500 \times 10^3}{0.916 \times 4.728 \times 10^4} + \frac{0.974 \times 3340 \times 10^6}{3.975 \times 10^7(1 - 0.916 \times 4500/69\,734)}$$
$$= 190.89\text{N/mm}^2 < f = 205\text{N/mm}^2$$

满足要求。

2）对第二组内力，使分肢 2 受压最大

$$\beta_{mx} = 1 - 0.36 \times 4400/(1.1 \times 69\,734) = 0.979$$

$$W_{2x} = \frac{I_x}{y_2} = \frac{2.655 \times 10^{10}}{832} = 3.191 \times 10^7\text{mm}^3$$

$$\frac{N}{\varphi_x A} + \frac{\beta_{mx}M_x}{W_{2x}(1 - \varphi_x N/N'_{Ex})}$$
$$= \frac{4400 \times 10^3}{0.916 \times 4.728 \times 10^4} + \frac{0.979 \times 2700 \times 10^6}{3.191 \times 10^7(1 - 0.916 \times 4400/69\,734)}$$
$$= 189.52\text{N/mm}^2 < f = 205\text{N/mm}^2$$

满足要求。

（4）分肢整体稳定性验算。

1）分肢 1 整体稳定性验算（采用第一组内力）

$$N_1 = Ny_2/a + M_x/a = 4500 \times 832/1500 + 3340 \times 10^3/1500 = 4722\text{kN}$$

$\lambda_{x1} = l_{x1}/i_{x1} = 2500/90.2 = 27.7$，$\lambda_{y1} = l_{y1}/i_{y1} = 12\,210/282.4 = 43.2 > \lambda_{x1} = 27.7$

由 $\lambda_{y1} = 43.2$ 查附表 2 - 2（b 类截面）得 $\varphi_{min} = \varphi_{y1} = 0.886$，则

$$N_1/(\varphi_{y1}A_1) = 4.722 \times 10^6/(0.886 \times 26\,240) = 203.1\text{N/mm}^2 < f = 205\text{N/mm}^2$$

满足要求。

2）分肢 2 整体稳定性验算（采用第二组内力）

$$N_2 = Ny_1/a + M_x/a = 4400 \times 668/1500 + 2700 \times 10^3/1500 = 3759\text{kN}$$

$\lambda_{x2} = l_{x2}/i_{x2} = 2500/55.8 = 44.8$，$\lambda_{y2} = l_{y2}/i_{y2} = 12\,210/269.3 = 45.3 > \lambda_{x2} = 44.8$

由 $\lambda_{y2} = 45.3$ 查附表 2 - 2（b 类截面）得 $\varphi_{min} = \varphi_{y2} = 0.877$，则

$$N_2/(\varphi_{y2}A_2) = 3.759 \times 10^6/(0.877 \times 21\,040) = 204\text{N/mm}^2 < f = 205\text{N/mm}^2$$

满足要求。

(5) 分肢局部稳定性验算。分肢采用焊接组合工字形截面,需按轴心受压验算分肢局部稳定性。分肢 1 和分肢 2 的计算长度相同,腹板宽厚比相同,但分肢 1 比分肢 2 的翼缘板宽厚比大,只需验算分肢 1 的局部稳定性。

$$\lambda_{max} = \lambda_{y1} = 43.2 < 50\varepsilon_K = 50$$

翼缘板 $\qquad b/t = 192/20 = 9.6 < 14\varepsilon_K = 14$

腹板 $\qquad h_0/t_w = 640/16 = 40 < 42\varepsilon_K = 42$

满足要求。

(6) 弯矩绕虚轴作用,弯矩作用平面外的稳定性不必再计算。

由以上结果可知,设计满足要求。

第四节 实腹式压弯构件的局部稳定

实腹式压弯构件的板件可能处于正应力 σ 或正应力与剪应力 τ 共同作用的受力状态,当应力达到一定值时,板件可能发生失稳(屈曲),对构件来讲称为局部失稳(屈曲),也称构件丧失局部稳定性。压弯构件的局部稳定性常采用限制板件宽(高)厚比的办法来保证。

一、不利用屈曲后强度的局部稳定性计算

1. 压弯构件受压翼缘板的稳定性计算

我国对压弯构件的受压翼缘板采用不允许发生局部失稳的设计准则。工字形截面和箱形截面压弯构件的受压翼缘板,受力情况与相应梁的受压翼缘板基本相同,因此为保证其局部稳定性,所需的宽厚比限值可直接采用有关梁中的规定,即:

(1) H 形及 T 形截面翼缘板自由外伸宽度 b_1 与其厚度 t 之比应满足下列要求:

对于 S3 级构件(强度和稳定性计算时取 $\gamma_x = 1.05$) $\qquad b_1/t \leqslant 13\varepsilon_K$ $\qquad$ (6-32a)

对于 S4 级构件(强度和稳定性计算时取 $\gamma_x = 1$) $\qquad b_1/t \leqslant 15\varepsilon_K$ $\qquad$ (6-32b)

(2) 箱形截面受压翼缘板在两腹板间的宽度 b_0 与其厚度 t 之比应符合:

对于 S3 级构件 $\qquad\qquad b_0/t \leqslant 42\varepsilon_K$ $\qquad$ (6-33a)

对于 S4 级构件 $\qquad\qquad b_0/t \leqslant 45\varepsilon_K$ $\qquad$ (6-33b)

2. 压弯构件腹板的稳定计算

(1) H 形截面的腹板。H 形截面压弯构件腹板的应力状态如图 6-13 所示,腹板承受不均匀正应力 σ 和剪应力联合作用,腹板的弹性屈曲压应力可表达为

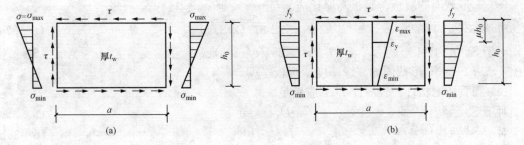

图 6-13 四边简支矩形腹板边缘的应力分布和纵向压应变

(a) 弹性阶段;(b) 弹塑性阶段

$$\sigma_{cr} = K_e \frac{\pi^2 E}{12(1-v^2)} \left(\frac{t_w}{h_0}\right)^2 \tag{6-34}$$

式中　K_e——弹性屈曲系数，其值与 τ/σ、应力梯度 $\alpha_0 = (\sigma_{max} - \sigma_{min})/\sigma_{max}$ 有关。σ_{max}、σ_{min} 分别为腹板计算高度边缘的最大压应力和腹板另一边缘相应的应力，计算时不考虑构件的稳定系数和截面塑性发展系数，取压应力为正，拉应力为负。根据压弯构件的设计资料可取 $\tau/\sigma = 0.15\alpha_0$，此时 K_e 值见表 6-1。

表 6-1　　　　　　　　　　　　　　　　K_e 值

α_0	0	0.2	0.4	0.6	0.8	1.0	1.2	1.4	1.6	1.8	2.0
K_e	4.000	4.435	4.970	5.640	6.469	7.507	8.815	10.393	12.150	13.800	15.012

对于在弯矩作用平面内稳定控制设计的压弯构件，一般都会在截面出现塑性区，应按照板的塑性屈曲理论来确定板的屈曲应力

$$\sigma_{cr} = K_p \frac{\pi^2 E}{12(1-v^2)} \left(\frac{t_w}{h_0}\right)^2 \tag{6-35}$$

式中　K_p——弹塑性屈曲系数，其值与 τ/σ、应变梯度 $\alpha = (\varepsilon_{max} - \varepsilon_{min})/\varepsilon_{max}$、塑性变形发展深度 μh_0 等有关，取值可见板的塑性屈曲分析。

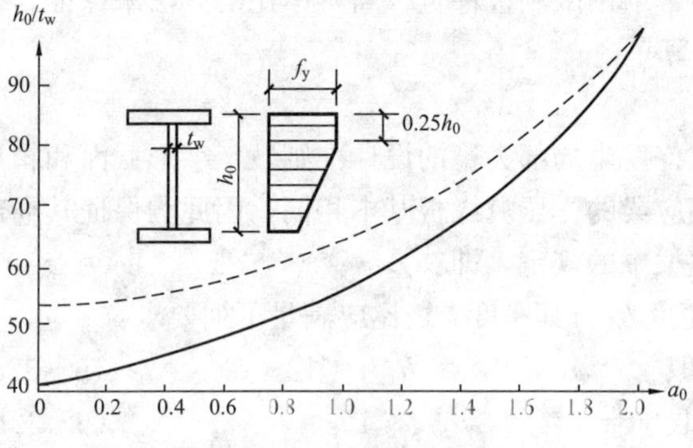

图 6-14　腹板的容许高厚比

计算分析得到压弯构件 h_0/t_w 随应力梯度而变化的曲线如图 6-14 中虚线所示。对于 Q235 钢压弯构件考虑缺陷的影响，它比理论曲线略低，并在 $\alpha_0 = 0$ 处与轴心受压相衔接，其 h_0/t_w 随应力梯度而变化的曲线如图 6-14 中的实线所示。

H 形截面腹板 h_0/t_w 应满足下列要求

对于 S3 级构件　　　　　$h_0/t_w \leqslant (42 + 18\alpha_0^{1.51})\varepsilon_K$ \hfill (6-36a)

对于 S4 级构件　　　　　$h_0/t_w \leqslant (45 + 25\alpha_0^{1.66})\varepsilon_K$ \hfill (6-36b)

（2）箱形截面的腹板。箱形截面压弯构件腹板高厚比限值的计算方法与工字形截面相同，但考虑其腹板边缘的嵌固程度比工字形截面弱，且两块腹板的受力情况也可能不完全一致，因而其腹板的 h_0/t_w 不应超过式（6-33）的限值。

（3）T 形截面的腹板。腹板高厚比应满足

对于 S3 级构件　　　　　$h_0/t_w \leqslant 22\sqrt{t/(2t_w)}\varepsilon_K$ \hfill (6-37a)

对于 S4 级构件　　　　　$h_0/t_w \leqslant 25\sqrt{t/(2t_w)}\varepsilon_K$ \hfill (6-37b)

式中　t、t_w——T 形截面的翼缘厚度、腹板厚度。

（4）圆管压弯构件。径厚比 D/t 应满足

对于 S3 级构件　　　　　$D/t \leqslant 90$ \hfill (6-38a)

对于 S4 级构件　　　　　$D/t \leqslant 100$ \hfill (6-38b)

二、利用屈曲后强度的局部稳定性计算

当工字形和箱形截面压弯构件腹板的高厚比不能满足上述要求时，可加大腹板厚度，使

其满足要求。但此法当 h_0 较大时，可能导致多费钢材；也可在腹板两侧设置纵向加劲肋，使加劲肋与翼缘间腹板高厚比满足上述要求。压弯构件的板件当用纵向加劲肋加强以满足宽厚比限值时，加劲肋宜在板件两侧成对配置，其一侧外伸宽度不应小于板件厚度 t 的 10 倍，厚度不宜小于 $0.75t$。还可以利用屈曲后强度进行设计。

腹板受压区的有效宽度 h_e 应取为

$$h_e = \rho h_c \tag{6-39}$$

式中 h_c——腹板受压区宽度，当腹板全部受压时，$h_c = h_w$；

ρ——有效宽度系数，当 $\lambda_p \leqslant 0.75$ 时，$\rho = 1.0$，当 $\lambda_p > 0.75$ 时，$\rho = (1 - 0.19/\lambda_p)/\lambda_p$。

工字形截面的腹板有效宽度 h_e 应按下列规则分布：

当截面全部受压，即 $\alpha_0 \leqslant 1$ 时
[见图 6-15 (a)]

$$h_{e1} = 2h_e/(4 + \alpha_0) \tag{6-40}$$

$$h_{e2} = h_e - h_{e1} \tag{6-41}$$

当截面部分受拉，即 $\alpha_0 > 1$ 时
[见图 6-15 (b)]

$$h_{e1} = 0.4h_e \tag{6-42}$$

$$h_{e2} = 0.6h_e \tag{6-43}$$

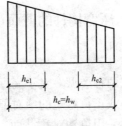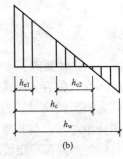

图 6-15 有效宽度的分布

箱形截面压弯构件翼缘宽厚比超限时也应按式 (6-39) 计算其有效宽度，计算时取 $k\sigma = 4.0$。有效宽度分布在两侧均等。

利用屈曲后强度应采用下列公式计算其承载力：

强度计算

$$\frac{N}{A_{ne}} \pm \frac{M_x + Ne}{\gamma_x W_{nex}} \leqslant f \tag{6-44}$$

平面内稳定性计算

$$\frac{N}{\varphi_x A_e} + \frac{\beta_{mx} M_x + Ne}{\gamma_x W_{elx}(1 - 0.8N/N'_{Ex})} \leqslant f \tag{6-45}$$

平面外稳定性计算

$$\frac{N}{\varphi_y A_e} + \eta \frac{M_x + Ne}{\varphi_b \gamma_x W_{elx}} \leqslant f \tag{6-46}$$

式中 A_{ne}、A_e——有效净截面面积和有效毛截面面积；

W_{nex}——有效截面的净截面模量；

W_{elx}——有效截面对较大受压纤维的毛截面模量；

e——有效截面形心至原截面形心的距离。

对于截面尺寸十分宽大的构件，为了防止构件变形，应设置横隔，每个运送单元不应少于两个，且横隔间距不大于 8m。

三、塑形设计中框架柱的局部稳定要求

当采用塑性设计时，框架柱的板件应满足 S1 级压弯构件的要求，以保证在形成塑性铰时不发生板件失稳。工字形截面翼缘板 $b_1/t \leqslant 9\varepsilon_K$，腹板 $h_0/t_w \leqslant 44\varepsilon_K$。

【例 6-5】 验算例 6-2 中的压弯构件是否满足局部稳定要求。

解　（1）翼缘局部稳定性验算

$$b_1/t = 119/12 = 9.92 < 13\varepsilon_K = 13$$

满足要求。

（2）腹板局部稳定性验算

$$\begin{matrix} \sigma_{max} \\ \sigma_{min} \end{matrix} = \frac{N}{A} \pm \frac{My_1}{I_x} = \frac{800 \times 10^3}{15\ 100} \pm \frac{400 \times 10^6 \times 380}{1.332\ 96 \times 10^9} = \begin{matrix} 167 \\ -61 \end{matrix} \text{N/mm}^2$$

$$\alpha_0 = (\sigma_{max} - \sigma_{min})/\sigma_{max} = [167 - (-61)]/167 = 1.365$$

S3 级构件

$$h_0/t_w = 76/12 = 63.3 < (42 + 18\alpha_0^{1.51})\varepsilon_K = (42 + 18 \times 1.365^{1.51}) \times 1 = 70.80$$

满足要求。

第五节　压弯构件的截面设计和构造要求

一、设计要求

压弯构件有实腹式和格构式两种类型。对于高度较大的厂房框架柱和独立柱，多采用格构式，以节约钢材。当弯矩较小或正负弯矩的绝对值相差较小时，常采用双轴对称截面。当正负弯矩绝对值相差较大时，常采用单轴对称截面。压弯构件截面设计应满足强度、刚度、整体稳定和局部稳定要求。当格构式压弯构件承受的弯矩绕虚轴作用时，还应满足单肢稳定要求。在满足设计要求的前提下，截面的轮廓尺寸应尽量大而板件的厚度应较小，以较小的截面面积获得较大的惯性矩和回转半径，从而节省钢材。应尽量使弯矩作用平面内和平面外的整体稳定承载力接近。设计的构件应构造简单，制造方便、连接简单。

压弯构件的加劲肋、横隔和纵向连接焊缝的构造要求与相应轴心受压构件相同。

由于压弯构件的计算比较复杂，一般先根据构造要求或设计经验，假设初选的截面形式和尺寸，然后根据设计要求进行各项验算。当验算不满足要求或过于保守时，适当调整截面尺寸，再重新验算，直至满意为止。

二、实腹式压弯构件的截面设计

实腹式压弯构件截面设计可按下列步骤进行：

（1）确定构件承受的内力设计值，即弯矩设计值 M_x（M_y）、轴心压力设计值 N 和剪力设计值 V。

（2）选择截面形式。

（3）选择钢材及确定钢材强度设计值。

（4）确定弯矩作用平面内和平面外的计算长度。

（5）根据经验或已有资料初选截面尺寸。

（6）对初选截面进行验算和修改：①强度验算；②刚度验算；③弯矩作用平面内整体稳定性验算；④弯矩作用平面外整体稳定性验算；⑤局部稳定性验算。如果验算不满足要求，或富裕过大，则应对初选截面进行修改，重新进行验算，直至满意为止。

三、格构式压弯构件的截面设计

格构式压弯构件大多用于单向压弯，且弯矩绕截面的虚轴作用时的情况。调整两分肢轴线间的距离可增大抵抗弯矩的能力。压弯构件两分肢轴线间距离较大时，一般都应采用缀条柱，以获得较大构件刚度。现以这种格构式压弯构件的截面设计步骤为例说明如下，其他格构式压弯构件的设计均可参照进行。

（1）按构造要求或凭经验初选两分肢轴线间距离或两肢背面间的距离 b（见图 6 - 16）。例如，取 $b \approx (1/15 \sim 1/22) H$，$H$ 为构件的长度。

（2）求两分肢所受轴力 N_1 和 N_2，按轴心受压构件确定两分肢截面尺寸。

（3）缀条截面设计和缀条与分肢的连接设计。

（4）对整体格构式构件进行各项验算。不满足要求时，作适当修改，直到全部满足要求，且不过于保守为止。

格构式压弯构件的肢件采用 H 型钢或组合截面（如焊接工字形截面）时，应按单肢验算的条件进行局部稳定性验算。

【例 6 - 6】 图 6 - 16 所示为一对偏心受压焊接工字形截面悬臂柱，翼缘为焰切边，在弯矩作用平面内为悬臂柱，柱底与基础刚性固定，柱高 $H = 6.5 \text{m}$，在弯矩作用平面外设支撑系统作为侧向支承点，支承点处按铰接考虑。每柱承受压力设计值 $N = 1200 \text{kN}$（标准值为 $N_k = 900 \text{kN}$，柱自重已折算计入），偏心距 0.5m。悬臂柱顶端容许位移 $[u] = 2H/300$。钢材为 Q235B。试设计此柱的截面尺寸。

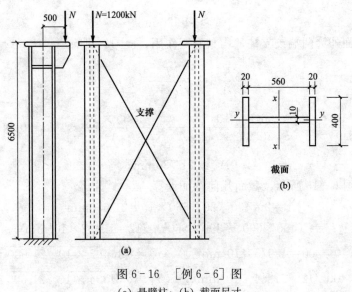

图 6 - 16 ［例 6 - 6］图
(a) 悬臂柱；(b) 截面尺寸

解 （1）内力设计值

$$N = 1200 \text{kN}, \ M_x = 1200 \times 0.5 = 600 \text{kN} \cdot \text{m}$$

内力标准值

$$N_k = 900 \text{kN}, \ M_{kx} = 900 \times 0.5 = 450 \text{kN} \cdot \text{m}$$

（2）采用双轴对称焊接工字形截面。

（3）钢材为 Q235 - B，估计翼缘

$$t > 16 \text{mm}, \ f = 205 \text{N/mm}^2$$

（4）确定计算长度。

弯矩作用平面内 $\qquad H_{0x} = \mu H = 2 \times 6.5 = 13 \text{m}$

弯矩作用平面外　　　　　　　　　　$H_{0y}=H=6.5\text{m}$

（5）初选截面。$H_{0x}=2H_{0y}$，两者相差较大，且柱承受偏心压力荷载作用，为了便于柱顶放置荷载作用部件，柱截面宜用较大 h。初选采用 $h=600\text{mm}$，$b=400\text{mm}$。先按弯矩作用平面内和平面外的整体稳定性计算所需截面面积（截面回转半径近似值见表 4-7）

$$i_x \approx 0.43h = 258\text{mm}, \ \lambda_x \approx 13\ 000/258 = 50.4, \ \varphi_x = 0.854$$

$$W_x/A = i_x^2/(h/2) \approx 258^2/300 = 222\text{mm}, \ W_x = 222A\text{mm}^3$$

根据设计经验，可近似取

$$(1-0.8N/N'_{\text{Ex}}) \approx 0.9$$

$$i_y \approx 0.24b = 96\text{mm}, \ \lambda_y \approx 6500/96 = 67.7, \ \varphi_y = 0.765, \ M_1 = M_2 = 600\text{kN·m}, \ m = 1$$

$$\varphi_b = 1.2 - \lambda_y \varepsilon_K/[220 \times (1.3-0.3m)] = 1.2 - 67.7 \times 1/[220 \times (1.3-0.3)] = 0.892$$

弯矩作用平面内为悬臂构件，$\beta_{mx} = 0.6 + 0.4 \ m = 1$，$\gamma_x = 1.05$，则有

由　　　　　　　　$$\frac{N}{\varphi_x A} + \frac{\beta_{mx} M_x}{\gamma_x W_x(1-0.8N/N'_{\text{Ex}})} \leqslant f$$

$$\frac{1200 \times 10^3}{0.854A} + \frac{1 \times 600 \times 10^6}{1.05 \times (222A) \times 0.9} = \frac{4.27 \times 10^6}{A} \leqslant f = 205\text{N/mm}^2$$

可求得　　　　　　　　　　　　$$A \geqslant 20\ 829\text{mm}^2$$

弯矩作用平面外为两端铰支柱，均布弯矩作用，$\eta=1$，则有

由　　　　　　　　　　$$\frac{N}{\varphi_y A} + \eta \frac{M_x}{\gamma_x \varphi_b W_x} \leqslant f$$

$$\frac{1200 \times 10^3}{0.765A} + \frac{600 \times 10^6}{1.05 \times 0.892 \times (222A)} = \frac{4.455 \times 10^6}{A} \leqslant f = 205\text{N/mm}^2$$

可求得　　　　　　　　　　　$$A \geqslant 21\ 730\text{mm}^2$$

初选截面如图 6-16 所示，截面几何特征计算

$$A = 2 \times 400 \times 20 + 560 \times 10 = 21\ 600\text{mm}^2$$

$$I_x = (400 \times 600^3 - 390 \times 560^3)/12 = 1.492 \times 10^9 \text{mm}^4$$

$$W_x = 1.492 \times 10^9/300 = 4.975 \times 10^6 \text{mm}^3, \quad i_x = \sqrt{1.492 \times 10^9/21\ 600} = 262.9\text{mm}$$

$$I_y = 2 \times 20 \times 400^3/12 = 213.4 \times 10^6 \text{mm}^4, \quad i_y = \sqrt{213.4 \times 10^6/21\ 600} = 99.4\text{mm}$$

（6）截面计算。

1）强度验算

$$N/A_n + M_x/\gamma_x W_{nx} = 1200 \times 10^3/21\ 600 + 600 \times 10^6/(1.05 \times 4.975 \times 10^6)$$

$$= 55.6 + 114.9 = 170.5\text{N/mm}^2 < f = 205\text{N/mm}^2$$

强度满足要求。

2）长细比验算

$$\lambda_x = H_{0x}/i_x = 13\ 000/262.9 = 49.4 < [\lambda] = 150$$

$$\lambda_y = H_{0y}/i_y = 6500/99.4 = 65.4 < [\lambda] = 150$$

长细比满足要求。

3）弯矩作用平面内整体稳定验算。b 类截面，$\varphi_x = 0.859$，则有

$$N'_{Ex} = \pi^2 EA/(1.1\lambda_x^2) = \pi^2 \times 2.06 \times 10^5 \times 21\ 600/(1.1 \times 49.4^2)$$

$$= 1.636 \times 10^7 \text{N} = 16\ 360\text{kN}$$

$$\frac{N}{\varphi_x A} + \frac{\beta_{mx} M_x}{\gamma_x W_x (1 - 0.8N/N'_{Ex})} = \frac{1200 \times 10^3}{0.859 \times 21\ 600} + \frac{1 \times 600 \times 10^6}{1.05 \times 4.975 \times 10^6 (1 - 0.8 \times 1200/16\ 360)}$$

$$= 64.7 + 122.0 = 186.7 \text{N/mm}^2 < f = 205 \text{N/mm}^2$$

弯矩作用平面内整体稳定性满足要求。

4）弯矩作用平面外整体稳定验算。b 类截面，$\varphi_y = 0.778$，则有

$$\varphi_b = 1.2 - \lambda_y \varepsilon_K / [220 \times (1.3 - 0.3m)] = 1.2 - 65.4 \times 1/[220 \times (1.3 - 0.3)] = 0.903$$

$$\frac{N}{\varphi_y A} + \eta \frac{M_x}{\gamma_x \varphi_b W_x} = \frac{1200 \times 10^3}{0.778 \times 21\ 600} + 1 \times \frac{600 \times 10^6}{1.05 \times 0.903 \times 4.975 \times 10^6}$$

$$= 198.6 \text{N/mm}^2 < f = 205 \text{N/mm}^2$$

弯矩作用平面外整体稳定性满足要求。

5）柱顶位移验算

$$u = \frac{M_{kr} H^2}{2EI_x} \cdot \frac{1}{1 - N_k/N_{Ex}} = \frac{900 \times 10^3 \times 500 \times 6500^2}{2 \times 2.06 \times 10^5 \times 1.492 \times 10^9} \cdot \frac{1}{1 - 900/(1.8 \times 10^4)}$$

$$= 32.6 \text{mm} < [u] = 2H/300 = 2 \times 6500/300 = 43.3 \text{mm}$$

刚度满足要求。

6）局部稳定验算：

翼缘　　　　　　　　　$b_1/t = 195/20 = 9.75 < 13\varepsilon_K = 13$

腹板 $\begin{matrix} \sigma_{max} \\ \sigma_{min} \end{matrix} = \frac{N}{A} \pm \frac{M_x}{I_x} \frac{h_0}{2} = \frac{1200 \times 10^3}{21\ 600} \pm \frac{600 \times 10^6 \times 280}{1.492 \times 10^9} = 55.6 \pm 112.6 = \begin{matrix} 168.2 \\ -57.0 \end{matrix} \text{N/mm}^2$

$$\alpha_0 = (\sigma_{max} - \sigma_{min})/\sigma_{max} = (168.2 + 57.0)/168.2 = 1.34$$

$$h_0/t_w = 560/10 = 56 < (42 + 18\alpha_0^{1.51})\varepsilon_K = (42 + 18 \times 1.34^{1.51}) \times 1 = 70.0$$

基本稳定性满足要求。

因此，所选截面满足各项要求，弯矩作用平面内和外的计算应力与强度设计值较接近，设计合理。

【例 6-7】　设计某单向压弯格构式双肢缀条柱［见图 6-17（a）］，柱高 6m，两端铰接，在柱高中点处沿虚轴 x 方向有一侧向支承，截面无削弱。钢材为 Q235B。柱顶静力荷载设计值为轴心压力 $N = 600\text{kN}$，弯矩 $M_x = \pm 150\text{kN} \cdot \text{m}$，柱底无弯矩。

解　（1）初选柱截面宽度 b。按构造和刚度要求

$$b \approx (1/15 \sim 1/22)H = (1/15 \sim 1/22) \times 6000 = 400 \sim 273\text{mm}，初选用 b = 400\text{mm}$$

（2）确定分肢截面。柱子承受等值的正、负弯矩，因此采用双轴对称截面。分肢截面采用热轧槽钢，内扣［见图 6-17（d）］。设槽钢横截面形心线 1-1 距腹板外表面距离 $y_0 = 20\text{mm}$，则两分肢轴线间距离为

$$b_0 = b - 2y_0 = 400 - 2 \times 20 = 360\text{mm}$$

分肢中最大轴心压力为　$N_1 = N/2 + M_x/b_0 = 600/2 + 150/0.36 = 716.7\text{kN}$

分肢的计算长度

对 y 轴　　　　　　　　$l_{0y} = H/2 = 6000/2 = 3000\text{mm}$

设斜缀条与分肢轴线间夹角为 45°［见图 6-17（c）］，得分肢对 1-1 轴的计算长度

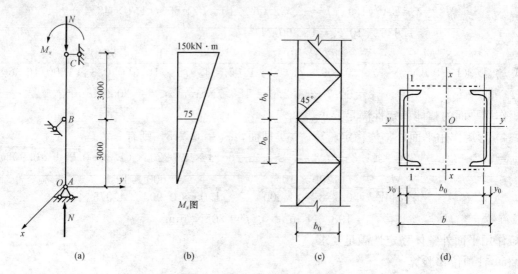

图 6-17　单向压弯格构式缀条柱
(a) 计算简图；(b) 弯矩图；(c) 肢件和缀条布置图；(d) 横截面图

$l_{01} = b_0 = 360\text{mm}$。

　　槽钢关于 1-1 轴和 y 轴都属于 b 类截面，设分肢 $\lambda_y = \lambda_1 = 35$，查附表 2-2，得 $\varphi = 0.918$，则

需要分肢截面积　　　　$A_1 = \dfrac{N_1}{\varphi f} = \dfrac{716.7 \times 10^3}{0.918 \times 215} = 3630\text{mm}^2$

需要回转半径　　　　　$i_y = l_{0y}/\lambda_y = 3000/35 = 85.7\text{mm}$

　　　　　　　　　　　$i_1 = l_{01}/\lambda_1 = 360/35 = 10.3\text{mm}$

　　按需要的 A_1、i_y 和 i_1 由型钢表查得 [25b 可同时满足要求，其截面特性为

　　　　　　　$A_1 = 3992\text{mm}^2$，　　$I_y = 3.530 \times 10^7\text{mm}^4$

$i_y = 94.1\text{mm}$，　　$I_1 = 1.96 \times 10^6\text{mm}^4$，　　$i_1 = 22.2\text{mm}$，　　$y_0 = 19.8\text{mm}$

（3）缀条设计

柱中剪力　　　　　　　$V_{\max} = M_x/H = 150/6 = 25\text{kN}$

$$V = \frac{Af}{85}\sqrt{\frac{f_y}{235}} = \frac{(2 \times 3992) \times 215}{85} \times 1 \times 10^{-3} = 20.2\text{kN}$$

采用较大值 $V_{\max} = 25\text{kN}$。

　　一根斜缀条中的内力　　$N_d = \dfrac{V_{\max}/2}{\sin 45°} = \dfrac{25}{2 \times 0.707} = 17.7\text{kN}$

　　斜缀条长度　　　　　　$l_d = \dfrac{b_0}{\cos 45°} = \dfrac{400 - 2 \times 19.8}{0.707} = 510\text{mm}$

　　选用斜缀条截面为 1 L45×4（最小角钢），$A_d = 349\text{mm}^2$，$i_u = 13.8\text{mm}$，$\varepsilon_K = 1$。缀材作为柱肢丧失稳定性时的支撑，不应考虑柱肢对它的约束作用，计算长度系数 $\mu = 1$。

$\lambda_u = 510/13.8 = 36.96$，$\lambda_e = 80 + 0.65\lambda_u = 104.22 < [\lambda] = 150$，截面为 b 类，查稳定系数表可得 $\varphi = 0.553$，则有

$$\frac{N_c}{\varphi A} = \frac{17.7 \times 10^3}{0.553 \times 349} = 91.7\text{N/mm}^2 < f = 215\text{N/mm}^2$$

满足要求。

缀条与柱分肢的角焊缝连接计算，此处从略。

（4）格构柱的验算。

1）整个柱截面几何特性

$$A = 2A_1 = 2 \times 3992 = 7984 \text{mm}^2$$

$$I_x = 2[1.96 \times 10^6 + 3992(200 - 19.2)^2] = 2.6318 \times 10^8 \text{mm}^4$$

$$i_x = \sqrt{\frac{I_x}{A}} = \sqrt{\frac{2.6318 \times 10^8}{7984}} = 181.6 \text{mm}$$

$$W_{1x} = W_{nx} = \frac{I_x}{b/2} = \frac{26\,318 \times 10^8}{200} = 1.316 \times 10^6 \text{mm}^3$$

2）弯矩作用平面内的稳定性验算

$$\lambda_x = l_{0x}/i_x = 6000/181.6 = 33.0$$

$$\lambda_{0x} = \sqrt{\lambda_x^2 + 27\frac{A}{A_{1x}}} = \sqrt{33.0^2 + 27 \times \frac{7984}{2 \times 349}} = 37.4$$

属于 b 类截面，查附表 2-2 得 $\varphi_x = 0.908$。

$$N'_{Ex} = \pi^2 EA/(1.1\lambda_{0x}^2) = \pi^2 \times 206 \times 10^3 \times 7984 \times 10^{-3}/(1.1 \times 37.4^2) = 10\,550 \text{kN}$$

$$M_1 = 150 \text{kN} \cdot \text{m}, \quad M_2 = 0, \quad m = 0, \quad \beta_{mx} = 0.6 + 0.4m = 0.6$$

$$\frac{N}{\varphi_x A} + \frac{\beta_{mx} M_x}{W_{1x}(1 - \varphi_x N/N'_{Ex})} = \frac{600 \times 10^3}{0.908 \times 7984} + \frac{0.60 \times 150 \times 10^6}{1.316 \times 10^6(1 - 0.908 \times 600/10\,550)}$$

$$= 154.9 \text{N/mm}^2 < f = 215 \text{N/mm}^2$$

满足要求。

3）弯矩绕虚轴作用，弯矩作用平面外的稳定性不必计算。

4）分肢稳定验算

$$N_1 = N/2 + M_x/b_0 = 600/2 + 150 \times 10^3/(400 - 2 \times 19.8) = 716.2 \text{kN}$$

$$\lambda_1 = b_0/i_1 = (400 - 2 \times 19.8)/22.2 = 16.2$$

$$\lambda_y = l_{0y}/i_y = 3000/94.1 = 31.9 > \lambda_1 = 16.2$$

当槽形截面用于格构式构件的分肢，计算分肢绕对称轴（y 轴）的稳定性时，不必考虑扭转效应，直接用 λ_y 查出稳定系数 φ。按 $\lambda_y = 31.9$ 查附表 2-2（b 类截面）得 $\varphi_y = 0.929$

$$N_1/(\varphi_y A_1) = 716.2 \times 10^3/(0.929 \times 3992) = 193.1 \text{N/mm}^2 < f = 215 \text{N/mm}^2$$

满足要求。

（5）全截面的强度验算

$$N/A_n + M_x/(\gamma_x W_{nx}) = 600 \times 10^3/7984 + 150 \times 10^6/(1.0 \times 1.316 \times 10^6)$$

$$= 189.2 \text{N/mm}^2 < f = 215 \text{N/mm}^2$$

满足要求。

以上验算全部满足要求，所选截面合适。

（6）横隔设置。用 10mm 厚钢板作横隔，横隔间距应不大于柱截面较大宽度的 9 倍（9×0.4＝3.6m）和 8m。在柱上、下端和中高处各设一道横隔，横隔间距为 3m，可满足要求。

第六节　梁与柱的连接和构件的拼接

一、节点设计原则

钢结构通常是采用连接手段，把梁与柱连接或构件拼接起来形成整体结构。被连接构件间应保持合理的相互位置，节点应满足传力和使用功能。确定合理的连接方案和节点构造是钢结构设计的重要环节。连接设计不合理会影响结构安全、使用寿命、造价和施工安装的难易程度。

构件连接或拼接节点的设计原则是安全可靠、传力路线明确简捷、构造简单、便于制造和安装。

二、梁与柱的连接

1. 梁与柱的连接分类

根据节点构件间转动角度的不同，梁与柱的连接一般分成下列三类：

（1）柔性连接，也称铰接。连接节点只能承受梁端的竖向剪力并传给柱身，变形时梁与柱轴线间的夹角可自由改变，不受约束。

（2）刚性连接。这种连接梁与柱轴线间的夹角在节点转动时保持不变，连接除能承受梁端的竖向剪力外，还能承受梁端传来的弯矩。

（3）半刚性连接，这是介于柔性连接和刚性连接之间的一种连接，除能承受梁端传来的竖向剪力外，还可以承受一定数量的弯矩。节点转动时梁与柱轴线间的夹角将有所改变，但受到一定程度的约束。

实际工程中理想的柔性连接和理想的刚性连接是难以实现的。通常，一种连接若其轴线间夹角改变受到一定的约束，而只能传递理想刚性连接弯矩的 $0\sim20\%$ 时，即可认为是柔性连接。一种连接若能承受理想刚性连接弯矩的 90% 以上时，即认为是刚性连接。承受理想刚性连接弯矩的 $20\%\sim90\%$ 的连接认为是半刚性连接。

2. 柔性连接设计

单层框架中的梁与柱柔性连接，可采用梁支承于柱顶和支承于柱侧两种连接方式。多层框架中的梁与柱柔性连接，宜采用柱贯通，梁支承于柱侧的连接方式。一些常用柔性连接形式如图 6-18 所示。

（1）梁支承于柱顶。在柱顶设柱顶板，梁的反力经顶板传给柱身。顶板厚度不宜小于 16mm。

图 6-18（a）为平板支座梁与柱的连接方式，梁端支承加劲肋应与柱翼缘对正，使梁的反力由梁端支承加劲肋直接传给柱翼缘。两相邻梁之间应留 10~20mm 间隙，以便于安装。梁调整定位后用连接板和构造螺栓固定位置。这种连接构造简单，传力明确，对制造和安装要求都不高，但当两相邻梁的反力不等时，柱为偏心受压。图 6-18（b）为凸缘支座梁与柱的连接方式，梁的反力通过凸缘支座传给柱。凸缘支座板应位于柱的轴线附近，即使两相邻梁的反力不等，柱仍接近于轴心受压。凸缘支座板的下边应刨平与柱顶板顶紧。在柱腹板两侧对应位置应设加劲肋，加劲肋顶边与柱顶板应刨平顶紧。加劲肋与柱腹板焊接，满足传递梁反力的要求。当梁的反力较大时，可在柱顶板上加设垫板。两相邻梁之间应留约 10mm 的安装间隙，梁调整定位后余留间隙应嵌入填板并用构造螺栓固定。对图 6-18（c）

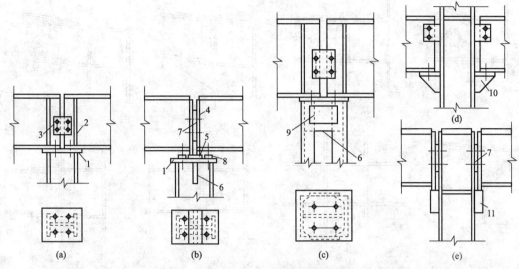

图 6-18 梁与柱柔性连接

(a) 平板支座梁与柱的连接；(b) 凸缘支座梁与柱的连接；(c) 梁与格构柱的连接；

(d) 平板支座梁在柱侧的连接；(e) 凸缘支座梁在柱侧的连接

1—柱顶板；2—支承加劲肋；3—连接板；4—凸缘支座；5—垫板；

6—加劲肋；7—填板；8—垫圈；9—缀板；10—牛腿；11—承托

所示格构柱，柱顶必须设置缀板，并在顶板下面设加劲肋。

（2）梁支承于柱侧。当梁的反力较小时，可将梁搁置在柱侧牛腿上〔见图 6-18（d）〕，为防止梁扭转，可在梁顶部设小角钢与柱相连。这种方式构造简单，安装方便。当梁的反力较大时，可在梁上焊一厚钢板承托，梁端凸缘支座板与承托刨平顶紧〔见图 6-18（e）〕。承托与柱采用角焊缝相连接。梁端与柱应留一定的安装间隙，梁调整就位后嵌入填板并用构造螺栓固定。

3. 刚性连接设计

一些常用刚性连接形式如图 6-19 所示。图 6-19（a）为多层框架工字形梁和工字形柱全焊接刚性连接。梁翼缘与柱翼缘采用坡口焊缝焊接，承受由弯矩产生的拉力或压力。为设置焊接垫板和施焊方便，梁腹板上下端角处做弧形缺口（$R=35\text{mm}$）。梁腹板与柱翼缘采用角焊缝连接。梁腹板与柱翼缘也可采用高强度螺栓连接〔见图 6-19（b）〕，这种螺栓与焊缝混合连接安装比较方便。单层框架柱与横梁刚性连接如图 6-19（c）所示。梁端弯矩主要由连接盖板和支托的高强度螺栓传给柱，剪力通过梁腹板上的连接角钢由高强度螺栓传递，高强度螺栓也可改用焊缝。为了简化节点构造，也可设计成带悬臂段的柱单元，横梁在工地用高强度螺栓拼接〔见图 6-19（d）〕。轻钢单层框架的梁与柱连接也可采用图 6-19（e）所示的斜端板用高强度螺栓连接。

设计时应在柱腹板位于梁的上、下翼缘处设置水平加劲肋或隔板，以防止柱翼缘在梁受拉翼缘的水平拉力作用下变形过大和柱腹板在梁受压翼缘的水平压力作用下发生承压破坏和局部弯曲。水平加劲肋应能传递梁翼缘的集中力，其厚度应为梁翼缘厚度的 0.5～1.0 倍；其宽度应符合传力、构造和板件宽厚比限值的要求。横向加劲肋的中心线应与梁翼缘的中心线对准，并用焊透的对接焊缝与柱翼缘连接。当梁与 H 形或工字形截面柱的腹板垂直相连

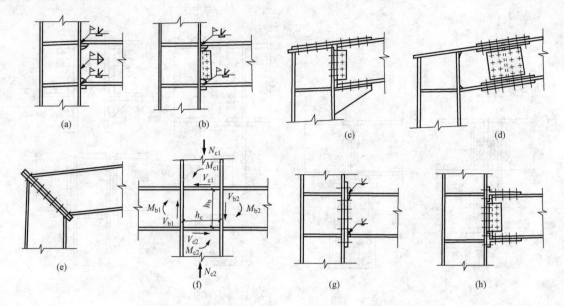

图 6-19 梁与柱刚性连接

(a) 框架梁与边柱全焊接连接；(b) 梁腹板与柱翼缘用高强度螺栓连接；
(c) 单层框架柱与横梁刚性连接；(d) 横梁高强度螺栓拼接；(e) 斜端板高强度螺栓连接；
(f) 框架梁与中柱全焊接连接；(g) 端板半刚性连接；(h) T 型钢半刚性连接

形成刚性连接时，横向加劲肋与柱腹板的连接也宜采用焊透对接焊缝。箱形柱宜在梁上、下翼缘平面设置横隔板，横隔板周边与柱翼缘宜采用焊透的 T 形对接焊缝连接，对无法进行电弧焊的焊缝，可采用熔化嘴电渣焊。当采用斜向加劲肋来提高节点域的抗剪承载力时，斜向加劲肋及其连接应能传递柱腹板所能承担剪力之外的剪力。

（1）柱的腹板不设置水平加劲肋。当工字形截面梁翼缘采用焊透的 T 形对接焊缝，而腹板采用摩擦型连接高强度螺栓或焊缝与 H 形柱的翼缘相连，满足下列要求时，柱的腹板可不设置水平加劲肋：

在梁的受压翼缘处，柱腹板厚度 t_w 应同时满足

$$t_w \geqslant \frac{A_{fc} f_b}{b_e f_c} \tag{6-47}$$

$$t_w \geqslant \frac{h_c}{30} \varepsilon_{Kc} \tag{6-48}$$

$$b_e = b_{fb} + 5h_y$$

$$\varepsilon_{Kc} = \sqrt{f_{yc}/235}$$

式中 A_{fc}——梁受压翼缘的截面积；

f_c、f_b——柱、梁钢材抗拉、抗压强度设计值；

ε_{Kc}——柱的钢号修正系数；

f_{yc}——柱钢材屈服点；

h_c——柱腹板的宽度；

b_e——在垂直于柱翼缘的集中压力作用下，柱腹板计算高度边缘处压应力的假定分布长度；

b_{fb}——梁受压翼缘厚度；

h_y——自柱顶面至腹板计算高度上边缘的距离，对轧制型钢截面取柱翼缘边缘至内弧起点间的距离，对焊接截面取柱翼缘厚度。

在梁的受拉翼缘处，柱翼缘板的厚度 t_c 应满足

$$t_c \geqslant 0.4\sqrt{A_{ft}f_b/f_c} \qquad (6-49)$$

式中 A_{ft}——梁受拉翼缘的截面积。

垂直于杆件轴向设置的连接板（或梁的翼缘）采用焊接方式与工字形、H 形或其他形式截面的未设水平加劲肋的杆件翼缘相连，形成 T 形接合时，如图 6-20 所示，其母材和焊缝都应按有效宽度进行强度计算。

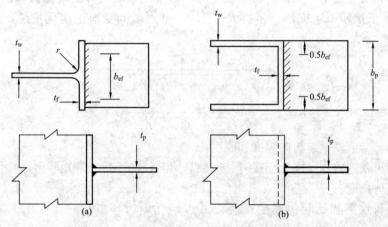

图 6-20 未加劲肋 T 形连接节点的有效宽度

工字形或 H 形截面杆件的有效宽度应按下列公式计算〔见图 6-20（a）〕

$$b_{ef} = t_w + 2s + 5kt_f \qquad (6-50)$$

$$k = \frac{t_f}{t_p}\frac{f_{yc}}{f_{yp}}$$

式中 b_{ef}——T 形接合的有效宽度；

t_w——被连接杆件的腹板厚度；

s——对于被连接杆件，轧制工字形或 H 形截面杆件取为 r（圆角半径），焊接工字形或 H 形截面杆件取为焊脚尺寸 h_f；

k——参数，当 $k>1$ 时取 $k=1$；

t_f——被连接杆件的翼缘厚度；

t_p——连接板厚度；

f_{yc}——被连接杆件翼缘的钢材屈服强度；

f_{yp}——连接板的钢材屈服强度。

当被连接杆件截面为箱形或槽形，且其翼缘宽度与连接板件宽度相近时，有效宽度 b_{ef} 应按下式计算〔见图 6-20（b）〕

$$b_{ef} = 2t_w + 5kt_f \qquad (6-51)$$

b_{ef} 尚应满足下式要求

$$b_{ef} \geqslant \frac{f_{yp} b_p}{f_{up}} \qquad (6-52)$$

式中　f_{up}——连接板的极限强度；

　　　b_p——连接板宽度。

当节点板不满足式（6-52）要求时，被连接杆件的翼缘应设置加劲肋。

连接板与翼缘的焊缝应按能传递连接板的抗力 $b_p t_p f_{yp}$（假定为均布应力）。

（2）柱的腹板设置水平加劲肋。当梁柱采用刚性连接时，对应于梁翼缘的柱腹板部位宜设置横向加劲肋，节点域应符合下列要求：

当横向加劲肋厚度不小于梁的翼缘板厚度时，节点域的受剪正则化长细比 λ_s^{re} 不应大于 0.8；对单层和低层轻型建筑，λ_s^{re} 不得大于 1.2。节点域的受剪正则化长细比 λ_s^{re} 应按下式计算：

当 $h_c/h_b \geqslant 1.0$ 时　　　$\lambda_s^{re} = \dfrac{h_b/t_w}{37\sqrt{5.34+4(h_b/h_c)^2}} \dfrac{1}{\varepsilon_K}$　　　(6-53a)

当 $h_c/h_b < 1.0$ 时　　　$\lambda_s^{re} = \dfrac{h_b/t_w}{37\sqrt{4+5.34(h_b/h_c)^2}} \dfrac{1}{\varepsilon_K}$　　　(6-53b)

式中　h_c、h_b——节点域腹板的宽度和高度。

节点域的承载力验算：刚性连接时，应验算梁与柱的连接在弯矩和剪力作用下的承载力和节点域的抗剪强度。

由柱翼缘与水平加劲肋包围的柱腹板节点域在周边弯矩和剪力作用下［见图 6-19 (f)］，节点域的平均剪应力可用下式计算

$$\tau = \frac{M_{b1}+M_{b2}}{h_b h_c t_w} - \frac{V_{c1}}{h_c t_w} \qquad (6-54)$$

实际剪应力的分布在节点域中心部位最大。试验表明，由于节点域四周边缘构件的约束作用，节点域的实际抗剪屈服承载力有较大提高。设计时可取提高系数为 4/3，为了简化计算，忽略柱剪力 V_{c1} 和轴力对节点域抗剪承载力的影响，按下式进行节点域的承载力计算

$$\frac{M_{b1}+M_{b2}}{V_p} \leqslant \tau_{cr} \qquad (6-55)$$

式中 V_p——节点域腹板的体积，工字形截面或 H 型钢柱：$V_p = h_b h_c t_w$，箱形截面柱：$V_p = 1.8 h_b h_c t_w$；

　　　τ_{cr}——节点域的抗剪承载力，据节点域受剪正则化长细比 λ_s^{re} 按下列取值：

当 $\lambda_s^{re} \leqslant 0.6$ 时　　　　　　$\tau_{cr} = 4f_v/3$

当 $0.6 < \lambda_s^{re} \leqslant 0.8$ 时　　　$\tau_{cr} = (7-5\lambda_s^{re})f_v/3$

当 $0.8 < \lambda_s^{re} \leqslant 1.2$ 时　　$\tau_{cr} = [1-0.75(\lambda_s^{re}-0.8)]f_v$

当轴压比 $N/(Af) > 0.4$ 时，τ_{cr} 应乘以修正系数，当 $\lambda_s^{re} \leqslant 0.8$ 时，修正系数可取为 $\sqrt{1-(N/Af)^2}$。

当柱腹板节点域不满足式（6-55）的要求时，对 H 形或工字形截面组合柱宜将腹板在节点域采取补强措施。可加厚节点域的柱腹板，腹板加厚的范围应伸出梁上、下翼缘外不小

于 150mm 处；也可贴焊补强板加强，补强板与柱加劲肋和翼缘可采用角焊缝连接，与柱腹板采用塞焊连成整体，塞焊点之间的距离不应大于较薄焊件厚度的 $21\varepsilon_K$ 倍。对轻型结构也可采用斜向加劲肋加强。对按 7 度及以上抗震设防的结构，尚应按抗震要求进行计算。

节点域腹板还应按下式验算局部稳定性

$$t_w \geqslant \frac{h_c + h_b}{90} \tag{6-56}$$

（3）构造要求。采用全焊连接或栓焊混合连接（梁翼缘与柱焊接，腹板与柱高强螺栓连接）的梁柱刚性连接节点，其构造应符合下列要求：

1）梁柱节点宜采用柱贯通构造，当柱采用冷成型管截面或壁板厚度 $t \leqslant 20$mm 时，梁柱节点宜采用隔板贯通式构造。

2）H 型钢柱腹板对应于梁翼缘部位宜设置横向加劲肋；箱形（钢管）柱对应于梁翼缘的位置，宜设置水平隔板。

3）节点采用隔板贯通式构造时，柱与贯通式隔板应采用全熔透坡口焊缝连接。贯通式隔板挑出长度 l 宜满足 40mm $\leqslant l \leqslant$ 60mm；同时隔板宜选用厚度方向钢板并采用拘束度较小的焊接构造与工艺，其厚度不应小于梁翼缘厚度和柱壁板的厚度。

梁柱节点区柱腹板加劲肋或隔板应满足下列要求：

1）横向加劲肋的截面尺寸应经计算确定，其厚度不宜小于梁翼缘厚度；其宽度应符合传力、构造和板件宽厚比限值的要求。

2）横向加劲肋的上翼缘宜与梁翼缘的上翼缘对齐，并以焊透的 T 形对接焊缝与柱翼缘连接。当梁与 H 形截面柱弱轴方向连接，即与腹板垂直相连形成刚性连接时，横向加劲肋与柱腹板的连接宜采用焊透对接焊缝。

3）箱形柱中的横向隔板与柱翼缘的连接，宜采用焊透的 T 形对接焊缝，对无法进行电弧焊的焊缝且柱壁板厚度不小于 16mm 时，可采用熔化嘴电渣焊。

4）当采用斜向加劲肋加强节点域时，加劲肋及其连接应能传递柱腹板所能承担剪力之外的剪力，其截面尺寸应符合传力和板件宽厚比限值的要求。

4. 半刚性连接

试验表明，图 6-19（g）、（h）所示两种连接方式梁端的约束常达不到刚性连接的要求，只能作为半刚性连接。半刚性连接的框架计算需要知道连接节点的弯矩-转角关系曲线，它随连接形式、节点构造细节的不同而变化，计算比较复杂。进行结构设计时，这种连接形式的试验数据或设计资料必须足以提供较为准确的弯矩-转角关系。端板式半刚性连接钢结构在多高层建筑中应用日益增多，关于端板式半刚性连接钢结构的设计、制作和安装见《端板式半刚性连接钢结构技术规程》（CECS 260：2009）。

三、柱的拼接

柱在制造厂完成的拼接一般采用一级或二级质量焊缝直接对焊。在多层框架中，柱的安装单元长度常为 2～3 层柱高，常在上层横梁上表面以上 0.8～1.2m 处设置柱与柱的工地拼接。

工字形截面柱的拼接可采用坡口焊缝连接、高强度螺栓摩擦型连接，以及上述两者的混合连接（见图 6-21）。图 6-21（a）所示的坡口焊缝连接因不用拼接板而可节省钢材，传力也最为直接，但高空作业时，焊接技术要求较高。图 6-21（b）所示高强度螺栓连接虽然因需钻孔、板接触面处理和需设拼接板等而费工费料，但安装时较易操作和保证质量。图 6-19（c）

所示混合连接，先用高强度螺栓拼接腹板，后焊接翼缘板，便于柱子对中就位。

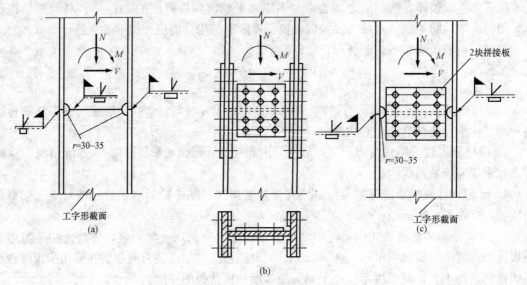

图 6-21　框架柱的拼接

（a）全焊接拼接；（b）高强度螺栓拼接；（c）混合拼接

　　柱的拼接一般按等强度原则计算，即拼接材料和连接件都能传递断开截面的最大内力。当柱的接触面磨（铣）平顶紧，且截面不产生拉应力时，对高层建筑钢结构柱，可通过柱的接触面直接传递 25％ 的压力和 25％ 的弯矩；普通钢结构柱的接触面直接传递柱身的最大压力，其连接焊缝或螺栓应按最大压力的 15％ 计算。当压弯柱截面出现受拉区时，该区的连接尚应按最大拉力计算。

第七节　柱　脚　设　计

一、概述

柱下端与基础相连的部分称为柱脚。柱脚的作用是将柱身所承受的力传递和分布到基础，并将柱固定于基础。基础一般由混凝土或钢筋混凝土做成。在柱下端设置底板，使得柱与基础的接触面上的应力小于基础的抗压强度设计值，柱脚应有一定的宽度、长度、刚度和强度，并可靠地传力。柱脚构造比较复杂，用钢量较大，制造比较费工。设计柱脚时应做到传力明确、简捷可靠，构造简单，节约材料，施工方便，符合计算简图。

　　按照柱与基础的连接形式，柱脚分为铰接和刚接两种类型。铰接柱脚只能承受轴心压力和剪力，不能承受弯矩；刚接柱脚除承受轴心压力和剪力外，同时还能承受弯矩。作用在柱脚的剪力可由底板与基础间的摩擦力来承受，摩擦系数可取 0.4，当水平剪力超过柱底摩擦力时，可在柱脚底板下面设置抗剪键（见图 6-22）或在

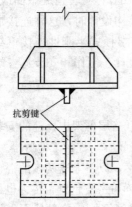

图 6-22　柱脚的抗剪键

柱脚外包混凝土来承受剪力。抗剪键可用钢板、方钢、短 T 型钢或 H 型钢做成。

柱脚中采用锚栓固定位置,外露式刚接柱脚中的锚栓还要承受拉力。铰接柱脚的锚栓直径 d 一般为 20~42mm,根据与柱板件和底板厚度相协调进行选择。柱子就位并调整到设计位置后,用垫板套住锚栓并与底板焊牢。底板或支承托座上的锚栓孔直径取 $1.5d$。垫板上的锚栓孔直径取 $d+2$mm,厚度取(0.4~0.5)d,且≥20mm。柱截面高度 $h≤400$mm时,可采用两个锚栓;$h>400$mm 时,宜采用四个锚栓。柱底端宜磨平与底板顶紧,翼缘与底板宜采用半熔透或全熔透(抗震设防时)的坡口对接焊缝连接,柱腹板和加劲板与底板宜采用双面角焊缝连接。基础顶面和柱脚的底板之间须二次浇灌 C40 以上无收缩细石混凝土或铁屑砂浆,施工时应采用压力灌浆。

二、铰接柱脚设计

1. 形式和构造

(1)无靴梁的铰接柱脚[见图 6-23(a)]。对轴力较小的柱,可将柱身底端切割平齐,直接与底板焊接,柱身所受的力通过焊缝传给底板,由底板传给基础。底板厚度一般为 20~40mm,用两个锚栓固定在基础上,锚栓位置放在柱中轴线上,一般在短轴线底板两侧。

(2)有靴梁的铰接柱脚[见图 6-23(b)、(c)]。当柱的轴力较大时,若采用图 6-23 (a)所示的柱脚形式,底板厚度和焊脚尺寸可能过大,使设计不合理。通常采用增设靴梁、隔板的方法,把底板分成几个较小区格,减小基础反力引起的底板弯矩值,使底板厚度减小[见图 6-23(b)、(d)]。当靴梁外伸较长时,可增设隔板[见图 6-23(c)],将底板区格进一步划小,并可提高靴梁的侧向刚度。箱形柱可采用图 6-23(e)所示的柱脚形式。

2. 铰接柱脚的计算

铰接柱脚的计算包括确定底板的尺寸、靴梁和隔板的尺寸及它们之间的连接焊缝尺寸。

(1)底板的计算。

1)底板的长度 L 和宽度 B 的确定。底板的平面尺寸取决于底板下基础材料的抗压强度。铰接柱脚的底板一般采用矩形,底板面形心与柱截面形心重合。假设底板与基础接触面上的应力为均匀分布,则底板的宽度 B 和长度 L 可按下式计算

$$A=BL=N/f_c+ A_0 \qquad (6-57)$$

式中 N——柱的轴心压力设计值;

f_c——基础混凝土的抗压强度设计值,当基础上表面面积 A_c 大于底板面积 A 时,混凝土的抗压强度设计值应考虑局部承压引起的提高;

A_0——锚栓孔面积,锚栓孔直径通常取锚栓直径 d 的 1.5~2 倍。

底板宽度 B 可根据柱截面宽度和部件分布构造布置确定,例如对图 6-23(b),可取 $B=b+2t_b+2c$,式中 b 为柱宽;t_b 为靴梁厚度,通常取 10~16mm;c 为底板悬臂部分长度,一般取 20~100mm,当有锚栓孔时,$c≈$(2~5)d。采用的 B 值应为 10mm 的倍数,且使底板长度 $L≤2B$。底板下的压应力应满足

$$q= N/(BL-A_0)≤f_c \qquad (6-58)$$

2)底板厚度计算。底板厚度由底板的抗弯强度决定。底板是一块整体板,计算时可将靴梁、隔板及柱身截面视作底板的支承,它们把底板划分为不同支承条件的矩形区格,每一区格可独立地按弹性理论计算由基础反力引起的最大弯矩,以此来确定底板厚度。为简化计

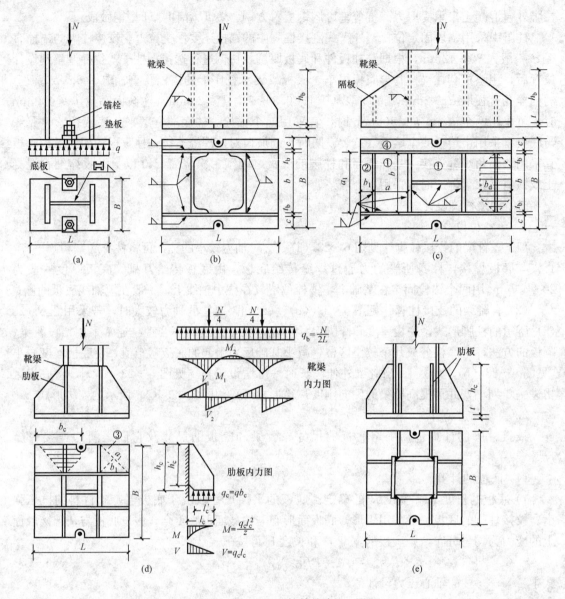

图 6-23 铰接柱脚

(a) 无靴梁的铰接柱脚；(b) 有靴梁的铰接柱脚；
(c) 有靴梁和隔板的铰接柱脚；(d) 有靴梁和肋板的铰接柱；(e) 箱形柱的铰接柱脚

算，对四边、三边和两相邻边简支承，通常偏安全地均按板边简支考虑。

在均布的基础反力 q 的作用下，各区格底板单位宽度的最大弯矩按下列公式计算

四边简支板（a 为短边长度，b 为长边长度）

$$M = \alpha q a^2 \qquad (6-59)$$

三边简支、一边自由板（a_1 为自由边长度，b_1 为与自由边垂直的边长）

$$M = \beta q a_1^2 \qquad (6-60)$$

悬臂板（c 为悬臂长度）

$$M = \frac{1}{2}qc^2 \tag{6-61}$$

式中 α、β——最大弯矩系数，由表 6-2 和表 6-3 查得。

表 6-2　　四边简支板的弯矩系数 α

b/a	1.0	1.1	1.2	1.3	1.4	1.5	1.6
α	0.0479	0.0553	0.0626	0.0693	0.0753	0.0812	0.0862
b/a	1.7	1.8	1.9	2.0	2.5	3.0	$\geqslant 4.0$
α	0.0908	0.0948	0.0985	0.1017	0.1132	0.1189	0.1250

表 6-3　　三边简支、一边自由板的弯矩系数 β

b_1/a_1	0.3	0.35	0.4	0.45	0.5	0.55	0.6	0.65	0.7	0.75
β	0.0273	0.0355	0.0439	0.0522	0.0602	0.0677	0.0747	0.0812	0.0871	0.0924
b_1/a_1	0.8	0.85	0.9	0.95	1.0	1.1	1.2	1.3	$\geqslant 1.4$	
β	0.0972	0.1015	0.1053	0.1087	0.1117	0.1167	0.1205	0.1235	0.1250	

系数 α、β 为四边简支板和三边简支、一边自由板，取泊松比 $\nu = 0.3$，按弹性理论求得。最大弯矩 M 分别在中心短边方向和自由边中点。当三边简支、一边自由板的 $b_1/a_1 <$ 0.3 时，按悬臂板计算。对于两相邻边简支另两边自由板，其最大 M 可近似地按式 (6-60) 计算，系数 β 也由 b_1/a_1 查表 6-2 求得，但 a_1 取对角线长度，b_1 取内角顶点到对角线的垂直距离。

依底板所有区格中弯矩的最大值 $M_{\max}$ 来确定所需底板厚度

$$t \geqslant \sqrt{6M_{\max}/(\gamma_x f)} \tag{6-62}$$

式中 γ_x——受弯构件的截面塑性发展系数，当构件承受静力或间接动力荷载时，对钢板受弯取 $\gamma_x = 1.2$；当构件承受直接动力荷载时取 $\gamma_x = 1$。

设计时应尽可能地使各区格的弯矩值接近，可通过重新划分区格或对个别区格增加隔板的方法来实现，以免个别区格的弯矩值较大，致使底板厚度较大。

底板厚度 $t \geqslant 14\text{mm}$，且不宜小于柱翼缘的厚度，以保证底板有足够的刚度使得基础反力接近均匀分布。

(2) 靴梁计算。靴梁按支承于柱身两侧的连接焊缝处的单跨双伸臂梁计算其强度。靴梁的高度 h_b 通常由其与柱身间的竖向焊缝长度来确定，厚度 t_b 可取约等于柱翼缘的厚度。通常柱下端截面尺寸较大，由于焊接变形等原因，柱下端难以做到很平整，柱下端与底板间常存在较大间隙，使得连接柱身与底板的水平焊缝质量不易保证，计算时通常不考虑其受力，该焊缝的焊脚尺寸按构造条件确定。设计时取柱身轴力先通过柱与靴梁连接的竖向焊缝传给靴梁，再由靴梁与底板连接的水平焊缝传给底板，然后从底板传给基础。靴梁承受的荷载为由底板传来的沿靴梁长均布的基础反力。因此设计时常先计算靴梁与柱身间的连接焊缝，再验算靴梁的强度。

1) 靴梁与柱身间连接焊缝计算。一般采用 4 条竖向焊缝传递柱全部轴心压力设计值 N

$$4h_f l_w = N/(0.7f_f^w) \tag{6-63}$$

可先选定焊脚尺寸 h_f，然后确定焊缝计算长度 l_w，取靴梁高度 $h_b \geqslant l_w + 2h_f$。

2) 靴梁与底板间的水平焊缝计算。两个靴梁与底板间的全部连接焊缝按传递柱全部压力 N 计算，对于不便于施焊和检验的焊缝，由于质量难以保证，计算时不考虑其受力。由于构造原因，焊缝承受的力常存在小量偏心，为简化计算，取 $\beta_f=1$，靴梁与底板间焊缝按均匀传递 N 计算，即

$$h_f \geqslant N/(0.7f_f^w \sum l_w) \tag{6-64}$$

式中 $\sum l_w$——焊缝总计算长度，要考虑每段焊缝减去 $2h_f$。

3) 靴梁强度验算。每个靴梁承受由底板传来的基础反力，按线均布荷载 $q_b=qB/2$ 计算（有隔板时仍可按此均布反力 q_b 计算）。单跨双伸臂梁的弯矩图和剪力图如图 6-23（b）所示。按求得的最大弯矩和最大剪力验算靴梁截面（$h_b \times t_b$）的抗弯和抗剪强度。在计算抗弯强度时，当构件承受静力或间接动力荷载时，应考虑截面塑性发展系数 γ_x，即对截面抵抗矩 W 乘以 $\gamma_x=1.2$（靴梁为钢板时）或 $\gamma_x=1.05$（靴梁为槽钢时）；当构件承受直接动力荷载时，取 $\gamma_x=1$。隔板受弯时也按此考虑。

(3) 隔板的计算。隔板按简支梁计算，把由底板传来的基础反力看作荷载。双向底板传给各板边支承的荷载值近似地按 45°线和中线为分界线，对隔板形成梯形或三角形分布荷载。为简化计算，可按荷载最大宽度处的分布荷载值 $q_d=qb_d$（或 $q_d=qb_c$）作为全跨均布荷载 [见图 6-23（c）、（d）] 进行计算。隔板的厚度不得小于其宽度的 1/50，一般取比靴梁稍薄。

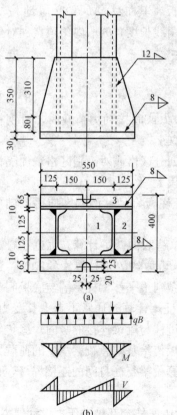

计算时先根据隔板的支座反力计算其与靴梁连接的竖向焊缝（通常仅焊隔板外侧）。然后按正面角焊缝计算隔板与底板间的连接焊缝（通常仅焊外侧）。最后根据竖向焊缝长度 l_w 确定隔板高度 h_d，取 $h_d \geqslant l_w +$ 切角高度 $+2h_f$；按求得的最大弯矩和最大剪力分别验算隔板截面的抗弯强度和抗剪强度。

【例 6-8】 设计一轴心受压格构式柱铰接柱脚。柱脚形式如图 6-24 所示。轴心压力设计值 $N=1700$kN（包括柱自重）。基础混凝土强度等级为 C15。钢材为 Q235，焊条为 E43 系列。

解 柱脚采用 2 个 M20 锚栓。

(1) 底板尺寸确定。C15 混凝土 $f_c=7.5$N/mm²，设局部受压的提高系数 $\beta=1.1$，则 $\beta f_c=1.1 \times 7.5=8.25$N/mm²。

螺栓孔面积 $A_0=2\left(50 \times 20 + \dfrac{\pi \times 50^2}{8}\right)=3960$mm²

需要底板面积 $A=LB=\dfrac{N}{f_c}+A_0=\dfrac{1700 \times 10^3}{825}+3960=2.1 \times 10^5$mm²

取底板宽度 $B=250+2 \times 10+2 \times 65=400$mm

需要底板长度 $L=A/B=2.1 \times 10^5/400=525$mm，取 $L=550$mm

图 6-24 [例 6-8] 图
(a) 柱脚构造；(b) 靴梁作用荷载与内力

基础对底板单位面积作用的压应力 $q = \dfrac{N}{LB - A_0} = \dfrac{1700 \times 10^3}{(550 \times 400 - 3960)} = 7.87 \text{N/mm}^2$

$$q < \beta f_c = 8.25 \text{N/mm}^2$$

满足要求。

按底板的三种区格分别计算其单位宽度上的最大弯矩

区格 1 为四边简支板 $b/a = 300/250 = 1.2$，查表 6-2 得 $\alpha = 0.063$，则有

$$M_4 = \alpha q a^2 = 0.063 \times 7.87 \times 250^2 = 30\,990 \text{N} \cdot \text{mm}$$

区格 2 为三边简支板 $b_1/a_1 = 125/250 = 0.5$，查表 6-3 得 $\beta = 0.060$，则有

$$M_3 = \beta q a_1^2 = 0.060 \times 7.87 \times 250^2 = 29\,513 \text{N} \cdot \text{mm}$$

区格 3 为悬臂板

$$M_1 = q c^2/2 = 7.87 \times 65^2/2 = 16\,630 \text{N} \cdot \text{mm}$$

按最大弯矩 $M_{\max} = M_4 = 30\,990 \text{N} \cdot \text{mm}$ 计算底板厚度，取厚度 t 为 $16 \sim 40 \text{mm}$，$f = 205 \text{N/mm}^2$，则有

$$t = \sqrt{6 \times M_{\max}/f} = \sqrt{6 \times 30\,990/205} = 30 \text{mm}, \qquad 取 \; t = 30 \text{mm}$$

（2）靴梁设计计算。靴梁与柱身共用 4 条竖直焊缝连接，取靴梁板厚度为 10mm，根据构造要求，取 $h_f = 12 \text{mm}$（焊脚尺寸最大值），此时焊缝长度最小，靴梁高度也最小。每条焊缝需要的长度为

$$l_w = \frac{N}{4 \times 0.7 h_f f_f^w} = \frac{1700 \times 10^3}{4 \times 0.7 \times 12 \times 160}$$

$$= 316.2 \text{mm} < l_{w\max} = 60 h_f = 60 \times 10 = 600 \text{mm}$$

满足构造要求。

靴梁高度 $\geq l_w + 2h_f = 316.2 + 2 \times 12 = 340.2 \text{mm}$，取靴梁高度为 350mm。

两块靴梁板承受的线荷载为 $qB = 7.87 \times 400 = 3150 \text{N/mm}$

靴梁板承受的最大弯矩

$$M_{\text{支}} = qBl^2/2 = 3150 \times 125^2/2 = 2.461 \times 10^7 \text{N} \cdot \text{mm}$$

$$M_{\text{中}} = qBl^2/8 - M_{\text{支}} = 3150 \times 300^2/8 - 2.461 \times 10^7 = 1.082\,75 \times 10^7 \text{N} \cdot \text{mm}$$

$$\sigma = \frac{M_{\max}}{W} = \frac{6 \times 24\,610\,000}{2 \times 10 \times 350^2} = 60.3 \text{N/mm}^2 < f = 215 \text{N/mm}^2$$

满足要求。

靴梁板承受的最大剪力

$$V = qBl = 3150 \times 125 = 393\,800 \text{N}$$

$$\tau = 1.5 \frac{V}{A} = 1.5 \times \frac{393\,800}{2 \times 350 \times 10} = 84.4 \text{N/mm}^2 < f_v = 125 \text{N/mm}^2$$

满足要求。

（3）靴梁与底板的连接焊缝计算。

设 $h_f = 10 \text{mm}$，$\sum l_w = 2\,(550 - 2 \times 10) + 4\,(125 - 2 \times 10) = 1480 \text{mm}$，则有

$$\frac{N}{0.7 h_f \sum l_w} = \frac{1700 \times 10^3}{0.7 \times 10 \times 1480} = 164.1 \text{N/mm}^2 \approx f_f^w = 160 \text{N/mm}^2 \;（仅超出 2.6\%）。$$

满足要求，设计完毕。

三、刚接柱脚设计

1. 形式和构造

刚接柱脚与混凝土基础的连接方式有外露式（支承式）、埋入式（插入式）和外包式三种，分别见图 6-25、图 6-27 和图 6-33。

外露式刚接柱脚可做成整体式［见图 6-25（a）］和分离式［见图 6-25（b）］两种类型。实腹柱或分肢间距小于 1.5m 的格构柱，常采用整体式柱脚；分肢间距不小于 1.5m 的格构柱常采用分离式柱脚。

刚接柱脚在弯矩作用下产生的拉力由锚栓承受，锚栓常承受较大的拉力，锚栓直径 d 不宜小于 24mm，根据承受的拉力来确定。锚固长度不应小于 $40d$，当埋设深度受限制时，锚栓应固定在锚板上。

由于底板抗弯刚度较小，为了有效可靠地将拉力从柱身传到锚栓，锚栓一般不应直接固定在底板上，而应固定在焊于靴梁上的刚度较大的锚栓支承托座上（见图 6-25），使柱脚与基础形成刚性连接。支承托座的做法通常是在靴梁外侧面焊上一对肋板（高度大于400mm），刨平顶紧（并焊接）于放置其上的顶板（厚 20～40mm）或角钢（L160×100×10 以上，长边外伸）上，以支承锚栓。为了便于安装，顶板或角钢上宜开缺口（宽度不小于锚栓直径的 1.5 倍），并且锚栓位置宜在底板之外。托座肋板按悬臂梁计算。在安放垫板、固定锚栓的螺母后，再将这些零件与支承托座相互焊接，以免松动。支承托座也可采用槽钢。

2. 外露式整体式柱脚计算

（1）底板面积以图 6-25（a）所示柱脚为例。首先应根据构造要求确定底板宽度 B，悬臂长宜取 20～50mm。然后假定基础与底板之间为能承受压应力和拉应力的弹性体，基础反力呈直线分布，根据底板边缘最大压应力不超过混凝土的抗压强度设计值，采用式（6-65）即可确定底板在弯矩作用平面内的长度 L，即

$$\sigma_{max} = \frac{N}{BL} + \frac{6M}{BL^2} \leqslant f_c \tag{6-65}$$

（2）底板厚度。底板另一边缘的应力可由下式计算

$$\sigma_{min} = \frac{N}{BL} - \frac{6M}{BL^2} \tag{6-66}$$

根据式（6-65）和式（6-66）可得底板下压应力的分布图形。采用与铰接柱脚相同方法，计算各区格底板单位宽度上的最大弯矩，计算弯矩时可偏安全地取各区格中的最大压应力 q 均匀作用于底板进行。根据底板的最大弯矩，来确定底板的厚度。底板厚度不宜小于 20mm。

（3）靴梁和隔板的设计可采用和铰接柱脚类似方法计算靴梁强度、靴梁与柱身及与隔板等的连接焊缝，并根据焊缝长度确定各自的高度。在计算靴梁与柱身连接的竖直焊缝时，应按可能承受的最大内力 N_1 计算

$$N_1 = \frac{N}{2} + \frac{M}{h} \tag{6-67}$$

式中 h——柱截面高度。

（4）锚栓的设计。当采用式（6-66）计算出 $\sigma_{min} \geqslant 0$ 时，表明底板与基础间只有压应

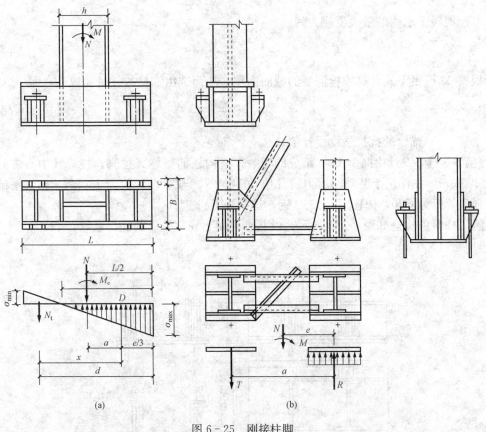

图 6-25　刚接柱脚
(a) 整体式；(b) 分离式

力，锚栓只起固定柱脚位置的作用，可按构造设置。当 $\sigma_{\min}<0$ 时，表明底板与基础间存在拉应力，底板与基础之间不能承受拉应力，锚栓的作用除了固定柱脚位置外，还应能承受柱脚底部由压力 N 和弯矩 M 组合作用而引起的拉力 N_t。当在组合内力 N、M（通常取 N 偏小、M 偏大的一组）作用下，按前述假定得出如图 6-25（a）所示底板下应力的分布图形时，可假定拉应力的合力由锚栓承受，根据对压应力合力作用点 D 的力矩平衡条件 $\sum M_D=0$，可得

$$N_t=(M-Na)/x \tag{6-68}$$
$$a=L/2-e/3$$
$$x=d-e/3$$
$$e=\sigma_{\max}L/(\sigma_{\max}+|\sigma_{\min}|)$$

式中　a——底板压应力合力的作用点至轴心压力 N 的距离；

　　　x——底板压应力合力的作用点至锚栓的距离；

　　　e——压应力的分布长度；

　　　d——锚栓至底板最大压应力处的距离。

当设计选用的受拉螺栓位置与上述方法计算出的拉应力合力位置不相同时，将不满足力的平衡条件，此时可假定底板下零应力点位置不变，由力的平衡条件可得压应力合力 R

$$R = N + N_t \tag{6-69}$$

基础混凝土承受的最大压应力为

$$\sigma_{\max} = \frac{R}{Be/2} \tag{6-70}$$

根据 N_t 可由下式计算锚栓需要的截面面积，从而选出锚栓的数量和规格，即

$$A_n = \frac{N_1}{f_t^a} \tag{6-71}$$

式中　　f_t^a——锚栓的抗拉强度设计值。

【例 6-9】 设计由两个 I25a 组成的缀条式格构柱的整体式柱脚。柱分肢中心之间的距离为 220mm，柱作用于基础的压力设计值为 500kN，弯矩设计值为 130kN·m，基础混凝土的强度等级为 C20，锚栓用 Q235B 钢，焊条为 E43 型。

解 柱脚的构造如图 6-26 所示。设基础混凝土局部受压的提高系数 $\beta = 1.1$，则 $\beta f_c = 1.1 \times 10 = 11 \text{N/mm}^2$。

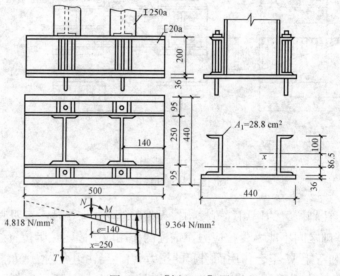

图 6-26　[例 6-9] 图

初选在两分肢的外侧用两根 [20a 的槽钢与分肢和底板用角焊缝连接起来。取底板上锚栓的孔径为 $d = 60 \text{mm}$。

（1）确定底板平面尺寸。从型钢表查得每个槽钢的翼缘宽度为 73mm，取每侧底板悬出 22mm，则底板的宽度 $B = 2 \times (73 + 22) + 250 = 440 \text{mm}$。

根据基础的最大压应力确定底板的长度 L

$$\sigma_{\max} = \frac{N}{A} + \frac{6M}{BL^2} = \beta f_c$$

$$\frac{500 \times 10^3}{440 \times L} + \frac{6 \times 130 \times 10^6}{440 L^2} = 11$$

由此得到 $L = 456 \text{mm}$，采用 $L = 500 \text{mm}$。估算底板下应力

$$\sigma_{\max} = \frac{500 \times 10^3}{440 \times 500} + \frac{6 \times 130 \times 10^6}{440 \times 500^2} = 9.364 \text{N/mm}^2$$

$$\sigma_{min} = 2.273 - 7.091 = -4.818 \text{N/mm}^2$$

σ_{min} 为负值,说明柱脚需要用锚栓来承担拉力。

(2)确定锚栓直径。锚栓设置在柱肢腹板中线处

$$e = \sigma_{max} L/(\sigma_{max} + |\sigma_{min}|)$$
$$= 9.364 \times 500/(9.364 + 4.818) = 330 \text{mm}$$
$$a = L/2 - e/3 = 500/2 - 330.1/3 = 140 \text{mm}$$
$$d = 500 - 140 = 360 \text{mm}$$
$$x = d - e/3 = 360 - 330/3 = 250 \text{mm}$$
$$N_t = \frac{M - Na}{x} = \frac{130 \times 10^3 - 500 \times 140}{250} = 240 \text{kN}$$

所需锚栓的净面积 $A_n = N_t/f'_t = 240 \times 10^3/140 = 1714 \text{mm}^2$

查附录三,选用两个直径 $d = 42 \text{mm}$ 的锚栓,其有效截面面积为 $2 \times 1120 = 2240 \text{mm}^2$,$R = N + T = 500 + 240 = 740 \text{kN}$。

受压区的最大压应力

$$\sigma_{max} = \frac{2R}{BL_0} = \frac{2 \times 740 \times 10^3}{440 \times 330} = 10.19 \text{N/mm}^2 < \beta f_c = 11 \text{N/mm}^2$$

满足要求。

(3)确定底板厚度。在底板的三边简支部分因为基础所受压应力最大,边界条件较不利。因此这部分板所承受的弯矩最大。取 $q = 10.19 \text{N/mm}^2$,由 $b = 140 \text{mm}$,$a_1 = 250 \text{mm}$,查表 6-3 得弯矩系数 $\beta = 0.066$。单位板宽的最大弯矩

$$M = \beta q a_1^2 = 0.066 \times 10.19 \times 250^2 = 42\,034 \text{N} \cdot \text{mm/mm}$$

设取底板厚度 t 在 16~40mm 之间,强度设计值为 $f = 205 \text{N/mm}^2$,则底板厚度为

$$t = \sqrt{6M/f} = \sqrt{6 \times 4234/205} = 35.1 \text{mm},采用 t = 36 \text{mm}$$

(4)验算靴梁强度。靴梁的截面由两个槽钢和底板组成,先确定截面形心轴 x 至槽钢形心轴的距离

$$c = \frac{440 \times 36 \times 118}{2 \times 2880 + 440 \times 36} = 86.5 \text{mm}$$

截面的惯性矩

$$I_x = 2 \times 1.78 \times 10^7 + 2 \times 2880 \times 86.5^2 + 440 \times 36 \times (13.5 + 18)^2 = 9.442 \times 10^7 \text{mm}^4$$

偏于安全地取靴梁承受的剪力 $V = 10.19 \times 440 \times 140 = 6.277 \times 10^5 \text{N}$

偏于安全地取靴梁承受的弯矩 $M = 627\,700 \times 70 = 4.3939 \times 10^7 \text{N} \cdot \text{mm}$

靴梁的最大弯曲应力 $\sigma = \dfrac{4.3939 \times 10^7 \times 186.5}{9.442 \times 10^7} = 86.79 \text{N/mm}^2 < f = 215 \text{N/mm}^2$

满足要求。

(5)焊缝计算。计算肢件与靴梁的连接焊缝,肢件承受的最大压力

$$N_1 = N/2 + M/22 = 500/2 + 13\,000/22 = 840.9 \text{kN}$$

I25a 翼缘厚度为 13mm,[20a 腹板厚度为 7mm,最大焊脚尺寸 $h_f = 1.2 \times 7 = 8.4 \text{mm}$,取 $h_f = 8 \text{mm}$。

竖向焊缝的总长度为 $\sum l_w = 4(200 - 2 \times 8) = 760 \text{mm}$

$$\frac{N_1}{0.7h_f\sum l_w}=\frac{840.9\times10^3}{0.7\times8\times760}=197.6\text{N/mm}^2>f_f^w=160\text{N/mm}^2$$

不满足要求。[20a 修改为 [28a，腹板厚度为 7.5mm，最大焊脚尺寸 $h_f=1.2\times7.5=9$mm，取 $h_f=8$mm。

竖向焊缝的总长度为　　　$\sum l_w = 4(280-2\times8)=1056$mm

$$\frac{N_1}{0.7h_f\sum l_w}=\frac{840.9\times10^3}{0.7\times8\times1056}=142.2\text{N/mm}^2<f_f^w=160\text{N/mm}^2$$

满足要求。

[28a 槽钢翼缘厚度为 12.5mm，底板厚度为 36mm，槽钢翼缘与底板之间的连接焊缝最小焊脚尺寸 $h_{fmin}=1.5\sqrt{36}=9$mm，取 $h_f=10$mm。

焊缝承受的最大应力位于基础受压最大一边，采用简化算法，取单位底板宽度计算，焊缝把底板单位宽度下的压应力传给靴梁，此处有 4 条焊缝

$$10.19\times440/(4\times0.7\times10)=160.1\text{N/mm}^2\approx f_f^w=160\text{N/mm}^2$$

满足要求。

3. 外露式分离式柱脚计算

压弯格构式缀条柱的各分肢承受轴心力，当两肢间距较大时，采用分离式柱脚，可节省钢材，制造也较简便。分离式柱脚每个肢的柱脚都根据分肢可能产生的最大压力按铰接柱脚设计，而锚栓支承托座和锚栓的直径则根据分肢可能产生的最大拉力确定。为保证运输和安装时柱脚的空间整体刚度，应在分离柱脚的两底板之间设置联系杆，如图 6-25 （b）所示。

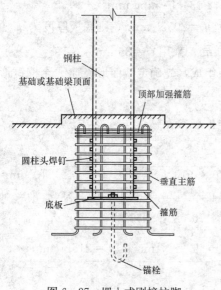

钢柱

基础或基础梁顶面

顶部加强箍筋

圆柱头焊钉

垂直主筋

底板

箍筋

锚栓

图 6-27　埋入式刚接柱脚

4. 埋入式柱脚设计

埋入式刚接柱脚是直接将钢柱埋入钢筋混凝土基础或基础梁的柱脚（见图 6-27）。其埋入方法是预先将钢柱脚按要求组装固定在设计标高上，然后浇灌基础或基础梁的混凝土。埋入式柱脚的构造比较简单，易于安装就位，柱脚的嵌固性容易保证，当柱脚的埋入深度超过一定数值后，柱的全塑性弯矩可以传递给基础。

埋入式柱脚的埋入深度，实腹柱不得小于实腹工字形柱或矩形管柱的截面高度 h_c（长边尺寸）或圆管柱外径 d_c 的 1.5 倍；双肢格构柱不得小于 $0.5h_c$（两肢垂直于虚轴方向最外边的距离）和 $1.5b_c$（沿虚轴方向的柱肢宽度）或 d_c 的较大值，且不小于 500mm。埋入深度还应满足下列公式要求：

H 形、箱形截面柱

$$\frac{V}{b_fd}+\frac{2M}{b_fd^2}+\frac{1}{2}\sqrt{\left(\frac{2V}{b_fd^2}+\frac{4M}{b_fd^2}\right)^2+\frac{4V^2}{b_f^2d^2}}\leqslant f_c \qquad (6-72a)$$

圆管柱

$$\frac{V}{d_c d} + \frac{2M}{d_c d^2} + \frac{1}{2}\sqrt{\left(\frac{2V}{d_c d^2} + \frac{4M}{d_c d^2}\right)^2 + \frac{4V^2}{d_c^2 d^2}} \leqslant 0.8 f_c \qquad (6-72b)$$

式中 M、V——柱脚底部的弯矩和剪力；

$\qquad d$——柱脚埋入深度；

$\qquad b_f$——柱翼缘宽度；

$\qquad d_c$——钢管外径。

埋入式柱脚在钢柱埋入部分的顶部，应设置水平加劲肋或隔板。加劲肋或隔板的宽厚比应符合《钢结构设计规范》（GB 50017）关于塑性设计的规定。

在埋入式柱脚中，栓钉的传力机制在这种柱脚中作用不明显，但为了保证柱脚的整体性，埋入式柱脚在钢柱的埋入部分仍应设置栓钉，栓钉直径大于或等于16mm，栓钉间距小于或等于200mm。埋入式柱脚通过混凝土对钢柱的承压力传递弯矩（见图 6-28）。取达到极限状态时的计算简图如图 6-29 所示，根据力矩平衡条件，可得埋入式柱脚的混凝土承压应力 σ 的计算式（6-73），σ 应小于混凝土轴心抗压强度设计值，即

$$\sigma = \left(\frac{2h_0}{d} + 1\right)\left[1 + \sqrt{1 + \frac{1}{(2h_0/d+1)^2}}\right]\frac{V}{b_f d} \leqslant f_c \qquad (6-73)$$

式中 h_{0f}——柱反弯点到钢柱埋入部分顶部的距离。

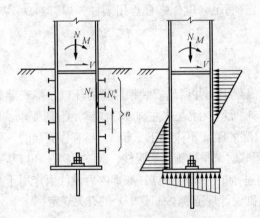

图 6-28 埋入式柱脚的受力状态

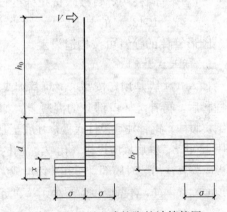

图 6-29 埋入式柱脚的计算简图

柱埋入部分四周设置的主筋、箍筋应根据柱脚底部弯矩和剪力按《混凝土结构设计规范》（GB 50010）计算确定，并应符合相关的构造要求。柱翼缘或管柱外边缘混凝土保护层厚度（见图 6-30），边列柱的翼缘或管柱外边缘至基础梁端部的距离应不小于 400mm，中间柱翼缘或管柱外边缘至基础梁梁边相交线的距离应不小于 250mm；基础梁梁边相交线的夹角应做成钝角，其坡度应不大于 1:4 的斜角；在基础护阀板的边部，应配置水平 U 形箍筋抵抗柱的水平冲切。圆形和矩形管柱应在管内浇灌混凝土，强度等级应大于基础混凝土，在基础面以上的浇灌高度应大于圆管直径或矩形管长边的 1.5 倍。

对于有拔力的柱，宜在柱埋入混凝土部分设置栓钉。栓钉直径不宜小于 19mm，长度不应小于杆径的 4 倍，竖向间距应大于杆径的 6 倍且小于 200mm，横向间距不应小于杆径的 4 倍。在柱弯矩作用平面内，一侧翼缘上栓钉数目可按下式计算

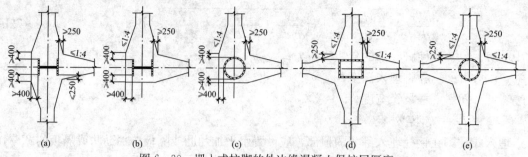

图 6-30 埋入式柱脚的外边缘混凝土保护层厚度

$$n \geqslant \left(\frac{M}{h_c} + \frac{N}{14}\right) \Big/ N_v^c \qquad (6-74)$$

$$N_v^c = 0.43 A_s \sqrt{E_c f_c} \leqslant 0.7 A_s f_u$$

式中　N——外包混凝土顶部箍筋处柱的轴心力设计值；

　　　h_c——钢柱截面高度；

　　　N_v^c——一个圆头栓钉受剪承载力设计值；

　　　E_c——混凝土的弹性模量；

　　　A_s——圆柱头焊钉钉杆截面面积；

　　　f_u——圆柱头焊钉极限抗拉强度设计值，需满足《电弧螺柱焊用圆柱头焊钉》（GB/T 10433）的要求。

圆形管柱的栓钉可按构造设置。

5. 插入式柱脚

插入式柱脚是预先按要求浇筑基础或基础梁混凝土，并留出安装钢柱脚的杯口，待安装好钢柱脚后，再补浇杯口部分的混凝土，如图 6-31 所示。插入式柱脚设计应满足下列要求：H型钢实腹柱、钢管柱宜设柱底板，柱底至基础杯口底的距离不应小于 50mm，当有柱底板时，可采用 150mm，柱底板应设排气孔或浇注孔。应设置临时调整措施。实腹柱、双肢格构柱杯口基础底板应验算柱吊装时局部受压和冲切承载力。杯口基础的杯壁应根据柱底部内力设计值作用于基础顶面配置钢筋，杯壁厚度应不小于《建筑地基基础设计规范》（GB 50007）的有关规定。

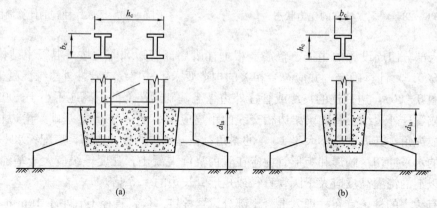

图 6-31 插入式柱脚
(a) 双肢柱脚；(b) 单肢柱脚

插入式柱脚插入混凝土基础杯口的深度要求与埋入式柱脚相同，实腹截面柱柱脚也按照式（6-72）计算，但双肢格构柱柱脚应根据下式计算

$$d \geqslant N/(f_t S) \tag{6-75}$$

式中　N——柱肢轴向拉力设计值；

　　　f_t——杯口内二次浇灌层细石混凝土抗拉强度设计值；

　　　S——柱肢外轮廓线的周长，对圆管柱 $S = \pi(d_c + 100)$。

6. 外包式柱脚

外包式刚接柱脚是指按一定的要求将钢柱脚用钢筋混凝土包裹起来的柱脚（见图 6-32），这类柱脚可以设置在地面上，也可以设置在楼面上。钢筋混凝土包脚的高度、截面尺寸、保护层厚度和箍筋配置对柱脚的内力传递和恢复力特性起着重要的作用。外包式柱脚的混凝土外包高度与埋入式柱脚的埋入深度要求相同。外包式柱脚的轴力，通过钢柱底板传至基础，剪力和弯矩主要由外包钢筋混凝土承担，通过箍筋传给外包混凝土及其中的主筋，再传至基础。

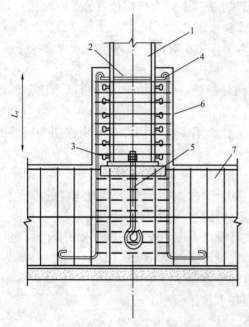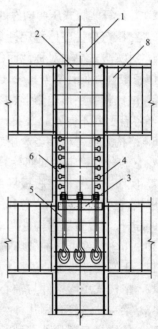

图 6-32　外包式刚接柱脚

1—钢柱；2—水平加劲肋；3—柱底板；4—栓钉；5—锚栓；6—外包混凝土；7—基础梁；8—顶层钢筋混凝土梁

外包式柱脚的计算与构造应满足下列要求：

外包式柱脚底板应位于基础梁或阀板的混凝土保护层内；外包混凝土厚度，对 H 形截面柱不宜小于 160mm，对矩形管或圆管柱不宜小于 180mm，同时不宜小于钢柱截面高度的 0.3 倍；混凝土强度等级不宜低于 C30；柱脚混凝土外包高度，H 形截面柱不宜小于柱截面高度的 2 倍，矩形管柱或圆管柱宜为柱截面高度或圆管直径的 2.5 倍；当设有地下室时，外包宽度和高度宜增大 20%；当仅有一层地下室时，外包宽度宜增大 10%。

柱脚底板尺寸和厚度应按结构安装阶段荷载作用下轴心压力、底板的支承条件计算确定，其厚度不宜小于 20mm。柱脚锚栓应按构造要求设置，直径不宜小于 20mm，锚固长度

不宜小于其直径的 20 倍。柱在外包混凝土的顶部箍筋处应设置水平加劲肋或横隔板，其宽厚比应符合钢梁局部稳定要求。

当框架柱为圆管或矩形管时，应在管内浇灌混凝土，强度等级应不小于基础混凝土。浇灌高度应高于外包混凝土，且不小于圆管直径或矩形管的长边。外包钢筋混凝土的抗弯和抗剪承载力验算及受拉钢筋和箍筋的构造要求应符合《混凝土结构设计规范》（GB 50010）的有关规定，主筋伸入基础内的长度不应小于 25 倍直径，四角主筋两端应加弯钩，下弯长度不应小于 150mm，下弯段宜与钢柱焊接，顶部箍筋应加强加密。

柱脚在外包混凝土部分宜设栓钉，要求与埋入式柱脚相同。

思　考　题

1. 计算实腹式压弯构件在弯矩作用平面内稳定和平面外稳定的公式中的弯矩取值是否相同？

2. 在计算实腹式压弯构件的强度和整体稳定时，在哪些情况应取计算公式中的 $\gamma_x = 1.0$。

3. 在压弯构件整体稳定计算公式中，为什么要引入 β_{mx}？

4. 对实腹式单轴对称截面的压弯构件，当弯矩作用在对称平面内且使较大翼缘受压时，其整体稳定性如何计算？

5. 试比较工字形、箱形、T 形截面的压弯构件与轴心受压构件的腹板高厚比限值计算公式，各有哪些不同？

6. 格构式压弯构件当弯矩绕虚轴作用时，为什么不需计算构件在弯矩作用平面外的稳定性？它的分肢稳定性如何计算？

7. 实腹式压弯构件腹板局部稳定性计算公式中的 λ 应如何取值？

8. 轴心受力构件、拉弯和压弯构件、梁这三类构件的刚度计算公式是怎样的？

9. 进行实腹式压弯构件弯矩作用平面外稳定计算时，φ_b 的计算是否与梁相同？

10. 压弯构件可能的破坏方式有哪些？应进行哪几方面的验算？计算公式是怎样的？

11. 压弯构件与轴心受压构件的腹板局部稳定设计原则是什么？

12. 格构式压弯构件与轴心受压构件缀材设计有何异同？

13. 梁与柱连接有哪几种类型？各自的受力特点是什么？

14. 柱拼接有哪几种类型？有哪些设计特点？

15. 柱脚有哪些类型？其优缺点有哪些？

16. 解决柱底在剪力作用下发生水平方向位移有哪些方法？

习　题

6-1　某两端铰支的拉弯构件，作用的力如图 6-33 所示，构件截面无削弱，截面为 I45a 轧制工字钢，钢材为 Q235 钢。要求确定构件所能承受的最大轴心拉力设计值。

6-2　设计双轴对称的焊接工字形截面柱的截面尺寸，翼缘为火焰切割边。柱的上端作用着轴心压力 $N = 2000\text{kN}$（设计值）和水平力 $H = 200\text{kN}$（设计值）。在弯矩作用的平面内，柱的下端与基础刚性固定，而上端可以自由移动。在侧向有如图 6-34 所示的支撑体系。材料用 Q235 钢。

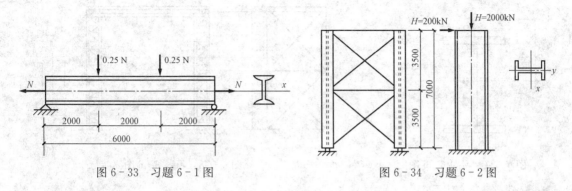

图 6-33 习题 6-1 图　　　　　图 6-34 习题 6-2 图

6-3　某天窗架的柱由两不等边双角钢组成，如图 6-35 所示。角钢间的节点板厚度为 10mm，柱的两端铰支，柱长 3.5m，承受轴心压力 $N=35$kN（设计值）和横向均布荷载 $q=2$kN/m（设计值），材料用 Q235 钢。要求选择角钢规格。如果荷载 q 的方向与图中的相反，角钢规格如何？

6-4　某焊接工字形截面压弯构件，两端铰支，长度为 15m，在弯矩作用平面外在构件的三分点处各有一个支承点（见图 6-36）。构件承受的轴心压力 $N=1200$kN（设计值），在构件长度中央有一横向集中荷载 $P=140$kN（设计值），翼缘具有火焰切割边，钢材为 Q345，要求选择构件的截面尺寸。

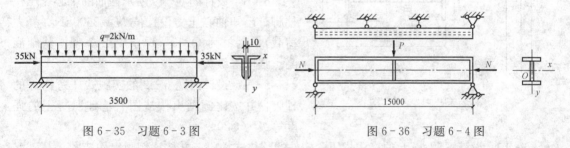

图 6-35 习题 6-3 图　　　　　图 6-36 习题 6-4 图

6-5　某两端铰支压弯构件的截面如图 6-37 所示，构件长 12m。在截面的腹板平面内偏心距为 780mm 处作用一集中压力荷载，钢材为 Q235 钢，翼缘具有火焰切割边。试按《钢结构设计规范》（GB 50017）的要求，计算此压弯构件所能承受的压力设计值。如果材料改用 Q345 钢，压力的设计值有何改变？翼缘与腹板是否满足规范的局部稳定性要求？

6-6　某框架柱的截面和缀条形式如图 6-38 所示。框架柱高 6m，采用轧制工字钢 I25a 作柱的分肢。缀条为单角钢 L45×4，其倾角为 45°，侧向支撑的布置见图 6-38（a）。柱的上端与横梁铰接，下端与基础刚接。框架的顶端作用着水平力 45kN（设计值），它按柱的抗弯刚度分配给两柱。每根柱沿柱轴线作用的压力为 1200kN（设计值）。钢材用 Q235 钢。不计框架顶端侧移对柱的轴心压力的影响，试验算柱截面和缀条是否满足设计要求。

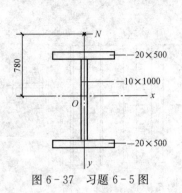

图 6-37 习题 6-5 图

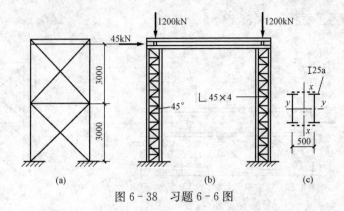

图 6-38 习题 6-6 图

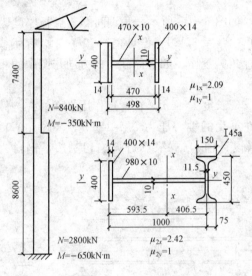

图 6-39 习题 6-7 图

6-7 某厂房阶形柱的计算简图、截面尺寸和上下段控制内力设计值（间接动力荷载，N 以压力为正，M 以柱内侧受拉为正）见图 6-39。柱的上端与屋架铰接，下端固定。框架平面外设柱间支撑，柱顶、柱底和吊车梁承台处可看作是侧向铰接支承点。钢材为 Q235BF，翼缘钢板为焰切边。试验算阶形柱的上段柱截面和下段柱截面是否满足设计要求。

6-8 设计图 6-40 所示截面的轴心受压柱柱脚。已知轴心压力设计值 $N=3600kN$（静力荷载），钢材为 Q235，焊条用 E43 型，基础混凝土强度等级为 C20。

6-9 设计习题 6-2 的实腹式压弯构件的柱脚，并按比例画出构造图。基础混凝土的强度等级为 C20。

6-10 设计习题 6-6 的格构式压弯构件的整体式柱脚，并按比例画出构造图，基础混凝土的强度等级为 C20。

6-11 某厂房单阶柱的下段柱截面如图 6-41 所示，钢材为 Q235AF。最大内力设计值（包括柱自重）为轴心压力 $N=2600kN$，绕虚轴弯矩 $M_x=\pm2000kN\cdot m$，剪力 $V=\pm200kN$。基础混凝土的强度等级为 C20，设计此厂房柱的柱脚。

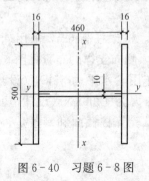

图 6-40 习题 6-8 图

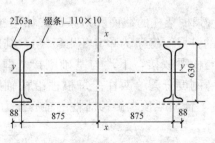

图 6-41 习题 6-11 图

第七章　单层房屋钢结构

第一节　概　　述

单层房屋钢结构的应用范围非常广泛，主要有单层工业厂房和大跨度公共建筑结构。单层工业厂房钢结构主要包括重型厂房钢结构和轻型门式刚架结构。大跨度单层房屋的结构形式众多，常用的有平板网架、网壳、悬索、杂交结构（不同结构形式组合在一起的结构）等。本章主要介绍单层工业厂房钢结构。

一、单层厂房钢结构的特点和组成

1. 重型单层房屋钢结构

在机械制造、造船、冶金、水电等行业，有许多跨度大、高度大、吊车吨位大的重型厂房。跨度超过 30m，高度可超过 60m，吊车起重量超过 4000kN，甚至达到 12 000kN，从可靠性、耐久性、经济性综合考虑，采用钢结构最合理。此时应采用刚度较大的单层重型钢结构厂房，它一般是由屋盖结构（屋面板、檩条、天窗、屋架或梁、托架）、柱、吊车梁（包括制动梁或制动桁架）、各种支撑及墙架等构件组成的空间体系（见图 7-1）。通常由许多平行等间距放置的横向平面框架作为基本承重结构。横向平面框架由柱和横梁或桁架组成，基本上承受厂房结构的全部竖向荷载和横向水平荷载，包括全部建筑物重量（屋盖、墙、结构自重等）、屋面雪荷载和其他活荷载，吊车竖向荷载和横向水平制动力、横向风荷载、横向地震作用等。横梁通常是桁架式的（即屋架），轻屋面和跨度较小时也可采用实腹式钢梁。屋盖部分和柱间支撑与柱、吊车梁等组成单层厂房钢结构的纵向框架，承担纵向水平荷载，并把主要承重体系由个别的平面结构连成空间的整体结构，从而保证了单层厂房钢结构所必需的刚度和稳定。

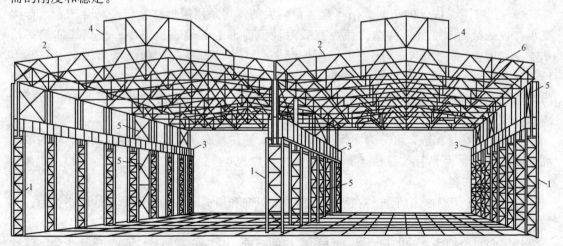

图 7-1　单层重型钢结构厂房的组成

1—柱；2—屋架；3—吊车梁；4—天窗架；5—柱间支撑；6—檩条

吊车是厂房中常见的起重设备，按照吊车使用的繁重程度（也即吊车的利用次数和荷载大小），《起重机设计规范》（GB/T 3811—2008）将其分为 A1～A8 八个工作级别，钢结构设计时通常以轻、中、重和特重四个工作制等级来划分，A1～A3 相当于轻级工作制；A4、A5 相当于中级工作制；A6～A7 相当于重级工作制；A8 相当于特重级工作制。

2. 轻型单层房屋钢结构

高度小于 20m，没有吊车或者有起重量≤300kN 的 A1～A5 级工作级别的桥式吊车的单层工业厂房称为轻型单层钢结构厂房，它在建筑中占有相当大的比重。随着我国钢产量的增加，轻型围护材料的大量应用，以门式刚架为代表的轻型单层房屋得到了快速发展。此时图 7-1 中的柱和屋架采用轧制或焊接 H 型组成的门式刚架作为主要承重骨架，详见本章第三节。轻钢门式刚架外形简洁、美观，结构自重轻，基础造价低，对抗震非常有利，建造速度快，装拆方便，已逐渐成为中、轻型单层工业厂房的主要结构形式之一。门式刚架的适用范围很广，通常用于跨度为 9～36m（若有特殊需要，跨度可进一步加大，我国已建成跨度为 72m 的门式刚架），柱距为 4.5～12m，柱高为 4.5～9m（必要时可适当加大），设有起重量较小（≤300kN）吊车的单层工业房屋。门式刚架也可用于公共建筑（超市、娱乐体育设施、车站候车室、码头建筑）。

二、结构形式和选择

厂房基本承重结构通常采用框架体系。根据横梁与柱连接的不同，框架有铰接与刚接两类。横梁与柱铰接的框架横向刚度较差。一般用于对厂房横向刚度要求不高的情况。横梁与柱刚接的框架内力分布较为均匀，柱的用料较为经济。刚接框架对于支座的不均匀沉降和温度作用比较敏感，因此设计时应采取防止不均匀沉降的措施。

框架横梁有实腹式和桁架式两种。实腹式横梁通常采用组合工字形截面，截面高度为跨度的 1/15～1/25。实腹式横梁制造简单，运输方便，建筑高度小，但刚度较小。屋架在厂房中应用较多，可采用平行弦和梯形桁架，它与柱可做成刚接或铰接。

厂房的框架柱按其外形可分为等截面柱、阶形柱和分离式柱（见图 7-2）。等截面柱通常做成工字形截面，吊车梁支承在柱的牛腿上。这种柱构造简单，适用于吊车起重量≤200kN，柱距≤12m 的车间。吊车起重量较大的厂房采用阶形柱比较经济合理，吊车梁支承在柱的截面改变处，构造方便，荷载对柱截面形心的偏心也较小。分离式柱是将吊车支柱和屋盖支柱分离，其间用水平板连起来。认为吊车竖向荷载仅传给吊车支柱而不传给屋盖支柱。在吊车起重量较大 $Q \geqslant 750kN$，且吊车的轨顶标高≤10m，或者相邻两跨吊车的轨顶标高相差很悬殊，而低跨吊车的起重量 $Q \geqslant 500kN$ 等情况的车间中，采用分离式柱较经济。

厂房柱按柱身构造，可分为实腹柱和格构柱，格构柱在制造上较为费工，但当柱的截面高度 $h > 1m$ 时，一般比实腹柱经济。

三、柱网布置

确定单层厂房钢结构承重柱在平面上构成的纵向和横向定位轴线所形成的网格称为柱网布置。

柱纵向定位轴线之间的尺寸为钢结构厂房的跨度，横向定位轴线之间的尺寸为柱距。柱网布置应满足生产工艺要求，柱的位置应和地上、地下设备和工艺流程相协调，还应考虑未来生产发展和生产工艺的更新；应尽量将柱与屋架或横梁布置在同一横向轴线上，以便组成

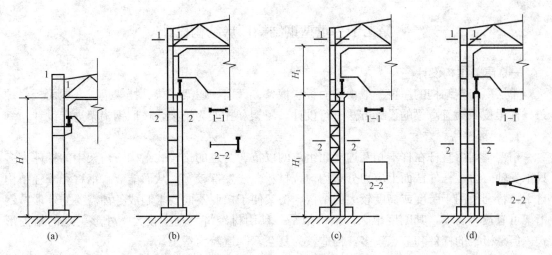

图 7-2　柱的形式

(a) 等截面柱；(b)、(c) 阶形柱；(d) 分离式柱

刚度较大的横向框架。柱距大小对结构的用钢量影响较大，加大柱距可减小地基处理费用和基础造价，位于软弱地基上的重型厂房应采用较大柱距。加大柱距将使柱间构件用材增加，经济合理的柱网布置应实现总的经济效应最佳。采用轻型围护结构的厂房采用 12、15、18m，甚至更大的柱距较经济。

为了降低制作和安装工作量，柱网布置还应注意符合标准化模数的要求，当厂房跨度 $L \leqslant 18m$ 时，跨度应以 3m 为模数；当 $L > 18m$ 时，跨度应以 6m 为模数，但是当工艺布置和技术经济有明显的优越性时，跨度也可以采用 3m 或 6m 为模数。柱距和跨度的类别宜少，以利于施工。当工艺有特殊要求需局部采用大柱距时，可采取在该处抽（拔）柱，并设托架或托梁支承屋架或屋面梁，通常设计托架或托梁简支在柱子上。

在厂房高度方向，吊车顶面与屋架或屋面梁底面净距应不小于 300mm。吊车横向外轮廓与上柱内表面净距应不小于 80mm，吊车大轮的中心线与柱纵向定位轴线（上柱中心线）的距离应等于 750～1000mm。

当厂房平面尺寸较大时，温度变化将引起结构变形，使厂房钢结构产生温度应力，可能导致墙体和屋面的破坏，应在厂房钢结构的横向和纵向设置温度伸缩缝，将厂房钢结构分成伸缩时互不影响的温度区段（伸缩缝的间距）。《钢结构设计规范》（GB 50017）给出了温度区段限值，当超过限值时，应考虑温度应力和温度变形的影响。

四、单层房屋钢结构的设计步骤

根据工艺和使用要求及将来可能发生的生产流程变化和发展，确定房屋的平面和高度方向的主要尺寸和控制标高，布置柱网，确定变形缝的位置和做法；选择主要承重框架的形式，并确定框架的主要尺寸；布置屋盖结构、吊车梁结构、支撑体系及墙架体系。按照平面框架进行分析时，需确定框架计算单元，计算单元的受荷面积宽度通常取相邻柱距的平均值。结构方案确定以后，即可按设计资料进行静力计算、构件及连接设计，最后绘制施工图，设计时应尽量采用构件及连接构造的标准图集。

第二节 重型钢结构厂房结构设计

一、屋盖结构设计

单层厂房钢结构的屋盖一般由屋面板、檩条、天窗、屋架或梁、托架组成。屋面板、檩条、横梁按照第五章梁的设计方法进行设计。屋架和托架为桁架，按照钢桁架进行设计。

1. 钢桁架的特点和应用

桁架是指由直杆在杆端相互连接而组成的以抗弯为主的格构式结构。桁架中的杆件大多只承受轴向力，杆件截面上应力分布均匀，材料性能发挥较好，从而能节省钢材和减轻结构自重，特别适用于跨度或高度较大的结构。桁架便于按照不同要求制成各种需要的外形。钢桁架可有较大高度，其刚度也大。钢桁架是一种用材经济、刚度较大、外形美观的结构形式。但是桁架的杆件和节点较多，构造较为复杂，制造较为费工。

桁架在钢结构中应用很广，分为空间桁架和平面桁架两类。网架结构、各种塔架为空间桁架。常用的平面桁架如屋架、吊车桁架、水工结构中的钢栈桥、钢桁架引桥、钢闸门中的桁架等。平面简支桁架的杆件内力不受支座沉降和温度变化的影响，且构造简单，安装方便，最为常用。本章着重讨论平面简支钢桁架的设计。

2. 平面钢桁架的外形和腹杆体系

设计钢桁架首先要选择合理的桁架外形。选择时应综合考虑下列因素：

（1）满足使用要求。对屋架来说，上弦的坡度应满足屋面防水材料的要求。此外，桁架与柱是简支还是刚接、建筑净空要求、有无吊顶和悬挂吊车、有无天窗和天窗形式及建筑造型的需要等，也都影响桁架的外形。

（2）受力合理。只有受力合理时才能充分发挥材料的作用，从而达到节省材料的目的。桁架的外形应尽量与弯矩图相近，以使弦杆内力均匀，材料强度得到充分发挥。腹杆的布置应使短杆受压，长杆受拉，且节点和腹杆数量宜少，腹杆的总长度宜短。尽量使荷载作用在节点上，以避免弦杆因受节间荷载产生的局部弯矩而加大截面。当梯形桁架与柱刚接时，其端部应有足够的高度，以便有效地传递支座弯矩，而端部弦杆不致产生过大的内力。

（3）便于制作和安装。桁架杆件的数量和截面规格宜少，尺寸力求划一，构造应简单，以便制造。杆件间夹角宜在 $30°\sim60°$ 之间。夹角过小，将使节点构造困难。

（4）综合技术经济效果好。在确定桁架形式与主要尺寸时，除着眼于构件本身的省料与节省工时外，还应该考虑跨度大小、荷载状况、材料供应条件、建设速度的要求，以期获得较好的综合经济效果。

常用的平面桁架形式如图 7-3 所示。三角形桁架［见图 7-3（a）］适宜用作屋面坡度 i 较陡（$i\geqslant1/5$）的屋架。屋架端部与柱铰接，其外形与均布荷载作用时的弯矩图差别较大，当跨度较大时选用三角形屋架是不经济的，只宜用于中、小跨度（$l\leqslant24m$）的屋面结构。梯形桁架［见图 7-3（b）、（c）］适宜用作屋面坡度平缓的屋架，它与柱的连接可做成刚接，也可做成铰接。梯形桁架外形与均布荷载作用时简支桁架的弯矩图较接近，各节间弦杆内力差别较小。当桁架的高度较大时，为使斜腹杆与弦杆保持适当的交角，上弦节间长度较大，这时为避免上弦承受节间荷载，且减小弦杆和腹杆的计算长度，可增加再分腹杆［见图 7-3（c）］。平行弦桁架［见图 7-3（d）、（e）、（f）］的弦杆、腹杆长度一致，杆件类型少，节点构造统一，便于制造，常用于平面钢闸门、钢引桥、栈桥、托架和支撑体系。人字形桁架［见图 7-3（g）、（h）］用作屋架，它可与柱铰接或刚接。人字形桁架具有平行弦桁架的优点，且在制造时不必起拱，符合标准化、工厂化制造的要求。

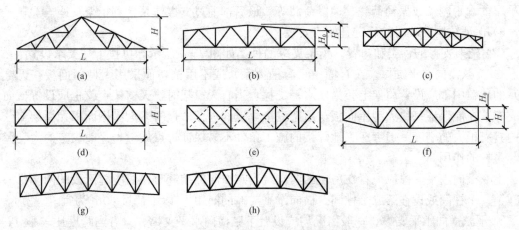

图 7-3　常用的平面桁架形式

（a）三角形桁架；（b）梯形桁架；（c）再分腹杆式梯形桁架；（d）单系腹杆式平行弦桁架；

（e）交叉腹杆式平行弦桁架；（f）支座变高的平行弦桁架；（g）人字形桁架；（h）跨中为梯形的平行弦桁架

桁架中的常用腹杆体系有人字式、交叉式［见图 7-3（e）］、再分式［见图 7-3（c）］等形式，其中人字式腹杆体系的腹杆和节点数最少，应用较广。

与钢梁相仿，桁架应具有适当的中部高度 H 和端部高度 H_0。H 取决于运输界限（如铁路运输界限高度为 3.85m）和建筑高度要求的最大限值、刚度要求的最小限值，以及使弦杆和腹杆总用钢量最少的经济高度。三角形屋架当跨度 L 和屋面坡度 i 确定后，其 H 也就确定了。简支梯形和平行弦桁架，通常 $H=(1/6\sim1/10)L$，简支梯形钢桁架对端部高度 H_0 无特殊要求，但多跨简支桁架各 H_0 取值应协调一致，以便相邻桁架端部处上弦表面齐平，利于屋面构造。当梯形钢桁架与柱刚接时，端部有负弯矩，要求 H_0 具有一定的高度。钢屋架中常用 $H_0=1.8\sim2.2m$。

3. 支撑设计

（1）桁架支撑的作用。平面桁架在其本身平面内具有较大的刚度，能承受桁架平面内的各种荷载。但在垂直于桁架平面方向（称为桁架平面外）不能保持其几何不变，即使桁架上弦与檩条或屋面板等铰接相连，桁架仍会侧向倾倒。为了防止桁架侧向倾倒破坏和改善桁架工作性能，对于平面桁架体系，必须设置支撑系统（水工结构中也称为连接系）。桁架支撑的主要作用是：

1）保证桁架结构的空间几何稳定性即形状不变。平面桁架能保证桁架平面内的几何稳定性，支撑系统则保证桁架平面外的几何稳定性。

2）保证桁架结构的空间刚度和空间整体性。桁架上弦和下弦的水平支撑与桁架弦杆组成水平桁架，桁架端部和中部的垂直支撑则与桁架竖杆组成垂直桁架，无论桁架结构承受竖向或纵、横向水平荷载，都能通过一定的桁架体系把力传向支座，只发生较小的弹性变形，即有足够的刚度和整体性。

3）为桁架弦杆提供必要的侧向支撑点。水平和垂直支撑桁架的节点及由此延伸的支撑系杆都成为桁架弦杆的侧向支承点，从而减小弦杆在桁架平面外的计算长度，提高其受压时的整体稳定承载力。

4）承受并传递水平荷载。水平荷载包括纵向和横向水平荷载，例如风荷载、悬挂或桥式吊车的水平制动或振动荷载、地震荷载等，最后都通过支撑体系传到桁架支座。

5）保证结构安装时的稳定且便于安装。

（2）桁架支撑的种类和布置。桁架支撑的种类如图 7-1 所示，可按下列要求设置：

1）上弦横向水平支撑。在有檩条（有檩体系）或不用檩条而采用大型屋面板（无檩体系）的屋盖中都应设置屋架上弦横向水平支撑，当有天窗架时，天窗架上弦也应设置横向水平支撑。在能保证每块大型屋面板与屋架三个焊点的焊接质量时，大型屋面板在屋架上弦平面内具有很大的刚度，但考虑工地焊接的施工条件不易保证焊点质量，一般仅考虑大型屋面板起系杆的作用。

上弦横向水平支撑应设置在房屋的两端，当有横向伸缩缝时在温度缝区段的两端。一般设在第一个柱间或设在第二个柱间。横向水平支撑的间距 L_0 以不超过 60m 为宜。

2）下弦横向水平支撑。一般情况均应设置下弦横向水平支撑。只有当跨度比较小（$L \leqslant 18m$），且没有悬挂式吊车，或虽有悬挂式吊车但起重吨位不大，厂房内也没有较大的振动设备时，可不设下弦横向水平支撑。

下弦横向水平支撑应与上弦横向水平支撑设在同一柱间，以形成空间稳定体系。

3）纵向水平支撑。当房屋内设有托架，或有较大吨位的重级、中级工作制的桥式吊车，或有壁行吊车，或有锻锤等大型振动设备，以及房屋较高、跨度较大，空间刚度要求高时，均应在屋架下弦（三角形屋架可在下弦或上弦）端节间设置纵向水平支撑。纵向水平支撑与横向水平支撑形成闭合框，加强了屋盖结构的整体性并提高房屋纵、横向的刚度。

4）垂直支撑。所有房屋中均应设置垂直支撑。梯形屋架在跨度 $L \leqslant 30m$，三角形屋架在跨度 $L \leqslant 24m$ 时，可仅在跨度中央设置一道垂直支撑，当跨度大于上述数值时宜在跨度 1/3 附近或天窗架侧柱处设置两道。梯形屋架不分跨度大小，其两端还应各设置一道，当有托架时则由托架代替。

天窗架的垂直支撑一般设在两侧，当天窗的宽度大于 12m 时还应在中央设置一道。

屋架的垂直支撑与上、下弦横向水平支撑应尽量布置在同一柱间。

5）系杆。不设横向支撑的其他屋架，其上下弦的侧向稳定性由与横向支撑节点相连的系杆来保证。能承受拉力也能承受压力的系杆，叫刚性系杆；只能承受拉力的系杆，叫柔性系杆。它们的长细比分别按压杆和拉杆控制。

上弦平面内，大型屋面板的肋可起系杆作用，但为了安装屋架时的方便与安全，在屋脊及两端设刚性系杆。当有檩条时，檩条可兼作系杆。下弦杆受拉，为保证下弦杆在桁架平面外的长细比满足要求，也应设置系杆。屋脊节点和支座节点处需设置刚性系杆，天窗侧柱处及下弦跨中附近设置柔性系杆；当屋架横向支撑设在端部第二柱间时，则第一柱间所有系杆均应为刚性系杆。

（3）桁架支撑的计算。除系杆外各种桁架支撑是垂直于桁架平面的平面桁架，由设置的支撑杆件与桁架的弦杆或竖杆组成。支撑杆件一般受力较小，通常杆件截面按容许长细比来选择。交叉斜杆和柔性系杆按拉杆设计，可用单角钢；非交叉斜杆、弦杆、竖杆及刚性系杆按压杆设计，可用双角钢。刚性系杆通常采用双角钢组合十字形截面，以便两个方向的刚度接近。

　　当横向水平支撑传递较大的山墙风荷载，或结构按空间工作计算，纵向水平支撑体系需作为柱的弹性支座时，支撑桁架受力较大，支撑杆件除需满足允许长细比的要求外，尚应按桁架体系计算内力，进行截面设计。

　　有交叉斜腹杆的支撑桁架是超静定体系，常用简化方法进行分析。可采用柔性方案设计，腹杆只考虑拉杆参与工作。如图 7-4 中用虚线表示的一组斜杆因受压而退出工作，此时桁架按单斜杆体系分析。当荷载反向作用时，则认为另一组斜杆退出工作。当斜杆按可以承受压力设计时（刚性方案设计），可按结构力学的方法进行内力分析。

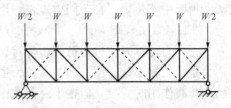

图 7-4　横向水平支撑计算简图

　　桁架受压弦杆横向支撑系统的节点支撑如图 7-5 所示，其中的系杆和支承斜杆应能承受下式给出的节点支撑力

$$F=\frac{\sum N}{42\sqrt{m+1}}\left(0.6+\frac{0.4}{n}\right) \qquad (7-1)$$

式中　$\sum N$——被撑各桁架受压弦杆最大压力之和；

　　　　m——纵向系杆道数（支撑系统节间数减去 1）；

　　　　n——支撑系统所撑桁架数。

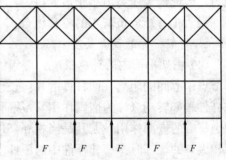

图 7-5　桁架受压弦杆横向支撑
系统的节点支撑

　　4. 桁架的内力计算

　　作用在桁架上的永久荷载和可变荷载及其荷载分项系数、组合系数等，按《建筑结构荷载规范》（GB 5009）的规定计算。实际钢桁架的节点多数为焊接，也有采用高强度螺栓连接。节点刚性大，接近于刚接。通常钢桁架中各杆件截面的高度都较小，约为其长度的 1/15（腹杆）和 1/10（弦杆）以下，杆件的抗弯刚度较小，因而按刚接桁架算得的杆件弯矩 M 常较小，M 引起的弯曲应力（称为次应力）相对于轴心力引起的应力（称为主应力）较小，且杆件的轴心力 N 也与按铰接桁架计算的结果相差不大。因此一般情况都按铰接桁架进行计算。

　　对于承受较大荷载的重型钢桁架，如铁路桁架桥等，当在桁架平面内弦件或腹杆的截面高度超过其几何长度（节点中心间距）的 1/10 或 1/15 时，次应力的比重逐渐增大，可达 10%～30% 或以上，应按刚接桁架进行内力计算。

　　桁架的内力分析可利用有限元计算软件采用计算机进行计算，也可以进行简化计算。当桁架只承受节点荷载时，杆件内力可用结构力学中方法计算。有节间荷载作用的桁架［见图 7-6（a）］，可先把所有节间荷载按该段节间为简支，求出支座反力，再把支座反力反向与

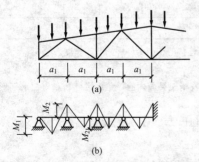

图 7-6　上弦杆局部弯矩计算简图
（a）上弦荷载作用图；（b）上弦简化弯矩图

节点荷载叠加，按只有节点荷载作用，计算桁架各杆的轴力。然后对有节间荷载的杆件计算局部弯矩，可按刚接桁架用计算机求解。局部弯矩也可按弹性支座上的连续梁进行计算，但计算较复杂。局部弯矩也可采用简化法，考虑铰接桁架中轴力是主要内力，设计时取节点负弯矩及中间节间正弯矩为 $M=0.6M_0$，但一个节间内两者不同时出现 $0.6M_0$，其中一个为 $0.6M_0$ 时，另一个为 $0.4M_0$。而端节间正弯矩为 $M=0.8M_0$，其中 M_0 为将上弦节间视为简支梁所得跨中弯矩，当在节间中点仅作用一集中荷载 Q 时，$M_0=Qa/4$。弦杆端节点按铰接 $M=0$ 或取悬臂负弯矩 M_e［见图 7-6（b）］。

进行内力计算时应进行荷载组合对比，求出杆件的最不利内力。受拉（压）构件的最不利内力是最大轴心拉（压）力。受拉为主并可能受压的杆件，如梯形桁架跨中的一些腹杆，在满跨荷载作用时受拉，但在半跨荷载作用时可能受压。这些杆件的最不利内力为最大轴心拉力和可能最大轴心压力。压杆比拉杆长细比限制更严，且整体稳定承载力一般小于强度承载力，因此最大压力虽小于最大拉力，但也应作为最不利内力。对于拉（压）弯杆件，还应考虑最大正弯矩或负弯矩的不利组合。

5. 桁架杆件的计算长度

（1）桁架平面内的计算长度。理想铰接节点桁架杆件在桁架平面内的计算长度 l_{0x} 应等于节点中心间的距离，即杆件的几何长度 l。实际桁架的节点接近于刚接，相邻杆件将约束该杆件端部转动（称为嵌固作用），从而提高其整体稳定承载力。计算 l_{0x} 时可适当折减 l 来考虑杆端的嵌固作用，尤其是当相邻杆件有较多截面相对较大（指桁架平面内的线刚度值相对较大）的拉杆时。相邻杆件中的压杆本身也有失稳弯曲趋向，只有当其截面较粗、长细比较小而受力有较多富裕时，对杆件才有一定的嵌固约束作用，否则对杆件的嵌固影响不大。普通桁架弦杆和单系腹杆在桁架平面内的计算长度及采用相贯焊接连接的钢管桁架构件计算长度系数可按表 7-1 取用。交叉腹杆（见图 7-7）取桁架平面内计算长度等于节点中心到交叉点间的距离，即为 $l_{0x}=0.5l$。

表 7-1　　　　　　　　桁架弦杆和单系腹杆的计算长度 l_0

桁架类别	弯曲方向	弦杆	腹杆	
			支座斜杆和支座竖杆	其他腹杆
普通桁架、单系腹杆	在桁架平面内	l	l	$0.8l$
	在桁架平面外	l_1	l	l
	斜平面	—	l	$0.9l$
平面钢管桁架	平面内	$0.9l$	l	$0.8l$
	平面外	l_1	l	l
立体桁架		$0.9l$	l	$0.8l$

注　1. l 普通桁架为杆件的几何长度（节点中心间距离），采用相贯焊接连接的桁架为杆件的节间长度。

　　2. l_1 为桁架弦杆平面外无支撑长度。

　　3. 斜平面系指与桁架平面斜交的平面，适用于构件截面两主轴均不在桁架平面内的单角钢腹杆和双角钢十字形截面腹杆。

　　4. 普通桁架无节点板的腹杆，其计算长度在任意平面内均取等于几何长度。

　　5. 对端部缩头或压扁的圆管腹杆，其计算长度取 $1.0l$。

（2）桁架平面外的计算长度。杆件在桁架平面外的计算长度 l_{0y} 应取侧向支承点间的距离。弦杆的侧向支承点应是水平支撑、垂直支撑或相应系杆的连接节点。由于弦杆截面比腹杆大，且侧向被支承，腹杆与弦杆的连接节点可认为是腹杆的侧向支承点。同样，连续直通再分主腹杆的中间节点可认为是与之相交的再分次腹杆的侧向支承点。节点板厚度有限，在侧向受力时易发生弯曲，故不考虑杆件在节点处所受到的桁架平面外的嵌固作用而按不动铰接考虑。杆件在桁架平面外的计算长度见表 7-1。

交叉腹杆计算长度的确定与杆件受拉或受压有关，也与杆件断开的情况有关。对于压杆：与它相交的另一斜杆受压，两杆截面相同并在交叉点均不中断时，$l_0 = l\sqrt{(1 + N_0/N)/2}$，$l$ 为节点中心间距离，交叉点不作为节点考虑；N 和 N_0 分别为所计算杆和相交另一杆的内力，均为绝对值。两杆均受压时，$N_0 \leqslant N$。当相交另一杆受压，此另一杆在交叉点中断但以节点板搭接时，$l_0 = l\sqrt{1 + \pi^2 N_0/(12N)}$。当相交另一杆受拉，两杆截面相同并在交叉点均不中断时，$l_0 = l\sqrt{[1 - 3N_0/(4N)]/2} \geqslant 0.5l$。当相交另一杆受拉，此拉杆在交叉点中断但以节点板搭接时，$l_0 = l\sqrt{1 - 3N_0/(4N)} \geqslant 0.5l$。当此拉杆连续而压杆在交叉点中断但以节点板搭接，若 $N_0 \geqslant N$ 或拉杆在桁架平面外的抗弯刚度 $EI_y \geqslant \dfrac{3N_0 l^2}{4\pi^2}\left(\dfrac{N}{N_0} - 1\right)$ 时，取 $l_0 = 0.5l$。当确定交叉腹杆中单角钢杆件斜平面内的长细比时，计算长度应取节点中心至交叉点的距离。对于拉杆，因为压杆不作为它在平面外的支承点，故为 $l_0 = l$。

受压弦杆的侧向支承点间距 l_1 时常为弦杆节间长度的两倍 [见图 7-8 (a)]，而弦杆两节间的轴心压力可能不相等（设 $N_1 > N_2$），用 N_1 验算弦杆平面外稳定时如果计算长度取用 l_1 显然过于保守。此时应按下式确定平面外的计算长度。

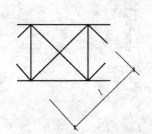

图 7-7　交叉腹杆的计算长度

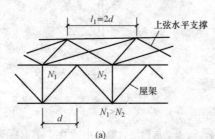

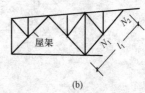

图 7-8　变内力杆件的计算长度
（a）上弦水平支撑；（b）再分腹杆

$$l_{0y} = l_1\left(0.75 + 0.25\,\frac{N_2}{N_1}\right), \quad \text{且} \quad l_{0y} \geqslant 0.5l_1 \tag{7-2}$$

计算时压力取正号，拉力取负号。

再分腹杆的受压主斜杆在桁架平面外的计算长度 [见图 7-8 (b)]，也应按式（7-2）确定。在桁架平面内的计算长度则取节点间的距离。而受拉主斜杆在桁架平面外的计算长度，仍取 l_1。

（3）斜平面的计算长度。当腹杆截面为单角钢或双角钢组成的十字形截面时，受压杆件将绕截面最小回转半经 $i_{\min}$ 的轴发生整体失稳。杆件弯曲方向既不在桁架平面内，也不垂直桁架平面（桁架平面外），而是在一斜平面内。杆件两端的约束程度介于桁架平面内和平面外之间，杆件的计算长度取为前述 l_{0x} 和 l_{0y} 的平均值，$l_0 = 0.9l$。

6. 桁架杆件的截面形式

桁架杆件的截面形式应根据用料经济、连接构造简单和具有足够刚度等要求确定。桁架杆件一般是轴心受力杆件，设计时应尽量使其在桁架平面内和平面外的稳定性或长细比相近（$\lambda_x \approx \lambda_y$），这样刚度和稳定性较好，且节省钢材。当有弯矩作用时，则应适当加大弯矩作用方向的截面高度。

重型钢桁架常采用 H 型钢、箱形截面或两槽钢组合截面。

普通钢桁架常采用双角钢组合 T 形截面（见图 7-9），少数杆件用双角钢组合十字形截面。受力小的腹杆也可用单角钢截面。T 字钢是一种性能优越且比双角钢组合 T 形截面省钢的截面形式。T 字钢可由 H 型钢切得。由于不存在双角钢相并的间隙，耐腐性好。双角钢腹杆可直接焊于 T 字钢的腹板两侧而省去节点板。T 字钢弦杆用料比角钢省，可省去缀板等。T 字钢做弦杆和双角钢组合截面做腹杆的桁架比全角钢桁架用钢量可节省 12%～15%。

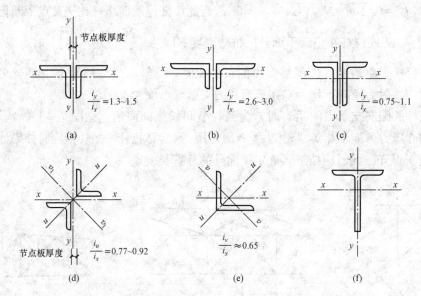

图 7-9　角钢组合截面形式及 T 字钢截面

（a）等边双角钢组合 T 形截面；（b）不等边角钢短肢相并组合 T 形截面；（c）不等边角钢长肢相并组合 T 形截面；
（d）双角钢组合十字形截面；（e）单角钢截面；（f）T 字钢

钢管截面与其他型钢截面相比，截面材料分布离几何中心较远，各方向的回转半径相等，回转半径 i 较大，抗扭能力也较强，因而管形截面作为受压构件比其他型钢截面的用钢量要小，可节约钢材达 20%～30%。圆钢管的绕流条件好，当承受风荷载或波浪压力时，其阻力可降低约 2/3。露天结构采用封闭圆管壁厚不应小于 4mm。钢管结构的节点一般不用另加节点板，而将腹杆钢管端部切成马鞍形与弦杆钢管壁直接焊接，构造简单，连接方便。钢管端部可以密封，有利于耐大气及海水腐蚀，管截面周长最小，所需涂料等维护费用也小。但钢管结构节点的切割和焊接质量要求较高。对于海洋工程的桁架结构，管形截面是主要形式，如固定式采油平台桩基导管架、自升式钻井船的桁架式腿结构、平台间大跨度连接桥，以及平台上直升飞机场支承桁架等杆件常采用钢管截面。

7. 杆件截面设计

桁架杆件一般为轴心受力构件，当桁架弦杆有节间荷载时，则弦杆为压弯或拉弯构件。

这些构件截面设计的方法已在第四章和第六章有详细介绍，这里不再赘述。普通钢桁架杆件截面设计时还应注意下列问题：

（1）选用截面的板件厚度应较薄，使在相同用钢量下截面具有较大的回转半径。同时，还需注意设计规范中规定的最小截面规格限制。在普通钢结构的受力构件中不宜采用厚度小于 5mm 的钢板、壁厚小于 3mm 的钢管、截面小于 L45×4 或 L56×36×4 的角钢（对焊接结构），或截面小于 L50×5 的角钢（对螺栓连接的结构）。

（2）凡需用螺栓与支撑杆件相连接的桁架杆件角钢的边长，应注意其所能采用的螺栓最大直径。连接支撑系统的螺栓直径一般为 $d=20$mm，拼接处定位用的安装螺栓直径可用 $d=16$mm，相应的角钢开孔边最小边长为 70mm 和 63mm。

（3）为减少拼接的设置，桁架弦杆的截面常根据弦杆的最大杆力来选用。只当跨度较大或受角钢供应长度限制而必须进行接长时，可根据节间内力变化在半跨内改变一次截面。改变截面时宜改变角钢的边长而保持厚度不变，以利拼接。各种型号角钢通常的供应长度见角钢的国家标准。

（4）焊接钢桁架中，弦杆角钢水平边上连支撑构件的螺栓孔的位置，当位于竖向节点板范围以内并距竖向节点板边缘 ≥100mm 时，考虑节点板的补偿作用，计算弦杆的净截面强度时可不计孔对弦杆截面的削弱。否则应考虑其影响。

（5）桁架杆件在桁架平面外和平面内的计算长度之比 l_{0y}/l_{0x} 有多种情况，当采用双角钢组成的 T 形截面时，应根据图 7-7 所示相应截面的 i_y/i_x 值，选用的截面应尽可能使 i_y/i_x 与 l_{0y}/l_{0x} 相接近，以获得经济的截面。例如，一般单系腹杆的 $l_{0y}/l_{0x}=1/0.8=1.25$，此时宜选用两等边角钢组合 T 形截面（$i_y/i_x=1.3\sim1.5$）；当弦杆 $l_{0y}/l_{0x}\geqslant2$ 时，则宜选用两不等边角钢短边相并的 T 形截面（$i_y/i_x=2.6\sim3.0$）；但当上弦杆承受有节间荷载时，宜采用两个等边角钢或两不等边角钢长边相并的 T 形截面。支座斜杆 $l_{0y}/l_{0x}=1.0$，宜选用两不等边角钢长边相并的 T 形截面（$i_y/i_x=0.75\sim1.1$）。受拉弦杆往往 l_y 比 l_x 大得多，宜采用两不等边角钢短边相并或两等边角钢组成的 T 形截面。选用截面时应了解型钢规格的供应情况，据此选用，以免造成制造时因截面替代而多费钢材。

（6）当桁架竖杆的外伸边需与垂直支撑相连接时，该竖杆宜采用双角钢组合十字形截面。十字形截面不但刚度大于 T 形截面，而且还可使垂直支撑对该竖杆的连接偏心为最小。当该竖杆位于桁架跨度中央，在工地吊装时桁架的左、右端可以任意放置（如用 T 形截面，由于对杆件轴线为不对称，桁架左、右端不能任意放置，否则各桁架中央竖杆截面的外伸边将不在同一竖向平面内）。

（7）单面连接的单角钢截面，因连接偏心易使构件弯扭失稳，故只能用于跨度较小的桁架或桁架中受力较小、长度较短的次要腹杆。

（8）为了便于备料，整榀桁架所用的角钢规格品种一般不宜超过 5～6 种。在选出各杆的截面规格后，可进行调整，以减少规格数量。同一榀桁架中应避免采用边长相同但厚度不同的角钢。

桁架杆件的截面设计一般由承载力极限状态（强度、稳定）控制。当受力较小时，也可能由刚度条件（容许长细比）或最小截面尺寸控制。

【例 7-1】 某梯形桁架上弦杆的轴向压力及侧向支承点位置如图 7-10 所示，上弦杆截面无削弱，材料为 Q235B 钢，节点板厚度为 10mm。上弦杆采用双角钢组合 T 形截面，试选择上弦杆的截面。

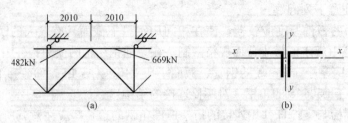

图 7-10　［例 7-1］图

(a) 桁架局部构造；(b) 截面形式

解　上弦杆桁架平面内的计算长度为　　　$l_{0x} = 2010\text{mm}$

桁架平面外的计算长度为

$$l_{0y} = l_1\left(0.75 + 0.25\frac{N_2}{N_1}\right) = 4020\left(0.75 + 0.25 \times \frac{482}{669}\right) = 3739\text{mm}$$

$l_{0y}/l_{0x} = 3739/2010 = 1.86$，依 $\lambda_x = \lambda_y$，则应有 $i_y/i_x \approx 1.86$，可以选用两不等肢角钢短肢相并或两等肢角钢组合的 T 形截面。

设 $\lambda = 70$，双角钢组合 T 形截面属于 b 类，由附录二查得 $\varphi = 0.751$。

取强度设计值 $f = 215\text{N/mm}^2$，根据所设 λ，截面应该有

$$A = N_1/(\varphi f) = 669 \times 10^3/(0.751 \times 215) = 4143\text{mm}^2$$

$$i_x = l_{0x}/\lambda = 2010/70 = 28.7\text{mm}, \quad i_y = l_{0y}/\lambda = 3739/70 = 53.4\text{mm}$$

根据求出的 A、i_x 及 i_y，并注意到节点板厚 $\delta = 10\text{mm}$，由型钢表初选 2L140×90×10（短肢相并），查得 $A = 2 \times 2230 = 4460\text{mm}^2$，$i_x = 25.6\text{mm}$，$i_y = 67.7\text{mm}$。

截面验算　　　　$\lambda_x = l_{0x}/i_x = 2010/25.6 = 78.5 < [\lambda] = 150$

$\lambda_y = l_{0y}/i_y = 3739/67.7 = 55.2$，$b_1/t = 140/10 = 14 < 0.56l_{0y}/b_1 = 0.56 \times 3739/140 = 14.96$

可近似取 $\lambda_{yz} = \lambda_y = 55.2$。

由 $\lambda_{max} = \lambda_x = 78.5$，查得 $\varphi = 0.698$，则

$$\frac{N_1}{\varphi A} = \frac{669 \times 10^3}{0.698 \times 4460} = 214.9\text{N/mm}^2 < f = 215\text{N/mm}^2$$

截面无削弱时强度不必验算，所选截面合适。

【例 7-2】　桁架承受的荷载及内力如图 7-11 所示，节点荷载设计值 $P = 29.4\text{kN}$。节点板厚度 $\delta = 10\text{mm}$，试选择上弦杆截面。

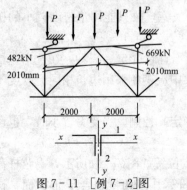

图 7-11　［例 7-2］图

解　（1）初选截面。上弦杆承受有节间荷载，为压弯构件。考虑在同一节间内杆中和节点不同时出 $0.6M_0$，其中一个为 $0.6M_0$ 时，另一个为 $0.4M_0$。只能是杆件中部正弯矩为 $0.6M_0$ 时，节点处负弯矩为 $0.4M_0$，则有

$$M_0 = Pd/4 = 29\,400 \times 2000/4 = 1.47 \times 10^7\text{N} \cdot \text{mm}$$

$$0.6M_0 = 8.82 \times 10^6\text{N} \cdot \text{mm}, \quad 0.4M_0 = 5.88 \times 10^6\text{N} \cdot \text{mm}$$

初选 2L160×10，$A = 2 \times 31.50 = 6300\text{mm}^2$

截面模量　　　$W_{1x} = 2 \times 1.80 \times 10^5 = 3.60 \times 10^5\text{mm}^3$

$$W_{2x} = 2 \times 6.67 \times 10^4 = 1.334 \times 10^5\text{mm}^3$$

$$i_x = 49.8\text{mm}, \quad \delta = 10\text{mm}, \quad i_y = 69.2\text{mm}$$

查得塑性发展系数 $\gamma_{1x} = 1.05$，$\gamma_{2x} = 1.2$，则

$\lambda_x = l_{0x}/i_x = 2010/49.8 = 40.36 < [\lambda] = 150$，查附录二得 $\varphi_x = 0.898$。

（2）强度验算。考虑 $W_{2x} < W_{1x}$，按节点弯矩为 $0.6M_0$ 验算

$$\frac{N}{A} + \frac{M_x}{\gamma_{2x}W_{2x}} = \frac{669 \times 10^3}{6300} + \frac{8.82 \times 10^6}{1.2 \times 1.334 \times 10^5} = 161.3 < f = 215\text{N/mm}^2$$

强度满足要求。

（3）桁架平面内稳定性验算。上弦杆的正弯矩值大，只需计算正弯矩情况，即

$$N'_{Ex} = \frac{\pi^2 EA}{1.1\lambda_x^2} = \frac{\pi^2 \times 2.06 \times 10^5 \times 6300}{1.1 \times 40.36^2 \times 10^3} = 7148\text{kN}$$

处于间的上弦杆相当于两端支承的杆件，杆件同时承受端弯矩和横向荷载作用，使构件产生反向曲率，则

$$\begin{aligned}
\beta_{mx}M_x &= \beta_{mqx}M_{qx} + \beta_{m1x}M_1 \\
&= [1 - 0.36 \times 669/(1.1 \times 7148)] \times 1.47 \times 10^7 \\
&\quad + [(0.6 + 0.4 \times 1) \times 5.88 \times 10^6] = 8.37 \times 10^6\text{N} \cdot \text{mm}
\end{aligned}$$

$$\begin{aligned}
&\frac{N}{\varphi_x A} + \frac{\beta_{mx}M_x}{\gamma_{1x}W_{1x}(1 - 0.8N/N'_{Ex})} \\
&= \frac{669 \times 10^3}{0.898 \times 6300} + \frac{8.37 \times 10^6}{1.05 \times 3.60 \times 10^5(1 - 0.8 \times 669/7148.5)} \\
&= 141.9\text{N/mm}^2 < f = 215\text{N/mm}^2
\end{aligned}$$

此时，还应对正弯矩作用使 2 点受拉的情况，进行附加验算，即

$$\begin{aligned}
&\left| \frac{N}{A} - \frac{\beta_{mx}M_x}{\gamma_{2x}W_{2x}(1 - 1.25N/N'_{Ex})} \right| \\
&= \left| \frac{669 \times 10^3}{6300} - \frac{8.37 \times 10^6}{1.2 \times 1.334 \times 10^5(1 - 1.25 \times 669/7148.5)} \right| \\
&= 47.1\text{N/mm}^2 < f = 215\text{N/mm}^2
\end{aligned}$$

桁架平面内的稳定性满足要求。

（4）桁架平面外稳定性验算。由 ［例 7-1］可知，平面外的计算长度 $l_{0y} = 3739\text{mm}$

$\lambda_y = l_{0y}/i_y = 3739/69.2 = 54.03 < [\lambda] = 150$，$\lambda_z = \zeta b_f/t = 3.9 \times 160/10 = 62.4 > 54.03$

$$\lambda_{yz} = \lambda_z[1 + 0.16(\lambda_y/\lambda_z)^2] = 62.4 \times [1 + 0.16 \times (54.03/62.4)^2] = 69.9$$

由 λ_{yz} 查附录二得 $\varphi_y = 0.752$，整体稳定系数 φ_b 按简化公式计算

$$\varphi_b = 1 - 0.06 = 1 - 0.06 \times 54.03^2/100^2 = 0.98$$

$$\frac{N}{\varphi_y A} + \frac{\beta_{tx}M_x}{\varphi_b W_{1x}} = \frac{669 \times 10^3}{0.752 \times 6300} + \frac{1 \times 8.82 \times 10^6}{0.98 \times 3.60 \times 10^5} = 166.2\text{N/mm}^2 < f = 215\text{N/mm}^2$$

桁架平面外的稳定性满足要求。

讨论：［例 7-2］中的上弦杆除承受节间荷载外，上弦杆的计算长度和轴心力都与 ［例 7-1］相同。由于存在节间荷载，使得上弦杆的用钢量显著增加。可采用加大檩距或设再分腹杆的办法，使上弦杆不再承受节间荷载。实际设计时不应仅看上弦杆的用钢量，而且应看总体方案的用钢量。

8. 角钢桁架的节点设计

角钢桁架一般在节点处设置节点板，把交汇于节点的各杆件都与节点板相连接，形成桁架的节点（见图7-12），各杆件把力传给节点板并互相平衡。一般杆件把全部内力 N 传给节点板，在节点处连续的杆件则把两侧的内力差 ΔN 传给节点板。当杆件上作用有荷载 P 时，则传给节点板的力为 N 或 ΔN 与 P 的合力 R（见图7-19）。有局部弯矩的杆件则还要传递弯矩和剪力。

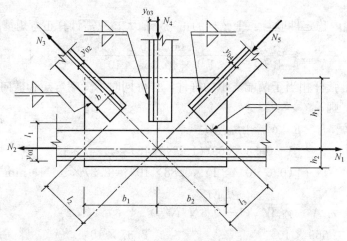

图 7-12 节点构造

杆件与节点板的连接通常采用焊接。C 级普通螺栓连接常用于输电线路塔架和一些可装拆的桁架及安装连接中。高强度螺栓连接在重型桁架中应用较多，可在工地现场进行拼装。本章主要讲述双角钢杆件组成的普通钢桁架的节点设计。

（1）节点板的厚度。钢桁架各杆件在节点处都与节点板相连，传递内力并互相平衡。节点板中的应力分布复杂，通常先依经验，根据各节点处每根杆件传给节点板的内力，以其中的最大内力来确定全桁架的节点板厚度。普通钢桁架节点板的厚度可参照表7-2采用。再根据受力特点进行验算。

表 7-2　　　　　　　　　　　　　　　桁架节点板厚度参考表

桁架腹杆最大轴力或三角形屋架弦杆端间轴力 N（kN）	≤170	171~290	291~510	511~680	681~910	911~1290	1291~1770	1771~3090
中间节点板厚度（mm）	6	8	10	12	14	16	18	20

注　本表的适用范围为：

1. 节点板为 Q235 钢，当为其他牌号时，表中数字应乘以 $235/f_y$。
2. 节点板边缘与腹杆轴线之间的夹角应大于 30°。
3. 节点板与腹杆用侧焊缝连接，当采用围焊时，节点板的厚度应通过计算确定。
4. 支座节点板的厚度宜比中间节点板增加 2mm。

为保证双角钢组合 T 形或十字形截面的两个角钢能整体共同受力，应每隔一定间距在两角钢间放置填板（缀板），如图7-13所示。填板宽度一般采用 50~80mm，与中间节点板同厚。填板长度对 T 形截面应伸出角钢背和角钢尖各 10~15mm，对十字形截面则从角钢尖缩进 10～15mm。角钢与填板通常依构造用侧面或周围角焊缝连接（见图 7-13）。

压杆和拉杆填板间距 l_d 要求分别为 $l_d \leqslant 40i_1$ 和 $l_d \leqslant 80i_1$，i_1 为一个角钢对 1-1 形心轴的回转半径（1-1 轴对 T 形截面为平行于填板方向，对十字形截面为斜向最小回转半径轴，见图 7-13）。受压杆件的两个侧向支承点之间的填板数不得少于两个。十字形截面通常用奇数个，一横一竖交替布置，见图 7-13（b）。

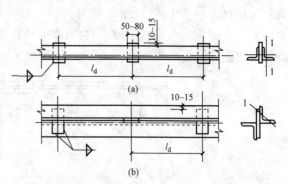

图 7-13 双角钢截面杆件的填板
(a) 双角钢组合 T 截面构件；
(b) 双角钢组合十字形截面构件

（2）节点设计的一般要求。

1）各杆件的形心线理论上应与杆件轴线重合，以免产生偏心受力而引起附加弯矩。但为了方便制造，通常将角钢肢背至轴线的距离取为 5mm 的倍数，所取数值应使轴线与杆件的形心线间距最小，以作为角钢的定位尺寸（见图 7-14）。当弦杆截面有改变时，为方便拼接和安放屋面构件，应使角钢的肢背齐平。此时，应取两形心线的中线作为弦杆的共同轴线（见图 7-14），以减少因两个角钢形心线错开而产生的偏心影响。当轴线变动不超过较大弦杆截面高度的 5% 时，可不考虑其影响。

2）节点处各杆件边缘间应留一定间隙 c（见图 7-14），以利拼接和施焊，并避免焊缝过分密集而使钢材焊接过热变脆。一般取 $c \geqslant 20$mm；对直接承受动力荷载的焊接桁架，腹杆与弦杆之间的间隙取 $c \geqslant 50$mm。在此前提下 c 不宜过大，以免节点板过分加大而其刚度和受压稳定性变差。桁架图中一般不直接标明各处 c 值，而是注明各切断杆件的端距以控制有足够的间隙。相邻角焊缝焊趾间净距应 $\geqslant 5$mm。

3）角钢的切断面一般应与其轴线垂直，为使节点紧凑需要斜切时，只能切肢尖［见图 7-15（a）］，图 7-15（b）所示切肢背方案，既无法用机械切割，且布置焊缝时很不合理，不应采用。节点板的形状和尺寸在绘制施工图时确定。节点板的形状应简单，如采用矩形、梯形［见图 7-15（c）］等，必要时也可以用其他形状，但应以制作简单，并且切割钢板时能充分利用材料为原则。节点板的长和宽宜取为 10mm 的倍数，应适当考虑制作和装配的误差。

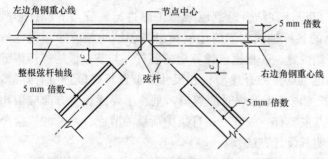

图 7-14 节点处各杆件的轴线

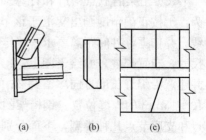

图 7-15 角钢及钢板的切割

4）一般腹杆和端节间弦杆其全部内力传给节点板，节点板外边缘与杆件边线间的扩大角宜≥1∶4～1∶3 [15°～20°，见图7-16（b）]，强度用足的杆件宜≥1∶2（约25°）。扩大角太小 [图7-16（a）、（c）] 会引起节点板截面过窄，致使强度不足，或引起较大的构造和传力上的偏心。

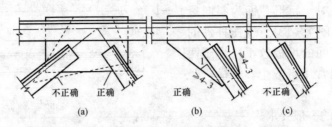

图7-16 节点板扩散角度

（a）两根腹杆节点板切割；（b）一根腹杆节点板正确切割法；（c）一根腹杆节点板不正确切割法

5）在屋架双角钢截面上弦杆上放置檩条或大型屋面板时，角钢的水平伸出边一般应≥70～90mm。角钢应有一定厚度，以免在集中荷载作用下发生过大的弯曲，可参考表7-3要求选用。当确有困难而不能满足要求时，应采取加强措施。通常是设置竖向加劲肋 [见图7-17（a）]；也可在集中荷载范围设置局部水平盖板，角钢水平边 b≥100mm 时按图7-17（b）；b≤90mm 时按图7-17（c）。

表7-3　　　　　　　　　不需加强的上弦杆角钢厚度

支承处总集中荷载设计值（kN）		25	40	55	75	100
角钢厚度（mm）	Q235 钢	≥8	≥10	≥12	≥14	≥16
	Q345、Q390、Q420 钢	≥7	≥8	≥10	≥12	≥14

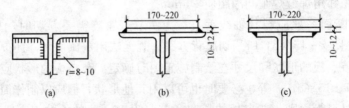

图7-17 上弦杆角钢的加强

（a）加劲肋加强；（b）窄水平盖板加强；（c）宽水平盖板加强

（3）桁架的节点构造和计算。节点设计宜结合绘制屋架施工图进行。节点的设计步骤为：①按正确角度画出交汇于该节点的各杆轴线。②按比例画出与各轴线相应的角钢轮廓线，并依据杆件间距离要求，确定杆端位置。③根据已计算出的各杆件与节点板的连接焊缝尺寸，布置焊缝，并绘于图上。④确定节点板的合理形状和尺寸。节点板应框进所有焊缝，并注意沿焊缝长度方向多留约 $2h_f$ 的长度以考虑施焊时的焊口，垂直于焊缝长度方向应留出10～15mm 的焊缝位置。钢桁架的节点主要有一般节点、有集中荷载的节点、弦杆的拼接节点和支座节点几种类型，下面分别说明其设计方法。

1）一般节点。一般节点是指无集中荷载作用和无弦杆拼接的节点，其构造形式如图7-18所示。各腹杆杆端与节点板的连接焊缝应按第三章中角钢连接的角焊缝计算。为缩小节点板尺寸，应采用合适的 h_f 以获得最短的焊缝长度 l_w，必要时可采用 L 形围焊或三面围焊。由于弦杆角钢在一般节点处不断开，故弦杆与节点板的连接焊缝，应按相邻节间弦杆的内力差 $\Delta N = N_1 - N_2$ 计算。当所需焊缝长度远小于节点板上焊缝方向的尺寸时，可按构造要求的 h_{fmin} 满焊。

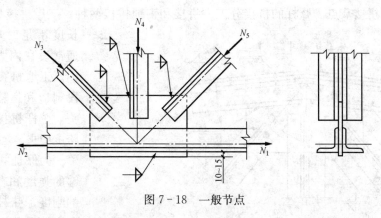

图 7-18 一般节点

2) 有集中荷载的节点。图 7-19 所示的屋架上弦节点，承受由檩条或大型屋面板传来的集中荷载 Q 的作用。为了放置上部构件，节点板须缩入上弦角钢背 $\leqslant (0.5\delta + 2)$ mm（δ 为节点板厚度），且缩入值 $\leqslant \delta$ 的深度，并用塞焊缝连接。计算采用近似方法，假定其相当于两条焊脚尺寸各为 $h_{f1} = \delta/2$、长度为 l_{w1}（即节点板宽度）的角焊缝，承受 P 力的作用，可忽略屋架坡度的影响，按 P 垂直于焊缝计算，焊缝强度应满足

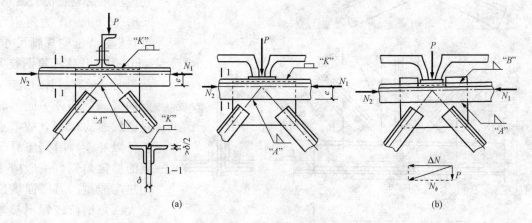

图 7-19 有集中荷载的节点
(a) 塞焊缝做法；(b) 凹槽节点板做法

$$\sigma_f = \frac{P}{\beta_f(2 \times 0.7 h_{f1} l_{w1})} \leqslant f_f^w \qquad (7-3)$$

角钢肢尖焊缝承受相邻节间弦杆的内力差 $\Delta N = N_1 - N_2$ 和由其产生的偏心弯矩 $M = (N_1 - N_2)e$（e 为角钢肢尖至弦杆轴线的距离）的共同作用。焊缝强度应满足

$$\sqrt{\left(\frac{6M}{\beta_f \times 2 \times 0.7 h_{f2} l_{w2}^2}\right)^2 + \left(\frac{\Delta N}{2 \times 0.7 h_{f2} l_{w2}}\right)^2} \leqslant f_f^w \qquad (7-4)$$

式中 h_{f2}、l_{w2}——角钢肢尖焊缝的焊脚尺寸和计算长度。

当 ΔN 较大，按上式计算的肢尖焊缝强度难以满足要求时，也可采用如图 7-19（b）所示方式，将节点板部分伸出上弦角钢背。此时肢背和肢尖的角焊缝共同承受 ΔN 和 Q 的合力 N_ϕ 作用。但 Q 往往较小，N_ϕ 与杆轴线相差较小，可近似取 N_ϕ 沿轴线作用，按第三章中方法计算角钢肢尖和肢背的焊缝。

3）弦杆的拼接节点。弦杆的拼接分工厂拼接和工地拼接两种。工厂拼接是因角钢供应长度不足时所做的拼接，通常设在内力较小的节间内。工地拼接是在桁架分段制造和运输时的安装接头，弦杆拼接节点多设在跨度中央。

为保证拼接处具有足够的强度和在桁架平面外的刚度，弦杆的拼接应采用拼接角钢。拼接角钢截面取与弦杆截面相同，角钢的直角边棱应切去（见图 7-20），以便与弦杆角钢贴紧。另外，为了施焊，还应将角钢竖肢切去 $\Delta = t + h_f + 5\text{mm}$（$t$ 为角钢厚度；h_f 为焊缝的焊脚尺寸；5mm 为避开弦杆角钢肢尖圆角的余量）。切棱切肢引起的截面削弱，一般不超过原截面的 15%，故节点板可以补偿。屋架屋脊节点的拼接角钢，一般应采用热弯成型。当屋面坡度较大或角钢肢较宽不易弯折时，宜将竖肢切口后再热弯对焊。

拼接角钢的长度应根据拼接焊缝的长度确定，一般可按被拼接处弦杆的最大内力或偏于安全地按与弦杆等强度（宜用于拉杆）计算，并假定 4 条拼接焊缝均匀受力。按等强

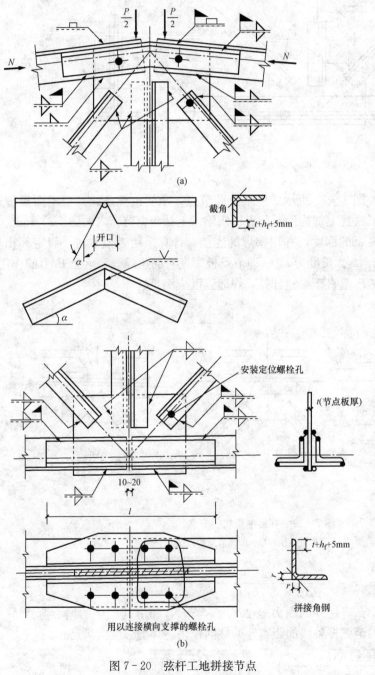

图 7-20 弦杆工地拼接节点
（a）上弦拼接节点；（b）下弦拼接节点

度计算时，接头一侧需要的焊缝计算长度为

$$l_w = \frac{Af}{4 \times 0.7 h_f f_f^w} \tag{7-5}$$

式中　A——弦杆的截面面积。

拼接角钢的总长度为

$$l = 2\,(l_w + 10) + a \tag{7-6}$$

式中　a——弦杆端头的距离。下弦取 $a=10\sim20mm$，上弦取 $a=30\sim50mm$。

弦杆与节点板的连接焊缝可按较大一侧弦杆内力 N 的 15% 与节点两侧弦杆的内力差 ΔN 两者中的较大值计算。当节点处还作用有集中荷载 Q 时，则应按两方向力共同作用计算。

为便于拼接，工地拼接宜采用图 7-20 所示的连接方式。节点板（和中间竖杆）在工厂焊于左半榀桁架，拼接角钢则作为单独零件出厂，在工地将两半榀屋架拼装后再将其装配上，然后一起用焊缝连接。另外，为了拼接节点能正确定位和施焊，宜设置安装螺栓。

（4）支座节点。桁架与柱的连接分铰接和刚接两种形式。图 7-21 所示为三角形桁架和梯形桁架的铰接支座节点，采用由节点板、底板、加劲肋和锚栓组成的构造形式。加劲肋的作用是分布支座反力，减小底板弯矩和提高节点板的侧向刚度。加劲肋应设在节点的中心，其轴线与支座反力的作用线重合。为便于施焊，下弦杆和底板间应保持一定距离（图 7-21 中 s），一般应不小于下弦角钢水平肢的宽度。锚栓常用 M20～M24。为便于桁架安装和调整，底板上的锚栓孔径应比锚栓直径大 1～1.5 倍或做成 U 形缺口。待桁架调整定位后，用孔径比锚栓直径大 1～2mm 的垫板套进锚栓，并将垫板与底板焊牢。

支座节点的传力路线是：桁架端部各杆件的内力通过杆端焊缝传给节点板，再经节点板和加劲肋间的竖直焊缝将一

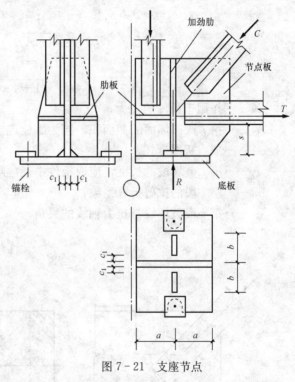

图 7-21　支座节点

部分力传给加劲肋，然后通过节点板、加劲肋和底板间的水平焊缝将全部支座反力传给底板，最终传至柱。支座节点可采用铰接柱脚类似方法进行计算。底板的短边尺寸不宜小于 200mm。为使柱顶压力分布均匀，底板不宜太薄，当屋架跨度 $l \leqslant 18mm$ 时，$t \geqslant 16mm$；当 $l > 18m$ 时，$t \geqslant 20mm$。加劲肋的高度应结合节点板的尺寸确定。加劲肋厚度可略小于中间节点板厚度。加劲肋可视为支承于节点板的悬臂梁，可近似地取每块加劲肋承受 1/4 支座反力。加劲肋与节点板间的两条竖直焊缝承受剪力 $V = R/4$、弯矩 $M = Vb_1/4$，焊缝按承受 V 和 M 共同作用计算。加劲肋和节点板与底板间的水平焊缝按承受全部支座反力进行计算。

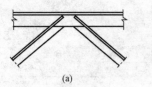
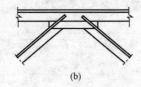

图 7 - 22　弦杆和腹杆全部为 T 型钢的桁架节点

(a) 无节点板；(b) 对接节点板

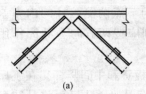
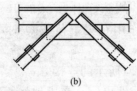

图 7 - 23　T 型钢作弦杆、双角钢作腹杆的桁架节点

(a) 无节点板；(b) 对接节点板

（5）T 型钢作弦杆的桁架节点。桁架的弦杆和腹杆全部由 T 型钢制成时，其典型节点构造如图 7 - 22 所示。对于这种桁架，在腹杆端部需要进行较为复杂的切割，使得制造加工难度有所增加。桁架的弦杆采用 T 型钢，腹杆采用双角钢时，其典型节点构造如图 7 - 23 所示。

双角钢可以直接与 T 型钢腹板连接。当不需要节点板时，可省工省料。

（6）节点处板件的计算。

1）根据试验研究，连接节点处的板件承受拉、剪作用时（见图 7 - 24），应按下列公式进行强度验算

$$\frac{N}{\sum (\eta_i A_i)} \leqslant f \tag{7-7}$$

$$A_i = t l_i$$

$$\eta_i = 1/\sqrt{1 + 2\cos^2 \alpha_i}$$

式中　N——作用于板件的拉力；

　　　A_i——第 i 段破坏面的截面积，当为螺栓连接时取净截面面积；

　　　t——节点板厚度；

　　　l_i——第 i 破坏段的长度，应取板件中最危险的破坏线的长度（见图 7 - 24）；

　　　η_i——第 i 段的拉剪折算系数；

　　　α_i——第 i 段破坏线与拉力轴线的夹角。

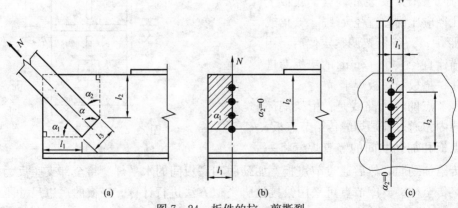

图 7 - 24　板件的拉、剪撕裂

(a) 焊缝连接；(b) 螺栓连接；(c) 螺栓连接

2）考虑桁架节点板的外形往往不规则，采用式（7 - 7）计算比较麻烦，角钢桁架节点板的强度除可按式（7 - 7）计算外，也可用有效宽度法进行计算。有效宽度认为腹杆轴力 N 将通过连接件在节点板内按照某一个应力扩散角度 θ（焊接及单排螺栓时可取 30°，多排

螺栓时可取 22°），传至连接件端部与 N 相垂直的一定宽度范围内，该一定宽度称为有效宽度。根据试验研究，节点板的强度也可按下式计算

$$\sigma = N/(b_e t) \leqslant f \tag{7-8}$$

式中 b_e——板件的有效宽度（见图 7-25），当用螺栓连接时，应减去孔径。

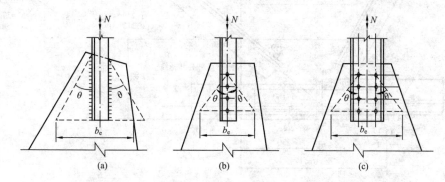

图 7-25 板件的有效宽度
(a) 焊缝连接；(b) 螺栓（铆钉）连接；(c) 螺栓（铆钉）连接

3）根据试验研究，桁架节点板在斜腹杆轴向压力作用下的稳定性可用下列方法进行计算：

a. 对有竖腹杆相连的节点板，当 $c/t \leqslant 15\varepsilon_k$ 时（c 为受压腹杆连接肢端面中点沿腹杆轴线方向至弦杆边缘的净距离），可不计算稳定性。否则按附录二中附二-B 要求进行稳定性计算。但在任何情况下，$c/t \leqslant 22\varepsilon_k$。

b. 对无竖腹杆相连的节点板，当 $c/t \leqslant 10\varepsilon_k$ 时，节点板的稳定承载力可取为 $0.8b_e t f$。当 $c/t > 10\varepsilon_K$ 时，应按《钢结构设计规范》（GB 50017）中附录 F 要求进行稳定性计算，且 $c/t \leqslant 17.5\varepsilon_K$。

在采用上述方法计算节点板的强度和稳定性时，尚应满足：①节点板边缘与腹杆轴线之间的夹角应不小于 15°；②斜腹杆与弦杆的夹角应在 30°～60°之间；③节点板的自由边长度 l_f 与厚度 t 之比不得大于 $60\varepsilon_K$，否则应沿自由边设加劲肋予以加强。

【例 7-3】 桁架节点各杆内力及截面如图 7-26 所示，下弦有拼接，节点板厚 10mm，钢材为 Q235，角焊缝强度设计值 $f_f^w = 160\text{N/mm}^2$，试设计节点。

解 下弦采用 L90×8 的拼接角钢，拼接角钢切棱并按 $\Delta = t + h_f + 5 = 8 + 5 + 5 = 18\text{mm}$ 切肢。两相邻下弦角钢使肢背外表齐平以便拼接角钢能贴合。两角钢形心线间有间距 e。取两角钢形心线间的中线作为整个下弦的公共轴线，同时得节点偏心弯矩 $M = (N_1 + N_2)e/2$。

$$e = 30.1 - 25.2 = 4.9\text{mm} < 110 \times 5\text{‰} = 5.5\text{mm}$$

故计算时对偏心作用不予考虑。

（1）拼接焊缝设计。拼接角钢一侧所需焊缝面积

$$h_f l_w = \frac{N_2}{4 \times 0.7 f_f^w} = \frac{375 \times 10^3}{4 \times 0.7 \times 160} = 840\text{mm}^2$$

采用 $h_f = 5\text{mm}$，$l_w = 840/5 = 168\text{mm}$，实际用 180mm $> l_w + 2h_f = 178\text{mm}$。

拼接角钢长度采用 $2 \times 180 + 10 = 370\text{mm}$。

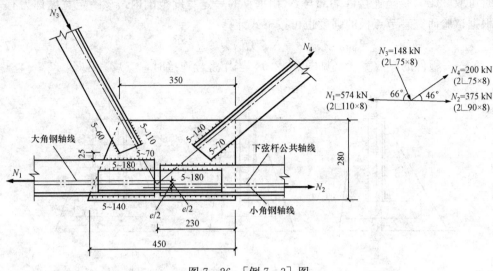

图 7-26　［例 7-3］图

(2) 连接焊缝设计。

N_3 杆：肢背　　　$h_f l_w = \dfrac{0.7N_3}{2 \times 0.7f_f^w} = \dfrac{0.7 \times 148 \times 10^3}{2 \times 0.7 \times 160} = 470\,\text{mm}^2$

采用 $h_f = 5\text{mm}$，$l_w = 470/5 = 94\text{mm}$，实际焊缝长度用 $110\text{mm} > l_w + 2h_f = 104\text{mm}$。

肢尖　　　　　　　　$h_f l_w = \dfrac{0.3}{0.7} \times 470 = 210\,\text{mm}^2$

采用 $h_f = 5\text{mm}$　$l_w = 210/5 = 42\text{mm}$，实际用 $60\text{mm} > l_w + 2h_f = 52\text{mm}$。

N_4 杆：同理得肢背 $h_f = 5\text{mm}$，$l_w = 125\text{mm}$，实际用 140mm。

肢尖 $h_f = 5\text{mm}$，$l_w = 54\text{mm}$，实际用 70mm。

N_1 杆与节点板间的焊缝：

肢背　　　$h_f l_w = \dfrac{0.7(N_1 - N_2)}{2 \times 0.7f_f^w} = \dfrac{0.7(572 - 375) \times 10^3}{2 \times 0.7 \times 160} = 616\,\text{mm}^2$

采用 $h_f = 5\text{mm}$，$l_w = 616/5 = 124\text{mm}$，实际用 140mm。

肢尖　　　　　　　　$h_f l_w = \dfrac{0.3}{0.7} \times 616 = 264\,\text{mm}^2$

采用 $h_f = 5\text{mm}$，$l_w = 264/5 = 53\text{mm}$，实际用 70mm。

N_2 杆与节点板间的焊缝理论上不传力，但按节点构造要求，采用与 N_1 杆所用相同的焊缝。

节点板需能框进各杆所需焊缝并各边取较整齐数值（由作图量出），见图 7-25，节点板尺寸确定后，有些焊缝应延长满焊。

9. 钢管桁架节点设计

钢管是剪心与形心重合的闭口截面，截面材料分布远离截面形心，其抗弯和抗扭力学性能优于角钢截面。由钢管组成的桁架称为管桁架，杆件可以直接焊接（相贯连接），省去节点板和填板，用钢量显著低于角钢桁架，杆件密闭，耐腐蚀性能也好，应用日益广泛。本节主要介绍圆钢管平面桁架常用节点设计。在节点处截面尺寸最大者称为主管，其余称为支管。圆钢管的外径与壁厚之比不应超过 $100\varepsilon_K$，支管端部采用相贯线切割机切成曲线状，与主管采用对接或角焊缝连接。

平面管桁架节点分为有间隙和有搭接两种类型，分别如图 7-27 和图 7-28 所示。钢管直接焊接节点的管桁架主管的外部尺寸不应小于支管的外部尺寸，主管的壁厚不应小于支管的壁厚。在支管与主管的连接处不得将支管插入主管内。主管与支管或支管轴线间的夹角不宜小于 30°。

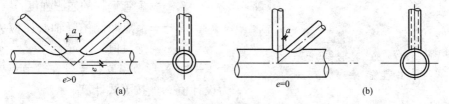

图 7-27 有间隙的 K 形和 N 形管节点

(a) 有间隙的 K 形节点；(b) 有间隙的 N 形节点

支管与主管的连接节点处，应尽可能避免偏心，偏心不可避免时，宜使偏心满足下式要求

$$-0.55 \leqslant e/d \leqslant 0.25 \qquad (7-9)$$

式中 e——偏心距，符号如图 7-27 所示；

d——圆管主管外径。

采用无加劲肋直接焊接节点的钢管桁架，如节点偏心不超过式（7-9）限制时，在计算节点和受拉主管承载力时，可忽略因偏心引起的弯矩的影响，但受压主管应考虑此偏心弯矩 $M = \Delta N e$。ΔN 为节点两侧主管轴力之差值，e 为偏心矩，符号如图 7-27 所示。

无加劲肋直接相贯连接的钢管结构主管节间长度与截面高度（或直径）之比不小于 12、支管节间长度与截面高度（或直径）之比不小于 24者，管桁架的节点可视为节点铰接。其他情况的刚度判别应符合《钢结构设计规范》（GB 50017）的规定，无斜腹杆的空腹桁架的节点应符合刚接假定。

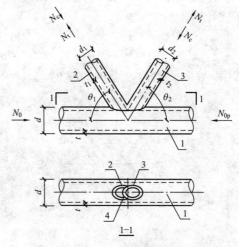

图 7-28 搭接节点

1—主管；2—搭接支管；

3—被搭接支管；4—被搭接支管内隐藏部分

令 d、d_i 分别表示主管和支管的外径，t、t_i 分别表示主管和支管的壁厚，θ 表示主支管轴线间小于直角的夹角，$\beta = d_i/d$，$\tau = t_i/t$，$\gamma = d/(2t)$。设计时应：$0.2 \leqslant \beta \leqslant 1.0$，$\gamma \leqslant 50$，$d_i/t_i \leqslant 60$，$0.2 \leqslant \tau \leqslant 1.0$，$\theta \geqslant 30°$。

无加劲肋直接焊接的平面节点，当支管按仅承受轴心力的构件设计时，支管在节点处的承载力设计值不得小于其轴心力设计值。

平面 X 形节点（见图 7-29）的受压支管在管节点处的承载力设计值应按下式计算

$$N_{cx}^{pj} = \frac{5.45}{(1-0.81\beta)\sin\theta} \psi_n t^2 f \qquad (7-10)$$

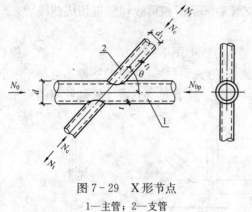

图 7-29　X 形节点

1—主管；2—支管

式中　ψ_n——参数，当节点两侧或者一侧主管受拉时，取 $\psi_n=1$，其余情况按下式计算

$$\psi_n=1-0.3\sigma/f_y-0.3(\sigma/f_y)^2 \qquad (7-11)$$

f——主管钢材的抗拉、抗压和抗弯强度设计值；

f_y——主管钢材的屈服强度；

σ——节点两侧主管轴心压应力的较小绝对值。

平面 X 形节点受拉支管在管节点处的承载力设计值 N_{tx}^{pj} 按下式计算

$$N_{tx}^{pj}=0.78\left(\frac{d}{t}\right)^{0.2}N_{cx}^{pj} \qquad (7-12)$$

平面 T 形（或 Y 形）节点（见图 7-30），受压支管在管节点处的承载力 N_{cT}^{pj} 设计值按下式计算

$$N_{cT}^{pj}=\frac{11.51}{\sin\theta}\left(\frac{d}{t}\right)^{0.2}\psi_n\,\psi_d\,t^2 f \qquad (7-13)$$

式中　ψ_d——参数，当 $\beta\leqslant0.7$ 时，$\psi_d=0.069+0.93\beta$；当 $\beta>0.7$ 时，$\psi_d=2\beta-0.68$。

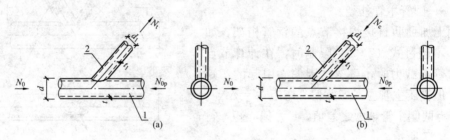

图 7-30　T 形（或 Y 形）节点

(a) 受拉节点；(b) 受压节点

1—主管；2—支管

平面 T 形（或 Y 形）节点受拉支管在管节点处的承载力设计值 N_{tT}^{pj} 按下式计算

当 $\beta\leqslant0.6$ 时　　　　　　　　$N_{tT}^{pj}=1.4\,N_{cT}^{pj}$ 　　　　　　　　(7-14a)

当 $\beta>0.6$ 时　　　　　　　　$N_{tT}^{pj}=(2-\beta)N_{cT}^{pj}$ 　　　　　　　(7-14b)

平面 K 形间隙节点（见图 7-31），受压支管在管节点处的承载力设计值 N_{cK}^{pj} 按下式计算

$$N_{cK}^{pj}=\frac{11.51}{\sin\theta_c}\left(\frac{d}{t}\right)^{0.2}\psi_n\,\psi_d\,\psi_a t^2 f$$

$$(7-15)$$

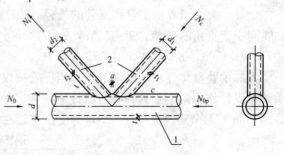

图 7-31　平面 K 形间隙节点

$$\psi_a = 1 + \left[\frac{2.19}{1 + \dfrac{7.5a}{d}}\right]\left[1 - \frac{20.1}{6.5 + \dfrac{d}{t}}\right](1 - 0.77\beta)$$

式中 θ_c——受压支管轴线与主管轴线的夹角；

$\quad\quad \psi_a$——参数；

$\quad\quad a$——两支管之间的间隙。

平面 K 形间隙节点受拉支管在管节点处的承载力设计值 N_{tk}^{pj} 按下式计算

$$N_{tk}^{pj} = \frac{\sin\theta_c}{\sin\theta_t}N_{cK}^{pj} \tag{7-16}$$

式中 θ_t——受拉支管轴线与主管轴线的夹角。

对有间隙的平面 KT 形节点（见图 7-32），当竖杆不受力，可按没有竖杆的 K 形节点计算，受压管支管与受拉支管在主管表面的间隙 a 取为两斜杆的趾间距；当竖杆受压力时，按下式计算

$$N_1\sin\theta_1 + N_3\sin\theta_3 \leqslant N_{1cK}^{pj}\sin\theta_1 \tag{7-17}$$

$$N_2\sin\theta_2 \leqslant N_{1cK}^{pj}\sin\theta_1 \tag{7-18}$$

当竖杆受拉力时，尚应按下式计算

$$N_1 \leqslant N_{1cK}^{pj} \tag{7-19}$$

式中 N_{1cK}^{pj}——K 形节点支管承载力设计值，按式（7-15）计算，但公式中用 $\dfrac{d_1 + d_2 + d_3}{3d}$ 代替 d_1/d。

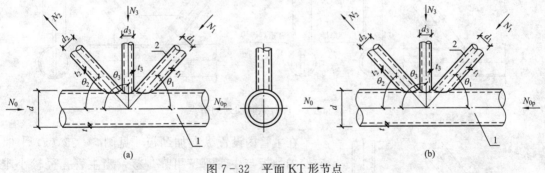

图 7-32 平面 KT 形节点

(a) N_1、N_3 受压；(b) N_2、N_3 受拉

T、Y、X 形、有间隙的 K 形、平面 KT 形节点支管在节点处的冲剪承载力设计值 N_{si}^{pj} 按照下式进行补充验算

$$N_{si}^{pj} = \pi\frac{1 + \sin\theta_i}{2\sin^2\theta_i}td_i f_v \tag{7-20}$$

无加劲肋直接焊接节点不能满足承载能力要求时，在节点区域采用管壁大于杆件部分的钢管是提高其承载力的有效方法之一，也是便于制作的首选办法。此外，还可以采用其他局部加强措施，如在主管内设实心的或开孔的横向加劲板（见图 7-33）；在主管外表面贴加强板（见图 7-34）；在主管内设置纵向加劲板（见图 7-35）；在主管外周设环肋（见图 7-36）等。有限元数值计算结果表明，设置主管内的横向加劲板对提高节点极限承载力有显著作用。

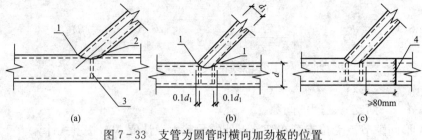

图 7-33 支管为圆管时横向加劲板的位置

1—冠点；2—鞍点；3—加劲板；4—主管拼缝

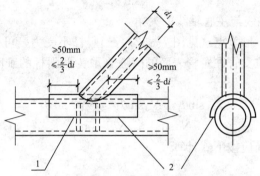

图 7-34 主管外表面贴加强板的加劲方式

1—四周围焊；2—腹板

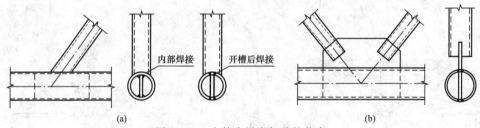

图 7-35 主管内纵向加劲的节点

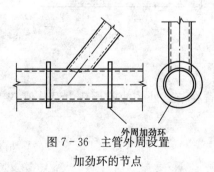

图 7-36 主管外周设置
加劲环的节点

在主管内设置纵向加劲板 ［见图 7-35（a）］ 时应使加劲板与主管管壁可靠焊接，当主管孔径较小难以施焊时，应在主管上下开槽后将加劲板插入焊接。目前的研究还未提出针对这种构造的节点承载力计算公式。纵向加劲板也可伸出主管外部连接支管或其他开口截面的构件 ［见图 7-35（b）］。在主管外周设环肋（见图 7-36）有助提高节点强度，但可能影响外观；目前其受力性能的研究也很少。

在主管内设置横向加劲板。支管以承受轴力为主时，可在主管内设 1 道或 2 道加劲板 ［见图 7-33（a）、（b）］；节点需满足抗弯连接要求时，应设 2 道加劲板；加劲板中面宜垂直主管轴线，设置 1 道加劲板时，加劲板位置宜在支管与主管相贯面的鞍点处，设置 2 道加劲板时，加劲板宜设置在距相贯面冠点 $0.1d_1$ 附近 ［见图 7-33（b）］，d_1 为支管外径。加劲板厚度不得小于支管壁厚，也不宜小于主管壁厚的 2/3 和主管内径的 1/40；加劲板中央开孔时，环板宽度与板厚的比值不宜大于 $15\varepsilon_K$。加劲板宜采用部分熔透焊缝焊接。当主管直径较小，加劲板的焊接必须断开主管钢管时，主管的拼接焊缝宜设置在距支管相贯焊缝最外侧冠点 80mm 以外处〔见图 7-33（c）〕。

当 $\beta\leqslant0.7$，主管管壁塑性可能成为控制模式时，可采用主管表面贴加强板的方法加强，加强板宜包覆主管半圆（见图 7-34），长度方向两侧均应超过支管最外侧焊缝 50mm 以上，但不宜超过支管直径的 2/3，加强板厚度不宜小于 4mm。加强板与主管应采用四周围焊。对 K、N 形节点焊缝有效高度应不小于腹杆壁厚。焊接前宜在加强板上先钻一个排气小孔，焊后应用塞焊将孔封闭。令 λ 为加强板厚度与主管壁厚的比值。当支管受压时，节点承载力设计值取相应未加强时节点承载力设计值的 $(0.23\lambda^{1.18}\beta^{-0.68}+1)$ 倍；当支管受拉时，节点承载力设计值取相应未加强时节点承载力设计值的 $1.13\lambda^{0.59}$ 倍。

支管端部应使用自动切管机切割，支管壁厚小于 6mm 时可不切坡口。有间隙节点在主管表面焊接的相邻支管的间隙 a 应不小于两支管壁厚之和（见图 7-27）。支管搭接的平面 K 形或 N 形节点（见图 7-28），应确保在搭接的支管之间的连接焊缝能可靠地传递内力。当互相搭接的支管外部尺寸不同时，外部尺寸较小者应搭接在尺寸较大者上；当支管壁厚不同时，较小壁厚者应搭接在较大壁厚者上；承受轴心压力的支管宜在下方。支管与主管的连接焊缝应沿全周连续焊接并平滑过渡，焊缝形式可沿全周采用角焊缝，或部分采用对接焊缝，部分采用角焊缝，其中支管管壁与主管管壁之间的夹角大于或等于 120°的区域宜采用对接焊缝或带坡口的角焊缝，角焊缝的焊脚尺寸不宜大于支管壁厚的 2 倍，搭接支管周边焊缝宜为 2 倍支管壁厚。

在节点处，支管沿周边与主管相焊；支管互相搭接处，搭接支管沿搭接边与被搭接支管相焊。为防止焊缝先于节点发生破坏，焊缝承载力应不小于节点承载力。T（Y）、X 或 K 形间隙节点及其他非搭接节点中，支管仅受轴力作用时，非搭接支管与主管的连接焊缝可视为按全周角焊缝进行计算。角焊缝的计算高度沿支管周长取 $0.7h_f$，焊缝承载力设计值 N_f 按下式计算

$$N_f=0.7h_fl_wf_f^w \tag{7-21}$$

式中　l_w——焊缝的计算长度，当 $d_i/d\leqslant0.65$ 时，$l_w=(3.25\,d_i-0.025d)(0.466+0.534/\sin\theta_i)$；当 $0.65<d_i/d\leqslant1$ 时，$l_w=(3.81\,d_i-0.389d)(0.466+0.534/\sin\theta_i)$。

10. 桁架的施工图

钢结构施工图主要包括构件布置图、构件和节点详图等，它们是钢结构制造和安装的主要依据，必须绘制正确，表达详尽。构件布置图是表达各类构件（如柱、吊车梁、屋架、墙架、平台等系统）位置的整体图，主要用于钢结构安装。其内容一般包括平面图、侧面图和必要的剖面图。另外，还有构件编号、构件表（包括构件编号、名称、数量、单重和详图图号等）及总说明等。构件详图是表达所有单体构件（按构件编号）的详细图，主要用于钢结构制造。节点详图表达复杂节点的详细情况，主要用于钢结构制造和安装。钢结构施工详图通常采用两种比例绘制，杆件的轴线一般可用 1∶20～1∶30；节点和杆件截面尺寸用 1∶10～1∶15。重要节点大样的比例以清楚地表达节点的细部尺寸为准。附录八为某钢桁架详图，钢桁架详图的主要内容和绘制要点如下：

（1）桁架详图一般应按运输单元绘制，当桁架对称时，可仅绘制半榀桁架。

（2）构件详图应包括桁架的正面图，上、下弦的平面图，必要的侧面图和剖面图，以及某些安装节点或特殊零件的大样图。

（3）在图面左上角用合适比例绘制桁架简图。图中左半部应注明杆件的几何长度（mm），右半部注明杆件的轴力设计值（kN）。当梯形桁架 $l \geqslant 24m$、三角形屋架 $l \geqslant 15m$ 时，为防止挠度值较大，不影响使用和外观，须在制造时起拱。拱度一般取桁架跨度的 1/500，并在桁架简图中注明。

（4）应注明各零件（型钢和钢板）的型号和尺寸，包括加工尺寸（宜取为 5mm 的倍数）、定位尺寸、孔洞位置及对工厂制造和工地安装的要求。定位尺寸主要有：轴线至角钢肢背的距离，节点中心至各杆件杆端和节点板上、下、左、右边缘的距离等。螺栓位置应符合型钢上容许线距和螺栓排列的最大、最小容许距离的要求。对制造和安装的其他要求，包括零件切斜角、孔洞直径和焊缝尺寸等都应注明。工地拼接焊缝要注意标出安装焊缝符号，以适应运输单元的划分和拼装。

（5）应对所有零件进行编号，编号应按构件主次、上下、左右顺序逐一进行。完全相同的零件用同一编号。如果两个零件的形状和尺寸完全一样，仅因开孔位置或因切斜角等原因有所不同，但系镜面对称时，也采用同一编号，但在材料表中应注明正或反字样，以示区别。有些桁架仅在少数部位的构造略有不同，如与支撑相连的桁架和不与支撑相连的桁架只在螺栓孔上有区别，可在图上螺栓孔处注明所属桁架的编号，这些桁架就可绘在一张施工图上。

（6）材料表应包括各零件的编号、截面规格、长度、数量（正、反）和质量等。材料表的作用不但可归纳各零件以便备料和计算用钢量，同时也可供选择起吊和运输设备时参考。

（7）文字说明应包括钢号和附加条件、焊条型号、焊接方法和质量要求，图中未注明的焊缝和螺栓孔尺寸，防护、运输、安装和制造要求，以及一些不易用图表达的内容。

二、框架柱设计

单层工业厂房框架柱承受轴向力、弯矩和剪力作用，属于压弯构件。其设计原理和方法已在第六章述及，这里仅就其计算和构造的特点加以说明。

1. 柱的计算长度

柱在框架平面内的计算长度应通过对整个框架的稳定性分析确定，但由于框架实际上是一空间体系，而构件内部又存在残余应力，要确定临界荷载比较复杂。单层厂房框架的侧移对内力的影响相对较小，可不必考虑竖向荷载对侧移的二阶效应。目前对单层工业厂房框架基本上采用一阶弹性分析来确定其计算长度。等截面柱在框架平面内的计算长度应等于柱的高度乘以计算长度系数 μ。阶形柱应分段进行计算，各段的计算长度应等于柱各段的几何高度分别乘以各段计算长度系数。

（1）单层等截面框架柱在框架平面内的计算长度。单层重型厂房等截面框架通常难以设置防止侧移的支撑，按有侧移框架考虑。框架有侧移失稳的变形是反对称的，横梁两端的转角 θ 大小相等、方向相同（见图 7-37）。μ 值取决于柱与基础连接方式及梁对柱的约束程度，后者用横梁的线刚度与柱的线刚度比值 K_1 表达，对单跨框架 $K_1 = I_1 H/Il$；对多跨框架 $K_1 = (I_1/l_1 + I_2/l_2) / (I/H)$。按弹性稳定理论分析的计算长度系数见表 7-4。

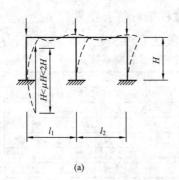 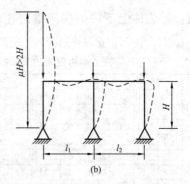

(a)　　　　　　　　　　　(b)

图 7-37　单层框架有侧移失稳

(a) 柱与基础刚接；(b) 柱与基础铰接

表 7-4　　　　　　　　　　单层框架等截面柱的计算长度系数 μ

柱与基础连接方式	相交于柱上端的横梁线刚度之和与柱线刚度的比值 K_1								
	0	0.1	0.3	0.5	1	3	5	10	≥ 20
铰接	1.000	0.981	0.949	0.922	0.875	0.791	0.760	0.732	0.700
刚接（无侧移）	0.699	0.689	0.671	0.656	0.626	0.568	0.546	0.524	0.500
刚接（有侧移）	2.000	1.670	1.400	1.280	1.160	1.060	1.030	1.020	

注　1. 与柱铰接的横梁取线刚度为零。

　　2. 计算格构式柱和桁架式横梁的线刚度时，应考虑缀材或腹杆变形的影响，对惯性矩乘以 0.9 的折减系数。当桁架式横梁高度有变化时，惯性矩按平均高度计算。

(2) 厂房阶形柱在框架平面内的计算长度。当厂房柱承受吊车荷载作用时，从经济角度考虑，常采用阶形柱。阶形柱的计算长度是分段确定的，但它们的计算长度系数之间有内在关系。根据柱的上端与横梁的连接是铰接还是刚接，分为图 7-38 (a)、(b) 两种失稳形式。阶形柱的计算长度按有侧移失稳的条件确定。单阶柱上下段柱的计算长度分别为

$$H_{01} = \mu_1 H_1 \tag{7-22}$$

$$H_{02} = \mu_2 H_2 \tag{7-23}$$

通常横梁的线刚度大于上柱的线刚度，研究表明，把横梁的线刚度看作无限大，计算结果可以满足工程要求。按照弹性稳定理论分析框架时，柱与横梁之间的关系归结为它们之间的连接条件，如为铰接，则柱的上端既能自由移动也能自由转动；如为刚接，则柱的上端只能自由移动但不能转动。计算时可凭一根如图 7-38 (b)、(d) 所示的独立柱，即可确定柱的计算长度系数。

当柱的上端与横梁铰接时，将柱视为上端自由的独立柱，下段柱的计算长度系数 μ_2 由表 7-5 查得。表中 $K_1 =$

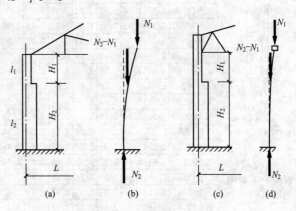

图 7-38　单阶柱的失稳形式

(a) 屋架与柱铰接；(b) 屋架与柱铰接的计算简图；

(c) 屋架与柱刚接；(d) 屋架与刚铰接的计算简图

$I_1H_2/(I_2H_1)$，为柱上下段的线刚度之比；上段柱的计算长度系数 $\mu_1=\mu_2/\eta_1$，$\eta_1=H_1\sqrt{N_1I_2/(N_2I_1)}/H_2$，$N_1$ 和 N_2 分别为上段柱和下段柱可能承受的最大轴向压力。

表 7-5　　　　　　　　　　柱上端为自由的单阶柱下段柱的计算长度系数 μ

简图	η_1	K_1																	
		0.06	0.08	0.10	0.12	0.14	0.16	0.18	0.20	0.22	0.24	0.26	0.28	0.3	0.4	0.5	0.6	0.7	0.8
	0.2	2.00	2.01	2.01	2.01	2.01	2.01	2.01	2.02	2.02	2.02	2.02	2.02	2.03	2.04	2.05	2.06	2.07
	0.3	2.01	2.02	2.02	2.02	2.03	2.03	2.03	2.04	2.04	2.05	2.05	2.05	2.06	2.08	2.10	2.12	2.13	2.15
	0.4	2.02	2.03	2.04	2.04	2.05	2.06	2.07	2.07	2.08	2.09	2.09	2.10	2.11	2.14	2.18	2.21	2.25	2.28
I_1 H_1	0.5	2.04	2.05	2.06	2.07	2.09	2.10	2.11	2.12	2.13	2.15	2.16	2.17	2.18	2.24	2.29	2.35	2.40	2.45
I_2 H_2	0.6	2.06	2.08	2.10	2.12	2.14	2.16	2.18	2.19	2.21	2.23	2.25	2.26	2.28	2.36	2.44	2.52	2.59	2.66
	0.7	2.10	2.13	2.16	2.18	2.21	2.24	2.26	2.29	2.31	2.34	2.36	2.38	2.41	2.52	2.62	2.72	2.81	2.90
	0.8	2.15	2.20	2.24	2.27	2.31	2.34	2.38	2.41	2.44	2.47	2.50	2.53	2.56	2.70	2.82	2.94	3.06	3.16
$K_1=\dfrac{I_1}{I_2}\cdot\dfrac{H_2}{H_1}$;	0.9	2.24	2.29	2.35	2.39	2.44	2.48	2.52	2.56	2.60	2.63	2.67	2.71	2.74	2.90	3.05	3.19	3.32	3.44
	1.0	2.36	2.43	2.48	2.54	2.59	2.64	2.69	2.73	2.77	2.82	2.86	2.90	2.94	3.12	3.29	3.45	3.59	3.74
$\eta_1=\dfrac{H_1}{H_2}\sqrt{\dfrac{N_1}{N_2}\cdot\dfrac{I_2}{I_1}}$;	1.2	2.69	2.76	2.83	2.89	2.95	3.01	3.07	3.12	3.17	3.22	3.27	3.32	3.37	3.59	3.80	3.99	4.17	4.34
	1.4	3.07	3.14	3.22	3.29	3.36	3.42	3.48	3.55	3.61	3.66	3.72	3.78	3.83	4.09	4.33	4.56	4.77	4.97
N_1——上段柱	1.6	3.47	3.55	3.63	3.71	3.78	3.85	3.92	3.99	4.07	4.12	4.18	4.25	4.31	4.61	4.88	5.14	5.38	5.62
的轴向压力；	1.8	3.88	3.97	4.05	4.13	4.21	4.29	4.37	4.44	4.52	4.59	4.66	4.73	4.80	5.13	5.44	5.73	6.00	6.26
N_2——下段柱	2.0	4.29	4.39	4.48	4.57	4.65	4.74	4.82	4.90	4.99	5.07	5.14	5.22	5.30	5.66	6.00	6.32	6.63	6.92
的轴向压力	2.2	4.71	4.81	4.91	5.00	5.10	5.19	5.28	5.37	5.46	5.54	5.63	5.71	5.80	6.19	6.57	6.92	7.26	7.58
	2.4	5.13	5.24	5.34	5.44	5.54	5.63	5.74	5.84	5.93	6.03	6.12	6.21	6.30	6.73	7.14	7.52	7.89	8.24
	2.6	5.55	5.66	5.77	5.88	5.99	6.10	6.20	6.31	6.41	6.51	6.61	6.71	6.80	7.27	7.71	8.13	8.52	8.90
	2.8	5.97	6.09	6.21	6.33	6.44	6.55	6.67	6.78	6.89	6.99	7.10	7.21	7.31	7.81	8.28	8.73	9.16	9.57
	3.0	6.39	6.52	6.64	6.77	6.89	7.01	7.13	7.25	7.37	7.48	7.59	7.71	7.82	8.35	8.86	9.34	9.80	10.24

当柱的上端与横梁刚接时，这时可把柱上端看作可以滑动但不能转动，μ_2 可由表 7-6 查得。上段柱的计算长度系数仍为 $\mu_1=\mu_2/\eta_1$。

表 7-6　　　　　　　柱上端可移动但不能转动的单阶柱下段柱的计算长度系数 μ

简图	η_1	K_1																	
		0.06	0.08	0.10	0.12	0.14	0.16	0.18	0.20	0.22	0.24	0.26	0.28	0.3	0.4	0.5	0.6	0.7	0.8
	0.2	1.96	1.94	1.93	1.91	1.90	1.89	1.88	1.86	1.85	1.84	1.83	1.82	1.81	1.76	1.72	1.68	1.65	1.62
	0.3	1.96	1.94	1.93	1.92	1.91	1.90	1.89	1.87	1.86	1.85	1.84	1.83	1.82	1.77	1.73	1.70	1.66	1.63
I_1 H_1	0.4	1.96	1.95	1.93	1.92	1.91	1.90	1.89	1.88	1.87	1.86	1.85	1.84	1.83	1.79	1.75	1.72	1.68	1.66
I_2 H_2	0.5	1.96	1.95	1.94	1.93	1.92	1.91	1.90	1.89	1.88	1.87	1.86	1.85	1.85	1.81	1.77	1.74	1.71	1.69
	0.6	1.97	1.96	1.95	1.94	1.93	1.92	1.91	1.90	1.89	1.88	1.88	1.87	1.87	1.83	1.80	1.78	1.75	1.73
	0.7	1.97	1.97	1.96	1.95	1.94	1.94	1.93	1.92	1.92	1.91	1.90	1.90	1.89	1.86	1.84	1.82	1.80	1.78
	0.8	1.98	1.98	1.97	1.96	1.96	1.95	1.95	1.94	1.94	1.93	1.93	1.93	1.92	1.90	1.88	1.87	1.86	1.84
$K_1=\dfrac{I_1}{I_2}\cdot\dfrac{H_2}{H_1}$;	0.9	1.99	1.99	1.98	1.98	1.98	1.97	1.97	1.97	1.97	1.96	1.96	1.96	1.96	1.95	1.94	1.93	1.92	1.92
	1.0	2.00	2.00	2.00	2.00	2.00	2.00	2.00	2.00	2.00	2.00	2.00	2.00	2.00	2.00	2.00	2.00	2.00	2.00
$\eta_1=\dfrac{H_1}{H_2}\sqrt{\dfrac{N_1}{N_2}\cdot\dfrac{I_2}{I_1}}$;	1.2	2.03	2.04	2.04	2.05	2.06	2.07	2.07	2.08	2.08	2.09	2.10	2.10	2.11	2.13	2.15	2.17	2.18	2.20
	1.4	2.07	2.09	2.11	2.12	2.14	2.16	2.17	2.18	2.20	2.21	2.22	2.23	2.24	2.29	2.33	2.37	2.40	2.42
N_1——上段柱	1.6	2.13	2.16	2.19	2.22	2.25	2.27	2.30	2.32	2.34	2.36	2.37	2.39	2.41	3.48	2.54	2.59	2.63	2.67
的轴向压力；	1.8	2.22	2.27	2.31	2.35	2.39	2.42	2.45	2.48	2.50	2.53	2.55	2.57	2.59	2.69	2.76	2.83	2.88	2.93
N_2——下段柱	2.0	2.35	2.41	2.46	2.50	2.55	2.59	2.62	2.66	2.69	2.72	2.75	2.77	2.80	2.91	3.00	3.08	3.14	3.20
的轴向压力	2.2	2.51	2.57	2.62	2.68	2.73	2.77	2.81	2.85	2.89	2.93	2.96	2.98	3.01	3.14	3.25	3.33	3.41	3.47
	2.4	2.68	2.75	2.81	2.87	2.92	2.97	3.01	3.05	3.09	3.13	3.17	3.20	3.24	3.38	3.50	3.59	3.68	3.75
	2.6	2.87	2.94	3.00	3.06	3.12	3.17	3.22	3.27	3.31	3.35	3.39	3.43	3.46	3.62	3.75	3.86	3.95	4.03
	2.8	3.06	3.14	3.20	3.27	3.33	3.38	3.43	3.48	3.53	3.58	3.62	3.66	3.70	3.87	4.01	4.13	4.23	4.32
	3.0	3.26	3.34	3.41	3.47	3.54	3.60	3.65	3.70	3.75	3.80	3.85	3.89	3.93	4.12	4.27	4.40	4.51	4.61

双阶柱分为上段、中段和下段三部分，相应的计算长度系数为 μ_1、μ_2 和 μ_3。μ_3 可由

《钢结构设计规范》（GB 50017）中相应表格查得，$\mu_1=\mu_3/\eta_1$，$\mu_2=\mu_3/\eta_2$，参数 η_1、η_2 按《钢结构设计规范》（GB 50017）公式计算。

考虑组成横向框架的单层厂房各阶形柱所承受的吊车竖向荷载差别较大，荷载较小的相邻柱会给所计算的荷载较大的柱提供侧移约束。同时在纵向因有纵向支撑和屋面等纵向联系构件，各横向框架之间有空间作用，有利于荷载重分配。根据各类厂房的空间作用大小，按上述方法求出的计算长度系数应乘以表 7-7 的折减系数，以反映阶形柱在框架平面内承载力的提高。

表 7-7   **单阶柱计算长度折减系数**

跨数	厂房类型			折减系数
	纵向温度区段内一个柱列的柱子数	屋面情况	厂房两侧是否有通长的屋盖纵向水平支撑	
单跨	≤6	—	—	0.9
	>6	非大型混凝土屋面板的屋面	无	
			有	
		大型混凝土屋面板的屋面	—	0.8
多跨	—	非大型混凝土屋面板的屋面	无	
			有	
		大型混凝土屋面板的屋面	—	0.7

上述计算长度系数都是根据弹性框架屈曲理论得到的。单层框架在弹塑性阶段失稳时，仍采用按弹性框架屈曲理论得到的 μ 值进行计算，这样偏于安全，特别是当横梁按弹性工作设计而柱却允许出现一定塑性，导致柱与梁的线刚度比值降低时。

（3）框架柱在框架平面外的计算长度。厂房柱在框架平面外（沿厂房长度方向）的计算长度，应取阻止框架平面外位移的侧向支承点之间的距离，柱间支撑的节点是阻止框架柱在框架平面外位移的可靠侧向支承点，与此节点相连的纵向构件（如吊车梁、制动结构、辅助桁架、托架、纵梁和刚性系杆等）也可视为框架柱的侧向支承点。此外，柱在框架平面外的尺寸较小，侧向刚度较差，在柱脚和连接节点处可视为铰接。因此，在框架平面外的计算长度等于侧向支承点之间的距离，若无侧向支承时，则为柱的全长（见图 7-39）。

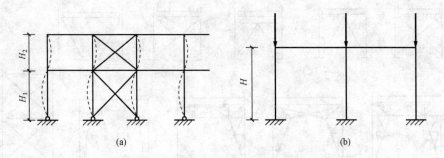

图 7-39 框架柱在框架平面外的计算长度
(a) 有侧向支承；(b) 无侧向支承

2. 柱间支撑

（1）柱间支撑的作用与布置。作用在厂房山墙上的风荷载、吊车纵向刹车力、纵向地震作用等要靠纵向承载体系来承受，纵向承载体系一般由柱和柱间支撑构成。柱间支撑也作为框架柱在框架平面外的支点，减少柱在框架平面外的计算长度。通常吊车梁以上的柱间支撑称为上柱支撑，吊车梁以下部分称为下柱支撑。柱间支撑的刚度比单独柱大得多，为减小温度应力，应在厂房纵向温度单元中部设置上、下柱间支撑。为了传递从屋架下弦横向支撑传来的纵向风荷载，应在单元两端设上柱支撑。抗震设防烈度为7度或8、9度时，单元长度大于120m或90m，宜在单元中部1/3区段内设置两道上、下柱间支撑。每列柱顶均要布置刚性系杆（见图7-40）。

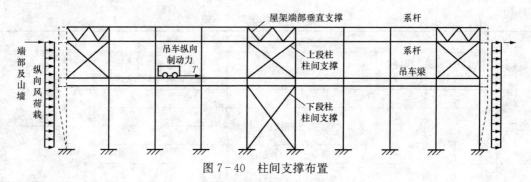

图7-40 柱间支撑布置

（2）柱间支撑的形式和计算。常用的上柱和下柱支撑形式见图7-41和图7-42。十字形支撑的构造简单、传力直接、用料节省，使用最为普遍，支撑的倾角应在35°~55°之间。柱距较大时上柱支撑可用八字形或V形。下柱高度大但柱距小时，下柱支撑高而窄，可用双层十字形；当下柱高度大而刚度要求严格时支撑可以设在相邻两个开间。当柱距较大或十字形妨碍生产空间时，可采用门形或L形支撑。

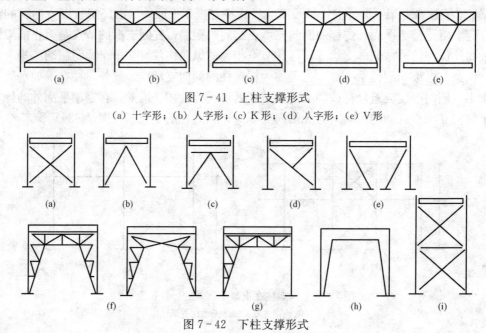

图7-41 上柱支撑形式
（a）十字形；（b）人字形；（c）K形；（d）八字形；（e）V形

图7-42 下柱支撑形式
（a）单层十字形；（b）人字形；（c）K形；（d）Y形；（e）单斜杆形；（f）门形；（g）L形；（h）刚架形；（i）双层十字形

柱间支撑的截面及连接由计算确定。由房屋两端或一端（房屋设有中间伸缩缝）的山墙及天窗架端壁传来的纵向风荷载，按《建筑结构荷载规范》（GB 50009）的相关规定确定其设计值。由吊车在轨道上纵向行驶所产生的刹车力，一般按不多于两台吊车计算。抗震设防烈度为 7 度及以上地区的单层厂房钢结构，按《建筑抗震设计规范》（GB 50011）确定其纵向地震作用设计值。作为框架柱平面外的支承点，支撑系统所受的支承力应按《钢结构设计规范》（GB 50017）确定，该支承力可不与其他荷载效应组合。柱间支撑的内力，应根据该柱列所受纵向荷载按支承于柱脚基础上的竖向悬臂桁架计算，按受力特点验算构件的强度和稳定性。计算时应考虑支撑系统受力方向的可变性。支撑可采用焊缝或高强螺栓连接。对于人字形、八字形等支撑还要注意采取构造措施，如采用弹簧板连接使其与吊车梁（或制动结构、辅助桁架）的连接仅传递水平力，而不传递垂直力，以免支撑成为吊车梁的中间支点。

三、节点设计

1. 桁架与柱刚接节点设计

屋架与柱采用刚接时，常用端板和螺栓连接，如图 7-43 所示。在上弦节点中，需要将上弦端节间的内力传给柱。负弯矩作用时，由螺栓承受拉剪作用。正弯矩作用时，连接受压由端板承压承受（可不作计算），竖向分力由螺栓抗剪承受。在下弦节点中，要将下弦端节间和支座斜杆内力的合力传给柱。合力的竖向分力使螺栓受剪，通常为避免螺栓受剪，采用端板下伸与柱上承托刨平顶紧承受。合力的水平分力由螺栓承受。若不设承托，螺栓群按水平分力和竖向分力联合作用计算。

承托常用 25～40mm 厚的钢板，有时采用 14～16mm 厚的大号角钢截成。对于有下降式支座斜杆的屋架，其与柱的刚接可仿照上述有上升式支座斜杆的屋架，即连接于柱的侧面；也可将屋架的上弦支座节点直接放在柱顶之上（见图 7-44），其优点是安装方便且稳固。

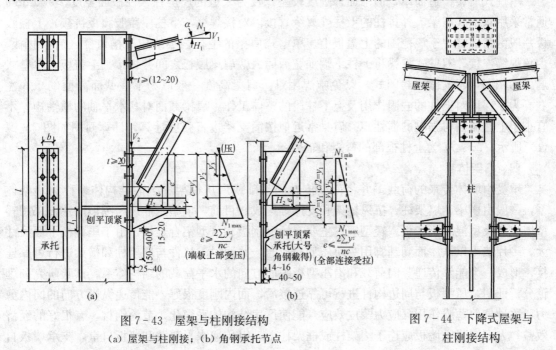

图 7-43　屋架与柱刚接结构
(a) 屋架与柱刚接；(b) 角钢承托节点

图 7-44　下降式屋架与柱刚接结构

2. 肩梁的构造和计算

阶形柱在支承吊车处采用肩梁把上、下柱连接在一起，并承受吊车梁支反力。肩梁通常由上盖板、下盖板、腹板及垫板组成。根据腹板的数量，肩梁分为有单壁式和双壁式两种，如图 7-45 所示。

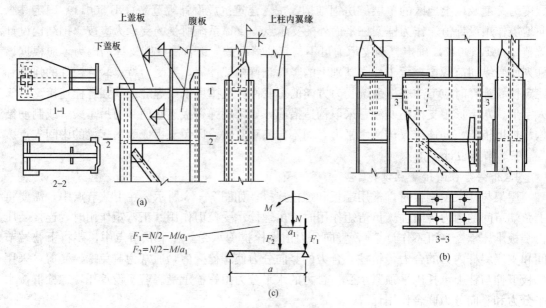

图 7-45　肩梁的构造和计算简图
（a）单壁式肩梁；（b）双壁式肩梁；（c）肩梁的计算简图

　　单壁式肩梁构造简单，但平面外刚度较差，较为大型的厂房柱（柱截面宽度≥900mm）通常采用双壁式肩梁。外排柱的上柱外翼缘直接以对接焊缝与下柱屋盖肢腹板拼接，上柱腹板一般由角焊缝焊于该范围的上盖板上。单壁式肩梁的上柱内翼缘应开槽口插入肩梁腹板，由角焊缝连接。双壁式肩梁将上柱下端加宽后插入两肩梁腹板之间并焊接，上盖板与单壁式肩梁的相同，不要做成封闭式，以免施焊困难。肩梁高度一般取为下柱截面高度的 1/3 左右。为了保证对上柱的嵌固作用及上下柱段的整体工作，肩梁截面对其水平轴的惯性矩，不宜小于上柱截面对强轴的惯性矩。肩梁常近似按简支梁进行强度计算，计算简图如图 7-34（c）所示，M、N 为上柱根部的弯矩和轴力。

　　四、墙架体系

　　承受由墙体传来的荷载，并将荷载传递到基础或厂房框架柱上的结构体系称为墙架体系，一般由横梁、墙架柱、抗风桁架和支撑等构成。目前，重型工业厂房围护墙主要采用轻型墙皮和大型混凝土墙板。轻型墙皮主要有压型钢板和压型铝合金板，由于压型板平面尺寸大，一片墙可以从屋面到基脚用一块压型板拉通，并通过连接件与墙架柱和横梁进行可靠连接，形成一个能够传递竖向荷载和沿压型板平面方向的水平荷载的结构体系。试验研究和理论分析证明，压型板与周边构件进行可靠连接后，面内刚度很好，能传递纵横方向的面内剪力，这种抗剪薄膜作用（应力蒙皮效应）能使厂房结构体系简化，节约钢材，有很好的经济效益。大型混凝土墙板应连于墙架柱或框架柱上，以传递水平荷载和墙板自重，支承墙板自重的支托一般每隔 4~5 块板应设置一个。

　　当厂房的柱距≥12m 时，通常在柱间设置墙架柱，使墙架柱距为 6m。轻型材料的墙体还需再设置墙架横梁，横梁间距可根据墙皮材料的尺寸和强度确定。为了减少横梁在竖向荷载下的计算跨度，可在横梁间设置拉条（见图 7-46）。

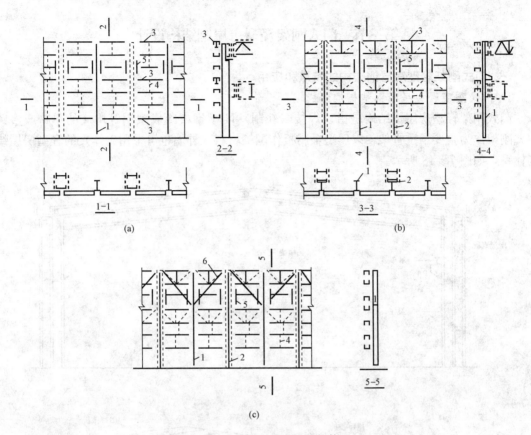

图 7-46 轻型墙皮的墙架体系

（a）无斜拉条墙架；（b）有斜拉条墙架；（c）有斜拉杆墙架

1—墙架柱；2—框架柱；3—墙架横梁；4—拉条；5—窗镶边构件；6—斜拉杆

山墙的墙架体系如图 7-47 所示，柱间距宜与纵墙的间距相同，使外墙围护构件尺寸统一。当山墙下部设有大门窗洞口时，应设置加强横梁或桁架。山墙的墙架柱上端宜尽量使其支承于屋架横向支撑节点上。当墙架柱位置与横向支撑节点不重合时，应设置分布梁，把水平荷载传至支撑节点处。在墙架柱之间还可设置柱间支撑，以增强山墙的刚度。

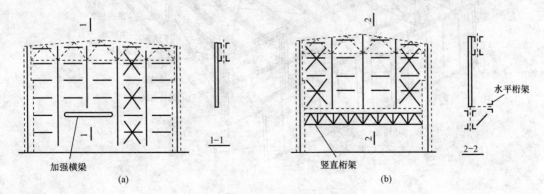

图 7-47 山墙的墙架体系

（a）加强横梁；（b）加强桁架

第三节　门式刚架轻型房屋钢结构设计

一、门式刚架轻型房屋钢结构的特点和应用

1. 门式刚架轻型房屋钢结构的组成

门式刚架轻型房屋钢结构是指以焊接（轧制）H型钢或冷成型钢等构成的单跨或多跨门式刚架作为主要承重骨架，以压型金属板作围护材料（外墙也可采用砌体）的轻型房屋结构体系，如图7-48所示。

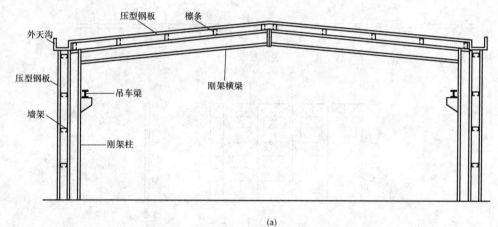

(a)

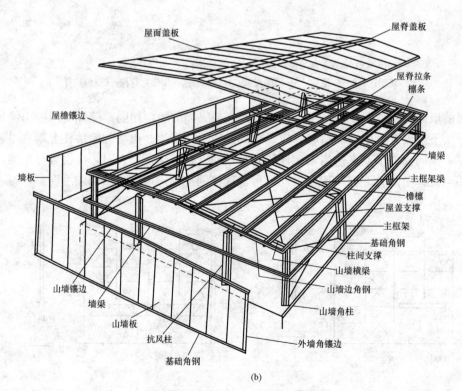

(b)

图 7-48　门式刚架轻型房屋钢结构

(a) 横向剖面图；(b) 门式刚架房屋的组成

2. 门式刚架轻型房屋钢结构的特点

(1) 结构自重轻,基础造价低。门式刚架通常采用轻型围护结构,结构构件截面尺寸较小,可以有效地利用建筑空间;刚架构件可根据内力变化而变化截面;构件腹板可利用腹板的屈曲后强度进行设计,使腹板厚度减小;刚架跨度中部可设上下铰接的摇摆柱,减小横梁的跨度,以节省钢材;刚架横梁负弯矩作用区段的侧向刚度可由檩条的隅撑保证,省去纵向刚性构件;支撑可做得较轻便,直接或用水平节点板连接在腹板上,可采用张紧的圆钢。上述因素使得门式刚架结构自重轻,单层门式刚架结构用钢量一般为 $10\sim30kg/m^2$,自重约为同等结构条件下钢筋混凝土结构的 $1/20\sim1/30$。柱脚通常为铰接,不传递弯矩,柱子传给基础的竖向荷载也小,一般可采用浅基础,不需要打桩等地基处理,由此可节省基础费用,对于地基承载力较低的软土地基更为有利。

(2) 外形简洁、美观。门式刚架的框架梁、柱等外露结构,可采用变截面楔形构件,外形轻巧美观。可根据通风、采光的需要设置天窗、通风屋脊和采光带,内外墙面采用彩色压型钢板,颜色丰富多彩,线条规则,建筑造型简洁、美观。

(3) 抗震性能好。一般情况下,由于门式刚架房屋很轻,水平地震作用很小,地震作用参与的内力组合不起控制作用,抗震设防烈度小于或等于 7 度时,一般不需做抗震验算,因此特别适宜在地震区建造。竖向荷载通常是设计的控制荷载,但当风荷载较大或房屋较高时,风荷载的作用不应忽视。

(4) 建造速度快,装拆方便。门式刚架房屋,装配化程度很高,全部构件在工厂制造,施工现场装配。安装连接可全部采用高强度螺栓和普通螺栓,安装方便快速,土建施工量小。由于采用螺栓连接,拆卸方便,有利于厂房的扩建、改建或拆迁。

(5) 柱网布置灵活。以压型金属板作围护材料,柱网布置不受模数限值,柱距主要根据使用要求和用料经济的原则来确定。

(6) 防腐、运输和安装要求高。组成构件的板件较薄,焊接构件中板的最小厚度为 3mm,冷成型构件中板的最小厚度为 1.5mm,压型钢板的最小厚度为 0.4mm,构件在外力撞击下易产生局部变形,锈蚀对构件的影响大。运输和安装时应采取保护措施,不适用于有强侵蚀介质的环境。

3. 适用范围

门式刚架的适用范围很广,通常用于仓库、商业建筑、娱乐体育场馆、候车室、展览厅、活动房屋、加层建筑、无桥式吊车或设有起重量小于或等于 20t 的 A1~A5 工作级别桥式吊车或 3t 悬挂吊车的单层工业房屋,当有需要并采取可靠技术措施时,悬挂吊车的起重量可达 5t。

二、门式刚架的结构形式与布置

1. 门式刚架的结构形式

门式刚架的结构形式是多种多样的,在单层房屋钢结构中,应用较多的为单跨、双跨或多跨的单、双坡门式刚架,如图 7-49 所示。门式刚架按构件体系可分为实腹式与格构式;按结构选材可分为普通型钢刚架、薄壁型钢刚架和钢管刚架等;按截面形式可分为等截面刚架和变截面刚架,构件变截面可以适应弯矩变化,节约材料,但在构造连接及加工制造方面,不如等截面刚架方便,故当刚架跨度较大或房屋较高时才设计成变截面刚架。

门式刚架的梁、柱常采用实腹焊接工字形截面或轧制 H 形截面。设有桥式吊车时,柱

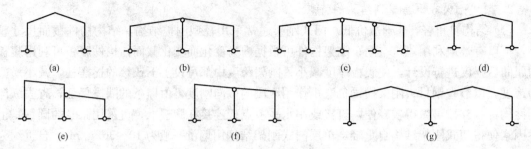

图 7-49　门式刚架的形式

(a) 单跨双坡；(b) 双跨双坡；(c) 四跨双坡；(d) 单跨双坡带挑檐；
(e) 双跨单坡（毗屋）；(f) 双跨单坡；(g) 双跨四坡

宜采用等截面构件。变截面构件通常改变腹板的高度，做成楔形，必要时也可以改变腹板厚度。结构构件在运输单元内一般不改变翼缘截面，必要时可改变翼缘厚度，邻接的运输单元可采用不同的翼缘截面。

门式刚架的横梁与柱为刚接，门式刚架的柱脚多按铰接支承设计，通常为平板支座，设一对或两对地脚螺栓。当用于工业厂房且有 5t 以上桥式吊车，或水平荷载较大、檐口标高较高或刚度要求较高时，宜将柱脚设计为刚接。

在门式刚架房屋钢结构体系中，屋盖宜采用压型钢板屋面板和冷弯薄壁型钢檩条。屋面坡度宜取 1/8～1/20，雨水较多地区取较大值。

外墙宜采用冷弯薄壁型钢墙梁和压型钢板墙面板。墙梁间距随墙板板型及规格而定，但不应大于计算确定的值。根据需要，外墙还可以采用砌体或采用底部为砌体，上部为轻质材料墙体。

2. 结构布置

(1) 刚架结构布置。门式刚架的跨度应取横向刚架柱轴线间的距离，柱的轴线可取通过柱下端（较小端）中心的竖向轴线。工业建筑边柱的定位轴线宜取柱外皮。斜梁的轴线可取通过变截面梁段最小端中心与斜梁上表面平行的轴线。门式刚架的高度应取地坪至柱轴线与斜梁轴线交点的高度。门式刚架房屋的檐口高度应取地坪至房屋外侧檩条上缘的高度，最大高度应取地坪至屋盖顶部檩条上缘的高度。门式刚架房屋的宽度应取房屋侧墙墙梁外皮之间的距离，长度应取两端山墙墙梁外皮之间的距离。

门式刚架的跨度宜采用 9～36m，若有特殊需要，跨度可进一步加大，我国建成的单跨门式刚架的跨度已达到 72m。当边柱宽度不等时，柱外侧应对齐，柱距宜采用 6～9m。门式刚架的高度宜采用 4.5～9m，必要时可适当加大，当有桥式吊车时不宜大于 12m。

柱网布置应在满足使用要求和经济要求的前提下确定最佳跨度和柱距。门式刚架房屋钢结构的纵向温度区段长度不大于 300m，横向温度区段长度不大于 150m。当有计算依据时，温度区段可适当放大。当需要设置伸缩缝时，可在搭接檩条的螺栓连接处采用长圆孔并使该处屋面板在构造上允许胀缩，或者设置双柱。

门式刚架轻型钢结构房屋的山墙结构常采用由屋面斜梁、两侧角柱、抗风柱、墙梁和墙板组成的结构体系。这种结构布置方案的优点是角柱有利于纵、横两个方向的墙梁连接，缺点是山墙架结构的横向刚度较差，并且不利于房屋的纵向扩建。另一种方案是用横向框架代替斜梁和角柱。这种结构方案的优点是加强了山墙架结构的横向刚度，特别适用于有桥式吊车的厂房和沿纵向需要扩建的房屋。抗风柱的布置应与屋面横向水平支撑的节点位置相配合。墙梁的间距与墙板的承载能力、房屋所在地区的基本风压及房屋的高度等有关，同时在门、窗框上端、窗台、檐口及室内地面处均应设置墙梁。

（2）门式刚架支撑设计。

1）门式刚架支撑的作用与设置原则。当门式刚架只靠屋面构件、吊车梁和墙梁等纵向构件相连时，结构的整体刚度较差，在受到水平荷载作用后，往往由于刚度不足沿结构的纵向产生较大的变形，影响结构的正常使用，有时甚至可能遭到破坏。为了保证结构在纵向几何不变和梁柱构件在刚架平面外的稳定性，必须在每个温度区段或分期建设的区段中，分别设置能独立构成空间稳定结构的支撑体系。在无特殊需要时，支撑与相邻两刚架的连接一般采用铰接。这些支撑杆件与梁柱杆件的交点可以作为梁柱构件平面外的侧向支承点如图7-50所示。门式刚架支撑主要有屋面横向水平支撑及系杆、柱间支撑和水平系杆、隅撑等。

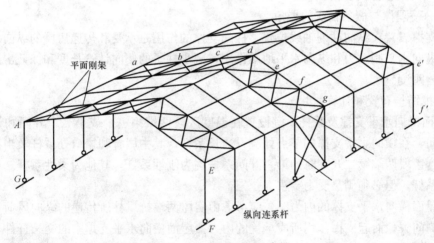

图 7-50 门式刚架的支撑

屋面横向水平支撑一般设置在框架梁的上翼缘平面，由框架梁的上翼缘作为弦杆，檩条和交叉斜杆作为腹杆而组成的水平桁架，再通过系杆（或檩条）将不设横向水平支撑的框架梁连接起来，使屋盖形成一个整体。屋面横向水平支撑能减小框架梁上翼缘的侧向计算长度，提高框架梁的侧向稳定性，并增强屋盖结构的整体刚度及有效地传递由山墙传来的风荷载和屋盖处的地震作用。

在框架梁下翼缘受压区段内的每根檩条处和框架柱中靠近柱上端内翼缘压应力较大的区段，均应设置隅撑（见图7-51）。隅撑作为框架梁和柱受压翼缘的侧向支承，可提高梁和柱的整体稳定性，且对加强门式刚架房屋钢结构的空间刚度非常有利。在檐口位置，刚架斜梁与柱内翼缘交点附近的檩条和墙梁处，应各设一道隅撑，在斜梁下翼缘受压区应设置隅撑，间距不应大于所撑梁受压翼缘宽度的 $16\varepsilon_K$ 倍。隅撑通常采用单角钢制作，可用单个螺栓连接在刚架构件下（内）翼缘上或附近（距翼缘≤100mm）的腹板上，另一端则与檩条或墙梁腹板采用单个螺栓连接。隅撑与框架梁或柱腹板的夹角不宜小于45°。

隅撑应按《钢结构设计规范》（GB 50017）中轴心受压的支撑杆来设计，轴向压力按下

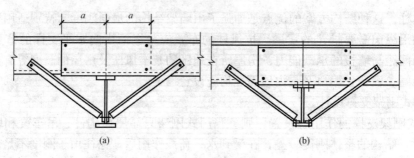

图 7 - 51　隔撑的连接

(a) 与腹板相连；(b) 与翼缘相连

式计算

$$N = \frac{A_f f}{120 \cos\theta} \tag{7-24}$$

式中　A_f——梁被撑翼缘的截面积；

　　　θ——隔撑与檩条轴线的夹角。

柱间支撑设置在纵向柱列轴线位置。柱间支撑的作用是承受和传递房屋的纵向水平风荷载、吊车纵向水平制动力和纵向水平地震作用，减小柱子的侧向计算长度和保证房屋的纵向刚度及整体刚度。

2）支撑结构布置和计算。

a. 屋面横向水平支撑及系杆。宜设置在温度区段两端第一个或第二个开间和设置柱间支撑的开间，在横向水平支撑的节点处应设通长系杆，其中屋脊和檐口处系杆及当横向支撑布置在温度区段两端第二开间时的第一开间系杆均为刚性系杆，其他为柔性系杆。檩条可以兼作刚性系杆，但必须满足受力要求。

计算屋面横向水平支撑的内力时，应考虑由房屋两端抗风柱所传递的纵向风荷载及因阻止框架梁侧向失稳而起支撑作用所应承受的内力。屋面横向水平支撑中的交叉杆件，通常按受拉设计，可采用圆钢，并通过两端螺母或中间花篮螺栓使其保证张紧状态。横向水平支撑中的竖杆应按压杆设计，截面要求同刚性系杆。

b. 柱间支撑和水平系杆。当无吊车时柱间支撑间距宜取 30～45m；当有吊车时柱间支撑宜设在温度区段中部，当温度区段较长时宜设在三分点处，且间距不宜大于 60m。当房屋宽度大于 60m 时，在内柱列宜适当增加柱间支撑。当房屋高度较大时，柱间支撑应分层设置（见图 7-52）。在柱间支撑的节点处，沿纵向柱列应设通长的刚性水平系杆。

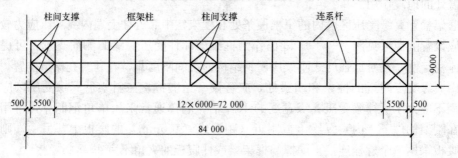

图 7 - 52　柱间支撑布置

　　柱间支撑内力计算时应考虑由横向水平支撑传来的纵向风荷载及为了减小柱的侧向计算长度而起支撑作用所承受的力。当厂房内设置吊车时，还应计入吊车的纵向制动力。当同一柱列有多道柱间支撑时，纵向水平组合荷载可近似考虑由各道柱间支撑平均承受。柱间支撑的计算简图可按支承于柱脚基础上的悬臂桁架计算（见图7-53）。交叉支撑通常按拉杆设计［见图7-53（b）］，称为柔性方案，常采用圆钢，并在两端采取构造措施（见图7-54），以保证圆钢拉紧。水平系杆按压杆设计，常采用钢管或角钢。为了加强门式刚架轻型钢结构厂房的纵向刚度，柱间交叉支撑有时也可按压杆设计［见图7-53（a）］，称为刚性方案，当按压杆设计时，杆件截面可采用钢管或角钢。

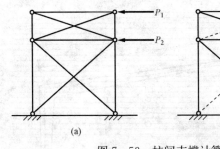
图7-53　柱间支撑计算简图
(a) 柔性方案；(b) 刚性方案

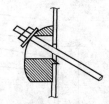
图7-54　圆钢支撑的连接

　　3. 门式刚架设计

　　(1) 荷载计算。按《门式刚架轻型房屋钢结构技术规程》（CECS 102）和《建筑结构荷载规范》（GB 50009）取值计算。

　　(2) 内力与侧移计算。

　　1) 变截面门式刚架内力计算。变截面门式刚架有可能在几个截面同时或接近同时出现塑性铰，不宜利用塑性铰出现后的应力重分布；刚架构件的腹板通常很薄，截面发展塑性的潜力不大，故应采用弹性分析方法按平面结构进行内力分析，一般不考虑应力蒙皮效应。蒙皮效应是将屋面板视为沿房屋全长伸展的深梁，可用来承受平面内荷载。面板可视为平面内横向剪切的腹板，其边缘构件可视为承受轴向力的翼缘。考虑屋面板的蒙皮效应可提高结构的刚度和承载力，当有必要且有条件时，可考虑屋面板的应力蒙皮效应，见《门式刚架轻型房屋钢结构技术规程》（CECS 102）。

　　变截面门式刚架的内力分析通常采用杆系单元的有限元程序上计算机计算，计算时宜将构件分为若干段，每段可视为等截面，也可采用楔形单元。当采用手算时，可按一般结构力学方法或利用静力计算公式、图表进行计算。

　　2) 变截面门式刚架侧移计算。

　　a. 单跨刚架。变截面门式刚架的柱顶侧移应采用弹性分析方法确定。当单跨变截面刚架横梁上缘坡度不大于1∶5时，在柱顶水平力作用下的侧移 u，可按下列公式估算：

柱脚铰接刚架
$$u = \frac{Hh^3}{12EI_c}(2 + \xi_t) \qquad\qquad (7-25)$$

柱脚刚接刚架
$$u = \frac{Hh^3}{12EI_c} \frac{3 + 2\xi_t}{6 + 2\xi_t} \qquad\qquad (7-26)$$

式中　ξ_t——刚架柱与刚架梁的线刚度比值，$\xi_t = I_c L / (h I_b)$。

h、L——刚架柱高度和刚架跨度；当坡度大于 1∶10 时，L 应取横梁沿坡折线的总长度 $2s$（见图 7-55）。

I_c、I_b——柱和横梁的平均惯性矩，对于楔形构件：$I_c = (I_{c0} + I_{c1})/2$，$I_{c0}$ 和 I_{c1} 分别为柱小头和大头的惯性矩；对于双楔形横梁：$I_b = [I_{b0} + \alpha I_{b1} + (1-\alpha) I_{b2}]/2$，$I_{b0}$、$I_{b1}$ 和 I_{b2} 分别为楔形横梁最小截面、檐口和跨中截面的惯性矩。

H——刚架柱顶等效水平力。当估算刚架在沿柱高度均布的水平风荷载作用下的侧移时（见图 7-56），柱脚铰接：$H = 0.67W$，$W = (w_1 + w_4)h$；柱脚刚接：$H = 0.45W$。当估算刚架在吊车水平荷载 P_c 作用下的侧移时（见图 7-57），柱脚铰接：$H = 1.15\eta P_c$；柱脚刚接：$H = \eta P_c$。

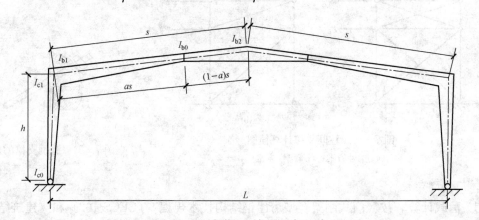

图 7-55　变截面刚架的几何尺寸

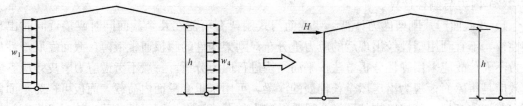

图 7-56　刚架在均布风荷载作用下柱顶的等效水平力

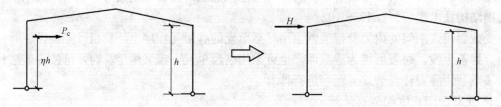

图 7-57　刚架在吊车水平荷载作用下柱顶的等效水平力

b. 两跨和多跨刚架。中间柱为摇摆柱的两跨刚架，柱顶侧移可采用式（7-25）和式（7-26）计算，但计算 ξ_t 时，应以 $2s$ 代替 L，s 为单坡面长度（见图 7-58）。

当中间柱与横梁刚性连接时，可将多跨刚架视为多个单跨刚架的组合体（每个中柱分为两半，惯性矩各为 $I/2$），按下式计算整个刚架在柱顶水平荷载作用下的侧移

$$u = H/\sum K_i \tag{7-27}$$

$$K_i = \frac{12EI_{ei}}{h_i^3(2+\xi_{ti})}, \quad \xi_{ti} = I_{ei}l_i / (h_i I_{bi})$$

$$I_{ei} = \frac{I_1+I_r}{4} + \frac{I_1 I_r}{I_1+I_r}$$

式中　$\sum K_i$——柱脚铰接时各单跨刚架的侧向刚度之和；

　　　　h_i——所计算跨两柱的平均高度；

　　　　l_i——与所计算柱相连接的单跨刚架梁的长度；

　　　　I_{ei}——两柱惯性矩不相同时的等效惯性矩；

　I_1、I_r——左、右两柱的惯性矩（见图 7-59）。

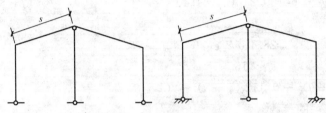 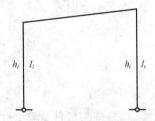

图 7-58　有摇摆柱的两跨刚架　　　　　　图 7-59　左右两柱的惯性矩

　　c. 等截面门式刚架。对构件为等截面的门式刚架，可采用弹性设计法或塑性设计法。当采用弹性分析方法确定内力时，可参考上述公式进行。塑性设计法是建立在钢材具有充分塑性变形能力的基础上。当施加在超静定结构上的荷载逐渐增加到某一定值时，在最大弯矩截面就出现塑性铰。荷载继续增加时，最大弯矩截面像铰一样发生转动，而弯矩仍保持不变，荷载的增长部分由结构其他截面的弯矩增长来保持平衡。这样使结构的塑性铰依次出现，每出现一个塑性铰就相当于在该截面处加入一个构造铰，结构的超静定次数就降低一次。所以对于 n 次超静定结构，当依次形成 $n+1$ 个塑性铰后，结构就变成破坏机构，即达到承载能力的极限状态。塑性设计能较好地反映结构的实际工作情况，比弹性设计可节省钢材 10%～20%。结构塑性分析在于确定在一定荷载作用下塑性铰的位置和塑性弯矩值。塑性分析不能采用将各种荷载作用下的内力图相叠加的方法进行计算，而应按各种可能的荷载组合分别进行内力分析，找出各种可能的破坏机构和计算相应的塑性弯矩值，然后从中取其最大值。常用的分析方法有静力法和机动法。

三、构件截面设计

1. 变截面刚架构件计算

（1）板件最大宽厚比和屈曲后强度利用。工字形截面构件受压翼缘自由外伸宽度 b 与其厚度 t 之比应满足

$$b/t \leqslant 15\varepsilon_K \tag{7-28}$$

工字形截面梁、柱腹板的计算高度 h_0 与其厚度 t_w 之比应满足

$$h_0/t_w \leqslant 250\varepsilon_K \tag{7-29}$$

　　三块板焊成的工字形截面受弯构件中腹板以受剪为主，翼缘以抗弯为主。增大腹板的高度，可更好地发挥翼缘的抗弯能力。但若在增大腹板高度的同时，根据局部稳定要求增大腹板的厚度，通常并不经济。此时，充分利用腹板的屈曲后强度是比较合理的。当工字形截面

构件腹板高度变化不超过 60mm/m 时，可考虑屈曲后强度，设计时应按有效宽度计算截面特性（见图 7-60）。有效宽度应取：

当截面全部受压时 $\qquad h_e = \rho h_0$ （7-30a）

当截面部分受拉时，受拉区全部有效，受压区有效宽度应取

$$h_e = \rho h_c \qquad (7\text{-}30b)$$

式中　h_c——腹板受压区宽度。

ρ——有效宽度系数，按下列公式计算：

当 $\lambda_p \leqslant 0.8$ 时 $\qquad \rho = 1$ （7-31a）

当 $0.8 < \lambda_p \leqslant 1.2$ 时 $\qquad \rho = 1 - 0.9(\lambda_p - 0.8)$ （7-31b）

当 $\lambda_p > 1.2$ 时 $\qquad \rho = 0.64 - 0.24(\lambda_p - 1.2)$ （7-31c）

$$\lambda_p = \frac{h_0/t_w}{28.1\sqrt{k_\sigma}\varepsilon_K} \qquad (7\text{-}32)$$

$$k_\sigma = \frac{16}{\sqrt{(1+\beta)^2 + 0.112(1-\beta)^2} + (1+\beta)}$$

λ_p——与板件受弯、受压有关的参数。

β——截面边缘正应力比值（见图 7-61），$\sigma_1 > \sigma_2$ 时，$\beta = \sigma_2/\sigma_1$。

k_σ——杆件在正应力作用下的屈曲系数。当板边最大应力 $\sigma_1 < f$ 时，计算 λ_p 可用 $\gamma_R\sigma_1$ 代替式（7-15）中的 f_y，γ_R 为抗力分项系数。对 Q235 和 Q345 钢，$\gamma_R = 1.1$。

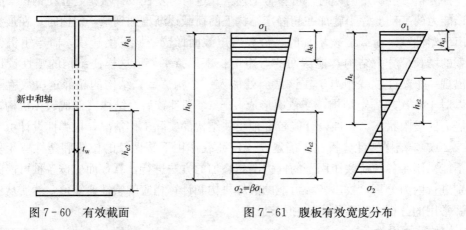

图 7-60　有效截面　　　　　　图 7-61　腹板有效宽度分布

腹板有效宽度应按下列规则分布（见图 7-61）：

当截面全部受压时 $\qquad h_{e1} = 2h_e/(5-\beta)$ （7-33a）

$$h_{e2} = h_e - h_{e1} \qquad (7\text{-}33b)$$

当截面部分受拉时 $\qquad h_{e1} = 0.4h_e$ （7-33c）

$$h_{e2} = 0.6h_e \qquad (7\text{-}33d)$$

其抗剪承载力设计值 V_d 按下式计算

$$V_d = h_0 t_w f'_v \qquad (7\text{-}34)$$

式中　h_0——腹板高度，对楔形腹板取板幅平均高度；

　　　f'_v——腹板屈曲后抗剪强度设计值，按下列公式计算：

当 $\lambda_w \leqslant 0.8$ 时 $\qquad f'_v = f_v$ $\qquad$ (7 – 35a)

当 $0.8 < \lambda_w < 1.4$ 时 $\qquad f'_v = [1 - 0.64(\lambda_w - 0.8)]f_v$ $\qquad$ (7 – 35b)

当 $\lambda_w \geqslant 1.4$ 时 $\qquad f'_v = (1 - 0.275\lambda_w)f_v$ $\qquad$ (7 – 35c)

式中 λ_w——与板件受剪有关的参数，按下式计算

$$\lambda_w = \frac{h_0/t_w}{37\sqrt{k_\tau}\varepsilon_K} \qquad (7 – 36)$$

式中 k_τ——受剪板件的屈曲系数；当不设横向加劲肋时，取 $k_\tau = 5.34$；设横向加劲肋时，当 $a/h_0 < 1$ 时，$k_\tau = 4 + 5.34 (a/h_0)^2$；当 $a/h_0 \geqslant 1$ 时，$k_\tau = 5.34 + 4 (a/h_0)^2$。

a——横向加劲肋间距。

当利用腹板屈曲后抗剪强度时，横向加劲肋间距 a 宜在 $h_0 \sim 2h_0$ 之间。

（2）刚架构件的强度计算和加劲肋设置。工字形截面受弯构件在剪力 V 和弯矩 M 共同作用下的强度应满足下列要求：

当 $V \leqslant 0.5V_d$ 时 $\qquad M \leqslant M_e$ $\qquad$ (7 – 37a)

当 $0.5V_d \leqslant V \leqslant V_d$ 时 $\qquad M \leqslant M_f + (M_e - M_f)[1 - (2V/V_d - 1)^2]$ $\qquad$ (7 – 37b)

式中 M_f——两翼缘所承担的弯矩，对双轴对称截面，$M_f = A_f (h_0 + t) f$；

M_e——构件有效截面所承担的弯矩，$M_e = W_e f$；

W_e——构件有效截面最大受压纤维的截面模量；

A_f——构件翼缘截面面积。

工字形截面压弯构件在剪力 V、弯矩 M 和轴心压力 N 共同作用下的强度应满足下列要求：

当 $V \leqslant 0.5V_d$ 时 $\qquad M \leqslant M_e^N = M_e - N W_e/A_e$ $\qquad$ (7 – 38a)

当 $0.5V_d \leqslant V \leqslant V_d$ 时 $\qquad M \leqslant M_f^N + (M_e^N - M_f^N)[1 - (2V/V_d - 1)^2]$ $\qquad$ (7 – 38b)

式中 M_f^N——兼承受压力 N 时两翼缘所能承受的弯矩，对双轴对称截面，$M_f^N = A_f (h_w + t)(f - N/A)$；

A_e——有效截面面积。

梁腹板应在与中柱连接处、较大集中荷载作用处和翼缘转折处设置横向加劲肋。

梁腹板利用屈曲后强度时，其中间加劲肋除承受集中荷载和翼缘转折产生的压力外，还应承受拉力场产生的压力 N_s

$$N_s = V - 0.9h_w t_w \tau_{cr} \qquad (7 – 39)$$

式中 τ_{cr}——利用拉力场时腹板的屈曲剪应力，当 $0.8 < \lambda_w \leqslant 1.25$ 时，$\tau_{cr} = [1 - 0.8 (\lambda_w - 0.8)] f_v$；当 $\lambda_w > 1.25$ 时，$\tau_{cr} = f_v/\lambda_w^2$。

当验算加劲肋稳定性时，其截面应包括每侧宽度 $15\varepsilon_K$ 范围内的腹板面积，计算长度取 h_0。

（3）变截面柱在刚架平面内的稳定性计算

$$\frac{N_0}{\varphi_{xy}A_{e0}} + \frac{\beta_{mx}M_1}{\left(1 - \dfrac{N_0}{N'_{Ex0}}\varphi_{xy}\right)W_{e1}} \leqslant f \qquad (7 – 40)$$

式中 N'_{Ex0}——参数，$N'_{Ex0} = \pi^2 E A_{e0}/(1.1\lambda^2)$，计算 λ 时，回转半径 i 以小头为准；

N_0——小头的轴向压力设计值；

A_{e0}——小头的有效截面面积；

W_{e1}——大头有效截面最大受压纤维的截面模量；

M_1——大头的弯矩设计值，当柱最大弯矩不出现在大头时，M_1 和 W_{e1} 分别取最大弯矩和该弯矩所在截面的有效截面模量；

β_{mx}——等效弯矩系数，有侧移刚架柱的等效弯矩系数 $\beta_{mx}=1.0$；

φ_{xy}——杆件轴心受压稳定系数，按《钢结构设计规范》方法确定。计算长细比 λ 时，取小头的回转半径，而对截面高度呈线性变化的楔形柱在刚架平面的计算长度 $h_0=\mu_y h$，计算长度系数取 μ_y 可按下列三种方法之一确定。

1）查表法：用于柱脚铰接的刚架。

a. 柱脚铰接单跨刚架楔形柱的 μ_y 可由表 7-8 查得。

表 7-8   **柱脚铰接楔形刚架柱的计算长度系数 μ_y**

I_{e0}/I_{c1} ＼ K_2/K_1	0.1	0.2	0.3	0.5	0.75	1.0	2.0	≥10.0
0.01	0.428	0.368	0.349	0.331	0.320	0.318	0.315	0.310
0.02	0.600	0.502	0.470	0.440	0.428	0.420	0.411	0.404
0.03	0.729	0.599	0.558	0.520	0.501	0.492	0.483	0.473
0.05	0.931	0.756	0.694	0.644	0.618	0.606	0.589	0.580
0.07	1.075	0.873	0.801	0.742	0.711	0.697	0.672	0.650
0.10	1.252	1.027	0.935	0.857	0.817	0.801	0.790	0.739
0.15	1.518	1.235	1.109	1.021	0.965	0.938	0.895	0.872
0.20	1.745	1.395	1.254	1.140	1.080	1.045	1.000	0.969

注 柱的线刚度 $K_1=I_{c1}/h$、梁的线刚度 $K_2=I_{b0}/(2\psi s)$，ψ 为横梁换算长度系数，由《门式刚架轻型房屋钢结构技术规程》（CECS 102）附录中曲线查得。当梁为等截面时该系数为 1。

b. 多跨刚架的中间柱为摇摆柱时（见图 7-62），摇摆柱的计算长度系数 μ_y 取 1.0。边柱的计算长度按下式计算

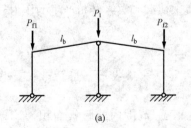 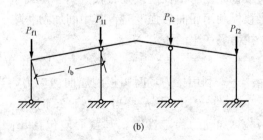

图 7-62 计算边柱时的横梁长度

（a）双跨；（b）三跨

$$h_0=\eta\mu_y h \qquad \eta=\sqrt{1+\sum (P_{li}/h_{1i})\big/\sum (P_{fi}/h_{fi})} \qquad (7-41)$$

式中 η——放大系数；

μ_y——柱的计算长度系数，由表 7-4 查得；

P_{li}——摇摆柱承受的荷载；

P_{fi}——边柱承受的荷载；

h_{1i}——摇摆柱的高度；

h_{fi}——边柱的高度。

此时的计算长度系数 μ_y 适用于屋面坡度不大于 $1:5$ 的情况，超过此值时应考虑横梁轴向力对柱刚度的不利影响。

对于带有毗屋的刚架，可近似地将毗屋柱视为摇摆柱，主刚架柱的系数 μ_y 可按表 7-4 查得，并应乘以放大系数 η。计算 η 时，P_{li} 为毗屋柱承受的竖向荷载，P_{fi} 为主刚架柱承受的竖向荷载。

2) 一阶分析法：用于柱脚铰接和刚接的刚架。对于单跨对称刚架 [见图 7-63 (a)]，当利用一阶分析计算得出柱顶水平荷载作用下的侧向刚度 $K=H/U$，柱计算长度系数可由下列公式计算：

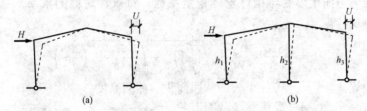

图 7-63 一阶分析时的柱顶位移
(a) 单跨；(b) 双跨

当柱脚为铰接时
$$\mu_y = 4.14\sqrt{EI_{c0}/Kh^3} \tag{7-42a}$$

当柱脚为刚接时
$$\mu_y = 5.85\sqrt{EI_{c0}/Kh^3} \tag{7-42b}$$

式 (7-42a) 和式 (7-42b) 也可用于图 7-62 所示有摇摆柱的多跨对称刚架的边柱，但算得的系数 μ_y 还应乘以放大系数 $\eta' = \sqrt{1+\sum (P_{li}/h_{1i}) / [1.2\sum (P_{fi}/h_{fi})]}$。摇摆柱的计算长度系数 μ_y 取 1.0。

对中间为非摇摆柱的多跨刚架（图 7-63b），μ_y 可按下列公式计算：

当柱脚为铰接时
$$\mu_y = 0.85\sqrt{\frac{1.2}{K}\frac{P'_{E0i}}{P_i}\sum\frac{P_i}{h_i}} \tag{7-43a}$$

当柱脚为刚接时
$$\mu_y = 1.20\sqrt{\frac{1.2}{K}\frac{P'_{E0i}}{P_i}\sum\frac{P_i}{h_i}} \tag{7-43b}$$

$$P'_{E0i} = \pi^2 EI_{0i}/h_i^2$$

式中 h_i、P_i、P'_{E0i}——第 i 根柱的高度、竖向荷载和以小头为准的参数。

式 (7-43) 也可用于单跨非对称刚架。

3) 二阶分析法：用于柱脚铰接和刚接的刚架。当采用计入竖向荷载-侧移效应（P-u 效应）的二阶分析程序计算内力时，计算长度系数 μ_y 可按下列公式计算

$$\mu_y = 1 - 0.375\gamma + 0.08\gamma^2 (1 - 0.0775\gamma) \tag{7-44}$$

$$\gamma = (d_1/d_0) - 1$$

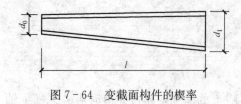

图 7-64 变截面构件的楔率

式中 γ——构件的楔率，不大于 $0.268l/d_0$ 及 6.0；

d_0、d_1——柱的小头和大头的截面高度（见图 7-64）。

（4）变截面柱在刚架平面外的稳定性应满足下式要求

$$\frac{N_0}{\varphi_y A_{e0}} + \frac{\beta_t M_1}{\varphi_{by} W_{e1}} \leqslant f \tag{7-45}$$

式中 φ_y——轴心受压构件弯矩作用平面外稳定系数，按《钢结构设计规范》（GB 50017）规定采用，计算长度取侧向支承点间距离，长细比以小头为准；

β_t——等效弯矩系数，对一端弯矩为零的区段，$\beta_t = 1 - N/N'_{Er0} + 0.75(N/N'_{Er0})^2$，对两端弯曲应力基本相等的区段，$\beta_t = 1.0$；

φ_{by}——均匀弯曲楔形受弯构件整体稳定系数，对双轴对称的工字形截面杆件，应按下式计算

$$\varphi_{by} = \frac{4320}{\lambda_{y0}^2} \cdot \frac{A_0 h_0}{W_{x0}} \sqrt{\left(\frac{\mu_s}{\mu_w}\right)^4 + \left(\frac{\lambda_{y0} t_0}{4.4 h_0}\right)^2} \left(\frac{235}{f_y}\right) \tag{7-46}$$

式中 A_0、h_0、W_{x0}、t_0——构件小头的截面面积、截面高度、截面模量、受压翼缘厚度；

A_f——受压翼缘截面面积；

i_{y0}——受压翼缘与受压区腹板 1/3 高度组成的截面绕 y 轴的回转半径；

$$\lambda_{y0} = \mu_s/i_{y0}, \quad \mu_s = 1 + 0.023\gamma\sqrt{lh_0/A_f}, \quad \mu_w = 1 + 0.00385\gamma\sqrt{l/i_{y0}}$$

当两翼缘截面不相等时，在式（7-46）中应参照《钢结构设计规范》（GB 50017）加上截面不对称影响系数 η_b 项。当按式（7-46）算得的 φ_{by} 值大于 0.6 时，应按《钢结构设计规范》（GB 50017）的规定查出相应的 φ'_b 代替 φ_{by} 值。

（5）变截面柱的柱端抗剪承载力验算。变截面柱下端铰接时，应验算柱端的抗剪强度。当不满足要求时，应对该处腹板进行加强。

（6）斜梁设计。

1）实腹式斜梁在平面内可按压弯构件计算其强度，在平面外应按压弯构件计算稳定性。

2）实腹式刚架斜梁的出平面计算长度，应取侧向支承点间的距离；当斜梁两翼缘侧向支承点间的距离不等时，应取最大受压翼缘侧向支承点间的距离。

3）当实腹式刚架横梁的下翼缘受压时，必须在受压翼缘的侧面布置隅撑作为斜梁的侧向支承；隅撑的另一端连接在檩条上。

4）当斜梁上翼缘承受集中荷载处不设横向加劲肋时，除应按《钢结构设计规范》（GB 50017）的规定验算腹板上边缘正应力、剪应力和局部压应力共同作用时的折算应力外，尚应满足下列要求

$$F \leqslant 15\alpha_m t_w^2 f \sqrt{\frac{t_f}{t_w} \frac{235}{f_y}} \tag{7-47}$$

式中 F——上翼缘所受的集中荷载；

t_f、t_w——斜梁翼缘和腹板的厚度；

α_m——参数，$\alpha_m = 1.5 - M/(W_e/f)$，且 $\alpha_m \leqslant 1.0$，在斜梁负弯矩区取零；

M——集中荷载作用处的弯矩。

5) 斜梁不需计算整体稳定性的侧向支承点间最大长度，可取斜梁下翼缘宽度的 $16\varepsilon_K$ 倍。

2. 等截面刚架构件计算

构件截面可采用三块板焊成的工字形截面、高频焊接轻型 H 型钢及热轧 H 型钢。等截面刚架按弹性设计时，可按上述变截面刚架的规定进行设计。等截面刚架按塑性设计时，其构件按《钢结构设计规范》（GB 50017）中塑性设计的规定进行设计。

四、节点设计

1. 斜梁与柱连接

门式刚架斜梁与柱的连接，可采用端板竖放［见图 7-65（a）］、端板平放［见图 7-65（b）］和端板斜放［见图 7-65（c）］三种形式。

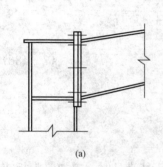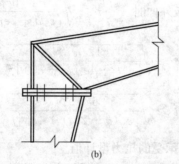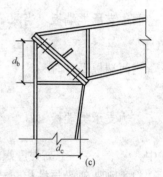

(a)　　　　　　　　　(b)　　　　　　　　　(c)

图 7-65　刚架横梁与柱的连接

端板连接应按所受最大内力设计。当内力较小时，应按能够承受不小于较小被连接截面承载力的一半设计。主刚架构件的连接应采用高强度螺栓，可采用承压型或摩擦型连接。当为端板连接且只受轴向力和弯矩，或剪力小于其抗滑移承载力（按抗滑移系数按 0.3 计算）时，端板表面可不作专门处理。吊车梁与制动梁的连接宜采用高强度螺栓摩擦型连接或焊接。吊车梁与刚架的连接螺栓孔宜采用长圆孔。檩条和墙梁与刚架斜梁和柱的连接通常采用M12 普通螺栓。端板连接螺栓应成对对称布置。在受拉翼缘和受压翼缘的内外两侧均应设置，并宜使每个翼缘的螺栓群中心与翼缘的中心重合或接近。为此，应采用将端板伸出截面高度范围以外的外伸式连接。当螺栓群间的力臂足够大（例如在端板斜置时）或受力较小时，也可采用将螺栓全部设在构件截面高度范围内的端板平齐式连接。螺栓中心至翼缘板表面的距离，应满足拧紧螺栓时的施工要求，不宜小于 35mm。螺栓端距不应小于 2 倍的螺栓孔径。在门式刚架中，受压翼缘的螺栓不宜少于两排。与斜梁端板连接的柱翼缘部分应与端板等厚度。端板的厚度应根据支承条件（见图 7-66）按下列公式计算，但不宜小于 16mm：

伸臂类端板
$$t \geqslant \sqrt{\frac{6e_f N_t}{bf}} \tag{7-48a}$$

无加劲肋类端板
$$t \geqslant \sqrt{\frac{3e_w N_t}{(0.5a + e_w)f}} \tag{7-48b}$$

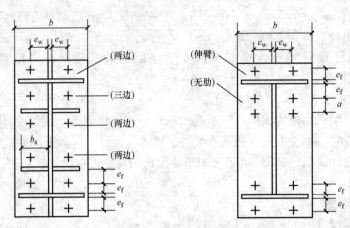

图 7-66 端板的支承条件

两边支承类端板，当两端板外伸时

$$t \geqslant \sqrt{\frac{6e_fe_wN_t}{[e_wb+2e_f(e_f+e_w)]f}} \tag{7-48c}$$

当两端板平齐时

$$t \geqslant \sqrt{\frac{12e_fe_wN_t}{[e_wb+4e_f(e_f+e_w)]f}} \tag{7-48d}$$

三边支承类端板

$$t \geqslant \sqrt{\frac{6e_fe_wN_t}{[e_w(b+2b_s)+4e_f^2]f}} \tag{7-48e}$$

式中　N_t——一个高强度螺栓承受的拉力设计值。

门式刚架斜梁与柱相交节点域，应按下式验算剪切强度，当不能满足时，应加厚腹板或设置斜加劲肋，即

$$\tau=\frac{M}{d_bd_ct_c}\leqslant f_v \tag{7-49}$$

式中　d_c、t_c——节点域柱腹板的宽度和厚度；

　　　d_b——框架梁端部高度或节点域高度；

　　　M——节点承受的弯矩，多跨刚架中间柱处应取两侧斜梁端弯矩的代数和或柱端弯矩。

门式刚架梁和柱的翼缘与端板的连接，应采用全熔透对接焊缝，腹板与端板的连接应采用角对接组合焊缝或与腹板等强的角焊缝。在端板螺栓处，应按下式验算腹板强度。当不满足要求时，可设置腹板加劲肋或局部加厚腹板，即

当 $N\leqslant0.4P$ 时，　　　　　$\sigma=0.4P/(e_wt_w)\leqslant f$ $\qquad$ (7-50)

当 $N>0.4P$ 时，　　　　　$\sigma=N_{t2}/(e_wt_w)\leqslant f$ $\qquad$ (7-51)

式中　N_{t2}——翼缘内第二排一个螺栓的拉力设计值；

　　　P——高强度螺栓的预拉力；

　　　e_w——螺栓中心至腹板表面的距离；

　　　t_w——腹板厚度。

2. 门式刚架框架梁拼接构造

图 7-67 所示为框架梁拼接，拼接构造要求和计算方法同框架梁与框架柱连接。斜梁拼

接时宜使端板与构件外边缘垂直。

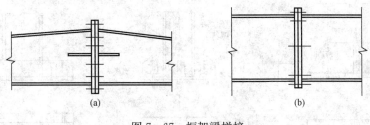

图 7-67 框架梁拼接

(a) 屋脊处拼接；(b) 非屋脊处拼接

3. 门式刚架框架梁与摇摆柱的连接构造

图 7-68 为框架梁与摇摆柱的连接，柱两端都为铰接。螺栓直径和布置由构造决定，不考虑受力。加劲肋设置应考虑有效的传递支承反力，按支承反力设计。

4. 门式刚架柱脚构造

门式刚架柱脚分有铰接柱脚和刚接柱脚两种。对于一般的门式刚架轻型钢结构厂房，常用平板式铰接柱脚。图 7-69 (a) 为采用两个锚栓的平板式铰接柱脚，锚栓布置在轴线上，当柱子绕轴 x-x 有微小转动时，锚栓不承受拉力，是一种比较理想的铰接构造。图 7-69 (b) 是采用四个锚栓的平板式铰接柱脚。由于锚栓力臂较小，且锚栓受力后底板易发生变形，当柱子绕主轴 x-x 转动时锚栓只能受很小的力，这种柱脚构造接近于铰接，常用于横向刚度要求较大的门式刚架。图 7-70 为用于摇摆柱的铰接柱脚构造。

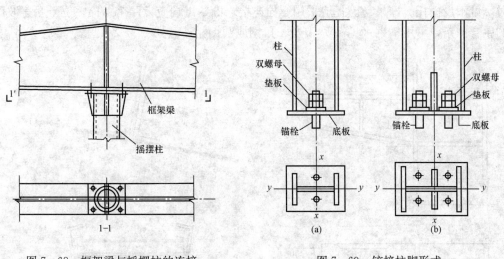

图 7-68 框架梁与摇摆柱的连接

图 7-69 铰接柱脚形式

刚接柱脚用于设置有桥式吊车的门式刚架或大跨度刚架。刚接柱脚的特点是能承受弯矩，因此至少有四个锚栓对称布置在轴线两侧，并保证对主轴 x-x 具有较大的距离。此外，柱脚还必须具有足够的刚度。图 7-71 (a) 为底板用加劲肋加强的刚接柱脚。图 7-71 (b) 为采用靴梁和加劲肋的刚接柱脚。埋入式柱脚也可用于设置有桥式吊车的门式刚架或大跨度刚架。

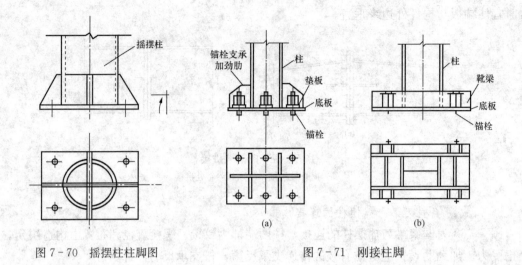

图 7-70　摇摆柱柱脚图　　　　　　　　图 7-71　刚接柱脚

5. 牛腿设计

牛腿的构造见图 7-72。柱为焊接工字钢截面，可为等截面或变截面柱。牛腿板件尺寸与柱截面尺寸相协调，牛腿各部分焊缝由计算确定。牛腿上翼缘、下翼缘与柱的连接可以采用焊透的 V 形对接焊缝，也可采用角焊缝。角焊缝焊脚尺寸由牛腿翼缘传来的水平力 $F=M/H$ 确定。牛腿腹板与柱的连接采用角焊缝。角焊缝焊脚尺寸由剪力 V 确定。

6. 檩托

檩条与刚架斜梁上翼缘的连接处应设置檩托（见图 7-73），当支承处 Z 形檩条叠置搭接时，可不设檩托。檩条与檩托应采用螺栓连接，檩条每端应设两个螺栓。位于屋盖坡面顶部的屋脊檩条，可用槽钢（见图 7-74）、角钢或圆钢相连。

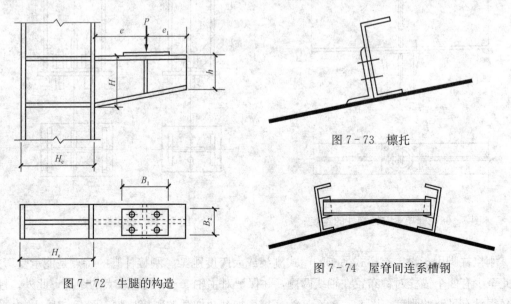

图 7-73　檩托

图 7-72　牛腿的构造　　　　　　　　图 7-74　屋脊间连系槽钢

【例 7-4】　某单跨门式刚架如图 7-75（a）所示，柱为焊接工字形截面楔形柱，梁为等截面焊接工字形截面梁，翼缘板为火焰切割边。柱脚铰接，梁截面和柱的大头截面如图 7-75（b）

所示，柱小头截面如图 7 - 75 （c） 所示。柱大头截面的内力为：$M_1 = 73\text{kN} \cdot \text{m}$，$N_1 = 62.5\text{kN}$，$V_1 = 28\text{kN}$；柱小头截面的内力为：$N_0 = 89\text{kN}$，$V_0 = 43\text{kN}$。钢材为 Q235B。在刚架平面外设置单层柱间支撑，侧向支承点位于柱顶和柱底。试验算刚架柱的强度及整体稳定性是否满足设计要求。

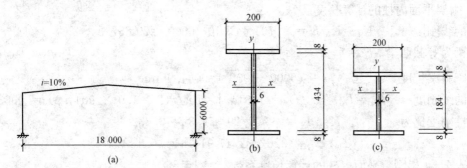

图 7 - 75　单跨门式刚架

解　（1）楔形柱截面的几何参数

$A_1 = 5700\text{mm}^2$，$I_{x1} = 1.7914 \times 10^8 \text{mm}^4$，$I_{y1} = 1.0659 \times 10^7 \text{mm}^4$，$W_{x1} = 8.743 \times 10^5 \text{mm}^3$，$i_{x1} = 184\text{mm}$，$i_{y1} = 42.8\text{mm}$；$A_0 = 4305\text{mm}^2$，$I_{x0} = 3.2623 \times 10^7 \text{mm}^4$，$I_{y0} = 1.0672 \times 10^7 \text{mm}^4$，$W_{x0} = 3.262 \times 10^5 \text{mm}^3$，$W_{y0} = 1.064 \times 10^5 \text{mm}^3$，$i_{x0} = 85\text{mm}$，$i_{y0} = 49.2\text{mm}$

（2）腹板有效截面计算。

1）大头腹板边缘的最大正应力

$$\sigma_1 = \frac{My}{I_{x1}} + \frac{N}{A_1} = \frac{73 \times 10^6 \times 217}{1.7914 \times 10^8} + \frac{62.5 \times 10^3}{5700}$$

$$= 88.4 + 10.96 = 99.36\text{N/mm}^2 < f = 215\text{N/mm}^2$$

$$\sigma_2 = -88.4 + 10.96 = -77.44\text{N/mm}^2$$

腹板边缘的正应力比值

$$\beta = \sigma_2 / \sigma_1 = -77.44/99.36 = -0.779 < 0$$

腹板部分受压

$$k_\sigma = \frac{16}{\sqrt{(1+\beta)^2 + 0.112(1-\beta)^2} + (1+\beta)}$$

$$= \frac{16}{\sqrt{(1-0.779)^2 + 0.112 \times (1+0.779)^2} + (1-0.779)} = 18.69$$

$\sigma_1 < f$，用 $\gamma_R \sigma_1$ 代替式 （7 - 15） 中的 f_y，则

$$\lambda_p = \frac{h_w/t_w}{28.1 \sqrt{k_\sigma} \sqrt{235/(\gamma_R \sigma_1)}} = \frac{434/6}{28.1\sqrt{18.6 \times 235/(1.1 \times 99.36)}} = 0.277 < 0.8$$

$\rho = 1$，楔形刚架柱大头全截面有效。

2）小头腹板边缘的压应力，柱小头无弯矩作用

$$\sigma_0 = \frac{89 \times 10^3}{4305} = 20.67\text{N/mm}^2 < f = 215\text{N/mm}^2，\quad \beta = 1，\quad k_\sigma = \frac{16}{\sqrt{2^2} + 2} = 4$$

$$\lambda_p = \frac{184/6}{28.1\sqrt{4\times235/(1.1\times20.67)}} = 0.17 < 0.8$$

$\rho = 1$，楔形刚架柱小头全截面有效。

（3）楔形柱的计算长度。

1）刚架平面内柱的计算长度。

柱的线刚度 $K_1 = I_{c1}/h = 1.79144\times10^8/6000 = 29857.3$

斜梁为等截面梁，$\psi = 1$

半跨斜梁长度 $s = \sqrt{9000^2+900^2} = 9044.9\text{mm}$

梁的线刚度 $K_2 = I_{b0}/(2\psi s) = 17914.4\times10^4/(2\times1.0\times9044.9) = 9903$

梁柱刚度比为 $K_2/K_1 = 9903/29857.3 = 0.332$

$$I_{c0}/I_{c1} = 3262.32/17914.4 = 0.182$$

查表 7-4 得刚架平面内柱的计算长度系数 $\mu_r = 1.185$

刚架平面内柱的计算长度为 $l_{0x} = \mu_r h = 1.185\times6000 = 7110\text{mm}$

2）刚架平面外柱的计算长度。设置单层柱间支撑 $l_{0y} = 6000\text{mm}$。

（4）刚架柱的强度计算。

1）楔形柱大头强度计算。承受弯矩、剪力和轴线压力共同作用，柱腹板上不设加劲肋，屈曲系数 $k_\tau = 5.34$，则

$$\lambda_w = \frac{h_0/t_w}{37\sqrt{k_\tau}\sqrt{235/f_y}} = \frac{434/6}{37\sqrt{5.34}} = 0.846 > 0.8$$

$$f'_v = [1-0.64(\lambda_w-0.8)]f_v = [1-0.64\times(0.846-0.8)]\times125 = 121.32\text{N/mm}^2$$

$$V_d = h_0 t_w f'_v = 434\times6\times121.32\times10^{-3} = 315.9\text{kN}$$

$$V_{max} = 28 < 0.5V_d = 158.0\text{kN}$$

$$M_e^N = M_e - NW_e/A_e = (8.743\times10^5\times215-62.5\times10^3\times8.743\times10^5/5700)\times10^{-6}$$
$$= 178.39 > M_1 = 73\text{kN}\cdot\text{m}$$

满足强度要求。

2）楔形柱小头强度计算。承受剪力和轴线压力共同作用

正应力 $\sigma_0 = 20.67 < f = 215\text{N/mm}^2$

剪应力 $\tau_{max} = \frac{V_0 S}{I_{x0}t_w} = \frac{43\times10^3\times(200\times8\times96+92\times6\times46)}{3.2623\times10^7\times6}$

$$= 39.3 < f_v = 125\text{N/mm}^2$$

满足强度要求

（5）刚架柱的整体稳定性验算。

1）刚架平面内的整体稳定性验算

$\lambda_x = l_{0x}/i_{x0} = 7110/85 = 83.65$，截面关于 x 轴类别为 b 类，查附表 2-2b 得，$\varphi_{xy} = 0.663$

$$N'_{Ex0} = \frac{\pi^2 EA_{e0}}{1.1\lambda^2} = \frac{\pi^2\times2.06\times10^5\times4305}{1.1\times83.65^2} = 1137100\text{N} = 1137.1\text{kN}$$

刚架可发生侧移，$\beta_{mx} = 1.0$，由式（7-22）

$$\frac{N_0}{\varphi_{xy}A_{e0}} + \frac{\beta_{mx}M_1}{W_{el}\left(1 - \varphi_{xy}\dfrac{N_0}{N'_{Ex0}}\right)} = \frac{89 \times 10^3}{0.663 \times 4305} + \frac{1 \times 73 \times 10^6}{8.743 \times 10^5 \times \left(1 - 0.663\dfrac{89}{1137.1}\right)}$$

$$= 119.2 < f = 215\text{N/mm}^2$$

满足要求。

2) 刚架平面外的整体稳定性验算

$$\lambda_y = l_{0y}/i_{y0} = 6000/49.2 = 121$$

截面关于 y 轴类别为 b 类，查附表 2—2b 得，$\varphi_y = 0.432$

柱的楔率 $\qquad \gamma = (d_1/d_0) - 1 = (450/200) - 1 = 1.25$

$$\mu_s = 1 + 0.023\,\gamma\sqrt{lh_0/A_f} = 1 + 0.023 \times 1.25\sqrt{(6000 \times 200)/(200 \times 8)} = 1.79$$

$$\lambda_{y0} = \mu_s l/i_{y0} = (1.79 \times 6000)/49.2 = 218.0$$

$$\mu_w = 1 + 0.003\,85\,\gamma\sqrt{l/i_{y0}} = 1 + 0.003\,85 \times 1.25\sqrt{6000/49.2} = 1.05$$

$$\varphi_{by} = \frac{4320}{\lambda_{y0}^2} \cdot \frac{A_0 h_0}{W_{x0}}\sqrt{\left(\frac{\mu_s}{\mu_s}\right)^4 + \left(\frac{\lambda_{y0}t_0}{4.4h_0}\right)^2} \cdot \left(\frac{235}{f_y}\right)$$

$$= \frac{4320}{218.0^2} \cdot \frac{4305 \times 200}{3.262 \times 10^5}\sqrt{\left(\frac{1.79}{1.05}\right)^4 + \left(\frac{218.0 \times 8}{4.4 \times 200}\right)^2} \cdot \left(\frac{235}{235}\right) = 0.844 > 0.6$$

$$\varphi'_b = 1.07 - 0.282/0.844 = 0.736$$

等效弯矩系数

$$\beta_t = 1 - N_0/N'_{Ex0} + 0.75(N_0/N'_{Ex0})^2 = 1 - (89/1137.1) + 0.75 \times (89/1137.1)^2 = 0.926$$

$$\frac{N_0}{\varphi_y A_{e0}} + \frac{\beta_t M_1}{\varphi_{by}W_{el}} = \frac{89 \times 10^3}{0.432 \times 4305} + \frac{0.926 \times 73 \times 10^6}{0.736 \times 8.743 \times 10^5} = 152.9 < f = 215\text{N/mm}^2$$

满足要求。

思 考 题

1. 单层厂房钢结构主要由哪些构件组成？分析各种荷载的传力路径。

2. 单层厂房结构为什么要设置支撑体系？柱、屋盖的支撑有哪几种类型？各种支撑的作用是什么？如何布置？

3. 刚性系杆与柔性系杆有何区别？

4. 三角形、梯形、平行弦桁架各有何特点？各适用于何种情况？

5. 桁架杆件的计算长度在桁架平面内与平面外及斜平面是如何确定的？如何取值？

6. 双角钢组合 T 形截面中的等肢角钢相并、不等肢角钢短肢相并和不等肢角钢长肢相并截面各适用于何种情况？

7. 桁架中哪些杆件在什么情况下受力可能变号？

8. 桁架上弦有节间荷载时，上弦的内力应如何计算？

9. 桁架上弦杆有节间荷载采用 T 形截面时，进行强度和整体稳定性计算的弯矩如何取值？

10. 桁架的节点设计有哪些基本要求？

11. 节点板的厚度应如何确定？

12. 什么情况下桁架节点可按铰接进行计算？什么情况下桁架节点应按刚接进行计算？

13. 桁架内力分析有哪些方法？

14. 门式刚架房屋钢结构有哪些特点？门式刚架有哪些主要的结构形式？

15. 如何确定门式刚架的计算跨度和檐口的计算高度？

16. 变截面门式刚架的内力计算常采用什么方法进行分析？

17. 门式刚架斜梁与框架柱的连接常用哪些形式？各有什么特点？连接构造有哪些要求？如何计算？

18. 厂房柱有哪些类型？它们的应用范围如何？

19. 门式刚架轻型钢结构厂房中的隅撑有什么作用？应设置在什么地方？为什么？

20. 墙架体系由哪些构件组成？作用是什么？

21. 桁架施工图应表示哪些主要内容？

习 题

7-1 某厂房长度为 90m，柱距 6m，厂房结构跨度分为 24、27、30、33、36m 五种情况。采用梯形钢屋架，杆件可采用角钢组合截面、矩形或圆形钢管截面。屋架简支承于钢柱顶，钢柱顶板平面尺寸 350mm×300mm。屋面坡度分为 $i=1/8$、1/10、1/12 共 3 种情况。屋面可分别采用 1.5m×6m 的预应力钢筋混凝土大型屋面板和压型钢板轻型屋面两种做法。钢屋架荷载标准值见表 7-9。要求在设计参数中选择 1 种情况进行钢屋架设计，具体内容包括：选择钢屋架的材料；设计屋架尺寸及腹杆布置；屋盖支撑布置；屋架杆件内力计算和杆件设计；设计节点；绘制屋架施工图及材料表。

表 7-9　　　　　　　　　　　　　　钢屋架荷载标准值

荷载类型		序号	荷载名称	荷载标准值（N/m²）
永久荷载	混凝土屋面板	1	预应力钢筋混凝土屋面板（包括嵌缝）	1400
		2	二毡三油加绿豆沙	400
		3	找平层 2cm 厚	400
		4	保温层	1000
		5	支撑重量	70
	轻钢屋面	1	彩色钢板聚苯乙烯夹心板自重（斜面）	150
		2	檩条、支撑和屋架自重	300
可变荷载	混凝土屋面板	1	活载	700
		2	活载＋积灰荷载	1500
	轻钢屋面	1	雪荷载	400
		2	屋面活荷载	300

7-2 某门式刚架简图如图 7-76 所示，跨度 l 分为 15、18、21、24、27、30、36m 七种情况，屋面坡度分为 $i=1/8$、1/10、1/12、1/15、1/18、1/20 六种情况，刚架间距分为 6、8、9m（中至中）三种情况，钢材分为 Q235B、Q345、Q390 三种情况。刚架采用焊接工字形截面，屋面和墙面采用彩色钢板聚苯乙烯夹心板，檩条和墙梁采用冷弯薄壁型钢，檩

条间距（水平）1.5～3.6m。刚架柱与斜梁可采用等截面构件或变截面构件。门式刚架的荷载标准值见表 7-10，风荷载体型系数 μ_s 如图 7-77 所示，计算中不考虑高度变化系数。要求在设计参数中选择一种情况进行门式刚架结构设计，具体内容包括：应完成计算书一份（内容包括荷载计算、刚架内力分析及组合、刚架梁和柱及节点设计）；绘制梁和柱的施工图及材料表。可按弹性或塑性设计理论进行设计。内力分析时荷载组合宜考虑永久荷载＋雪荷载、永久荷载＋风荷载、永久荷载＋0.85（雪荷载＋风荷载）几种情况。

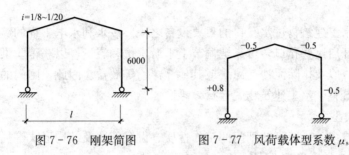

图 7-76 刚架简图   图 7-77 风荷载体型系数 μ_s

表 7-10   荷载标准值

荷载类型	序号	荷载名称	荷载标准值（N/m²）
永久荷载	1	彩色钢板聚苯乙烯夹心板自重（斜面）	150
	2	檩条、支撑和刚架梁自重（假设为）	200
	3	墙板、墙梁和刚架柱自重（以每平方米墙面计，假设为）	250
可变荷载	1	风荷载：基本风压	350
	2	雪荷载	400
	3	屋面活荷载	300

注 未注明者为水平投影面。

第八章 平面钢闸门

第一节 概　　述

闸门是启闭水工建筑物过水孔口的重要设备之一。按水利水电工程的综合利用需要，它能够全部或局部开启这些孔口，可靠地调节上下游水位和流量，以获得防洪、灌溉、引水发电、通航、过木，以及排除泥沙、冰块或其他漂浮物等效益。因此，闸门的安全和适用，在很大程度上影响着整个水工建筑物的运行效果。

一、闸门的类型

闸门的类型较多，一般可按闸门的工作性质、设置部位及结构形式等加以分类。

1. 按闸门的工作性质分类

（1）工作闸门。指承担主要工作并能在动水中启闭的闸门。

（2）事故闸门。指当闸门的上、下游水道或其设备发生事故时，能在动水中关闭的闸门，当需要快速关闭时，也称为快速闸门。这种闸门宜在静水中开启。

（3）检修闸门。指供工作闸门或水工建筑物的某一部位或设备需要检修时，用以挡水的闸门。这种闸门宜在静水中启闭。

（4）施工导流闸门。指供截堵经历数年施工期过水孔口用的闸门，一般在动水中关闭。

2. 按闸门设置的部位分类

（1）露顶式闸门。设置在开敞式泄水孔口，当闸门关闭孔口挡水时，其门叶顶部高于挡水水位，并需设置三边（两侧和底缘）止水。

（2）潜孔式闸门。设置在潜没式泄水孔口，当闸门关闭孔口挡水时，其门叶顶部低于挡水水位，需要设置顶部、两侧和底缘四边止水。

为满足工程泄洪排沙或放空水库等需要，可在水工建筑物（如大坝）不同高程设置泄水孔口和闸门。因此，钢闸门按其所处的位置，又可分为表孔闸门、中孔闸门和深孔闸门。在水闸中，因水位差不大，一般均为表孔闸门，其中包括露顶闸门和布置在钢筋混凝土胸墙下的闸门。

3. 按闸门的结构形式和构造特征分类

（1）平面形钢闸门。指挡水面板形状为平面的一类闸门。根据门叶结构的运移方式又可分为直升式平面闸门、横拉式平面闸门（船闸中采用）、升卧式平面闸门；绕竖轴转动的平面闸门（如船闸中的人字门和一字门）及绕横轴转动的平面闸门（如翻板闸门、舌瓣闸门及盖板闸门）等。本章主要讲述直升式平面钢闸门。

（2）弧形钢闸门。指挡水面板形状为弧形的一类钢闸门，又可分为绕横轴转动的弧形闸门（如正向弧形闸门、反向弧形闸门及下沉式弧形闸门）和绕竖轴转动的立轴式弧形闸门（如船闸中的三角门）等。

其中直升式平面钢闸门、弧形钢闸门（绕横轴转动）及人字闸门是水工建筑物和船闸中最常用的几种闸门形式。

二、闸门形式和孔口尺寸

闸门形式的选择，应根据下列因素综合考虑确定：①水利枢纽对闸门运行的要求；②闸门在水工建筑物中的位置、孔口尺寸、上下游水位和操作水头；③泥沙和漂浮物的情况；④启闭机形式、启闭力和脱钩方式；⑤制造、运输、安装、维修和材料供应等条件；⑥技术经济指标等。

闸门的孔口尺寸主要取决于过闸流量，但同时与闸门承受的总水压力、运行条件，以及闸门和启闭机的制造安装水平等密切有关。就闸门本身而言，水头高时，多采用宽高比小的孔口；水头低时，孔口选用宽高比可稍大些。一般说来，单扇门叶所承受的总水压力表征闸门的综合尺度，反映了闸门材料、设计、制造和安装等技术水平。

三、闸门结构设计的基本要求

《水利水电工程钢闸门设计规范》（SL 74—2013）规定钢闸门结构采用容许应力法进行结构验算。闸门结构本身是一个比较复杂的，由板、梁、杆等组合而成的空间结构体系，可以使用计算机和结构优化方法进行闸门选型和结构设计。但在工程设计中，我国目前普遍采用的仍是根据平面体系假定的设计方法。这种方法简单，而且对于中小型闸门按平面体系与按空间体系设计其实际状况与经济效果相差不大。本章按照平面体系假定和容许应力方法进行介绍。

设计闸门时，应根据具体情况分别具备下列有关资料：①水利枢纽的功用和水工建筑物的布置；②闸门的孔口尺寸和运用条件；③水文、泥沙、水质、漂浮物和气象方面的情况；④有关闸门的材料、制造、运输和安装等方面的条件；⑤地质、地震和其他特殊要求等。

进行闸门的结构设计，除掌握上述必要的资料和设计方法之外，还应熟悉闸门的结构组成和荷载在闸门结构上的传递路径，从而对闸门结构进行合理的布置和选型。以使所设计的闸门达到技术先进、经济合理和运行安全的要求。

第二节 平面钢闸门的组成和结构布置

一、平面钢闸门的组成

平面钢闸门是由活动的门叶结构、埋固构件和启闭机械三部分组成。

（一）门叶结构的组成

门叶结构是用来封闭和开启孔口的活动挡水结构。由承重结构、行走支承及止水和吊具等组成。图 8-1 和图 8-2 分别为平面钢闸门门叶结构立体示意图和门叶结构总图。

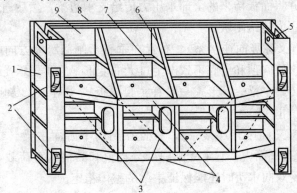

图 8-1 平面钢闸门门叶结构立体示意图

1—边梁；2—主轮；3—纵向连接系；4—主梁；5—吊耳；6—横向隔板；7—水平次梁；8—顶梁；9—面板

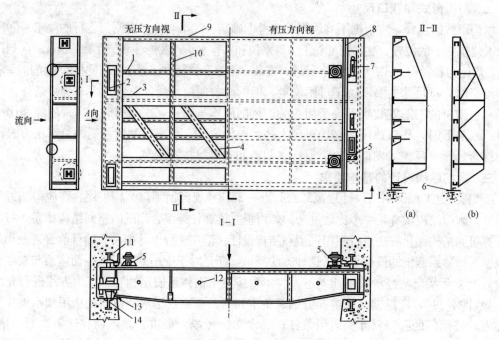

图 8-2　平面钢闸门门叶结构总图

(a) 横向隔板；(b) 横向桁架

1—水平次梁；2—主轮；3—主梁；4—纵向连接系；5—侧轮；6—底止水；7—反轮；8—侧止水；9—顶梁；
10—横向连接系（横向隔板）；11—反轮轨道；12—排水孔；13—棱角加固角钢；14—主轮轨道

1. 平面钢闸门的承重结构

平面钢闸门的承重结构，一般由以下各部分组成：

（1）面板。用来挡水，直接承受水压并传给梁格。面板通常设在闸门上游面，这样可以避免梁格和行走支承浸没于水中而聚积污物，也可以减少因门底过水产生的振动。仅对静水启闭的闸门或当启闭闸门时门底流速较小的闸门，为了设置止水的方便，面板可设在闸门的下游面。

（2）梁格。由互相正交的梁系（顶梁、底梁、水平次梁、竖立次梁、主梁及边梁等）所组成，用来支承面板并将面板传来的全部水压力传给支承边梁，然后通过设置在边梁上的行走支承把闸门上的水压力传给闸墩。

（3）横向连接系（又称竖向连接系）。布置在垂直于闸门跨度方向的竖直平面内，以保证闸门横截面的刚度，使门顶和门底不致产生过大的变形。它主要承受由顶梁、底梁和水平次梁传来的水压力并传给主梁。其形式一般有实腹隔板式［图 8-2 剖面Ⅱ-Ⅱ (a)］和桁架式［图 8-2 剖面Ⅱ-Ⅱ (b)］。

（4）纵向连接系（又称门背连接系）。布置在闸门下游面主梁（或主桁架）的下翼缘（或下弦杆）之间的竖直平面内，它承受闸门部分自重和其他垂直荷载，并增强闸门纵向竖平面的刚度；当闸门受双向水头时还能保证主梁的整体稳定。

2. 行走支承

平面闸门的行走支承（又称支承移动部件）是直接影响闸门安全运行的重要部件。设计时既要保证能将闸门所受的全部水平荷载安全传递给闸墩，又要保证闸门能沿门槽上下顺利移动，并减少移动时的摩擦阻力。行走支承部分包括主行走支承（主轮或主滑块）、侧向支承（侧轮）及反向支承（反轮）装置三部分。安装在闸门边梁上的主行走支承承受闸门全部水平荷载，并通过主轨道将荷载传递到混凝土闸墩中。侧向和反向支承则用以防止闸门沿门槽上下移动时，发生前后碰撞及歪斜和卡阻等故障。

3. 止水

为了防止闸门漏水，在门叶结构与孔口周围之间的所有缝隙里需要设置止水（也称水封）。最常用的止水是固定在门叶结构上的定型橡皮止水。

4. 吊具

吊具是用来连接启闭机的牵引构件。一般有柔性钢索、劲性拉杆和劲性压杆等。吊具与设在门叶上的吊耳相连接。吊耳位于门叶结构的吊点上，承受着闸门的全部启闭力，直接影响闸门的安全运行，故吊耳虽小，仍需充分重视。

（二）埋固构件

平面闸门的埋设部件一般包括：①主轮或主滑块的轨道，简称主轨；②侧轮和反轮的轨道，简称侧轨和反轨；③止水埋件，其中，顶止水的埋件称为门楣，底止水的埋件称为底槛；④门槽护角、护面和底槛，其作用是保护混凝土不受漂浮物的撞击、泥沙磨损和气蚀剥落。其中，门槽护角常可兼作侧轨和侧止水的埋件。

由上述的结构组成可以知道，在挡水时闸门所承受的水压力是沿着下列路径传递到闸墩上去的，即

熟悉闸门结构的传力路径，有助于掌握各种构件的受力情况和正确确定各承重构件的计算简图。

（三）闸门的启闭机械

常用的闸门启闭机械有卷扬式、螺杆式和液压式三种。它们又可分为固定式和移动式两类。选择启闭机械形式时，应综合考虑闸门的形式、尺寸和启闭力，以及孔口数量和运行条件等因素。对于如何具体选用闸门启闭机械的问题，可参考有关资料，本章不予叙述。

二、平面钢闸门的结构布置

平面钢闸门结构布置的主要内容是：确定闸门上需要设置的构件，每种构件需要的数目及确定每个构件所在的位置等。结构布置是否合理，直接牵涉到能否使闸门达到使用方便、安全耐久、节约材料、构造简单和便于制造等方面的要求。设计时必须统筹考虑，全面安排，并进行必要的方案比较。

（一）主梁的布置

1. 主梁的数目

主梁是闸门的主要承重构件，它的数目取决于闸门的尺寸和水头的大小。平面钢闸门按

主梁数目可分为双主梁式和多主梁式。当闸门的跨度 L 比门高 H 大时，宜采用双主梁；而当闸门的高度比跨度大时，则宜采用多主梁。这两种形式的适用范围并无绝对的界限，建议当 $L > 1.2H$ 时采用双主梁。双主梁式闸门结构简单，受力明确，制造和安装也比较省工。在大跨度的露顶式闸门中常采用双主梁式。

2. 主梁的位置

对主梁间距的布置应考虑下列因素：

(1) 主梁宜按等荷载要求布置，这样每根主梁所需的截面尺寸相同，便于制造。

(2) 主梁间距应适应制造、运输和安装的条件。

(3) 主梁间距应满足行走支承布置的要求。

(4) 底主梁到底止水的距离应符合底缘布置的要求。对于实腹式主梁的工作闸门和事故闸门，一般应使底主梁的下翼缘到底止水边缘连线的倾角不应小于 $30°$，以免启门时水流冲击底主梁和在底主梁下方产生负压，而导致闸门振动。当闸门支承在非水平底槛上时，其夹角可适当增减，当不能满足 $30°$ 要求时，应对门底部采取补气措施。对于部分利用水柱的平面闸门，其上游倾角不应小于 $45°$，宜采用 $60°$，如图 8-3 所示。

双主梁式闸门的主梁（见图 8-4）位置应对称于静水压力合力 P 的作用线，在满足上述底缘布置要求的前提下，两主梁的间距 b 值宜尽量放大些，并注意上主梁到门顶的距离 c 不宜太大，一般不超过 $0.45H$，且不宜大于 3.6m，以减小竖向连接系的上悬臂高度，并保证其有足够的刚度。

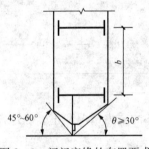

图 8-3 闸门底缘的布置要求

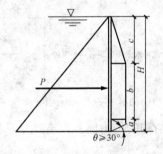

图 8-4 双主梁闸门的主梁布置图

多主梁式闸门的主梁位置，可根据各主梁等荷载的原则来确定。等荷载方法就是将面板上所承受的水压力图形（三角形或梯形）按主梁的数目 n 分成面积相等的几等分，然后，将主梁布置在各等分面积的形心处，具体做法有图解法和数解法两种。下面按数解法进行计算。

假定水面至门底的距离为 H，主梁的数目为 n，第 k（$k=1, 2, \cdots, n$）根主梁至水面的距离为 y_k，对于露顶闸门〔见图 8-5（a）〕有

$$y_k = \frac{2H}{3\sqrt{n}} \left[k^{1.5} - (k-1)^{1.5} \right] \tag{8-1}$$

对于潜孔闸门〔见图 8-5（b）〕有

$$y_k = \frac{2H}{3\sqrt{n+m}} \left[(k+m)^{1.5} - (k+m-1)^{1.5} \right] \tag{8-2}$$

$$m = \frac{na^2}{H^2 - a^2}$$

式中　a——水面至门顶止水的距离。

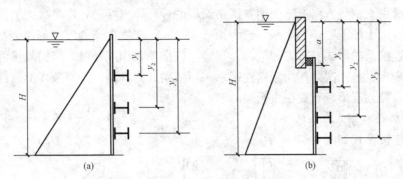

图 8-5　主梁位置
(a) 露顶闸门；(b) 潜孔闸门

在实际工程中，由于考虑其他因素，主梁的位置在按上述等荷载原则确定后，常需稍加调整，以致各主梁的荷载就不一定完全相等。当差别不大时，一般仍可按等荷载设计，各主梁截面取决于其中荷载最大者；当荷载相差较大时，则需分别进行设计。

（二）梁格的布置形式

梁格的布置应考虑钢面板厚度的经济合理性和梁格制造省工等要求，尽量使面板各区格的计算厚度接近相等，并使面板与梁格的总用钢量最少。根据闸门跨度的大小，可以将闸门梁格的布置分为以下三种形式。

（1）简式梁格〔见图8-6（a）〕。在主梁之间不设次梁，面板直接支承在主梁上，面板上的水压力直接通过主梁传给两侧的边梁。简式梁格制造省工，传力简捷，但主梁间距较大时需要较厚的面板，故仅适用于跨度较小而门高较大的闸门。

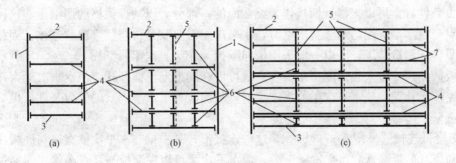

图 8-6　梁格布置图
(a) 简式；(b) 普通式；(c) 复式
1—边梁；2—顶梁；3—底梁；4—主梁；5—横向连接系；6—竖直次梁；7—水平次梁

（2）普通式梁格〔见图8-6（b）〕。当闸门的跨度较大时，主梁间距将随之增大。为了减小面板厚度，可在主梁之间布置竖直次梁，来增加对面板的支承，这时闸门面板所受的水压力，将先通过次梁传给主梁，然后传给支承边梁。

（3）复式梁格〔见图8-6（c）〕。当主梁的跨度和间距更大时，为了使面板仍能保持经济合理的厚度，宜在竖直次梁之间再设置水平次梁。这种复式梁格适用于跨度较大的露顶闸门。

为了充分利用钢面板的强度，梁格布置时宜采用面板区格的长短边之比大于 1.5，并将长边布置在沿主梁轴线方向上。为使各区格面板的计算厚度接近，水平次梁的间距应随水压力的变化布置成上疏下密，其间距一般为 40~120cm。竖立次梁通常按等间距布置，并需与主梁和竖向连接系的形式和布置相配合。当竖向连接系采用隔板时，竖向隔板可兼作竖立次梁，通常不需再设竖立次梁。当竖向连接系采用桁架式时，竖立次梁兼作上弦杆。当主梁采用桁架式时，竖立次梁应布置在主桁架的节点上。

（三）梁格连接形式

梁格的连接形式如图 8-7 所示。

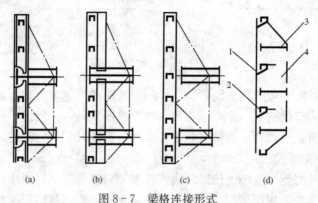

图 8-7　梁格连接形式
（a）齐平连接；（b）降低连接；（c）层叠连接；（d）实腹隔板式齐平连接
1—开孔；2—水平次梁；3—主梁；4—横向隔板

（1）齐平连接［见图 8-7（a）］。水平次梁、竖直次梁与主梁的上翼缘表面齐平，都直接与面板相连，也称为等高连接。其优点是：梁格与面板形成刚强的整体，面板为四边简支，受力条件好；可以把部分面板作为梁截面的一部分，以减少梁格的用钢量。这种连接形式的缺点是：水平次梁遇到竖直次梁时，水平次梁需要断开再与竖直次梁连接。因此，构件多，接头多，制造费工。所以一般采用横向隔板兼作竖直次梁，如图 8-7（d）所示。由于横向隔板截面尺寸较大且强度富裕较多，故可以在隔板上预留开孔，使水平次梁直接从孔中穿过并连接于孔壁，使水平次梁称为连续梁，从而改善了水平次梁的受力条件，也简化了接头的构造。

（2）降低连接［见图 8-7（b）］。这种连接形式是主梁与水平次梁直接与面板相连，竖直次梁则离开面板降低到水平次梁下游，使水平次梁可以在面板与竖直次梁之间穿过而成为连续梁。此时面板为两边简支，面板和水平次梁都可以看作为主梁截面的一部分，参加主梁的整体抗弯。

（3）层叠连接［见图 8-7（c）］。这种连接形式是水平次梁与竖直次梁直接与面板相连，主梁放在竖直次梁后面。它的优点是面板四边简支在梁系上，受力条件好。更主要的是改善了竖直次梁的受力条件，使它成为连续梁，而且简化了它与主梁的连接构造。但是，由于重要受力构件主梁没有与面板直接相连，使得闸门的整体刚度和抗振性能都有所削弱；同时，这种层叠连接还增加了闸门的总厚度，从而也要相应加大门槽宽度和边梁的尺寸。因此这种连接形式在平面闸门中很少采用。

综上所述，平面闸门一般宜采用齐平连接。

（四）边梁的布置

边梁的截面形式有单腹式和双腹式两种，如图 8-8 所示。

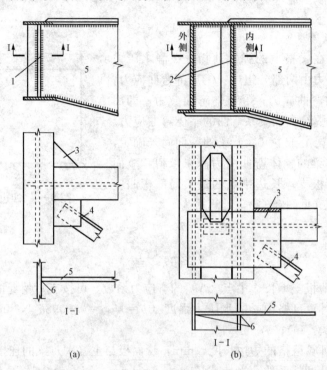

图 8-8　边梁的截面形式及连接构造

（a）单腹板边梁的节点连接　（b）双腹板边梁的节点连接

1—单腹板边梁；2—双腹板边梁；3—扩大节点板；4—纵向连接系斜杆；

5—主梁腹板；6—K 形坡口焊缝

单腹式边梁构造简单，便于与主梁相连接，但抗扭刚度差，这对于闸门因弯曲变形、温度胀缩及其他力作用而在边梁中产生扭矩的情况是不利的。单腹式边梁主要适用于滑道式支承的闸门，对于悬臂轮式的小型定轮闸门也可以采用单腹式边梁，但必须在边梁腹板内侧的两主梁之间增加一道轮轴支承板。

双腹式边梁的抗扭刚度大，也便于设置滚轮和吊轴，但构造复杂且用钢量较多，截面内部的焊接也较困难。双腹式边梁广泛用于定轮闸门中。

第三节　平面钢闸门的结构设计

一、钢面板的设计

对于四边固定的面板（见图 8-9），根据理论分析和试验研究可知，在均布荷载作用下最大弯矩发生在面板支承长边的中点 A 处。但是当该点的应力达到所用钢材的屈服点 f_y 时，面板的承载能力还远远没有耗尽，随着荷载的增加，支承边上其他各点的弯矩都随之增加，而使面板上、下游面逐步达到屈服点。此时，面板仍然能够承受继续增大的荷载。试验表明，当荷载增加到设计荷载的 3.5～4.5 倍时，面板跨中部分才进入弹塑性阶段。这说明钢面板在使用过程中有很大的强度储备。因此，在强度计算中，容许面板在高峰应力附近的局部小范围进入弹塑性阶段工作，故将面板的容许应力 $[\sigma]$ 乘以大于 1 的弹塑性调整系数 α 予以提高。

（一）初选面板厚度 t

钢面板是支承在梁格上的弹性薄板，在静水压力作用下，面板的应力由两部分组成：①局部弯曲应力，即矩形薄板本身的弯曲应力；②整体弯曲应力，即面板兼作主（次）梁翼缘参加梁系弯曲的整体弯曲应力。初选面板厚度 t 时，由于主（次）梁的截面尚未确定，面板参加主（次）梁的整体弯曲应力尚未求得，故面板的厚度可先按面板支承长边中点的最大局部弯曲应力强度条件来计算（见图 8-9），计算式为

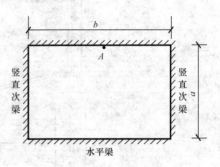

图 8-9　四边固定支承面板

$$\sigma_{\max} = kpa^2/t^2 \leqslant \alpha[\sigma] \tag{8-3}$$

$$t \geqslant a\sqrt{\frac{kp}{\alpha[\sigma]}}$$

式中　k——弹性薄板支承长边中点（A）的弯应力系数，可按支承情况由附录四查得；

$\quad\quad\;\; p$——面板计算区格中心的水压力强度（$p = rhg = 0.0098h$ N/mm²，h 为区格中心的水头，m）；

$\quad\quad\;\; a$——面板计算区格的短边长度，mm，从面板与主（次）梁的连接焊缝算起；

$\quad\quad\;\; \alpha$——弹塑性调整系数，当 $b/a \leqslant 3$ 时，$\alpha = 1.5$，当 $b/a > 3$ 时，$\alpha = 1.4$，b 为面板计算区格的长边长度，mm；

$\quad\;[\sigma]$——钢材的抗弯容许应力，N/mm²，见表 1-8。

面板的支承情况实际上为双向连续板，根据试验研究，面板的中间区格在水压力作用下，因其在各支承边上的倾角都接近于零，为简化计算，故可当作四边固定板计算。对于顶底梁截面比较小的边部区格，因面板在刚度较小的顶梁和底梁处会产生较大倾角，接近于简支边，故可当作三边固定另一边简支的矩形板计算。

钢面板厚度的计算需与水平次梁间距的布置同时进行。将从下到上每个区格的闸门面板的厚度初选之后，若各个区格之间的板厚相差较大，应当调整区格竖向间距，再次试选，最终使各区格所需的板厚大致相等，这样既节约材料，又便于订货与制造。为了节约钢材，钢面板宜选用较薄的钢板，但一般不应小于 6mm，通常采用 8～16mm。

（二）面板参加主（次）梁整体弯曲时的强度验算

在按式（8-3）选定面板厚度，并在主（次）梁截面选定后，考虑面板本身在局部弯曲的同时还随着主（次）梁受整体弯曲的作用，则面板为双向受力状态，故应按第四强度理论验算面板的折算应力。

（1）当面板的边长比 $b/a > 1.5$，且长边 b 沿主梁轴线方向时（见图 8-10），只需按下式验算面板 A 点在上游面的折算应力

$$\sigma_{zh} = \sqrt{\sigma_{my}^2 + (\sigma_{mx} - \sigma_{0x})^2 - \sigma_{my}(\sigma_{mx} - \sigma_{0x})} \leqslant 1.1\alpha[\sigma] \tag{8-4}$$

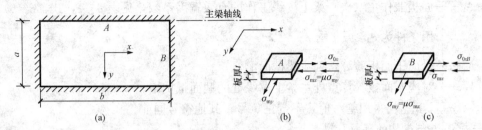

图 8-10 当面板的 $b/a > 1.5$ 且长边沿主梁轴线方向时的面板应力状态

(a) 面板区格；(b) 长边中点 A 处应力状态；(c) 短边中点 B 处应力状态

$$\sigma_{my} = k_y pa^2/t^2 \qquad \sigma_{mx} = \mu\sigma_{my}$$

式中 σ_{my}——垂直于主（次）梁轴线方向面板支承长边中点的局部弯曲应力 [见图 8-10 (b)]；

σ_{mx}——面板区格沿主（次）梁轴线方向的局部弯曲应力 [见图 8-10 (b)]，其中 μ 为泊松比，取 $\mu = 0.3$；

σ_{0x}——对应于面板验算点的主（次）梁上翼缘的整体弯曲应力；

k_y——支承长边中点的弯曲应力系数，可按附录四查得；

α——弹塑性调整系数，当 $b/a \le 3$ 时，$\alpha = 1.5$；当 $b/a > 3$ 时，$\alpha = 1.4$。

σ_{my}、σ_{mx}、σ_{0x} 均取绝对值，不带正负号。式中其他符号同前。

（2）当面板的边长比 $b/a \le 1.5$ 或面板长边方向与主（次）梁轴线垂直时（见图 8-11），面板在 B 点下游面的应力值（$\sigma_{mx} + \sigma_{0xB}$）较大，这时虽然 B 点下游面的双向应力为同号，但还是可能比 A 点上游面更早地进入塑性状态，故应按下式验算 B 点下游面在同号平面应力状态下的折算应力。

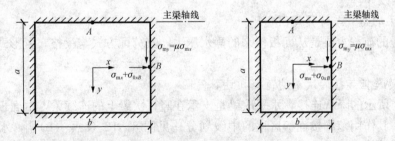

图 8-11 当面板的 $b/a \le 1.5$ 或面板长边方向与主梁轴线垂直时的面板应力状态

$$\sigma_{zh}\sqrt{\sigma_{my}^2 + (\sigma_{mx} + \sigma_{0xB})^2 - \sigma_{my}(\sigma_{mx} + \sigma_{0xB})} \le 1.1\alpha[\sigma] \qquad (8-5)$$

$$\sigma_{mx} = kpa^2/t^2 \qquad \sigma_{my} = \mu\sigma_{mx}$$

式中 σ_{mx}——面板在 B 点沿主梁轴线方向的局部弯曲应力，k 值对于图 8-11 (a)，取附录四中的 k_x，对于图 8-11 (b) 取附录四中的 k_y；

σ_{my}——面板在 B 点垂直于主梁轴线方向的局部弯曲应力，$\mu = 0.3$；

σ_{0xB}——对应于面板验算点（B 点）主梁上翼缘的整体弯曲应力，考虑整体弯曲应力沿面板宽度分布不均影响后，计算式为

$$\sigma_{0xB} = (1.5\xi_1 - 0.5)\frac{M}{W} \qquad (8-6)$$

式中　ξ_1——面板兼作主（次）梁上翼缘工作的有效宽度系数，见表 8-1，式（8-6）的适用条件为 $\xi_1 \geqslant \dfrac{1}{3}$；

　　　　M——对应于面板验算点处主梁截面的弯矩；

　　　　W——对应于面板验算点处主梁上翼缘处的截面抵抗矩。

σ_{my}、σ_{mx}、σ_{0xB} 均采用绝对值，不带正负号；其他符号同前。

（三）面板与梁格的连接计算

当水压力作用下面板弯曲时，由于梁格之间互相移近受到约束，在面板与梁格之间的连接角焊缝将产生垂直于焊缝方向的侧拉力。经分析计算，每毫米焊缝长度上的侧拉力的近似计算式为

$$N_t = 0.07t\sigma_{max} \quad (\text{N/mm}) \qquad (8-7)$$

式中　σ_{max}——厚度为 t 的面板中的最大弯曲应力，计算时 t 以 mm 为单位，σ_{max} 可取用 $[\sigma]$。

此外，由于面板作为主梁的翼缘，当主梁弯曲时，面板与主梁之间的连接焊缝还承受沿焊缝长度方向作用的水平剪力，主梁轴线一侧的焊缝每单位长度内的剪力为 T，则

$$T = \frac{VS}{2I}$$

已知角焊缝容许剪应力为 $[\tau_f^w]$，则面板与梁格连接焊缝的焊脚尺寸 h_f 的近似计算式为

$$h_f \geqslant \sqrt{N_t^2 + T^2} / (0.7[\tau_f^w]) \qquad (8-8)$$

面板与梁格的连接焊缝应采用连续焊缝，一般焊缝焊脚尺寸 h_f 不应小于 6mm。

二、次梁设计

（一）次梁的荷载与计算简图

梁格所受的荷载主要是从面板传来的静水压力，其分配方式与梁格布置形式和面板的支承情况有关。

1. 梁格为降低连接时次梁的荷载和计算简图

图 8-12 所示的降低连接，水平次梁是支承在竖直次梁上的连续梁，由面板传给水平次梁的水压力，其作用范围按面板区格的中线划分 [见图 8-12（a）、（b）]，水平次梁所承受的均布荷载计算式为

$$q = p \frac{a_{上} + a_{下}}{2} \quad (\text{N/mm}) \qquad (8-9)$$

式中　p——所计算水平次梁水压力面积中心的水压强度，也可近似地取该次梁轴线上的水压力强度，N/mm^2；

$a_{上}$、$a_{下}$——所计算的水平次梁轴线到上、下相邻梁轴线之间的距离。

竖直次梁为支承在主梁上的简支梁，承受由水平次梁传来的集中荷载 R，R 为水平次梁边跨内侧支座反力。其计算简图如图 8-12（c）所示。

2. 梁格为齐平连接时次梁的荷载和计算简图

如图 8-13 所示的齐平连接，水平次梁和竖直次梁同时支承着面板，面板为四边支承

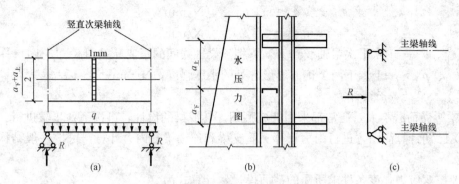

图 8-12 梁格为降低连接时次梁的计算简图
(a) 水平次梁计算简图；(b) 水平次梁水压力图；(c) 竖直次梁计算简图

板，面板传给梁格的水压力，按梁格夹角的平分线来划分各梁所负担水压力作用的范围。例如，当水平次梁的跨度大于竖直次梁的跨度时，水平次梁［如图 8-13 (a) 中的 AB 梁］所负担的水压力作用面积为六边形（图中阴影部分）。该六边形面积上作用的水压力，换算到水平次梁上的荷载分布图为梯形［见图 8-13 (b)、(d)］，其中跨中的荷载集度为 $q=p\dfrac{a_{上}+a_{下}}{2}$，该式的计算及各项取值同式 (8-9)。当水平次梁为在竖直次梁处断开后再连接于竖直次梁上时，水平次梁应按简支梁计算，如图 8-13 (b) 所示。当采用实腹隔板代替竖直次梁时，水平次梁是在实腹隔板预留的孔中穿过并被连接于隔板上，这时，水平次梁应按连续梁计算，如图 8-13 (d) 所示。

竖直次梁为支承在主梁及顶、底梁上的简支，如图 8-13 (c) 所示。它们除承受由水平次梁传来的集中荷载外，还承受由面板直接传来的分布水压力。如图 8-13 (a) 所示，竖直次梁上作用的分布水压力面积为有一个对角线与梁轴线相垂直的正方形，该正方形面积上的水压力换算到竖直次梁上的荷载分布图为三角形，其上、下两个三角形顶点处的荷载集度 $q_{上}$、$q_{下}$ 分别为

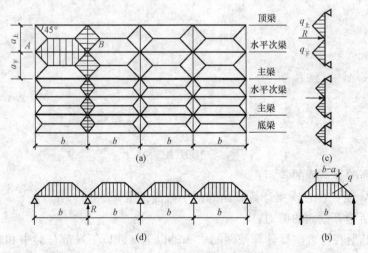

图 8-13 梁格为齐平连接时次梁的荷载和计算简图
(a) 梁格布置图；(b)、(d) 水平次梁计算简图；(c) 竖直次梁计算简图

$$q_上 = a_上 p_上 \quad (\text{N/mm})$$

$$q_下 = a_下 p_下 \quad (\text{N/mm})$$
$$(8\text{-}10)$$

式中 $a_上$、$a_下$——水平次梁轴线到上、下相邻梁轴线间的距离［见图 8-13（a）］；

$p_上$、$p_下$——上、下两个正方形形心处的水压强度，N/mm²。

（二）次梁的截面设计

次梁所受荷载不大，通常都采用轧成型钢。轧成梁的设计，可按下列步骤进行：

（1）已知计算简图，进行内力计算。简支梁和连续梁的内力计算，可按一般结构力学方法计算。

（2）按弯应力强度条件求所需的截面模量，计算式为

$$W \geqslant M_{max}/[\sigma] \tag{8-11}$$

根据需要的截面模量 W 和满足刚度要求的最小梁高 h_{min}，从型钢表中选合适的型钢。

闸门中的水平次梁，一般常采用槽钢或角钢，它们宜肢尖朝下与面板相连［见图 8-14（a）］，以免因上部形成凹槽积水积淤而加速钢材腐蚀。竖直次梁则常采用工字型钢［见图 8-14（b）］或实腹隔板。

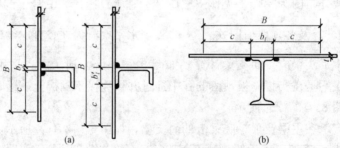

图 8-14　次梁截面形式及面板兼作梁翼缘的有效宽度
(a) 水平次梁；(b) 竖直次梁

（3）截面验算。

弯应力

$$\sigma = M/W_{min} \leqslant [\sigma] \tag{8-12}$$

剪应力

$$\tau = \frac{VS}{It} \leqslant [\tau] \tag{8-13}$$

挠度验算

$$w = \beta \frac{ql^4}{100EI} \leqslant [w] \tag{8-14}$$

式中 M——所验算截面的弯矩；

W_{min}——M 所在位置次梁计算截面的最小截面模量；

V——所验算截面的剪力；

S——V 所在位置次梁计算截面的中和轴以上（或以下）部分对中和轴的面积矩；

I——V 所在位置次梁计算截面对中和轴的惯性矩；

t——腹板的厚度；

l——次梁的跨度；

β——连续梁的最大挠度系数，两跨连续梁为 0.521，三跨连续梁为 0.677，四跨连续梁为 0.632，五跨连续梁为 0.644。

当次梁直接焊于面板时，焊缝两侧的面板在一定的宽度（称有效宽度）内可以兼作次梁的翼缘参加次梁的抗弯工作。进行次梁截面验算时的计算截面，应包括面板参加次梁工作的有效宽度。

面板参加次梁工作的有效宽度 B 可按下列两式计算，然后取用两式算得的较小值：

1）考虑面板兼作梁翼缘在受压时不致失稳而限制的有效宽度（见图 8-14），计算式为

$$B = b_1 + 2c \qquad (8-15)$$

$$c = 30t\sqrt{235/f_y}$$

式中 c——梁肋每侧可利用的面板有效宽度；

b_1——梁肋宽度，当梁另有上翼缘时，为该上翼缘宽度。

2）考虑面板沿宽度上应力分布不均匀而折算的有效宽度（见图 8-15），计算式为

$$B = \xi_1 b \quad \text{或} \quad B = \xi_2 b \qquad (8-16)$$

$$b = \frac{b_1 + b_2}{2}$$

式中 b_1、b_2——次梁与两侧相邻梁的间距；

ξ_1、ξ_2——有效宽度系数，可按表 8-1 查用。

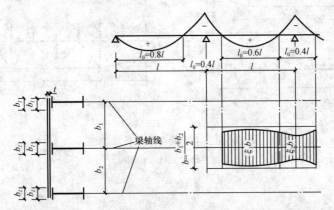

图 8-15 面板因沿宽度上的应力分布不均，在参加次梁工作时的折算有效宽度示意图

表 8-1 面板的有效宽度系数 ξ_1 和 ξ_2

$\dfrac{l_0}{b}$	0.5	1.0	1.5	2.0	2.5	3	4	5	6	8	10	12
ξ_1	0.20	0.40	0.58	0.70	0.78	0.84	0.90	0.94	0.95	0.97	0.98	1.00
ξ_2	0.16	0.30	0.42	0.51	0.58	0.64	0.71	0.77	0.79	0.83	0.86	0.92

注 l_0 为主（次）梁弯矩零点之间的距离，对于简支梁 $l_0 = l$ [l 为主（次）梁的跨度（见图 8-15）]；对于连续梁的边跨和中间跨的正弯矩段，可近似地分别取 $l_0 = 0.8l$ 和 $l_0 = 0.6l$；对于连续梁的负弯矩段可近似地取 $l_0 = 0.4l$。

ξ_1 适用于梁的正弯矩图为抛物线的梁段，如在均布荷载作用下的简支梁或连续梁的跨中部分；ξ_2 适用于负弯矩图可近似地取为三角形的梁段，如连续梁的支座部分或悬臂梁的悬臂部分。

三、主梁设计

（一）主梁的形式

主梁是平面钢闸门中的主要承重构件，根据闸门的跨度和水头大小，主梁的形式有实腹式和桁架式之分。跨度小水头低的小型闸门，为便于制造，主梁可采用型钢梁；而对于中等跨度（5~10m）的闸门常采用实腹式组合梁。为缩小门槽宽度和节约钢材，也常采用变高度的主梁，如图 8-16（a）所示。对于大跨度的露顶闸门，主梁可采用桁架式。主桁架的节间应取偶数，以便闸门所有杆件都对称于跨中，并便于布置主桁架之间的连接系。为避免弦杆承受节间集中荷载，宜使竖直次梁的间距与主桁架节间尺寸相一致，一般为 1~2m。桁架的高度一般为桁架跨度的 $\frac{1}{5} \sim \frac{1}{8}$，如图 8-16（b）所示。

（二）主梁的荷载和计算简图

主梁承受面板直接传来的分布水压力和竖直次梁传来的集中荷载。由于这些集中荷载的作用点在主梁跨度上比较分散，为计算方便起见，当主梁为实腹梁时，可将主梁上的作用荷载近似地换算为均布荷载计算［见图 8-16（a）］，误差很小。当主梁按等荷载原则布置时，每根主梁所受的均布荷载集度 q（kN/m）为

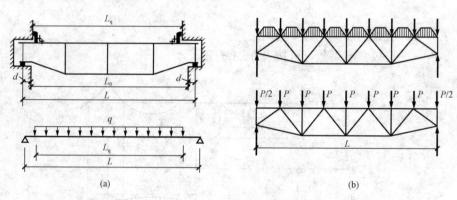

图 8-16   主梁的荷载及计算简图
（a）实腹梁；（b）桁架梁

$$q = P/n \tag{8-17}$$

式中 P——闸门单位跨度上作用的总水压力，kN/m；

       n——主梁的数目。

如果主梁不是按等荷载布置，则可按与水平次梁荷载计算相似的方法，近似取相邻主梁间距和的一半法，求出各主梁的荷载，最后按承受荷载最大的主梁进行设计。

主梁的计算简图如图 8-16（a）所示。其计算跨度 L 为闸门行走支承中心线之间的距离，即

$$L = L_0 + 2d \tag{8-18}$$

式中 L_0——闸门孔口宽度；

       d——行走支承中心线到闸墩侧壁的距离，根据跨度和水头的大小，一般取 $d = 0.15 \sim 0.4$m。

主梁的荷载跨度 l_q 等于两侧止水之间的距离。当侧止水布置在闸门的下游面而面板设在

上游面时，还应考虑闸门侧向水压力对主梁引起的轴向压力。计算简图如图 8-17 所示，此时主梁应按压弯构件设计。

当主梁采用桁架式时，可将水压力化为节点荷载 $P=qb$（b 为桁架的节间长度），然后按一般结构力学方法求解桁架的杆件内力并选择截面。但对于直接与面板相连的上弦杆，在选择截面时，还必须考虑面板传来的水压力对上弦杆引起的局部弯曲，如图 8-16（b）所示。

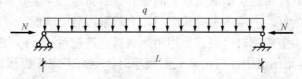

图 8-17 闸门受侧向水压力时主梁的计算简图

（三）主梁设计特点

（1）对于钢闸门主梁而言，除主要承受水压力产生的弯矩外，其下翼缘还兼作纵向连接系（或称起重桁架）的弦杆，需承受一部分门重产生的应力，故在选择主梁截面时，需预先考虑门重的影响，而将容许应力 $[\sigma]$ 乘以 0.9，然后根据主梁的最大弯矩 $M_{\max}$，计算主梁需要的截面模量 $W=M_{\max}/0.9\,[\sigma]$。再根据下列有关公式及强度、刚度和稳定性等综合要求初选主梁截面，计算式为

$$h_{\min}=0.96\times0.23[\sigma]L/E[w/L]$$

$$h_{ec}=3.1W^{2/5}$$

$$t_w=\sqrt{h}\,/11$$

$$A_1=\frac{W}{h_0}-\frac{1}{6}t_w h_0$$

上列各式中符号的物理意义见第五章。

（2）当主梁直接与钢面板相连时，部分面板可作为主梁上翼缘的一部分参加其抗弯工作。面板可被利用的有效宽度与水平次梁中的规定基本相同，可按下列两式计算结果的较小值取用，即

$$B\leqslant b_1+2c,\ B=\xi_1 b$$

式中 b_1——主梁的上翼缘宽度；

b——每根主梁承受荷载面的宽度，或取主梁的平均间距（多主梁时）。

其他符号及取值同式（8-15）和式（8-16）。

（3）为防止主梁变形过大而影响闸门的正常使用，应限制主梁的挠度不超过最大容许相对挠度值 $[w/L]$，见表 5-3。

（4）为保证主梁腹部稳定而设置的横向加劲肋，其间距应与横向连接系相配合，当横向连接系采用实腹隔板时，则隔板可兼作横向加劲肋。

（5）由于主梁与面板焊牢，所以主梁的整体稳定性得到了保证，设计时不必对此验算。

四、横向连接系和纵向连接系的设计

（一）横向连接系

横向连接系（竖向连接系）的作用是：承受次梁（包括顶、底梁）传来的水压力，并将它传给主梁。当水位变更等原因而引起各主梁的受力不均时，横向连接系可以均衡主梁的受力并且保证闸门横截面的刚度。

横向连接系的布置，应对称于闸门的中心线，一般布置1～3道，视闸门的跨度而定，其间距不宜超过4～5m，数目宜取单数。对于一般的直升式闸门，横向连接系通常按等间距布置。当闸门的支承采用悬臂式滚轮时，由于边梁的内腹板偏离悬臂式滚轮的中心约有几十厘米，故在靠近边梁处连接系常取较小的间距。

横向连接系的形式应根据主梁的高度、间距和数目而定。当主梁高度和间距不大时，采用实腹式的竖向隔板为好。一般多主梁式闸门，大都采用竖向隔板。对于主梁高度及间距都较大的双主梁闸门，为节约钢材，也常采用桁架式横向连接系——称为横向桁架（或竖向桁架）。在一些小型多主梁闸门中，当主梁截面很小时，也可考虑不设横向连接系。设计横向连接系时，通常只考虑面板和次梁传来的水压力，而不考虑门重和使闸门扭转的偶然力。

实腹式隔板支承在主梁上，承受面板和次梁传来的水压力，计算时，为简便起见可将作用在其上的集中荷载和分布荷载 [见图8-18（a）] 用三角形（露顶门）或梯形的分布荷载（潜孔闸门）代替，这样，对于双主梁式闸门横隔板即为受三角形 [见图8-18（b）] 或梯形水压力的双悬臂梁。

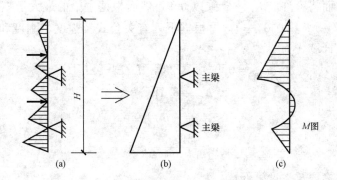

图8-18　横隔板的计算简图
（a）横隔板的作用荷载；（b）横隔板的作用荷载简化图（c）横隔板的弯矩图

横隔板的应力一般都很小，可不必计算，其尺寸按构造要求及稳定条件决定，隔板的高度与主梁高度相同，其腹板厚度一般采用8～12mm，前翼缘可利用面板，不必另行设置；后翼缘可采用扁钢，宽度取100～200mm，厚度取10～12mm，隔板应直接与面板和主梁焊牢，与主梁连接处要注意避开主梁的翼缘焊缝，应将隔板切角，若水平次梁支承在隔板上，则应在次梁处设置支承加劲肋，以使水平次梁的支座反力可靠地传递到横隔板腹板上。为减轻门重，可在隔板中间开孔，孔边用扁钢镶固，如图8-19（b）所示。

横向桁架是支承在主梁上的双悬臂桁架，其上弦杆为闸门的竖直次梁，承受顶、底梁和水平次梁传来的节点荷载，当上弦杆直接与面板连接时，上弦节间还承受面板传来的分布水压力。计算时可按杠杆原理先将节间荷载分配到节点上，并与直接作用在节点上的荷载相加，最后得到如图8-20所示的计算简图，横向桁架的上弦杆应按压弯构件设计。

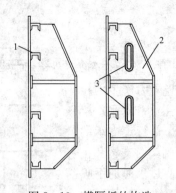

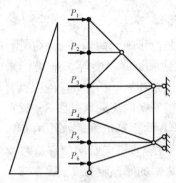

图 8-19　横隔板的构造　　　　　　图 8-20　竖向桁架计算简图

1—水平次梁；2—横隔板；3—孔边扁钢镶固

（二）纵向连接系

纵向连接系（又称门背连接系或起重桁架）位于闸门各主梁下翼缘之间的竖平面内（见图 8-21）。它的主要作用是：承受闸门上的竖向力（闸门的自重、门顶的水柱重及门底的下吸力等）；保证闸门在竖向平面内的刚度；另外，与主梁构成封闭的空间体系以承受偶然的作用力对闸门产生的扭矩。

纵向连接系多为桁架式，如图 8-21 所示。它的弦杆即为上、下主梁的下翼缘或主桁架的下弦杆，它的竖杆即为横向桁架的下弦或横隔板的下翼缘，只有斜杆是另设的。该桁架被支承在闸门两侧的边梁上。计算时，首先由附录五中公式初算出闸门自重 G，然后根据闸门的重心位置按杠杆原理分配给上游面和下游面，则下游面纵向连接系所承受的部分门重为 $G_1 = G \dfrac{c_1}{h}$（见图 8-21），式中，c_1 为闸门重心离开上游面板的距离，h 为门厚。该项荷载 G_1 可以看成沿桁架跨度方向均匀分布，则作用在纵向连接系每个节点上的集中荷载为 $P_1 = G_1/n$，其中 n 为桁架节间的数目。纵向连接系一般按简支在边梁上的平面桁架计算。若主梁两端的高度改变，使纵向连接系位于曲折面上时，可近似地将其所在的折面展开为平面，其中的杆件按实际杆长计算。对于兼用的杆件，如弦杆和竖杆，由于双重受力的作用，若出现同号内力，应叠加验算；若出现异号应力，应分别验算。当选择斜杆截面时，考虑闸门可能因偶然扭转使斜杆出现压力，建议按压杆容许长细 $[\lambda] = 150$ 来校核。另外，在计算纵向连接系所承担的部分门重 G_1 时，考虑闸门重心偏向上游面板侧的情况，可近似初定为 $G_1 =$

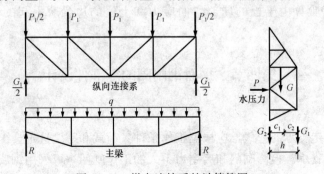

图 8-21　纵向连接系的计算简图

$(0.3\sim0.4)G$。

五、边梁设计

支承边梁是位于闸门两边并支承在滑块或滚轮等行走支承上的竖向梁，主要承受由主梁等水平梁传来的水压力产生的弯矩，以及由纵向连接系和吊耳传来的门重及启门力等竖向力产生的拉力或压力。边梁所受的荷载（见图 8-22）一般有主梁和水平次梁（包括顶、底梁）的边跨传来的水压力 P_1、P_2，…，行走支承的反力 R_1、R_2；在竖直方向有闸门自重 $G/2$，启闭闸门时支承和止水与埋固构件之间的摩擦阻力 $T_{zd}/2$ 和 $T_{zs}/2$，门底过水时的下吸力 P_x，有时还有门顶水柱压力 W_s，以及作用在边梁顶端吊耳上的启门力 $T/2$ 等。边梁的尺寸通常按构造要求确定，然后进行强度验算。如图 8-8 所示，边梁的截面高度与主梁端部的高度相等，腹板厚度为 $8\sim14\text{mm}$，翼缘厚度应比腹板加厚 $2\sim6\text{mm}$，其上翼缘可利用钢面板不再另行设置。单腹式支承边梁的下翼缘宽度一般由布置滑块或滚轮的要求而定，不宜小于 $200\sim300\text{mm}$。双腹式边梁常用两条下翼缘，分别焊在两块腹板上，每条下翼缘可分别采用宽度为 $100\sim200\text{mm}$ 的扁钢做成。为了便于在两块腹板之间施焊和安装滚轮，两块腹板之间的距离不宜太小，其间距不应小于 $300\sim400\text{mm}$。同时，为了提高双腹式支承边梁的抗扭

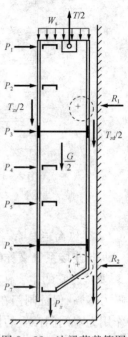

图 8-22 边梁荷载简图

刚度，应在其下翼缘的敞开处设置缀板或缀条，并在两腹板间相隔一定距离设置横隔板。

单腹式边梁通常为沿闸门全高连续的实腹梁。主梁或水平次梁与边梁采用等高连接，主梁端部的腹板可直接用 K 形对接焊缝焊在边梁的腹板上［见图 8-8（a）］，也可用连接角钢和螺栓与边梁的腹板相连。双腹式边梁的外腹板，应沿闸门全高制成整块的，而内腹板则在与主梁连接处断开，可用 K 形焊缝焊接在主梁腹板上，这样，主梁的腹板就能伸入边梁内部，而与边梁的外腹板用 K 形焊缝相连，如图 8-8（b）所示。

边梁的强度可按拉弯或压弯构件进行验算。当闸门处于开启过程时，应按拉弯构件计算；当闸门关闭时，则应按压弯构件计算。当行走支承采用滚轮或滑块时，边梁是支承在滚轮或滑块上的双悬臂简支梁；当采用沿边梁全长布置的滑动式支承时，边梁如同弹性基础梁，其内力较小，一般不需验算，而只要按构造要求选择其截面尺寸。

边梁需要验算的危险截面一般在主梁或轮轴同边梁的连接处。如果边梁的翼缘或腹板直接承受水压，还应验算由于板的局部弯曲应力和上述的边梁所引起的应力，按折算应力校核。

第四节 平面钢闸门的零部件设计

一、行走支承

平面钢闸门行走支承的形式，应根据工作条件、荷载和跨度选定。工作闸门和事故闸门宜采用滚轮或滑道支承。检修闸门和启闭力不大的工作闸门，可采用钢或铸铁等材料制造的滑块支承。工作闸门和事故闸门的滑道支承，宜根据工作条件和地区特点，选用压合胶木、

填充聚四氟乙烯板材、钢基铜塑复合板或其他高比压低摩阻材料。常用的滚轮支承有简支轮、悬壁轮、多滚轮和台车等类型。一般多采用简支轮；当荷载不大时，可采用悬壁轮；当支承跨度较大时，可采用台车或其他形式支承，以保证轮子与轨道的接触良好；当荷载较大时，也可采用多滚轮。

（一）滑道支承

1. 胶木滑道

胶木滑块式支承简称胶木滑道。胶木是一种用多层桦木片浸渍酚醛树脂后、经过加热加压制作成的胶合层压木。它具有较低的摩擦系数、较高的抗压强度、良好的加工性能及较好的防水性和耐久性。但胶木的摩擦系数尚不够稳定，受制造工艺的影响很大。当压合胶木有一定量的横向压紧力时，其顺纹承压强度可以达到 $160N/mm^2$，它与光滑的不锈钢轨道之间的摩擦系数仅为 0.06～0.17（在清水中）。一般说来，胶木滑块所受的单位长度压力（压强）越大，则摩擦系数越小。

胶木滑道支承的形式有装配式和嵌镶式两种。前者一般用于较小的闸门，而后者过去常用于大中型工作闸门。嵌镶式压合胶木滑块，是将总宽度为 100～150mm 的三条胶木压入宽度稍小的铸钢夹槽中，如图 8-23（a）、（b）所示。三条胶木的总宽度应比夹槽的宽度大 1.3%～1.7%，这样可以使胶木受到足够的横向夹紧力，以提高承压面的强度。在压入夹槽前的胶木含水率不应大于 5%，压入后的胶木表面在加工前应比槽顶高出 2～4mm［见图 8-23（a）］，然后将胶木的工作表面加工到比槽顶低 2～4mm，表面加工粗糙度应达到 $Ra = 3.2\mu m$［见图 8-23（b）］，用螺栓将钢夹槽固定到梁上。

支承胶木滑块的钢轨表面通常做成圆弧形［见图 8-23（c）］。为减少摩擦阻力，在钢轨表面上堆焊一层 3～5mm 厚的不锈钢，然后加工到 6～7 级光洁程度，加工后的不锈钢厚度应不小于 2～3mm。轨头设计宽度 b 和轨顶圆弧半径 R，应按胶木与轨面之间单位长度上的支承压力 q 由表 8-2 来决定。工程使用经验建议该支承压力 q 宜选用 1.5～3.5kN/mm；如超过 3.5kN/mm，应对材料、制造等做专门研究。

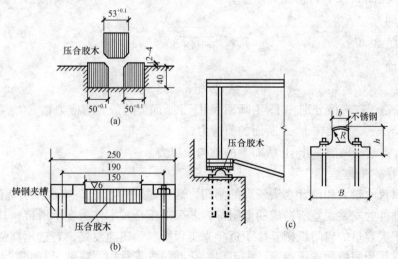

图 8-23　胶木滑道图

（a）胶木滑道尺寸配合；（b）胶木滑道构造图；（c）胶木滑道装配图

表 8 - 2   胶木滑道轨道的轨头设计尺寸

支承压力 q（kN/mm）	1.0 以下	1.0～2.0	2.0～3.5
轨顶圆弧半径 R（mm）	100	150	200
轨头设计宽度 b（mm）	25	35	40

注　b 值不得与滑块中间的一条胶木同宽。

钢轨底面宽度 B［见图 8 - 23（c）］应根据混凝土的容许承压强度决定。钢轨高度应不小于 $B/3$。

胶木滑块与轨道弧面之间的最大接触应力的计算式为

$$\sigma_{max} = 104\sqrt{q/R} \leqslant [\sigma_j] \tag{8-19}$$

式中　q——轨道的支承压力，即滑块单位长度上的计算荷载，N/mm；

R——轨顶圆弧半径，mm；

$[\sigma_j]$——胶木容许接触应力，$[\sigma_j]=500\text{N/mm}^2$。

式（8 - 19）是取胶木顺纹方向弹性模量 $E=3100\text{N/mm}^2$ 和泊松比 $\nu=0.475$，按弹性理论推导而得。

此外，还需要计算铸钢夹槽由于胶木侧压力引起的弯应力、剪应力和拉应力。如图 8 - 24 所示的夹槽，当胶木以公盈尺寸压入夹槽以后，在槽壁产生的侧压力 P 的计算式为

$$P = E_j \varepsilon h \quad (\text{N/mm}) \tag{8-20}$$

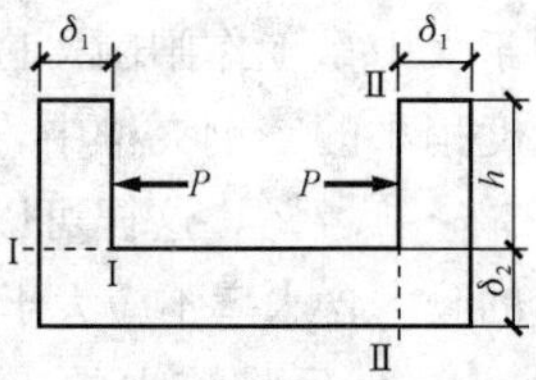

图 8 - 24　胶木滑道的铸钢夹槽

式中　E_j——胶木沿层压方向的弹性模量，可取 $E_j = 2500 \sim 3500\text{N/mm}^2$；

ε——胶木宽度的公盈量与夹槽宽度之比，一般为 $1.3\% \sim 1.7\%$；

h——夹槽深度，mm。

由于侧压力 P 的作用，使夹槽 I - I 断面承受悬臂弯矩的作用，并使 II - II 断面承受偏心拉力作用（见图 8 - 24），需做如下验算：

I - I 断面

$$\sigma_{zh} = \sqrt{\sigma_{M1}^2 + 3\tau^2} \leqslant [\sigma] \tag{8-21}$$

II - II 断面

$$\sigma_{max} = \sigma_{M2} + \sigma_t \leqslant [\sigma] \tag{8-22}$$

式中　σ_{M1}、σ_{M2}——夹槽分别在 I - I 断面和 II - II 断面上的最大弯应力；

τ——夹槽在 I - I 断面的剪应力；

σ_t——夹槽在 II - II 断面上的轴向拉应力。

2. 复合材料滑道

对于孔口尺寸较大和设计水头较高的闸门，启闭过程中由于高速水流引起的闸门振动、冲击及门槽埋件的安装误差所造成的卡阻等，若采用压合胶木作为支承滑道，其较高的摩擦阻力常需要很大容量的启闭机械。鉴于近年来工程塑料的飞速发展，若选用高强度低摩擦性能的复合材料作为闸门的支承滑道，则可以简化闸门支承结构，降低运行摩阻力，从而减小闸门启闭机容量，达到降低工程造价的目的。

平面钢闸门中常用的复合材料滑道，主要有钢基铜塑复合材料滑道和增强聚四氟乙烯复

合材料滑道两类，两类复合材料滑道均为高强度低摩擦新型滑道材料。钢基铜塑复合材料以填充改性聚甲醛的铜塑复合层为减摩抗磨工作表层，钢基体起主要承压作用，而塑料层只起到磨合和润滑作用。其特点为：承载能力高、耐磨性能好，抗刨削能力强，滑动速度高，摩擦系数小。增强聚四氟乙烯滑道是一种以钢材为原料，将聚四氟乙烯注射并填充在钢板基材上的复合减摩材料，摩擦系数可降到 0.04，不黏也不吸水。该复合材料表层为聚四氟乙烯，底层为钢板，中间层为金属网，使填充的聚四氟乙烯与钢板牢固接合成复合层。其机械性能基本取决于钢板，而摩擦磨耗性能则取决于表面填充的聚四氟乙烯层。

复合材料滑道自身带有夹槽效应，可去掉采用其他传统材料滑道时所必需的夹槽，简化了结构；直接用螺栓将滑道固定在闸门上，既简化了安装、拆卸、更换程序，同时也降低了安装、维护成本。

（二）滚轮支承

如图 8-25 所示，滚轮支承可分为定轮和台车两种类型。定轮沿门高的位置应按等荷载布置［见图 8-25（a）、（b）］，而且最好在闸门的每边只布置两个定轮，以便使各轮受力均等。当轮子荷载过大，轮压超过 1500～2500kN，以致难以布置和制造时，可改用台车［见图 8-25（c）］，使闸门每边的支点仍保持 2 个，相应的轮子数可增加到 4 个以上，仍能达到各轮受力相等的要求。由于台车构造复杂，质量很大，占门重的 20%～25%，故在工程实践中，仅当闸门跨度大于 12～14m 时才采用台车。在门高很大的多主梁式闸门中，为了减小轮压，也可布置成每边多于 2 个定轮的多滚轮式，但在轮轴的构造上需采用相应的偏心轴（见图 8-28）装置进行调整，使各滚轮踏面在同一平面上。

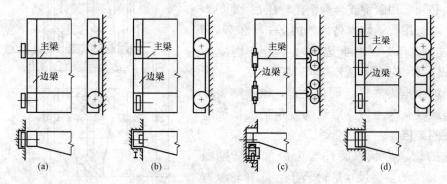

图 8-25　平面闸门轮式支承的型式

(a)悬臂轮；(b)简支轮；(c)台车轮；(d)多滚轮

定轮式支承按照它同支承边梁的连接方式可分为：

(1)悬臂式。用悬臂轴将轮子装在双腹式边梁的外侧，如图 8-25（a）所示。悬臂轴的位置必须同主梁错开而布置在主梁的上方和下方。如图 8-26 所示为悬臂轮的一般构造。悬臂轮的优点是轮子安装和检修比较方便，所需门槽深度较小，但悬臂轴增大了边梁外侧腹板的支承压力并使边梁受扭，悬臂轴的弯矩也较大，因此，一般情况只用于水头和孔口均较小的闸门。

(2)简支轮［见图 8-25（b）］。用简支轴将轮子装在双腹式边梁的腹板之间。简支轮的位置也必须同主梁错开，而且轮缘同主梁腹板之间需留有一定间隙。图 8-27 所示为简支轮的一般构造，适用于孔口或水头较大的闸门。这种简支轴避免了上述悬臂轴的缺点，

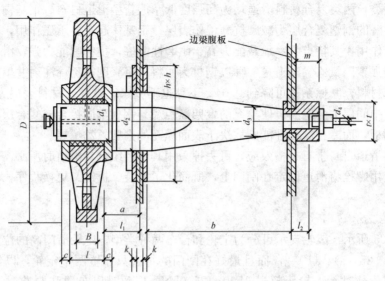

图 8-26　悬臂轮

在工程上使用较多。我国目前最大轮压已超
过 4000kN。

　　滚轮的材料，对小型闸门常采用铸铁。当轮
压较大（超过 200kN）时，铸铁轮子的尺寸就显
得太大，必须采用碳钢或合金钢。轮压在 1200kN
以下时，可选用普通碳素铸钢，如 ZG35 和 ZG45
等；超过 1200kN 则可选用合金铸钢，如
ZG50Mn2、ZG35CrMo、ZG35CrMnSi 等。轮子
的表面还可根据需要进行硬化处理，以提高表面
硬度。表面硬化深度，一般取为发生最大接触应
力处深度的 2 倍。

　　滚轮的轮缘形状以圆柱形为最常用（见图
8-27），轮子的主要尺寸是轮子直径 D 和轮缘宽
度 b。这些尺寸是根据轮缘与轨道之间接触应力的
强度条件来确定的。对于圆柱形滚轮与平面轨道
的接触是线接触，其接触应力的计算式为

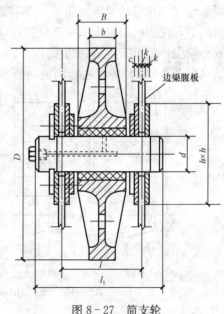

图 8-27　简支轮

$$\sigma_{\max} = 0.418\sqrt{\frac{PE}{bR}} \leqslant 3.0f_y \tag{8-23}$$

式中　P——一个轮子的计算压力，N，它等于设计轮压乘以不均匀系数 1.1；

　　　b、R——轮缘宽度和轮半径，$R=D/2$，mm；

　　　E——材料的弹性模量，N/mm²，当互相接触的两种材料的弹性模量不同时，应采

　　　用合成弹性模量 $E' = \dfrac{2E_1E_2}{E_1+E_2}$ 来计算。

　　为便于选择轮子直径 D 和轮缘宽度 b，可将上列的线接触应力换算为滚轮直径面积上的

承压应力来计算，即

$$\sigma_\phi = \frac{P}{Db} \leqslant 25.8 \frac{f_y^2}{E} = [\sigma_\phi] \tag{8-24}$$

式中 f_y——互相接触的两种材料的屈服强度中较小值，N/mm²；

[σ_ϕ]——折算径向容许压应力，N/mm²，并无实际物理意义，可按表 8-3 查得。

轮子直径 D 通常为 300~1000mm，轮缘宽度 b 通常为 80~150mm，$D/b \approx 4 \sim 6$。

表 8-3   铸钢折算径向容许压应力

铸钢	ZG25	ZG35	ZG45	ZG55 ZG35CrMnSi	ZG50Mn2	ZG35CrMo
f_y (N/mm²)	235	275	315	345	440	540
[σ_ϕ] (N/mm²)	7.2	9.3	12.2	14.3	24.4	35.8

为了减少滚轮转动时的摩阻力，在滚轮的轴孔内还要装设滑动轴承或滚动轴承。滑动轴承也叫轴衬或轴套。轴套要有足够的耐压耐磨性能，并能保持润滑。滚轮的滑动轴套，根据工作条件可选用钢基铜复合板材料、青铜合金材料或其他高比压低摩阻材料的轴套。关于过去常用的胶木轴套，通过多年的工程使用发现，经常会出现诸如抱轴、轴套脱落等毛病，在《水利水电工程钢闸门设计规范》（SL 74—2013）中已被删去，不再推荐采用。可采用工程复合材料中的钢基铜塑复合材料轴套。

轴和轴套间压力的传递也是接触应力的形式，计算式为

$$\sigma_{cg} = \frac{P}{db_1} \leqslant [\sigma_{cg}] \tag{8-25}$$

式中 P——滚轮的计算压力，N，包括不均匀系数；

d——轴的直径，mm；

b_1——轴套的工作长度，mm；

[σ_{cg}]——滑动轴套的容许压力，N/mm²，见附录七。

轮轴常用 45 号优质碳素钢或硬质 Q275 钢做成。轮轴的直径 d 与轮子直径 D 之比一般为 0.15~0.30。在确定 d 时，应根据轮轴的布置（悬臂式或简支式）来验算弯曲应力和剪应力。轴在轴承板连接处（见图 8-26 或图 8-27），还应验算轮轴与轴承板之间的紧密接触局部承压应力，计算式为

$$\sigma_{cj} = \frac{N}{d\sum t} \leqslant [\sigma_{cj}] \tag{8-26}$$

式中 N——轴承板所受的压力，$N = P/2$；

$\sum t$——轴承板叠总厚度，mm；

[σ_{cj}]——紧密接触局部承压容许应力，见表 1-11。

为了使滚轮（尤其多滚轮）安装位置正确，轮轴可采用偏心轴（见图 8-28），它是一根两端支承中心在同一轴线上，而与滚轮接触的中段轴线偏离 5~10mm（可得调整幅度 10~20mm）的偏心轴，安装时利用偏心轴的转动，可以调整轮子到正确的位置，然后将轮轴固定在边梁腹板上。

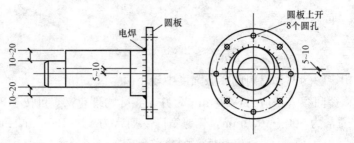

图 8 - 28　偏心轴

（三）平面钢闸门的导向装置——侧轮和反轮

闸门启闭时，为了防止闸门在门槽中因左右倾斜而被卡住或前后碰撞，并减少闸门下过水时的振动，需设置导向装置——侧轮和反轮，如图 8 - 29 所示。

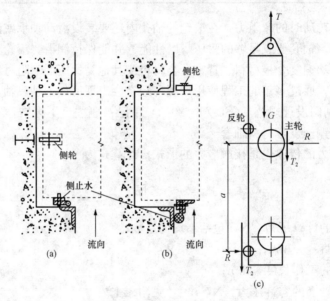

图 8 - 29　平面闸门的侧轮及反轮

（a）潜孔闸门侧轮与侧止水布置；（b）露顶闸门侧轮与侧止水布置；（c）主反轮布置

侧轮设在闸门的两侧，每侧上下各一个，侧轮的间距应尽量大些，以承受因闸门左右倾斜时引起的反力。在深孔闸门中，由于孔口上部有胸墙的影响，侧轮应设在闸门两侧的门槽内，如图 8 - 29（a）所示。在露顶闸门中侧轮可设在孔口之间闸门边部的构件上 ［见图 8 - 29 （b）］，侧轮与其轨道间的空隙为 10～20mm。

反轮设在与主轮相反的一面，承受因偏心拉力（启闭力）作用下闸门发生前后倾斜时的反力 R，如图 8 - 29（c）所示。反轮与其轮道间的空隙为 15～30mm。对于高压闸门，为了减少振动，常把反轮安装在板式弹簧上，或把反轮安装在具有橡皮垫块的缓冲车架上，使反轮紧贴在轨道上。在中小型闸门中，常利用悬臂式主轮兼作反轮，可不必另设反轮，也可采用反滑块代替反轮，以减小门槽宽度，并便于布置侧止水。

二、止水装置

（一）止水的作用与要求

止水装置的作用是在闸门关闭时，能将门叶与闸孔周界的间隙密封不漏水，故又称水封。

止水装置一般安装在闸门门叶上，便于维修更换，也可装设在埋设件上，但应对此提供维修更换的条件。止水按装设的部位不同，可分为顶止水、侧止水、底止水和节间止水四种。露顶式闸门中仅有侧止水和底止水，潜孔闸门上还有顶止水。为便于制造、运输和安装，对于高孔口的平面闸门，常将闸门门叶分成多节，节间用螺栓或其他活动结构连接起来，因此还要设置节间止水。

止水材料要求富有弹性并有足够的强度。常用的止水材料为橡皮，其次是木材和金属。止水橡皮一般可选用定型产品，侧止水和顶止水（见图8-30）常用 P 形橡皮（或 Ω 形），底止水一般用条形橡皮。布置闸门四周的止水轮廓线时，应注意各部位止水装置的连续性和严密性。

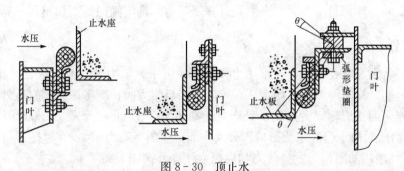

图8-30　顶止水

（二）止水的设置

1. 平面钢闸门的侧、顶止水

侧止水和顶止水一般采用定型 P 形橡皮，它们用垫板和压板夹紧后再用螺栓固定到门叶上〔见图8-30、图8-31（b）〕，螺栓直径一般为 16～20mm，间距宜小于 150mm。止水橡皮的设置方向，应根据水压方向而定，一般要求止水橡皮在受到水压后，能使其圆头压紧在止水座上。为了达到较好的止水效果，应考虑一定的预压缩量，一般顶、侧止水的预压量为 2～4mm。

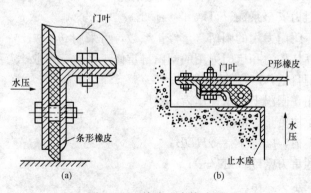

图8-31　橡皮止水构造图
（a）条形底止水；（b）P 形侧止水

顶、侧止水装置中的垫板，主要用来垫起 P 形橡皮的圆头，使其获得较好的止水效果，并保证止水面平直，故垫板一般采用稍厚钢板。顶止水装置中的压板（见图8-30），除用来夹紧止水橡皮外，还起到防止止水橡皮在启闭过程中翻卷的作用。压板的厚度，不宜小于10mm，小型闸门可适当减薄。止水压板在靠橡皮头外的边棱，应该磨圆，以免橡皮受水压变形时被压板的棱角割破。

2. 底止水

平面闸门的底止水橡皮是利用压板和螺栓直接固定在门叶面板上的〔见图 8－31(a)〕，一般都采用条形橡皮。为达到较好的止水效果，一般靠闸门自重压缩止水橡皮 3～5mm。底止水的压板一般采用角钢，并用螺栓固定在门叶底部的次梁上。

三、启闭力和吊耳

（一）启闭力

闸门启闭力的计算，对于确定启闭机械的容量、牵引构件的尺寸，以及对闸门吊耳的设计等都是必要的。计算启闭力时，一般先计算闭门力，确定闸门是否加重再计算启门力和持住力。

1. 动水中启闭的闸门

此类闸门特别是深孔闸门，在水压力作用下，由于摩阻力大，有时仅靠自重不能关闭，因此，必须分别计算闭门力和启门力。在确定闸门启闭力时，除考虑闸门自重外，还要考虑由于水压力作用而在滚轮或滑道支承处产生的摩阻力 T_{zd}，止水摩阻力 T_{zs}，闭门时门底的上托力 P_t，启闭时由于门底水流形成部分真空而产生的下吸力 P_x。有时还有门顶止水柱压力 W_s 等。平面闸门的闭门力、持住力和启门力计算公式如下：

（1）闭门力计算，计算式为
$$T_{闭}=n_T(T_{zd}+T_{zs})-n_G G+P_t \quad (kN) \tag{8-27}$$
式中，计算结果为"正"值时，需要加重（加重方式有加重块、水柱或机械下压力等）；为"负"值时，依靠自重可以关闭。

（2）持住力计算，计算式为
$$T_{持}=n_G' G+G_j+W_s+P_x-P_t-(T_{zd}+T_{zs}) \quad (kN) \tag{8-28}$$

（3）启门力计算，计算式为
$$T_{启}=n_T(T_{zd}+T_{zs})+P_x+n_G' G+G_j+W_s \quad (kN) \tag{8-29}$$

式中　n_T——摩阻力安全系数，可取 $n_T=1.2$；

　　　n_G——计算闭门力用的闸门自重修正系数，可采用 0.9～1.0；

　　　n_G'——计算持住力和启门力用的闸门自重修正系数，可取 1.0～1.1；

　　　G——闸门自重，kN，见附录五；

　　　W_s——作用在闸门上的水柱压力，kN；

　　　G_j——加重块重量，kN；

　　　P_t——上托力，kN，$P_t=\gamma HDB$；

　　　γ——水的重力密度，kN/m³；

　　　H——门底水头，m；

　　　D——底止水到上游面的间距，m；

　　　B——两侧止水间距，m；

　　　P_x——下吸力，kN，$P_x=PD_2 B$；

　　　D_2——闸门底止水至主梁下翼缘的距离，m；

P——闸门底缘 D_2 部分的平均下吸强度，一般按 20kN/m^2 计算，对溢流坝顶闸门、水闸闸门和坝内明流底孔闸门，当下游流态良好，通气充分时，可不计下吸力；

T_{zd}——支承摩擦阻力，kN，滑动轴承的滚轮摩擦阻力为 $T_{zd}=\dfrac{W}{R}(f_1 r+f_k)$，滚动轴承的滚轮摩擦阻力为 $T_{zd}=\dfrac{Wf_k}{R}\left(\dfrac{R_1}{d}+1\right)$，滑动支承摩擦阻力为 $T_{zd}=f_2 W$；

W——作用在闸门上的总水压力，kN；

r——滚轮轴半径，mm；

R_1——滚轮轴承的平均半径，mm；

R——滚轮半径，mm；

d——滚轮轴承滚柱直径，mm；

f_1、f_2、f_3——滑动摩擦系数，计算持住力时应取小值，计算启门力、闭门力时应取大值，其值可查附表 6-1；

f_k——滚动摩擦力臂，mm，钢对钢 $f_k=1\text{mm}$；

T_{zs}——止水摩擦阻力，kN，$T_{zs}=f_3 P_{zs}$；

P_{zs}——作用在止水上的总水压力，kN。

2. 静水中启闭的闸门

静水中开启的闸门，其启闭力计算除计入闸门自重和加重外，还应考虑一定的水位差引起的闸门摩擦阻力。露顶式闸门和电站尾水闸门可采用不大于 1m 的水位差；潜孔式闸门，可采用 1～5m 的水位差。对有可能发生淤泥、污物堆积等情况，尚应酌情增加。

（二）吊耳

吊耳位于闸门的吊点上，是闸门与启闭设备的吊具，如动滑轮组、钢丝绳索具、螺杆或活塞杆的吊头等相连接的重要部件，承受着闸门的全部启闭力，直接影响闸门的安全运行，故吊耳虽小，仍需充分重视。

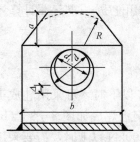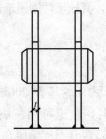

图 8-32 吊耳的构造

在闸门上可布置单吊点或双吊点，根据闸门的孔口大小、宽高比、门型和启闭机布置等因素，综合考虑确定。一般当闸门宽高比大于 1.0 时，宜采用双吊点。直升式平面闸门的吊耳，一般布置在横隔板或边梁的顶部，并应尽量设在闸门重心线上，以免闸门悬挂时发生歪斜。吊耳多数是用一块或两块钢板做成，设轴孔与吊轴相连接，如图 8-32 所示。

吊轴的强度验算与轮轴相同，也需要按机械零件的容许应力验算其弯应力和剪应力。当吊轴直径为 d 时，则吊耳板的初选尺寸为

$$b=(2.4\sim2.6)d$$
$$t\geqslant b/20$$
$$a=(0.9\sim1.05)d$$

$$\Delta = d - d_1 \leqslant 0.02d$$

吊耳板孔壁的强度计算式如下：

1. 孔壁的局部紧接承压应力

$$\sigma_{cj} = \frac{N}{dt} \leqslant [\sigma_{cj}] \tag{8-30}$$

式中　N——一块吊耳板上所受的荷载，该荷载按启门力计算时，应乘以因受力不均而引起的超载系数 $1.1 \sim 1.2$；

　　　　d——吊轴直径；

　　　　t——吊耳板的厚度（当有轴承板时，应为轴承板厚度）；

　　$[\sigma_{cj}]$——局部紧接承压容许应力（见表 1-11）。为调整吊耳孔位置而采用轴承板时，则每块吊耳板两侧的两块轴承板的总厚度应不小于 $1.2t$。

2. 孔壁拉应力

孔壁拉应力的近似弹性力学中的拉美（G Lame）验算式为

$$\sigma_k = \sigma_{cj} \frac{R^2 + r^2}{R^2 - r^2} \leqslant [\sigma_k] \tag{8-31}$$

式中　R、r——吊耳板孔中心到板边的最近距离和轴孔半径（$r = d/2$）（见图 8-32），R 取 $b/2$ 和 $a + d/2$ 中的较小值；

　　$[\sigma_k]$——孔壁容许拉应力（见表 1-11），如 Q235 钢，$[\sigma_k] = 120\text{MPa}$，Q345 钢，$[\sigma_k] = 180\text{MPa}$。

第五节　平面钢闸门的埋件

平面钢闸门的埋件一般包括主轨、侧轨和反轨、止水座、底槛、门楣、护角及护面等。设计上述各种埋件时，应该统一考虑，全面安排，尽可能采取兼任与合并的办法，以减少埋件数量，达到简化制造、安装和降低造价的目的。闸门埋件一般采用二期混凝土安装，当条件容许或施工需要时，可采用预制门槽安装。

关于预埋件的计算，本节主要介绍主轨的计算，其他埋件则属于选用性质，一般不做计算。

一、主轨道

（一）定轮闸门主轨

1. 形式

根据轮压大小可采用图 8-33 所示的不同形式。轮压在 200kN 以下时，可采用轧成工字钢［见图 8-33（a）］；轮压在 200～500kN 时，轨道可用三块钢板焊成如图 8-33（b）所示的截面或用重型钢轨、起重钢轨［见图 8-33（c）］；轮压在 500kN 以上时，需要采用铸钢轨。为了提高轨道的侧向刚度，常把主轨轮道与门槽的护角角钢连接起来，如图 8-33 所示。

2. 强度计算

（1）轨道与滚轮的接触应力，见式（8-23）。

（2）在滚轮压力作用下的主轨应力。在滚轮作用下，轨道应验算下列各项，如图 8-34 所示。

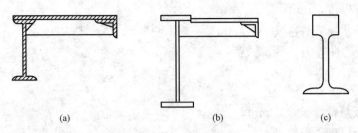

图 8-33　轨道形式

(a) 轧制工字钢轨道；(b) 焊接工字钢轨道；(c) 重型钢轨、起重钢轨轨道

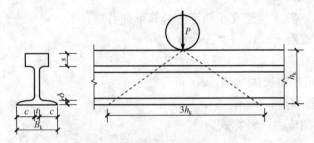

图 8-34　滚轮的轨道受力图

1）轨道底板混凝土承压应力，计算式为

$$\sigma_{\rm h} = \frac{P}{3h_{\rm k}B_{\rm k}} \leqslant [\sigma_{\rm h}] \qquad (8-32)$$

当相邻两滚轮中心距小于 $3h_{\rm k}$，计算式为

$$\sigma_{\rm h} = \frac{P}{B_{\rm k}L} \leqslant [\sigma_{\rm h}] \qquad (8-33)$$

式中　P——滚轮的荷载，N；

$h_{\rm k}$——轨道高度，mm；

$B_{\rm k}$——轨道底板宽度，mm；

L——相邻两滚轮的中心距，mm；

$[\sigma_{\rm h}]$——混凝土的容许承压应力，MPa（见附录七）。

2）轨道横断面弯曲应力，计算式为

$$\sigma = \frac{M}{W_{\rm k}} = \frac{3Ph_{\rm k}}{8W_{\rm k}} \leqslant [\sigma] \qquad (8-34)$$

$$M = \frac{3}{8}Ph_{\rm k}$$

式中　$W_{\rm k}$——轨道截面抵抗矩，mm³；

M——轨道最大弯矩，N·mm；

$[\sigma]$——轨道材料抗弯容许应力，N/mm²。

3）轨道颈部的局部承压应力，计算式为

$$\sigma_{\rm cd} = \frac{P}{3st} \leqslant [\sigma_{\rm cd}] \qquad (8-35)$$

式中　s——颈部至轨面的距离，mm；

t——颈部厚度，mm；

$[\sigma_{cd}]$——局部承压容许应力，N/mm²。

4）轨道底板弯曲应力，计算式为

$$\sigma = 3\sigma_h \frac{c^2}{\delta^2} \leqslant [\sigma] \qquad (8-36)$$

式中　c——底板悬臂段长度，mm；

　　　δ——底板厚度，mm；

　　$[\sigma]$——轨道材料抗弯容许应力，N/mm²。

（二）胶木滑道支承轨道

如图 8-35 所示，胶木滑道支承轨道应验算下列各项：

（1）轨道底板的混凝土承压应力，计算式为

$$\sigma_h = q/B_k \leqslant [\sigma_h] \qquad (8-37)$$

式中　q——胶木滑道单位长度荷载，N/mm；

　　B_k——轨道底板宽度，mm。

（2）轨道底板弯曲应力，计算式为

$$\sigma = 3\sigma_h \frac{c^2}{\delta^2} \leqslant [\sigma] \qquad (8-38)$$

式中　$[\sigma]$——抗弯容许应力，N/mm²；

　　$c、\delta$——如图 8-35 所示。

为了便于把闸门引入闸槽，常将轨道的上端做成斜坡形，如图 8-36 所示，即把轨道上端的腹板切割去一个三角形部分，再将剩余的部分弯折对接。

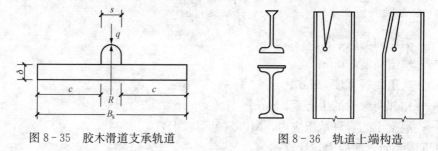

图 8-35　胶木滑道支承轨道　　　　图 8-36　轨道上端构造

二、止水座

在门体止水橡皮紧贴于混凝土的部位，应埋设表面光滑平整的钢质止水座，以满足止水橡皮与之贴紧后不漏水，并减少橡皮滑动时的磨损。对于重要的工程，在钢质止水座的表面再焊一条不锈钢条，如图 8-37 所示。

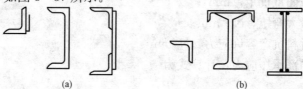

图 8-37　止水座形式

（a）侧止水底座；（b）底止水底座

在潜孔闸门中，与顶止水相接触的胸墙护面板如图 8-38 所示。电站进水口利用水柱下降的事故闸门及其他需要借助门顶水柱压力才能关闭的闸门，护面板的竖直段需要适当加高。如图 8-39 所示，因为只有当闸门的顶止水与护面板的竖直段紧贴不漏水时才能产生完全的门顶水柱压力。为了避免护面板耗费钢材过多，试验成果表明，只要闸门的上游边留有足够的供水净空 S_0（见图 8-39），闸门下游边的净空（$S_1+\Delta$）适当的小（图 8-39 中，$S_0 \geqslant 5S_1$，$\Delta = 10\text{mm}$ 或 $\Delta \approx S_1$），则关闭闸门时，闸门顶部的水位就可以得到及时的补充。这时护面板的竖直段高度 h 仅需为孔口高度 H 的（$0.05 \sim 0.1$）倍，但不得小于 300mm。这样就可以利用水柱压力迅速关闭闸门。

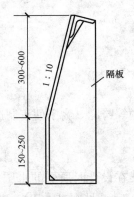

图 8-38 潜孔闸门胸墙护面板形式

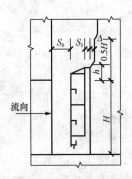

图 8-39 形成门顶水柱压力时的门槽布置图

第六节 设计例题——露顶式平面钢闸门设计

一、设计资料

（1）闸门形式。露顶式平面钢闸门。

（2）孔口尺寸（宽×高）。10m×6.0m。

（3）上游水位。▽9.0。

（4）下游水位。无。

（5）闸底高程。▽3.0。

（6）启闭方式。电动固定式启闭机。

（7）材料。钢结构：Q235B；焊条：E43 型；行走支承：简支轮，材料为 ZG45；止水橡皮：侧止水用 P 形橡皮，底止水用条形橡皮；混凝土强度等级：C20。

（8）制造条件。金属结构制造厂制造，手工电弧焊，满足Ⅲ级焊缝质量检验标准。

（9）规范。《水利水电工程钢闸门设计规范》（SL 74—2013）。

二、闸门结构的形式及布置

1. 闸门尺寸的确定（见图 8-40）

闸门高度：考虑风浪所产生的水位超高为 0.2m，故

$$闸门高度 = 6.0 + 0.2 = 6.2\text{m}$$

闸门的荷载跨度为两侧止水的间距

$$L_\text{q} = 10.0\text{m}$$

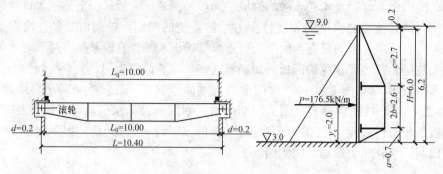

图 8-40　闸门主要尺寸（单位：m）

闸门计算跨度

$$L = L_0 + 2d = 10 + 2 \times 0.2 = 10.4 \text{m}$$

2. 主梁的形式

主梁的形式应根据水头和跨度大小而定，该闸门属中等跨度，为了便于制造和维护，决定采用实腹式组合梁。

3. 主梁的布置

根据闸门的高跨比，决定采用双主梁。为使 2 根主梁在设计时所受的水压力相等，2 根主梁的位置应对称于水压力合力的作用线 $y_c = H/3 = 2.0 \text{m}$（见图 8-40），并要求上悬臂 $c \leqslant 0.45H$，且使底主梁到底止水的距离尽量符合底缘布置要求（即 $\alpha \geqslant 30°$）和满足底主轮安装要求（$a \geqslant D + 60 \text{mm}$），取 $c = 0.45H = 2.7 \text{m}$，则主梁间距为

$$2b = 2(H - y_c - c) = 2 \times (6.0 - 2.0 - 2.7) = 2.6 \text{m}$$

$$a = H - 2b - c = 6 - 2.6 - 2.7 = 0.7 \text{m}$$

4. 梁格的布置和形式

梁格采用复式布置和齐平连接，水平次梁穿过横隔板上的预留孔并被横隔板所支承。水平次梁为连续梁，其间距应上疏下密，使面板各区格所需要的厚度大致相等，梁格布置的具体尺寸如图 8-41 所示。

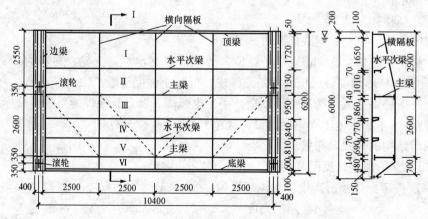

图 8-41　梁格布置尺寸图（单位：mm）

5. 连接系的布置和形式

（1）横向连接系。根据主梁的跨度，决定布置 3 道横隔板，其间距为 2.5m，横隔板兼作竖直次梁。

（2）纵向连接系。采用斜杆式桁架，布置在 2 根主梁下翼缘的竖平面内。

6. 边梁与行走支承

边梁采用双腹式，行走支承采用简支轮。

三、面板设计

根据《水利水电工程钢闸门设计规范》（SL 74—2013）关于面板的计算，先估算面板厚度，在主（次）梁截面选择之后再验算面板的局部弯曲与主梁整体弯曲的折算应力。

1. 估算面板厚度

初步布置梁格尺寸如图 8-41 所示，面板厚度按式（8-3）计算，则

$$t = a \sqrt{\frac{kp}{\alpha[\sigma]}}$$

当 $b/a \leqslant 3$ 时，$a = 1.5$，则

$$t = a \sqrt{\frac{kp}{1.5 \times 160}} = 0.065a\sqrt{kp}$$

当 $b/a > 3$ 时，$a = 1.4$，则

$$t = a \sqrt{\frac{kp}{1.4 \times 160}} = 0.067a\sqrt{kp}$$

计算结果列于表 8-4。

表 8-4　　　　　　　　　　　计　算　结　果

区格	a (mm)	b (mm)	b/a	k	p (N/mm²)	$\sqrt{kp}$	t (mm)
I	1650	2490	1.51	0.568	0.007	0.064	6.76
II	1010	2490	2.47	0.5	0.021	0.102	6.70
III	860	2490	2.90	0.5	0.031	0.125	7.20
IV	770	2490	3.23	0.5	0.040	0.142	7.33
V	690	2490	3.61	0.5	0.048	0.155	7.17
VI	480	2490	5.19	0.75	0.055	0.203	6.53

注　1. 面板边长 a、b 都从面板与梁格的连接焊缝算起，主梁上翼缘宽度取 140mm。

　　2. 区格 I、VI 中系数按三边固定一边简支查得。

根据表 8-4 计算结果，选用面板 $t = 8$mm。

2. 面板与梁格的连接焊缝计算

面板局部弯曲时产生的垂直于焊缝长度方向的横拉力 N_t 按式（8-7）计算，已知面板厚度为 $t = 8$mm，并且近似地取板中最大弯曲应力 $\sigma_{max} = [\sigma] = 160$N/mm²，则

$$N = 0.07t\sigma_{max} = 0.07 \times 8 \times 160 = 89.6 \text{ N/mm}$$

面板与主梁连接焊缝方向单位长度内的剪力为（主梁的最大剪力 V 及相应的截面特性 S 及 I_0 见后）。

$$T = \frac{VS}{2I_0} = \frac{441 \times 10^3 \times 620 \times 8 \times 306}{2 \times 1617 \times 10^6} = 207\text{N/mm}$$

由式（8-8）计算面板与主梁连接的焊缝厚度

$$h_f \geqslant \sqrt{N_t^2 + T^2} / (0.7[\tau_f^w]) = \sqrt{89.6^2 + 207^2} / 0.7 \times 115 = 2.8 \text{mm}$$

面板与梁格的连接焊缝取其最小厚度 $h_f = 6\text{mm}$。

四、水平次梁、顶梁和底梁的设计

1. 荷载与内力计算

水平次梁和顶、底梁都是支承在横隔板上的连续梁，作用在它们上面的水压力的计算式为

$$q = p \frac{a_上 + a_下}{2}$$

计算结果列于表 8-5。

表 8-5　　　　　　　　　　计　算　结　果

梁号	梁轴线处水压强度 p（kN/m²）	梁间距	$\dfrac{a_上 + a_下}{2}$（m）	$q = p\dfrac{a_上+a_下}{2}$（kN/m）	备注
1（顶梁）	—	—	—	3.68′	顶梁荷载按下图计算
2	15.4	1.72	1.425	21.95	$R_1 = \dfrac{\dfrac{1.57 \times 15.4}{2} \times \dfrac{1.57}{3}}{1.72}$
3（上主梁）	26.5	1.13	1.040	27.56	$= 3.68$（kN/m）
4	35.8	0.95	0.895	32.04	
5	44.0	0.84	0.825	36.30	
6（下主梁）	51.9	0.81	0.705	36.59	
7（底梁）	57.8	0.60	0.400	23.12	
		0.10			

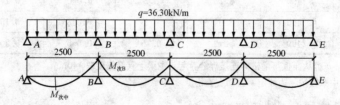

根据表 8-5 计算结果，水平次梁计算荷载取 36.30kN/m，水平次梁为四跨连续梁，跨度为 2.5m，如图 8-42 所示。水平次梁边跨中的正弯矩为

$$M_{次中} = 0.077ql^2 = 0.077 \times 36.3 \times 2.5^2 = 17.47 \text{kN} \cdot \text{m}$$

图 8-42　水平次梁计算简图

支座 B 处的负弯矩为

$$M_{次B} = 0.107ql^2 = 0.107 \times 36.3 \times 2.5^2 = 24.276 \text{kN} \cdot \text{m}$$

2. 截面选择

$$W = M/[\sigma] = 24.276 \times 10^6 / 160 = 151\,725 \text{mm}^3$$

考虑利用面板作为次梁截面的一部分，初选 [18a，由附表 3-6，查得

$$A = 2570 \text{mm}^2，W_工 = 141\,000 \text{mm}^3，I_上 = 12\,730\,000 \text{mm}^4；b_1 = 68 \text{mm}，d = 7 \text{mm}$$

面板参加次梁翼缘工作的有效宽度分别按式（8-15）及式（8-16）计算，然后取其中较小

值，即

式（8-15）中

$$B \leqslant b_1 + 60t = 68 + 60 \times 8 = 548 \text{mm}$$

式（8-16）中

$$B = \xi_1 b \quad \text{（对跨间正弯矩段）}$$
$$B = \xi_2 b \quad \text{（对支座负弯矩段）}$$

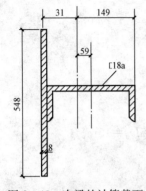

图 8-43 次梁的计算截面

按 5 号梁计算，该梁平均间距 $b = \dfrac{a_上 + a_下}{2} = \dfrac{840 + 810}{2} = 825 \text{mm}$。对于第一跨中正弯矩段，弯矩零点之间的距离 $l_0 = 0.8l = 0.8 \times 2500 = 2000 \text{mm}$，对于支座负弯矩段，弯矩零点之间的距离取为 $l_0 = 0.4 \times l = 0.4 \times 2500 = 1000 \text{mm}$，根据 l_0/b 查表 8-1：由 $l_0/b = 2000/825 = 2.424$ 得 $\xi_1 = 0.76$，则 $B = \xi_1 b = 627 \text{mm}$；由 $l_0/b = 1000/825 = 1.212$ 得 $\xi_2 = 0.35$，则 $B = \xi_2 b = 289 \text{mm}$。对第一跨中选用 $B = 548 \text{mm}$，则水平次梁的组合截面面积为（见图 8-43）

$$A = 2570 + 548 \times 8 = 6954 \text{mm}^2$$

组合截面形心到槽钢中心线的距离

$$e = \frac{548 \times 8 \times 94}{6954} = 59 \text{mm}$$

跨中组合截面的惯性矩及截面模量为

$$I_{次中} = 12\,730\,000 + 2570 \times 59^2 + 548 \times 8 \times 35^2$$
$$= 2.704 \times 10^7 \text{mm}^4$$

$$W_{\min} = \frac{I_{次中}}{y_{\max}} = \frac{2.704 \times 10^7}{149} = 181\,500 \text{mm}^3$$

对支座选用 $B = 289 \text{mm}$，则

$$A = 2570 + 289 \times 8 = 48\,820 \text{mm}^2$$

组合截面形心到槽钢中心线的距离

$$e = \frac{289 \times 8 \times 94}{4882} \approx 45 \text{mm}$$

支座处的截面参数为

$$I_{次B} = 12\,730\,000 + 2570 \times 45^2 + 289 \times 8 \times 49^2$$
$$= 23\,485\,362 \text{mm}^4$$

$$W_{\min} = \frac{23\,485\,362}{135} = 173\,966 \text{mm}^3$$

3. 水平次梁的强度验算

因支座 B（见图 8-42）处弯矩最大，而截面模量较小，故只需验算支座 B 处截面的抗弯强度，即

$$\sigma_次 = \frac{M_{次B}}{W_{\min}} = \frac{2.4276 \times 10^7}{173\,966} = 139.54 \text{N/mm}^2 < [\sigma] = 160 \text{N/mm}^2$$

满足强度要求。

轧成梁的剪应力一般很小，故不再验算。

4. 水平次梁的挠度验算

水平次梁为受均布荷载的四跨连续梁，最大挠度发生在边跨，可按式（8-14）计算

$$\frac{w}{l}=\frac{\beta q l^3}{100EI}=0.632\times\frac{36.3\times2500^3}{100\times2.06\times10^5\times2.704\times10^7}$$

$$=6.435\times10^{-4}<\left[\frac{w}{l}\right]=\frac{1}{250}=0.004$$

满足刚度要求。

5. 顶梁和底梁

顶梁和底梁也采用与中间次梁相同的截面，故也选用 [18a。

五、主梁设计

（一）已知条件

（1）主梁跨度（见图 8-44）：计算跨度 $L=10.4\text{m}$，荷载跨度 $L_q=10\text{m}$。

图 8-44　主梁计算简图

（2）主梁荷载：$q=p/2=88.3\text{kN/m}$。

（3）横隔板间距：2.5m。

（4）主梁容许挠度：$\left[\dfrac{w}{L}\right]=\dfrac{1}{600}$。

（二）主梁设计

1. 截面选择

（1）主梁的内力计算

$$M_{max}=\frac{q\times l_q}{2}\left(\frac{L}{2}-\frac{l_q}{4}\right)=\frac{88.3\times10}{2}\times\left(\frac{10.4}{2}-\frac{10}{4}\right)=1192\text{kN}\cdot\text{m}$$

$$V_{max}=qL_q/2=\frac{1}{2}\times88.3\times10\approx441\text{kN}$$

（2）需要的截面抵抗矩，已知钢材 Q235AF 的容许应力 $[\sigma]=160\text{N/mm}^2$，初估翼缘厚为第一组钢材，考虑闸门自重引起的附加应力影响，取容许应力为 $0.9[\sigma]=144\text{N/mm}^2$，则所需的截面抵抗矩为

$$W=M_{max}/0.9[\sigma]=\frac{1192\times10^3}{144}=8278\text{cm}^3$$

（3）腹板高度 h_0 选择。为减小门槽宽度，主梁采取变梁高形式；则按刚度要求的最小梁高为

$$h_{min}=0.96\times0.23\frac{[\sigma]\times0.9L}{E[w/L]}$$

$$=0.96\times0.23\times\frac{144\times1.04\times10^3}{2.06\times10^5\times(1/600)}=96.3\text{cm}$$

经济梁高

$$h_{ec}=3.1W^{2/5}=3.1\times8278^{2/5}\approx114cm$$

选取的梁高 h 一般应大于 h_{min}，但比 h_{ec} 稍小。

现选用主梁腹板高度 $h_0=100cm$。

（4）腹板厚度选择。由经验公式

$$t_w=\sqrt{h_0}/11=\sqrt{100}/11=0.91cm$$

选用 $t_w=1.0cm$。

（5）翼缘截面选择。每个翼缘所需截面积为

$$A_1=\frac{W}{h_0}-\frac{1}{6}t_wh_0=\frac{8278}{100}-\frac{1}{6}\times1.0\times100=66.1cm^2$$

下翼缘选用 $t_1=2.0cm$，则需要 $b_1=A_1/t_1=33cm$，选用 $b_1=34cm\left[在\left(\frac{1}{2.5}\sim\frac{1}{5}\right)h=40\sim20cm\ 之间\right]$。

上翼缘的部分面积可利用面板，故只需设置较小的上翼缘板同面板相连，选用 $t_1=2.0cm$，$b_1=14cm$。

面板兼作主梁上翼缘的有效宽度 B 可按下列两者计算，然后取其较小值

$$B=b_1+60t=14+60\times0.8=62cm$$

下主梁与相邻两水平次梁的平均间距较小，其值为

$$b=\frac{a_上+a_下}{2}=\frac{81+60}{2}=70.5cm$$

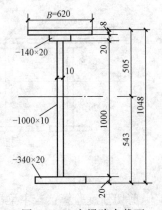

图 8-45 主梁跨中截面

由 $L/b=1040/70.5=14.75$，查表 8-1 得 $\xi_1=1.0$，则

$$B=\xi_1b=70.5cm$$

故面板可以利用的有效宽度为 $(62,70.5)_{min}=62cm$，则主梁上翼缘总面积

$$A_1=14\times2.0+62\times0.8=77.6cm^2$$

（6）弯应力强度验算。主梁跨中截面如图 8-45 所示，截面形心距为

$$y_1=\frac{\sum A_iy_i}{\sum A_i}=\frac{62\times0.8\times0.4+14\times2.0\times1.8+100\times1.0\times52.8+34\times2.0\times103.8}{62\times0.8+14\times2.0+100\times1.0+34\times2.0}$$

$$=\frac{12\ 408.64}{245.6}=50.5cm$$

截面惯性矩

$$I=\frac{1}{12}t_wh_0{}^3+\sum A_iy_i{}^2$$

$$=\frac{1}{12}\times1\times100^3+62\times0.8\times50.1^2+14\times2\times48.7^2+100\times1.0\times2.3^2+34\times2.0\times53.3^2$$

$$=467\ 947cm^4$$

截面抵抗矩为

上翼缘顶边　　$W_{max}=\dfrac{I}{y_1}=\dfrac{467\,947}{50.\,5}=9266\text{cm}^3$

下翼缘底边　　$W_{min}=\dfrac{I}{y_2}=\dfrac{467\,947}{54.\,3}=8618\text{cm}^3$

弯曲应力　　$\sigma=\dfrac{M_{max}}{W_{min}}=\dfrac{1.\,192\times10^9}{8.\,618\times10^6}=138.\,3\text{N/mm}^2>0.\,9\times150=135\text{N/mm}^2$

但在 3% 以内，满足要求。

（7）整体稳定性与挠度验算。因主梁上翼缘直接同钢面板相连，按《钢结构设计规范》（GB 50017）规定可不必验算其整体稳定性。又因梁高大于按刚度要求的最小梁高，故梁的挠度也不必验算。

2. 截面改变

因主梁跨度较大，为节约钢材，同时为减小门槽宽度，决定降低主梁端部高度，如图 8-46 所示，取主梁支承端腹板高度为

$$h_0{}^{\text{d}}=0.\,6\,h_0=600\text{mm}$$

梁高开始改变的位置取在邻近支承端的横向隔板下翼缘的外侧（见图 8-47），若横隔板的下翼缘宽取为 200mm，则梁高改变位置离开边梁内侧腹板的距离为 2500－200/2＝2400mm。

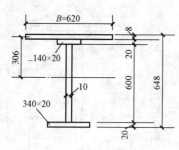

图 8-46　主梁支承端截面

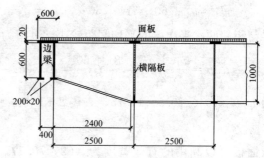

图 8-47　主梁变截面位置图

剪切强度验算：若主梁端部的腹板及翼缘都分别与支承边梁的腹板及翼缘相焊接，可按工字形截面来验算剪应力强度。主梁支承端的截面参数（见图 8-47）计算如下：

截面形心距

$$y_1=\frac{\sum A_i y_i}{\sum A_i}=\frac{62\times0.\,8\times0.\,4+14\times2\times1.\,8+60\times1\times32.\,8+34\times2\times63.\,8}{62\times0.\,8+14\times2+60\times1+34\times2}$$

$$=\frac{6376.\,64}{205.\,6}=31\text{cm}$$

截面惯性矩

$$I_x=\frac{1}{12}t_w\,(h_0^{\text{d}})^3+\sum A_i y_i{}^2$$

$$=\frac{1}{12}\times1\times60^3+62\times0.\,8\times30.\,6^2+14\times2\times29.\,2^2+60\times1\times1.\,8^2+34\times2\times32.\,8^2$$

$$=161\,669\text{cm}^4$$

截面下半部对中和轴的面积矩

$$S = 34 \times 2 \times 32.8 + 31.8 \times 1.0 \times \frac{31.8}{2} = 2736 \text{cm}^3$$

则
$$\tau = \frac{V_{\max}S}{I_x t} = \frac{4.41 \times 10^5 \times 2.736 \times 10^6}{1.616\ 69 \times 10^9 \times 10} = 74.6 \text{N/mm}^2 < [\tau] = 95 \text{N/mm}^2$$

3. 翼缘焊缝

翼缘焊缝厚度 h_f 按受力最大的支承端截面计算。最大剪力 $V_{\max} = 441 \text{kN}$，截面惯性矩

$$I_x = 161\ 669 \text{cm}^4$$

上翼缘对中和轴的面积矩

$$S_1 = 62 \times 0.8 \times 30.6 + 14 \times 2 \times 29.2 = 2335 \text{cm}^3$$

下翼缘对中和轴的面积矩

$$S_2 = 34 \times 2 \times 32.8 = 2230 \text{cm}^3 < S_1$$

需要

$$h_f = \frac{VS_1}{1.4 I_x [\tau_f^w]} = \frac{4.41 \times 10^5 \times 2.335 \times 10^6}{1.4 \times 1.61669 \times 10^9 \times 115} = 4.0 \text{mm}$$

角焊缝最小厚度

$$h_f \geqslant 1.5 \sqrt{t_1} = 1.5 \sqrt{20} = 6.7 \text{mm}$$

主梁上、下翼缘焊缝全长均取 $h_f = 8 \text{mm}$。

4. 腹板的加劲肋和局部稳定性验算

加劲肋的布置：因为 $h_0/t_w = 100/1.0 = 100 > 80$，故需设置横加劲肋，以保证腹板的局部稳定性。

对于梁高较大的区格，如图 8-47 所示的右侧区格，可按式（5-55）计算横向加劲肋的间距 a，即

$$a \leqslant \frac{615 h_0}{\dfrac{h_0}{t_w} \sqrt{\eta \tau} - 765}$$

该区格左边截面的剪力最大，其值为

$$V = 441 - 88.3 \times 2.5 = 220.25 \text{kN}$$

该截面对应的弯矩为

$$M = 441 \times 2.7 - 88.3 \times 2.5^2/2 = 914.76 \text{kN} \cdot \text{m}$$

该截面腹板边缘的弯曲压应力

$$\sigma = \frac{M y_0}{I_x} = \frac{9.1476 \times 10^8 \times 477}{4.67947 \times 10^9} = 93.25 \text{N/mm}^2$$

$$\sigma \left(\frac{h_0}{100 t_w}\right)^2 = 93.25 \times \left(\frac{100}{100 \times 1}\right)^2 = 93.25$$

由式（5-56）计算或查表 5-8 可得弯曲应力影响系数

$$\eta = 1.02$$

区格左边截面最大剪力产生的腹板平均剪应力为

$$\tau = \frac{V}{h_0 \cdot t_w} = \frac{2.2025 \times 10^5}{1000 \times 10} = 22.025 \text{N/mm}^2$$

则　　$a \leqslant \dfrac{615h_0}{\dfrac{h_0}{t_w}\sqrt{\eta\tau}-765} = \dfrac{615 \times 1000}{\dfrac{1000}{10}\sqrt{1.02 \times 22.025}-765} = \dfrac{615\,000}{-291}$

当主梁腹板横向加劲肋 a 计算公式中的分母为负值时，根据《规范》SL74-2013规定，横加劲肋的最大间距可取为 $a=2h_0=2000\text{mm}$。因闸门上已布置的横向隔板的腹板可兼作主梁腹板的横向加劲肋，如图8-47，但其间距2500mm$>$2a。故需在两道横隔板间增设一道横向加劲肋，则横向加劲肋间距为 $a=1250\text{mm}<2h_0=2000\text{mm}$。

再从剪力最大的区格考虑，如图8-47的左侧区格，该区格的腹板平均高度为

$$\bar{h}_0 = \dfrac{1}{2} \times (100 + 60) = 80\text{cm}$$

因 $\bar{h}_0/t_w = 80/1 = 80$，不必验算，也不需另设横向加劲肋。

六、面板参加主（次）梁工作的折算应力验算

主（次）梁截面选定后，还需要按式（8-4）验算面板局部弯曲与主（次）梁整体弯曲的折算应力。由图8-43可知，因水平次梁的截面很不对称，面板参加水平次梁翼缘整体弯曲的应力 $\sigma_{0x}^{\text{次}}$ 与其参加主梁翼缘工作的整体弯曲应力 $\sigma_{0x}^{\text{主}}$ 要小得多，故只需验算面板参加主梁工作时的折算应力。

由前文的面板计算可知，直接与主梁相邻的面板区格，只有区格Ⅲ所需的板厚较大，这意味着该区格的长边中点应力也较大，所以选取图8-41中的区格Ⅲ按式（8-4）验算其长边中点的折算应力。

面板区格Ⅲ在长边中点的局部弯曲应力为

$$\sigma_{my} = kpa^2/t^2 = 0.5 \times 0.031 \times 860^2/8^2 = 179\text{N/mm}^2$$

$$\sigma_{mx} = \mu\sigma_{my} = 0.3 \times 179 = 53.7\text{N/mm}^2$$

对应于面板区格Ⅲ的长边中点的主梁弯矩（见图8-44）和弯曲应力为

$$M = 88.3 \times 5 \times 3.95 - \dfrac{1}{2} \times 88.3 \times 3.75^2 = 1123.07\text{kN·m}$$

$$\sigma_{0x} = M/W = \dfrac{1.123 \times 10^9}{9.266 \times 10^6} = 121.2\text{N/mm}^2$$

面板区格Ⅲ的长边中点的折算应力

$$\sigma_{zh} = \sqrt{\sigma_{my}^2 + (\sigma_{mx} - \sigma_{0x})^2 - \sigma_{my}(\sigma_{mx} - \sigma_{0x})}$$

$$= \sqrt{179^2 + (53.7 - 121.2)^2 - 179(53.7 - 121.2)}$$

$$= 220.63\text{N/mm}^2 \leqslant 1.1a[\sigma] = 1.1 \times 1.4 \times 160 = 246.4\text{N/mm}^2$$

故面板厚度选用8mm，满足强度要求。

七、横隔板设计

横隔板同时兼作竖直次梁，它主要承受水平次梁、顶梁和底梁传来的集中荷载和面板传来的分布荷载［见图8-18（a）］，计算时可把这些荷载用以三角形分布的水压力来代替［见图8-18（b）］。横隔板按支承在主梁上的双悬臂梁计算，则每道横隔板在上悬臂的最大负弯矩为

$$M = \dfrac{1}{2}qc\dfrac{c}{3} = \dfrac{1}{2} \times 26.5 \times 2.5 \times 2.7 \times \dfrac{2.7}{3} = 80.5\text{kN·m}$$

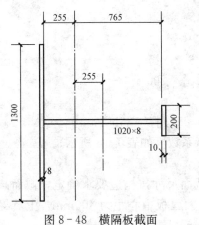

图 8-48 横隔板截面

横隔板的腹板选用与主梁腹板相近，采用 1020mm×8mm，上翼缘利用面板，下翼缘采用 200mm×10mm 的扁钢。上翼缘可以利用的面板的宽度按式 $B=\xi_2 b$ 计算，其中横隔板平均间距 $b=2500$mm，按 $l_0/b=2\times2700/2500=2.16$ 由表 8-1 查得 $\xi_2=0.53$，则 $B=0.53\times2500=1325$mm，取 $B=1300$ mm 验算，如图 8-48 所示的截面几何参数如下：

截面形心到腹板中心线的距离

$$e=\frac{1300\times8\times514-200\times10\times515}{1300\times8+200\times10+1020\times8}$$
$$=255\text{mm}$$

$$I=\frac{1}{12}\times8\times1020^3+1020\times8\times255^2+1300\times8\times259^2+200\times10\times720^2$$

$$=3.121\,52\times10^9\text{mm}^4$$

$$W_{min}=I/y_{max}=3.121\,52\times10^7/775=4028\times10^6\text{mm}^3$$

弯应力验算

$$\sigma=M/W_{min}=8.05\times10^7/4.028\times10^6=19.985\text{N/mm}^2$$
$$<[\sigma]=160\text{N/mm}^2$$

由于横隔板截面高度较大，剪切强度更不必验算。横隔板翼缘焊缝采用最小焊缝厚度 $h_f=6$mm。

八、纵向连接系设计

纵向连接系承受闸门自重，露顶式平面钢闸门的自重 G 可按附录五估算，即

$$G=k_z k_c k_g H^{1.43} B^{0.88}\times9.8$$
$$=1.0\times1.0\times0.13\times6^{1.43}\times10^{0.88}\times9.8=125.31\text{kN}$$

下游面纵向连接系按承受 $0.4G=0.4\times125.31=50.124$kN 计算。纵向连接系按支承在边梁上的简支平面桁架设计，其腹杆布置形式如图 8-49 所示。

节点荷载为 $P=\dfrac{50.124}{4}=12.531$kN，杆件内力计算结果如图 8-49 所示。

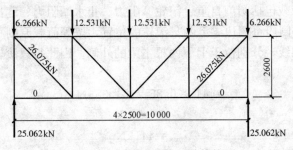

图 8-49 纵向连接系计算简图

斜杆承受最大拉力 $N=26.075$kN，同时考虑闸门偶然扭曲时可能承受压力，故其长细比的限值取与压杆相同，即 $[\lambda]=200$。

选用单角钢∠100×6，由附表$3-8$查得

$$A=11.9\text{cm}^2,\quad i_{0y}=2.0\text{cm}$$

斜杆计算长度　　　$l_0=0.9\sqrt{2.5^2+0.4^2+2.6^2}=3.27\text{m}$

长细比　　　　　　$\lambda=l_0/i_{0y}=327/2.0=163.5<[\lambda]=200$

拉杆强度验算

$$\sigma=N/A=26\,075/1190=21.9\text{N/mm}^2<0.85[\sigma]=136\text{N/mm}^2$$

其中0.85为考虑单角钢受力偏心影响的容许应力折减系数（如表$1-6$所示）。

九、边梁设计

边梁的截面形式采用双腹式（见图$8-50$），边梁的截面尺寸按构造要求确定，截面高度与主梁端部高度相同，腹板厚度与主梁腹板厚度相同。两腹板中心距为400mm，上翼缘为$600\text{mm}\times20\text{mm}$，下翼缘分为两块，各为$200\text{mm}\times20\text{mm}$。

在闸门每侧边梁上各设两只简支轮。其布置尺寸如图$8-51$所示。

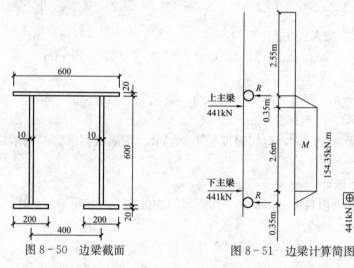

图$8-50$　边梁截面　　　　　　　图$8-51$　边梁计算简图

边梁所受的水平荷载主要是主梁传来的支座反力及水平次梁、顶底梁传来的水平荷载。为了简化计算，可假设这些荷载完全由主梁传给边梁。每根主梁作用于边梁的集中荷载$R=441\text{kN}$。

边梁所受的竖向荷载包括闸门自重、滚轮摩阻力、止水摩阻力、起吊力等。

如图$8-51$所示，闸门每侧边梁上两只滚轮的位置，按等荷载原则布置，故上下对称于闸门总水压力合力作用线，分别位于上下两根主梁的外侧。因此每只滚轮的压力为441kN。

边梁最大弯矩

$$M_{\max}=441\times0.35=154.35\text{kN}\cdot\text{m}$$

最大剪力

$$V_{\max}=441\text{kN}$$

最大轴向力为作用在一个边梁上的起吊力，初估为130kN。在最大弯矩作用的截面上的轴向力，等于起吊力减去一只上滚轮的摩阻力（$T_{zd}/4$），该轴向力为

$$N=130-T_{zd}/4=130-51.744/4=117.064\text{kN}$$

边梁的强度验算

截面面积

$$A = 2 \times 600 \times 10 + 600 \times 20 + 2 \times 200 \times 20 = 32\,000\,\text{mm}^2$$

边梁截面形心轴 x-x 距下翼缘外缘的距离

$$y_0 = \frac{\sum A_i y_i}{A} = \frac{600 \times 20 \times 630 + 2 \times 600 \times 10 \times 320 + 2 \times 200 \times 20 \times 10}{32\,000}$$

$$= 358.75\,\text{mm}$$

面积矩

$$S = 2 \times 200 \times 20 \times 348.75 + 2 \times 338.75 \times 10 \times 338.75/2 = 3\,937\,516\,\text{mm}^3$$

截面惯性矩

$$I = 2 \times \frac{1}{12} \times 10 \times 600^3 + 2 \times 10 \times 600 \times 38.75^2 + 600 \times 20 \times 271.25^2 + 2 \times 200 \times 20 \times 348.75^2$$

$$= 223\,395 \times 10^4\,\text{mm}^4$$

截面抵抗矩

$$W = \frac{223\,395 \times 10^4}{358.75} = 6\,227\,038\,\text{mm}^3$$

截面边缘最大应力

$$\sigma_{\max} = \frac{N}{A} + \frac{M_{\max}}{W} = \frac{117\,064}{32\,000} + \frac{154.35 \times 10^6}{6\,227\,038} = 28.45\,\text{N/mm}^2$$

$$< 0.8[\sigma] = 0.8 \times 160 = 120\,\text{N/mm}^2$$

式中，0.8 是考虑边梁为闸门的重要受力构件，且受力复杂，故将容许应力降低 20% 作为考虑受扭等影响的安全储备。以下计算相同。

$$\tau_{\max} = \frac{V_{\max} S}{I t_w} = \frac{441 \times 10^3 \times 3937516}{223\,395 \times 10^4 \times 20} = 38.86\,\text{N/mm}^2$$

$$< 0.8[\tau] = 0.8 \times 95 = 76\,\text{N/mm}^2$$

腹板与下翼缘连接处折算应力验算

$$\sigma = \frac{N}{A} + \frac{M_{\max}}{W} \times \frac{y'}{y} = \frac{117\,064}{32\,000} + \frac{154.35 \times 10^6}{6\,227\,038} \times \frac{338.75}{358.75}$$

$$= 27.1\,\text{N/mm}^2$$

$$\tau = \frac{V_{\max} S_1}{I t_w} = \frac{441 \times 10^3 \times 200 \times 20 \times 348.750 \times 2}{223\,395 \times 10^4 \times 20} = 27.54\,\text{N/mm}^2$$

$$\sigma_{zh} = \sqrt{\sigma^2 + 3\tau^2} = \sqrt{27.1^2 + 3 \times 27.54^2} = 54.86\,\text{N/mm}^2$$

$$< 0.8[\sigma] = 0.8 \times 160 = 128\,\text{N/mm}^2$$

以上验算均满足强度要求。

十、行走支承设计

行走支承采用简支轮，滚轮位置如图 8-51 所示，两只滚轮受力相等，其值均为 $R = 441\text{kN}$。滚轮采用 ZG45 圆柱形滚轮（如图 8-27 所示），初步选取轮子直径为 $D = 600\text{mm}$，则根据式（8-24）和表 8-3 的数值，可计算的轮缘宽度为

$$b \geqslant \frac{P}{D[\sigma_\phi]} = \frac{441\,000 \times 1.1}{600 \times 12.2} = 66.3\,\text{mm}$$

故取滚轮直径为 $D=600\text{mm}$，轮缘宽度 $b=100\text{mm}$。

轮轴和轴套计算：轮轴选用 45 号优质碳素钢，轮轴直径 d 与轮子直径 D 之比一般为 $0.15\sim0.3$。取轮轴直径为 $d=0.2D=120\text{mm}$。轴套采用滑动式轴套，材料选用钢基铜塑复合材料，则根据式（8-25）和附录七中的轴套容许应力值，可计算所需的轴套工作长度为

$$b_1\geqslant\frac{P}{d[\sigma_{cg}]}=\frac{441\,000\times1.1}{120\times40}=101\text{mm}$$

取轴套长度为 120mm。

轮轴轴承板厚度计算，可根据轮轴与轴承板之间的紧密接触局部承压应力计算。每侧轴承板所受的压力为

$$N=P/2=1.1R/2=1.1\times441/2=242.55\text{kN}$$

根据式（8-26）和表 1-11 中材料的紧密接触局部承压容许应力值，可得所需要的轴承板总厚度

$$\sum t\geqslant\frac{N}{d\times[\sigma_{cj}]}=\frac{242\,550}{120\times80}=25\text{mm}$$

在每块边梁腹板两侧各贴焊一块 15mm 厚的轴承板。

十一、定轮轨道设计

1. 轨道形式

每只滚轮的轮压为 441kN，偏于安全取图 8-34 所示的重型钢轨，钢材为 ZG45。

2. 强度计算

（1）轨道与滚轮的接触应力。圆柱形滚轮与平面轨道的线接触应力，根据式（8-23）与表 8-3 的数值可得

$$\sigma_{\max}=0.418\sqrt{\frac{PE}{bR}}=0.418\sqrt{\frac{1.1\times441\,000\times2.06\times10^5}{100\times300}}$$
$$=762.895\text{MPa}<3.0f_y=3\times315=945\text{MPa}$$

满足强度要求。

（2）在滚轮压力作用下的主轨应力。如图 8-52 所示，在滚轮压力作用下，轨道需验算下列各项。

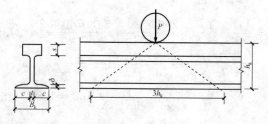

图 8-52　滚轮主轨道

1）轨道底板混凝土承压应力，计算公式为

$$\sigma_h=\frac{P}{3h_kB_k}=\frac{1.1\times441\,000}{3h_kB_k}\leqslant[\sigma_k]=7\text{N/mm}^2$$

可得

$$h_kB_k\geqslant\frac{P}{3[\sigma_k]}=\frac{1.1\times441\,000}{3\times7}=23\,100\text{mm}^2$$

取轨道高度 $h_k = 250\text{mm}$，轨道底板宽度 $B_k = 200\text{mm}$。

2）轨道横断面弯曲应力，可按式（8-34）计算

$$\sigma = \frac{M}{W_k} = \frac{3Ph_k}{8W_k} = \frac{3 \times 1.1 \times 441\ 000 \times 250}{8W_k} \leqslant [\sigma] = 115\text{MPa}$$

可得轨道截面所需的抵抗矩为

$$W_k \geqslant \frac{3 \times 1.1 \times 441\ 000 \times 250}{8 \times 115} = 395\ 462\text{mm}^3 = 395.462\text{cm}^3$$

如图 8-52 所示，取 $s = 50\text{mm}$，$t = 30\text{mm}$，$c = 85\text{mm}$，$\delta = 30\text{mm}$。

3）轨道颈部的局部承压应力，可按式（8-35）验算

$$\sigma_{cd} = \frac{P}{3st} = \frac{1.1 \times 441\ 000}{3 \times 50 \times 30} = 107.8\text{MPa} < [\sigma_{cd}] = 170\text{MPa}$$

4）轨道底板弯曲应力，可按式（8-36）计算

$$\sigma = 3\sigma_h \frac{c^2}{\delta^2} = 3\frac{P}{3h_k B_k}\frac{c^2}{\delta^2} = \frac{Pc^2}{h_k B_k \delta^2}$$

$$= \frac{1.1 \times 441\ 000 \times 85^2}{250 \times 200 \times 30^2} = 77.89\text{MPa} < [\sigma] = 115\text{MPa}$$

轨道满足各项强度验算。

十二、闸门启闭力和吊耳计算

1. 启闭力计算

（1）启门力按式（8-29）计算

$$T_启 = 1.2(T_{zd} + T_{zs}) + 1.1G + P_x$$

其中闸门自重 $G = 125.31\text{kN}$。

滚轮摩阻力

$$T_{zd} = \frac{W}{R}(f_1 r + f_k) = \frac{1764}{300}(0.13 \times 60 + 1) = 51.744\text{kN}$$

止水摩阻力

$$T_{zs} = f_3 P_{zs} = 2f_3 bHp$$

式中，橡皮止水与钢板间摩擦系数 $f_3 = 0.7$。

橡皮止水受压宽度取 $b = 0.06\text{m}$。

每边侧止水受压长度 $H = 6.0\text{m}$。

侧止水平均压强

$$p = \frac{1}{2}H \times 9.8 = 29.4\text{kN/m}^2$$

故 $\qquad T_{zs} = 2 \times 0.7 \times 0.06 \times 6 \times 29.4 = 14.82\text{kN}$

根据《水利水电工程钢闸门设计规范》（SL 74—2013），当底主梁到底止水的距离符合底缘布置的要求，即 $\alpha \geqslant 30°$时（见图 8-3），以及下游流态良好、通气充分时，可不计下吸力。该闸门满足 $\alpha > 30°$的要求，故不计下吸力，$P_x = 0$，则闸门启闭力为

$$T_启 = 1.2 \times (51.744 + 14.82) + 1.1 \times 125.31 = 217.718\text{kN}$$

（2）闭门力按式（8-27）计算

$$T_闭 = n_T(T_{zd} + T_{zs}) - n_G G$$

$$=1.2(51.744+14.82)-0.9\times125.31=-32.9\text{kN}$$

可见仅靠闸门自重完全可以关闭闸门。

2. 吊轴和吊耳板验算（见图 8 - 53）

(1) 吊轴，采用 Q235 钢，由表 1 - 11 查得 $[\tau]=65\text{N/mm}^2$，采用双吊点，每边起吊力为

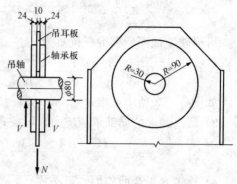

图 8 - 53　吊轴和吊耳板

$$N=1.2\times\frac{T_{启}}{2}=1.2\times217.718/2=130.63\text{kN}$$

吊轴每边剪力

$$V=N/2=130.63/2=65.315\text{kN}$$

需要吊轴截面积

$$A=V/[\tau]=65.315\times10^3/65=1004.85\text{mm}^2$$

又因 $A=\pi d^2/4=0.785d^2$

故吊轴直径

$$d\geqslant\sqrt{A/0.785}=35.8\text{mm}$$

取吊轴直径为 $d=60\text{mm}$。

(2) 吊耳板强度验算。按局部紧接承压情况，吊耳板需要的厚度按式（8 - 30）计算，由表 1 - 11 查得 Q235 钢的 $[\sigma_{cj}]=80\text{N/mm}^2$，故

$$t=\frac{N}{d[\sigma_{cj}]}=\frac{130.63\times10^3}{60\times80}=27.2\text{mm}$$

为调整吊耳孔位置，决定在边梁腹板上端部的两侧各焊一块轴承板，根据《水利水电工程钢闸门设计规范》（SL 74—2013）要求，两块轴承板的总厚度应不小于 $1.2t=1.2\times27.2=33\text{mm}$，故取每块轴承板厚为 24mm。轴承板采用圆形，其直径取为 $D=3d=3\times60=180\text{mm}$。

吊耳孔壁拉应力按式（8 - 31）计算

$$\sigma_k=\sigma_{cj}\frac{R^2+r^2}{R^2-r^2}\leqslant0.8[\sigma_k]$$

式中，$\sigma_{cj}=\dfrac{N}{td}=\dfrac{130.63\times10^3}{48\times60}=45.36\text{N/mm}^2$

吊耳板半径 $R=D/2=90\text{m}$，轴孔半径 $r=30\text{mm}$，由表 1 - 11 查得 $[\sigma_k]=120\text{N/mm}^2$，故孔壁拉应力

$$\sigma_k=45.36\frac{90^2+30^2}{90^2-30^2}=56.7\text{N/mm}^2\leqslant0.8[\sigma_k]=96\text{N/mm}^2$$

满足要求。

思 考 题

1. 根据工作性质闸门可分为哪几种？它们的启闭方式有何区别？

2. 平面钢闸门由哪几部分组成；门叶结构又由哪些构件和部件组成？各组成构（部）件的作用是什么？作用于闸门上的水压力是通过什么途径传至闸墩的？

3. 平面钢闸门主梁的数目和位置如何确定？为什么闸门的跨高比越大，梁的数目宜

越少？

4. 梁格的布置形式有几种？各适用于什么情况？

5. 梁格的连接形式有几种？各自的优缺点如何？

6. 单腹式边梁和双腹式边梁各适用于什么情况？

7. 闸门面板的厚度如何确定？面板的强度又如何验算？

8. 如何确定不同梁格连接形式下的次梁计算简图和计算荷载？

9. 面板参加主（次）梁截面工作的有效宽度是如何确定的？

10. 平面闸门主梁的荷载和计算简图如何确定？它有哪些设计特点？

11. 闸门连接系的类型有几种？各自的作用是什么？如何进行布置？

12. 边梁的受力情况和工作特点如何？怎样确定其截面尺寸及进行强度验算？

13. 平面闸门的行走支承有哪两大类？它们的构造形式和计算特点有何区别？

14. 闸门的止水有什么作用？止水的布置有何要求？试画出顶、底及侧止水的安装构造图。

15. 为什么要分别计算闸门的启门力和闭门力？若闭门力大于闸门的自重，如何采取措施来关闭闸门？

16. 平面闸门的埋设部件有哪些？定轮闸门的主轨和滑道支承的轨道各应如何计算？

第九章　多层钢结构

多层钢结构建筑通常是指 4～12 层或高度不超过 40m 的钢结构建筑，13～18 层的常称为小高层建筑，19～40 层的建筑称为高层建筑，高于 40 层的建筑称为超高层建筑。近年来我国多层钢结构住宅、办公楼、商场和轻工业厂房、构筑物等日益增多。

第一节　多层建筑钢结构的组成与结构体系

一、多层建筑钢结构的组成

多层建筑钢结构一般由柱、梁、楼盖结构、支撑结构、墙板或墙架组成，如图 9-1 所示。

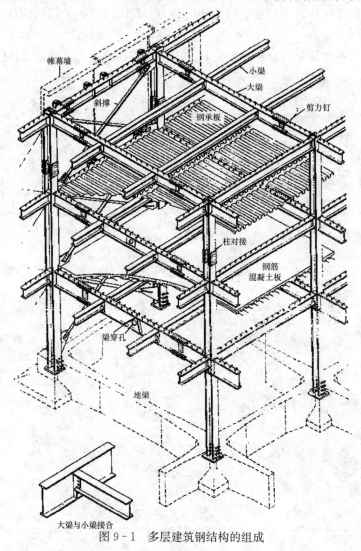

图 9-1　多层建筑钢结构的组成

二、多层钢结构建筑的结构体系

多层钢结构建筑通常采用框架类结构体系，常见结构体系有纯框架体系、柱-支撑体系和框架-支撑体系三种，分别见图9-2。

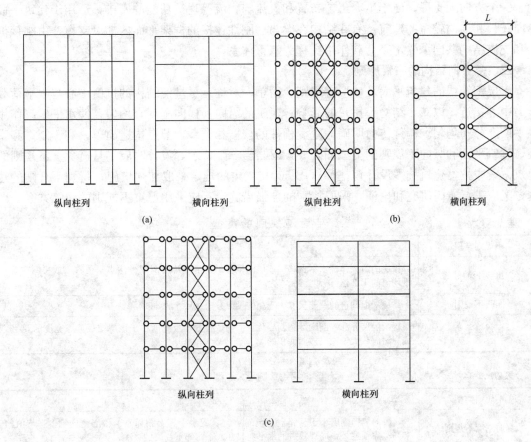

图9-2 多层建筑钢结构体系
（a）纯框架结构体系；（b）柱-支撑体系；（c）框架-支撑体系

梁与柱的连接形式分为刚性连接、铰接和半刚性连接。刚性连接的刚度应足够大，以致连接的柔性对框架中弯矩分布的影响可以忽略不计。铰接也称为简单连接，允许梁端能够充分转动，连接只能传递梁端的剪力。连接的刚度介于刚接和铰接之间时，称为半刚性连接。

纯框架体系中所有梁与柱的连接节点都做成刚性节点，在纵横两个方向均为刚接框架。当节点处梁与柱的夹角会发生改变，不满足刚接要求时称为半刚性连接，相应框架结构可分为刚接框架和半刚接框架。节点构造较复杂，用钢量也较大。纯框架体系刚度比较均匀，延性较好，自振周期较长，因而对地震作用不敏感，抗震性能较好。但框架结构的侧向刚度较小，侧向位移大，会导致竖向荷载对结构产生附加内力，使得结构变形进一步加大，这种现象称为 $P-\Delta$ 效应，会降低结构的整体稳定性和承载力。纯框架体系平面布置灵活，由于不设柱间支撑，可提供较大的使用空间，构件类型少，易于标准化。

柱-支撑体系中的梁均铰接于柱侧，在纵、横向沿柱高设置柱间支撑，支撑可承受结构的大部分水平作用力，显著提高结构的抗侧刚度。柱-支撑体系设计安装简便，侧向刚度大，构件受力明确，用钢量较小，适用于柱距不大，但允许双向设置支撑的建筑物。

框架-支撑体系中的横向为纯框架体系，纵向为柱-支撑体系，也称为混合结构体系。由于一个方向无支撑，便于生产工艺布置和人流与物流等建筑功能的安排，适用于建筑平面纵向较长和横向较短的建筑。有些结构在梁与柱刚性连接的框架平面内加设支撑，由刚接框架和支撑结构共同承受水平荷载作用，称为双重体系。

三、多层钢结构的布置原则

多层钢结构的建筑平面及体形宜规则、简单、对称，尽量使结构的抗侧中心与水平荷载合力中心接近，以减小结构受扭转的影响。建筑的纵向和横向刚度宜均匀，使水平地震作用在平面上分布均匀。构件传力明确，减少构件的规格和类型，节点构造简单，利于制作和安装。建筑平面和竖向不规则的类型如表 9-1 和表 9-2 所示，设计时应尽量避免。不规则的建筑方案应按《建筑抗震设计规范》（GB 50011）中的规定采取加强措施；特别不规则的建筑方案应进行专门研究和论证，采取特别的加强措施；不应采用严重不规则的建筑方案。

表 9-1　　　　　　　　　　　　　　平 面 不 规 则 的 类 型

不规则类型	定　义
扭转不规则	楼层的最大弹性水平位移（或层间位移）大于该楼层两端弹性水平位移（或层间位移）平均值的 1.2 倍
凹凸不规则	结构平面凹进的一侧尺寸大于相应投影方向总尺寸的 30%
楼板局部不连续	楼板的尺寸和平面刚度急剧变化，例如，有效楼板宽度小于该层楼板典型宽度的 50%，或开洞面积大于该层楼面面积的 30%，或较大的楼层错层

表 9-2　　　　　　　　　　　　　　竖 向 不 规 则 的 类 型

不规则类型	定　义
侧向刚度不规则	该层的侧向刚度小于相邻上一层的 70%，或小于其上相邻三个楼层侧向刚度平均值的 80%；除顶层外，局部收进的水平向尺寸大于相邻下一层的 25%
竖向抗侧力构件不连续	竖向抗侧力构件（柱、支撑和剪力墙）的内力由水平转换构件（梁、桁架等）向下传递
楼层承载力突变	抗侧力结构的层间受剪承载力小于相邻上一层的 80%

应采用平面刚性楼盖，如压型钢板现浇钢筋混凝土组合楼板或非组合楼板，使地震作用产生的水平力通过楼层平面的刚度整体协同受力，提高结构的抗震性能。可在钢梁上翼缘设置栓钉，与现浇钢筋混凝土楼板或压型钢板-混凝土组合楼板形成组合楼盖，以保证空间整体刚度及空间协调工作，此时可不设水平支撑。当楼面钢梁与楼板无连接时，应在框架梁之间设水平支撑。当楼面开有大洞时，会较大降低楼层平面内的刚度，应在开洞周围的柱网区隔内设置水平支撑。楼盖的主梁与次梁应采用等高连接。

当采用柱-支撑结构体系且采用平面刚性楼盖时，柱间支撑间距应满足相关设计规范要求。钢柱及支撑沿竖向可以变截面，但应防止层间刚度突变。设置支撑可显著提高结构的抗侧刚度，在条件允许时宜优先选用设置支撑的结构体系。支撑应均匀布置，减小结构刚度中心的偏移。

第二节 多层钢结构的结构分析

一、多层钢结构结构分析方法

多层钢结构常采用框架结构体系，钢框架分为无支撑的纯框架和有支撑框架，其中有支撑框架根据侧向刚度的大小，分为强支撑框架和弱支撑框架。在支撑框架中，当采用支撑桁架、剪力墙、筒体等支撑结构时，侧向刚度较大，称为强支撑框架，可将该框架视为无侧移的框架。在支撑框架中，当支撑结构侧向刚度较弱时，称为弱支撑框架，框架视为有侧移的框架。无侧移和有侧移框架的失稳形式如图 9-3 所示。在设计分析时，当支撑系统满足或不满足式（9-1）要求时，分别称为强支撑框架或弱支撑框架。

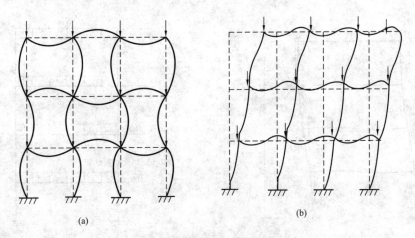

(a)   (b)

图 9-3 多层多跨框架的失稳形式

(a) 无侧移框架；(b) 有侧移框架

对于两端刚接的框架柱

$$S_b \geqslant \frac{3K_0}{1-\rho}$$ (9-1a)

对于一端铰接的框架柱

$$S_b \geqslant \frac{5K_0}{1-\rho}$$ (9-1b)

$$\rho = \frac{H_i}{H_{ip}}$$

式中 H_i、H_{ip}——第 i 层支撑所分担的水平力和所能抵抗的水平力；

K_0——多层框架柱的层侧向刚度；

S_b——支撑系统的层侧向刚度。

结构内力分析可采用一阶弹性分析、二阶弹性分析或直接分析。一阶弹性分析是指不考虑几何非线性对结构内力和变形产生的影响，根据未变形的结构建立平衡条件，按弹性阶段分析结构内力及位移。二阶弹性分析是指考虑几何非线性对结构内力和变形产生的影响，根据位移后的结构建立平衡条件，按弹性阶段分析结构内力及位移。直接分析设计是指直接考虑对结构稳定性和强度性能有显著影响的初始几何缺陷、残余应力、材料非线性、节点连接刚度等因素，以整个结构体系为对象进行二阶非线性分析的设计方法。二阶弹性分析和直接分析应合理考虑初始缺陷的影响。结构的初始缺陷应包含结构整体的初始几何缺陷和构件的初始几何缺陷及残余应力。

结构整体初始几何缺陷模式可通过第一阶弹性屈曲模态确定。框架结构初始几何缺陷代表值可由式（9-2）确定且不小于 $h_i/1000$（见图9-4），即

$$\Delta_i = \frac{h_i}{250}\sqrt{0.2 + \frac{1}{n_s}}\sqrt{\frac{f_y}{235}} \tag{9-2}$$

式中 Δ_i——所计算楼层的初始几何缺陷代表值；

n_s——框架总层数，当 $\sqrt{0.2 + \dfrac{1}{n_s}} < \dfrac{2}{3}$ 时，取此根号值为 $\dfrac{2}{3}$，当 $\sqrt{0.2 + \dfrac{1}{n_s}} > 1$ 时，取此根号值为1；

h_i——所计算楼层的高度。

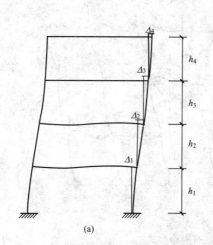 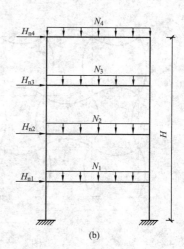

图9-4　框架结构整体初始几何缺陷代表值及等效水平力

(a) 框架整体初始几何缺陷代表值；(b) 框架结构等效水平力

框架结构整体初始几何缺陷代表值也可通过在每层柱顶施加假想水平力 H_{ni} 等效考虑，假想水平力可由式（9-3）计算，施加方向应考虑荷载的最不利组合，即

$$H_{ni} = \frac{Q_i}{250}\sqrt{0.2 + \frac{1}{n_s}}\sqrt{\frac{f_y}{235}} \tag{9-3}$$

式中 Q_i——第 i 楼层的总重力荷载设计值。

构件（含支撑构件）的初始缺陷代表值可由式（9-4）计算确定，该缺陷值包括了残余应力的影响［见图9-5（a）］，即

$$\delta_0 = e_0 \sin\frac{\pi x}{l} \tag{9-4}$$

式中 δ_0——离构件端部 x 处的初始变形值；

e_0——构件中点处的初始变形值。

构件（含支撑构件）的初始缺陷可采用假想均布荷载 q_0 进行等效简化计算，假想均布荷载由式（9-5）确定［见图9-5（b）］，即

$$q_0 = \frac{8N_k e_0}{l^2} \tag{9-5}$$

式中　N_k——构件承受的轴力，取标准值计算；

$\dfrac{e_0}{l}$——构件初始弯曲缺陷值，当采用二阶弹性分析时，对于柱子的截面分类分别为

a、b、c、d类时，$\dfrac{e_0}{l}$值分别取构件综合缺陷代表值 1/400、1/350、1/300、

1/250。

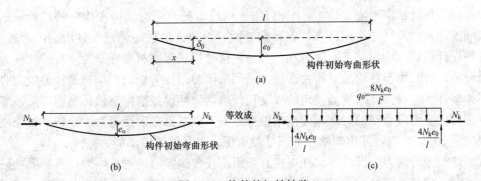

图 9-5　构件的初始缺陷

(a) 构件初始弯曲形状；(b) 轴心受力的有初始弯曲构件；(c) 等效构件

二阶弹塑性分析采用塑性铰法时，除应考虑初始缺陷外，当受压构件所受轴力 $N >$ $0.5fA$ 时，其抗弯刚度应乘上刚度折减系数 0.8。二阶弹塑性分析采用塑性区法时，应按出厂加工精度要求且不小于 1/1000 的构件长度考虑构件的初始几何缺陷，同时按有关参考文献或加工工艺水平考虑构件中的初始残余应力。

框架结构的二阶效应系数可按下式计算

$$\theta_i^{\mathrm{II}} = \frac{\sum N_{ki} \times \Delta u_i}{\sum H_{ki} \times h_i} \tag{9-6}$$

式中　$\sum N_{ki}$——所计算 i 楼层各柱轴心压力标准值之和；

　　$\sum H_{ki}$——产生层间侧移 Δu 的计算楼层及以上各层的水平力标准值之和；

　　h_i——所计算 i 楼层的层高；

　　Δu_i——$\sum H_{ki}$ 作用下按一阶弹性分析求得的计算楼层的层间侧移，当确定采用二阶弹性分析时，Δu_i 可近似采用层间相对位移的容许值 $[\Delta u]$。

当 $\theta_{i\max}^{\mathrm{II}} \leqslant 0.1$ 时，宜采用一阶弹性分析；当 $0.1 < \theta_{i\max}^{\mathrm{II}} \leqslant 0.25$ 时，宜采用二阶弹性分析；当 $\theta_{i\max}^{\mathrm{II}} > 0.25$ 时，宜增大结构的刚度或采用直接分析。

结构在水平风荷载或地震作用下会产生侧移 Δ，侧移引起竖向荷载 P 的偏移将对结构产生附加弯矩，而附加弯矩又使结构的侧移进一步加大，这种由于水平位移导致竖向荷载对结构产生的内力与位移增大的现象称为 $P\text{-}\Delta$ 效应。当柱子产生侧向挠曲 δ 时，柱子承受的轴向力 P 会产生偏心也将对柱子产生附加弯矩，而附加弯矩又使柱子的挠曲进一步加大，这种由于构件挠曲导致轴向荷载对结构产生的内力与位移增大的现象称为 $P\text{-}\delta$ 效应。采用仅考虑 $P\text{-}\Delta$ 效应的二阶弹性分析时，应考虑结构的整体初始缺陷，计算结构在各种设计荷载（作用）下的内力和位移。二阶 $P\text{-}\Delta$ 效应可按近似的二阶理论对一阶弯矩进行放大来考虑。对无支撑的纯框架结构，多杆件杆端的弯矩 M^{II} 也可采用下列近似公式进行计算

$$M^{\text{II}} = M_q + \alpha_i^{\text{II}} M_{\text{H}} \tag{9-7}$$

式中　　M_q——结构在竖向荷载作用下的一阶弹性弯矩；

　　　　M_{H}——结构在水平荷载作用下的一阶弹性弯矩；

　　　　α_i^{II}——考虑二阶效应第 i 层杆件的侧移弯矩增大系数，$\alpha_i^{\text{II}} = \dfrac{1}{\theta_i^{\text{II}}}$；当 $\alpha_i^{\text{H}} > 1.33$ 时，

宜增大结构的侧向刚度。

　　直接分析设计法应考虑二阶 $P-\Delta$ 和 $P-\delta$ 效应，同时考虑结构和构件的初始缺陷、节点连接刚度和其他对结构稳定性有显著影响的因素，允许材料的弹塑性发展、内力重分布，获得各种设计荷载（作用）下的内力和位移。直接分析法考虑材料弹塑性发展时（称为二阶弹塑性分析）宜采用塑性铰法或塑性区法。采用二阶弹塑性分析时，钢材的应力应变曲线可为理想弹塑性，屈服强度取规范规定的强度设计值，弹性模量取标准值。采用二阶弹塑性分析时，钢构件截面应为双轴对称截面或单轴对称截面以对称截面受弯为主，塑性铰处截面设计等级应为 S1、S2 级，其出现的截面或区域应保证有足够的转动能力。

　　框架结构进行内力分析时，梁柱连接宜采用刚接或铰接假定进行内力计算。梁柱采用半刚性连接时，应计入梁柱交角变化的影响，在内力分析时，应假定连接的弯矩-转角曲线，并在节点设计时，保证节点的构造与假定的弯矩-转角曲线符合。

二、多层钢结构的荷载效应和组合

　　多层钢结构通常主要承受永久荷载、可变荷载和作用。永久荷载主要包括建筑物的自重。可变荷载主要包括楼面和屋面使用活荷载、风荷载、雪荷载、积灰荷载。作用主要包括地震作用、温度作用等。各种荷载或作用的取值、折减系数、分项系数、荷载组合值系数、动力荷载的动力系数等按现行《建筑结构荷载规范》（GB 50009）的规定采用。进行施工阶段验算时，应根据施工采用设备和布置的具体情况，验算施工荷载对结构的影响。风荷载作用的风载体形系数参见现行《高层民用建筑钢结构技术规程》（JGJ 99）。地震作用应按现行《建筑抗震设计规范》（GB 50011）计算。多层房屋钢结构在多遇和罕遇地震下的计算，阻尼比可分别取 0.035 和 0.05。

　　进行承载力极限状态和正常使用极限状态设计计算时，荷载效应组合通常分为无地震作用时的荷载效应组合和有地震作用时的荷载效应组合。

　　结构抗震采用"两阶段"设计法。第一阶段设计：多遇地震作用下的弹性分析，主要验算构件的承载力、稳定性及结构的层间位移。第二阶段设计：罕遇地震作用下的弹塑性变形验算，主要验算结构的屈服机构、层间位移和层间位移延性比。

　　9 度设防烈度及建筑高度 $H > 60\text{m}$ 时，应考虑风荷载和地震作用的组合。

　　对于有吊车设备或处于屋面积灰区时的多层工业建筑，尚应考虑吊车荷载和积灰荷载的组合。

三、多层钢结构的内力分析

1. 内力分析原则

　　多层房屋钢结构的结构分析宜采用有限单元法。结构的计算模型和基本假定应与构件连接的实际性能相符合。平面布置规则的多层框架，宜采用平面计算模型，平面不规则时，宜采用空间计算模型。框架结构进行内力分析时，梁柱连接宜采用刚接或铰接假定进行内力计算。梁柱采用半刚性连接时，应计入梁柱交角变化的影响，在内力分析时，应假定连接的弯

矩-转角曲线，并在节点设计时，保证节点的构造与假定的弯矩-转角曲线符合。

计算多层房屋钢结构的内力和位移时，一般可假定楼板在其自身平面内为绝对刚性。但是楼板局部不连续、开孔面积大和有较长外伸段的楼面，需考虑楼板在其自身平面内的变形。当楼面采用压型钢板-混凝土组合楼板或钢筋混凝土楼板并与钢梁有可靠连接时，在弹性分析中，梁的惯性矩可考虑楼板的共同工作而适当放大。对于中梁，其惯性矩宜取 $(1.5\sim2)I_b$，对于仅一侧有楼板的梁可取 $1.2I_b$，I_b 为钢梁的惯性矩。在弹塑性分析中，不考虑楼板与梁的共同工作。

多层钢结构在进行内力和位移计算时，应考虑梁和柱子的弯曲变形及剪切变形，可不考虑轴向变形；当有混凝土剪力墙时，应考虑剪力墙的弯曲变形、剪切变形、扭转变形和翘曲变形。宜考虑梁柱连接节点域的剪切变形对内力和位移的影响。

2. 结构分析模型和计算单元模型

多层房屋钢结构的结构分析宜采用有限元分析程序通过计算机完成。计算模型主要有平面计算模型、空间协同计算模型、空间刚性楼面计算模型和空间弹性楼面计算模型等。

(1) 平面计算模型。假定结构在荷载作用下不产生扭转，楼板在自身平面内无限刚性。将结构拆分为若干个平面子结构，通过楼板连成整体结构。假定平面子结构只能在平面内受力、不能在平面外受力，在水平荷载作用下，与荷载方向一致的平面子结构通过平面内刚性的楼板协同工作，共同抵抗水平荷载。各平面子结构所受水平力的大小与其侧向刚度成正比，两个垂直方向的平面结构各自独立，分别计算。平面计算模型分析时，所有平面子结构的相同楼层只有一个平移自由度，N 层结构有 N 个未知量，计算简便。但不适用于平面复杂和在水平荷载作用下会产生扭转的结构。当结构布置规则、质量及刚度沿高度分布均匀、可以不计扭转效应时，可采用平面计算模型。

(2) 空间协同计算模型。将结构拆分为若干个平面子结构，假定平面子结构只能在平面内受力，在水平荷载作用下，各平面子结构通过无限刚性的楼板协同工作，共同抵抗由水平荷载产生的水平力和扭矩。它可以考虑结构在受荷载作用时的扭转变形影响，在一个方向水平荷载作用下，两个方向的平面子结构由楼板联系协同工作。这一计算模型在分析时，各楼层有三个自由度，即两个平移和一个扭转，N 层结构有 $3N$ 个未知量，但不能用于结构无法划分成平面结构的情况。当需计及扭转效应时，可采用空间协同计算模型。

(3) 空间刚性楼面计算模型。空间刚性楼面计算模型采用空间杆单元，并假定楼板在楼层平面内无限刚性。由于楼板在平面内无限刚性，每个楼层也只有三个自由度，即两个平移和一个扭转。但因不采用平面子结构而采用空间整体计算，因此所有节点的位移均连续，计算精度相对较高。当结构平面和竖向形体不规则，无法形成平面子结构，且楼板在平面内形成无限刚性时，可采用空间刚性楼面计算模型。

(4) 空间弹性楼面计算模型。空间弹性楼面计算模型不采用刚性楼板假定，采用空间杆单元和能反映楼面实际刚度的板单元或板壳单元建立计算模型，每个节点有 6 个自由度。这是一种精度更高的计算模型，但计算工作量会大大增加。当结构平面和竖向形体不规则，难以使楼板在平面内形成无限刚性时，可采用空间弹性楼面计算模型。

在计算模型中，梁和柱宜采用梁单元模型，应能考虑弯曲变形、剪切变形、扭转变形和轴向变形。支撑应根据其连接节点构造形式的不同，采用不同的单元模型。当为铰接时，采用杆单元模型；当为刚接时，采用梁单元模型。梁柱连接处的节点域宜作一个单独的剪切单元，也可按以下方法近似考虑而不设剪切单元：①对于工字形截面柱的框架，梁和柱的长度取轴线间的距离。②对于箱形截面柱的框架，宜将节点区域视作刚域，刚域尺寸取节点域实际尺寸的一半。梁和柱子的计算长度取刚域间的净距。③对于框架-支撑结构，可不考虑梁柱节点域的剪切变形对结构内力和位移的影响。当有混凝土剪力墙时，剪力墙宜采用墙板单元模型，应能考虑弯曲、剪切、轴向、扭转和翘曲变形。当需考虑楼板在自身平面内变形的影响时，楼板宜采用板壳单元模型。

3. 框架结构的塑性分析

框架结构在荷载作用下，当在构件端部、集中荷载作用处、连接节点或其他位置形成足够数量的"塑性铰"而变成机构，并将其作为结构的承载能力极限状态进行设计时，称为框架的塑性设计。考虑构件截面内塑性的发展及由此引起的内力重分配，可用简单塑性理论进行内力分析。

塑性设计出现塑性铰处的截面要达到全截面塑性弯矩，且在内力重分配时要能保持全截面塑性弯矩，因此所用的钢材和截面板件的宽厚比应满足：钢材的力学性能应满足强屈比 $f_u/f_y \geqslant 1.2$，伸长率 $\delta_5 \geqslant 15\%$，相应于抗拉强度 f_u 的应变 ε_u 不小于 20 倍屈服点应变 ε_y。

4. 地震作用下的结构分析

按照《建筑抗震设计规范》（GB 50011）的规定，多层钢结构在地震作用下应作二阶段分析，第一阶段为多遇地震作用下作结构构件承载力、稳定性和结构的层间侧移验算，第二阶段为罕遇地震作用下作结构弹塑性，验算结构的层间侧移和层间侧移延性比。

（1）多遇地震作用下的结构分析。多遇地震作用下作结构构件承载力验算时，可以在结构的两个主轴方向分别计算水平地震的作用，各方向的水平地震作用由该方向的抗侧力构件承担。此外，还应在刚度较弱的方向计算水平地震的作用。有斜交抗侧力构件的结构，当斜交角度大于 15°时，应分别计算各抗侧力构件方向的水平地震作用。

在作单向水平地震作用时，尚应考虑偶然偏心的影响，将每层质心沿垂直于地震作用方向偏移 e_i，其值可按下式计算

$$e_i = \pm 0.05 L_i \qquad\qquad (9-8)$$

式中　L_i——第 i 层垂直于地震作用方向的多层房屋总长度。

质量和刚度明显不对称、不均匀的结构，还应计算双向水平地震作用，计算模型中应考虑扭转影响。

多层钢结构在多遇地震作用下可采用振型分解反应谱法进行分析。振型分解反应谱法实际上是一种动力分析方法，基本上能够反映结构在地震作用下的效应。振型分解反应谱法用的地震影响系数曲线应按《建筑抗震设计规范》（GB 50011）的规定采用。具有表 9-1 和表 9-2 中多项不规则的多层房屋钢结构及属于甲类抗震设防类别的多层房屋钢结构，还应采用时程分析法进行补充计算，取不少于 3 条的时程曲线计算结果的平均值与振型分解反应谱法计算结果的较大值。

时程分析法是目前精度较高的动力分析方法，它根据动力平衡条件建立方程，地震作用按地面加速度时程曲线输入。通过数值分析，可以得到输入时程曲线时段长度内结构地震反应的全过程，包括结构构件在每一时刻的变形和内力、塑性发展情况、塑性铰出现的时刻和

出现的次序等时程曲线。在每一时间增量进行数值分析时，如构件或节点已进入塑性就根据该构件或节点的力-变形弹塑性关系调整其刚度。由于地震作用是按地面加速度时程曲线输入的，是一种反复作用的过程，因而构件或节点的力-变形弹塑性关系为一滞回曲线，需用恢复力模型模拟。

时程分析法能够考虑地面加速度的幅值、频率和持续时间的变化，能够考虑结构自身的动力特性和惯性力，在理论上能够得到结构在罕遇地震作用下的反应。但分析工作量很大，按照目前的计算机硬件条件，还难以在计算的全过程中将每一时刻的多种计算结果全部记录下来，只能记录一些关键数据的时程曲线；由于构件或节点的空间受力情况极为复杂，要正确给出空间受力时的恢复力模型仍有困难，只能采取一些简化手段。因此弹塑性时程分析法还难以在工程设计中得到广泛应用。

采用时程分析法时，应按建筑场地类别和设计地震分组选用不少于两组的实际强震记录和一组人工模拟的加速度时程曲线，其平均地震影响系数曲线应与振型分解反应谱法所采用的地震影响系数曲线在统计意义上相符。其加速度时程的最大值可按表 9-3 采用。每条时程曲线的计算所得结构底部剪力不应小于振型分解反应谱法计算结果的 65%，多条时程曲线计算所得结构底部剪力的平均值不应小于振型分解反应谱法计算结果的 80%。

表 9-3   **时程分析所用地震加速度时程曲线的最大值**   cm/s^2

地震影响	6 度	7 度	8 度	9 度
多遇地震	18	35（55）	70（110）	140
罕遇地震	125	220（310）	400（510）	620

注   括号内数值分别用于设计基本地震加速度为 $0.15g$ 和 $0.3g$ 的地区。

计算地震作用时所采用的结构自振周期应考虑非承重墙体的刚度影响予以折减。当非承重墙体为填充空心黏土砖墙时，周期折减系数可取 $0.8\sim0.9$；当非承重墙体为填充轻质砌块、轻质墙板、外挂墙板时，周期折减系数可取 $0.9\sim1.0$。

《钢结构设计规范》（GB 50017）对于多层钢结构，以每层柱顶附加假想水平力的方式来计入重力二阶效应。对于工字形柱，宜计入梁柱节点域剪切变形对结构侧移的影响；对于箱形柱、中心支撑框架和高度不超过 50m 的钢结构，其层间位移计算可不计入梁柱节点域剪切变形对结构侧移的影响。

（2）罕遇地震作用下的结构分析。属于甲类抗震设防类别的多层房屋钢结构应进行罕遇地震作用下的分析，7 度 III、IV 类场地和 8 度时乙类抗震设防类别的多层房屋钢结构宜进行罕遇地震作用下的分析。罕遇地震作用下的分析主要是计算结构的变形，根据不同的情况，可采用简化的弹塑性分析方法、静力弹塑性分析方法（也称推覆分析方法）或弹塑性时程分析法。

罕遇地震作用下多层刚度无突变情况的弹塑性层间位移 Δu_p 可按下式计算

$$\Delta u_p = \eta_p \Delta u_e \tag{9-9}$$

式中 Δu_e——罕遇地震标准值作用下按弹性分析的层间位移；

        η_p——弹塑性层间位移增大系数，按表 9-4 取用。

表 9－4　　　　　　　　　　　钢框架及框架支撑结构弹塑性层间位移增大系数

R_s	总层数	屈服强度系数 ζ_y			
		0.6	0.5	0.4	0.3
0	5	1.05	1.05	1.10	1.20
	10	1.10	1.15	1.20	1.20
	15	1.15	1.15	1.20	1.30
	20	1.15	1.15	1.20	1.30
1	5	1.50	1.65	1.70	2.10
	10	1.30	1.40	1.50	1.80
	15	1.25	1.35	1.40	1.80
	20	1.10	1.15	1.20	1.80
2	5	1.60	1.80	1.95	2.65
	10	1.30	1.40	1.55	1.80
	15	1.25	1.30	1.40	1.80
	20	1.10	1.15	1.25	1.80
3	5	1.70	1.85	2.15	3.20
	10	1.30	1.40	1.70	2.10
	15	1.25	1.30	1.40	1.80
	20	1.10	1.15	1.25	1.80
4	5	1.70	1.85	2.35	3.45
	10	1.30	1.40	1.70	2.50
	15	1.25	1.30	1.40	1.80
	20	1.10	1.15	1.25	1.80

注　R_s 为框架-支撑结构中支撑部分抗侧移承载力与该层框架部分抗侧移承载力的比值。

ζ_y 为屈服强度系数，按下式计算

$$\zeta_y(i) = \frac{V_y(i)}{V_e(i)}$$

式中　$V_y(i)$——按框架的梁、柱实际截面尺寸和材料强度标准值计算的楼层 i 的抗剪承载力；

$V_e(i)$——罕遇地震标准值作用下按弹性计算的楼层 i 的弹性地震力。

在按表 9－4 确定弹塑性层间位移增大系数 η_p 时，还应根据楼层屈服强度系数 ζ_y 沿高度分布是否均匀的情况作调整。屈服强度系数 ζ_y 沿高度分布是否均匀可通过系数 α 判别

$$\alpha(i) = \frac{2\zeta_y(i)}{\zeta_y(i-1) + \zeta_y(i+1)} \tag{9-10}$$

式中　$\alpha(i)$——第 i 层的参数 α，由第 i 层的屈服强度系数 $\zeta_y(i)$ 与相邻层的屈服强度系数的平均值的比值表示，对于底层和顶层则为：

$$\alpha(1) = \frac{\zeta_y(1)}{\zeta_y(2)}$$

$$\alpha(n) = \frac{\zeta_y(n)}{\zeta_y(n-1)} \tag{9-11}$$

当 $\alpha(i) \geqslant 0.8$，$i=1, 2, 3, \cdots, n$ 时，可以判定 ζ_y 沿高度分布均匀，弹塑性层间位

移增大系数 η_p 可直接按表 9-4 取用；

当某层 $\alpha(i) < 0.8$ 时，判定 ζ_y 沿高度分布不均匀；

如 $\alpha(i) \leqslant 0.5$，η_p 按表 9-4 中数值的 1.5 倍取用；

如 $0.5 < \alpha(i) < 0.8$，η_p 可由内插法确定。

对于层刚度有突变的情况，弹塑性变形的计算应采用静力弹塑性分析法或弹塑性时程分析法。

静力弹塑性分析法，也称推覆分析法。通过静力分析的方法，求得结构在罕遇地震作用下结构的最大承载力和极限变形能力，第一批塑性铰出现时的地震作用大小，此后塑性铰出现的次序和分布状况及构件中应变的大小等。根据这些结果，对结构是否安全做出估计，对关键构件是否符合抗震性能要求做出判断，对结构是否存在薄弱层进行检查，以及对结构是否有足够的变形能力和构件是否有足够的延性进行校核。

静力弹塑性分析时，在结构上施加由自重和活荷载等产生的竖向荷载、代表地震作用的水平力。在分析时，竖向荷载保持不变，水平力由小到大逐步增加。每增加一个增量步，对结构进行一次分析，当结构构件或节点进入塑性后，就要按照该构件或节点的力-变形弹塑性骨架曲线调整其刚度，进入下一个增量步的计算，直到结构达到其极限承载力或极限位移和出现倒塌。

静力弹塑性分析法计算简单、便于实施，但也存在一些不足。目前如何根据结构的具体形式，来确定反映罕遇地震的合理水平力形式尚无合适方法。罕遇地震作用是一个反复作用的动力过程，在静力弹塑性分析中，目前尚难以正确模拟这一反复作用的动力过程对结构所造成的损伤和损伤累积。由于这两个原因，缺乏从静力弹塑性分析方法得到的分析结果来换算成罕遇地震作用下结构的真实反应和判断静力弹塑性分析结果的近似程度的方法。对于多层框架钢结构，静力弹塑性分析法可以得到可接受的结果，因此在工程设计中常被采用。

采用弹塑性时程分析法时，结构计算模型可以采用杆系模型、剪切型层模型、剪弯型层模型或剪弯协同工作等模型。采用杆系模型计算较精确，可以得到结构构件的时程反应，但工作量大。层模型可以得到各层的时程反应，虽然精度不如杆系模型高，但工作量小，结果简明，易于整理。第二阶段设计的主要目的是验算结构在大震时是否会倒塌，从总体上了解结构在大震时的反应，因此工程设计时，大多采用层模型。

多层房屋钢结构的弹塑性层间位移 Δu_p 应符合下式要求

$$\Delta u_p \leqslant [\theta_p] h \tag{9-12}$$

式中　　$[\theta_p]$——弹塑性层间位移角限值，多层钢结构为 1/50；

　　　　h——层高。

第三节　多层钢结构的结构设计

多层钢结构的楼面板和屋面应采用平面刚性楼盖，如压型钢板现浇钢筋混凝土组合楼板或钢筋混凝土楼板等，分别按钢与混凝土组合板或钢筋混凝土楼板的设计方法进行设计。其余构件和连接按照钢结构设计方法进行设计。

钢结构的内力和位移计算采用一阶弹性分析时，应按照本书第四、五、六章的有关规定进行构件设计，按照本书第三、六章的有关规定进行连接和节点设计。采用仅考虑 $P-\Delta$ 效应的二阶弹性分析时，应按照本书第四、五、六章的有关规定进行各结构构件的设计。计算构件稳定承载力时，构件计算长度系数 μ 取 1.0 或其他认可的值。结构和构件采用直接分析设计法进行分析和设计时，计算结果可直接作为结构或构件在承载能力极限状态和正常使用极限状态下的设计依据，按照本书第四、五、六章的有关规定进行各结构构件的设计，不需要按计算长度法进行构件稳定承载力验算。此时，当构件有足够侧向支撑以防止侧向失稳时，只需按压弯构件的强度计算公式进行平面内的截面承载力验算，否则应按下式进行平面外的截面承载力验算，即

$$\frac{N}{Af} + \frac{M_x^{II}}{\varphi_b \gamma_x W_x f} + \frac{M_y^{II}}{\gamma_y W_y f} \leqslant 1 \qquad (9-13)$$

式中　M_x^{II}、M_y^{II}——绕 x、y 轴的二阶弯矩设计值，可由结构分析直接得到；

　　　　A——毛截面面积；

　　　W_x、W_y——绕 x、y 轴的毛截面模量（S1、S2、S3 级）或有效截面模量（S4、S5 级）；

　　　γ_x、γ_y——截面塑性发展系数；

　　　　φ_b——梁的整体稳定系数。

当采用一阶弹性分析方法计算内力，进行多层钢框架柱的稳定性计算时，通常采用计算长度法来确定柱子的计算长度。钢框架等截面柱在框架平面内的计算长度等于该层柱的高度乘以计算长度系数 μ。框架柱的计算长度系 μ 应按照下列规定确定：

纯框架柱的计算长度系数 μ 可按《钢结构设计规范》（GB 50017）中有侧移框架柱的计算长度系数表查得，也可按下列简化公式计算

$$\mu = \sqrt{\frac{7.5K_1K_2 + 4(K_1 + K_2) + 1.52}{7.5K_1K_2 + K_1 + K_2}} \qquad (9-14)$$

式中　K_1、K_2——相交于柱上端、柱下端的横梁线刚度之和与柱线刚度之和的比值。

当梁远端为铰接时，应将横梁线刚度乘以 0.5；当横梁远端为嵌固时，则应乘以 2/3。当横梁与柱铰接时，取横梁线刚度为零。对底层框架柱：当柱与基础铰接时，取 $K_2 = 0$（对平板支座可取 $K_2 = 0.1$）；当柱与基础刚接时，取 $K_2 = 10$。当与柱刚性连接的横梁所受轴心压力 N_b 较大时，横梁线刚度应乘以折减系数 α_N。横梁远端与柱刚接和横梁远端铰支时，$\alpha_N = 1 - N_b/(4N_{Eb})$；横梁远端铰支时，$\alpha_N = 1 - N_b/N_{Eb}$；横梁远端嵌固时，$\alpha_N = 1 - N_b/(2N_{Eb})$。$N_{Eb} = \pi^2 EI_b/l^2$，$I_b$ 为横梁截面惯性矩，l 为横梁长度。

对于强支撑框架，框架柱的计算长度系数 μ 可按《钢结构设计规范》（GB 50017）中无侧移框架柱的计算长度系数表查得，也可按下列简化公式计算

$$\mu = \sqrt{\frac{(1 + 0.41K_1)(1 + 0.41K_2)}{(1 + 0.82K_1)(1 + 0.82K_2)}} \qquad (9-15)$$

当梁远端为铰接时，应将横梁线刚度乘以 1.5；当横梁远端为嵌固时，则将横梁线刚度乘以 2。其余参数取值与式（9-14）相同。

对于弱支撑框架，框架柱的稳定系数 φ 按下列公式计算

对于两端刚接的框架柱　$\varphi = \varphi_0 + (\varphi_1 - \varphi_0)\dfrac{(1-\rho)S_b}{3K_0}$ 　　　　(9-16a)

对于一端铰接的框架柱　$\varphi = \varphi_0 + (\varphi_1 - \varphi_0)\dfrac{(1-\rho)S_b}{5K_0}$ 　　　　(9-16b)

式中 φ_1、φ_0——框架柱按无侧移和有侧移框架得出的计算长度系数算得的稳定系数。

根据《建筑结构抗震设计规范》（GB 50011）的要求，不超过 12 层的钢框架柱的长细比，6～8 度时不应大于 $120\sqrt{235/f_y}$，9 度时不应大于 $100\sqrt{235/f_y}$。超过 12 层的钢框架柱的长细比，6、7 度时，分别不应大于 $120\sqrt{235/f_y}$、$80\sqrt{235/f_y}$；8、9 度时，不应大于 $60\sqrt{235/f_y}$。

根据《建筑结构抗震设计规范》（GB 50011）的要求，钢结构构件应避免发生局部失稳，框架的梁和柱截面的板件宽厚比应不超过表 9-5 的限值。

表 9-5 板件宽厚比限值

板件名称		不超过 12 层的框架			超过 12 层的框架			
		7 度	8 度	9 度	6 度	7 度	8 度	9 度
柱	工字形截面翼缘外伸部分	13	12	11	13	11	10	9
	箱形截面壁板	40	36	36	39	37	35	33
	工字形截面腹板	52	48	44	43	43	43	43
梁	工字形和箱形截面翼缘外伸部分	11	10	9	11	10	9	9
	箱形截面翼缘在腹板间的部分	36	32	30	36	32	30	30
	工字形和箱形截面腹板 $N_b/Af < 0.37$	$85-120$ N_b/Af	$80-110$ N_b/Af	$72-100$ N_b/Af	$85-120$ N_b/Af	$80-110$ N_b/Af	$72-100$ N_b/Af	
	$N_b/Af \geqslant 0.37$	40	39	35				

注 1. N 为构件所受的轴心力设计值，A 为构件的截面面积；f 为钢材的抗拉、抗压和抗弯强度设计值；f_y 为钢材的屈服点。

2. 表列数值适用于 Q235 钢材，当采用其他牌号钢材时，应乘以 $\sqrt{235/f_y}$。

【例 9-1】 多层框架设计。

1. 设计条件及说明

该工程为某行政办公楼，地上 4 层。结构高度为 14.2m。所在地区基本风压为 0.45kN/m²，地面粗糙度取 C 类，基本雪压 0.45kN/m²，抗震设防烈度为 6 度，场地类别为 I 类，安全等级为二级，结构设计使用年限为 50 年。主体结构横向采用钢框架结构，横向承重，主梁沿横向布置；纵向较长，采用钢排架支撑结构。结构的局部平面及横向剖面如图 9-6 所示。该工程主梁和柱子均采用 Q235B 钢材。焊接材料与之相适应，楼板采用压型钢板组合楼板。

2. 荷载计算

（1）恒荷载标准值。

楼面：

1mm 厚压型钢板	0.14kN/m²
100mm 厚出 C30 钢筋混凝土板：	0.10×25＝25kN/m²
20mm 厚水泥砂浆找平层：	0.02×20＝0.4kN/m²
5mm 厚楼面装修层：	0.1kN/m²
吊顶及吊挂荷载：	0.5kN/m²
合计：	3.64kN/m²

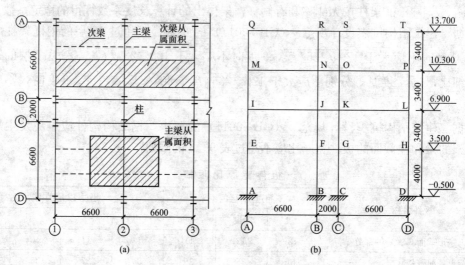

图 9-6 例 9-1 多层框架示意图

(a) 平面图；(b) 剖面图

屋面：

1mm 厚压型钢板：	0.14kN/m²
100mm 厚 C30 钢筋混凝土板：	0.10×25＝2.5kN/m²
40mm 厚细石混凝土防水层：	0.04×25＝1.0kN/m²
20mm 厚水泥砂浆找平层：	0.02×20＝0.4kN/m²
膨胀珍珠岩保温层（2％找坡，最薄处100mm）：	0.44kN/m²
20mm 厚水泥砂浆找平层：	0.02×20＝0.4kN/m²
高分子卷材防水：	0.05kN/m²
吊顶及吊挂荷载：	0.5kN/m²
合计：	5.43kN/m²

内墙：

240mm 加气混凝土砌块：	0.24×7.5＝1.8kN/m²
20mm 粉刷层：	0.02×17×2＝0.68kN/m²
合计：	2.48kN/m²
内墙自重（偏于安全地取 3400mm 高）：	2.48×3.4＝8.43kN/m²

外墙：

90mm 高窗下墙体：	0.24×7.5×0.9＝1.62kN/m²
钢窗自重：	0.45×2.5＝1.13kN/m²
合计：	2.75kN/m²

（2）活荷载标准值。

办公楼楼面：	2.0kN/m²
不上人屋面：	0.7kN/m²

（3）风压标准值。

风压标准值计算公式

$$\omega = \beta_z \mu_s \mu_z \omega_0$$

基本风压（按 50 年一遇）0.45kN/m²，地面粗糙度取 C 类，因结构高度 $H=14.2m<$ 15m，μ_s 取 0.74，风振系数 β_z 取 1.0，风荷载体形系数 μ_s 可按《建筑结构荷载规范》（GB 50009）中表 7.3.1 第 2 项取值。

（4）雪荷载标准值。基本雪荷载 0.45kN/m²，准永久分区 Ⅲ，雪荷载不与活荷载同时组合，取其中的最不利组合。该工程雪荷载较小，荷载组合时取活荷载进行组合，不考虑雪荷载组合。

（5）地震作用。该工程抗震设防烈度为 6 度（0.05g），计算中不考虑地震作用，仅从构造上予以考虑。

根据以上荷载情况，荷载按下面原则传递取值：组合楼板为单向板，次梁传递的荷载为集中荷载加载在主梁上，主梁自重和主梁上的墙体荷载按均布荷载加载在主梁上，外墙荷载按集中荷载加载在梁柱节点处。各荷载作用计算简图如图 9-7 所示。

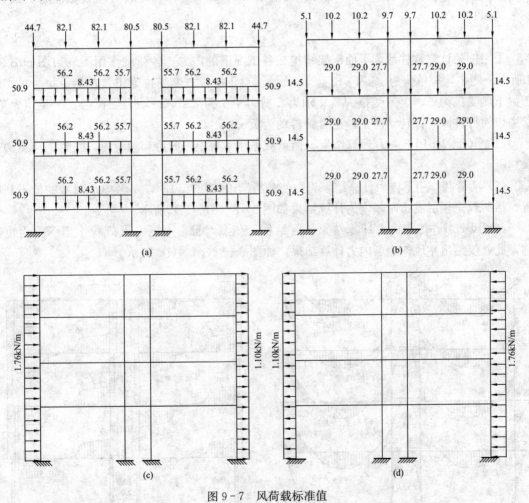

图 9-7 风荷载标准值

（a）恒荷载标准值（kN、kN/m）；（b）活荷载标准值（kN）；（c）左风标准值；（d）右风标准值

3. 截面初选

（1）主梁。主梁的截面可根据跨度和荷载条件决定，同时受到建筑设计和使用要求的限

制。该工程中由于楼板为组合楼板，可视为刚性铺板，因此主梁没有整体稳定问题，截面只需满足强度、刚度和局部稳定的要求。工字形梁的截面高而窄，在主轴平面内截面模量较大，故该工程的主次梁均选用工字形截面，并优先选用窄翼缘 H 型钢梁。

主梁跨度为 6600mm，按高跨比 1/20～1/10，取梁高为 400mm。对跨度为 2000mm 的主梁，梁高可取 250mm。查《热轧 H 型钢和剖分 T 型钢》（GB/T 11263），对 6600mm 跨主梁，选 HN400×20×8×13；对 2000mm 跨主梁，选 HN250×125×6×9；对 6600mm 跨次梁，选 HN350×175×7×11。

（2）框架柱。先估算柱在竖向荷载下的轴力 N，以 $1.2N$ 作为设计轴力按轴心受压构件来确定框架柱的初始截面。假定柱长细比 λ，根据 H 形焊接组合截面的近似回转半径，确定截面的轮廓和尺寸。该工程框架柱考虑分两段吊装（下两层一段，上两层一段）。因而各列柱上段变一次截面。初选 1、2 层柱截面为 H300×300×8×10，3、4 层柱截面为 H250×250×8×10。

4. 内力计算

采用框架计算软件计算平面框架结构在各工况下的内力，各荷载作用下内力图如图 9 - 8 所示。图中弯矩单位为 "kN·m"，正负号：对于柱，右侧受拉为正、左侧受拉为负，对于梁下侧受拉为正、上侧受拉为负。轴力、剪力单位为 "kN"；轴力受拉为正、受压为负，剪力以使杆件顺时针转动为正，逆时针转动为负。

（1）恒荷载作用下内力计算结果。恒荷载作用下弯矩、剪力和轴力图，如图 9 - 8 （a）～（c）所示。

（2）活荷载作用下内力计算结果。为使分析清晰和便于说明，不考虑活荷载的最不利布置。活荷载全楼层满布时，内力计算结果如图 9 - 8 （d）～（f）所示。

（3）风荷载作用下内力计算结果。因结构、荷载对称，左、右风荷载作用下内力也对称，此处仅给出左风作用下内力计算结果，如图 9 - 8 （g）～（i）所示。

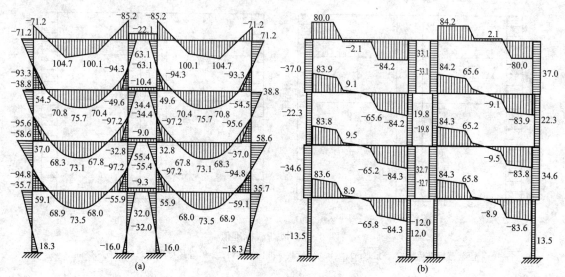

图 9 - 8　各荷载作用下的内力图（一）

（a）恒荷载作用下弯矩图；（b）恒荷载作用下剪力图

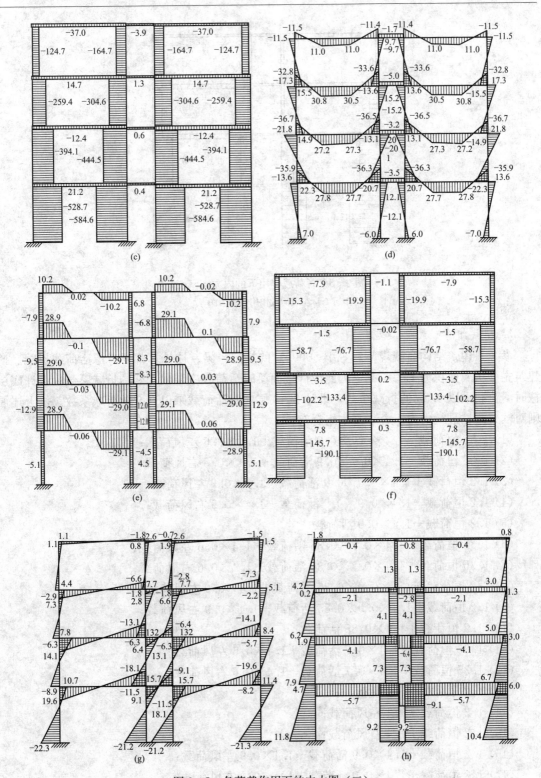

图 9-8 各荷载作用下的内力图（二）

(c) 恒载作用下轴力图；(d) 活载满布作用下弯矩图；(e) 活载满布作用下剪力图；(f) 活载满布作用下轴力图；
(g) 左风荷载作用下弯矩图；(h) 左风荷载作用下剪力图

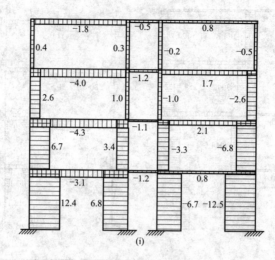

图 9-8 各荷载作用下的内力图（三）

(i) 左风荷载作用下轴力图

5. 荷载组合

参考《建筑结构荷载规范》（GB 50009）的规定，梁、柱计算都要考虑活荷载折减。该建筑主梁从属面积为 $29.04m^2$，因此设计楼面梁时活荷载应乘以 0.9 的折减系数；设计底层柱时活荷载乘以 0.85 的折减系数，设计 2、3 层柱时活荷载乘以 0.9 的折减系数。按上述原则对框架梁柱进行内力组合，基本组合有：

（1）1.35 恒荷载＋1.4×0.7×0.9 活荷载＋1.4×0.6 左风荷载；

（2）1.35 恒荷载＋1.4×0.7×0.9 活荷载＋1.4×0.6 右风荷载；

（3）1.2 恒荷载＋1.4×0.9×0.9 活荷载＋1.4×0.9 左风荷载；

（4）1.2 恒荷载＋1.4×0.9×0.9 活荷载＋1.4×0.9 右风荷载；

（5）1.2 恒荷载＋1.4×0.9 活荷载；

（6）1.35 恒荷载＋1.4×0.7×0.85 活荷载＋1.4×0.6 左风荷载；

（7）1.35 恒荷载＋1.4×0.7×0.85 活荷载＋1.4×0.6 右风荷载；

（8）1.2 恒荷载＋1.4×0.9×0.85 活荷载＋1.4×0.9 左风荷载；

（9）1.2 恒荷载＋1.4×0.9×0.85 活荷载＋1.4×0.9 右风荷载；

（10）1.2 恒荷载＋1.4×0.85 活荷载；

（11）1.35 恒荷载＋1.4×0.7 活荷载＋1.4×0.6 左风荷载；

（12）1.35 恒荷载＋1.4×0.7 活荷载＋1.4×0.6 右风荷载；

（13）1.2 恒荷载＋1.4 活荷载；

（14）1.2 恒荷载＋1.4 左风荷载；

（15）1.2 恒荷载＋1.4 右风荷载；

（16）1.2 恒荷载＋1.4×0.9 活荷载＋1.4×0.9 左风荷载；

（17）1.2 恒荷载＋1.4×0.9 活荷载＋1.4×0.9 右风荷载。

框架柱和框架梁的最不利内力组合分别见表 9-6 和表 9-7。

表 9 - 6　　　　　　　　　　　框架柱最不利内力组合

构件	组合	组合号	截面位置	M (kN・m)	N (kN)	Q (kN)
柱 AE	M_{max}^+	9	柱下端	56.2	−806.1	−34.8
	M_{max}^-	9	柱上端	−71.8	−806.1	−29.2
	N_{max}	7	柱上端	−69.1	−845.5	−27.5
柱 BF	M_{max}^+	8	柱上端	71.2	−896.7	30.9
	M_{max}^-	8	柱下端	−52.4	−896.7	30.9
	N_{max}	7	柱上端	40.1	−953.3	12.2
柱 EI	M_{max}^+	4	柱下端	106.5	−597.4	−64.7
	M_{max}^-	4	柱上端	−105.6	−597.4	−60.0
	N_{max}	2	柱下端	106.3	−627.9	−63.8
柱 FJ	M_{max}^+	3	柱上端	105.9	−680.5	62.1
	M_{max}^-	3	柱下端	−105.1	−680.5	62.1
	N_{max}	2	柱下端	−84.1	−720.5	48.7
柱 IM	M_{max}^+	4	柱下端	68.4	−381.2	−43.8
	M_{max}^-	4	柱上端	−72.6	−381.2	−39.1
	N_{max}	2	柱上端	−71.9	−404.2	−39.5
柱 JN	M_{max}^+	3	柱上端	68.2	−451.2	38.3
	M_{max}^-	3	柱下端	−62.2	−451.2	38.3
	N_{max}	2	柱上端	53.4	−479.7	30.6
柱 MQ	M_{max}^+	12	柱下端	90.7	−183.8	−60.2
	M_{max}^-	12	柱上端	−108.8	−183.8	−57.1
	N_{max}	12	柱上端	−108.3	−183.8	−57.1
柱 NR	M_{max}^+	11	柱上端	96.8	−241.6	52.5
	M_{max}^-	11	柱下端	−81.6	−241.6	52.5
	N_{max}	12	柱上端	92.5	−242.1	50.3

表 9 - 7　　　　　　　　　　　框架梁最不利内力组合

构件	组合	组合号	截面位置	M (kN・m)	N (kN)	Q (kN)
梁 EF	M_{max}^+	1	距 E 点 2.7m	125.4	32.8	1.5
	M_{max}^-	3	梁右端	−180.7	32.8	−141.4
	V_{max}	1	梁右端	−178.5	32.8	−144.4
梁 FG	M_{max}^-	4	梁左端	−26.6	−0.6	11.5
	V_{max}	14	梁右端	−23.9	−1.2	−12.8
梁 IJ	M_{max}^+	1	距 I 点 2.8m	123.5	−23.3	−1.9
	M_{max}^-	1	梁右端	−174.4	−23.3	−142.8
	V_{max}	1	梁右端	−174.4	−23.3	−142.8
梁 JK	M_{max}^-	4	梁左端	−22.5	−0.4	8.1
	V_{max}	15	梁左端	−19.8	−0.8	9.0
梁 MN	M_{max}^+	5	跨中	129.4	15.8	−0.3
	M_{max}^-	1	梁右端	−162.6	15.2	−141.1
	V_{max}	1	梁右端	−162.6	15.2	−141.1

续表

构件	组合	组合号	截面位置	M (kN·m)	N (kN)	Q (kN)
梁 NO	M_{max}^{-}	4	梁左端	-21.7	0.1	3.6
	V_{max}	14	梁右端	-16.4	0.0	-4.0
梁 QR	M_{max}^{+}	11	距 Q 点 2.2m	152.3	-59.2	-3.2
	M_{max}^{-}	11	梁右端	-127.7	-59.2	-124.0
	V_{max}	11	梁右端	-127.7	-59.2	-124.0
梁 RS	M_{max}^{-}	12	梁左端	-32.1	-6.8	0.6
	V_{max}	14	梁右端	-27.6	-5.4	-1.1

6. 结构、构件验算

（1）结构侧移验算。由软件计算结果可知，结构在风荷载下的各层位移分别为 6.5、5.9、4.4、2.5mm。总位移 $6.5 < H/500 = 14200/500 = 28.4$mm，满足规范要求。层间最大侧移（底层）为 2.5mm $< h/400 = 4000/400 = 10$mm，也满足规范要求。

（2）框架柱验算。框架柱的验算包括强度、整体稳定性和局部稳定性验算。

1）1、2 层柱验算。考虑使截面更开展，按照 S4 级进行设计，取 $\gamma_x = 1$。

柱截面选用 H300×300×8×10，其截面特性

$$A = 82.40\text{cm}^2, \quad I_x = 14\,083.5\text{cm}^4 \quad I_y = 4501.2\text{cm}^4,$$

$$i_x = \sqrt{\frac{I_x}{A}} = 13.07\text{cm}, \quad i_y = \sqrt{\frac{I_y}{A}} = 7.39\text{cm}, \quad W_x = 938.9\text{cm}^3, \quad W_y = 300.1\text{cm}^3$$

由表 9-6 得柱最不利内力组合：

组合 Ⅰ　　$M = 106.5$kN·m，$N = -579.4$kN，$V = -64.7$kN（M_{max}，柱 EI，组合号 4）

组合 Ⅱ　　$M = 40.1$kN·m，$N = -953.3$kN，$V = 12.2$kN（N_{max}，柱 BF，组合号 7）

组合 Ⅲ　　$M = 71.2$kN·m，$N = -896.7$kN，$V = 30.9$kN（M，N，柱 BF，组合号 8）

a. 强度验算（截面无削弱）。

内力组合 Ⅰ

$$\frac{N}{A_n} + \frac{M_x}{\gamma_x W_{nx}} = \frac{579.4 \times 10^3}{82.4 \times 10^2} + \frac{106.5 \times 10^6}{1.0 \times 938.9 \times 10^3} = 183.8\text{N/mm}^2 < f = 215\text{N/mm}^2$$

满足要求。

内力组合 Ⅱ

$$\frac{N}{A_n} + \frac{M_x}{\gamma_x W_{nx}} = \frac{953.3 \times 10^3}{82.4 \times 10^2} + \frac{40.1 \times 10^6}{1.0 \times 938.9 \times 10^3} = 158.4\text{N/mm}^2 < f = 215\text{N/mm}^2$$

满足要求。

内力组合 Ⅲ

$$\frac{N}{A_n} + \frac{M_x}{\gamma_x W_{nx}} = \frac{896.7 \times 10^3}{82.4 \times 10^2} + \frac{71.2 \times 10^6}{1.0 \times 938.9 \times 10^3} = 184.6\text{N/mm}^2 < f = 215\text{N/mm}^2$$

满足要求。

b. 弯矩作用平面内稳定验算。柱计算长度按式（9-14）计算，即 $l_0 = \mu l$。

柱 EI　　　　$$k_1 = \frac{\sum I_b/l_b}{\sum I_c/l_c} = \frac{1.5 \times 23\,700/660}{14\,083.5/340 + 8015.3/340} = 0.83$$

$$k_2 = \frac{\sum I_b/l_b}{\sum I_c/l_c} = \frac{1.5 \times 23\ 700/660}{14\ 083.5/400 + 14\ 083.5/340} = 0.70$$

由式（9-14）计算得 $\mu=1.444$，$\lambda_x = \frac{\mu l}{i_x} = \frac{1.444 \times 340}{13.07} = 37.6$，查得 b 类截面稳定系数 $\varphi_x = 0.908$

$$N'_{Ex} = \frac{\pi^2 EA}{1.1\lambda_x^2} = \frac{\pi^2 \times 2.06 \times 10^5 \times 8240}{1.1 \times 37.6^2} = 10\ 772.7\text{kN}$$

$$\beta_{mx} = 1 - 0.36 \times N/N_{Ex} = 1 - 0.36 \times 579.4/(10\ 772.7 \times 1.1) = 0.982$$

内力组合Ⅰ

$$\frac{N}{\varphi_x A} + \frac{\beta_{mx} M_x}{\gamma_x W_x(1 - 0.8N/N'_{Ex})}$$

$$= \frac{579.4 \times 10^3}{0.908 \times 82.4 \times 10^2} + \frac{0.982 \times 106.5 \times 10^6}{1.0 \times 938.9 \times 10^3 \times (1 - 0.8 \times 579.4/10772.7)}$$

$$= 193.8\text{N/mm}^2 < f = 215\text{N/mm}^2$$

满足要求。

柱 BF，柱脚刚接 $k_2=10$，$k_1 = \frac{\sum I_b/l_b}{\sum I_c/l_c} = \frac{1.5 \times 23\ 700/660 + 1.5 \times 4080/200}{14\ 083.5/400 + 14\ 083.5/340} = 1.10$，查

表得 $\mu=1.163$，$\lambda_x = \frac{\mu l}{i_x} = \frac{1.163 \times 400}{13.07} = 35.6$，查得 b 类截面稳定系数 $\varphi_x = 0.916$

$$N'_{Ex} = \frac{\pi^2 EA}{1.1\lambda_x^2} = \frac{\pi^2 \times 2.06 \times 10^5 \times 8240}{1.1 \times 35.6^2} = 12\ 017.2\text{kN}$$

$$\beta_{mx} = 1 - 0.36 \times N/N_{Ex} = 1 - 0.36 \times 953.3/(12\ 017.2 \times 1.1) = 0.974$$

内力组合Ⅱ

$$\frac{N}{\varphi_x A} + \frac{\beta_{mx} M_x}{\gamma_x W_x(1 - 0.8N/N'_{Ex})}$$

$$= \frac{953.3 \times 10^3}{0.916 \times 82.4 \times 10^2} + \frac{0.974 \times 40.1 \times 10^6}{1.0 \times 938.9 \times 10^3 \times (1 - 0.8 \times 953.3/12\ 017.2)}$$

$$= 170.7\text{N/mm}^2 < f = 215\text{N/mm}^2$$

满足要求。

内力组合Ⅲ

$$\beta_{mx} = 1 - 0.36 \times 896.7/(12\ 017.2 \times 1.1) = 0.976$$

$$\frac{N}{\varphi_x A} + \frac{\beta_{mx} M_x}{\gamma_x W_x(1 - 0.8N/N'_{Ex})}$$

$$= \frac{896.7 \times 10^3}{0.916 \times 82.4 \times 10^2} + \frac{0.976 \times 71.2 \times 10^6}{1.0 \times 938.9 \times 10^3 \times (1 - 0.8 \times 896.7/12017.2)}$$

$$= 197.6\text{N/mm}^2 < f = 215\text{N/mm}^2$$

满足要求。

c. 弯矩作用平面外稳定验算。Q235B 钢 $\varepsilon_K=1$，$\eta=1$。

柱 EI，由 $\lambda_y = \frac{340}{7.39} = 46.0$，查得 b 类截面稳定系数 $\varphi_y = 0.874$。

内力组合Ⅰ：对应于该组合，柱上端弯矩 $M=-104.9\text{kN}\cdot\text{m}$，$m=-0.985$，则有

$\varphi_b=1.2-\lambda_y\varepsilon_K/[220\times(1.3-0.3m)]=1.2-46.0\times1/[220\times(1.3+0.3\times0.985)]=1.047>1$，取 $\varphi_b=1$

$$\frac{N}{\varphi_y A}+\eta\frac{M_x}{\varphi_b\gamma_x W_{1x}}=\frac{579.4\times10^3}{0.874\times82.4\times10^2}+1\times\frac{106.5\times10^6}{1.0\times938.9\times10^3}$$
$$=196.4\text{N/mm}^2<f=215\text{N/mm}^2$$

满足要求。

柱 BF，由 $\lambda_y=\dfrac{400}{7.39}=54.1$，查得 b 类截面稳定系数 $\varphi_y=0.838$。

内力组合Ⅱ：对应于该组合，柱下端弯矩 $M=-8.79\text{kNm}$，$m=-0.219$，则有

$\varphi_b=1.2-54.1\times1/[220\times(1.3+0.3\times0.219)]=1.020>1$，取 $\varphi_b=1$

$$\frac{N}{\varphi_y A}+\eta\frac{M_x}{\varphi_b\gamma_x W_{1x}}=\frac{953.3\times10^3}{0.838\times82.4\times10^2}+\frac{40.1\times10^6}{1.0\times938.9\times10^3}$$
$$=180.8\text{N/mm}^2<f=215\text{N/mm}^2$$

满足要求。

内力组合Ⅲ：对应于该组合，柱下端弯矩 $M=-52.34\text{kN}\cdot\text{m}$，$m=-0.735$，则有

$\varphi_b=1.2-54.1\times1/[220\times(1.3+0.3\times0.735)]=1.038>1$，取 $\varphi_b=1$

$$\frac{N}{\varphi_y A}+\eta\frac{M_x}{\varphi_b W_{1x}}=\frac{896.7\times10^3}{0.838\times82.4\times10^2}+\frac{71.2\times10^6}{1.0\times938.9\times10^3}$$
$$=205.7\text{N/mm}^2<f=215\text{N/mm}^2$$

满足要求。

d. 局部稳定性验算按照 S4 级进行验算。

翼缘 $b_1/t=146/10=14.6<15\varepsilon_K=15$，满足要求

腹板：

内力组合Ⅰ

$$\sigma_{max}=\frac{N}{A}+\frac{M}{I}\frac{h_0}{2}=\frac{579.4\times10^3}{82.4\times10^2}+\frac{106.5\times10^6}{14\,083.5\times10^4}\frac{280}{2}=176.2\text{N/mm}^2$$

$$\sigma_{min}=\frac{N}{A}-\frac{M}{I}\frac{h_0}{2}=\frac{579.4\times10^3}{82.4\times10^2}-\frac{106.5\times10^6}{14\,083.5\times10^4}\frac{280}{2}=-35.6\text{N/mm}^2$$

$$\alpha_0=\frac{\sigma_{max}-\sigma_{min}}{\sigma_{max}}=\frac{176.2+35.6}{176.2}=1.202$$

$$\frac{h_0}{t_w}=\frac{280}{8}=35<(45+25\alpha_0^{1.66})\varepsilon_K=(45+25\times1.201^{1.66})\times1=78.9$$

满足要求。

内力组合Ⅱ

$$\sigma_{max}=\frac{N}{A}+\frac{M}{I}\frac{h_0}{2}=\frac{953.3\times10^3}{82.4\times10^2}+\frac{40.1\times10^6}{14083.5\times10^4}\frac{280}{2}=155.6\text{N/mm}^2$$

$$\sigma_{min}=\frac{N}{A}-\frac{M}{I}\frac{h_0}{2}=\frac{953.3\times10^3}{82.4\times10^2}-\frac{40.1\times10^6}{14083.5\times10^4}\frac{280}{2}=75.8\text{N/mm}^2$$

$$\alpha_0=\frac{\sigma_{max}-\sigma_{min}}{\sigma_{max}}=\frac{155.6-75.8}{155.6}=0.513$$

$$\frac{h_0}{t_w} = \frac{280}{8} = 35 < (45 + 25 \times 0.513^{1.66}) = 53.3$$

满足要求。

内力组合Ⅲ

$$\sigma_{max} = \frac{N}{A} + \frac{M}{I}\frac{h_0}{2} = \frac{896.7 \times 10^3}{82.4 \times 10^2} + \frac{71.2 \times 10^6}{14083.5 \times 10^4}\frac{280}{2} = 179.6\text{N/mm}^2$$

$$\sigma_{min} = \frac{N}{A} - \frac{M}{I}\frac{h_0}{2} = \frac{896.7 \times 10^3}{82.4 \times 10^2} - \frac{71.2 \times 10^6}{14083.5 \times 10^4}\frac{280}{2} = 38.0\text{N/mm}^2$$

$$\alpha_0 = \frac{\sigma_{max} - \sigma_{min}}{\sigma_{max}} = \frac{179.6 - 38.0}{179.6} = 0.788$$

$$\frac{h_0}{t_w} = \frac{280}{8} = 35 < (45 + 25 \times 0.788^{1.66}) = 61.8$$

满足要求。

2) 3、4 层柱验算按照 S3 级进行设计，$\gamma_x = 1.05$。

柱截面选用 H250×250×8×10，其截面特性

$$A = 68.4\text{cm}^2，I_x = 8015.3\text{cm}^4，I_y = 2605.1\text{cm}^4，$$

$$i_x = \sqrt{\frac{I_x}{A}} = 10.83\text{cm}，i_y = \sqrt{\frac{I_y}{A}} = 6.17\text{cm}，W_x = 641.2\text{cm}^3，W_y = 208.4\text{cm}^3$$

由表 9-6 得柱最不利内力组合：

组合Ⅰ $M = -108.8\text{kN·m}$，$N = -183.3\text{kN}$，$V = -57.1\text{kN}$（M_{max}，柱 MQ，组合号 12）

组合Ⅱ $M = 53.4\text{kN·m}$，$N = -479.7\text{kN}$，$V = 30.6\text{kN}$（N_{max}，柱 JN，组合号 2）

组合Ⅲ $M = 68.2\text{kN·m}$，$N = -451.2\text{kN}$，$V = 38.3\text{kN}$（M、N 都较大，柱 JN，组合号 3）

a. 强度验算（截面无削弱）。

内力组合Ⅰ

$$\frac{N}{A_n} + \frac{M_x}{\gamma_x W_{nx}} = \frac{183.8 \times 10^3}{68.4 \times 10^2} + \frac{108.8 \times 10^6}{1.05 \times 641.2 \times 10^3} = 188.5\text{N/mm}^2 < f = 215\text{N/mm}^2$$

满足要求。

内力组合Ⅱ

$$\frac{N}{A_n} + \frac{M_x}{\gamma_x W_{nx}} = \frac{479.7 \times 10^3}{68.4 \times 10^2} + \frac{53.4 \times 10^6}{1.05 \times 641.2 \times 10^3} = 149.4\text{N/mm}^2 < f = 215\text{N/mm}^2$$

满足要求。

内力组合Ⅲ

$$\frac{N}{A_n} + \frac{M_x}{\gamma_x W_{nx}} = \frac{451.2 \times 10^3}{68.4 \times 10^2} + \frac{68.2 \times 10^6}{1.05 \times 641.2 \times 10^3} = 167.3\text{N/mm}^2 < f = 215\text{N/mm}^2$$

满足要求。

b. 弯矩作用平面内稳定验算

柱 MQ

$$k_1 = \frac{\sum I_b/l_b}{\sum I_c/l_c} = \frac{1.5 \times 23\ 700/660}{8015.3/340} = 2.28$$

$$k_2 = \frac{\sum I_b/l_b}{\sum I_c/l_c} = \frac{1.5 \times 23\ 700/660}{8015.3/340 + 8015.3/340} = 1.14$$

由式（9-14）计算得 $\mu = 1.219$，则 $\lambda_x = \frac{\mu l}{i_x} = \frac{1.219 \times 340}{10.83} = 38.3$，查得 b 类截面稳定系数 $\varphi_x = 0.905$

$$N'_{Ex} = \frac{\pi^2 EA}{1.1\lambda_x^2} = \frac{\pi^2 \times 2.06 \times 10^5 \times 6840}{1.1 \times 38.3^2} = 8618.5\text{kN}$$

内力组合 I

$$\beta_{mx} = 1 - 0.36 \times 183.8/(8618.5 \times 1.1) = 0.993$$

$$\frac{N}{\varphi_x A} + \frac{\beta_{mx} M_x}{\gamma_x W_x (1 - 0.8N/N'_{Ex})}$$

$$= \frac{183.8 \times 10^3}{0.905 \times 68.4 \times 10^2} + \frac{0.993 \times 108.8 \times 10^6}{1.05 \times 641.2 \times 10^3 \times (1 - 0.8 \times 183.8/8618.5)}$$

$$= 192.9\text{N/mm}^2 < f = 215\text{N/mm}^2$$

满足要求。

柱 JN

$$k_1 = \frac{\sum I_b/l_b}{\sum I_c/l_c} = \frac{1.5 \times 23\ 700/660 + 1.5 \times 4080/200}{8015.3/340 + 8015.3/340} = 1.79$$

$$k_2 = \frac{\sum I_b/l_b}{\sum I_c/l_c} = \frac{1.5 \times 23\ 700/660 + 1.5 \times 4080/200}{14083.5/340 + 8015.3/340} = 1.30$$

由式（9-14）计算得 $\mu = 1.236$，则 $\lambda_x = \frac{\mu l}{i_x} = \frac{1.236 \times 340}{10.83} = 38.8$，查得 b 类截面稳定系数 $\varphi_x = 0.904$

$$N'_{Ex} = \frac{\pi^2 EA}{1.1\lambda_x^2} = \frac{\pi^2 \times 2.06 \times 10^5 \times 6840}{1.1 \times 38.8^2} = 8397.8\text{kN}$$

内力组合 II

$$\beta_{mx} = 1 - 0.36 \times 479.7/(8379.8 \times 1.1) = 0.981$$

$$\frac{N}{\varphi_x A} + \frac{\beta_{mx} M_x}{\gamma_x W_x (1 - 0.8N/N'_{Ex})}$$

$$= \frac{479.7 \times 10^3}{0.904 \times 68.4 \times 10^2} + \frac{0.981 \times 53.4 \times 10^6}{1.05 \times 641.2 \times 10^3 \times (1 - 0.8 \times 479.7/8397.8)}$$

$$= 159.1\text{N/mm}^2 < f = 215\text{N/mm}^2$$

满足要求。

内力组合 III

$$\beta_{mx} = 1 - 0.36 \times 451.2/(8379.8 \times 1.1) = 0.983$$

$$\frac{N}{\varphi_x A} + \frac{\beta_{mx} M_x}{\gamma_x W_x (1 - 0.8N/N'_{Ex})}$$

$$= \frac{451.2 \times 10^3}{0.904 \times 68.4 \times 10^2} + \frac{0.983 \times 68.2 \times 10^6}{1.05 \times 641.2 \times 10^3 \times (1 - 0.8 \times 451.2/8618.5)}$$

$$=176.9\text{N/mm}^2 < f = 215\text{N/mm}^2$$

满足要求。

c. 弯矩作用平面外稳定验算。$\lambda_y = \dfrac{340}{6.17} = 55.1$，查得 b 类截面稳定系数 $\varphi_y = 0.833$，截面形状系数 $\eta = 1.0$。

内力组合 I：对应于该组合，柱下端弯矩 $M = 91.201\text{kN}\cdot\text{m}$，$m = -0.838$，则有

$$\varphi_b = 1.2 - 55.1 \times 1/[220 \times (1.3 + 0.3 \times 0.838)] = 1.039 > 1，\ \text{取}\ \varphi_b = 1$$

$$\frac{N}{\varphi_y A} + \eta \frac{M_x}{\gamma_x \varphi_b W_{1x}} = \frac{183.8 \times 10^3}{0.833 \times 68.4 \times 10^2} + \frac{108.8 \times 10^6}{1.05 \times 1.0 \times 641.2 \times 10^3}$$

$$=193.8\text{N/mm}^2 < f = 215\text{N/mm}^2$$

满足要求。

内力组合 II：对应于该组合，柱下端弯矩 $M = -50.542\text{kN}\cdot\text{m}$，$m = -0.946$，则有

$$\varphi_b = 1.2 - 55.1 \times 1/[220 \times (1.3 + 0.3 \times 0.946)] = 1.042 > 1，\ \text{取}\ \varphi_b = 1$$

$$\frac{N}{\varphi_y A} + \eta \frac{M_x}{\gamma_x \varphi_b W_{1x}} = \frac{479.7 \times 10^3}{0.833 \times 68.4 \times 10^2} + \frac{53.4 \times 10^6}{1.05 \times 1.0 \times 641.2 \times 10^3}$$

$$=163.5\text{N/mm}^2 < f = 215\text{N/mm}^2$$

满足要求。

内力组合 III：对应于该组合，柱下端弯矩 $M = -62.153\text{kNm}$，$m = -0.911$，则有

$$\varphi_b = 1.2 - 55.1 \times 1/[220 \times (1.3 + 0.3 \times 0.911)] = 1.041 > 1，\ \text{取}\ \varphi_b = 1$$

$$\frac{N}{\varphi_y A} + \eta \frac{M_x}{\gamma_x \varphi_b W_{1x}} = \frac{451.2 \times 10^3}{0.833 \times 68.4 \times 10^2} + \frac{68.2 \times 10^6}{1.05 \times 1.0 \times 641.2 \times 10^3}$$

$$=180.5\text{N/mm}^2 < f = 215\text{N/mm}^2$$

满足要求。

d. 局部稳定验算按照 S3 级设计。

翼缘 $\qquad\qquad \dfrac{b}{t} = \dfrac{121}{10} = 12.1 < 13\varepsilon_K = 13$，满足要求

腹板：

内力组合 I

$$\sigma_{max} = \frac{N}{A} + \frac{M}{I} \frac{h_0}{2} = \frac{183.8 \times 10^3}{68.4 \times 10^2} + \frac{108.8 \times 10^6}{8015.3 \times 10^4} \frac{230}{2} = 183.0\text{N/mm}^2$$

$$\sigma_{min} = \frac{N}{A} - \frac{M}{I} \frac{h_0}{2} = \frac{183.8 \times 10^3}{68.4 \times 10^2} - \frac{108.8 \times 10^6}{8015.3 \times 10^4} \frac{230}{2} = -129.2\text{N/mm}^2$$

$$\alpha_0 = \frac{\sigma_{max} - \sigma_{min}}{\sigma_{max}} = \frac{183.0 + 129.2}{183.0} = 1.706$$

$$\frac{h_0}{t_w} = \frac{230}{8} = 28.8 < (42 + 18\alpha_0^{1.51})\varepsilon_K = (42 + 18 \times 1.706^{1.51}) \times 1 = 82.3$$

满足要求。

内力组合 II

$$\sigma_{max} = \frac{N}{A} + \frac{M}{I} \frac{h_0}{2} = \frac{479.7 \times 10^3}{68.4 \times 10^2} + \frac{53.4 \times 10^6}{8015.3 \times 10^4} \frac{230}{2} = 146.7\text{N/mm}^2$$

$$\sigma_{min} = \frac{N}{A} - \frac{M}{I}\frac{h_0}{2} = \frac{479.7 \times 10^3}{68.4 \times 10^2} - \frac{53.4 \times 10^6}{8015.3 \times 10^4}\frac{230}{2} = -6.5 \text{N/mm}^2$$

$$\alpha_0 = \frac{\sigma_{max} - \sigma_{min}}{\sigma_{max}} = \frac{146.7 + 6.5}{146.7} = 1.044$$

$$\frac{h_0}{t_w} = \frac{230}{8} = 28.8 < (42 + 18 \times 1.044^{1.51}) \times 1 = 61.2$$

满足要求。

内力组合Ⅲ

$$\sigma_{max} = \frac{N}{A} + \frac{M}{I}\frac{h_0}{2} = \frac{451.2 \times 10^3}{68.4 \times 10^2} + \frac{68.2 \times 10^6}{8015.3 \times 10^4}\frac{230}{2} = 163.8 \text{N/mm}^2$$

$$\sigma_{min} = \frac{N}{A} - \frac{M}{I}\frac{h_0}{2} = \frac{451.2 \times 10^3}{68.4 \times 10^2} - \frac{68.2 \times 10^6}{8015.3 \times 10^4}\frac{230}{2} = -31.9 \text{N/mm}^2$$

$$\alpha_0 = \frac{\sigma_{max} - \sigma_{min}}{\sigma_{max}} = \frac{163.8 + 31.9}{163.8} = 1.195$$

$$\frac{h_0}{t_w} = \frac{230}{8} = 28.8 < (42 + 18 \times 1.195^{1.51}) \times 1 = 65.6$$

满足要求。

（3）框架梁验算。框架梁的验算包括强度、稳定性和挠度验算。当采用组合楼板时，楼板密铺在梁的受压翼缘上并与其牢固相连，能阻止梁上翼缘的侧向失稳，可不计算梁的整体稳定性，且轧制H型钢的组成板件宽厚比较小，无局部稳定问题。因此主梁只需进行强度和挠度验算。

因跨度相同的各层主梁截面相同，可选择最不利内力组合验算。

1）跨度为6600mm的梁。截面为HN400×200×8×13，其截面特性

$A = 8412 \text{mm}^2$，$I_x = 2.37 \times 10^8 \text{ mm}^4$，$I_y = 1.74 \times 10^7 \text{ mm}^4$，$i_x = 168 \text{mm}$，$i_y = 45.4 \text{mm}$，$W_x = 1.19 \times 10^6 \text{mm}^3$，$W_y = 1.74 \times 10^5 \text{mm}^3$

a. 强度验算。

正应力：最不利内力组合，$M = -180.7 \text{kN} \cdot \text{m}$，$N = 32.8 \text{kN}$，$V = -141.4 \text{kN}$（$M_{max}$，梁 EF，组合号 3），按拉弯构件验算

$$\frac{N}{A_n} + \frac{M}{\gamma_x W_x} = \frac{32.8 \times 10^3}{84.12 \times 10^2} + \frac{180.7 \times 10^6}{1.05 \times 1190 \times 10^3} = 148.5 < 215 \text{N/mm}^2$$

满足要求。

剪应力：最不利内力组合，$M = -178.5 \text{kN} \cdot \text{m}$，$N = 32.8 \text{kN}$，$V = -144.4 \text{kN}$（$V_{max}$，梁 EF，组合号 1）

$$S_x = 200 \times 13 \times 193.5 + 187 \times 8 \times 187/2 = 643.0 \times 10^3 \text{mm}^3$$

$$\tau = \frac{VS_x}{I_x t_w} = \frac{144.4 \times 10^3 \times 643.0 \times 10^3}{23700 \times 10^4 \times 8} = 49 \text{N/mm}^2 < f_v < 125 \text{N/mm}^2$$

满足要求。

b. 挠度验算。根据计算结果，梁 QR 在恒荷载下的挠度为 8.4mm，在活荷载作用下的挠度为 0.9mm，故

$$\nu_T = 8.4 + 0.9 = 9.3 \text{mm} < [\nu_T] = l/400 = 16.5 \text{mm}$$

$$\nu_Q = 0.9mm < [\nu_Q] = l/500 = 13.2mm$$

梁 MN 在恒荷载下的挠度为 5.6mm，在活荷载作用下的挠度为 2.4mm，故

$$\nu_T = 5.6 + 2.4 = 8.0mm < [\nu_T] = l/400 = 16.5mm$$

$$\nu_Q = 2.4mm < [\nu_Q] = l/500 = 13.2mm$$

2) 跨度为 2000mm 的梁。截面为 HN250×125×6×9，其截面特性

$A = 3787mm^2$，$I_x = 4.08 \times 10^7 mm^4$，$I_y = 2.94 \times 10^6 mm^4$，$i_x = 104mm$，$i_y = 27.9mm$，$W_x = 3.26 \times 10^5 mm^3$，$W_y = 4.7 \times 10^4 mm^3$

a. 强度验算。

正应力：最不利内力组合，$M = -32.1kN \cdot m$，$N = -6.8kN$，$Q = 0.6kN$（M_{max}，梁 RS，组合号 12），按压弯构件验算

$$\frac{N}{A_n} + \frac{M}{\gamma_x W_x} = \frac{-6.8 \times 10^3}{37.87 \times 10^2} + \frac{-32.1 \times 10^6}{1.05 \times 326 \times 10^3} = -95.6 > -215N/mm^2$$

满足要求。

剪应力：最不利内力组合，$M = -23.9kN \cdot m$，$N = -1.2kN$，$Q = -12.8kN$（V_{max}，梁 FG，组合号 14），按压弯构件验算

$$S_x = 125 \times 9 \times 120.5 + 116 \times 6 \times 116/2 = 175.9 \times 10^3 mm^3$$

$$\tau = \frac{VS_x}{I_x t_w} = \frac{12.8 \times 10^3 \times 175.9 \times 10^3}{4080 \times 10^4 \times 6} = 9.2N/mm^2 < f_v = 125N/mm^2$$

满足要求。

b. 挠度验算。由计算结果得 2000mm 跨梁的挠度均为反挠度，且梁 RS 最大反挠度 $1.4mm < [\nu_T] = l/400 = 5mm$，满足要求。

由以上验算可知所选构件截面满足要求。

思 考 题

1. 多层钢结构有哪几种结构体系？各有何特点？
2. 如何区分强支撑框架与弱支撑框架？
3. 多层钢结构的布置原则有哪些？
4. 多层钢结构有哪几种分析方法？如何选择？
5. 结构二阶弹性分析和直接分析时，应考虑的初始缺陷包含哪些？
6. 确定框架结构整体初始几何缺陷代表值有哪几种方法？
7. 多层房屋钢结构采用有限元分析程序进行结构分析时，有哪几种计算模型？
8. 结构抗震采用什么设计法？
9. 框架结构的梁与柱连接节点有哪几种类型？各有何特点？
10. 框架柱的计算长度如何计算？
11. 什么是 $P-\Delta$ 和 $P-\delta$ 效应？
12. 平面多层多跨框架有哪几种失稳形式？

第十章 钢结构的制作、防护与安装

第一节 钢结构的制作

一、概述

1. 钢结构的施工步骤

钢结构完成设计后，下一步的工作是加工制作和安装。竣工后结构的几何形态与设计位形之间的偏差应满足《钢结构工程施工质量验收规范》（GB 50205）等标准的要求。竣工后结构在正常使用条件下的内力和变形应满足《钢结构设计规范》（GB 50017）等标准的要求。可见钢结构的设计与加工制作及安装关系紧密，钢结构技术人员只有具备设计和加工制作及安装等方面的系统知识，才能保证钢结构施工阶段和正常使用条件下的安全性和适用性。

钢结构设计出图通常分设计图和施工详图两阶段。一般设计院提供的设计图，不能直接用来加工制作钢结构，而是要考虑加工工艺，如公差配合、加工余量、焊接控制等因素后，在原设计图的基础上绘制加工制作图（又称施工详图）。详图设计一般由加工单位负责进行，应根据建设单位的技术设计图纸及发包文件中所规定的规范、标准和要求进行。

取得设计院的设计图纸后，应进行图纸审核。主要内容包括：①设计文件是否齐全，设计文件包括设计图、施工图、图纸说明和设计变更通知单等。②构件的几何尺寸是否标注齐全。③相关构件的尺寸是否正确。④节点是否清楚，是否符合国家标准。⑤标题栏内构件的数量是否符合工程的总数量。⑥构件之间的连接形式是否合理。⑦加工符号、焊接符号是否齐全。⑧结合本单位的设备和技术条件考虑，能否满足图纸上的技术要求。⑨图纸的标准化是否符合国家规定等。

图纸审查后要做技术交底准备，其内容主要有：①根据构件尺寸考虑原材料对接方案和接头在构件中的位置。②考虑总体的加工工艺方案及重要的工装方案。③对构件的结构不合理处或施工有困难的地方，要与需方或者设计单位做好变更签证的手续。④列出图纸中的关键部位或者有特殊要求的地方，加以重点说明。

进行施工详图设计。加工制作图是最后沟通设计人员及施工人员意图的详图，是实际尺寸、划线、剪切、坡口加工、制孔、弯制、拼装、焊接、涂装、产品检查、堆放、发送等各项作业的指示书。

完成两个阶段设计后，进入施工阶段，一般主要包括准备材料、加工制作、运输、安装四个步骤。

2. 钢结构制作的特点

（1）工厂化生产。钢结构的零件和构件的标准化比率高，装配化程度高，钢结构一般在工厂制作，现场安装。工厂具有良好的工作环境，有刚度大、平整度高的工作平台，精度较高的工装夹具及高效能的设备，生产效率高，易于保证质量。

（2）产品制作精度要求高。钢结构大多采用薄板制成，采用焊接和螺栓进行连接，对零件和构件加工的精度要求高。钢结构制作有严格的工艺标准，每道工序应该怎么做，允许有多大的误差，都有详细规定。特殊构件的加工，还要通过工艺试验来确定相应的工艺标准。每道工序的工人都必须按图纸和工艺标准生产，确保产品满足制作精度要求。

（3）生产效率高。钢结构在工厂加工，可实现机械化、自动化，劳动生产率大为提高。工厂加工可基本不占施工现场的时间和空间，可显著缩短工期，提高施工效率。

3. 钢结构制作的依据

钢结构制作的依据是设计图纸和相关的国家规范、规程和标准，主要有《钢结构工程施工质量验收规范》（GB 50205）、《建筑钢结构焊接规程》（JGJ 81）、《高层民用建筑钢结构技术规程》（JGJ 99）、《门式刚架轻钢房屋钢结构技术规程》、《水利水电工程钢闸门制造安装及验收规范》及关于钢结构材料、辅助材料的有关标准等。另外，如网架结构、高耸结构、输电杆塔钢结构、压力钢管、水利水电工程启闭机等都有相应的施工技术规程可以参照执行。当需要修改设计图纸时，必须征得原设计单位同意，并签署设计变更文件。

4. 钢结构制作的工艺流程

钢结构的制作，从钢材进厂到构件出厂，需要经过一系列的制作工序，才能完成。编制工艺流程的原则是操作能以最快的速度、最少的劳动量和最低的费用，可靠地加工出符合图纸设计要求的产品。钢结构制作单位根据设计图纸、国家有关标准和制作工期等要求，编制工艺流程图。内容包括成品技术要求；关键零件的加工方法、精度要求、检查方法和检查工具；主要构件的工艺流程、工序质量标准、工艺措施（如组装次序、焊接方法等）；采用的加工设备和工艺设备。编制工艺过程卡，基本内容包括零件名称、件号、材料牌号、规格、件数、工序名称和内容、所用设备和工艺装备名称及编号、工时定额等。关键零件还要标注加工尺寸和公差，重要工序要画出工序图，下达到车间。工人则根据工艺流程图、过程卡生产。一般钢结构制造的工序即流水作业生产工艺流程，如图 10-1 所示。

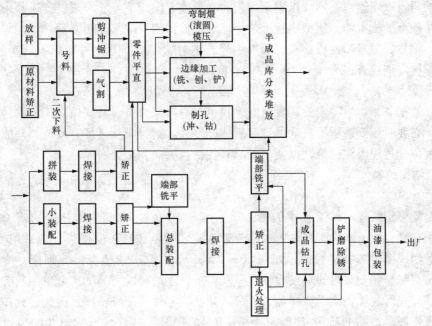

图 10-1　钢结构制作基本流程图

二、原材料准备

1. 材料入库与验收

根据施工图的材料表，计算各种材料的净用量，考虑一定的损耗率，编制材料预算，提交采购。钢材进厂后应由采购员填写"入库交验单"，注明该批材料使用的工程名称、品种、规格、钢号、数量等，经计划员核实签名，连同材料质量保证书提交检验员。

检验员进行钢材检验的主要内容有：钢材的数量、品种与订货合同相符；钢材的质量保证书与钢材上打印的记号相符合；核对钢材的规格尺寸；钢材表面质量检验。检查材料质量保证书上所写化学成分、机械性能是否达到技术条件要求，并复核钢材表面质量和外观是否符合标准要求。如果全部符合，在入库交验单上填写"合格"，签名后在钢材表面做出检验合格标记入库。凡发现质量保证书上数据不清不全，材质标记模糊，表面质量、外观尺寸不符合有关标准的要求时，应按国家现行有关标准的规定进行复验鉴定，经复验鉴定合格后方可入库。进口钢材入关商检报告的内容与设计要求相符时，可不进行抽样复验，如果商检报告的内容与设计要求不完全相符，此时应对不相符的项目进行抽样复验。不合格的材料应另作处理。

2. 辅助材料的检验

钢结构用辅助材料包括螺栓、电焊条、焊剂、焊丝等，均应对其化学成分、力学性能及外观进行检验，并应符合国家有关标准。

3. 堆放

检验合格的钢材应按品种、牌号、规格分类架空堆放，其底部应垫上道木或其他支承材料，防止底部进水造成钢材锈蚀。露天堆放场地势要高，四周有排水沟，雪后易于清扫。钢材堆放不得造成地基下陷和钢材永久变形。钢材堆放时每隔5～6层放置楞木，其间距以不引起钢材明显的弯曲变形为宜，楞木要上下对齐，在同一垂直面内；考虑材料堆放之间留有一定宽度的通道以便运输。堆放压型金属板时在长度方向应有5%的倾斜度，并采取遮雨措施，不得在板上堆放重物，压型铝板上禁止堆放铁件。钢材端部应树立标牌，标牌要标明钢材的规格、钢号、数量和材质验收证明书编号。钢材端部根据其钢号涂以不同颜色的油漆。钢材的标牌应定期检查。

4. 钢材发放

材料要依据"领料单"发放，发放时领料员与仓库保管员应共同核对钢材牌号、规格型号、数量，必要时还要请质检员认可签字后才能发放。钢材应从进场、发料、制成零件和构件、安装就位全过程跟踪记录，以便于及时查找材料去向和出处。

三、钢结构的制作

1. 放样和号料

放样是整个钢结构制作工艺中的第一道工序，是按照技术部门审核过的施工详图，以1：1的比例在样台板上画出实样，求取实长，根据实长制成样板。样板一般采用变形较小，又可手工剪切成型的薄板状材料，如0.50～0.75mm白铁皮或塑料板等制作。放样应根据工艺要求预留制作和安装时的焊接收缩余量及切割、刨边和铣平等加工余量。所有零件的尺寸和形状都应先行放样，然后依样加工，最后才能把零件装配成整体。因此，放样工作的准确与否将直接影响产品的质量。样板应注明工号、图号、零件号、数量及加工边、坡口部位、弯折线和弯折方向、孔径和滚圆半径等。应采用计算机辅助放样，提高工作精度和效率。

号料是以样板为依据，在原材料上划出实样，并打上各种加工记号，提交下料切割。号料时应核对钢材规格、材质、批号，并应清除钢板表面污物。若表面质量满足不了质量要求，钢材应进行矫正，钢材和零件的矫正应采用平板机或型材矫直机进行，较厚钢板也可用压力机或火焰加热进行。碳素结构钢在环境温度低于$-16℃$，低合金结构钢在低于$-12℃$时，不应进行冷矫正和冷弯曲。矫正后的钢材表面的凹面和损伤应满足相关规程要求。应采用程控自动划线机进行号料，效率和精度高，且节省材料。

2. 切割

号料划线以后的钢材，必须按其所需的形状和尺寸进行下料切割。常用的切割方法有机械切割、气割、等离子切割三类，各类切割方法的原理、主要设备和特点见表 10-1。具体的切割方法的选用应根据设备状况、切割精度、切割表面的质量情况及经济性来确定。钢管通常采用数控相贯线切割机进行切割。

表 10-1　　　　　　　　　　各种切割方法的原理和特点

序号	切割方法	切割的原理	切割机械	特点
1	气割法	利用氧气与可燃气体混合产生的预热火焰加热金属表面到燃烧温度并使金属发生剧烈的氧化，放出大量热量促使下层金属也自行燃烧，同时通以高压氧气射流，将氧化物吹除而引起一条狭小而整齐的割缝，随着割缝嘴的移动，使切割过程连续而切割出所需的形状	手工割切、半自动气割机、特型气割机、光电跟踪气割机、数控气割机、多头气割机	能够切割各种厚度的钢材，设备灵活，费用经济，切割精度也高，是目前使用最广泛的切割方法
2	机械切割法	利用上下两剪刀的相对运动来切断钢材	剪板机、联合冲剪机、型钢冲剪机	剪切速度快，效率高，能剪切厚度小于 30mm 的钢材；缺点是切口略粗糙，下端有毛刺
		利用锯片的切削运动把钢材分离	弓锯床	可以切割角钢、圆钢和各类型钢
			带锯床	用于切割角钢、圆钢和各类型钢，切割速度较快且精度也较好
			圆盘锯床	切割速度较慢，但切割精度高，主要用于柱、梁等型钢的切割，设备的费用也较高
		利用锯片与工件间的摩擦发热使金属熔化而被切断	摩擦锯床	切割速度快，应用广，但切口不光洁，噪声大
			砂轮切割机	砂轮锯能切割不锈钢及各种合金钢等
3	等离子切割法	利用高温高速的等离子焰流将切口处金属及其氧化物熔化并吹掉来完成切割	等离子切割机	由于等离子弧的焰流高温和高速，所以任何高熔点的氧化物都能被熔化和吹走，故能切割任何金属，特别是不锈钢、铝、铜等

3. 成形加工

钢结构制作中，成形加工可分为热加工和冷加工两大类，主要包括弯曲、卷板（滚圆）、边缘加工、折边和模具压制五种加工方法。

热加工是把钢材加热到一定温度后再进行加工。这种方法适用于成形、弯曲和矫正在常温下不能做的工件。热加工加热温度一般在1000~1100℃，终止温度不得低于700℃。加热温度在200~300℃时钢材易产生蓝脆，严禁锤打和弯曲，以避免钢材断裂。

冷加工是指钢材在常温下进行的加工。由于外力超出材料的屈服强度而使材料产生要求的永久变形，或由于外力超出了材料的极限强度而使材料的某些部分按要求发生脱离。冷加工都有使材料变硬和变脆的趋势，但可通过热处理使钢材恢复到正常状态或刨削掉硬化较严重的边缘部分。钢材有低温冷脆性，碳素结构钢和低合金结构钢的环境温度分别低于-16℃和-12℃时不得进行冷矫正和弯曲加工；环境温度分别低于-20℃和-15℃时不得进行剪切和冲孔。

（1）弯曲加工。根据设计要求，利用加工设备和一定的工装模具，把板材或型钢弯制成一定形状的工艺方法。冷弯适合于薄板、小型钢；热弯适合于较厚的板及较复杂的构件、型钢，热弯温度应控制在950~1100℃。按加工方法分为压弯、滚弯和拉弯。压弯是采用压力机进行加工，一般适用于V形件和U形件等的加工。滚弯为采用滚圆机进行加工，一般适用于滚制圆筒形和弧形构件。拉弯是采用转臂拉弯机和转盘拉弯机进行加工，主要适用于将长板拉制成弧形构件。

（2）卷板加工。在外力作用下使平钢板的外层纤维伸长、内层纤维缩短而产生弯曲变形的方法。卷板由卷板机（又叫滚圆机、轧圆机）完成。根据材料温度的不同，又分为冷卷和热卷。卷板主要用于焊接圆管柱、管道、气包等。

（3）边缘加工。为了消除切割造成的边缘硬化而将板边刨去2~4mm；为了保证焊缝质量和工艺性焊透而将钢板边刨成坡口；为了装配的准确性及保证压应力的传递，而将钢板边刨直或铣平，均为边缘加工。

常用的边缘加工方法有铲边、刨边、铣边和碳弧气刨边、气割和坡口机加工等多种方法。铲边有手工或风动铲锤铲边，铲边加工精度较差。刨边用刨边机进行，可刨直边和斜边。铣边为端面加工，用铣床或铣边机进行加工。碳弧气刨边设备是气刨枪，把碳棒作为电极，与被刨、削的金属间产生电弧，此电弧具有6000℃左右高温，将金属加热到融化状态，然后用压缩空气把融化的金属吹掉，达到切削金属的目的。坡口加工可用坡口加工机、H型钢坡口和弧形坡口专用机械进行加工，效率高、精度高。

（4）折边。把钢结构构件的边缘压弯成一定角度或一定形状的工艺过程称为折边。折边一般用于薄板构件，它有较长的弯曲线和很小的弯曲半径。折边常用折边机，配合适当的模具进行。

（5）模具压制。是在压力设备上利用模具使钢材成型的加工方法。有冲裁成形（用模具沿封闭线冲切板料）、弯曲成形（用模具使材料弯曲成一定形状）、拉深成形（用模具将板料压制成空心工件，如容器桶等）、压延成形（对钢材进行冷挤压或温热挤压加工）等。

4. 制孔

制孔分为钻孔和冲孔两类。钻孔一般在钻床上进行，对于构件受场地限制或加工部位特殊，不便在钻床上加工时，可用电钻、风钻和电磁座钻加工。钻孔适用性广，孔壁损伤小，孔的精度高。钻孔机械有电钻及风钻、立式钻床、摇臂钻床、桁式摇臂钻床、多轴钻床、多维数控钻床等。数控钻孔无需在工件上划线和打样冲眼，钻孔效率和精度高。冲孔在冲孔机

（冲床）上进行，一般只能在较薄的钢板和型钢上冲孔，且孔径一般不小于钢材的厚度，可用于次要连接。冲孔效率高，但孔的周围产生冷作硬化，孔壁质量差。地脚螺栓孔的直径超过 50mm 时也有采用火焰割孔。

5. 矫正

钢结构在制作的全过程中，由于材料、设备、工艺、运输和吊运等影响，会引起钢材原材料变形；零件加工过程中的气割、剪切、冲孔等也会引起零件变形；组装焊接等会发生焊接变形；运输和吊运中安放不当或吊点与夹具选择不合理会引起变形等。为保证钢结构制作及安装质量，必须对变形不满足技术标准和设计要求的原材料、零件、构件进行矫正。钢结构的矫正主要通过外力或局部加热作用，迫使已发生变形的钢材或构件达到平直或设计的几何形状的加工方法。钢结构的制作过程中要进行多次矫正，包括原材料矫正、零件矫正、组装时的矫正、焊接后的矫正，有的还有热镀锌后的矫正等。

矫正主要有矫直、矫平、矫形三种形式。矫直是消除材料和构件的弯曲变形；矫平是消除材料和构件的翘曲或凹凸不平；矫形是对构件一定的几何尺寸进行整形。

矫正的方法主要有机械矫正、火焰矫正、手工矫正和高频热点矫正等。机械矫正是在专用机械（如钢板矫平机、型钢矫正机、撑直机、压力机等）上进行矫正，适用于批量较大、形状比较一致的钢材和构件的矫正。其矫正力大，生产率高，质量稳定。火焰矫正是利用火焰产生的高温对矫正体变形的局部进行加热，由于加热部位的钢材热膨胀受阻，冷却时收缩，从而使矫正体达到平直或要求的几何形状并符合技术标准的工艺方法。火焰矫正常用工具为射吸式焊矩（俗称烘枪、烤枪），加热温度宜控制在 600～800℃。火焰矫正较为灵活，对于变形较大的构件也能处理。但火焰的温度、加热的方法等不容易准确掌握，因而质量没有机械矫正稳定。手工矫正是采用简单的手工工具（锤、扳头等）利用人力进行矫正。它灵活简便、成本低，适用于缺乏或不便使用矫正设备、变形或刚度较小、采用其他矫正方法反而麻烦的矫正。高频热点矫正的原理与火焰矫正相同，但它是以高频感应作为热源的热矫正。把通入交流电的高频感应圈靠近钢材，使钢材内部产生感应电流，一般在 4～5s 钢材的温度可以上升到 800℃ 左右。高频热点矫正具有效率显著、生产率高、操作简便、无污染等优点，适用于一些尺度大、变形复杂的构件矫正。

6. 组装

组装是按照施工图的要求，把已加工完成的各零件或半成品构件组合装配成为独立的成品构（部）件。根据装配构件的特性和装配程度，可分为部件组装、组装、预总装。部件组装是把若干零件装配成为半成品的结构部件。组装是把零件或半成品装配成为独立的成品构件。预总装是在工厂里将多个成品构件按设计要求的空间位置试装成整体，以直观地反映出各构件之间的连接状况，保证安装质量。钢结构构件组装的常用方法见表 10-2。

表 10-2　　　　　　　　　　　　钢结构构件组装方法

名称	装配方法	适用范围
地样法	用 1:1 的比例在装配平台上放出构件实样。根据零件在实样上的位置，分别组装起来成为构件	桁架、框架等少批量结构组装
仿形复制装配法	先用地样法组装成单面（单片）结构，并且必须定位点焊，然后翻身作为复制胎模，在其上装配另一单面结构，往返 2 次组装	横断面互为对称的桁架和其他结构

名称	装配方法	适用范围
立装	根据构件的特点和零件的稳定位置，选择自上而下或自下而上的装配	用于放置平稳、高度不大的结构或大直径圆筒
卧装	构件放置平卧位置装配	用于断面不大但长度较大的细长构件
胎模装配法	把构件的零件用胎模定位在其装配位置上的组装	用于制作构件批量大、精度高的产品

注 在布置拼装胎模时，必须注意各种加工余量。

7. 焊接

钢结构常用的焊接方法有手工电弧焊、气体保护电弧焊、自保护电弧焊、埋弧焊、电渣焊、等离子焊、激光焊、电子束焊、栓焊等。广泛使用的是电弧焊，是以依靠电弧的热量进行焊接的方法。在电弧焊中又以药皮焊条手工电弧焊、自动埋弧焊、半自动与自动 CO_2 气体保护焊和自保护电弧焊为主。在某些特殊应用场合，则必须使用电渣焊和栓焊。

手工电弧焊是用手工操作焊条进行焊接的一种电弧焊，是钢结构焊接中最常用的方法。焊条和焊件形成两个电极，产生电弧，电弧产生大量的热量，熔化焊条和焊件，焊条端部熔化形成熔滴，过渡到熔化的焊件的母材上融合，形成熔池并进行一系列复杂的物理-冶金反应。随着电弧的移动，液态熔池逐步冷却、结晶，形成焊缝。在高温作用下，冷敷于电焊条钢芯上的药皮熔融成熔渣，覆盖在熔池金属表面，它不仅能保护高温的熔池金属不与空气中有害的氧、氮发生化学反应，并且还能参与熔池的化学反应和渗入合金等，在冷却凝固的金属表面，形成保护渣壳。手工电弧焊适应性强，可在室内、室外和高空平、横、立、仰的位置进行焊接。它的焊接设备简单，使用灵活方便，可用于各种钢种的焊接，但生产效率较低，劳动强度大，对焊工的操作技能要求高。

气体保护电弧焊又称为熔化极气体电弧焊，以焊丝和焊件作为两个极，两极之间产生电弧热来熔化焊丝和焊件母材，同时向焊接区域送入保护气体，使电弧、熔化的焊丝、熔池及附近的母材与周围的空气隔开，焊丝自动送进，在电弧作用下不断熔化，与熔化的母材一起融合，形成焊缝金属。这种焊接法简称 GMAW（Gas Metal Arc Welding），由于保护气体的不同，又可分为：CO_2 气体保护电弧焊，是目前最广泛使用的焊接法，特点是使用大电流和细焊丝，焊接速度快、熔深大、作业效率高；MIG（Metal-Inert-Gas）电弧焊，是将 CO_2 气体保护焊的保护气体变成 Ar 或 He 等惰性气体；MAG（Metal-Active-Gas）电弧焊，使用 CO_2 和 Ar 的混合气体作为保护气体（80％Ar＋20％CO_2），这种方法既经济又有 MIG 的好性能。CO_2 气体保护焊的电弧可见，方便实现全位置焊接；焊接速度快，熔池小，热影响区窄，工件焊接变形较小，易实现生产过程自动化；熔渣较少，电弧气氛的含氢量较易控制，可减少冷裂纹倾向；生产效率高，焊缝质量好。在工厂制作时常用于中等长度焊缝。

自保护电弧焊称为无气体保护电弧焊。与气体保护电弧焊相比抗风性好，风速达 10m/s 时仍能得到无气孔而且力学性能优越的焊缝。由于自动焊接，因此焊接效率极高。焊枪轻，不用气瓶，操作十分方便，但焊丝价格比 CO_2 气体保护焊的要高。在海洋平台、目前美国的超高层建筑钢结构广泛使用这种方法。自保护电弧焊用的焊丝是药芯焊丝，使用的焊机电源为比交流电源更稳定的直流平特性电源。

埋弧焊是电弧在可熔化的颗粒状焊剂覆盖下燃烧的一种电弧焊。焊接时向熔池连续不断送进的裸焊丝，既是金属电极，也是填充材料，电弧在焊剂层下燃烧，将焊丝、母材熔化而形成熔池。熔融的焊剂成为熔渣，覆盖在液态金属熔池的表面，使高温熔池金属与空气隔开。焊剂形成熔渣除了起保护作用外，还与熔化金属参与冶金反应，从而影响焊缝金属的化学成分。埋弧焊的生产效率高、节省材料和电能；熔深大；金属飞溅少；焊接过程稳定，焊缝质量好，成型美观，无弧光辐射，劳动强度低，劳动条件好。但对接头装配精度要求较高；焊短缝、小直径环缝、处于狭窄位置焊缝以及焊接薄板时，则受一定限制。埋弧焊适用于较长焊缝。

电渣焊是以电流通过熔渣所产生的电阻热作为热源的熔化焊方法，常用于箱形柱横隔板部位的焊接。

对于特殊材料、特殊构件或特殊尺度的焊接，一般先要进行焊接工艺试验及评定，以确定最合适的材料、工艺措施及过程。其中包括焊条和焊剂的选用，剖口形式的确定、焊接方式、电流大小、电压高低、焊接速度、焊接前后秩序、焊前是否要预热、焊后是否要保温及防止焊接变形的措施等。首次使用的钢材应进行工艺评定，但当该钢材与已评定过的钢材具有同一强度等级和类似的化学成分时，可不进行焊接工艺评定。首次采用的焊接方法，采用新的焊接材料施焊，首次采用的重要的焊接接头形式，需要进行预热、后热或焊后热处理的构件，都应进行工艺评定。

焊接的准备工作包括焊缝处坡口的制作，焊条的烘焙和保温，构件的预热（依工艺要求），焊缝处表面锈迹、油污、油漆、镀锌层的去除等，必须十分完备。

焊工必须有相应的等级证书。焊接过程中必须严格按照工艺试验确定的工艺标准实施。焊接后须根据施工图纸对焊缝的质量等级要求，按有关标准进行焊接检验。焊接检验不合格者，应查清原因，定出修补工艺后方能返修。焊缝同一部位返修次数不宜超过两次。

第二节　钢 结 构 的 防 护

一、概述

钢结构受到大气中水分、氧和其他腐蚀介质的作用，容易被腐蚀（锈蚀）。腐蚀导致构件有效截面减小，影响结构的可靠性，会造成巨大经济损失。发达国家每年由于腐蚀造成的经济损失约占国民经济总产值的 4%。对钢结构采取防护措施，避免或减小钢结构的腐蚀，具有重要的经济意义。

钢材是一种非燃烧的材料，但它的机械性能，如屈服点、抗拉强度和弹性模量等在高温度时显著降低，通常在 600℃ 左右，就会丧失承载能力，造成钢结构产生过大的变形而不能使用，甚至倒塌。因此必须根据防火规范要求，采取防火措施，使钢结构满足防火要求。

钢结构的防护通常包括防腐、防火和隔热等三个方面。

二、钢结构的防腐

1. 钢结构的防腐方法

钢结构工程所处的工作环境不同，自然界中酸雨介质或温度、湿度的作用可能使钢结构产生不同的物理和化学作用而受到腐蚀破坏，严重的将影响其强度、安全性和使用年限。钢结构的防腐蚀是钢结构设计、施工、使用中必须解决的重要问题，它涉及钢结构的耐久性、造价、维护费用、使用性能等诸方面。钢结构的防腐分为采用耐候钢、覆盖层和阴极保护法三大类。耐候钢是在钢材冶炼过程中加入铜、镍、铬、锡等金属元素，以提高钢材的抗腐蚀能力，使其成为具有抗腐蚀能力的耐候钢。覆盖层法是在钢材表面覆盖保护层，把钢材与大气中的腐蚀介质隔离，使钢材不被腐蚀介质腐蚀。覆盖的保护层可分为金属覆盖层和非金属覆盖层两类。

（1）金属覆盖层。常用的方法主要有电镀法、热浸法、喷涂法和包覆层法。

1）电镀（电解沉积）法。电镀是将受保护的钢构件为阴极，浸渍在镀液中，通常用与覆盖层相同的金属或不溶性的导电性良好的异种金属、石墨作阳极。接通电源后，镀液中的金属离子就以原子形态在阴极（钢构件）表面析出，这些原子通过表面扩散组成晶体，形成保护层。电镀是一种常用的形成金属覆盖层的方法，这种覆盖层多为纯金属铬、镍、金、铂、银、铜、锡、铅、钴、锌、镉等及某些合金，如青铜、黄铜等。电镀质量除与镀液的温度等电解条件有关外，还与被镀物件的材料、表面状态有关。因此，采用电镀方法时必须先依据基体材料选定镀层金属材料，并选择合适的电镀工艺和控制电镀时的电流密度。用电镀法形成金属覆盖层的优点是镀层厚度可控制、镀层消耗金属材料少、在电镀过程中无需加热、镀层均匀，表面光洁。

2）热浸法。用液态金属浸渍钢构件，以在其表面形成一层覆盖层的方法。通常是将低溶点、耐腐蚀、耐热的金属（如铝、锌、锡、铂等）熔成液体，把被浸件没入其中，于是在被浸件表面即可形成一层金属化合物。一般镀锌温度在 450℃左右，镀锡选用 310～330℃。为改善镀层质量，可在镀锌液中加入 0.2％的铝和少量的镁。常用的热浸锌法是将除锈后的钢构件浸入 600℃高温融化的锌液中，使钢构件表面附着锌层，锌层厚度对 5mm 以下薄板不得小于 $65\mu m$，对厚板不小于 $86\mu m$，从而起到防腐蚀的目的。这种方法的优点是耐久年限长，生产工业化程度高，质量稳定，因而被大量用于受大气腐蚀较严重且不易维修的室外钢结构中，如输电塔、通信塔等。

热浸锌的首道工序是酸洗除锈，然后是清洗。钢结构设计时应该避免出现具有相贴合面的构件，以免贴合面的缝隙中酸洗不彻底或酸液洗不净，造成镀锌表面流黄水的现象。热浸锌是在高温下进行的。对于管形构件应该让其两端开敞。若两端封闭会造成管内空气膨胀而使封头板爆裂，造成安全事故。若一端封闭，一端开敞，则锌液流通不畅，易在管内积存。

3）喷涂法。将丝状或粉状金属放入喷枪中，借助高压空气，将用火焰或电弧熔化了的金属喷到被保护件上，形成均匀的覆盖层。常用铝、锌、不锈钢等作为保护金属喷料。热喷涂是一种钢结构长效防腐蚀方法。具体做法是先对钢构件表面作喷砂除锈，使其表面露出金属光泽并打毛。再用乙炔-氧焰将不断送出的铝（锌）丝融化，并用压缩空气吹附到钢构件表面，以形成蜂窝状的铝（锌）喷涂层（厚度为 $80～100\mu m$）。最后用环氧封闭漆等涂料填充毛细孔，以形成复合涂层。这种工艺的优点是对构件尺寸适应性强，构件形状尺寸几乎不受限制。大到如葛洲坝的船闸就是用这种方法施工的。另一个优点是这种工艺的热影响是局部的、受约束的，因而不会产生热变形。与热浸锌相比，这种方法的工业化程度较低，喷砂喷铝（锌）的劳动强度大。

4）包覆层法（复合金属）。包覆层是将耐蚀性良好的金属（如不锈钢），通过机械外力（碾压）形成包覆在被保护的钢构件表面上的复合金属层或包覆层。

（2）非金属覆盖层。非金属覆盖层分为无机和有机两种。无机覆盖层有水溶性颜料涂层、水泥涂层和搪瓷。水溶性颜料涂层是根据 $Ca(OH)_2$ 或 $CaCO_3$ 在钢铁表面呈微碱性，可临时用于建筑工程中保护钢铁材料。水泥涂层主要用于保护管道内壁。搪瓷是一些熔融矿物混合物，在金属表面渗开时附着于金属表面形成玻璃质层或搪瓷保护层。

　　在金属表面有机覆盖层主要有涂料、塑料、树脂、橡胶。钢结构通常采用非金属有机涂料的防腐方法。涂料是一种流动性的物质，能够在物体表面展开成连续的薄膜，应能有效地阻止水、氧等腐蚀性介质与钢材接触，抑制或缓解腐蚀反应的速度。过去涂料是以油料为主要原料制成的，故称为油漆。现在制造油漆的原料已远不止是油料了，而广泛地应用各种有机合成树脂原料，因此油漆也被称为涂料。目前主要采用的涂料是有机高分子胶体混合物的溶液或粉末，它涂在物体表面上能形成一层附着坚固的薄膜。此膜能自行产生物理、化学变化，经过一定时间后变成牢固附着于基体表面的保护层。

　　钢结构防腐涂层通常包括底漆、中间漆、面漆。目前常用的底漆有改性厚膜型醇酸涂料、环氧磷酸锌防锈底漆、环氧富锌底漆、无机富锌底漆等。中间漆有厚浆型环氧云铁中间漆、改性厚浆型环氧树脂涂料等。面漆有丙烯酸聚氨酯面漆、含氟聚氨酯面漆、聚硅氧烷面漆等。工程中还可采用厚浆型或无溶剂涂料，有改性厚膜浆型环氧涂料、低表面处理厚浆型环氧树脂涂料、少溶剂或无溶剂玻璃鳞片涂料等，它们可直接作为底漆，也能用于富锌底漆上面的中间漆，也可作为不需要装饰性场合的面漆。

　　（3）阴极保护法。阴极保护法主要用于水下或地下钢结构。由电化学腐蚀机理可知，置于电解液中的金属，由于表面的电化学不均匀性，会形成无数腐蚀电池，钢材作为腐蚀电池的阳极而失去电子，所以不断遭到腐蚀。如果对金属通以直流电流使其成为阴极，那么上述的阳极反应将向相反的方向进行，于是金属的腐蚀溶解就停止，从而得到保护。阴极保护法是利用一个外加电源或一种连接在金属构件上的另一种活泼金属，往构件上不断输送电子，使腐蚀电池的阳极变为阴极或使阴阳极间电位差为零，使构件的腐蚀停止而得到保护的一种方法。根据对被保护金属提供阴极电流方法的不同，阴极保护又分为外加直流电源阴极保护法和牺牲阳极阴极保护法。

　　外加直流电源阴极保护法的原理如图10-2所示，它是利用一外加直流电源，将被保护的金属构件与电源的负极相连，使之成为阴极，正极与辅助阳极相连，构成外加电流阴极保护回路。接通电路，电源便向工件施加阴极电流，其表面的电位就向负的方向变化，即阴极极化。当电位降到腐蚀电池的起始阳极电位时，腐蚀停止，钢材得到保护。

　　牺牲阳极阴极保护法如图10-3所示，这种方法不需要外加直流电源，而是在被保护的金属构件上连接一个电极电位更负的金属或合金，当这两种不同电极电位的金属同处于电解质溶液中，就构成一个大的腐蚀电池，电位更负的金属或合金成为这个大电池的阳极而被腐蚀，称为牺牲阳极，金属构件则成为这个大腐蚀电池的阴极，由于发生阴极极化，从而受到保护。

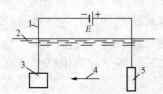

图10-2　外加直流电源阴极保护法
1—导线；2—电解质溶液；3—金属构件；
4—防蚀电流；5—辅助阳极

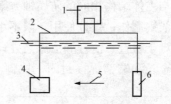

图10-3　牺牲阳极阴极保护示意图
1—接线盒；2—导线；3—电解质溶液；
4—金属构件；5—防蚀电流；6—牺牲阳极

还有一种与牺牲阳极保护相类似的保护方法是阳极性镀层法，即在钢材表面电镀或喷涂上一层比钢材电位更负的金属镀层，如锌、镉等。此时镀层不仅起隔离保护作用，而且当镀层遭到破坏时，在镀层与钢材组成的腐蚀电池中，镀层为阳极，钢材为阴极，受到阴极极化的作用而受到保护。

否能采用阴极保护法，取决于介质的性质、金属材料的种类、构件外形是否复杂等条件。首先，在构件周围必须存在导电介质，并且电流能在所组成的回路中顺利流过。海水、淡水、潮湿的土壤等都能满足导电的要求，构成回路的一部分。所以在这些介质环境下可以使用阴极保护方法。其次，凡是在腐蚀介质中能够进行阴极极化的材料，都可以用阴极保护的方法进行保护，如碳钢、铸铁、不锈钢、铜、铝等。另外，被保护的金属构件的外形不能过于复杂。形状越复杂，对电流的屏蔽作用越强，达不到最小电流密度，越容易产生腐蚀。此时只能增加阳极数量，并采用合理的阳极分布，可以改善保护效果，但使系统变得较为复杂，且一些局部仍可能得不到保护，故过于复杂的形状的构件，以不采用阴极保护为宜。

2. 钢结构的防腐蚀设计

钢结构防腐蚀设计的一般步骤为：①确定腐蚀环境；②确定结构的防腐蚀预期寿命；③确定钢结构构件表面的处理方法和等级；④确定防腐蚀方法和具体要求。

国际标准化组织的 ISO 9223 标准根据金属标准试件在某环境中自然暴露试验所得腐蚀速率，把环境腐蚀性分为 C1（非常低）、C2（低）、C3（中等）、C4（高）、C5（非常高）五个等级。我国的《工业建筑防腐蚀设计规范》根据建筑所处环境的腐蚀介质含量和空气相对湿度，把环境对结构的侵蚀作用分为强、中等、弱和无侵蚀性四类。钢结构防腐蚀设计应根据环境腐蚀条件、防腐蚀设计年限、施工和维修条件等要求合理确定。防腐蚀设计应考虑环保节能的要求。钢结构除必须采取防腐蚀措施外，还应尽量避免加速腐蚀的不良设计。除有特殊要求外，一般不应因考虑锈蚀而再加大钢材截面的厚度。防腐蚀设计中应考虑钢结构全寿命期内的检查、维护和大修。对危及人身安全和维修困难的部位，以及重要的承重结构和构件应加强防护。当某些次要构件的设计使用年限与主体结构的设计使用年限不相同时，次要构件应便于更换。

钢结构防腐蚀设计应根据工程的重要性、所处环境的腐蚀等级和使用期间维护费用小等条件，确定合理的腐蚀预期寿命。

进行结构设计时应考虑下列防腐要求：当采用型钢组合的杆件时，型钢间的空隙宽度宜满足防护层施工、检查和维修的要求；不同金属材料接触会加速腐蚀时，应在接触部位采用隔离措施；焊条、螺栓、垫圈、节点板等连接构件的耐腐蚀性能，不应低于主材材料。螺栓直径不应小于 12mm。垫圈不应采用弹簧垫圈。螺栓、螺母和垫圈应采用镀锌等方法防护，安装后再采用与主体结构相同的防腐蚀方案；当腐蚀性等级为高及很高时，不易维修的重要构件宜选用耐候钢制作；设计使用年限不小于 25 年的建筑物，对不易维修的结构应加强防护；避免出现难于检查、清理和涂漆之处，以及能积留湿气和大量灰尘的死角或凹槽；闭口截面构件应沿全长和端部焊接封闭；柱脚在地面以下的部分应采用强度等级较低的混凝土包裹。

钢结构防腐蚀设计应综合考虑环境中介质的腐蚀性、环境条件、施工和维修条件等因素，因地制宜，选择防腐蚀方案或其组合及防腐蚀产品。对处于严重腐蚀的使用环境且仅靠涂装难以有效保护的主要承重钢结构构件，宜采用具有自身抗腐蚀能力的钢材或外包混凝土。

　　钢结构采用覆盖层法进行防腐时，构件表面处理质量是影响防腐寿命的关键因素之一。《涂装前钢材表面锈蚀等级和除锈等级》（GB 8923）把钢材表面的锈蚀分成 A、B、C、D 四个等级，结合除锈方法给出了除锈等级和要求。

　　当钢材表面全面被氧化皮覆盖，几乎没有铁锈的钢材表面锈蚀等级为 A 级。表面已开始生锈，且部分氧化皮已开始剥落的为 B 级。当氧化皮已因生锈而剥离或者可以刮除，几乎没有肉眼能看见的点蚀的钢材表面为 C 级。当氧化皮已因生锈而全面剥离，且已普遍发生点蚀的钢材表面为 D 级。表面原始锈蚀等级为 D 级的钢材不应用作结构钢。

　　钢材除锈等级和表面质量要求见表 10-3。喷射和抛射除锈是采用喷砂和抛丸除锈。手工或动力除锈通常采用铲刀、钢丝刷、动力钢丝刷、动力砂纸盘或砂轮等工具除锈。火焰除锈应包括火焰加热作业后用动力钢丝刷清除钢材表面的残剩物。当设计预期寿命为中级及以上时，应采用喷射或抛射除锈，除锈等级应高于 Sa2；不易维修的重要构件应不低于 $Sa2\frac{1}{2}$；采用各类富锌底漆时，应高于 $St2\frac{1}{2}$；表面维修或局部修补时，可采用手工或动力除锈，应满足 St2，也可采用火焰除锈。

表 10-3　　　　　　　　　　　　钢材除锈等级和表面质量要求

除锈方式	除锈等级	除锈要求	除锈后表面质量状况
喷射和抛射除锈	Sa1	轻度除锈	除去疏松的氧化皮、铁锈及污物
	Sa2	彻底除锈	除去几乎所有氧化皮、铁锈及污物，最后用清洁干燥的压缩空气或干净刷子清理表面后，表面应稍呈灰色
	$Sa2\frac{1}{2}$	非常彻底除锈	氧化皮、铁锈及污物应清除到仅剩有轻微的点状或条状痕迹
	Sa3	使表面洁净的除锈	完全除去氧化皮、铁锈及污物，最后用清洁干燥的压缩空气或干净刷子清理表面后，表面应具有均匀的金属光泽
手工或动力除锈	St2	彻底除锈	除去疏松的氧化皮、铁锈及污物，最后用清洁干燥的压缩空气或干净刷子清理表面后，表面应具有淡淡的金属光泽
	St3	非常彻底除锈	表面除锈要求与 St2 相同，但更为彻底。表面清理后应具有明显的金属光泽
火焰除锈	FI		表面应无氧化皮、铁锈及油漆涂层等附着物，任何残留的痕迹仅为表面变色

　　钢结构涂装设计的重要内容之一，是确定涂层厚度。涂层厚度，一般是由基本涂层厚度、防护涂层厚度和附加涂层厚度组成。基本涂层厚度，是指涂料在钢材表面上形成均匀、致密、连续漆膜所需的最薄厚度（包括填平粗糙度波峰所需的厚度）。防护涂层厚度，是指涂层在使用环境中，在维护周期内受到腐蚀、粉化、磨损等所需的厚度。附加涂层厚度，是指因以后涂装维修困难和留有安全系数所需的厚度。涂层厚度应根据需要来确定，过厚虽然可增强防腐力，但附着力和机械性能都会降低；过薄易产生肉眼看不到的针孔和其他缺陷，起不到隔离环境的作用。

　　钢结构涂装涂层厚度，应根据环境状态和产品特性来确定。当环境对结构的侵蚀作用为 C2 级（弱侵蚀）时，预期寿命分别为低、中、高的涂层干膜厚度应不小于 80、150、

$200\mu m$。当环境对结构的侵蚀作用为 C3 级（中侵蚀）时，预期寿命分别为低、中、高的涂层干膜厚度应不小于 120、160、$200\mu m$。当环境对结构的侵蚀作用为 C4 级（高侵蚀）时，预期寿命分别为低、中、高的涂层干膜厚度应不小于 160、200、$240\mu m$（含锌粉）或 $280\mu m$（不含锌粉）。重要部位及维修困难部位宜增加 $20\sim60\mu m$。

在钢结构设计文件中应注明使用单位在使用过程中对钢结构防腐蚀进行定期检查和维修的要求，建议制定防腐蚀维护计划。

3. 钢结构的防腐蚀施工

涂层法施工的第一步是除锈，优质的涂层依赖于彻底的除锈。表面除锈的目的是彻底清除构件表面的铁锈、毛刺、油污等，使构件表面清洁、露出金属光泽，这样可增强涂层与构件间的黏合力和附着力，防止因构件锈蚀而导致涂层的脱落。

常用的除锈方法有人工除锈、喷砂或抛丸除锈、酸洗和酸洗磷化除锈三种。人工除锈是采用钢丝刷、铲刀、砂皮或电动砂轮等简单工具将构件表面的氧化物和油污等除去。人工除锈生产效率低、劳动强度大、影响周围环境，一般只能除掉疏松的氧化皮、较厚的锈和鳞片状的旧涂层，除锈质量较差。喷砂除锈是采用喷砂机将砂（石英砂、铁砂或铁丸）喷击在从属表面，以清除构件表面的铁锈、油污等杂质。抛丸除锈使用抛丸机来完成。喷砂或抛丸除锈效果好，除锈彻底。酸洗和酸洗磷化除锈是用酸性溶液与钢材表面的氧化物发生化学反应，使其溶解于酸溶液中。这种方法质量好、工效高，是三种除锈方法中质量最好的一种。但酸洗除锈需要酸洗槽和蒸汽加温反复冲洗的设备，对大型构件较难实现。在酸洗后再进行磷化处理，可使钢材表面呈均匀的粗糙状态，增加涂料与钢材的附着力。对于难以进行磷化处理的构件，酸洗后喷涂磷化底漆，也能达到同样效果。

金属表面经除锈处理后应及时施涂防腐涂料，一般应在 6h 以内施涂完毕。如金属表面经磷化处理，须经确认钢材表面生成稳定的磷化膜后，方可施涂防腐涂料。

施涂前应对涂料型号、名称、颜色进行校对，同时检查制造日期，如超过储存期，重新取样检验，质量合格后才能使用。钢构件的底层涂料一般在工厂里进行，待安装结束后再进行面层涂料施工。施涂方法应根据涂料的性质和结构形状等特点确定，一般采用刷涂法和喷涂法。刷涂法适用于油性基料的涂料。喷涂法适用于快干性和挥发性强的涂料。涂顺序一般是先上后下、先难后易、先左后右、先内后外，以保持涂层的厚度均匀一致，不漏涂、不流坠。施涂饰面涂料，应按设计要求的品种、颜色施涂。涂装遍数、涂层厚度均应符合设计要求。当设计对涂层厚度无要求时，涂层干漆膜总厚度，室外应为 $150\mu m$，室内应为 $125\mu m$，其允许偏差为 $-25\mu m$。涂层应均匀、无明显皱皮、流坠、针眼和气泡等，构件表面不应误涂、漏涂，涂层不应脱皮和返锈等。

随着涂料工业和涂装技术的发展，新的涂料施工方法和施工工具将不断出现。每一种方法都有各自的特点、适用的涂料和适用的范围，应正确地选用施工方法。各种涂料相适应的施工方法可根据涂料产品说明书要求来选择。

三、钢结构的防火

1. 钢结构的防火方法

采用普通结构钢制作的钢结构耐火性能差，在火灾高温作用下会很快失效倒塌。对用于重要建筑物的钢结构，可以采用耐火钢建造，若采用普通结构钢制作，需要进行耐火保护。使钢结构失去承载能力的温度称为临界温度。钢构件达到临界温度前需要经历一定时间，把从受到火的作用起到构件达到临界温度止所需要的时间称为耐火极限，它与钢构件的吸热程度、传热速度和表面积大小等因素有关。横截面积大的构件必须吸收较多的热量才能达到临界温度，而截面积小的构件达到临界温度所吸收的热量也较少。耐火保护就是要使钢结构在火灾时温度升高不超过临界温度，保证结构在火灾中保持稳定性。钢结构的防火要求应根据该建筑物的耐火等级确定耐火极限。无防护的钢结构其耐火极限只有 15min。普通钢结构常用的防火保护方法可分为截流法和疏导法两类。

（1）截流法。截流法的原理是截断或阻滞火灾产生的热流量向构件的传输，从而使构件在规定的时间内温升不超过其临界温度。其做法是在构件表面设置一层保护材料，火灾产生的高温首先传给这些保护材料，再由保护材料传给构件。由于所选材料的热导率较小，而热容又较大，所以能很好地阻滞热流向构件的传输，从而起到保护作用。截流法又分为喷涂法、包封法、屏蔽法和水喷淋法。

1）喷涂法。喷涂法是用喷涂机具将防火涂料直接喷涂在构件表面，形成保护层（见图10-4）。钢结构的防火涂料具有密度小、热导率低的特性，涂层对钢基材起屏蔽作用，使钢构件不至于直接暴露在火焰高温中；涂层吸热后部分物质分解放出水蒸气或其他不燃气体，起到消耗热量、降低火焰温度和燃烧速度、稀释氧气的作用；涂层本身多孔轻质和受热后形成碳化泡沫层，阻止了热量迅速向钢基材传递，推迟钢基材强度的降低，从而提高了钢结构的耐火极限。施工有直接喷涂和先在钢构件上焊接钢丝网，再将防火保护材料喷涂在钢丝网上，形成中空层的方法。喷涂法造价低，适合于形状复杂的钢构件，施工快，并可形成装饰层，适用范围最为广泛，可用于任何钢构件的耐火保护，是目前钢结构防火保护使用最多的方法。

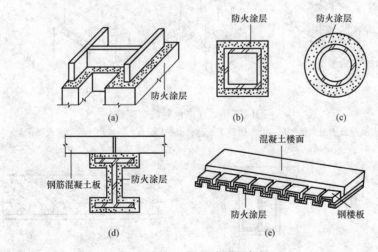

图 10-4　防火涂料保护
（a）工形柱；（b）箱形柱；（c）管形构件；（d）工形梁；（e）组合楼板

防火涂料应选用消防部门认可的材料。钢结构防火涂料按防火机理可分为膨胀型（遇火涂层膨胀形成蜂窝状泡沫隔热层）和非膨胀型（遇火涂层基本不发生体积改变）两类；按涂层厚度分为超薄涂型、薄涂型和厚涂型三类。

2）包封法。包封法是用耐火材料把构件包裹起来。常用混凝土现浇成型，现浇的实体混凝土外包层通常可用钢丝网或细钢筋来加强，以限制收缩裂缝并保证外壳的强度，防止爆裂。图 10-5（a）为柱子采用混凝土包封的示意图。现浇法一般用普通混凝土、轻质混凝土或加气混凝土等，这些材料既有不燃性，又有较大的热容量，用作耐火保护层时能使构件的升温减缓。由于混凝土的表层在火灾高温下易于剥落，如能在钢材表面加敷钢丝网，便可进一步提高其耐火的性能。现浇法防护材料费用低，而且具有一定的防锈作用，无接缝，表面装饰方便，耐冲击；但支模、浇筑、养护等施工周期长，用普通混凝土时，自重较大；也可在钢结构表面采用钢丝网外抹砂浆的方法进行保护〔见图 10-5（b）、（c）〕。砂浆可以是石灰、水泥或石膏灰胶泥砂浆，也可以是在砂浆中掺加一定量的石棉、岩棉、矿渣棉、蛭石、珍珠岩等的耐火砂浆。应根据混凝土的重力密度、受力状态及耐火极限等要求来确定包封层的最小围护厚度。外包层还可用珍珠岩、蛭石、石棉、石膏、石棉水泥、轻质混凝土制成的预制板或防火板，并用黏结剂、螺钉或螺栓固定在钢构件上〔见图 10-6（a）〕。构件的粘贴面应做除锈去污处理，将预制防火保护材料板材用胶黏剂粘贴在钢结构表面，当构件的接合部有螺栓、铆钉等不平整时，可先在螺栓、铆钉等的附近粘垫衬板，然后将保护板材再粘贴到垫衬板上。粘贴法的材质、厚度等容易掌握，对周围无污染，容易修复。质地好的石棉硅酸钙板可以直接用作装饰层。但这种成型板材不耐撞击，易受潮吸水，降低胶黏剂的黏接强度。图 10-6（b）和图 10-6（c）分别为梁和压型钢板楼板包封的示意图。钢柱宜采用混凝土板、石膏板、石棉板、砌块、砖等围护材料；钢梁和压型钢板楼板宜采用石膏板、石棉板等轻质围护材料。当包封层数大于或等于两层时，各层板应分别固定，板缝应相互错开，其距离不宜小于 400mm。钢结构也可采用岩棉、矿棉等软质板材包封，此时应用薄金属板或其他不燃性板材把它们包裹起来。

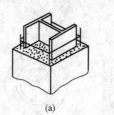 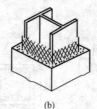 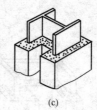

（a）　　　　　　　　　（b）　　　　　　　　　（c）

图 10-5　现浇包封法

（a）现浇混凝土耐火保护层；（b）用砂浆做耐火保护层；（c）用矿物纤维做耐火保护层

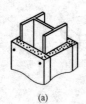 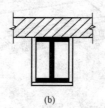 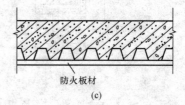

防火板材

（a）　　　　　　　　　（b）　　　　　　　　　（c）

图 10-6　防火板材包封法

（a）柱的包封；（b）梁的包封；（c）压型钢板楼板包封示意图

3）屏蔽法。屏蔽法是把钢构件包在耐火材料组成的墙体或吊顶内，主要适用于屋盖系统的保护。用轻质、薄型、耐火的材料，制作吊顶，使吊顶具有防火性能，而省去钢桁架、钢网架、钢屋面等的防火保护层（见图 10-7）。采用滑槽式连接，可有效防止防火保护板的热变形。吊顶的接缝、孔洞处应严密，防止窜火。吊顶法可省略吊顶空间内的耐火保护层施工（但主梁还要做保护层），施工速度快，但竣工后要有可靠的维护管理。

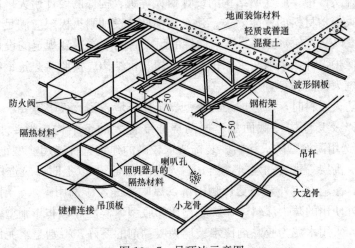

图 10-7 吊顶法示意图

4）水喷淋法。水喷淋法是在结构顶部设喷淋供水管网，火灾时自动启动（或手动）开始喷水，在构件表面形成一层连续流动的水膜，从而起到保护作用。水喷淋系统是一种最有效的防火方法，但其造价较高，主要用在公共建筑和人流密集、对人身安全威胁严重的场合，其他场合较少采用。

上述这些方法的共同特点是设法减小传到构件上的热流量，因而称为截流法。

（2）疏导法。与截流法不同，疏导法允许热流量传到构件上，然后设法把热量导走或消耗掉，使构件温度不至升高到临界温度，从而起到保护作用。疏导法目前仅有充水冷却保护这一种方法。该方法是在空心封闭截面中（主要为柱）充满水，火灾时构件把从火场中吸收的热量传给水，依靠水的蒸发消耗热量或通过循环把热量导走，构件温度便可维持在 100℃左右。从理论上讲，这是钢结构保护最有效的方法。该系统工作时，构件相当于盛满水被加热的容器，只要补充水源，维持足够水位，由于水的比热容和气化热又较大，构件吸收的热量将源源不断地被耗掉或导走。水冷却保护法如图 10-8 所示。水冷却可由高位水箱或供水管网或消防车来补充。水蒸气由排气口排出。当柱高度过大时，可分成几个循环系统，以防止柱底水压过大。为防止锈蚀或水的冰结，水中应掺加阻锈剂和防冻剂。水冷却法既可单根柱自成系统，又可多根柱连通。前者仅依靠水的蒸发耗热，后者既能蒸发耗热，又能借水的温差形成循环，把热量导向非火灾区温度较低的柱。

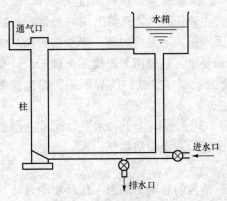

图 10-8 柱充水保护示意图

2. 钢结构的防火设计与施工

钢结构防火设计应根据工程实际，考虑结构类型、耐火极限要求、工作环境等，满足安全可靠、经济合理的原则。钢结构防火设计的步骤为：①确定工程的耐火等级和构件的耐火极限；②确定防火保护措施、材料和厚度；③确定防火保护措施。

在钢结构设计文件中，应注明结构的设计耐火等级、构件的设计耐火极限、所需的防火保护措施及其防火保护材料的性能要求。建筑钢构件的设计耐火极限应满足《建筑设计防火规范》（GB 50016）中的有关要求。当钢构件的耐火时间不能达到规定的设计耐火极限要求时，应进行防火保护设计，采取防火保护措施。建筑钢结构应按照《建筑钢结构防火技术规范》的规定进行抗火性能验算。

选用钢结构防火涂料时，应考虑结构类型、工作环境、耐火极限等要求。裸露网架钢结构、轻钢屋架，以及其他构件截面小、振动挠曲变化大的钢结构，当要求其耐火极限在1.5h以下时，宜选用薄涂型防火涂料。装饰要求较高的建筑宜首选超薄型钢结构防火涂料。室内隐蔽钢结构、高层等重要的建筑，当其耐火极限在1.5h以上时，应选用厚涂型防火涂料。露天钢结构，涂料在室外要经受日晒雨淋，风吹冰冻，应选用耐水、耐冻融、耐老化、强度高、适合室外使用的防火涂料。非膨胀型比膨胀型耐候性好，非膨胀型中蛭石、珍珠岩颗粒型厚质涂料，采用水泥为胶黏剂比水玻璃为胶黏剂的要好，特别是水泥用量较多、密度较大时，更适用于室外。

超薄涂型钢结构防火涂料涂层厚度小于或等于3mm，高温时膨胀发泡形成隔热层，耐火极限可达0.5～1.5h。薄涂膨胀型的钢结构防火涂料涂层厚度一般为3～7mm，高温时涂层膨胀，涂层厚度分别为3、5.5、7mm时，耐火极限分别可达0.5、1.0、1.5h。厚涂非膨胀型防火涂料具有粒状表面，密度较小，热导率低。这种涂料又称钢结构防火隔热涂料。当厚度为15、20、30、40、50mm时，耐火极限可达1.0、1.5、2.0、2.5、3.0h。

防火涂料涂装前钢材表面除锈及防锈底漆涂装应符合设计要求和国家现行有关标准的规定。钢结构防火涂料的黏结强度、抗压强度应符合《钢结构防火涂料应用技术规程》（CECS 24：1990）的规定。涂料涂装基层不应有油污、灰尘和泥沙等污垢。

喷涂的涂料厚度必须达到设计值，节点部位宜适当加厚。喷涂场地要求、构件表面处理、接缝填补、涂料配制、喷涂次数和质量控制及验收等均应符合《钢结构防火涂料应用技术规程》（CECS 24：1990）的规定。当构件为承受冲击振动的梁、腹板高度大于1.5m的梁、设计涂层厚度大于40mm、涂料的黏结强度小于0.05MPa时，只要出现一种情况，涂层内就应设置与钢构件相连的钢丝网，以确保涂层牢固围护，不发生脱落。厚涂防火涂料涂层的厚度，80%及以上面积应符合有关耐火等级的设计要求，且最薄处厚度不应低于设计要求的85%。防火涂料不应有误涂、漏涂，涂层应闭合无脱层、空鼓、明显凹陷、粉化松散和浮浆等外观缺陷，乳突已剔除。

钢构件涂装后4h内如遇大风或下雨，应加以覆盖，防止沾染尘土和水汽，影响涂层附着力。在堆放、运输和吊装等过程中，应采取防碰损措施，避免涂层损伤。

四、钢结构的隔热

处于高温工作环境中的钢结构，应考虑高温作用对结构的影响。高温工作环境的设计状况为持久状况，高温作用为可变荷载，设计时应按承载力极限状态和正常使用极限状态设计。钢结构的温度超过100℃时，进行钢结构的承载力和变形验算时，应该考虑长期高温作用对钢材和钢结构连接性能的影响，应根据不同情况采取防护措施。

钢结构隔热可采用涂耐热涂料、采用耐火钢和采取有效的隔热降温等方法。当高温环境下钢结构的承载力不满足要求时，应采取增大构件截面、采用耐火钢、采取加隔热层、热辐射屏蔽或水套等隔热降温措施。当钢结构短时间内可能受到火焰直接作用时，应采用加隔热层、热辐射屏蔽或水套等隔热降温措施。当钢结构可能受到炽热熔化金属的侵害时，应采用砌块或耐热固体材料做成的隔热层加以保护。

钢结构的隔热保护措施在相应的工作环境下应具有耐久性，并与钢结构的防腐、防火保护措施相容。

第三节　钢结构的安装

一、钢结构的安装流程

钢结构的安装必须按照施工组织设计进行。安装过程中必须保证结构的稳定性和不发生超出规定的永久性变形。一般钢结构的安装流程如图 10 - 9 所示。

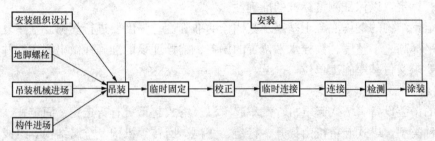

图 10 - 9　钢结构的安装流程示意图

二、钢结构安装的施工准备

认真、细致、深入地做好施工准备工作，对充分发挥人的积极因素，合理组织人力物力，加快工程进度，提高施工质量，节约原材料和建设投资，多快好省地完成工程建设任务具有重要作用。必须配备具有一定技术素质的工程技术人员，按照施工图纸做好图纸汇审和交底工作，做好施工与设计的结合，钢结构吊装与土建施工、钢结构加工和混凝土构件预制的结合。施工准备是一项技术、计划、经济、质量、安全、现场施工管理性强的综合工作。对于一般工程，须认真编制好施工组织设计；对于大型和特大型工程须认真编制施工大纲、施工组织设计和实施细则。施工大纲是施工组织设计的框架，实施细则是施工组织设计的进一步深化。

1. 施工组织设计

钢结构安装的施工组织设计应包括工程概况、工程量统计表、构件平面布置图、施工机具的选择、施工方法、安装顺序、主要安装技术措施、安装质量标准和安全标准、劳动力计划和材料供应，以及设备使用计划、工程进度及成本计划表等。编制施工组织设计时应注意合理安排施工顺序，缩短工期，加快进度；努力提高机械化施工程度和装配程度，尽可能减少高空作业，采用流水施工组织方法，提高劳动生产率，降低工程成本；减少现场临时性设施，减少构件的就位和运输，合理安排施工平面图，节约现场施工用地；比较均衡地投入劳动力，尽量避免劳动力使用量出现突变的高峰和低谷。应掌握安装前后外界环境，如风力、温度、风雪、日照等资料，采取合适的应对措施来防止产生不利影响。

2. 施工前的检查

施工前的检查包括钢构件的验收、施工机具和测量器具的检验及基础的复测。

钢构件应按施工图和规范要求进行验收。钢构件制作完后，检查和监理部门应按施工图的要求和钢结构工程施工及验收规范的规定，对成品进行检查验收。钢构件运到现场时，制造厂应提供产品质量证明书和下列技术文件：①钢结构施工图、设计修改文件，并在施工图中注明修改部位；②所用钢材和辅助材料的质量证明书和试验报告；③高强度螺栓连接的摩擦系数测试资料；④工厂一、二类焊缝检验报告；⑤钢构件几何尺寸检验报告；⑥制作中对问题处理的协议文件；⑦发运构件清单。钢构件进入施工现场后，除了检查构件规格、型号、数量外，还需对运输过程中易产生变形的构件和易损部位进行专门检查，发现问题应及时通知有关单位，做好签证手续，以便备案，对已变形的构件应予以矫正，对有损伤部位要求生产厂修复，并重新检验。

安装前对重要的吊装机械、工具、钢丝绳及其他配件均须进行检验，保证具备可靠的性能，以确保安装的顺利及安全。安装时测量仪器及器具要定期到国家标准局指定的检测单位进行检测、标定，以保证测量标准的准确性。

对固定钢结构的钢筋混凝土基座及其锚栓的准确性、强度要进行复测。基座复测要对基座面的水平标高、平整度、锚栓水平位置的偏差、锚栓埋设的准确性做出测定，并把复测结果和整改要求交付基座施工单位。

3. 钢结构吊装

常用的吊装设备有塔式起重机、汽车起重机。塔式起重机有行走式、固定式、附着式与内爬式几种类型。塔式起重机由提升、行走、变幅、回转等机构及金属结构等组成。塔式起重机提升高度大、动作平稳，但转移、安装、拆卸比较麻烦，行走式还需要铺设轨道。塔式起重机主要用于高层建筑物的结构安装中。汽车起重机的起重机构和回转台安装在载重汽车底盘或专业的汽车底盘上。底盘两侧设有四个支腿，以增加起重机的稳定性。汽车起重机机动性能好，运行速度高，可与汽车编队行驶，但不能负荷行驶，对工作场地的要求较高。

钢结构起吊前应对起吊设备、安装工艺做出明确规定，对稳定性较差的物件，起吊前应进行稳定性验算，必要时应进行临时加固。大型构件和细长构件的吊点位置和吊环构造应符合设计或施工组织设计的要求，对大型或特殊的构件吊装前应进行试吊，确认无误后方可正式起吊。

三、钢结构安装中的施工分析

钢结构在安装过程中，其受力、变形及整体稳定性等都在发生变化，与结构最终状态差别很大，因此必须紧密结合施工工程进行施工阶段结构分析，为施工安全提供依据。

钢结构的安装机具选择、场地布置、技术要求、安全措施等方面与预制钢筋混凝土结构的安装基本类似，本节主要介绍有显著不同的安装中的施工分析问题。

钢结构构件在安装中的稳定问题是指构件在工地堆放、起扳、吊装、就位过程中存在的问题，对于截面板件宽厚比较大和长细比较大的构件均应考虑稳定问题。钢结构在相对较为多变的施工状态下，其系统或构件的稳定条件有可能发生较大的变化，与设计考虑的状态可能有很大差别。例如，结构在吊装过程中支撑体系尚未形成，结构的受力状况与设计条件不同，结构在安装荷载作用下，可能会发生结构整体失稳破坏。所以在安装时，要充分考虑在各种条件下的构件单体稳定和结构整体稳定问题，以确保施工安全。在拟订吊装等方案时，必须充分考虑到这一因素，按照安装工况，进行构件和结构的整体稳定性和局部稳定性验算，必要时要根据安装时构件的受力状况，采用临时支撑或局部加固等措施，对构件进行加固处理，保证安装过程中每一步结构的稳定性。加临时支撑或局部加固时，在构件与临时支撑的接触部位应采取保护措施，以免损伤构件。

大型钢结构安装时常需设置临时安装支柱，待各部件连接形成承载体系后，再拆除安装支柱。施工时应认真分析这一过程各个阶段的结构承载力和变形情况，采取措施保证施工质量，实现竣工后结构的几何形态与设计位形之间的偏差应满足《钢结构工程施工质量验收规范》（GB 50205）等要求。大型复杂结构会有多个施工安装方案，应进行多方案对比分析，提出经济合理的施工方案，并根据实际安装检测结果指导施工安装。

四、钢结构的安装连接问题

钢结构的现场安装连接主要采用普通螺栓连接、高强度螺栓连接和焊接。结构的安装连接应采用传力可靠、制作方便、连接简单、便于调整的构造形式。

普通螺栓连接主要用作临时性安装螺栓和永久性螺栓连接。钢结构安装时，为了防止校正后的空间结构变形，通常设安装用的临时螺栓。安装临时螺栓或冲钉对孔时，应注意构件垂直度的变化，如错孔情况较严重，应认真分析原因，酌情处理，严禁擅自扩孔。螺栓孔错位较小者可用铰刀或锉刀修孔，不得用气割修孔。在有荷载作用的情况下，临时安装螺栓的个数应由计算确定，并应每个节点不少于 2 个螺栓，且不少于安装孔总数的 1/3。临时螺栓投入后，用扳手紧固后方可拔出冲钉，冲钉的穿入数量不宜多于临时螺栓的 30%。普通螺栓拧紧后，外露丝扣须不少于 2～3 扣。普通螺栓应有防松措施，如双螺母或弹簧垫圈防松。永久性螺栓是结构上永久性使用的螺栓，每个螺栓不得垫两个以上垫圈，或用大螺母代替垫圈。螺栓拧紧后，外露丝扣应不少于 2～3 扣，并应防止螺母松动。任何安装孔均不得随意用气割扩孔。

高强度螺栓安装时，摩擦面的做法及粗糙度必须按规范要求加工，还要进行抗滑移系数试验。为了保证高强度螺栓安装质量，高强度螺栓紧固前应对高强度螺栓孔进行检查，避免螺纹碰伤，检查被连接件的移位、不平度、不垂直度、磨光顶紧的贴合情况，以及板叠摩擦面的处理、连接间隙、孔眼的同心度、临时螺栓的布放等。要保证摩擦面不被污染，污染会降低抗滑移系数，改变和影响高强度螺栓连接的质量。在高强度螺栓紧固中应检查高强度螺栓的种类、等级、规格、长度、外观质量、紧固顺序等。高强度螺栓应能自由穿入栓孔、螺栓穿入方向要整齐一致，操作方便。紧固时要分初拧和终拧二次紧固，对于大型节点可分为初拧、复拧和终拧。当天安装的螺栓，要在当天终拧完毕，防止螺纹因污染和生锈引起扭矩系数值发生变化。高强度螺栓紧固完毕后，应进行检查，检查高强度螺栓有无漏拧、欠拧和超拧。漏拧、欠拧必须全部补拧，超拧必须全部更换。

工地焊接作业条件比工厂焊接条件差，应根据工地条件做焊接工艺试验，并对焊接的全过程进行质量控制。应特别注意克服不良的气候环境和不利的焊接工位的影响，不良的气候环境（指雨天、刮风、低温气候）下室外施焊，会严重影响焊接质量。应该采取防护措施造成局部的良好环境，以保证焊接质量。当气温低于 0℃时，原则上应停止焊接工作。但如能将焊接坡口两侧加热到 36℃以上，仍允许进行焊接。强风天，应在焊接区周围设置挡风屏，雨天或湿度大的场合（相对湿度大于 80%），应保证母材的焊接区不残留水分，否则应采用加热方法，把水分彻底清除后才能进行焊接。当采用气体保护半自动焊时，若环境风速大于 2m/s，原则上应停止施焊，但如果采用适当的挡风措施或采用抗风式焊机，仍允许进行焊接。不利的焊接工位指现场操作结构无法转动，只能仰焊，甚至焊接人员落脚也很难。对这种状况，应该尽可能改善作业条件，并让高等级的焊工焊接难度较大的部分。现场安装焊接时，应采取定位措施将构件临时固定。

工地焊接的检验同工厂焊缝。钢结构工程安装时应同步实测钢结构安装的准确度，并及时按国家标准进行修正。

五、工程验收

钢结构工程竣工后，应及时进行验收，可分为交工验收和竣工验收两个阶段进行。

思 考 题

1. 钢结构制作有哪些主要工序？
2. 钢结构制作的依据是什么？
3. 钢材有质量保证书时是否还要进行检验？
4. 常用的焊接方法有哪些？各有什么特点？
5. 常用的边缘加工方法有哪些？
6. 钢结构的防腐原理是什么？
7. 覆盖保护层法分为哪几种方法？各有什么特点？
8. 采用非金属有机涂料的防腐为什么要对钢材除锈？
9. 在设计钢结构时，是否可考虑锈蚀而加大钢构件的截面面积？
10. 采用普通钢材制作的钢结构通常使用什么防火措施？
11. 水喷淋法防火主要用于哪些情况？
12. 什么是临界温度和耐火极限？
13. 钢结构开始安装之前，安装单位应做哪几方面的检查和准备工作？
14. 钢结构的放样是否完全按照设计施工图的尺寸进行？
15. 什么是钢结构安装中的稳定问题？
16. 钢结构的现场安装主要有哪几种方法？构造形式选择应考虑哪些因素？

附录一 钢材的化学和机械性能

附表1-1 碳素结构钢的化学成分

牌 号	质量等级	脱氧方法	化学成分（质量分数）（%），不大于				
			C	Mn	Si	S	P
Q235	A	F、Z	0.22	1.4	0.35	0.050	0.045
	B	F、Z	0.20			0.045	
	C	Z	0.17			0.040	0.040
	D	TZ				0.035	0.035

注 经需方同意，Q235B钢的C含量可不大于0.22%。

附表1-2 碳素结构钢的机械性能

牌号	等级	屈服强度 R_{eH}（N/mm²），不小于						抗拉强度[a] R_m（N/mm²）	断后伸长率 A（%），不小于					冲击试验（V形缺口）	
		厚度（或直径）（mm）							厚度（或直径）（mm）					温度（℃）	冲击吸收功（纵向）（J）不小于
		≤16	>16~40	>40~60	>60~100	>100~150	>150~200		≤40	>40~60	>60~100	>100~150	>150~200		
Q235	A	235	225	215	215	195	185	370~500	26	25	24	22	21	—	—
	B													+20	27[b]
	C													0	
	D													−20	

a 厚度大于100mm的钢材，抗拉强度下限允许降低20N/mm²。

b 厚度小于25mm的Q235B及钢材，如供方能保证冲击吸收功值合格，经需方同意，可不做检验。

附表1-3 低合金高强度结构钢的化学成分

牌号	质量等级	化学成分（质量分数）（%）														
		C	Si	Mn	P	S	Nb	V	Ti	Cr	Ni	Cu	N	Mo	B	Als
							不大于									不小于
Q345	A	≤0.20	≤0.50	≤1.70	0.035	0.035	0.07	0.15	0.20	0.30	0.50	0.30	0.012	0.10	—	—
	B				0.035	0.035										
	C				0.030	0.030										
	D	≤0.18			0.030	0.025										0.015
	E				0.025	0.020										
Q390	A	≤0.20	≤0.50	≤1.70	0.035	0.035	0.07	0.20	0.20	0.30	0.50	0.30	0.015	0.10		—
	B				0.035	0.035										
	C				0.030	0.030										
	D				0.030	0.025										0.015
	E				0.025	0.020										
Q420	A	≤0.20	≤0.50	≤1.70	0.035	0.035	0.07	0.20	0.20	0.30	0.80	0.30	0.015	0.20		—
	B				0.035	0.035										
	C				0.030	0.030										
	D				0.030	0.025										0.015
	E				0.025	0.020										
Q460	C	≤0.20	≤0.60	≤1.80	0.030	0.030	0.11	0.20	0.20	0.30	0.80	0.55	0.015	0.20	0.004	
	D				0.030	0.025										0.015
	E				0.025	0.020										

附表 1-4　低合金结构钢的力学性能和工艺性能

牌号	质量等级	拉伸试验																						
		以下公称厚度(直径,边长)下屈服强度(R_{ak})(MPa)									以下公称厚度(直径,边长,边长)抗拉强度(R_m)(MPa)								断后伸长率(A)(%) 公称厚度(直径,边长)					
		≤16mm	>16mm 40mm	>40mm 62mm	>63mm 80mm	>80mm 100mm	>130mm 150mm	>150mm 200mm	>201mm 250mm	>251mm 400mm	≤40mm	>41mm 60mm	>61mm 80mm	>80mm 100mm	>100mm 150mm	>150mm 250mm	>250mm 400mm		≤40mm	>40mm 60mm	>60mm 100mm	>100mm 150mm	>150mm 250mm	>250mm 400mm
Q345	A										470～630	470～630	470～630	470～630	450～600	450～600	450～600		≥20	≥19	≥19	≥18	≥17	—
	B																							
	C	≥345	≥335	≥325	≥315	≥305	≥285	≥275	≥265										≥21	≥20	≥20	≥19	≥18	≥17
	D																							
	E								≥265	≥265														
Q390	A										490～650	490～650	490～650	490～650	470～620	—	—		≥20	≥19	≥19	≥18	—	—
	B																							
	C	≥390	≥370	≥350	≥330	≥330	≥310																	
	D																							
	E																							
Q420	A										520～680	520～680	520～680	520～680	500～650	—	—		≥19	≥18	≥18	≥18	—	—
	B																							
	C	≥420	≥400	≥380	≥360	≥360	≥340																	
	D																							
	E																							
Q460	C										550～720	550～720	550～720	550～720	530～700	—	—		≥17	≥16	≥16	≥16	—	—
	D	≥460	≥440	≥420	≥400	≥400	≥380																	
	E																							

注　1. 板件厚度≤150mm 时,夏比冲击试验冲击吸收能量≥34J。

2. 板件厚度≤100mm 时,弯心直径 $d=3a$,a 为试样厚度。

附表 1－5 　　　　　　　　　　　　**碳素钢焊条的药皮类型和焊接电源**

焊条系列和型号		药皮类型	焊接位置	焊接电源
E43	E50			
E4300		特殊型	—	—
E4301	E5001	钛铁矿型	全位置焊接	交流或直流正、反接
E4303	E5003	钛钙型	全位置焊接	交流或直流正、反接
E4310		高纤维素钠型	全位置焊接	直流反接
E4311	E5011	高纤维素钾型	全位置焊接	交流或直流反接
E4312		高钛钠型	全位置焊接	交流或直流正接
E4313	E5014	高钛钾型	全位置焊接	交流或直流正、反接
		铁粉钛型	全位置焊接	交流或直流正、反接
E4315	E5015	低氢钠型	全位置焊接	直流反接
E4316	E5016	低氢钾型	全位置焊接	交流或直流反接
	E5018	铁粉低氢型	全位置焊接	交流或直流反接
E4320		氧化铁型	水平角焊	交流或直流正接
E4322		氧化铁型	水焊	交流或直流正、反接
E4323		铁粉钛钙型	平焊、水平角焊	交流或直流正、反接
E4324	E5024	铁粉钛型	平焊、水平角焊	交流或直流正、反接
E4327	E5027	铁粉氧化铁型	平焊、水平角焊	交流或直流正接
E4328	E5028	铁粉低氢型	平焊、水平角焊	交流或直流反接
	E5048	铁粉低氢型	全位置焊接	交流或直流反接

注　1. 直径不大于 4.0mm 的 E5014、E5015、E5016、E5018 及直径不大于 5.0mm 的其他型号的焊条可适用于立焊和仰焊；

　　2. E4322 型焊条适宜单道焊。

附表 1－6 　　　　　　　　　　　　**低合金钢焊条的药皮类型和焊接电源**

焊条系列和型号		药皮类型	焊接位置	焊接电源
E50	E55			
	E5500－×	特殊型	全位置焊接	交流或直流正、反接
	E5503－×	钛钙型	全位置焊接	交流或直流正、反接
E5010－×	E5510－×	高纤维素钠型	全位置焊接	直流反接
E5011－×	E5511－×	高纤维素钾型	全位置焊接	交流或直流反接
	E5513－×	高钛钾型	全位置焊接	交流或直流正、反接
E5015－×	E5515－×	低氢钠型	全位置焊接	直流反接
E5016－×	E5516－×	低氢钾型	全位置焊接	交流或直流反接
E5018－×	E5518－×	铁粉低氢型	全位置焊接	交流或直流反接
E5020－×		高氧化铁型	水平角焊 平焊	交流或直流正接 交流或直流正、反接
E5027－×		铁粉氧化铁型	水平角焊 平焊	交流或直流正接 交流或直流正、反接

注　1. 后缀符号×代表熔敷金属化学成分分类符号 A1，A2，A3 等；

　　2. 直径不大于 4.0mm 的 E××15－×，E××16－×，E××18－×型焊条及直径不大于 5.0mm 的其他型号焊条仅适用于立焊和仰焊。

附表 1－7　　焊接用钢丝的化学成分

钢类	钢号	熔炼化学成分（%）						
		C	Si	Mn	P	S	Cr	Ni
					≤			
碳素结构钢	H08	≤0.10	≤0.03	0.30～0.55	0.040	0.040	0.20	0.30
	H08A	≤0.10	≤0.03	0.30～0.55	0.030	0.030	0.20	0.30
	H08E	≤0.10	≤0.03	0.30～0.55	0.025	0.025	0.20	0.30
	H08Mn	≤0.10	≤0.03	0.80～1.10	0.040	0.040	0.20	0.30
	H08MnA	≤0.10	≤0.07	0.80～1.10	0.030	0.030	0.20	0.30
	H15A	0.11～0.18	≤0.03	0.35～0.65	0.030	0.030	0.20	0.30
	H15Mn	0.11～0.18	≤0.03	0.80～1.10	0.040	0.040	0.20	0.30
合金结构钢	H10Mn2	≤0.12	≤0.07	1.50～1.90	0.040	0.040	0.20	0.30
	H08Mn2Si	≤0.11	0.65～0.95	1.70～2.10	0.040	0.040	0.20	0.30
	H08Mn2SiA	≤0.11	0.65～0.95	1.80～2.10	0.030	0.030	0.20	0.30
	H10MnSi	≤0.14	0.60～0.90	0.80～1.10	0.040	0.030	0.20	0.30

附表 1－8　　高强度螺栓的性能等级和机械性能

螺栓种类	性能等级	采用的钢号	屈服强度 f_y		抗拉强度 f_u	
			kgf/mm²	N/mm²	kgf/mm²	N/mm²
			≥			
大六角头高强度螺栓	8.8 级	45 号钢、35 号钢	68	660	85～105	830～1030
	10.9 级	20MnTiB 钢　40B 钢　35VB 钢	95	940	106～126	1040～1240
扭剪型高强度螺栓	10.9 级	20MnTiB 钢	95	940	106～126	1040～1240

附录二 构件的稳定

附二-A 轴心受压构件的稳定系数

附表 2-1 a 类截面轴心受压构件的稳定系数 φ

$\lambda\sqrt{\dfrac{f_y}{235}}$	0	1	2	3	4	5	6	7	8	9
0	1.000	1.000	1.000	1.000	0.999	0.999	0.998	0.998	0.997	0.996
10	0.995	0.994	0.993	0.992	0.991	0.989	0.988	0.986	0.985	0.983
20	0.981	0.979	0.977	0.976	0.974	0.972	0.970	0.968	0.966	0.964
30	0.963	0.961	0.959	0.957	0.955	0.952	0.950	0.948	0.946	0.944
40	0.941	0.939	0.937	0.934	0.932	0.929	0.927	0.924	0.921	0.919
50	0.916	0.913	0.910	0.907	0.904	0.900	0.897	0.894	0.890	0.886
60	0.883	0.879	0.875	0.871	0.867	0.863	0.858	0.854	0.849	0.844
70	0.839	0.834	0.829	0.824	0.818	0.813	0.807	0.801	0.795	0.789
80	0.783	0.776	0.770	0.763	0.757	0.750	0.743	0.736	0.728	0.721
90	0.714	0.706	0.699	0.691	0.684	0.676	0.668	0.661	0.653	0.645
100	0.638	0.630	0.622	0.615	0.607	0.600	0.592	0.585	0.577	0.570
110	0.563	0.555	0.548	0.541	0.534	0.527	0.520	0.514	0.507	0.500
120	0.494	0.488	0.481	0.475	0.469	0.463	0.457	0.451	0.445	0.440
130	0.434	0.429	0.423	0.418	0.412	0.407	0.402	0.397	0.392	0.387
140	0.383	0.378	0.373	0.369	0.364	0.360	0.356	0.351	0.347	0.343
150	0.339	0.335	0.331	0.327	0.323	0.320	0.316	0.312	0.309	0.305
160	0.302	0.298	0.295	0.292	0.289	0.285	0.282	0.279	0.276	0.273
170	0.270	0.267	0.264	0.262	0.259	0.256	0.253	0.251	0.248	0.246
180	0.243	0.241	0.238	0.236	0.233	0.231	0.229	0.226	0.224	0.222
190	0.220	0.218	0.215	0.213	0.211	0.209	0.207	0.205	0.203	0.201
200	0.199	0.198	0.196	0.194	0.192	0.190	0.189	0.187	0.185	0.183
210	0.182	0.180	0.179	0.177	0.175	0.174	0.172	0.171	0.169	0.168
220	0.166	0.165	0.164	0.162	0.161	0.159	0.158	0.157	0.155	0.154
230	0.153	0.152	0.150	0.149	0.148	0.147	0.146	0.144	0.143	0.142
240	0.141	0.140	0.139	0.138	0.136	0.135	0.134	0.133	0.132	0.131
250	0.130									

附表 2 - 2　　　　　　　　　　b 类截面轴心受压构件的稳定系数 φ

$\lambda\sqrt{\dfrac{f_y}{235}}$	0	1	2	3	4	5	6	7	8	9
0	1.000	1.000	1.000	0.999	0.999	0.998	0.997	0.996	0.995	0.994
10	0.992	0.991	0.989	0.987	0.985	0.983	0.981	0.978	0.976	0.973
20	0.970	0.967	0.963	0.960	0.957	0.953	0.950	0.946	0.943	0.939
30	0.936	0.932	0.929	0.925	0.922	0.918	0.914	0.910	0.906	0.903
40	0.899	0.895	0.891	0.887	0.882	0.878	0.874	0.870	0.865	0.861
50	0.856	0.852	0.847	0.842	0.838	0.833	0.828	0.823	0.818	0.813
60	0.807	0.802	0.797	0.791	0.786	0.780	0.774	0.769	0.763	0.757
70	0.751	0.745	0.739	0.732	0.726	0.720	0.714	0.707	0.701	0.694
80	0.688	0.681	0.675	0.668	0.661	0.655	0.648	0.641	0.635	0.628
90	0.621	0.614	0.608	0.601	0.594	0.588	0.581	0.575	0.568	0.561
100	0.555	0.549	0.542	0.536	0.529	0.523	0.517	0.511	0.505	0.499
110	0.493	0.487	0.481	0.475	0.470	0.464	0.458	0.453	0.447	0.442
120	0.437	0.432	0.426	0.421	0.416	0.411	0.406	0.402	0.397	0.392
130	0.387	0.383	0.378	0.374	0.370	0.365	0.361	0.357	0.353	0.349
140	0.345	0.341	0.337	0.333	0.329	0.326	0.322	0.318	0.315	0.311
150	0.308	0.304	0.301	0.298	0.295	0.291	0.288	0.285	0.282	0.279
160	0.276	0.273	0.270	0.267	0.265	0.262	0.259	0.256	0.254	0.251
170	0.249	0.246	0.244	0.241	0.239	0.236	0.234	0.232	0.229	0.227
180	0.225	0.223	0.220	0.218	0.216	0.214	0.212	0.210	0.208	0.206
190	0.204	0.202	0.200	0.198	0.197	0.195	0.193	0.191	0.190	0.188
200	0.186	0.184	0.183	0.181	0.180	0.178	0.176	0.175	0.173	0.172
210	0.170	0.169	0.167	0.166	0.165	0.163	0.162	0.160	0.159	0.158
220	0.156	0.155	0.154	0.153	0.151	0.150	0.149	0.148	0.146	0.145
230	0.144	0.143	0.142	0.141	0.140	0.138	0.137	0.136	0.135	0.134
240	0.133	0.132	0.131	0.130	0.129	0.128	0.127	0.126	0.125	0.124
250	0.123									

附表 2 - 3　　　　　　　　　　c 类截面轴心受压构件的稳定系数 φ

$\lambda\sqrt{\dfrac{f_y}{235}}$	0	1	2	3	4	5	6	7	8	9
0	1.000	1.000	1.000	0.999	0.999	0.998	0.997	0.996	0.995	0.993
10	0.992	0.990	0.988	0.986	0.983	0.981	0.978	0.976	0.973	0.970
20	0.966	0.959	0.953	0.947	0.940	0.934	0.928	0.921	0.915	0.909
30	0.902	0.896	0.890	0.884	0.877	0.871	0.865	0.858	0.852	0.846
40	0.839	0.833	0.836	0.820	0.814	0.807	0.801	0.794	0.788	0.781
50	0.775	0.768	0.762	0.755	0.748	0.742	0.735	0.729	0.722	0.715

$\lambda\sqrt{\dfrac{f_y}{235}}$	0	1	2	3	4	5	6	7	8	9
60	0.709	0.702	0.695	0.689	0.682	0.676	0.669	0.662	0.656	0.649
70	0.643	0.636	0.629	0.623	0.616	0.610	0.604	0.597	0.591	0.584
80	0.578	0.572	0.566	0.559	0.553	0.547	0.541	0.535	0.529	0.523
90	0.517	0.511	0.505	0.500	0.494	0.488	0.483	0.477	0.472	0.467
100	0.463	0.458	0.454	0.449	0.445	0.441	0.436	0.432	0.428	0.423
110	0.419	0.415	0.411	0.407	0.403	0.399	0.395	0.391	0.387	0.383
120	0.379	0.375	0.371	0.367	0.364	0.360	0.356	0.353	0.349	0.346
130	0.342	0.339	0.335	0.332	0.328	0.325	0.322	0.319	0.315	0.312
140	0.309	0.306	0.303	0.300	0.297	0.294	0.291	0.288	0.285	0.282
150	0.280	0.277	0.274	0.271	0.269	0.266	0.264	0.261	0.258	0.256
160	0.254	0.251	0.249	0.246	0.244	0.242	0.239	0.237	0.235	0.233
170	0.230	0.228	0.226	0.224	0.222	0.220	0.218	0.216	0.214	0.212
180	0.210	0.208	0.206	0.205	0.203	0.201	0.199	0.197	0.196	0.194
190	0.192	0.190	0.189	0.187	0.186	0.184	0.182	0.181	0.179	0.178
200	0.176	0.175	0.173	0.172	0.170	0.169	0.168	0.166	0.165	0.163
210	0.162	0.161	0.159	0.158	0.157	0.156	0.154	0.153	0.152	0.151
220	0.150	0.148	0.147	0.146	0.145	0.144	0.143	0.142	0.140	0.139
230	0.138	0.137	0.136	0.135	0.134	0.133	0.132	0.131	0.130	0.129
240	0.128	0.127	0.126	0.125	0.124	0.124	0.123	0.122	0.121	0.120
250	0.119									

附表 2 - 4　　　　　　　　　d 类截面轴心受压构件的稳定系数 φ

$\lambda\sqrt{\dfrac{f_y}{235}}$	0	1	2	3	4	5	6	7	8	9
0	1.000	1.000	0.999	0.999	0.998	0.996	0.994	0.992	0.990	0.987
10	0.984	0.981	0.978	0.974	0.969	0.965	0.960	0.955	0.949	0.944
20	0.937	0.927	0.918	0.909	0.900	0.891	0.883	0.874	0.865	0.857
30	0.848	0.840	0.831	0.823	0.815	0.807	0.799	0.790	0.782	0.774
40	0.766	0.759	0.751	0.743	0.735	0.728	0.720	0.712	0.705	0.697
50	0.690	0.683	0.675	0.668	0.661	0.654	0.646	0.639	0.632	0.625
60	0.618	0.612	0.605	0.598	0.591	0.585	0.578	0.572	0.565	0.559
70	0.552	0.546	0.540	0.534	0.528	0.522	0.516	0.510	0.504	0.498
80	0.493	0.487	0.481	0.476	0.470	0.465	0.460	0.454	0.449	0.444
90	0.439	0.434	0.429	0.424	0.419	0.414	0.410	0.405	0.401	0.397
100	0.394	0.390	0.387	0.383	0.380	0.376	0.373	0.370	0.366	0.363

$\lambda\sqrt{\dfrac{f_y}{235}}$	0	1	2	3	4	5	6	7	8	9
110	0.359	0.356	0.353	0.350	0.346	0.343	0.340	0.337	0.334	0.331
120	0.328	0.325	0.322	0.319	0.316	0.313	0.310	0.307	0.304	0.301
130	0.299	0.296	0.293	0.290	0.288	0.285	0.282	0.280	0.277	0.275
140	0.272	0.270	0.267	0.265	0.262	0.260	0.258	0.255	0.253	0.251
150	0.248	0.246	0.244	0.242	0.240	0.237	0.235	0.233	0.231	0.229
160	0.227	0.225	0.223	0.221	0.219	0.217	0.215	0.213	0.212	0.210
170	0.208	0.206	0.204	0.203	0.201	0.199	0.197	0.196	0.194	0.192
180	0.191	0.189	0.188	0.186	0.184	0.183	0.181	0.180	0.178	0.177
190	0.176	0.174	0.173	0.171	0.170	0.168	0.167	0.166	0.164	0.163
200	0.162									

附二- B　桁架节点板在斜腹杆轴向压力作用下的稳定计算

1. 计算简图

计算简图如附图 2-1 所示。

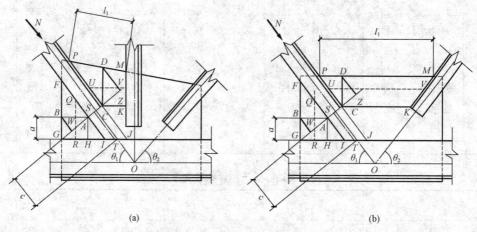

附图 2-1　节点板稳定计算简图

(a) 有竖杆时; (b) 无竖杆时

2. 基本假定

(1) 计算简图中 B-A-C-D 为节点板失稳时的屈折线,其中 $\overline{BA}$ 平行于弦杆,$\overline{CD}\perp\overline{BA}$;

(2) 在斜腹杆轴向压力 N 的作用下,BA 区($FBGHA$ 板件),AC 区($AIJC$ 板件)和 CD 区($CKMP$ 板件)同时受压,当其中某一区先失稳后,其他区即相继失稳,为此要分别计算各区的稳定。

3. 计算方法

BA 区

$$\frac{b_1}{(b_1+b_2+b_2)}N\sin\theta_1\leqslant l_1t\varphi_1f \qquad\text{(附 2-1)}$$

AC 区

$$\frac{b_2}{(b_1+b_2+b_3)}N \leqslant l_2 t \varphi_2 f \qquad (\text{附} 2-2)$$

CD 区

$$\frac{b_3}{(b_1+b_2+b_3)}N\cos\theta_1 \leqslant l_3 t \varphi_3 f \qquad (\text{附} 2-3)$$

式中　　　　t——节点板厚度；

　　　　　　N——受压斜腹杆的轴向力；

l_1，l_2，l_3——分别为屈折线 $\overline{BA}$，$\overline{AC}$，$\overline{CD}$ 的长度；

φ_1，φ_2，φ_3——分别为各受压区板析的轴心受压稳定系数，可按 b 类截面查取；其相应的长细比分别为：$\lambda_1=2.77\overline{QR}/t$，$\lambda_2=2.77\overline{ST}/t$，$\lambda_3=2.77\overline{UV}/t$；

$\overline{QR}$，$\overline{ST}$，$\overline{UV}$——分别为三区受压板件的中线长度，其中 $\overline{ST}=c$；

b_1，b_2，b_3——各屈折线段在有效宽度线（即 $\overline{AC}$ 线的延长线）上的投影长度。

对 $l_f/f>60\sqrt{235/f_y}$ 且沿自由边加劲的无竖腹杆节点板（l_f 为节点板自由边的长度），亦可用上述方法进行计算，只是仅需验算 $\overline{BA}$ 区和 $\overline{AC}$ 区而不必验算 $\overline{CD}$ 区。

附录三　型钢和螺栓规格及截面特性

附表 3-1　　　　　　　　　　　　　轧制薄钢板规格及尺寸表

类　别	厚　度 (mm)	宽　度 (mm)												
		500	600	710	750	800	850	900	950	1000	1100	1250	1420	1500
		长　度 (mm)												
热轧钢板	0.8, 0.9				1500	1500	1500	1500	1500					
		1000	1200	1420	1800	1600	1700	1800	1900	1500				
		1500	1450	2000	2000	2000	2000	2000	2000	2000				
	1.0, 1.12				1000			1000						
	1.2, 1.5	1000	1200	1000	1500	1500	1500	1500	1500					
	1.4, 1.5	1500	1420	1420	1800	1600	1700	1800	1900	1500				
	1.6, 1.8	2000	2000	2000	2000	2000	2000	2000	2000	2000				
	2.0, 2.2							1000						
	2.5, 2.8	500	600		1500	1500	1500	1500	1500	1500	2200	2500	2800	
		1000	1200	1420	1800	1600	1700	1800	1900	2000	3000	3000	3000	3000
		1500	1500	2000	2000	2000	2000	2000	2000	3000	4000	4000	4000	4000
	3.0, 3.2				1000			1000					2800	
	3.5, 3.8				1500	1500	1500	1500	1500	2000	2200	2500	3000	3000
	4.0	500	600	1420	1800	1600	1700	1800	1900	3000	3000	3000	3500	3500
		1000	1200	2000	2000	2000	2000	2000	2000	4000	4000	4000	4000	4000
冷轧钢板	0.8, 0.9			1200	1420	1500	1500	1500	1500					
		1000	1800	1800	1800	1800	1800	1800		1500	2000	2000		
		1500	2000	2000	2000	2000	2000			2000	2200	2500		
	1.0, 1.1, 1.2	1000	1200	1420	1500	1500	1500					2800	2800	
	1.4, 1.5, 1.6	1500	1800	1800	1800	1800	1800	1800			2000	2000	3000	3000
	1.8, 2.0	2000	2000	2000	2000	2000	2000			2000	2200	2500	3500	3500
	2.2, 2.5	500	600											
	2.8, 3.0	1000	1200	1420	1500	1500	1500							
	3.2, 3.5	1500	1800	1800	1800	1800	1800	1800		2000				
	3.8, 4.0	2000	2000	2000	2000	2000	2000							

注　经供需双方协议，可以供应比表中更长、更宽的各种厚度的钢板。

附表 3-2　　　　　　　　　　　　　轧制厚钢板规格及尺寸表

钢板厚度 (mm)	钢　板　宽　度 (m)									
	0.6~ 1.2	>1.2~ 1.5	>1.5~ 1.6	>1.6~ 1.7	>1.7~ 1.8	>1.8~ 2.0	>2.0~ 2.2	>2.2~ 2.5	>2.5~ 2.8	>2.8~ 3.0
	最　大　长　度 (m)									
4.5~5.5	12	12	12	12	12	6	—	—	—	—
6~7	12	12	12	12	12	10	—	—	—	—
8~10	12	12	12	12	12	12	9	9	—	—

续表

钢板厚度 (mm)	钢 板 宽 度 (m)									
	0.6~1.2	>1.2~1.5	>1.5~1.6	>1.6~1.7	>1.7~1.8	>1.8~2.0	>2.0~2.2	>2.2~2.5	>2.5~2.8	>2.8~3.0
	最 大 长 度 (m)									
11~15	12	12	12	12	12	12	9	8	8	8
16~20	12	12	12	10	10	9	8	7	7	7
21~25	12	11	11	10	9	8	7	6	6	6
26~30	12	10	9	9	9	8	7	6	6	6
32~34	12	9	8	7	7	7	7	7	6	5
36~40	10	8	7	7	6.5	6.5	5.5	5.5	5	—
42~50	9	8	7	7	6.5	6	5	4	—	—
52~60	8	6	6	6	5.5	5	4.5	4	—	—

注 1. 钢板厚度大于4~6mm时，其厚度间隔为0.5mm；钢板厚度大于6~30mm时，其厚度间隔为1.0mm；钢板厚度大于30~60mm时，其厚度间隔为2.0mm。

2. 经供需双方协议，可以供应比表中更长、更宽的各种厚度的钢板。

附表 3-3　热轧扁钢的规格及质量

（截面示意：宽 b，厚 t）

表中数值为每米质量（kg/m）。

宽度 b (mm) \ 厚度 t (mm)	3	4	5	6	7	8	9	10	11	12	14	16	18	20	22	25	28	30	32	36	40
25	0.59	0.78	0.98	1.18	1.37	1.57	1.77	1.96	2.16	2.36	2.75	3.14	—	—	—	—	—	—	—	—	—
28	0.66	0.88	1.10	1.32	1.54	1.76	1.98	2.20	2.42	2.64	3.08	3.53	—	—	—	—	—	—	—	—	—
30	0.71	0.94	1.18	1.41	1.65	1.88	2.12	2.36	2.59	2.83	3.30	3.77	4.24	4.71	—	—	—	—	—	—	—
32	0.75	1.00	1.26	1.51	1.76	2.01	2.26	2.51	2.76	3.01	3.52	4.02	4.52	5.02	—	—	—	—	—	—	—
35	0.82	1.10	1.37	1.65	1.92	2.20	2.47	2.75	3.02	3.30	3.85	4.40	4.95	5.50	6.04	6.87	7.69	—	—	—	—
40	0.94	1.26	1.57	1.88	2.20	2.51	2.83	3.14	3.45	3.77	4.40	5.02	5.65	6.28	6.91	7.85	8.79	—	—	—	—
45	1.06	1.41	1.77	2.12	2.47	2.83	3.18	3.53	3.89	4.24	4.95	5.65	6.36	7.07	7.77	8.83	9.89	10.60	11.30	12.72	—
50	1.18	1.57	1.96	2.36	2.75	3.14	3.53	3.93	4.32	4.71	5.50	6.28	7.06	7.85	8.64	9.81	10.99	11.78	12.56	14.13	—
55	—	1.73	2.16	2.59	3.02	3.45	3.89	4.32	4.75	5.18	6.04	6.91	7.77	8.64	9.50	10.79	12.09	12.95	13.82	15.54	—
60	—	1.88	2.36	2.83	3.30	3.77	4.24	4.71	5.18	5.65	6.59	7.54	8.48	9.42	10.36	11.78	13.19	14.13	15.07	16.96	18.84
65	—	2.04	2.55	3.06	3.57	4.08	4.59	5.10	5.61	6.12	7.14	8.16	9.18	10.20	11.23	12.76	14.29	15.31	16.33	18.37	20.41
70	—	2.20	2.75	3.30	3.85	4.40	4.95	5.50	6.04	6.59	7.69	8.79	9.89	10.99	12.09	13.74	15.39	16.49	17.58	19.78	21.98
75	—	2.36	2.94	3.53	4.12	4.71	5.30	5.89	6.48	7.07	8.24	9.42	10.60	11.78	12.95	14.72	16.48	17.66	18.84	21.20	23.55
80	—	2.51	3.14	3.77	4.40	5.02	5.65	6.28	6.91	7.54	8.79	10.05	11.30	12.56	13.82	15.70	17.58	18.84	20.10	22.61	25.12
85	—	—	3.34	4.00	4.67	5.34	6.01	6.67	7.34	8.01	9.34	10.68	12.01	13.34	14.68	16.68	18.68	20.02	21.35	24.02	26.69
90	—	—	3.53	4.24	4.95	5.65	6.36	7.07	7.77	8.48	9.89	11.30	12.72	14.13	15.54	17.66	19.78	21.20	22.61	25.43	28.26
95	—	—	3.73	4.47	5.22	5.97	6.71	7.46	8.20	8.95	10.44	11.93	13.42	14.92	16.41	18.64	20.88	22.37	23.86	26.85	29.83
100	—	—	3.92	4.71	5.50	6.28	7.06	7.85	8.64	9.42	10.99	12.56	14.13	15.70	17.27	19.62	21.98	23.55	25.12	28.26	31.40
105	—	—	4.12	4.95	5.77	6.59	7.42	8.24	9.07	9.89	11.54	13.19	14.84	16.48	18.13	20.61	23.08	24.73	26.38	29.67	32.97
110	—	—	4.32	5.18	6.04	6.91	7.77	8.64	9.50	10.36	12.09	13.82	15.54	17.27	19.00	21.59	24.18	25.90	27.63	31.09	34.54
120	—	—	4.71	5.65	6.59	7.54	8.48	9.42	10.36	11.30	13.19	15.07	16.96	18.84	20.72	23.55	26.38	28.26	30.14	33.91	37.68
125	—	—	—	5.89	6.87	7.85	8.83	9.81	10.79	11.78	13.74	15.70	17.66	19.62	21.58	24.53	27.48	29.44	31.40	35.32	39.25
130	—	—	—	6.12	7.14	8.16	9.18	10.20	11.23	12.25	14.29	16.33	18.37	20.41	22.45	25.51	28.57	30.62	32.66	36.74	40.82
140	—	—	—	—	7.69	8.79	9.89	10.99	12.09	13.19	15.39	17.58	19.78	21.98	24.18	27.48	30.77	32.97	35.17	39.56	43.96
150	—	—	—	—	8.24	9.42	10.60	11.78	12.95	14.13	16.48	18.84	21.20	23.55	25.90	29.44	32.97	35.32	37.68	42.39	47.10
160	—	—	—	—	8.79	10.05	11.30	12.56	13.82	15.07	17.58	20.10	22.61	25.12	27.63	31.40	35.17	37.68	40.19	45.22	50.24
170	—	—	—	—	9.34	10.68	12.01	13.34	14.68	16.01	18.68	21.35	24.02	26.69	29.36	33.36	37.37	40.04	42.70	48.04	53.38
180	—	—	—	—	9.89	11.30	12.72	14.13	15.54	16.96	19.78	22.61	25.43	28.26	31.09	35.32	39.56	42.39	45.22	50.87	56.52
190	—	—	—	—	—	—	13.42	14.92	16.41	17.90	20.88	23.86	26.85	29.83	32.81	37.29	41.76	44.74	47.73	53.69	59.66
200	—	—	—	—	—	—	14.13	15.70	17.27	18.84	21.98	25.12	28.26	31.40	34.54	39.25	43.96	47.10	50.24	56.52	62.80

附表 3-4　　　　　　　　　　　　　普 通 工 字 钢

符号　h——高度；
　　　b——翼缘宽度；
　　　t_w——腹板厚；
　　　t——翼缘平均厚度；
　　　I——惯性矩；
　　　W——截面模量；

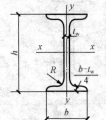

　　　i——回转半径；
　　　S——半截面的静力矩。
长度：型号 10~18，长 5~19m；
　　　型号 20~63，长 6~9m。

型 号		尺　寸					截面积	质量	$x-x$ 轴				$y-y$ 轴		
		h	b	t_w	t	R	(cm^2)	(kg/m)	I_x	W_x	i_x	I_x/S_x	I_y	W_y	i_y
				(mm)					(cm^4)	(cm^3)	(cm)	(cm)	(cm^4)	(cm^3)	(cm)
10		100	68	4.5	7.6	6.5	14.3	11.2	245	49	4.14	8.59	33	9.7	1.52
12.6		126	74	5.0	8.4	7.0	18.1	14.2	488	77	5.19	10.8	47	12.7	1.61
14		140	80	5.5	9.1	7.5	21.5	16.9	712	102	5.76	12.0	64	16.1	1.73
16		160	88	6.0	9.9	8.0	26.1	20.5	1130	141	6.58	13.8	93	21.2	1.89
18		180	94	6.5	10.7	8.5	30.6	24.1	1660	185	7.36	15.4	122	26.0	2.00
20	a	200	100	7.0	11.4	9.0	35.5	27.9	2370	237	8.15	17.2	158	31.5	2.12
	b		102	9.0			39.5	31.1	2500	250	7.96	16.9	169	33.1	2.06
22	a	200	110	7.5	12.3	9.5	42.0	33.0	3400	309	8.99	18.9	225	40.9	2.31
	b		112	9.5			46.4	36.4	3570	325	8.78	18.7	239	42.7	2.27
25	a	250	116	8.0	13.0	10.0	48.5	38.1	5020	402	10.18	21.6	280	48.3	2.40
	b		118	10.0			53.5	42.0	5280	423	9.94	21.3	309	52.4	2.40
28	a	280	122	8.5	13.7	10.5	55.4	43.4	7110	508	11.3	24.6	345	56.6	2.49
	b		124	10.5			61.0	47.9	7480	534	11.1	24.2	379	61.2	2.49
32	a	320	130	9.5	15.0	11.5	67.0	52.7	11080	692	12.8	27.5	460	70.8	2.62
	b		132	11.5			73.4	57.7	11620	726	12.6	27.1	502	76.0	2.61
	c		134	13.5			79.9	62.8	12170	760	12.3	26.8	544	81.2	2.61
36	a	360	136	10.0	15.8	12.0	76.3	59.9	15760	875	14.4	30.7	552	81.2	2.69
	b		138	12.0			83.5	65.6	16530	919	14.1	30.3	582	84.3	2.64
	c		140	14.0			90.7	71.2	17310	962	13.8	29.9	612	87.4	2.60
40	a	400	142	10.5	16.5	12.5	86.1	67.6	21720	1090	15.9	34.1	660	93.2	2.77
	b		144	12.5			94.1	73.8	22780	1140	15.6	33.6	692	96.2	2.71
	c		146	14.5			102	80.1	23850	1190	15.2	33.2	727	9.6	2.65
45	a	450	150	11.5	18.0	13.5	102	80.4	32240	1430	17.7	38.6	855	114	2.89
	b		152	13.5			111	87.4	33760	1500	17.4	38.0	894	118	2.84
	c		154	15.5			120	94.5	35280	1570	17.1	37.6	948	122	2.79
50	a	500	158	12.0	20	14	119	93.6	46470	1860	19.7	42.8	1120	142	3.07
	b		160	14.0			129	102	48560	1940	19.4	42.4	1170	146	3.01
	c		162	16.0			139	109	50640	2080	19.1	41.8	1220	151	2.96
56	a	560	166	12.5	21	14.5	135	106	65590	2324	22.0	47.7	1370	165	3.18
	b		168	14.5			146	115	68510	2447	21.6	47.2	1487	174	3.16
	c		170	16.5			158	124	71440	2551	21.3	46.7	1558	183	3.16
63	a	630	176	13.0	22	15	155	122	93920	2981	24.6	54.2	1701	193	3.31
	b		178	15.0			157	131	98080	3164	24.2	53.5	1812	204	3.29
	c		190	17.0			180	141	102250	3298	23.8	52.9	1925	214	3.27

附表 3－5　　　　　　　　热轧轻型工字钢截面特性表

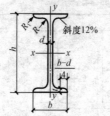

斜度12%

I——惯性矩；
W——截面模量；
i——回转半径；
S——半截面的面积矩。

型号	尺　寸（mm）						截面面积（cm²）	质量（kg/m）	x－x				y－y		
	h	b	d	t	R	R_1			I_x (cm⁴)	W_x (cm³)	i_x (cm)	S_x (cm³)	I_y (cm⁴)	W_y (cm³)	i_y (cm)
I10	100	55	4.5	7.2	7.0	2.5	12.0	9.46	198	39.7	4.06	23.0	17.9	6.49	1.22
I12	120	64	4.8	7.3	7.5	3.0	14.7	11.5	350	58.4	4.88	33.7	27.9	8.72	1.38
I14	140	73	4.9	7.5	8.0	3.0	17.4	13.7	572	81.7	5.73	46.8	41.9	11.5	1.55
I16	160	81	5.0	7.8	8.5	3.5	20.2	15	873	109	6.57	62.3	58.6	14.5	1.70
I18	180	90	5.1	8.1	9.0	3.5	23.4	18.4	1290	143	7.42	81.4	82.6	18.4	1.88
I18a	180	100	5.1	8.3	9.0	3.5	25.4	19.9	1430	159	7.51	89.8	114	22.8	2.12
I20	200	100	5.2	8.4	9.5	4.0	26.8	21.0	1840	184	8.28	104	115	23.1	2.07
I20a	200	110	5.2	8.6	9.5	4.0	28.9	22.7	2030	203	8.37	114	155	28.2	2.32
I22	220	110	5.4	8.7	10.0	4.0	30.6	24.0	2550	232	9.13	131	157	28.6	2.27
I22a	220	120	5.4	8.9	10.0	4.0	32.8	25.8	2790	254	9.22	143	206	34.3	2.50
I24	240	115	5.6	9.5	10.5	4.0	34.8	27.3	3460	289	9.97	163	198	34.5	2.37
I24a	240	125	5.6	9.8	10.5	4.0	37.5	29.4	3800	317	10.1	178	260	41.6	2.63
I27	270	125	6.0	9.8	11.0	4.5	40.2	31.5	5010	317	11.2	210	260	41.5	2.54
I27a	270	135	6.0	10.2	11.0	4.5	43.2	33.9	5500	407	11.3	229	337	50.0	2.80
I30	300	135	6.5	10.2	12.0	5.0	46.5	36.5	7080	472	12.3	268	337	49.9	2.69
I30a	300	145	6.5	10.7	12.0	5.0	49.9	39.2	7780	518	12.5	292	436	60.1	2.95
I33	330	140	7.0	11.2	13.0	5.0	53.8	42.4	9840	597	13.5	339	419	59.9	2.79
I36	360	145	7.5	12.3	14.0	6.0	61.9	48.6	13380	743	14.7	423	516	71.1	2.89
I40	400	155	8.0	13.0	15.0	6.0	71.4	56.1	18930	947	16.3	540	666	85.9	3.05
I45	450	160	8.6	14.2	16.0	7.0	83.0	65.2	27450	1220	18.2	699	807	101	3.12
I50	500	170	9.5	15.2	17.0	7.0	97.8	76.8	38290	1570	20.0	905	1040	122	3.26
I55	550	180	10.3	16.5	18.0	7.0	114	89.8	55150	2000	22.0	1150	1350	150	3.44
I60	600	190	11.1	17.8	20.0	8.0	132	104	75450	2510	23.9	1450	1720	181	3.60
I65	650	200	12	19.2	22.0	9.0	153	120	101400	3120	25.8	1800	2170	217	3.77
I70	700	210	13	20.8	24.0	10.0	176	138	134600	3840	27.7	2230	2730	260	3.94
I70a	700	210	15	24.0	24.0	10.0	202	158	152700	4360	27.5	2550	3240	309	4.01
I70b	700	210	17.5	28.2	24.0	10.0	234	184	175370	5010	27.4	2940	3910	373	4.09

附表 3 - 6　　　　　　　　　　**普　通　槽　钢**

符号：同普通工字型钢

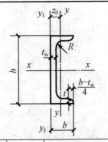

长度：型号　5～8，长 5～12m；
　　　　型号　10～18，长 5～19m；
　　　　型号　20～40，长 6～19m。

型号	尺寸（mm）					截面积（cm²）	质量（kg/m）	x - x 轴			y - y 轴			y₁ - y₁ 轴	z₀
	h	b	t_w	t	R			I_x (cm⁴)	W_x (cm³)	i_x (cm)	I_y (cm⁴)	W_y (cm³)	i_y (cm)	I_y (cm⁴)	(cm)
5	50	37	4.5	7.0	7.0	6.9	5.4	26	10.4	1.94	8.3	3.55	1.10	20.9	1.35
6.3	63	40	4.8	7.5	7.5	8.4	6.6	51	16.1	2.45	11.9	4.50	1.18	28.4	1.36
8	80	43	5.0	8.0	8.0	10.2	8.0	101	25.3	3.15	16.6	5.79	1.27	37.4	1.43
10	100	48	5.3	8.5	8.5	12.7	10.0	198	39.7	3.95	25.6	7.8	1.41	55	1.52
12.6	126	53	5.5	9.0	9.0	15.7	12.4	391	62.1	4.95	38.0	10.2	1.57	77	1.59
14 a	140	58	6.0	9.5	9.5	18.5	14.5	564	80.5	5.52	53.2	13.0	1.70	107	1.71
b		60	8.0			21.3	16.7	609	87.1	5.35	61.1	14.1	1.69	121	1.67
16 a	160	63	6.5	10.0	10.0	21.9	17.2	866	108	6.28	73.3	16.3	1.83	144	1.80
b		65	8.5			25.1	19.7	934	117	6.10	83.4	17.5	1.82	161	1.75
18 a	180	68	7.0	10.5	10.5	25.7	20.2	1273	141	7.04	98.6	20.0	1.96	190	1.88
b		70	9.0			29.3	23.0	1370	152	6.84	111	21.5	1.95	210	1.84
20 a	200	73	7.0	11.0	11.0	28.8	22.6	1780	178	7.86	128	24.2	2.11	244	2.01
b		75	9.0			32.8	25.8	1914	191	7.64	144	25.9	2.09	268	1.95
22 a	220	77	7.0	11.5	11.5	31.8	25.0	2394	218	8.67	158	28.2	2.23	298	2.10
b		79	9.0			36.2	28.4	2571	234	8.42	176	30.0	2.21	326	2.03
25 a	250	78	7.0	12.0	12.0	34.9	27.5	3370	270	9.82	175	30.6	2.24	322	2.07
b		80	9.0			39.9	31.4	3530	282	9.40	196	32.7	2.22	353	1.98
c		82	11.0			44.9	35.3	3690	295	9.07	218	35.9	2.21	384	1.92
28 a	280	82	7.5	12.5	12.5	40.0	31.4	4765	340	10.9	218	35.7	2.33	388	2.10
b		84	9.5			45.6	35.8	5130	366	10.6	242	37.9	2.30	428	2.02
c		86	11.5			51.2	40.2	5496	393	10.3	268	40.3	2.29	463	1.95
32 a	320	88	8.0	14.0	14.0	48.7	38.2	7598	475	12.5	305	46.5	2.50	552	2.24
b		90	10.0			55.1	43.2	8144	509	12.1	336	49.2	2.47	593	2.16
c		92	12.0			61.5	48.3	8690	543	11.9	374	52.6	2.47	643	2.00
36 a	360	96	9.0	16.0	16.0	60.9	47.8	11870	660	14.0	455	63.5	2.73	818	2.44
b		98	11.0			68.1	53.4	12650	703	13.6	497	66.8	2.70	880	2.37
c		100	13.0			75.3	59.1	13430	746	13.4	536	70.0	2.67	948	2.34
40 a	400	100	10.5	18.0	18.0	75.0	58.9	17580	879	15.3	592	78.8	2.81	1068	2.49
b		102	12.5			83.0	65.2	18640	932	15.0	640	82.5	2.78	1136	2.44
c		104	14.5			91.0	71.5	19710	986	14.7	688	86.2	2.75	1221	2.42

附表 3-7

热轧轻型槽钢的规格及截面特性

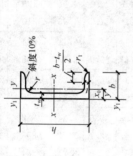

I——截面惯面矩;
W——截面模量;
S——半截面面积矩;
i——截面回转半径。

型号	h	b	t_w	t	r	r_1	截面面积 (cm²)	每米质量 (kg/m)	x_0 (cm)	I_x (cm⁴)	W_x (cm³)	S_x (cm³)	i_x (cm)	I_y (cm⁴)	W_{ymax} (cm³)	W_{ymin} (cm³)	i_y (cm)	I_{y1} (cm⁴)
			尺　寸 (mm)							x—x 轴				y—y 轴				y₁—y₁ 轴
[5	50	32	4.4	7.0	6.0	2.5	6.16	4.84	1.16	22.8	9.1	5.6	1.92	5.6	4.8	2.8	0.95	13.9
[6.5	65	36	4.4	7.2	6.0	2.5	7.51	5.70	1.24	48.6	15.0	9.0	2.54	8.7	7.0	3.7	1.08	20.2
[8	80	40	4.5	7.4	6.5	2.5	8.98	7.05	1.31	89.4	22.4	13.3	3.16	12.8	9.8	4.8	1.19	28.2
[10	100	46	4.5	7.6	7.0	3.0	10.94	8.59	1.44	173.9	34.8	20.4	3.99	20.4	14.2	6.5	1.37	43.0
[12	120	52	4.8	7.8	7.5	3.0	13.28	10.43	1.54	303.9	50.6	29.6	4.78	31.2	20.2	8.5	1.53	62.8
[14	140	58	4.9	8.1	8.0	3.0	15.65	12.28	1.67	491.1	70.2	40.8	5.60	45.4	27.1	11.0	1.70	89.2
[14a	140	62	4.9	8.7	8.0	3.0	16.98	13.33	1.87	544.8	77.8	45.4	5.66	57.5	30.7	13.3	1.84	116.9
[16	160	64	5.0	8.4	8.5	3.5	18.12	14.22	1.80	747.0	93.4	54.1	6.42	63.3	35.1	13.8	1.87	122.2
[16a	160	68	5.0	9.0	8.5	3.5	19.54	15.34	2.00	823.3	102.9	59.4	6.49	78.8	39.4	16.4	2.01	157.1
[18	180	70	5.1	8.7	9.0	3.5	20.71	16.25	1.94	1086.3	120.7	69.8	7.24	86.0	44.4	17.0	2.04	163.6
[18a	180	74	5.1	9.3	9.0	3.5	22.23	17.45	2.14	1190.7	132.3	76.1	7.32	105.4	49.4	20.0	2.18	206.7
[20	200	76	5.2	9.0	9.5	4.0	23.40	18.37	2.07	1522.0	152.2	87.8	8.07	113.4	54.9	20.5	2.20	213.3
[20a	200	80	5.2	9.7	9.5	4.0	25.16	19.75	2.28	1672.4	167.2	95.9	8.15	138.6	60.8	24.2	2.35	269.3

续表

型号	尺寸 (mm)						截面面积 (cm²)	每米质量 (kg/m)	截 面 特 征									
									x_0 (cm)	$x-x$ 轴				$y-y$ 轴				y_1-y_1 轴
	h	b	t_w	t	r	r_1				I_x (cm⁴)	W_x (cm³)	S_x (cm³)	i_x (cm)	I_y (cm⁴)	$W_{y\max}$ (cm³)	$W_{y\min}$ (cm³)	i_y (cm)	I_{y1} (cm⁴)
[22	220	82	5.4	9.5	10.0	4.0	26.72	20.97	2.21	2109.5	191.8	110.4	8.89	150.6	68.0	25.1	2.37	281.4
[22a	220	87	5.4	10.2	10.0	4.0	28.81	22.62	2.46	2327.3	211.6	121.1	8.99	187.1	76.1	30.0	2.55	361.3
[24	240	90	5.6	10.0	10.5	4.0	30.64	24.05	2.42	2901.1	241.8	138.8	9.73	207.6	85.7	31.6	2.60	387.4
[24a	240	95	5.6	10.7	10.5	4.0	32.89	25.82	2.67	3181.2	265.1	151.3	9.83	253.6	95.0	37.2	2.78	488.5
[27	270	95	6.0	10.5	11.0	4.5	35.23	27.66	2.47	4163.3	308.4	177.6	10.87	261.8	105.8	37.3	2.73	477.5
[30	300	100	6.5	11.0	12.0	5.0	40.47	31.77	2.52	5808.3	387.2	224.0	11.98	326.6	129.8	43.6	2.84	582.9
[33	330	105	7.0	11.7	13.0	5.0	46.52	36.52	2.59	7984.1	483.9	280.9	13.10	410.1	158.3	51.8	2.97	722.2
[36	360	110	7.5	12.6	14.0	6.0	53.37	41.90	2.68	10815.5	600.9	349.6	14.24	513.5	191.3	61.8	3.10	898.2
[40	400	115	8.0	13.5	15.0	6.0	61.53	48.30	2.75	15219.6	761.0	444.3	15.73	642.3	233.1	73.4	3.23	1109.2

注　轻型槽钢的通常长度为 [5~[8，为 5~12m；[10~[18，为 5~19m；[20~[40，为 6~19m。

附表 3 - 8　　　　　等 边 角 钢

单角钢截面示意：x, y_0, z_0, x_0 轴；双角钢示意：y 轴，间距 a

角钢型号	圆角 R (mm)	重心距 z_0 (mm)	截面面积 (cm²)	质量 (kg/m)	惯性矩 I_x (cm⁴)	$W_x^{\max}$ (cm³)	$W_x^{\min}$ (cm³)	i_x (cm)	i_{x0} (cm)	i_{y0} (cm)	6mm	8mm	10mm	12mm	14mm	16mm	18mm	20mm
20×3	3.5	6.0	1.13	0.89	0.4	0.67	0.29	0.59	0.75	0.39	1.08	1.16	1.25	1.34	1.43	1.52	1.62	1.71
20×4		6.4	1.46	1.14	0.5	0.78	0.36	0.58	0.73	0.38	1.11	1.19	1.28	1.37	1.46	1.55	1.65	1.74
25×3	3.5	7.3	1.43	1.12	0.81	1.12	0.46	0.76	0.95	0.49	1.28	1.36	1.44	1.53	1.61	1.70	1.79	1.88
25×4		7.6	1.86	1.46	1.03	1.36	0.59	0.74	0.93	0.48	1.30	1.38	1.46	1.55	1.64	1.73	1.82	1.91
30×3	4.5	8.5	1.75	1.37	1.46	1.72	0.68	0.91	1.15	0.59	1.47	1.55	1.63	1.71	1.80	1.88	1.97	2.06
30×4		8.9	2.28	1.79	1.84	2.06	0.87	0.90	1.13	0.58	1.49	1.57	1.66	1.74	1.82	1.91	2.00	2.09
36×3		10.0	2.11	1.65	2.59	2.58	0.99	1.11	1.39	0.71	1.71	1.75	1.86	1.95	2.03	2.11	2.20	2.28
36×4		10.4	2.76	2.16	3.29	3.16	1.28	1.09	1.38	0.70	1.73	1.81	1.89	1.97	2.05	2.14	2.22	2.31
36×5		10.7	3.38	2.65	3.95	3.70	1.56	1.08	1.36	0.70	1.74	1.82	1.91	1.99	2.08	2.16	2.25	2.34
40×3	5	10.9	2.36	1.85	3.58	3.30	1.23	1.23	1.55	0.79	1.85	1.93	2.01	2.09	2.18	2.26	2.34	2.43
40×4		11.3	3.09	2.42	4.60	4.07	1.60	1.22	1.54	0.79	1.88	1.96	2.04	2.12	2.20	2.29	2.37	2.46
40×5		11.7	3.79	2.98	5.53	4.73	1.96	1.21	1.52	0.78	1.90	1.98	2.06	2.14	2.23	2.31	2.40	2.49
45×3		12.2	2.66	2.09	5.17	4.24	1.58	1.40	1.76	0.90	2.06	2.14	2.21	2.29	2.37	2.45	2.54	2.62
45×4		12.6	3.49	2.74	6.65	5.28	2.05	1.38	1.74	0.89	2.08	2.16	2.24	2.32	2.40	2.48	2.56	2.65
45×5		13.0	4.29	3.37	8.04	6.19	2.51	1.37	1.72	0.88	2.11	2.18	2.26	2.34	2.42	2.50	2.59	2.67
45×6		13.3	5.08	3.98	9.33	7.0	2.95	1.36	1.70	0.88	2.12	2.20	2.28	2.36	2.44	2.53	2.61	2.70

说明：单角钢——截面面积、质量、惯性矩 I_x、截面模量 $W_x^{\max}$、$W_x^{\min}$、回转半径 i_x、i_{x0}、i_{y0}；双角钢——i_y，当 a 为下列数值 (cm)：6mm、8mm、10mm、12mm、14mm、16mm、18mm、20mm。

续表

角钢型号	圆角 R (mm)	重心距 z₀ (mm)	截面面积 (cm²)	质量 (kg/m)	惯性矩 I_x (cm⁴)	W_x^{max} (cm³)	W_x^{min} (cm³)	i_x (cm)	i_{x0} (cm)	i_{y0} (cm)	i_y，当 a 为下列数值 (cm) 6mm	8mm	10mm	12mm	14mm	16mm	18mm	20mm
3	5.5	13.4	2.97	2.33	7.18	5.36	1.96	1.55	1.96	1.00	2.26	2.33	2.41	2.49	2.56	2.64	2.73	2.81
4		13.8	3.90	3.06	9.26	6.71	2.56	1.54	1.94	0.99	2.28	2.35	2.43	2.51	2.59	2.67	2.75	2.84
50×5		14.2	4.80	3.77	11.21	7.89	3.13	1.53	1.92	0.98	2.30	2.38	2.45	2.53	2.61	2.70	2.78	2.86
6		14.6	5.69	4.46	13.05	8.94	3.68	1.52	1.91	0.98	2.32	2.40	2.48	2.56	2.64	2.72	2.80	2.89
3	6	14.8	3.34	2.62	10.2	6.89	2.48	1.75	2.20	1.13	2.49	2.57	2.64	2.71	2.80	2.88	2.96	3.04
56×4		15.3	4.39	3.45	13.2	8.63	3.24	1.73	2.18	1.11	2.52	2.59	2.67	2.75	2.82	2.90	2.98	3.06
5		15.7	5.41	4.25	16.0	10.2	3.97	1.72	2.17	1.10	2.54	2.62	2.69	2.77	2.85	2.93	3.01	3.09
8		16.8	8.37	6.57	23.6	14.0	6.03	1.68	2.11	1.09	2.60	2.67	2.75	2.83	2.96	3.00	3.08	3.16
4	7	17.0	4.98	3.91	19.0	11.2	4.13	1.96	2.46	1.26	2.80	2.87	2.94	3.02	3.09	3.17	3.25	3.33
5		17.4	6.14	4.82	23.2	13.3	5.08	1.94	2.45	1.25	2.82	2.89	2.97	3.04	3.12	3.20	3.28	3.36
63×6		17.8	7.29	5.72	27.1	15.2	6.0	1.93	2.43	1.24	2.84	2.91	2.99	3.06	3.14	3.22	3.30	3.38
8		18.5	9.51	7.47	34.5	18.6	7.75	1.90	2.40	1.23	2.87	2.95	3.02	3.10	3.18	3.26	3.35	3.43
10		19.3	11.66	9.15	41.1	21.3	9.39	1.88	2.36	1.22	2.91	2.99	3.07	3.15	3.23	3.31	3.39	3.48
4	8	18.6	5.57	4.37	26.4	14.2	5.14	2.18	2.74	1.40	3.07	3.14	3.21	3.28	3.36	3.44	3.52	3.60
5		19.1	6.87	5.40	32.2	16.8	6.32	2.16	2.73	1.39	3.09	3.17	3.24	3.31	3.39	3.47	3.54	3.62
70×6		19.5	8.16	6.41	37.8	19.4	7.48	2.15	2.71	1.38	3.11	3.19	3.26	3.34	3.41	3.49	3.57	3.65
7		19.9	9.42	7.40	43.1	21.6	8.59	2.14	2.69	1.38	3.13	3.21	3.28	3.36	3.43	3.51	3.59	3.67
8		20.3	10.7	8.37	48.2	23.8	9.68	2.12	2.68	1.37	3.15	3.23	3.30	3.38	3.46	3.54	3.62	3.70

续表

角钢型号	圆角 R (mm)	重心距 z₀ (mm)	截面面积 (cm²)	质量 (kg/m)	惯性矩 I_x (cm⁴)	W_x^{max} (cm³)	W_x^{min} (cm³)	i_x (cm)	i_{x0} (cm)	i_{y0} (cm)	6mm	8mm	10mm	12mm	14mm	16mm	18mm	20mm
						截面模量		回转半径			i_y，当 a 为下列数值 (cm) 双角钢							
75×7　5		20.4	7.37	5.82	40.0	19.6	7.32	2.33	2.92	1.50	3.30	3.37	3.45	3.52	3.58	3.66	3.73	3.81
6		20.7	8.80	6.90	47.0	22.7	8.64	2.31	2.90	1.49	3.31	3.38	3.46	3.53	3.60	3.68	3.76	3.84
7	9	21.1	10.2	7.98	53.6	25.4	9.93	2.30	2.89	1.48	3.33	3.40	3.48	3.55	3.63	3.71	3.78	3.86
8		21.5	11.5	9.03	60.0	27.9	11.2	2.28	2.88	1.47	3.35	3.42	3.50	3.57	3.65	3.73	3.81	3.89
10		22.2	14.1	11.1	72.0	32.4	13.6	2.26	2.84	1.46	3.38	3.46	3.53	3.61	3.69	3.77	3.85	3.93
80×7　5		21.5	7.91	6.21	48.8	22.7	8.34	2.48	3.13	1.60	3.49	3.56	3.63	3.71	3.78	3.86	3.93	4.01
6		21.9	9.40	7.38	57.3	26.1	9.87	2.47	3.11	1.59	3.51	3.58	3.65	3.72	3.80	3.88	3.96	4.04
7	9	22.3	10.9	8.52	65.6	29.4	11.4	2.46	3.10	1.58	3.53	3.60	3.67	3.75	3.83	3.90	3.98	4.06
8		22.7	12.3	9.66	73.5	32.4	12.8	2.44	3.08	1.68	3.55	3.62	3.69	3.77	3.85	3.93	4.00	4.08
10		23.5	15.1	11.9	88.4	37.6	15.6	2.42	3.04	1.56	3.59	3.66	3.74	3.81	3.89	3.97	4.05	4.13
90×8　6		24.4	10.6	8.35	82.8	33.9	12.6	2.79	3.51	1.80	3.91	3.98	4.05	4.13	4.20	4.27	4.35	4.43
7		24.8	12.3	9.66	94.8	38.2	14.5	2.78	3.50	1.78	3.93	4.00	4.07	4.15	4.22	4.30	4.37	4.45
8	10	25.2	13.9	10.9	106	42.1	16.4	2.76	3.48	1.78	3.95	4.02	4.09	4.17	4.24	4.32	4.39	4.47
10		25.9	17.2	13.5	129	49.7	20.1	2.74	3.45	1.76	3.98	4.05	4.13	4.20	4.28	4.36	4.44	4.52
12		26.7	20.3	15.9	149	56.0	23.6	2.71	3.41	1.75	4.02	4.10	4.17	4.25	4.32	4.40	4.48	4.56

续表

单　角　钢　　　　双　角　钢

i_y，当 a 为下列数值（cm）

角钢型号	圆角 R (mm)	重心距 z_0 (mm)	截面面积 (cm²)	质量 (kg/m)	惯性矩 I_x (cm⁴)	截面模量 $W_x^{\max}$ (cm³)	$W_x^{\min}$ (cm³)	i_x	i_{x0}	i_{y0}	6mm	8mm	10mm	12mm	14mm	16mm	18mm	20mm
6		26.7	11.9	9.37	115	43.1	15.7	3.10	3.90	2.00	4.30	4.37	4.44	4.51	4.58	4.66	4.73	4.81
7		27.1	13.8	10.8	132	48.6	18.1	3.09	3.89	1.99	4.31	4.39	4.46	4.53	4.61	4.68	4.76	4.83
8		27.6	15.6	12.3	148	53.7	20.5	3.08	3.88	1.98	4.34	4.41	4.48	4.56	4.63	4.70	4.78	4.86
100×10	12	28.4	19.3	15.1	179	63.2	25.1	3.05	3.84	1.96	4.38	4.45	4.52	4.60	4.67	4.75	4.83	4.90
12		29.1	22.8	17.9	209	71.9	29.5	3.03	3.81	1.95	4.41	4.49	4.56	4.63	4.71	4.79	4.87	4.95
14		29.9	26.3	20.6	236	79.1	33.7	3.00	3.77	1.94	4.45	4.53	4.60	4.68	4.75	4.83	4.91	4.99
16		30.6	29.6	23.3	262	89.6	37.8	2.98	3.74	1.94	4.79	4.56	4.64	4.72	4.80	4.87	4.95	5.03
7		29.6	15.2	11.9	177	59.9	22.0	3.41	4.30	2.20	4.72	4.79	4.86	4.92	5.01	5.08	5.16	5.23
8		30.1	17.2	13.5	199	64.7	25.0	3.40	4.28	2.19	4.75	4.82	4.89	4.96	5.03	5.10	5.18	5.26
110×10	12	30.9	21.3	16.7	242	78.4	30.6	3.38	4.25	2.17	4.78	4.86	4.93	5.00	5.07	5.15	5.22	5.30
12		31.6	25.2	19.8	283	89.4	36.0	3.35	4.22	2.15	4.81	4.89	4.96	5.03	5.11	5.19	5.26	5.34
14		32.4	29.1	22.8	321	99.2	41.3	3.32	4.18	2.14	4.85	4.93	5.00	5.07	5.15	5.23	5.31	5.38
8		33.7	19.7	15.5	297	88.1	32.5	3.88	4.88	2.50	5.34	5.41	5.48	5.55	5.62	5.69	5.77	5.84
125×10		34.5	24.4	19.1	362	105	40.0	3.85	4.85	2.48	5.38	5.45	5.52	5.59	5.66	5.74	5.81	5.89
12	14	35.3	28.9	22.7	423	120	41.2	3.83	4.82	2.46	5.41	5.48	5.56	5.63	5.70	5.78	5.85	5.93
14		36.1	33.4	26.2	482	133	54.2	3.80	4.78	2.45	5.45	5.52	5.60	5.67	5.74	5.82	5.89	5.97
10		38.2	27.4	21.5	515	135	50.6	4.34	5.46	2.78	5.98	6.05	6.12	6.19	6.27	6.34	6.41	6.49
140×12		39.0	32.5	25.5	604	155	59.8	4.31	5.43	2.76	6.02	6.09	6.16	6.23	6.31	6.38	6.45	6.53
14		39.8	37.6	29.5	689	173	68.7	4.28	5.40	2.75	6.05	6.12	6.20	6.27	6.34	6.42	6.49	6.57
16		40.6	42.5	33.4	770	190	77.5	4.26	5.36	2.74	6.09	6.16	6.24	6.31	6.38	6.46	6.53	6.61

回转半径 (cm)：i_x，i_{x0}，i_{y0}

续表

角钢型号	圆角 R (mm)	重心距 z₀ (mm)	截面面积 (cm²)	质量 (kg/m)	惯性矩 I_x (cm⁴)	W_x^{max} (cm³)	W_x^{min} (cm³)	i_x	i_{x0}	i_{y0}	i_y，当 a 为下列数值 (cm) 6mm	8mm	10mm	12mm	14mm	16mm	18mm	20mm
160×12 10	16	43.1	31.5	24.7	779	180	66.7	4.98	6.27	3.20	6.78	6.85	6.92	6.99	7.06	7.13	7.21	7.28
12		43.9	37.4	29.4	917	208	79.0	4.95	6.24	3.18	6.82	6.89	6.96	7.02	7.10	7.17	7.25	7.32
14		44.7	43.3	34.0	1048	234	90.9	4.92	6.20	3.16	6.85	6.92	6.99	7.07	7.14	7.21	7.29	7.36
16		45.5	49.1	38.5	1175	258	103	4.89	6.17	3.14	6.89	6.96	7.03	7.10	7.18	7.25	7.32	7.40
180×14 12	16	48.9	42.2	33.2	1321	271	101	5.59	7.05	5.58	7.63	7.70	7.77	7.84	7.91	7.98	8.05	8.12
14		49.7	48.9	38.4	1514	305	116	5.56	7.02	3.56	7.66	7.73	7.81	7.87	7.95	8.02	8.09	8.16
16		50.5	55.5	43.5	1701	338	131	5.54	6.98	3.55	7.70	7.77	7.84	7.91	7.98	8.06	8.13	8.20
18		51.3	62.0	48.6	1875	365	146	5.50	6.94	3.51	7.73	7.80	7.87	7.94	8.02	8.09	8.16	8.24
14	18	54.6	54.6	42.9	2104	387	145	6.20	7.82	3.98	8.47	8.53	8.60	8.67	8.75	8.82	8.89	8.96
16		55.4	62.0	48.7	2366	428	164	6.18	7.79	3.96	8.50	8.57	8.64	8.71	8.78	8.85	8.92	9.00
200×18 18		56.2	69.3	54.4	2621	467	182	6.15	7.75	3.94	8.54	8.61	8.67	8.75	8.82	8.89	8.96	9.03
20		56.9	76.5	60.1	2867	503	200	6.12	7.72	3.93	8.56	8.64	8.71	8.78	8.85	8.92	9.00	9.07
24		58.7	90.7	71.2	3338	570	236	6.07	7.64	3.90	8.65	8.73	8.80	8.87	8.92	9.00	9.07	9.14

附表 3-9　不等边角钢

角钢型号	圆角 R (mm)	重心距 (mm) z_x	重心距 (mm) z_y	截面面积 (cm²)	质量 (kg/m)	惯性矩 (cm⁴) I_x	惯性矩 (cm⁴) I_y	回转半径 (cm) i_x	回转半径 (cm) i_y	回转半径 (cm) i_{y0}	i_{y1}，当 a 为下列数 (cm) 6mm	8mm	10mm	12mm	14mm	i_{y2}，当 a 为下列数 (cm) 6mm	8mm	10mm	12mm	14mm
25×16×3	3.5	4.2	8.6	1.16	0.91	0.22	0.70	0.44	0.78	0.34	0.84	0.93	1.02	1.11	1.20	1.40	1.48	1.57	1.65	1.74
25×16×4	3.5	4.6	9.0	1.50	1.18	0.27	0.88	0.43	0.77	0.34	0.87	0.96	1.05	1.14	1.23	1.42	1.51	1.60	1.68	1.77
32×20×3	3.5	4.9	10.8	1.49	1.17	0.46	1.53	0.55	1.01	0.43	0.97	1.05	1.14	1.22	1.32	1.71	1.79	1.88	1.96	2.05
32×20×4	3.5	5.3	11.2	1.94	1.52	0.57	1.93	0.54	1.00	0.42	0.99	1.08	1.16	1.25	1.34	1.74	1.82	1.91	1.99	2.08
40×25×3	4	5.9	13.2	1.89	1.48	0.93	3.08	0.70	1.28	0.54	1.13	1.21	1.30	1.38	1.47	2.06	2.14	2.22	2.31	2.39
40×25×4	4	6.3	13.7	2.47	1.94	1.18	3.93	0.69	1.26	0.54	1.16	1.24	1.32	1.41	1.50	2.09	2.17	2.26	2.34	2.42
45×28×3	5	6.4	14.7	2.15	1.69	1.34	4.45	0.79	1.44	0.61	1.23	1.31	1.39	1.47	1.56	2.28	2.36	2.44	2.52	2.60
45×28×4	5	6.8	15.1	2.81	2.20	1.70	5.69	0.78	1.42	0.60	1.25	1.33	1.41	1.50	1.59	2.30	2.38	2.46	2.55	2.63
50×32×3	5.5	7.3	16.0	2.43	1.91	2.02	6.24	0.91	1.60	0.70	1.38	1.45	1.53	1.61	1.69	2.49	2.56	2.64	2.72	2.81
50×32×4	5.5	7.7	16.5	3.18	2.49	2.58	8.02	0.90	1.59	0.69	1.40	1.48	1.56	1.64	1.72	2.52	2.59	2.67	2.75	2.84
56×36×4	6	8.0	17.8	2.74	2.15	2.92	8.88	1.03	1.80	0.79	1.51	1.58	1.66	1.74	1.83	2.75	2.83	2.90	2.98	3.06
56×36×5	6	8.5	18.2	3.59	2.82	3.76	11.4	1.02	1.79	0.79	1.54	1.62	1.69	1.77	1.85	2.77	2.85	2.93	3.01	3.09
56×36×6	6	8.8	18.7	4.41	3.47	4.49	13.9	1.01	1.77	0.78	1.55	1.63	1.71	1.79	1.88	2.80	2.87	2.96	3.04	3.12
63×40×4	7	9.2	20.4	4.06	3.18	5.23	16.5	1.14	2.02	0.88	1.67	1.74	1.82	1.90	1.97	3.09	3.16	3.24	3.32	3.40
63×40×5	7	9.5	20.8	4.99	3.92	6.31	20.0	1.12	2.00	0.87	1.68	1.72	1.83	1.91	2.00	3.11	3.19	3.27	3.35	3.43
63×40×6	7	9.9	21.2	5.91	4.64	7.29	23.4	1.11	1.98	0.86	1.70	1.78	1.86	1.94	2.03	3.13	3.21	3.29	3.37	3.45
63×40×7	7	10.3	21.5	6.80	5.34	8.24	26.5	1.10	1.96	0.86	1.73	1.80	1.88	1.97	2.05	3.15	3.23	3.30	3.39	3.48

续表

双　角　钢

角钢型号	圆角 R (mm)	重心距 (mm) z_x	z_y	截面面积 (cm²)	质量 (kg/m)	惯性矩 (cm⁴) I_x	I_y	回转半径 (cm) i_x	i_y	i_{y0}	i_{y1} 当 a 为下列数 (cm) 6mm	8mm	10mm	12mm	14mm	i_{y2} 当 a 为下列数 (cm) 6mm	8mm	10mm	12mm	14mm
70×45× 4	7.5	10.2	22.4	4.55	3.57	7.55	23.2	1.29	2.26	0.98	1.84	1.92	1.99	2.07	2.15	3.40	3.48	3.56	3.62	3.69
5		10.6	22.8	5.61	4.40	9.13	27.9	1.28	2.23	0.98	1.86	1.94	2.01	2.09	2.17	3.41	3.49	3.57	3.64	3.72
6		10.9	23.2	6.65	5.22	10.6	32.5	1.26	2.21	0.98	1.88	1.95	2.03	2.11	2.20	3.43	3.51	3.58	3.66	3.75
7		11.3	23.6	7.66	6.01	12.0	37.2	1.25	2.20	0.97	1.90	1.98	2.06	2.14	2.22	3.45	3.53	3.61	3.69	3.77
75×50× 5	8	11.7	24.0	6.12	4.81	12.6	34.9	1.44	2.39	1.10	2.05	2.13	2.20	2.28	2.36	3.60	3.68	3.76	3.83	3.91
6		12.1	24.4	7.26	5.70	14.7	41.1	1.42	2.38	1.08	2.07	2.15	2.22	2.30	2.38	3.63	3.71	3.78	3.86	3.94
8		12.9	25.2	9.47	7.43	18.5	52.4	1.40	2.35	1.07	2.12	2.19	2.27	2.35	2.43	3.67	3.75	3.83	3.91	3.99
10		13.6	26.0	11.6	9.10	22.0	62.7	1.38	2.33	1.06	2.16	2.23	2.31	2.40	2.48	3.72	3.80	3.88	3.96	4.03
80×50× 5	8	11.4	26.0	6.37	5.00	12.8	42.0	1.42	2.56	1.10	2.02	2.09	2.17	2.24	2.32	3.87	3.95	4.02	4.10	4.18
6		11.8	26.5	7.56	5.93	14.9	49.5	1.41	2.55	1.08	2.04	2.12	2.19	2.27	2.34	3.90	3.98	4.06	4.14	4.21
7		12.1	26.9	8.72	6.85	17.0	56.2	1.39	2.54	1.08	2.06	2.13	2.21	2.28	2.37	3.92	4.00	4.08	4.15	4.23
8		12.5	27.3	9.87	7.74	18.8	62.8	1.38	2.52	1.07	2.08	2.15	2.23	2.31	4.39	3.94	4.02	4.10	4.18	4.26
90×56× 5	8	12.5	29.1	7.21	5.66	18.3	60.4	1.59	2.90	1.23	2.22	2.29	2.37	2.44	2.52	4.32	4.40	4.47	4.55	4.62
6		12.9	29.5	8.56	6.72	21.4	71.0	1.58	2.88	1.23	2.24	2.32	2.39	3.46	2.54	4.34	4.42	4.49	4.57	4.65
7		13.3	30.0	9.83	7.76	24.4	81.0	1.57	2.86	1.22	2.26	2.34	2.41	2.49	2.56	4.37	4.55	4.52	4.60	4.68
8		13.6	30.4	11.2	8.78	27.1	91.0	1.56	2.85	1.21	2.28	2.35	2.43	2.50	2.59	4.39	4.47	4.55	4.62	4.70

续表

单 角 钢　　双 角 钢

角钢型号	圆角R (mm)	重心距(mm) z_x	重心距(mm) z_y	截面面积 (cm²)	质量 (kg/m)	惯性矩 I_x (cm⁴)	惯性矩 I_y (cm⁴)	回转半径 i_x (cm)	回转半径 i_y (cm)	回转半径 i_{y0} (cm)	i_{y1} 当a为下列数(cm) 6mm	8mm	10mm	12mm	14mm	i_{y2} 当a为下列数(cm) 6mm	8mm	10mm	12mm	14mm
100×63×6	10	14.3	32.4	9.62	7.55	30.9	99.1	1.79	3.21	1.38	2.49	2.56	2.63	2.71	2.78	4.78	4.85	4.93	5.00	5.08
7		14.7	32.8	11.1	8.72	35.3	113	1.78	3.20	1.38	2.51	2.58	2.66	2.73	2.80	4.80	4.87	4.95	5.03	5.10
8		15.0	33.2	12.6	9.88	39.4	127	1.77	3.18	1.37	2.52	2.60	2.67	2.75	2.83	4.82	4.89	4.97	5.05	5.13
10		15.8	34.0	15.5	12.1	47.1	154	1.74	3.15	1.35	2.57	2.64	2.72	2.79	2.87	4.86	4.94	5.02	5.09	5.18
100×80×6	10	19.7	29.5	10.6	8.35	61.2	107	2.40	3.17	1.72	3.30	3.37	3.44	3.52	3.59	4.54	4.61	4.69	4.76	4.84
7		20.1	30.0	12.3	9.66	70.1	123	2.39	3.16	1.72	3.32	3.39	3.46	3.54	3.61	4.57	4.64	4.71	4.79	4.86
8		20.5	30.4	13.9	10.9	78.6	138	2.37	3.14	1.71	3.34	3.41	3.48	3.56	3.64	4.59	4.66	4.74	4.81	4.88
10		21.3	31.2	17.2	13.5	94.6	167	2.35	3.12	1.69	3.38	3.45	3.53	3.60	3.68	4.63	4.70	4.78	4.85	4.94
110×70×6	10	15.7	35.1	10.6	8.35	42.9	133	2.01	3.54	1.54	2.74	2.81	2.88	2.97	3.03	5.22	5.29	5.36	5.44	5.51
7		16.1	35.7	12.3	9.66	49.0	153	2.00	3.53	1.53	2.76	2.83	2.90	2.98	3.05	5.24	5.31	5.39	5.46	5.54
8		16.5	36.2	13.9	10.9	54.9	172	1.98	3.51	1.53	2.78	2.85	2.93	3.00	3.07	5.26	5.34	5.41	5.49	5.56
10		17.2	37.0	17.2	13.5	65.9	208	1.96	3.48	1.51	2.81	2.89	2.96	3.04	3.12	5.30	5.38	5.46	5.53	5.61
125×80×7	11	18.0	40.1	14.1	11.1	74.4	228	2.30	4.02	1.76	3.11	3.18	3.25	3.32	3.40	5.89	5.97	6.04	6.12	6.20
8		18.4	40.6	16.0	12.6	83.5	257	2.28	4.01	1.75	3.13	3.20	3.27	3.34	3.42	5.92	6.00	6.07	6.15	6.22
10		19.2	41.4	19.7	15.5	101	312	2.26	3.98	1.74	3.17	3.24	3.31	3.38	3.46	5.96	6.04	6.11	6.19	6.27
12		20.0	42.2	23.4	18.3	117	364	2.24	3.95	1.72	3.21	3.28	3.35	3.43	4.50	6.00	6.08	6.15	6.23	6.31

续表

角钢型号	圆角 R (mm)	重心距 (mm) z_x	重心距 (mm) z_y	截面面积 (cm²)	质量 (kg/m)	I_x (cm⁴)	I_y (cm⁴)	i_x (cm)	i_y (cm)	i_{y0} (cm)	i_{y1} 6mm	i_{y1} 8mm	i_{y1} 10mm	i_{y1} 12mm	i_{y1} 14mm	i_{y2} 6mm	i_{y2} 8mm	i_{y2} 10mm	i_{y2} 12mm	i_{y2} 14mm
140×90× 8		20.4	45.0	18.0	13.2	121	366	2.59	4.50	1.98	3.49	3.56	3.63	3.70	3.77	6.58	6.65	6.72	6.79	6.88
10	12	21.2	45.8	22.3	17.5	146	445	2.56	4.47	1.96	3.52	3.59	3.66	3.74	3.81	6.62	6.69	6.77	6.84	6.92
12		21.9	46.6	26.4	20.7	170	522	2.54	4.44	1.95	3.55	3.62	3.70	3.77	3.85	6.66	6.74	6.81	6.89	6.97
14		22.7	47.4	30.5	23.9	192	594	2.51	4.42	1.94	3.59	3.67	3.74	3.81	3.89	6.70	6.78	6.85	6.93	7.01
160×100× 10		22.8	52.4	25.3	19.9	205	669	2.85	5.14	2.19	3.84	3.91	3.98	4.05	4.12	7.56	7.63	7.70	7.78	7.85
12	13	23.6	53.2	30.1	23.6	239	785	2.82	5.11	2.17	3.88	3.95	4.02	4.09	4.16	7.60	7.67	7.75	7.82	7.90
14		24.3	54.0	34.7	27.2	271	896	2.80	5.08	2.16	3.91	3.98	4.05	4.12	4.20	7.64	7.71	7.79	7.86	7.94
16		25.1	54.8	39.3	30.8	302	1003	2.77	5.05	2.16	3.95	4.02	4.09	4.17	4.24	7.68	7.75	7.83	7.91	7.98
180×110× 10		24.4	58.9	28.4	22.3	278	956	3.13	5.80	2.42	4.16	4.23	4.29	4.36	4.44	8.47	8.56	8.63	8.71	8.78
12	14	25.2	59.8	33.7	26.5	325	1125	3.10	5.78	2.40	4.19	4.26	4.33	4.40	4.47	8.53	8.61	8.68	8.76	8.83
14		25.9	60.6	39.0	30.6	370	1287	3.08	5.75	2.39	4.22	4.29	4.36	4.43	4.51	8.57	8.65	8.72	8.80	8.87
16		26.7	61.4	44.1	34.6	412	1443	3.06	5.72	2.38	4.26	4.33	4.40	4.47	4.55	8.61	8.69	8.76	8.84	8.91
200×125× 12		28.3	65.4	37.9	29.8	483	1571	3.57	6.44	2.74	4.75	4.81	4.88	4.95	5.02	9.39	9.47	9.54	9.61	9.69
14	14	29.1	66.2	43.9	34.4	551	1801	3.54	6.41	2.73	4.78	4.85	4.92	4.99	5.06	9.43	9.50	9.58	9.65	9.73
16		29.9	67.0	49.7	39.0	615	2023	3.52	6.38	2.71	4.82	4.89	4.96	5.03	5.09	9.47	9.54	9.62	9.69	9.77
18		30.6	67.8	55.5	43.6	677	2238	3.49	6.35	2.70	4.85	4.92	4.99	5.07	5.13	9.51	9.58	9.66	9.74	9.81

单　角　钢　　　　　双　角　钢

附表 3-10　　　　　　　　H　型　钢

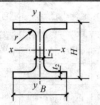

H——高度；
t_1——腹板厚度；
r——工艺圆角；
B——宽度；
t_2——翼缘厚度。

类别	型号（高度×宽度）(mm×mm)	截面尺寸（mm）					截面面积（cm²）	理论质量（kg/m）	惯性矩（cm⁴）		惯性半径（cm）		截面模数（cm³）	
		H	B	t_1	t_2	r			I_x	I_y	i_x	i_y	W_x	W_y
HW	100×100	100	100	6	8	8	21.59	16.9	386	134	4.23	2.49	77.1	26.7
	125×125	125	125	6.5	9	8	30.00	23.6	843	293	5.30	3.13	135	46.9
	150×150	150	150	7	10	8	39.65	31.1	1620	563	6.39	3.77	216	75.1
	175×175	175	175	7.5	11	13	51.43	40.4	2918	983	7.53	4.37	334	112
	200×200	200	200	8	12	13	63.53	49.9	4717	1601	8.62	5.02	472	160
		200	204	12	12	13	71.53	56.2	4984	1701	8.35	4.88	498	167
	250×250	244	252	11	11	13	81.31	63.8	8573	2937	10.27	6.01	703	233
		250	250	9	14	13	91.43	71.8	10689	3648	10.81	6.32	855	292
		250	255	14	14	13	103.93	81.6	11340	3875	10.45	6.11	907	304
	300×300	294	302	12	12	13	106.33	83.5	16384	5513	12.41	7.20	1115	365
		300	300	10	15	13	118.45	93.0	20010	6753	13.00	7.55	1334	450
		300	305	15	15	13	133.45	104.8	21135	7102	12.58	7.29	1409	466
	350×350	338	351	13	13	13	133.27	104.6	27352	9376	14.33	8.39	1618	534
		344	348	10	16	13	144.01	113.0	32545	11242	15.03	8.84	1892	646
		344	354	16	16	13	164.65	129.3	34581	11841	14.49	8.48	2011	669
		350	350	12	19	13	171.89	134.9	39637	13582	15.19	8.89	2265	776
		350	357	19	19	13	196.39	154.2	42138	14427	14.65	8.57	2408	808
	400×400	388	402	15	15	22	178.45	140.1	48040	16255	16.41	9.54	2476	809
		394	398	11	18	22	186.81	146.6	55597	18920	17.25	10.06	2822	951
		394	405	18	18	22	214.39	168.3	59165	19951	16.61	9.65	3003	985
		400	400	13	21	22	218.69	171.7	66455	22410	17.43	10.12	3323	1120
		400	408	21	21	22	250.69	196.8	70722	23804	16.80	9.74	3536	1167
		414	405	18	28	22	295.39	231.9	93518	31022	17.79	10.25	4518	1532
		428	407	20	35	22	360.65	283.1	12089	39357	18.31	10.45	5649	1934
		458	417	30	50	22	528.55	414.9	19093	60516	19.01	10.70	8338	2902
		*498	432	45	70	22	770.05	604.5	30473	94346	19.89	11.07	12238	4368
	*500×500	492	465	15	20	22	257.95	202.5	115559	33531	21.17	11.40	4698	1442
		502	465	15	25	22	304.45	239.0	145012	41910	21.82	11.73	5777	1803
		502	470	20	25	22	329.55	258.7	150283	43295	21.35	11.46	5987	1842

类别	型号（高度×宽度）(mm×mm)	截面尺寸（mm）					截面面积（cm²）	理论质量（kg/m）	惯性矩（cm⁴）		惯性半径（cm）		截面模数（cm³）	
		H	B	t_1	t_2	r			I_x	I_y	i_x	i_y	W_x	W_y
HM	150×100	148	100	6	9	8	26.35	20.7	995.3	150.3	6.15	2.39	134.5	30.1
	200×150	194	150	6	9	8	38.11	29.9	2586	506.6	8.24	3.65	266.6	67.6
	250×175	244	175	7	11	13	55.49	43.6	5908	983.5	10.32	4.21	484.3	112.4
	300×200	294	200	8	12	13	71.05	55.8	10858	1602	12.36	4.75	738.6	160.2
	350×250	340	250	9	14	13	99.53	78.1	20867	3648	14.48	6.05	1227	291.9
	400×300	390	300	10	16	13	133.25	104.6	37363	7203	16.75	7.35	1916	480.2
	450×300	440	300	11	18	13	153.89	120.8	54067	8105	18.74	7.26	2458	540.3
	500×300	482	300	11	15	13	141.17	110.8	57212	6756	20.13	6.92	2374	450.4
		488	300	11	18	13	159.17	124.9	67916	8106	20.66	7.14	2783	540.4
	550×300	544	300	11	15	13	147.99	116.2	74874	6756	22.49	6.76	2753	450.4
		550	300	11	18	13	165.99	130.3	88470	8106	23.09	6.99	3217	540.4
	600×300	582	300	12	17	13	169.21	132.8	97287	7659	23.98	6.73	3343	510.6
		588	300	12	20	13	187.21	147.0	112827	9009	24.55	6.94	3838	600.6
		594	302	14	23	13	217.09	170.4	132179	10572	24.68	6.98	4450	700.1
HN	100×50	100	50	5	7	8	11.85	9.3	191.0	14.7	4.02	1.11	38.2	5.9
	125×60	125	60	6	8	8	16.69	13.1	407.7	29.1	4.94	1.32	65.2	9.7
	150×75	150	75	5	7	8	17.85	14.0	645.7	49.4	6.01	1.66	86.1	13.2
	175×90	175	90	5	8	8	22.90	18.0	1174	97.4	7.16	2.06	134.2	21.6
	200×100	198	99	4.5	7	8	22.69	17.8	1484	113.4	8.09	2.24	149.9	22.9
		200	100	5.5	8	8	26.67	20.9	1753	133.7	8.11	2.24	175.3	26.7
	250×125	248	124	5	8	8	31.99	25.1	3346	254.5	10.23	2.82	269.8	41.1
		250	125	6	9	8	36.97	29.0	3868	293.5	10.23	2.82	309.4	47.0
	300×150	298	149	5.5	8	13	40.80	32.0	5911	441.7	12.04	3.29	396.7	59.3
		300	150	6.5	9	13	46.78	36.7	6829	507.2	12.08	3.29	455.3	67.6
	350×175	346	174	6	9	13	52.45	41.2	10456	791.1	14.12	3.88	604.4	90.9
		350	175	7	11	13	62.91	49.4	12980	983.8	14.36	3.95	741.7	112.4
	400×150	400	150	8	13	13	70.37	55.2	17906	733.2	15.95	3.23	895.3	97.8
	400×200	396	199	7	11	13	71.41	56.1	19023	1446	16.32	4.50	960.8	145.3
		400	200	8	13	13	83.37	65.4	22775	1735	16.53	4.56	1139	173.5
	450×200	446	199	8	12	13	82.97	65.1	27146	1578	18.09	4.36	1217	158.6
		450	200	9	14	13	95.43	74.9	31973	1870	18.30	4.43	1421	187.0
	500×200	496	199	9	14	13	99.29	77.9	39628	1842	19.98	4.31	1598	185.1
		500	200	10	16	13	112.25	88.1	45685	2138	20.17	4.36	1827	213.8
		506	201	11	19	13	129.31	101.5	54478	2577	20.53	4.46	2153	256.4

类别	型号 (高度×宽度) (mm×mm)	截面尺寸（mm）					截面面积 (cm²)	理论质量 (kg/m)	惯性矩（cm⁴）		惯性半径（cm）		截面模数（cm³）	
		H	B	t_1	t_2	r			I_x	I_y	i_x	i_y	W_x	W_y
HN	550×200	546	199	9	14	13	103.79	81.5	49245	1842	21.78	4.21	1804	185.2
		550	200	10	16	13	149.25	117.2	79515	7205	23.08	6.95	2891	480.3
	600×200	596	199	10	15	13	117.75	92.4	64739	1975	23.45	4.10	2172	198.5
		600	200	11	17	13	131.71	103.4	73749	2273	23.66	4.15	2458	227.3
		606	201	12	20	13	149.77	117.6	86656	2716	24.05	4.26	2860	270.2
	650×300	646	299	10	15	13	152.75	119.9	107794	6688	26.56	6.62	3337	447.4
		650	300	11	17	13	171.21	134.4	122739	7657	26.77	6.69	3777	510.5
		656	301	12	20	13	195.77	153.7	144433	9100	27.16	6.82	4403	604.6
	700×300	692	300	13	20	18	207.54	162.9	164101	9014	28.12	6.59	4743	600.9
		700	300	13	24	18	231.54	181.8	193622	10814	28.92	6.83	5532	720.9
	750×300	734	299	12	16	18	182.70	143.4	155539	7140	29.18	6.25	4238	477.6
		742	300	13	20	18	214.04	168.0	191989	9015	29.95	6.49	5175	601.0
		750	300	13	24	18	238.04	186.9	225863	10815	30.80	6.74	6023	721.0
		758	303	16	28	18	284.78	223.6	271350	13008	30.87	6.76	7160	858.6
	800×300	792	300	14	22	18	239.50	188.0	242399	9919	31.81	6.44	6121	661.3
		800	300	14	26	18	263.50	206.8	280925	11719	32.65	6.67	7023	781.3
	850×300	834	298	14	19	18	227.46	178.6	243858	8400	32.74	6.08	5848	563.8
		842	299	15	23	18	259.72	203.9	291216	10271	33.49	6.29	6917	687.0
		850	300	16	27	18	292.14	229.3	339670	12179	34.10	6.46	7992	812.0
		858	301	17	31	18	324.72	254.9	389234	14125	34.62	6.60	9073	938.5
	900×300	890	299	15	23	18	266.92	209.5	330588	10273	35.19	6.20	7429	687.1
		900	300	16	28	18	305.82	240.1	397241	12631	36.04	6.43	8828	842.1
		912	302	18	34	18	360.06	282.6	484615	15652	36.69	6.59	10628	1037
	1000×300	970	297	16	21	18	276.00	216.7	382977	9203	37.25	5.77	7896	619.7
		980	298	17	26	18	315.50	247.7	462157	11508	38.27	6.04	9432	772.3
		990	298	17	31	18	345.30	271.1	535201	13713	39.37	6.30	10812	920.3
		1000	300	19	36	18	395.10	310.2	626396	16256	39.82	6.41	12528	1084
		1008	302	21	40	18	439.26	344.8	704572	18437	40.05	6.48	13980	1221
HT	100×50	95	48	3.2	4.5	8	7.62	6.0	109.7	8.4	3.79	1.05	23.1	3.5
		97	49	4	5.5	8	9.38	7.4	141.8	10.9	3.89	1.08	29.2	4.4
	100×100	96	99	4.5	6	8	16.21	12.7	272.7	97.1	4.10	2.45	56.8	19.6
	125×60	118	58	3.2	4.5	8	9.26	7.3	202.4	14.7	4.68	1.26	34.3	5.1
		120	59	4	5.5	8	11.40	8.9	259.7	18.9	4.77	1.29	43.3	6.4
	125×125	119	123	4.5	6	8	20.12	15.8	523.6	186.2	5.10	3.04	88.0	30.3

类别	型号(高度×宽度)(mm×mm)	截面尺寸(mm)					截面面积(cm²)	理论质量(kg/m)	惯性矩(cm⁴)		惯性半径(cm)		截面模数(cm³)	
		H	B	t_1	t_2	r			I_x	I_y	i_x	i_y	W_x	W_y
HT	150×75	145	73	3.2	4.5	8	11.47	9.0	383.2	29.3	5.78	1.60	52.9	8.0
		147	74	4	5.5	8	14.13	11.1	488.0	37.3	5.88	1.62	66.4	10.1
	150×100	139	97	3.2	4.5	8	13.44	10.5	447.3	68.5	5.77	2.26	64.4	14.1
		142	99	4.5	6	8	18.28	14.3	632.7	97.2	5.88	2.31	89.1	19.6
	150×150	144	148	5	7	8	27.77	21.8	1070	378.4	6.21	3.69	148.6	51.1
		147	149	6	8.5	8	33.68	26.4	1338	468.9	6.30	3.73	182.1	62.9
	175×90	168	88	3.2	4.5	8	13.56	10.6	619.6	51.2	6.76	1.94	73.8	11.6
		171	89	4	6	8	17.59	13.8	852.1	70.6	6.96	2.00	99.7	15.9
	175×175	167	173	5	7	13	33.32	26.2	1731	604.5	7.21	4.26	207.2	69.9
		172	175	6.5	9.5	13	44.65	35.0	2466	849.2	7.43	4.36	286.8	97.1
	200×100	193	98	3.2	4.5	8	15.26	12.0	921.0	70.7	7.77	2.15	95.4	14.4
		196	99	4	6	8	19.79	15.5	1260	97.2	7.98	2.22	128.6	19.6
	200×150	188	149	4.5	6	8	26.35	20.7	1669	331.0	7.96	3.54	177.6	44.4
	200×200	192	198	6	8	13	43.69	34.3	2984	1036	8.26	4.87	310.8	104.6
	250×125	244	124	4.5	6	8	25.87	20.3	2529	190.9	9.89	2.72	207.3	30.8
	250×175	238	173	4.5	8	13	39.12	30.7	4045	690.8	10.17	4.20	339.9	79.9
	300×150	294	148	4.5	6	13	31.90	25.0	4342	324.6	11.67	3.19	295.4	43.9
	300×200	286	198	6	8	13	49.33	38.7	7000	1036	11.91	4.58	489.5	104.6
	350×175	340	173	4.5	6	13	36.97	29.0	6823	518.3	13.58	3.74	401.3	59.9
	400×150	390	148	6	8	13	47.57	37.3	10900	433.2	15.14	3.02	559.0	58.5
	400×200	390	198	6	8	13	55.57	43.6	13819	1036	15.77	4.32	708.7	104.6

＊所示规格国内暂不能生产。

附表 3-11 部分 T 型钢截面尺寸、截面面积、理论重量及截面特性

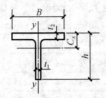

类别	型号 (高度×宽度) (mm×mm)	截面尺寸（mm）					截面面积 (cm²)	理论质量 (kg/m)	惯性矩 (cm⁴)		惯性半径 (cm)		截面模数 (cm³)		重心 C_x	对应 H 型钢系列型号
		h	B	t_1	t_2	r			I_x	I_y	i_x	i_y	W_x	W_y		
TW	50×100	50	100	6	8	8	10.79	8.47	16.7	67.7	1.23	2.49	4.2	13.5	1.00	100×100
	62.5×125	62.5	125	6.5	9	8	15.00	11.8	35.2	147.1	1.53	3.13	6.9	23.5	1.19	125×125
	75×150	75	150	7	10	8	19.82	15.6	66.6	281.9	1.83	3.77	10.9	37.6	1.37	150×150
	87.5×175	87.5	175	7.5	11	13	25.71	20.2	115.8	494.4	2.12	4.38	16.1	56.5	1.55	175×175
	100×200	100	200	8	12	13	31.77	24.9	185.6	803.3	2.42	5.03	22.4	80.3	1.73	200×200
		100	204	12	12	13	35.77	28.1	256.3	853.6	2.68	4.89	32.4	83.7	2.09	
	125×250	125	250	9	14	13	45.72	35.9	413.0	1827	3.01	6.32	39.6	146.1	2.08	250×250
		125	255	14	14	13	51.97	40.8	589.3	1941	3.37	6.11	59.4	152.2	2.58	
	150×300	147	302	12	12	13	53.17	41.7	855.8	2760	4.01	7.20	72.2	182.8	2.85	300×300
		150	300	10	15	13	59.23	46.5	798.7	3379	3.67	7.55	63.8	225.3	2.47	
		150	305	15	15	13	66.73	52.4	1107	3554	4.07	7.30	92.6	233.1	3.04	
	175×350	172	348	10	16	13	72.01	56.5	1231	5624	4.13	8.84	84.7	323.2	2.67	350×350
		175	350	12	19	13	85.95	67.5	1520	6794	4.21	8.89	103.9	388.2	2.87	
	200×400	194	402	15	15	22	89.23	70.0	2479	8150	5.27	9.56	157.9	405.5	3.70	400×400
		197	398	11	18	22	93.41	73.3	2052	9481	4.69	10.07	122.9	476.4	3.01	
		200	400	13	21	22	109.35	85.8	2483	1122	4.77	10.13	147.9	561.3	3.21	
		200	408	21	21	22	125.35	98.4	3654	1192	5.40	9.75	229.4	584.7	4.07	
		207	405	18	28	22	147.70	115.9	3634	1553	4.96	10.26	213.6	767.2	3.68	
		214	407	20	35	22	180.33	141.6	4393	1970	4.94	10.45	251.0	968.2	3.90	
TM	75×100	74	100	6	9	8	13.17	10.3	51.7	75.6	1.98	2.39	8.9	15.1	1.56	150×100
	100×150	97	150	6	9	8	19.05	15.0	124.4	253.7	2.56	3.65	15.8	33.8	1.80	200×150
	125×175	122	175	7	11	13	27.75	21.8	288.3	494.4	3.22	4.22	29.1	56.5	2.28	250×175
	150×200	147	200	8	12	13	35.53	27.9	570.0	803.5	4.01	4.76	48.1	80.3	2.85	300×200
	175×250	170	250	9	14	13	49.77	39.1	1016	1827	4.52	6.06	73.1	146.1	3.11	350×250
	200×300	195	300	10	16	13	66.63	52.3	1730	3605	5.10	7.36	107.7	240.3	3.43	400×300
	225×300	220	300	11	18	13	76.95	60.4	2680	4056	5.90	7.26	149.6	270.4	4.09	450×300
	250×300	241	300	11	15	13	70.59	55.4	3399	3381	6.94	6.92	178.0	225.4	5.00	500×300
		244	300	11	18	13	79.59	62.5	3615	4056	6.74	7.14	183.7	270.4	4.72	
	275×300	272	300	11	15	13	74.00	58.1	4789	3381	8.04	6.76	225.4	225.4	5.96	550×300
		275	300	11	18	13	83.00	65.2	5093	4056	7.83	6.99	232.5	270.4	5.59	
	300×300	291	300	12	17	13	84.61	66.4	6324	3832	8.65	6.73	280.0	255.5	6.51	600×300
		294	300	12	20	13	93.61	73.5	6691	4507	8.45	6.94	288.1	300.5	6.17	
		297	302	14	23	13	108.55	85.2	7917	5289	8.54	6.98	339.9	350.3	6.41	

类别	型号 （高度×宽度） （mm×mm）	截面尺寸（mm）					截面 面积 （cm²）	理论 质量 （kg/m）	惯性矩 （cm⁴）		惯性半径 （cm）		截面模数 （cm³）		重心 C_x	对应 H 型钢系 列型号
		h	B	t_1	t_2	r			I_x	I_y	i_x	i_y	W_x	W_y		
TN	50×50	50	50	5	7	8	5.92	4.7	11.9	7.8	1.42	1.14	3.2	3.1	1.28	100×50
	62.5×60	62.5	60	6	8	8	8.34	6.6	27.5	14.9	1.81	1.34	6.0	5.0	1.64	125×60
	75×75	75	75	5	7	8	8.92	7.0	42.4	25.1	2.18	1.68	7.4	6.7	1.79	150×75
	87.5×90	87.5	90	5	8	8	11.45	9.0	70.5	49.1	2.48	2.07	10.3	10.9	1.93	175×90
	100×100	99	99	4.5	7	8	11.34	8.9	93.1	57.1	2.87	2.24	12.0	11.5	2.17	200×100
		100	100	5.5	8	8	13.33	10.5	113.9	67.2	2.92	2.25	14.8	13.4	2.31	
	125×125	124	124	5	8	8	15.99	12.6	206.7	127.6	3.59	2.82	21.2	20.6	2.66	250×125
		125	125	6	9	8	18.48	14.5	247.5	147.1	3.66	2.82	25.5	23.5	2.81	
	150×150	149	149	5.5	8	13	20.40	16.0	390.4	223.3	4.37	3.31	33.5	30.0	3.26	300×150
		150	150	6.5	9	13	23.39	18.4	460.4	256.1	4.44	3.31	39.7	34.2	3.41	
	175×175	173	174	6	9	13	26.23	20.6	674.7	398.0	5.07	3.90	49.7	45.8	3.72	350×175
		175	175	7	11	13	31.46	24.7	811.1	494.5	5.08	3.96	59.0	56.5	3.76	
	200×200	198	199	7	11	13	35.71	28.0	1188	725.7	5.77	4.51	76.2	72.9	4.20	400×200
		200	200	8	13	13	41.69	32.7	1392	870.3	5.78	4.57	88.4	87.0	4.26	
	225×200	223	199	8	12	13	41.49	32.6	1863	791.8	6.70	4.37	108.7	79.6	5.15	450×200
		225	200	9	14	13	47.72	37.5	2148	937.6	6.71	4.43	124.1	93.8	5.19	
	250×200	248	199	9	14	13	49.65	39.0	2820	923.8	7.54	4.31	149.8	92.8	5.97	500×200
		250	200	10	16	13	56.13	44.1	3201	1072	7.55	4.37	168.7	107.2	6.03	
		253	201	11	19	13	64.66	50.8	3666	1292	7.53	4.47	189.9	128.5	6.00	
	275×200	273	199	9	14	13	51.90	40.7	3689	924.0	8.43	4.22	180.3	92.9	6.85	550×200
		275	200	10	16	13	58.63	46.0	4182	1072	8.45	4.28	202.9	107.2	6.89	
	300×200	298	199	10	15	13	58.88	46.2	5148	990.6	9.35	4.10	235.3	99.6	7.92	600×200
		300	200	11	17	13	65.86	51.7	5779	1140	9.37	4.16	262.1	114.0	7.95	
		303	201	12	20	13	74.89	58.8	6554	1361	9.36	4.26	292.4	135.4	7.88	
	325×300	323	299	10	15	12	76.27	59.9	7230	3346	9.74	6.62	289.0	223.8	7.28	650×300
		325	300	11	17	13	85.61	67.2	8095	3832	9.72	6.69	321.1	255.4	7.29	
		328	301	12	20	13	97.89	76.8	9139	4553	9.66	6.82	357.0	302.5	7.20	
	350×300	346	300	13	20	13	103.11	80.9	1126	4510	10.45	6.61	425.3	300.6	8.12	700×300
		350	300	13	24	13	115.11	90.4	1201	5410	10.22	6.86	439.5	360.6	7.65	
	400×300	396	300	14	22	18	119.75	94.0	1766	4970	12.14	6.44	592.1	331.3	9.77	800×300
		400	300	14	26	18	131.75	103.4	1877	5870	11.94	6.67	610.8	391.3	9.27	
	450×300	445	299	15	23	18	133.46	104.8	2589	5147	13.93	6.21	790.0	344.3	11.72	900×300
		450	300	16	28	18	152.91	120.0	2922	6327	13.82	6.43	868.5	421.8	11.35	
		456	302	18	34	18	180.03	141.3	3434	7838	13.81	6.60	1002	519.0	11.34	

附表 3-12　　　　　　　　　热 轧 无 缝 钢 管

I——截面惯性矩；

W——截面模量；

i——截面回转半径。

尺寸 (mm)		截面面积 A (cm^2)	每米质量 (kg/m)	截面特性			尺寸 (mm)		截面面积 A (cm^2)	每米质量 (kg/m)	截面特性		
d	t			I (cm^4)	W (cm^3)	i (cm)	d	t			I (cm^4)	W (cm^3)	i (cm)
32	2.5	2.32	1.82	2.54	1.59	1.05	57	3.0	5.09	4.00	18.61	6.53	1.91
	3.0	2.73	2.15	2.90	1.82	1.03		3.5	5.88	4.62	21.14	7.42	1.90
	3.5	3.13	2.46	3.23	2.02	1.02		4.0	6.66	5.23	23.52	8.25	1.88
	4.0	3.52	2.76	3.52	2.20	1.00		4.5	7.42	5.83	25.76	9.04	1.86
38	2.5	2.79	2.19	4.41	2.32	1.26		5.0	8.17	6.41	27.86	9.78	1.85
	3.0	3.30	2.59	5.09	2.68	1.24		5.5	8.90	6.99	29.84	10.47	1.83
	3.5	3.79	2.98	5.70	3.00	1.23		6.0	9.61	7.55	31.69	11.12	1.82
	4.0	4.27	3.35	6.26	3.29	1.21	60	3.0	5.37	4.22	21.88	7.29	2.02
42	2.5	3.10	2.44	6.07	2.89	1.40		3.5	6.21	4.88	24.88	8.29	2.00
	3.0	3.68	2.89	7.03	3.35	1.38		4.0	7.04	5.52	27.73	9.24	1.98
	3.5	4.23	3.32	7.91	3.77	1.37		4.5	7.85	6.16	30.41	10.14	1.97
	4.0	4.78	3.75	8.71	4.15	1.35		5.0	8.64	6.78	32.94	10.98	1.95
45	2.5	3.36	2.62	7.56	3.36	1.51		5.5	9.42	7.39	35.32	11.77	1.94
	3.0	3.96	3.11	8.77	3.90	1.49		6.0	10.18	7.99	37.56	12.52	1.92
	3.5	4.56	3.58	9.89	4.40	1.47	63.5	3.0	5.70	4.48	26.15	8.24	2.14
	4.0	5.15	4.04	10.93	4.86	1.46		3.5	6.60	5.18	29.79	9.38	2.12
50	2.5	3.73	2.93	10.55	4.22	1.68		4.0	7.48	5.87	33.24	10.47	2.11
	3.0	4.43	3.48	12.28	4.91	1.67		4.5	8.34	6.55	36.50	11.50	2.09
	3.5	5.11	4.01	13.90	5.56	1.65		5.0	9.19	7.21	39.60	12.47	2.08
	4.0	5.78	4.54	15.41	6.16	1.63		5.5	10.02	7.87	42.52	13.39	2.06
	4.5	6.43	5.05	16.81	6.72	1.62		6.0	10.84	8.51	45.28	14.26	2.04
	5.0	7.07	5.55	18.11	7.25	1.60	68	3.0	6.13	4.81	32.42	9.54	2.30
54	3.0	4.81	3.77	15.68	5.81	1.81		3.5	7.09	5.57	36.99	10.88	2.28
	3.5	5.55	4.36	17.79	6.59	1.79		4.0	8.04	6.31	41.34	12.16	2.27
	4.0	6.28	4.93	19.76	7.32	1.77		4.5	8.98	7.05	45.47	13.37	2.25
	4.5	7.00	5.49	21.61	8.00	1.76		5.0	9.90	7.77	49.41	14.53	2.23
	5.0	7.70	6.04	23.34	8.64	1.74		5.5	10.80	8.48	53.14	15.63	2.22
	5.5	8.38	6.58	24.96	9.24	1.73		6.0	11.69	9.17	56.68	16.67	2.20
	6.0	9.05	7.10	26.46	9.80	1.71							

续表

尺寸 (mm)		截面面积	每米质量	截面特性			尺寸 (mm)		截面面积	每米质量	截面特性		
d	t	A (cm^2)	(kg/m)	I (cm^4)	W (cm^3)	i (cm)	d	t	A (cm^2)	(kg/m)	I (cm^4)	W (cm^3)	i (cm)
70	3.0	6.31	4.96	35.50	10.14	2.37	89	3.5	9.40	7.38	86.05	19.34	3.03
	3.5	7.31	5.74	40.53	11.58	2.35		4.0	10.68	8.38	96.68	21.73	3.01
	4.0	8.29	6.51	45.33	12.95	2.34		4.5	11.95	9.38	106.92	24.03	2.99
	4.5	9.26	7.27	49.89	14.26	2.32		5.0	13.19	10.36	116.79	26.24	2.98
	5.0	10.21	8.01	54.24	15.50	2.30		5.5	14.43	11.33	126.29	28.38	2.96
	5.5	11.14	8.75	58.38	16.68	2.29		6.0	15.65	12.28	135.43	30.43	2.94
	6.0	12.06	9.47	62.31	17.80	2.27		6.5	16.85	13.22	144.22	32.41	2.93
73	3.0	6.60	5.18	40.48	11.09	2.48		7.0	18.03	14.16	152.67	34.31	2.91
	3.5	7.64	6.00	46.26	12.67	2.46	95	3.5	10.06	7.90	105.45	22.20	3.24
	4.0	8.67	6.81	51.78	14.19	2.44		4.0	11.44	8.98	118.60	24.97	3.22
	4.5	9.68	7.60	57.04	15.63	2.43		4.5	12.79	10.04	131.31	27.64	3.20
	5.0	10.68	8.38	62.07	17.01	2.41		5.0	14.14	11.10	143.58	30.23	3.19
	5.5	11.66	9.16	66.87	18.32	2.39		5.5	15.46	12.14	155.43	32.72	3.17
	6.0	12.63	9.91	71.43	19.57	2.38		6.0	16.78	13.17	166.86	35.13	3.15
76	3.0	6.88	5.40	45.91	12.08	2.58		6.5	18.07	14.19	177.89	37.45	3.14
	3.5	7.97	6.26	52.50	13.82	2.57		7.0	19.35	15.19	188.51	39.69	3.12
	4.0	9.05	7.10	58.81	15.48	2.55	102	3.5	10.83	8.50	131.52	25.79	3.48
	4.5	10.11	7.93	64.85	17.07	2.53		4.0	12.34	9.67	148.09	29.04	3.47
	5.0	11.15	8.75	70.62	18.59	5.52		4.5	13.78	10.82	164.14	32.18	3.45
	5.5	12.18	9.56	76.14	20.04	2.50		5.0	15.24	11.96	179.68	35.23	3.43
	6.0	13.19	10.36	81.41	21.42	2.48		5.5	16.67	13.09	194.72	38.18	3.42
83	3.5	8.74	6.86	69.10	16.67	2.81		6.0	18.10	14.21	209.28	41.03	3.40
	4.0	9.93	7.79	77.64	18.71	2.80		6.5	19.50	15.31	223.35	43.79	3.38
	4.5	11.10	8.71	85.76	20.67	2.78		7.0	20.89	16.40	236.96	46.46	3.37
	5.0	12.25	9.62	93.56	22.54	2.76	114	4.0	13.82	10.85	209.35	36.73	3.89
	5.5	13.39	10.51	101.04	24.35	2.75		4.5	15.48	12.15	232.41	40.77	3.87
	6.0	14.51	11.39	108.22	26.08	2.73		5.0	17.12	13.44	254.81	44.70	3.86
	6.5	15.62	12.26	115.10	27.74	2.71		5.5	18.75	14.72	276.58	48.52	3.84
	7.0	16.71	13.12	121.69	29.32	2.70		6.0	20.36	15.98	297.73	52.23	3.82

续表

尺寸 (mm) d	t	截面面积 A (cm²)	每米质量 (kg/m)	I (cm⁴)	W (cm³)	i (cm)
114	6.5	21.95	17.23	318.26	55.84	3.81
	7.0	23.53	18.47	338.19	59.33	3.79
	7.5	25.09	19.70	357.58	62.73	3.77
	8.0	26.64	20.91	376.30	66.02	3.76
121	4.0	14.70	11.54	251.87	41.63	4.14
	4.5	16.47	12.93	279.83	46.25	4.12
	5.0	18.22	14.30	307.05	50.75	4.11
	5.5	19.96	15.67	333.54	55.13	4.09
	6.0	21.68	17.02	359.32	59.39	4.07
	6.5	23.38	18.35	384.40	63.54	4.05
	7.0	25.07	19.68	408.80	67.57	4.04
	7.5	26.74	20.99	432.51	71.49	4.02
	8.0	28.40	22.29	455.57	75.30	4.01
127	4.0	15.46	12.13	292.61	46.08	4.35
	4.5	17.32	13.59	325.29	51.23	4.33
	5.0	19.16	15.04	357.14	56.24	4.32
	5.5	20.99	16.48	388.19	61.13	4.30
	6.0	22.81	17.90	418.44	65.90	4.28
	6.5	24.61	19.32	447.92	70.54	4.27
	7.0	26.39	20.72	476.63	75.06	4.25
	7.5	28.16	22.10	504.58	79.46	4.23
	8.0	29.91	23.48	531.80	83.75	4.22
133	4.0	16.21	12.73	337.53	50.76	4.56
	4.5	18.17	14.26	375.42	56.45	4.55
	5.0	20.11	15.78	412.40	62.02	4.53
	5.5	22.03	17.29	448.50	67.44	4.51
	6.0	23.94	18.79	483.72	72.74	4.50
	6.5	25.83	20.28	518.07	77.91	4.48
	7.0	27.71	21.75	551.58	82.94	4.46
	7.5	29.57	23.21	584.25	87.86	4.45
	8.0	31.42	24.66	616.11	92.65	4.43

尺寸 (mm) d	t	截面面积 A (cm²)	每米质量 (kg/m)	I (cm⁴)	W (cm³)	i (cm)
140	4.5	19.16	15.04	440.12	62.87	4.79
	5.0	21.21	16.65	483.76	69.11	4.78
	5.5	23.24	18.24	526.40	75.20	4.76
	6.0	25.26	19.83	568.06	81.15	4.74
	6.5	27.26	21.40	608.76	86.97	4.73
	7.0	29.25	22.96	648.51	92.64	4.71
	7.5	31.22	24.51	687.32	98.19	4.69
	8.0	33.18	26.04	725.21	103.60	4.68
	9.0	37.04	29.08	798.29	114.04	4.64
	10	40.84	32.06	867.86	123.98	4.61
146	4.5	20.00	15.70	501.16	68.65	5.01
	5.0	22.15	17.39	551.10	75.49	4.99
	5.5	24.28	19.06	599.95	82.19	4.97
	6.0	26.39	20.72	647.73	88.73	4.95
	6.5	28.49	22.36	694.44	95.13	4.94
	7.0	30.57	24.00	740.12	101.39	4.92
	7.5	32.63	25.62	784.77	107.50	4.90
	8.0	34.68	27.23	828.41	113.48	4.89
	9.0	38.74	30.41	912.71	125.03	4.85
	10	42.73	33.54	993.16	136.05	4.82
152	4.5	20.85	16.37	567.61	74.69	5.22
	5.0	23.09	18.13	624.43	82.16	5.20
	5.5	25.31	19.87	680.06	89.48	5.18
	6.0	27.52	21.60	734.52	96.65	5.17
	6.5	29.71	23.32	787.82	103.66	5.15
	7.0	31.89	25.03	839.99	110.52	5.13
	7.5	34.05	26.73	891.03	117.24	5.12
	8.0	36.19	28.41	940.97	123.81	5.10
	9.0	40.43	31.74	1037.59	136.53	5.07
	10	44.61	35.02	1129.99	148.68	5.03

续表

尺寸(mm) d	t	截面面积 A (cm²)	每米质量 (kg/m)	截面特性 I (cm⁴)	W (cm³)	i (cm)	尺寸(mm) d	t	截面面积 A (cm²)	每米质量 (kg/m)	截面特性 I (cm⁴)	W (cm³)	i (cm)
159	4.5	21.84	17.15	652.27	82.05	5.46	194	5.0	29.69	23.31	1326.54	136.76	6.68
	5.0	24.19	18.99	717.88	90.30	5.45		5.5	32.57	25.57	1447.86	149.26	6.67
	5.5	26.52	20.82	782.18	98.39	5.43		6.0	35.44	27.82	1567.21	161.57	6.65
	6.0	28.84	22.64	845.19	106.31	5.41		6.5	38.29	30.06	1684.61	173.67	6.63
	6.5	31.14	24.45	906.92	114.08	5.40		7.0	41.12	32.28	1800.08	183.57	6.62
	7.0	33.43	26.24	967.41	121.69	5.38		7.5	43.94	34.50	1913.64	197.28	6.60
	7.5	35.70	28.02	1026.65	129.14	5.36		8.0	46.75	36.70	2025.31	208.79	6.58
	8.0	37.95	29.79	1084.67	136.44	5.35		9.0	52.31	41.06	2243.08	231.25	6.55
	9.0	42.41	33.29	1197.12	150.58	5.31		10	57.81	45.38	2453.55	252.94	6.51
	10	46.81	36.75	1304.88	164.14	5.28		12	68.61	53.86	2853.25	294.15	6.45
168	4.5	23.11	18.14	772.96	92.02	5.78	203	6.0	37.13	29.15	1803.07	177.64	6.97
	5.0	25.60	20.10	851.14	101.33	5.77		6.5	40.13	31.50	1938.81	191.02	6.95
	5.5	28.08	22.04	927.85	110.46	5.75		7.0	43.10	33.84	2072.43	204.18	6.93
	6.0	30.54	23.97	1003.12	119.42	5.73		7.5	46.06	36.16	2203.94	217.14	6.92
	6.5	32.98	25.89	1076.95	128.21	5.71		8.0	49.01	38.47	2333.37	229.89	6.90
	7.0	35.41	27.79	1149.36	136.83	5.70		9.0	54.85	43.06	2586.08	254.79	6.87
	7.5	37.82	29.69	1220.38	145.28	5.68		10	60.63	47.60	2830.72	278.89	6.83
	8.0	40.21	31.57	1290.01	153.57	5.66		12	72.01	56.52	3296.49	324.78	6.77
	9.0	44.96	35.29	1425.22	169.67	5.63		14	83.13	65.25	3732.07	367.69	6.70
	10	49.64	38.97	1555.13	185.13	5.60		16	94.00	73.79	4138.78	407.76	6.64
180	5.0	27.49	21.58	1053.17	117.02	6.19	219	6.0	40.15	31.52	2278.74	208.10	7.53
	5.5	30.15	23.67	1148.79	127.64	6.17		6.5	43.39	34.06	2451.64	223.89	7.52
	6.0	32.80	25.75	1242.72	138.08	6.16		7.0	46.62	36.60	2622.04	239.46	7.50
	6.5	35.43	27.81	1335.00	148.33	6.14		7.5	49.83	39.12	2789.96	254.79	7.48
	7.0	38.04	29.87	1425.63	158.40	6.12		8.0	53.03	41.63	2955.43	269.90	7.47
	7.5	40.64	31.91	1514.64	168.29	6.10		9.0	59.38	46.61	3279.12	299.46	7.43
	8.0	43.23	33.93	1602.04	178.00	6.09		10	65.66	51.54	3593.29	328.15	7.40
	9.0	48.35	37.95	1772.12	196.90	6.05		12	78.04	61.26	4193.81	383.00	7.33
	10	53.41	41.92	1936.01	215.11	6.02		14	90.16	70.78	4758.50	434.57	7.26
	12	63.33	49.72	2245.84	249.54	5.95		16	102.04	80.10	5288.81	483.00	7.20

续表

尺寸 (mm)		截面面积	每米质量	截面特性			尺寸 (mm)		截面面积	每米质量	截面特性		
d	t	A (cm²)	(kg/ m)	I (cm⁴)	W (cm³)	i (cm)	d	t	A (cm²)	(kg/ m)	I (cm⁴)	W (cm³)	i (cm)
245	6.5	48.70	38.23	3465.46	282.89	8.44	299	7.5	68.68	53.92	7300.02	488.30	10.31
	7.0	52.34	41.08	3709.06	302.78	8.42		8.0	73.14	57.41	7747.42	518.22	10.29
	7.5	55.96	43.93	3949.52	322.41	8.40		9.0	82.00	64.37	8628.09	577.13	10.26
	8.0	59.56	46.76	4186.87	341.79	8.38		10	90.79	71.27	9490.15	634.79	10.22
	9.0	66.73	52.38	4652.32	379.78	8.35		12	108.20	84.93	1159.52	746.46	10.16
	10	73.83	57.95	5105.63	416.79	8.32		14	125.35	98.40	12757.61	853.35	10.09
	12	87.84	68.95	5976.67	487.89	8.25		16	142.25	111.67	14286.48	955.62	10.02
	14	101.60	79.76	6801.68	555.24	8.18	325	7.5	74.81	58.73	9431.80	580.42	11.23
	16	115.11	90.36	7582.30	618.96	8.12		8.0	79.67	62.54	10013.92	616.24	11.21
273	6.5	54.42	42.72	4834.18	354.15	9.42		9.0	89.35	70.14	11161.33	686.85	11.18
	7.0	58.50	45.92	5177.30	379.29	9.41		10	98.96	77.68	12286.52	756.09	11.14
	7.5	62.56	49.11	5516.47	404.14	9.39		12	118.00	92.63	14471.45	890.55	11.07
	8.0	66.60	52.28	5851.71	428.70	9.37		14	136.78	107.38	16570.98	1019.75	11.01
	9.0	74.64	58.60	6510.56	476.96	9.34		16	155.32	121.93	18587.38	1143.84	10.94
	10	82.62	64.86	7154.09	524.11	9.31	351	8.0	86.21	67.67	12684.36	722.76	12.13
	12	98.39	77.24	8396.14	615.10	9.24		9.0	96.70	75.91	14147.55	806.13	12.10
	14	113.91	89.42	9579.75	701.81	9.17		10	107.13	84.10	15584.62	888.01	12.06
	16	129.18	101.41	10706.79	784.38	9.10		12	127.80	100.32	18381.63	1047.39	11.99
								14	148.22	116.35	21077.86	1201.02	11.93
								16	168.39	132.19	23675.75	1349.05	11.86

注　热轧无缝钢管的通常长度为3～12m。

附表 3 - 13　冷弯薄壁卷边槽钢的规格及截面特性

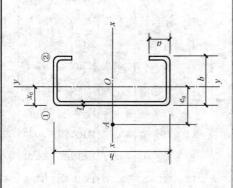

序号	截面代号	尺寸（mm） h	b	a	t	截面面积（cm²）	每米长质量（kg/m）	x_0（cm）	$x-x$ I_x（cm⁴）	W_x（cm³）	i_y（cm）	$y-y$ I_y（cm⁴）	i_y（cm）	W_{ymax}（cm³）	W_{ymin}（cm³）	y_1-y_2 I_{y1}（cm⁴）	e_0（cm）	I_t（cm⁴）	I_w（cm⁴）	k（cm⁻¹）	W_{w1}（cm³）	W_{w2}（cm³）	U_y（cm⁵）
1	C80×2.0	80	40	15	2.0	3.47	2.72	1.452	34.16	8.54	3.14	7.79	1.50	5.36	3.06	15.10	3.36	0.0462	112.9	0.0126	16.03	15.74	21.25
2	C100×2.5	100	50	15	2.5	5.23	4.11	1.706	81.34	16.27	3.94	17.19	1.81	10.08	5.22	32.41	3.94	0.1090	352.8	0.0109	34.47	29.41	67.77
3	C120×2.5	120	50	20	2.5	5.98	4.70	1.706	129.40	21.57	4.65	20.96	1.87	12.28	6.36	38.36	4.08	0.1246	660.9	0.0085	51.04	48.36	103.53
4	C120×3.0	120	60	20	3.0	7.65	6.01	2.106	170.68	28.45	4.72	37.36	2.21	17.74	9.59	71.31	4.87	0.2296	1153.2	0.0087	75.68	68.84	166.06
5	C140×3.0	140	60	20	3.0	8.25	6.48	1.964	245.42	35.06	5.45	39.49	2.19	20.11	9.79	71.33	4.61	0.2476	1589.8	0.0078	92.69	79.00	245.42
6	C160×3.0	160	70	20	3.0	9.45	7.42	2.224	373.64	46.71	6.29	60.42	2.53	27.17	12.65	107.20	5.25	0.2836	3070.5	0.0060	135.49	109.92	447.56
7	C140×2.0	140	50	20	2.0	5.27	4.14	1.59	154.03	22.00	5.41	18.56	1.88	11.68	5.44	31.86	3.87	0.0703	794.79	0.0058	51.44	52.22	—
8	C140×2.2	140	50	20	2.2	5.76	4.52	1.59	167.40	23.91	5.39	20.03	1.87	12.62	5.87	34.53	3.84	0.0929	852.46	0.0065	55.98	56.84	—

续表

序号	截面代号	尺寸(mm) h	b	a	t	截面面积 (cm²)	每米长质量 (kg/m)	x_0 (cm)	$x-x$ I_x (cm⁴)	i_y (cm)	W_x (cm³)	$y-y$ I_y (cm⁴)	i_y (cm)	W_{ymax} (cm³)	W_{ymin} (cm³)	y_1-y_1 I_{y1} (cm⁴)	e_0 (cm)	I_t (cm⁴)	I_w (cm⁴)	k (cm⁻¹)	W_{w1} (cm³)	W_{w2} (cm³)	U_y (cm⁵)
9	C140×2.5	140	50	20	2.5	6.48	5.09	1.58	186.78	5.39	26.68	22.11	1.85	13.96	6.47	38.38	3.80	0.1351	931.89	0.0075	62.56	63.56	—
10	C160×2.0	160	60	20	2.0	6.07	4.76	1.85	236.59	6.24	29.57	29.99	2.22	16.19	7.23	50.83	4.52	0.0809	1596.28	0.0044	76.92	71.30	—
11	C160×2.2	160	60	20	2.2	6.64	5.21	1.85	257.57	6.23	32.20	32.45	2.21	17.53	7.82	55.19	4.50	0.1071	1717.82	0.0049	83.82	77.55	—
12	C160×2.5	160	60	20	2.5	7.48	5.87	1.85	288.13	6.21	36.02	35.96	2.19	19.47	8.66	61.49	4.45	0.1559	1887.71	0.0056	93.87	86.63	—
13	C180×2.0	180	70	20	2.0	6.87	5.39	2.11	343.93	7.08	38.21	45.18	2.57	21.37	9.25	75.87	5.17	0.0916	2934.34	0.0035	109.50	95.22	—
14	C180×2.2	180	70	20	2.2	7.52	5.90	2.11	374.90	7.06	41.66	48.97	2.55	23.19	10.02	82.49	5.14	0.1213	3165.62	0.0038	119.44	103.58	—
15	C180×2.5	180	70	20	2.5	8.48	6.66	2.11	420.20	7.04	46.69	54.42	2.53	25.82	11.12	92.08	5.10	0.1767	3492.15	0.0044	133.99	115.73	—
16	C200×2.0	200	70	20	2.0	7.27	5.71	2.00	440.04	7.78	44.00	46.71	2.54	23.32	9.35	75.88	4.96	0.0969	3672.33	0.0032	126.74	106.15	—
17	C200×2.2	200	70	20	2.2	7.96	6.25	2.00	479.87	7.77	47.99	50.64	2.52	25.31	10.13	82.49	4.93	0.1284	3963.82	0.0035	138.26	115.74	—
18	C200×2.5	200	70	20	2.5	8.98	7.05	2.00	538.21	7.74	53.82	56.27	2.50	28.18	11.25	92.09	4.89	0.1871	4376.18	0.0041	155.14	129.75	—
19	C220×2.0	220	75	20	2.0	7.87	6.18	2.08	574.45	8.54	52.22	56.88	2.69	27.35	10.50	90.93	5.18	0.1049	5313.52	0.0028	158.43	127.32	—
20	C220×2.2	220	75	20	2.2	8.62	6.77	2.08	626.85	8.53	56.99	61.71	2.68	29.70	11.38	98.91	5.15	0.1391	5742.07	0.0031	172.92	138.93	—
21	C220×2.5	220	75	20	2.5	9.73	7.64	2.07	703.76	8.50	63.98	68.66	2.66	33.11	12.65	110.51	5.11	0.2028	6351.05	0.0035	194.18	155.94	—

附表 3 - 14　冷弯薄壁卷边 Z 型钢的规格及载面特性

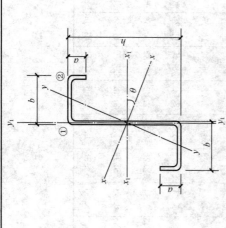

尺寸(mm)				截面面积 (cm²)	每米长质量 (kg/m)	θ	x-x			y₁-y₁			x-x				y-y				I_{x1y1} (cm⁴)	I_t (cm⁴)	I_w (cm⁶)	k (cm⁻¹)	W_{w1} (cm³)	W_{w2} (cm³)
h	b	a	t				I_{x1} (cm⁴)	i_{x1} (cm)	W_{x1} (cm³)	I_{y1} (cm⁴)	i_{y1} (cm)	W_{y1} (cm³)	I_x (cm⁴)	i_x (cm)	W_{x1} (cm³)	W_{x2} (cm³)	I_y (cm⁴)	i_y (cm)	W_{y1} (cm³)	W_{y2} (cm³)						
100	40	20	2.0	4.07	3.19	24°1′	66.04	3.84	12.01	17.02	2.05	4.36	70.70	4.17	15.93	11.94	6.36	1.25	3.36	4.42	23.93	0.0542	325.0	0.0081	49.97	29.16
100	40	20	2.5	4.98	3.91	23°46′	72.10	3.80	14.42	20.02	2.00	5.17	84.63	4.12	19.18	14.47	7.49	1.23	4.07	5.28	28.45	0.1038	381.9	0.0102	62.25	35.03
120	50	20	2.0	4.87	3.82	24°3′	106.97	4.69	17.83	30.23	2.49	6.17	126.06	5.09	23.55	17.40	11.14	1.51	4.83	5.74	42.77	0.0649	785.2	0.0057	84.05	43.96
120	50	20	2.5	5.98	4.70	23°50′	129.34	4.65	21.57	35.91	2.45	7.37	152.05	5.04	28.55	21.21	13.25	1.49	5.89	6.89	51.30	0.1246	930.9	0.0072	104.68	52.94
120	50	20	3.0	7.05	5.54	23°36′	150.14	4.61	25.02	40.88	2.41	8.43	175.92	4.99	33.18	24.80	15.11	1.46	6.89	7.92	58.99	0.2116	1058.9	0.0087	125.37	61.22
140	50	20	2.5	6.48	5.09	19°25′	186.77	5.37	26.68	35.91	2.35	7.37	209.19	5.67	32.55	26.34	14.48	1.49	6.69	6.78	60.75	0.1350	1289.0	0.0064	137.04	60.03
140	50	20	3.0	7.65	6.01	19°12′	217.26	5.33	31.04	40.83	2.31	8.43	241.62	5.62	37.76	30.70	16.52	1.47	7.84	7.81	69.93	0.2296	1468.2	0.0077	164.94	69.51
160	60	20	2.5	7.48	5.87	19°59′	288.12	6.17	36.01	58.15	2.79	9.90	323.13	6.57	44.00	34.95	23.14	1.76	9.00	8.71	96.32	0.1559	2634.3	0.0048	205.98	86.28
160	60	20	3.0	8.85	6.95	19°47′	336.66	6.32	42.08	66.66	2.74	11.39	376.76	6.52	51.48	41.08	26.56	1.73	10.58	10.07	111.51	0.2656	3019.4	0.0058	247.41	100.15
160	70	20	2.5	7.98	6.27	23°46′	319.13	6.32	39.89	87.74	3.32	12.76	374.76	6.85	52.35	38.23	32.11	2.01	10.53	10.86	126.37	0.1663	3793.3	0.0041	238.87	106.91
160	70	20	3.0	9.45	7.42	23°34′	373.64	6.29	46.71	101.10	3.27	14.76	437.72	6.80	61.33	45.01	37.03	1.98	12.39	12.58	146.86	0.2836	4365.0	0.0050	285.78	124.26
180	70	20	2.5	8.48	6.66	20°22′	420.18	7.04	46.69	87.74	3.22	12.76	473.34	7.47	57.27	44.88	34.58	2.02	11.66	10.86	143.18	0.1767	4907.9	0.0037	294.53	119.41
180	70	20	3.0	10.05	7.89	20°11′	492.61	7.00	54.73	101.11	3.17	14.76	553.83	7.42	67.22	52.89	39.89	1.99	13.72	12.59	166.47	0.3016	5652.2	0.0045	353.32	138.92

附表 3 - 15

冷弯薄壁斜卷边 Z 型钢的规格及截面特性

序号	截面代号	截面尺寸(mm)				截面面积 A (cm²)	每米长质量 (kg/m)	θ (°)	x_1-x_1			y_1-y_1			$x-x$				$y-y$				$I_{x_1y_1}$ (cm⁴)	I_t (cm⁴)	I_w (cm⁶)	k (cm⁻¹)	W_{w1} (cm³)	W_{w2} (cm³)
		h	b	c	t				I_{x_1} (cm⁴)	i_{x_1} (cm)	W_{x_1} (cm³)	I_{y_1} (cm⁴)	i_{y_1} (cm)	W_{y_1} (cm³)	I_x (cm⁴)	i_{x_1} (cm)	W_{x_1} (cm³)	W_{x_2} (cm³)	I_y (cm⁴)	i_y (cm)	W_{y_1} (cm³)	W_{y_2} (cm³)						
1	Z140×2.0	140	50	20	2.0	5.392	4.233	21.99	162.07	5.48	23.15	39.37	2.70	6.23	185.96	5.87	29.26	27.67	15.47	1.69	6.22	8.03	59.19	0.0719	968.9	0.0053	53.36	67.41
2	Z140×2.2	140	50	20	2.2	5.909	4.638	22.00	176.81	5.47	25.26	42.93	2.70	6.81	202.93	5.86	32.00	30.09	16.81	1.69	6.80	9.04	64.64	0.0953	1050.3	0.0059	58.34	73.57
3	Z140×2.5	140	50	20	2.5	6.676	5.240	22.02	198.45	5.45	28.35	48.15	2.69	7.66	227.83	5.84	36.04	33.61	18.77	1.68	7.65	10.68	72.66	0.1391	1167.2	0.0068	65.68	82.60
4	Z160×2.0	160	60	20	2.0	6.192	4.861	22.10	246.83	6.31	30.85	60.27	3.12	8.24	283.68	6.77	38.98	37.11	23.42	1.95	8.15	10.11	90.73	0.0826	1900.7	0.0041	78.75	90.38
5	Z160×2.2	160	60	20	2.2	6.789	5.329	22.11	269.59	6.30	33.70	65.80	3.11	9.01	309.89	6.76	42.66	40.42	25.50	1.94	8.91	11.34	99.18	0.1095	2064.7	0.0045	86.18	98.70
6	Z160×2.5	160	60	20	2.5	7.676	6.025	22.13	303.09	6.28	37.89	73.93	3.10	10.14	348.49	6.74	48.11	45.25	28.54	1.93	10.04	13.29	111.64	0.1599	2301.9	0.0052	97.16	110.91
7	Z180×2.0	180	70	20	2.0	6.992	5.489	22.19	356.62	7.14	39.62	87.42	3.54	10.34	410.32	7.66	50.04	47.90	33.72	2.20	10.34	12.46	131.67	0.0932	3437.7	0.0032	111.10	119.13
8	Z180×2.2	180	70	20	2.2	7.669	6.020	22.19	389.84	7.13	43.32	95.52	3.53	11.31	448.59	7.65	54.80	52.22	36.76	2.19	11.31	13.94	144.03	0.1237	3740.3	0.0036	121.66	130.18
9	Z180×2.5	180	70	20	2.5	8.676	6.810	22.21	438.84	7.11	48.76	107.46	3.52	12.76	505.09	7.63	61.86	58.57	41.21	2.18	12.76	16.25	162.31	0.1807	4719.8	0.0041	137.30	146.42
10	Z200×2.0	200	70	20	2.0	7.392	5.803	19.31	455.43	7.85	45.54	87.42	3.44	10.51	506.90	8.28	54.52	52.61	35.94	2.21	11.32	13.81	146.94	0.0986	4348.7	0.0029	132.47	129.17
11	Z200×2.2	200	70	20	2.2	8.109	6.365	19.31	498.02	7.84	49.80	95.52	3.43	11.50	554.35	8.27	59.92	57.41	39.20	2.20	12.39	15.48	160.76	0.1308	4733.4	0.0033	145.15	141.17
12	Z200×2.5	200	70	20	2.5	9.176	7.203	19.31	560.92	7.82	56.09	107.46	3.42	12.96	624.42	8.25	67.42	64.47	43.96	2.19	13.98	18.11	181.18	0.1912	5293.3	0.0037	163.95	158.85
13	Z220×2.0	220	75	20	2.0	7.992	6.274	18.30	592.79	8.61	53.89	103.58	3.60	11.75	652.87	9.04	63.38	61.42	43.50	2.33	13.08	15.84	181.66	0.1066	6260.3	0.0026	166.31	152.62
14	Z220×2.2	220	75	20	2.2	8.769	6.884	18.30	648.52	8.60	58.96	113.22	3.59	12.86	714.28	9.03	69.44	67.08	47.47	2.33	14.32	17.73	198.80	0.1415	6819.4	0.0028	182.31	166.86
15	Z220×2.5	220	75	20	2.5	9.926	7.792	18.31	730.93	8.58	66.45	127.44	3.58	14.50	805.09	9.01	78.43	75.41	53.28	2.32	16.17	20.72	224.18	0.2068	7635.0	0.0032	206.07	187.86

附表 3 – 16　　　　　　　　　建筑用压型钢板规格及型号

序 号	型 号	截 面 基 本 尺 寸	展 开 宽 度
1	YX173-300-300		610
2	YX130-300-600		1000
3	YX130-275-550		914
4	YX75-230-690 （Ⅰ）		1100
5	YX75-230-690 （Ⅱ）		1100
6	YX75-210-840		1250
7	YX75-200-600		1000
8	YX70-200-600		1000
9	YX28-200-600 （Ⅰ）		1000
10	YX28-200-600 （Ⅱ）		1000

序 号	型 号	截 面 基 本 尺 寸	展 开 宽 度
11	YX28-150-900（Ⅰ）		1200
12	YX28-150-900（Ⅱ）		1200
13	YX28-150-900（Ⅲ）		1200
14	YX28-150-900（Ⅳ）		1200
15	YX28-150-750（Ⅰ）		1000
16	YX28-150-750（Ⅱ）		1000
17	YX51-250-750		1000
18	YX38-175-700		960
19	YX35-125-750		1000

序　号	型　　号	截 面 基 本 尺 寸	展 开 宽 度
20	YX35-187.5-750（Ⅰ）		1000
21	YX35-115-690		914
22	YX35-115-677		914
23	YX28-300-900（Ⅰ）		1200
24	YX28-300-900（Ⅱ）		1200
25	YX28-100-800（Ⅰ）		1200
26	YX28-100-800（Ⅱ）		1200
27	YX21-180-900		1100
28	YX35-187.5-750（Ⅱ） （U-188）		1000

附表 3 - 17　　　　　　　　　　　常用压型钢板有效截面特性

序　号	压型钢板型号	板厚 t(mm)	有效截面特性	
			$I_{ef}(\times10^4)$ (mm^4/m)	$W_{ef}(\times10^3)$ (mm^3/m)
1	YX173-300-300	0.8	560.52	57.90
		1.0	728.45	73.71
		1.2	903.60	89.81
2	YX130-300-600	0.8	275.99	41.50
		1.0	358.09	52.71
		1.2	441.34	63.95
3	YX130-275-550	0.8	273.14	39.77
		1.0	349.44	50.22
		1.2	421.12	60.30
4	YX75-230-690（Ⅰ）	0.8	121.93	31.53
		1.0	154.42	39.47
		1.2	186.15	47.32
5	YX75-230-690（Ⅱ）	0.8	89.31	20.10
		1.0	118.76	27.44
		1.2	151.48	36.01
6	YX75-200-600	0.8	89.90	21.95
		1.0	119.30	29.99
		1.2	151.84	39.39
7	YX70-200-600	0.8	76.57	20.31
		1.0	100.64	27.37
		1.2	128.19	35.96
8	YX75-210-840	0.8	94.33	24.59
		1.0	123.73	31.26
		1.2	150.91	37.66
9	YX38-175-700	0.6	16.99	8.37
		0.8	24.44	12.56
		1.0	32.94	16.11
10	YX35-125-750	0.6	13.85	7.48
		0.8	18.83	10.00
		1.0	23.54	12.44
11	YX35-115-690	0.6	13.55	7.29
		0.8	18.13	9.69
		1.0	22.67	12.05

序　号	压型钢板型号	板厚 t（mm）	有效截面特性	
			$I_{ef}(\times10^4)$（mm⁴/m）	$W_{ef}(\times10^3)$（mm³/m）
12	YX35-115-677	0.6	13.39	7.44
		0.8	17.85	9.86
		1.0	22.31	12.26
13	YX35-187.5-750（Ⅰ）	0.6	13.47	5.16
		0.8	17.97	6.85
		1.0	22.46	8.53
14	YX28-150-900（Ⅰ）	0.6	9.58	4.82
		0.8	12.77	6.39
		1.0	15.97	7.95
15	YX28-150-750（Ⅰ）	0.6	9.71	4.90
		0.8	12.95	6.50
		1.0	16.19	8.09
16	YX28-100-800（Ⅰ）	0.6	11.58	6.62
		0.8	15.44	8.78
		1.0	19.30	10.92
17	YX28-150-900（Ⅱ）	0.6	6.74	4.20
		0.8	9.86	5.76
		1.0	13.64	7.39
18	YX28-150-750（Ⅱ）	0.6	6.72	4.26
		0.8	9.84	5.83
		1.0	13.65	7.50
19	YX28-100-800（Ⅱ）	0.6	9.69	6.11
		0.8	14.63	8.45
		1.0	18.79	10.60
20	YX51-250-750	0.8	44.23	14.59
		1.0	56.21	18.28
		1.2	67.88	21.91
21	YX28-300-900（Ⅰ）	0.6	9.58	4.82
		0.8	12.77	6.39
		1.0	15.97	7.95
22	YX28-300-900（Ⅱ）	0.6	6.15	4.07
		0.8	8.76	5.52
		1.0	11.60	7.00

续表

序　号	压型钢板型号	板厚 t（mm）	有效截面特性	
			$I_{ef}(\times 10^4)$（mm⁴/m）	$W_{ef}(\times 10^3)$（mm³/m）
23	YX21-180-900	0.6	4.81	3.19
		0.8	6.41	4.22
		1.0	8.01	5.25
24	YX28-200-600（Ⅰ）	0.6	12.93	7.70
		0.8	17.24	10.21
		1.0	21.55	12.69
25	YX28-200-600（Ⅱ）	0.6	10.45	6.99
		0.8	14.63	9.42
		1.0	19.30	11.93
26	YX35-187.7-750（Ⅱ）（U-188）	0.7	12.57	5.22
		0.8	14.35	5.95
		1.0	17.89	7.38
		1.2	21.41	8.79

注　1. 有效截面特性值系按压型钢板基材为 Q235 钢计算；

　　2. 表内 I_{ef}(mm⁴/m)，W_{ef}(mm³/m) 系指 1m 宽压型钢板的有效截面惯性矩及有效截面模量。

附表 3-18　　　　　　　　螺栓的有效截面面积

公　称　直　径	12	14	16	18	20	22	24	27	30
螺纹间距 p(mm)	1.75	2.0	2.0	2.5	2.5	2.5	3.0	3.0	3.5
螺栓有效直径 d_e(mm)	10.36	12.12	14.12	15.65	17.65	19.65	21.19	24.19	26.72
螺栓有效截面面积 A_e(mm²)	84	115	157	193	245	303	353	459	561
公　称　直　径	33	36	39	42	45	48	52	56	60
螺纹间距 p(mm)	3.5	4.0	4.0	4.5	4.5	5.0	5.0	5.5	5.5
螺栓有效直径 d_e(mm)	29.72	32.25	35.25	37.78	40.78	43.31	47.31	50.84	54.84
螺栓有效截面面积 A_e(mm²)	694	817	976	1121	1306	1473	1758	2030	2362
公　称　直　径	64	68	72	76	80	85	90	95	100
螺纹间距 p(mm)	6.0	6.0	6.0	6.0	6.0	6.0	6.0	6.0	6.0
螺栓有效直径 d_e(mm)	58.37	62.37	66.37	70.37	74.37	79.37	84.37	89.37	94.37
螺栓有效截面面积 A_e(mm²)	2676	3055	3460	3889	4344	49485	5591	6273	6995

附表 3-19　　　　　　　　　　　锚栓规格

型式	Ⅰ				Ⅱ				Ⅲ		
锚栓直径 d(mm)	20	24	30	36	42	48	56	64	72	80	90
锚栓有效截面积（cm²）	2.45	3.53	5.61	8.17	11.21	14.73	20.30	26.80	34.60	43.44	55.91
锚栓设计拉力（kN）（Q235 钢）	34.3	49.4	78.5	114.1	156.9	206.2	284.2	375.2	484.4	608.2	782.7
Ⅱ型锚栓　锚板宽度 c(mm)					140	200	200	240	280	350	400
Ⅱ型锚栓　锚板厚度 t(mm)					20	20	20	25	30	40	40

附表 3-20　　　　　　角钢上螺栓或铆钉线距表　　　　　　　　mm

单行排列	角钢肢宽	40	45	50	56	63	70	75	80	90	100	110	125
	线距 e	25	25	30	30	35	40	40	45	50	55	60	70
	钉孔最大直径	11.5	13.5	13.5	15.5	17.5	20	22	22	24	24	26	26

双行错排	角钢肢宽	125	140	160	180	200	双行并列	角钢肢宽	160	180	200
	e_1	55	60	70	70	80		e_1	60	70	80
	e_2	90	100	120	140	160		e_2	130	140	160
	钉孔最大直径	24	24	26	26	26		钉孔最大直径	24	24	26

注　符号见附图 3-1。

附表 3-21　　　　　　工字钢和槽钢上的螺栓和铆钉的线距表

腹板	工字钢型号	12	14	16	18	20	22	25	28	32	36	40	45	50	56	63
	线距 a_{min}	40	45	45	45	50	50	55	60	60	65	70	75	75	75	75
	槽钢型号	12	14	16	18	20	22	25	28	32	36	40				
	线距 a_{min}	40	45	50	50	55	55	55	60	65	70	75				
翼缘	工字钢型号	12	14	16	18	20	22	25	28	32	36	40	45	50	56	63
	线距 a_{min}	40	40	50	55	60	65	65	70	75	80	80	85	90	95	95
	槽钢型号	12	14	16	18	20	22	25	28	32	36	40				
	线距 a_{min}	30	35	35	40	40	45	45	45	50	56	60				

注　符号见附图 3-1。

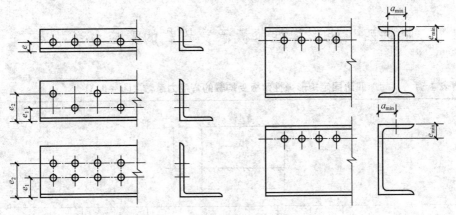

附图 3-1 型钢螺栓连接构造要求

附录四　矩形弹性薄板承受均载的弯应力系数 k

附表 4-1　　四边固定矩形弹性薄板受均载的弯应力系数 $k(\mu=0.3)$

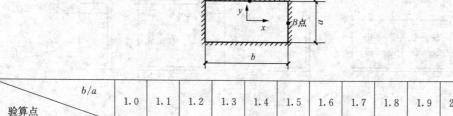

b/a 验算点	1.0	1.1	1.2	1.3	1.4	1.5	1.6	1.7	1.8	1.9	2.0	2.5	∞
支承长边中点 k_y（A 点）	0.308	0.349	0.383	0.412	0.436	0.454	0.468	0.479	0.487	0.493	0.497	0.500	0.500
支承短边中点 k_x（B 点）	0.308	0.323	0.332	0.338	0.341	0.342	0.343	0.343	0.343	0.343	0.343	0.343	0.343

附表 4-2　　三边固定一边简知形弹性薄板受均载的弯应力系数 $k(\mu=0.3)$

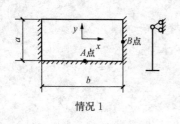

情况 1

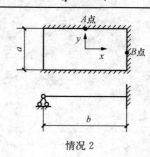

情况 2

情 况 1			情 况 2		
验算点 b/a	支承长边中点（A 点）k_y	支承短边中点（B 点）k_x	验算点 b/a	支承长边中点（A 点）k_y	支承短边中点（B 点）k_x
1.0	0.328	0.360	1.0	0.360	0.328
1.25	0.472	0.425	1.25	0.448	0.341
1.5	0.565	0.455	1.5	0.473	0.341
1.75	0.632	0.465	1.75	0.489	0.341
2.0	0.683	0.470	2.0	0.500	0.342
2.5	0.732	0.470	2.5	0.500	0.342
3.0	0.740	0.471	3.0	0.500	0.342
∞	0.750	0.472	∞	0.500	0.342

附表 4 – 3 两相邻边简支另两相邻边固定矩形弹性薄板承受均载的弯应力系数 $k(\mu=0.3)$

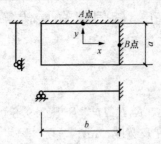

验 算 点	b/a										
	1.0	1.1	1.2	1.3	1.4	1.5	1.6	1.7	1.8	1.9	2.0
支承长边中点（A 点）k_y	0.407	0.459	0.506	0.549	0.585	0.616	0.640	0.662	0.680	0.695	0.708
支承短边中点（B 点）k_y	0.407	0.425	0.441	0.452	0.459	0.463	0.467	0.468	0.470	0.471	0.472

附录五　钢闸门自重估算公式

1. 露顶式平面闸门

当 $5m \leqslant H \leqslant 8m$ 时

$$G = K_z K_c K_g H^{1.43} B^{0.88} \times 9.8 \text{ (kN)} \tag{附5-1}$$

式中　H，B——分别为孔口高度及宽度，m；

K_z——闸门行走支承系数；对滑动式支承 $K_z = 0.81$；对于滚轮式支承 $K_z = 1.0$；对于台车式支承 $K_z = 1.3$；

K_c——材料系数；闸门用普通碳素钢时 $K_c = 1.0$；用低合金钢时 $K_c = 0.8$；

K_g——孔口高度系数；当 $H < 5m$ 时，$K_g = 0.156$；$5m < H < 8m$ 时，$K_g = 0.13$；当 $H > 8m$ 时，按下列计算

$$G = 0.012 K_z K_c H^{1.65} B^{1.85} \times 9.8 \text{ (kN)} \tag{附5-2}$$

式中符号意义、数值同前。

2. 潜孔式平面滑动闸门

$$G = 0.022 K_1 K_2 K_3 A^{1.34} H_s^{0.63} \times 9.8 \text{ (kN)} \tag{附5-3}$$

式中　K_1——闸门工作性质系数；对工作门与事故门 $K_1 = 1.1$；对检修门 $K_1 = 1.0$；

K_2——孔口高宽比修正系数；当 $H/B \geqslant 2$ 时，$K_2 = 0.93$；$H/B < 1$ 时，$K_2 = 1.1$；其他情况 $K_2 = 1.0$；

K_3——水头修正系数；当 $H_s < 70m$ 时，$K_3 = 1.0$；当 $H_s \geqslant 70$，$K_3 = \left(\dfrac{H_s}{A}\right)^{1/4}$；

A——孔口面积，m^2；

H_s——设计水头，m。

3. 潜孔式平面滚轮闸门

$$G = 0.073 K_1 K_2 K_3 A^{0.93} H_s^{0.79} \times 9.8 \text{ (kN)}$$

式中　K_1——意义同前，对于工作门与事故门 $K_1 = 1.0$；对于检修门与导流门 $K_1 = 0.9$；

K_3——意义同前，当 $H_s < 60m$ 时，$K_3 = 1.0$；$H_s \geqslant 60m$ 时，$K_3 \left(\dfrac{H_s}{A}\right)^{1/4}$，其他符号意义、数值同前。

附录六　材料的摩擦系数

附表 6-1　　　　　　　　　　　**材料的摩擦系数表**

种　类	材料及工作条件	系　数　值	
		最　大	最　小
滑动摩擦系数	(1) 钢对钢（干摩擦）	0.5～0.6	0.15
	(2) 钢对铸铁（干摩擦）	0.35	0.16
	(3) 钢对木材（有水时）	0.65	0.3
	(4) 胶木滑道，胶木对不锈钢在清水中 (1)、(2)		
	压强 $q > 2.5 \text{kN/mm}$	0.10～0.11	0.06
	压强 $q = 2.5～2.0 \text{kN/mm}$	0.11～0.13	0.065
	压强 $q = 2.0～1.5 \text{kN/mm}$	0.13～0.15	0.075
	压强 $q < 1.5 \text{kN/mm}$	0.17	0.085
	(5) 钢基铜塑三层复合材料滑道及增强聚四氟乙烯板滑道对不锈钢，在清水中 (1)		
	压强 $q > 2.5 \text{kN/mm}$	0.09	0.04
	压强 $q = 2.5～2.0 \text{kN/mm}$	0.09～0.11	0.05
	压强 $q = 2.0～1.5 \text{kN/mm}$	0.11～0.13	0.05
	压强 $q = 1.5～1.0 \text{kN/mm}$	0.13～0.15	0.06
	压强 $q > 1.0 \text{kN/mm}$	0.15	0.06
滑动轴承摩擦系数	(1) 钢对青铜（干摩擦）	0.30	0.16
	(2) 钢对青铜（有润滑）	0.25	0.12
	(3) 钢基铜塑复合材料对镀铬钢（不锈钢）	0.12～0.14	0.05
止水摩擦系数	(1) 橡皮对钢	0.70	0.35
	(2) 橡皮对不锈钢	0.50	0.20
	(3) 橡塑复合止水对不锈钢	0.20	0.05
滚动摩擦力臂	(1) 钢对钢	1mm	
	(2) 钢对铸铁	1mm	

注　1. 工件表面粗糙度：轨道工作面应达到 $Ra = 1.6 \mu m$；胶木（填充聚四氟乙烯）工作面应达到 $Ra = 3.2 \mu m$；

2. 表中胶木滑道所列数值适用于事故闸门和快速闸门，当用于工作门时，尚应根据工作条件专门研究。

附录七　轴套的容许应力及混凝土的容许应力

附表 7-1　　　　　　　　　　　　　**轴套的容许应力**　　　　　　　　　　　　N/mm²

轴和轴套的材料	符号	径向承压
钢对 10-1 锡青铜		40
钢对青铜	$[\sigma_{cg}]$	50
钢对钢基铜塑复合材料		40

注　水下重要的轴衬、轴套的容许应力取值降低 20%。

附表 7-2　　　　　　　　　　　　　**混凝土的容许应力**　　　　　　　　　　　　N/mm²

应力种类	符号	混凝土强度等级				
		C15	C20	C25	C30	C40
承　　压	$[\sigma_h]$	5	7	9	11	14

参 考 文 献

[1] 陈绍蕃. 钢结构设计原理. 3 版. 北京：科学出版社，2005.
[2] 陈绍蕃. 钢结构稳定设计指南. 3 版. 北京：中国建筑工业出版社，2013.
[3] 陈绍蕃，顾强. 钢结构上册　钢结构基础. 3 版. 北京：中国建筑工业出版社，2014.
[4] 陈绍蕃，郭成喜. 钢结构下册　房屋建筑钢结构设计. 3 版. 北京：中国建筑工业出版社，2014.
[5] 沈祖炎，等. 钢结构学. 北京：中国建筑工业出版社，2005.
[6] 沈祖炎，等. 房屋钢结构设计. 北京：中国建筑工业出版社，2008.
[7] Leonard Spiegel George F Limbrunner. Applied Structural Steel Design. 4th ed. 北京：清华大学出版社，2005.